全新增訂版

廚藝好好玩

傑夫・波特（Jeff Potter）著 ／ 潘昱均 譯

Cooking for Geeks 【Second Edition】 Real Science, Great Cooks, and Good Food

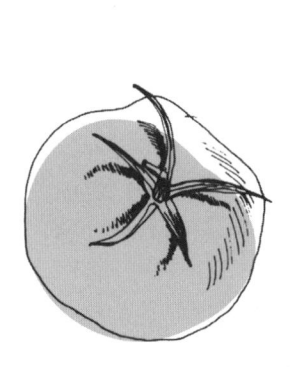

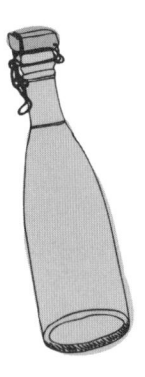

【全新增訂版】
廚藝好好玩
探究真正飲食科學,破解廚房祕技,料理好食物

作　　者	傑夫・波特（Jeff Potter）
譯　　者	潘昱均
主　　編	曹慧
封面設計	比比司設計工作室
內頁版型	一起有限公司｜Together Ltd.
內頁排版	三人制創
社　　長	郭重興
發行人兼出版總監	曾大福
總編輯	曹慧
編輯出版	奇光出版
	E-mail：lumieres@bookrep.com.tw
	部落格：http://lumieresino.pixnet.net/blog
	粉絲團：https://www.facebook.com/lumierespublishing
發　　行	遠足文化事業股份有限公司
	http://www.bookrep.com.tw
	23141新北市新店區民權路108-4號8樓
	電話：(02) 22181417
	客服專線：0800-221029　傳真：(02) 86671065
	郵撥帳號：19504465　戶名：遠足文化事業股份有限公司
法律顧問	華洋法律事務所　蘇文生律師
印　　製	成陽印刷股份有限公司
三版一刷	2017年6月
定　　價	599元

有著作權・侵害必究
缺頁或破損請寄回更換

© 2017 by Lumières Publishing
Authorized Chinese complex translation of the English edition of Cooking for Geeks, 2nd Edition
ISBN 9781491928059 © 2015 Atof, Inc.
This translation is published and sold by permission of O'Reilly Media, Inc.,
which owns or controls all rights to publish and sell the same.
ALL RIGHTS RESERVED.

國家圖書館出版品預行編目（CIP）資料

廚藝好好玩：探究真正飲食科學.破解廚房祕技.料理好食物
【全新增訂版】/ 傑夫.波特(Jeff Potter)著；潘昱均譯. -- 三版.
-- 新北市：奇光出版：遠足文化發行, 2017.06
　　面；　公分
譯自：Cooking for geeks : real science, great cooks, and good food, 2nd ed.
ISBN 978-986-93688-6-5(平裝)
1. 烹飪 2. 食物
427　　　　　　　　　　　　　　　105025237

線上讀者回函

CONTENTS

前言 ... 11

1.
Hello，廚房！ ... 15

- 1-1 像技客般思考 ... 16
- 1-2 了解你的烹飪風格 ... 18
- 1-3 如何讀食譜 ... 21
- 1-4 下廚恐懼症 ... 24
- 1-5 食譜簡史 ... 28
- 1-6 不要老是照著食譜做 ... 31
- 1-7 包羅萬象也各得其所 ... 37
- 1-8 一個人的晚餐派對 ... 39
- 1-9 晚餐派對的力量 ... 42
  - 呈現和擺盤 ... 44
- 1-10 基本廚房工具 ... 46
  - 刀具 ... 49
  - 砧板 ... 57
  - 湯鍋與煎鍋 ... 58
  - 廚房必要用具 ... 62

2.
滋味、氣味和風味 ... 71

- 2-1 滋味＋氣味＝風味 ... 72
- 2-2 滋味、味覺 ... 74
  - 鹹 ... 80
  - 甜 ... 85
  - 酸 ... 89
  - 苦 ... 91
  - 鮮味，酯味 ... 93
  - 辛辣、涼感及其他味覺感知 ... 96
- 2-3 味道搭配的發想 ... 101
- 2-4 氣味，嗅覺 ... 107
  - 描述氣味 ... 111
- 2-5 風味是什麼？ ... 116
- 2-6 探索來的靈感 ... 122
- 2-7 來自季節的靈感 ... 132
- 2-8 電腦運算得到的風味靈感 ... 145
  - 共生食材 ... 145
  - 化學相似性 ... 146

3.
時間和溫度   155

- 3-1 煮熟＝時間 × 溫度   156
  - ・熱傳遞   159
  - ・烹飪法   161
  - ・傳導   162
  - ・對流   163
  - ・幅射   164
- 3-2 85°F／30°C：脂肪融化溫度   168
  - ・奶油   174
  - ・巧克力、可可脂和調溫   177
- 3-3 104-122°F／40-50°C：魚及肉蛋白質開始變性的溫度   182
- 3-4 140°F／60°C：危險區間結束的溫度   190
  - ・如何降低食源性疾病的風險   201
- 3-5 141°F／61°C：蛋開始定型的溫度   208
- 3-6 154°F／68°C：膠原蛋白（第I型）變性的溫度   216
- 3-7 158°F／70°C：蔬菜澱粉分解的溫度   226
- 3-8 310°F／154°C：梅納反應變明顯的溫度   234
- 3-9 356°F／180°C：糖快速焦糖化的溫度   242

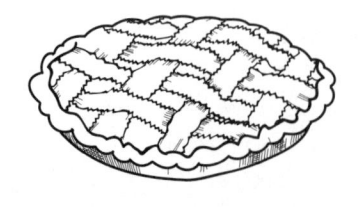

4.
空氣與水   255

- 4-1 空氣、熱氣和蒸氣的力量   256
- 4-2 水的化學特性以及它如何影響烘焙   260
- 4-3 要選麵粉、且要聰明地選   266
- 4-4 烘焙裡的容錯   278
- 4-5 酵母   283
  - ・追求美味披薩   288
- 4-6 細菌   293
- 4-7 蘇打粉   294
- 4-8 餅乾硬脆與軟韌的科學   303
- 4-9 發粉／泡打粉   307
- 4-10 蛋白   310
  - ・打出最多蛋白霜   311
- 4-11 蛋黃   318
- 4-12 打發鮮奶油   321

5.
玩玩硬體   327

- 5-1 高壓環境   328
  - ・壓力鍋   330
  - ・奶油發泡器（氣壓奶油槍）   335
- 5-2 幾個低壓技巧   339
  - ・真空烹調法：低溫水波煮   342
  - ・真空烹調硬體設備   345
  - ・真空烹調與食品安全   347
  - ・魚、禽類、牛肉和蔬果的真空烹調時間   351

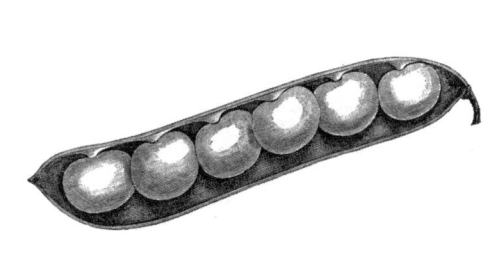

5-3 製作模具	362
・如何做500磅的甜甜圈	366
5-4 濕式分離法	369
・機械過濾	370
・廚用離心機	373
・乾燥	374
5-5 用液態氮和乾冰結凍	384
・製造冰塵	386
・製作冰淇淋	386
5-6 高熱烹調	390
・高熱烤披薩法	393

6.
玩玩化學　399

6-1 食品添加劑	400
・E Numbers：食品添加劑的杜威十進分類系統	402
6-2 混合物和膠體	403
6-3 防腐劑	406
6-4 風味劑	422
6-5 煙燻水（水蒸餾煙氣）	428
6-6 增稠劑	433
・葛根粉和玉米粉	434
・甲基纖維素	440
・麥芽糊精	442
6-7 膠凝劑	444
・果膠	445
・鹿角菜膠	447
・洋菜	449
・海藻酸鈉	452

6-8 乳化劑	456
・卵磷脂	457
6-9 酵素（酶）	459
・轉麩胺酸醯胺基酶	464

後記　如何當個聰明的技客　469

附錄　472

7-1 過敏原中做料理	472
7-2 常見過敏物替代品	474
・對乳製品過敏	474
・對雞蛋過敏	475
・對魚蝦蟹貝類過敏	475
・對花生過敏	475
・對堅果過敏	476
・對大豆過敏	476
・對小麥過敏	476

致謝　478

:INFO

1-2 你是哪一型料理人？	19	3-9 科學家如何分辨某物何時融化？	243
1-3 燕麥粒	22	甜菜糖和蔗糖有什麼不同？	249
1-6 粥	32	4-1 提升廚藝：不同高度的烹煮密技	258
1-7 3×4廚檯設計規畫	38	4-2 福爾摩斯如何辨別番茄產地	263
1-9 受歡迎的派對點心	43	4-3 自己磨麵粉	272
1-10 現在就該替烤箱做的兩件事	47	4-5 檢查你的酵母！	284
磨刀技巧大公開	56	酵母在烹飪上的四個階段	287
金屬、鍋具和熱點	60	4-10 攪打和各種尖峰	313
一杯有幾毫升？	64	為N個人切蛋糕的最佳算法	317
2-2 各文化的增味食材	79	5-1 爆米花為什麼會爆？	329
朝鮮薊與神祕果的味覺異常	88	5-2 如何讓你的真空包裝機操到爆	341
2-3 購買好風味食物指南	106	自製真空烹調機	346
2-4 氣味特色描述總集	112	在洗碗機中烹調？	348
煎炸對滋味與氣味的衝擊	113	用真空烹調替蛋做巴氏殺菌	351
常見化學香料	115	用真空包裝冷凍魚做真空烹調	353
2-5 味覺嫌惡	118	慢燉鍋VS真空烹調	355
2-6 各文化提香食材	131	巧克力與真空烹調	361
2-7 對環境友善的食物選擇	135	5-4 蒸餾與旋轉蒸發	383
新鮮農產的儲藏技巧	139	5-5 用乾冰玩廚藝	388
有機、當地、傳統食物	143	如何自己做低溫鐵板	389
3-2 油脂的各種溫度？	173	6-3 食物的滲透壓	410
澄清奶油、褐色奶油、印度酥油	176	除去糖的味道	418
3-4 為什麼放在櫥櫃的食物不會變壞？	195	6-4 酒在烹飪過程中都「燒掉」了嗎？	424
用酸烹煮	197	6-7 凝膠「麵」與魚子醬	453
安全半熟食物	205	晶球化形狀	454
易壞食物儲存技巧	207	6-9 波特的廚房祕技	468

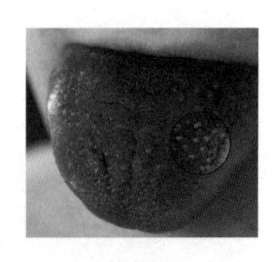

: RECIPE

早餐

1-2 網路平均值鬆餅	20
1-3 燕麥水果烘蛋	23
3-5 水波蛋	214
好剝殼白煮蛋	214
慢炒蛋	215
烤蛋	215
4-3 老爸的1-2-3可麗餅	271
4-5 格子鬆餅	288
4-7 白脫奶鬆餅	299
4-9 提姆的司康	309
5-1 印度米豆粥	333
泡沫炒蛋	337
6-7 阿歐塔與卡帕鹿角菜膠製作的凝膠牛奶	448

麵包

3-8 香蒜麵包	238
4-3 果仁餅乾與扁麵餅	273
4-4 免揉麵包	282
4-5 麵包：傳統做法	285
披薩麵團：免揉法	292
4-6 老麵種	293
4-9 披薩麵團：無酵母配方	307

開胃菜和配菜

1-9 烤綠橄欖	43
杏仁蜂蜜烤羊酪	43
酥皮塊或酥皮捲	43
2-2 乾煎紅蔥淡菜	84
3-4 韃靼牛肉與水波蛋	194
香檸扇貝	196
3-6 義式烏賊普切塔	220
3-7 芝麻炒青菜	230
燒烤蔬菜	232
迷迭香馬鈴薯泥	233
3-8 鍋煎馬鈴薯	237
香蒜麵包	238
香煎扇貝	241
3-9 糖漬胡蘿蔔佐紅洋蔥	250
4-3 辣炒四季豆佐烤麩	277
6-3 時蘿醃鮭魚	409
奶油麵包醃黃瓜	412
6-9 培根扇貝	465

沙拉

2-2 里昂沙拉（水波蛋鹹肉丁苦苣沙拉）	92
比利時烤菊苣	92
2-3 夏日西瓜乳酪沙拉	102
2-7 夏季番茄沙拉	134
冬季茴香沙拉	134

湯品

1-5 檸檬扁豆湯	29
1-6 粥	33
1-10 一小時法式洋蔥湯	50
2-6 義式蔬菜濃湯	126
2-7 春天萵苣湯	136
冬日白豆蒜茸湯	136
夏季西班牙番茄冷湯	137
秋天南瓜湯	138
5-4 基本白色高湯	372
滴濾式法式清湯	373

醬汁和醃料

2-2 希臘式醃料	78
日式醃料	78
簡易薑糖漿	87
2-6 焗烤通心粉醬	124
白醬	125
天鵝絨醬	126
番茄醬汁	127
荷蘭醬	128
西班牙醬汁	129
4-11 簡易白酒乳酪醬	319
6-6 肉汁濃醬	439

主菜

1-8 雜菜雞	39
1-10 檸檬藜麥飯佐蘆筍蝦	68
2-2 香辣芝心豬排	83
2-6 伏特加紅醬筆管麵	127
2-8 黃瓜草莓魚塔可	149
3-1 香煎牛排	160
檸檬香草鹽烤魚	167
3-3 白脫奶醃牛肝連	187
橄欖油水煮鮭魚	188
香煎孜然鮪魚	189
3-4 韃靼牛肉與水波蛋	194
比利時肉丸	206
3-6 油封鴨腿	221
油封鴨醬義大利麵	223
慢燉牛小排	224
3-8 蝴蝶雞	239
5-1 高壓煮拔絲豬肉	334
5-2 燉牛尖	357
48小時燉牛胸或排骨	358
6-5 烤箱版碳烤肋排	430

甜點

1-5 提拉米蘇	29
2-2 薄荷巧克力	98
2-4 模擬蘋果派	114
3-2 DIY苦甜巧克力	181
3-5 英式鮮奶油、香草卡士達、麵包布丁	213
3-7 紅酒漬水梨	231
3-9 糖餅乾、奶油餅乾、肉桂小圓餅	245
4-1 蒸爆式香爆泡芙	259
4-3 果仁餅乾與扁麵餅	273
開心果巧克力千層捲	276

4-4 派皮麵團	279
4-7 薑餅娃娃	300
一鍋到底巧克力蛋糕	301
簡易巧克力甘納許霜飾	302
4-8 侵害專利的巧克力脆片餅乾	305
4-9 南瓜蛋糕	308
4-10 法式和義式蛋白霜	314
蛋白霜餅乾和椰子馬卡龍	315
我最喜歡的蛋糕：巧克力波特蛋糕	316
4-11 沙巴雍	319
水果舒芙蕾	320
巧克力慕斯	322
5-1 巧克力慕斯	337
30秒巧克力蛋糕	338
5-3 冰淇淋甜筒杯	364
甜甜圈	367
5-5 可可肉桂冰淇淋	387
5-6 昆恩的焦糖布丁	391
6-2 棉花糖	405
6-5 棉花糖三明治冰淇淋	430
6-6 蛋白霜檸檬派	436
6-7 巧克力奶酪	450

成分和食材

2-2 自製優格	90
3-2 酸奶油	175
5-4 5³ 牛肉乾	376
6-3 鹽漬檸檬	412
奶油麵包醃黃瓜	412
柑橘醬	421
糖漬橘皮	421
6-4 香草精	425
浸泡油和香草奶油	426
6-6 褐色奶油粉	443

6-7 澄清萊姆汁	451
6-8 美乃滋	458
6-9 莫札瑞拉乳酪	460

其他

2-2 如何煮朝鮮薊	87
日式枝豆	95
3-7 快蒸蘆筍	229
3-9 焦糖醬	248
4-4 雙層派皮麵團	279
4-12 製作打發鮮奶油	322
5-2 洗碗機溫燙蘋果	348
5-4 烤羽衣甘藍脆片	375
6-8 果汁泡沫	458

技客實驗室

1-10 利用糖校正烤箱溫度	48
2-1 你說馬鈴薯，我說蘋果	73
2-2 測試基因差異	99
2-8 辨識味道的能力有多高？	150
3-6 膠原蛋白實驗	225
3-9 美味的反應速率──找到完美餅乾	246
4-2 鹽水校正冰庫	264
4-3 自己做麵筋	274
4-7 蘇打粉知識上二疊	297
5-4 分離和結晶（脆糖棒）	378
6-3 用鹽和冰製作冰淇淋	419
6-5 如何做煙燻水	431
6-7 自製果膠	446

：訪談

1-4 亞當・薩維奇談科學測試　　　　26
　「流言終結者」節目主持人

1-6 賈克・裴潘談烹飪　　　　　　　34
　知名主廚和教育家

1-8 黛博拉・麥迪森談一個人吃飯　　40
　加州舊金山「綠蔬餐廳」創始廚師

1-10 巴克・雷柏談刀具　　　　　　52
　美國最大最老牌刀具公司 Dexter-Russell
　製造工程部經理

　　亞當・里德談廚具　　　　　　　66
　「美國測試廚房」節目主持人與雜誌美食專欄作家

2-3 琳達・巴托夏談滋味之樂　　　　103
　美國心理學家

2-5 布萊恩・華辛克談期待、風味和進食　119
　康乃爾大學人類心理學家，《瞎吃》作者

2-6 琳達・華辛談不熟悉的食材　　　130
　美食作家，「完美儲藏室」部落格主

2-7 提姆・維希曼和琳達・安提爾談因季節
　　得來的靈感　　　　　　　　　　141
　麻州 T. W. Food 餐廳主廚暨老闆 & 康乃狄克州私人主廚

2-8 蓋兒・文斯・奇維爾談風味學習　152
　常用食物科技中心感官指導，Sensory Spectrum, Inc
　老闆

3-4 道格・包威爾談食品安全　　　　198
　堪薩斯州立大學診斷醫學和病理學院副教授，部落格
　barfblog 專談食品安全

3-9 布莉姬・蘭開斯特談烹飪的錯誤觀念　251
　「美國測試廚房」旗下媒體事業美食執行編輯

4-4 吉姆・拉赫談烘焙　　　　　　　280
　免揉麵包之父

4-5 傑夫・瓦拉沙諾談披薩　　　　　290
　披薩店老闆暨部落格美食作家

4-12 大衛・萊波維茲談美國和法國料理　323
　糕點主廚暨美食作家

5-2 道格拉斯・包德溫談真空烹調法　349
　應用數學家，《在家做真空烹調料理》作者

5-4 戴夫・阿諾談工業用硬體設備　　380
　廣播節目《廚藝之事》（Cooking Issue）主持人

5-6 納森・米沃德談現代派料理　　　396
　微軟前技術研發總監（CTO），《現代主義烹調》
　（Modernist Cuisine）共同作者

6-3 凱洛琳・容談鹽漬檸檬　　　　　411
　飲食作家，foodgal 美食部落格主

　　艾維・提斯談分子廚藝　　　　　414
　法國國家食品暨農業研究院研究員，「分子與物理廚藝
　國際工作坊」創辦人

6-6 安・貝瑞談食物質地　　　　　　437
　美軍納泰克士兵研究、開發和工程中心的食品工程師

6-7 馬丁・萊希的水膠食譜　　　　　454
　挪威化學家暨分子廚藝專家

6-9 班傑明・沃夫談黴菌和乳酪　　　461
　塔夫茨大學生物系微生物學助理教授

6-9 哈洛德・馬基談解決食物之謎　　466
　食物學家，《食物與廚藝》作者

前言

你也許並不知道自己是個「技客」(geek)。

　　你對世界的運作感到好奇，也樂於搞懂事情好玩的原因嗎？如果是，那你也許就是個技客，是那種寧願給你一個裝滿玩具、廚房用具或腳踏車零件的盒子，不需別人告訴你該做什麼，自己就能隨意玩開來的人。各行各業都有技客，從政治圈到體育界，是的，當然也包括科技界。即使你不認同我對技客的定義——聰明、有好奇心，也可以把這樣的特質帶進廚房，會讓你發現驚奇的新鮮事。

　　廚房是個好玩、有趣，有時又很有挑戰的地方。我人生第一個跟烹飪相關的記憶是我那物理學家老爸教我做煎餅，從小到大，食物是我家交流情感的方式：烤個漢堡配星期天美式足球賽轉播，感恩節時來個火雞大餐大飽口福。當我離家去念大學，我發現我怎麼對烹飪這件事知道的這麼少。(我想我現在更不明白了！)我的父母明明花時間和我一起做菜吃飯，但我怎麼連燒隻雞、炒個菜都學不會。

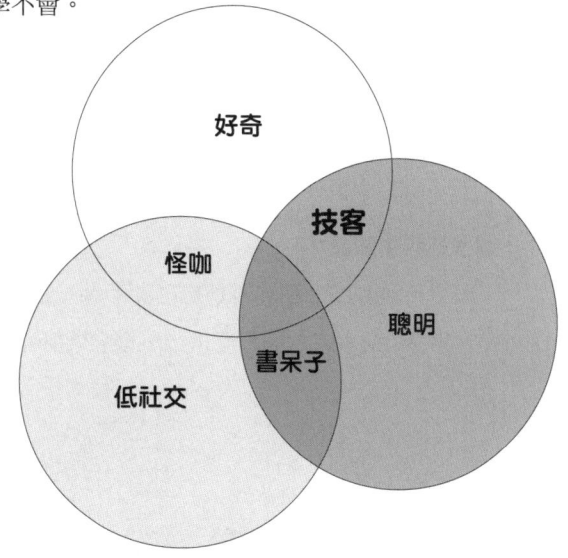

對我來說，學做菜的第一個真正挑戰是做一餐從小吃到大的家常晚餐，那時的我還是個烹飪新手的技客，不清楚從哪兒開始，但懷抱好奇心和開放的心態，最後終於成功。現在的我可說是不錯的家庭煮夫，在我學習的過程中做幾道奇怪的獨門菜色也可應付了（像是鮭魚拌炒義大利麵？紅酒燴雞胸？）。我的學習總是嘗試錯誤後修正，從來不喜歡跟著傳統食譜做菜，一時之間也找不到用科學解釋教導烹飪直覺的飲食書。我認為自己寫這本書就是在學習烹飪，把自己當成不想墨守既定食譜，只想把好玩有趣的點子用在廚房裡的人。在我開始人生首次的烹飪冒險時，那時的我想讀什麼書呢？

大學畢業幾年後，對做晚餐變得有自信，我開始做菜給朋友吃，辦起派對，邀請親朋好友和我一起晚餐。做菜會交到朋友，而我的夥伴多是研究所念科學的技客，拋出的問題往往是「為什麼？」和「怎麼會？」形形色色的問題，不是只靠嘗試錯誤後修正就可以回答的，之後還引起對話討論和線上搜尋，探索煎鍋、香料和營養等上千種主題。這些都是更深入、更具技客精神的問題，想知道食材與技術的科學見解，啟發脫離食譜後冒險的新方向。

然後發生了有趣的事。在我以「真空烹調法」（sous vide cooking，見p.347）為主題發表演講後，有人問我是否有興趣寫本關於廚藝的書。「好啊，」我說：「這會有多難呢？」（會說「不」的人絕對比那時的我知道的多，就如我說的，我現在仍覺不足！）而你此刻在讀的，就是我認為好玩、實用、有趣的烹飪知識，是我投注難以想像的時間的心血結晶，希望能啟發烹飪新手，也給專業人士一些靈感。

無論你是哪種技客，只要帶著好奇心進到廚房，你就會做得很棒。**請別以為一定要從第一章開始讀起**。書裡到處都有食譜和實驗，還有與科學家、研究者和主廚的訪談。翻翻看，從你最好奇的地方開始讀！以下是讓你容易下手的摘要。

是廚房新手？

來一杯 $favorite_beverage[1]（技客心愛飲品，這是程式人的笑話；我保證為了廣大的程式技客，盡量偷藏一些彼此才知的小笑話在書裡），舒服地窩成一團，請從第一章開始讀起，先給自己一些時間找到方向。

想學到科學知識？

請直接跳到第二章，若想自己動手做，也可翻看列在目次的「技客實驗室」單元，從中找尋靈感（這本書的初版面世後，很多老師和家長問我有沒有學生也能做的活動。我把它

---

[1] $ 是 unix 指令，意思為跳到後端。

們悄悄放到新版中,讓他們在閱讀時也能動手做。)目次裡也列出與研究人員和科學家的訪談。私心以為,這些採訪是這本書我最喜歡的部分。

只想學做菜?

你可以翻到目次的「食譜RECIPE」單元好好瞧瞧,直接跳到你想做的食譜頁。本書精選的食譜都是為了連結科學概念與真實世界,當然也很美味。份量多是二人份到四人份,但你大可視情況加以調整。這些食譜就像積木,不是只能照傳統成套組裝,而是可依你的意思調整和修改。

無論你想從哪裡開始,我強烈建議你在頁面空白處或找張便條紙記下簡單筆記,下次你想利用食譜做出不同變化,這些筆記都可當成小提醒。把你想再看一次的重點圈起來,寫下讓你困惑的主題或想弄清楚的問題。當我用科學態度思考烹飪,就是我學到最多、也覺得最有趣的時候,大膽探索,發想點子,然後做測試。你也應該這樣做。實驗吧!

我的第一本飲食書,約1984年。

如果你對這本書有任何問題或想法或發現錯字!
請到 http://www.cookingforgeeks.com 或 http://www.jeffpotter.org 網站留言。
我喜歡收到讀者迴響,而你的問題也幫助我學習。

I.

Hello，廚房！

我們技客對事情如何運作總是很著迷，而且我們也會吃東西。

人生中付出心力收穫最多的事就是學烹飪了，下廚做菜（還有把它吃了）是讓人驚奇的謎團，就像洋蔥，剝去一層只是露出另一層，廚藝是學無止盡的。

對於初學者來說，烹飪有許多潛規則。學做菜不是靠死記硬背，而是要有好奇心，而技客有的是好奇心。隨著時間，廚房的潛規則會讓你知道它是藝術與科學的結合，是通往廚藝王國的鑰匙，值得你好好追求。只要吃得好，就能更照顧好自己的健康。而具備廚房知識，就能下廚做給別人吃，建立好友誼和更多社交圈。

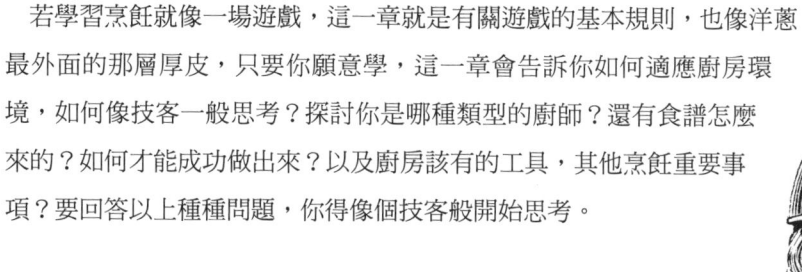

若學習烹飪就像一場遊戲，這一章就是有關遊戲的基本規則，也像洋蔥最外面的那層厚皮，只要你願意學，這一章會告訴你如何適應廚房環境，如何像技客一般思考？探討你是哪種類型的廚師？還有食譜怎麼來的？如何才能成功做出來？以及廚房該有的工具，其他烹飪重要事項？要回答以上種種問題，你得像個技客般開始思考。

> 如果你在廚房已很自在，請跳過這章，
> 直接進入第二章，挖掘色香味的科學。

1-1 像技客般思考

人在廚房要像技客般思考，這是什麼意思？

這句話一部分在於技術與工具的應用。把披薩麵團或派皮麵團擀成相同厚度很不容易，但在擀麵棍兩端用幾條橡皮筋套住，你就有了隨時可自動調控的擀麵棍。想烤肉但沒有烤爐，烤箱的上烘功能就和烤肉爐非常相似，只是熱源不是來自下方而是從上方。如何替瑪芬蛋糕的烤盤噴上防沾油？打開你的洗碗機，把烤盤放在開著的門片上噴，這樣料理台就不會被你搞得一團糟還要清理，洗碗機的門也會在下次洗碗時清潔乾淨。

而其他時候，像技客般思考則是了解一直以來我們使用某些食材的原因。遵照食譜指示用了白醋，但用其他的不行嗎？檸檬汁也行啊擤只要食譜把醋當成酸化劑，而且味道不受影響就可以。做一道充滿奧瑞岡香氣的菜，但奧瑞岡都用完了，手邊只有百里香。而這兩種香草所含的香氣化合物一樣，因此可以完美替換。想知道是否可以將做蛋糕用的小蘇打粉換成發粉（泡打粉），在你沒有加正確劑量的酸性食材和小蘇打粉起作用前千萬不要。

有時像技客般思考的意義在於用創意解決問題──想個聰明點子把破掉的東西合在一起，或只是發現更簡單的做事方法，我知道有人曾經開玩笑說：「我的微波爐沒有 3 這個鍵，但我可以輸入 2:60。」聰明吧！另個朋友則把馬克杯當成放擠花袋的托架，這樣就不用一面拿著擠花袋，一面用湯匙把東西舀進袋子，只要沿著杯口反摺袋子，再把東西倒入套著袋子的馬克杯或瓶罐裡就好。學著像技客般思考是指看到在技法和食材背後的「為什麼？」，再以有用的方式回答問題。

這裡有個動腦實驗：想像你有一支蠟燭、一包火柴和一盒釘子，要將蠟燭固定在牆上而不能燒掉房子，你該怎麼做？

上述實驗源自德國心理學家鄧克[2]，稱為「鄧克的蠟燭難題」（Duncker's Candle Problem）。鄧克研究形成障礙的認知偏差，而火柴盒的外殼紙是用來保護火柴的，具有「固著功能」（fixed function）。我們一般並不會將火柴盒封面看成一片折起來的硬紙板，

> 如果你受困在熱帶荒島，如何用一盒巧克力和一罐汽水生火？這時就要像技客一樣思考，看穿固著功能的障礙。你可以用巧克力拋光汽水罐底部讓它如鏡子般光滑明亮，然後將汽水罐當成凹透鏡聚焦陽光使乾樹枝起火。

---

[2] 卡爾‧鄧克（Karl Duncker，1903-1940），德國完形心理學家，因納粹逃到美國，37 歲自殺。鄧肯認為人們受限於經驗，對事物認知侷限在原有功能而成為盲點，此稱為「功能固著」，而蠟燭難題是他設計的著名情境實驗。

只看到它的功能是保護火柴。結果，我們對硬紙板的其他功用反而視而不見。

我們被到處可見的功能固著蒙蔽，無論是擀麵棍上的橡皮筋，還是當替代酸化劑的檸檬汁，看清楚某個物體還有其他功能需要心理重建。我們總是拿大濾勺當撈義大利麵的工具，但把它倒扣在煎鍋上，濾勺就成了防油罩。小烤箱能做的事絕對比烤麵包更多，小烤箱的溫度可加熱到350°F／180°C，所以當你的烤箱正忙的時候，何不用小烤箱來燒魚。

功能不固著：
用濾網當防油罩。

鄧克的蠟燭難題，最明顯的解答是——用釘子把蠟燭釘在牆上，或把蠟燭的一側融化黏在牆上——但兩者都會讓蠟燭裂開或讓牆壁燒起來。而答案，或說鄧克在找的答案，需要你重新看待放圖釘的盒子：你應該用圖釘把盒子釘在牆上，再把蠟燭黏在盒子上，然後點燃蠟燭。

你應該去除廚房裡的功能固著障礙。在學做菜這件事上，如果你能想清楚食譜裡每個步驟背後的成因及探索不同的可能答案，你就能學到最多。就算猜錯，也會學到哪些事是行不通的，在過程中慢慢建立廚房中新的「功能不固著」觀點。

「鄧克的蠟燭難題」：
給你一盒圖釘和一盒火柴，你會如何將蠟燭固定在牆上？

1-2 了解你的烹飪風格

　　學習像技客思考有部分在了解你的下廚習性和風格。我們多把主廚分成兩種：廚師和烘焙師。（而我個人則認為世上有兩種人：一種會把人分為兩種人，另一種則不會。）廚師有靠直覺做菜的名聲，所謂「丟到鍋裡就知道了」，無論什麼食材放在一起就能帶給廚師靈感，一面做一面調整。烘焙師則被刻板地描述成測量精準，分毫不差，具有條理分明的組織力。即使像「法國藍帶廚藝學院」這種廚藝學校都將課程分為烹飪（料理）和烘焙（糕點），但這種區分大致起於技術和執行上的不同。專業的線上烹飪廚師需要前置作業，然後等「點菜單進來」再現點現做。而專業的糕點烘焙因為產品形式需要不同技巧組合，多半在訂單進來前就已預先做好。但大多數人做菜都不是專業，硬把烹飪分成兩型也不見得管用。

　　我看過對烹飪形式有用的想法是布萊恩‧華辛克（Brian Wansink）做的研究，他是康乃爾大學「食物與品牌實驗室」主任，著有《瞎吃》（*Mindless Eating*, 2006）。布萊恩的研究非常棒，他找出飲食行為中的各種形式，藉以創造更健康的飲食習慣。

　　布萊恩調查一千位北美家庭廚夫煮婦，發現五種不同類型的料理人。經過他的同意，我把他的小問卷放在下頁。好玩的是，我可藉此看出我想得到的廚藝節目和美食雜誌多是落在這五項中的哪一類。布萊恩在他的研究中發現，大多數人可平均劃入這五大類，人數約占80-85％，其他15-20％則是兩類或三類的集合。所以如果你做了問卷，卻沒有正好落在某一類，也不要煩惱。在我和一些技客頭腦更加靈光的人談過後（他們多是科學家和軟體工程師），發現這問卷在創新型料理人上有極大偏差。顯然這些類別多是個性取向！

　　當你為他人下廚做菜，請記得不同料理人類型的可能組合，然後推而廣之想想吃飯人的類型。想像你若是健康導向的食客，煮給你吃的人卻是付出型的料理人，食物是他們表達愛意的方法，而那盤布朗尼是他們說「我關心你」的方式，所以就好好享用吧！起碼吃一小口，然後說謝謝。我問布萊恩，不同飲食類型的人住在一起如果起衝突，他建議可以分擔做菜責任，輪流下廚，讓固定做飯的人一週至少休息一晚。

你是哪一型料理人？

準備一餐時，我多半會：
1. 總是做家人喜愛的經典菜
2. 改用較健康的食材
3. 跟著食譜一步一步做
4. 很少使用食譜，喜歡實驗
5. 使盡全力，讓客人留下深刻印象

我喜歡的食材是：
1. 很多麵包、澱粉類和紅肉
2. 魚和蔬菜
3. 牛肉和雞肉
4. 蔬菜、香料和少見的食材
5. 在美食頻道看過的時髦材料

空閒時我喜歡：
1. 和朋友家人聊天
2. 運動或上健身課程
3. 收拾房子
4. 從事創作或藝術的消遣
5. 隨興所至，追求冒險

我最喜歡做的是：
1. 自家烘焙的好東西
2. 有著新鮮食材和香草的食物
3. 燉菜
4. 民族風食物和中國菜
5. 點上烤爐做的任何東西

別人形容我：
1. 真誠友善
2. 注重健康
3. 勤奮有條理
4. 有好奇心
5. 好強熱情

選出的答案可能有重疊，但某一個字母是否最常出現？你的答案正說明了你是哪種烹飪類型：

1. **付出型**：這型料理人友善、受愛戴、熱情。付出型料理人很少實驗，熱愛烘焙，想要為經歷種種仍真誠相待的家人端上他們最喜愛的，即使有時最愛的是較不健康的食物。
2. **健康型**：這型料理人樂觀、愛閱讀、熱愛自然。喜歡用魚、新鮮農作和香草做健康飲食的實驗。永遠健康第一，即使這意謂有時必須犧牲好滋味。
3. **方法型**：有烹飪才能但重度依賴食譜。方法型料理人會調整滋味和方法，做出的菜總是和食譜裡的圖片一模一樣。
4. **創新型**：這類料理人有創意，能領導潮流。創新型料理人很少使用食譜，喜歡做食材、料理風格和烹飪法的實驗。
5. **好勝型**：是生活周遭的「料理鐵人」。好勝型料理人有霸道的個性和強烈的完美主義，喜歡讓客人留下深刻印象。

● RECIPE

網路平均值鬆餅

網路上沒有人出錯，所以將一堆正確事物平均後取得的值應該更正確，對吧？這裡列出的材料份量是網路搜尋到的八篇鬆餅食譜的平均值。

取一個攪拌盆，下列所有材料量好放入攪拌：

1.5 杯（210 克）麵粉
2 湯匙（25 克）糖
2 茶匙（10 克）泡打粉
1/2 茶匙（3 克）鹽

另取一個可微波加熱的大碗，將

2 湯匙（30 克）奶油放入融化

加入奶油和下列食材攪拌均勻：

1 1/4 杯（300 克）牛奶
2 顆小雞蛋或 1 顆（80 克）大雞蛋（其實用一顆大雞蛋就夠了，但這不是出自網路平均值）。

乾性食材倒入濕性食材裡，用打蛋器或湯匙拌合均勻，如有一點小顆粒不用太在意。請避免過度攪打麵糊，盡量不要把麵粉打出麵筋（有關麵粉麵筋請見 p.266）。

不沾鍋放在爐上以中高溫加熱，要熱到鍋子確實熱了。確定鍋子熱了的標準測試法是在鍋子裡灑幾滴水，看它是否會發出「嘶～」的一聲。如果你剛好有測量物體表面溫度的紅外線溫度計，可以測試鍋子的溫度是否到達 400°F／200°C。等鍋子熱後，用勺子、量杯或冰淇淋勺舀半杯麵糊放入鍋中，先煎一面，你會在鬆餅表面看到泡泡形成，在這些泡泡成形但還沒破時（大約 2 分鐘），將鬆餅翻面。

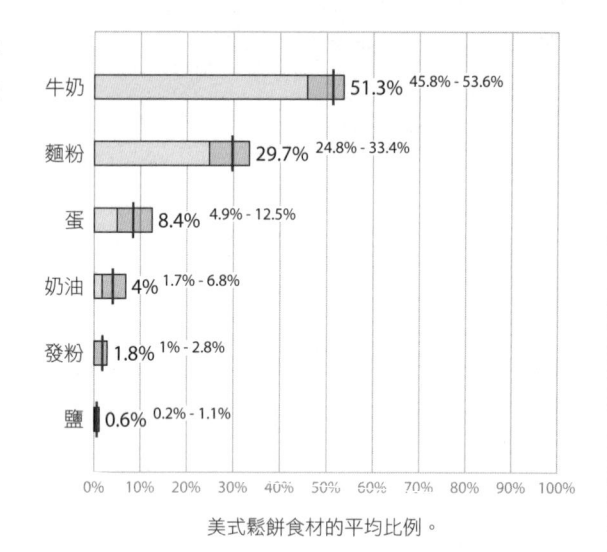

食材	平均	範圍
牛奶	51.3%	45.8% - 53.6%
麵粉	29.7%	24.8% - 33.4%
蛋	8.4%	4.9% - 12.5%
奶油	4%	1.7% - 6.8%
發粉	1.8%	1% - 2.8%
鹽	0.6%	0.2% - 1.1%

美式鬆餅食材的平均比例。

小叮嚀

・我列出的食材次序也就是它們應該放入碗中的次序，但有時也不特別重要，但做這道食譜，你應該先放牛奶再放蛋，以免奶油太燙，一下就把蛋燙熟了。

・如果你用的鍋子是不沾鍋，不用一開始先加奶油。如果你使用一般平底煎鍋，就要加入奶油潤鍋，然後用餐巾紙盡量擦掉多餘奶油。鍋子裡有太多油，鬆餅的褐變就不平均，因為部分鬆餅受熱的溫度不夠。

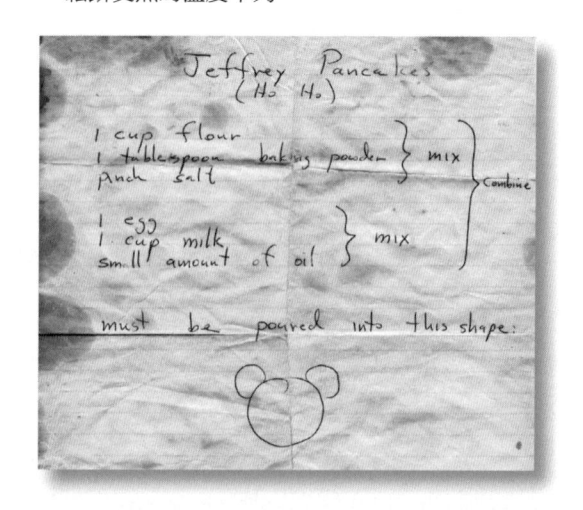

這是我父母教我的第一份食譜。是的，上面說，鬆餅麵糊必須倒成下列這種形狀，就是我畫的米老鼠頭。

1-3 如何讀食譜

很容易啊：從頭開始讀到最後。哈！要是這樣就好了。食譜是記錄，是食譜作者記下覺得有用的東西，也是一個主廚給另個主廚的建議。看著食譜，就該了解，那不只是建議，而是經過簡化的建議。把同一份食譜拿給十幾位不同廚師，就會做出十幾種不同變形。

我一開始都會照著食譜做，一點不變。這個方法教我很多事——到頭來我**可以**把紅椒剝皮（皮有菜味、草味和苦味）。做新的蛋糕食譜，也許我覺得麵糊看起來太稀了（麵粉要多放一些嗎？）或者太厚了（多加一點油？），但我會照著做。只要我做過一次，之後就以不變應萬變。下一次我會靠第一次做時寫的筆記和記憶調整狀況。

食材需要在標準度量衡和公制間轉換？

請參考 Wolfram │ Alpha 網站（http://www.wolframalpha.com）。輸入1茶匙糖，它會告訴你那是13克；輸入鬆餅的全部材料，每份材料間以「＋」號連結，它就會告訴你這道鬆餅有38克脂肪、189克碳水化合物及46克蛋白質。

如果你是廚房新手，請從做早餐開始。這是我們最喜歡在家吃的一餐，它的菜色是最容易學的，加上做早餐很快，食材又便宜（有個朋友告訴我，他們在餐飲學校學怎麼把肉去骨，最基本都要「做個100次，等到你做完，就知道怎麼做了」，難怪廚藝學校學費這麼貴。）

- 了解食譜每個步驟背後的原因。化學家向來是受過遵照指示訓練的專家，我看過某位化學家，當食譜要求用微滾的水融化巧克力時，他直接漏掉「關火」的步驟。「把火關掉？但是有火才會融化東西啊！」水的餘熱就足以融化巧克力了，這也是避免巧克力燒焦的方法。
- 練習「一切就緒」。一切就緒（mise en place）也就是法文的「就位」。包括從你開始烹煮程序前就要準備好食材，把食譜全部讀過，把需要的東西都拿出來，到時也不用在櫥櫃或冰箱到處翻，只因為發現少了什麼重要食材。要炒菜，也該把蔬菜先切好放在碗裡，在開始炒菜前準備好放旁邊。
- 遵守操作順序。「切碎3湯匙的苦甜巧克力」與「3湯匙碎的苦甜巧克力」是**不一樣**的。前者要求準備3湯匙巧克力，然後把它切碎（切好的份量絕對超過3湯匙）；而後者是指碎巧克力的份量。
- 食譜總要你「試試味道」，就是加一點調味，再試試味道的意思，然後重複動作直到你覺得味道平衡。食材都不一樣，因此味道的平衡取決於你手邊食材的特性，此外，也建立在文化背景與個人喜好的問題，特別像鹽、胡椒、檸檬汁、醋和辣椒醬等調味料的運用。

開始做前，一定要把食譜從頭到尾全部都讀過。

● INFO

燕麥粒

燕麥粒（steel-cut oats）是我們熟悉燕麥製品中加工程度較少的產品，是大多數美國人熟知的快煮燕麥或歐洲人口中的燕麥片。而燕麥片是把帶殼的燕麥，也就是燕麥仁先蒸過，用重輪壓扁，通常還要烤過。只要用熱水很快煮過，一點都不用懷疑，燕麥片絕對會有濃稠的質感。（燕麥片用來作烘焙也很棒！）

燕麥粒也叫燕麥丁，少了加工卻更有趣，是鋼刀切過的燕麥仁，也就是名字的由來。燕麥切開後，就看到裡面的胚乳（endosperm），也就是穀物裡的澱粉，會加快烹煮過程，有些澱粉也會煮到湯裡，粥就變得更濃稠。即使燕麥粒已經切碎了，還是需要煮一段時間，它會帶著淡淡的堅果香氣和質地，就算等待也是值得的。

煮燕麥粒的傳統方法很簡單：1份燕麥粒對3到4份的水，慢火燉煮20到30分鐘，然後加一兩搓鹽試試看味道。（廚房裡的鐵罐上寫著可把燕麥粒煮5分鐘，然後放在冰箱隔夜，也許這樣更好，但我從沒想過在前一晚先煮好燕麥糊）。想加以變化，可把部分水換成牛奶，先從1：1開始，再依據喜歡的口味調整。傳統上在歐洲北部，會在燕麥糊上放牛奶和奶油，燕麥做的餐點或燕麥粥多用吃喜瑞爾的碗盛著，上面再放你喜歡的調味食物，如**紅糖**、**肉桂**、**堅果**、**葡萄乾**和**牛奶**，或放上**優格**和**蜂蜜**，再加上**新鮮莓果**。

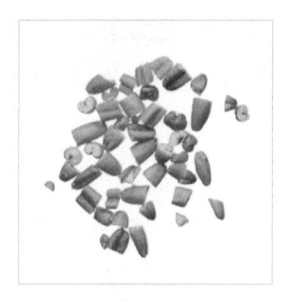

燕麥粒（未煮熟）
燕麥仁切成像針頭一樣大。

大燕麥片
蒸過、壓過、有時烤過的未切燕麥仁。

燕麥片
經過蒸、壓的燕麥仁切片（燕麥粒煮過後，用湯匙背壓扁，立刻就看起來很面熟。）

喜瑞爾 Cereal 這個英文字源自羅馬神話的穀物女神刻瑞斯（Ceres），泛指所有可以吃的穀物。1876年，美國開始出現拿喜瑞爾當早餐的想法，當時許多人的早餐都是油膩的食物或隔夜餐，最初大量製造的喜瑞爾是傑克森博士（Dr. James Jackson）發明的早餐脆穀粒（Granula），傑克森博士是素食者，希望貢獻自己對健康早餐的想法。一年後，家樂氏博士（Dr. John Kellogg），對，就是那個「家樂氏」，發明他自己的早餐穀片，加上健康專業的行銷訴求，他的喜瑞爾就此暢銷。

但可悲的是，他們的健康訴求都失敗了，當今販賣的喜瑞爾都堂堂變成甜點。根據2011年一份環境工作小組的分析報告顯示，三分之二的兒童早餐穀片都無法達到美國聯邦政府糖份指南要求的標準（指南要求喜瑞爾所含糖份需低於重量的26%）。

RECIPE

燕麥水果烘蛋

義大利烘蛋就像歐姆蛋，只是配料打在蛋汁裡。而我的版本出自我在加州南方的健康意識，只用蛋白，做出美味、簡單，適合週末早上的餐點。（別讓「健康意識」降低你對美味的期待，這道菜可是出奇的好吃。）

你需要準備一些**燕麥糊**，也就是煮好的燕麥粒，如果你不清楚，請看前頁煮燕麥糊的方法。每份烘蛋的份量都是一人份，所以可視情況計畫。

烤箱調到上火模式，預熱烤箱。調整烤架的高度到距離上火15公分。

取一個碗，打入**3顆蛋白**，蛋黃可留做其他料理，如烤布蕾（做法請見p.372）。如果你從來沒有把蛋黃蛋白分開的經驗，比較「簡單」的方法是先把蛋打入碗裡，然後用手指小心地把蛋黃挖出來。如果蛋白裡留有少許的蛋黃，也不用擔心，但要試著把它們分開。加入**一杯煮好的燕麥糊**（150克）和**足量的鹽**。用打蛋器把材料打成泡沫狀，幾乎是濕性發泡的狀態。

煎鍋以中火加熱，加入**1-2湯匙**（15-30克）的**芥花油或奶油**，加熱3到4分鐘直到油熱。

燕麥蛋白霜倒入鍋子，向外攤平到厚度一樣。

加熱3分鐘，然後看看底部是否褐變，每分鐘持續查看，看看蛋餅底部是否烘到淡淡的金黃上色。

只要烘蛋底部焦香上色，就把煎鍋放入烤箱用上火烘，請注意鍋子把手的位置，不要也烤焦了。烘蛋表面烘到金黃焦香就好了。

如果你的烤箱沒有上火烘烤功能，可以嘗試用鍋鏟或小心輕敲鍋子把烘蛋翻面再煎。蛋破掉了也不要擔心，可以用湯匙把煎好的烘蛋炒一炒，不做烘蛋吃，就叫它「燕麥蛋白炒蛋」吧，最後盛在碗裡享用。

要吃時，烘蛋放在盤裡，在上面放：
1/4杯（40克）草莓切片（約用4到6顆草莓）
1/4杯（60克）農家鮮酪（又叫茅屋乳酪）
1/4杯（60克）蘋果醬

再撒上1/2茶匙（1克）肉桂粉，也可以倒一些**楓糖漿**。

你是否注意到早餐的食材多是蛋、歐姆蛋等蛋白質，不然就偏重碳水化合物？（我正看著你，你這個好好吃、好好吃的網路平均值鬆餅。）而對「一半碳水化合物，一半蛋白質」的要求，這道義大利烘蛋是我的答案。

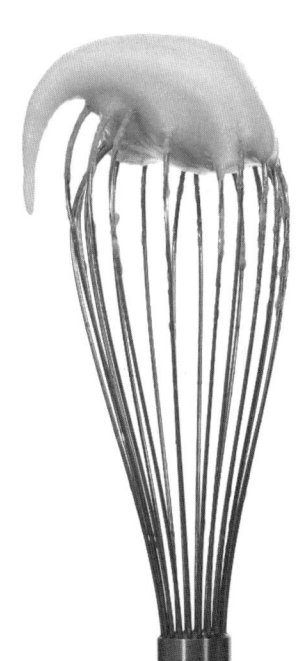

濕性發泡的泡沫會黏在打蛋器上，但會垂下來。
欲知更多蛋白知識請見p.314。

1-4 下廚恐懼症

> 唯一真正的絆腳石是害怕失敗。對於烹飪你得要有一種「管它去死」的態度。
> 　　　　　　　　　　　　　　　　　　　—— 茱莉亞・柴爾德[3]

```
          自我實現
         創造力，成就感
        ─────────────
           自尊
        成就，認可，尊重
       ─────────────────
          社交需求
        連結感，接受度
      ─────────────────────
           安全
         健康，財務
    ─────────────────────────
          生理需求
          水，食物
```

馬斯洛的需求層級理論和食物及烹飪相關的領域。

有下廚恐懼症的讀者，這是我給你們的加油打氣。有些人一想到踏進廚房就驚惶失措，就像被大腦的原始部分控制。（如果有幫助的話，你可以怪罪大腦藍斑核。這不是你的錯，請做幾個深呼吸放輕鬆。）

下廚恐懼症的來源很多，但歸根結柢不脫害怕被嫌棄或害怕失敗。人害怕某些事物的原因則是因為有些需求遭遇危險。美國心理學家馬斯洛（Abraham Maslow）觀察人類行為動機，在1943年提出「需求層級理論」（hierarchy of needs），他把他覺得越基本的人類需求放在金字塔越底部。雖然他對需求的排序並不詳盡，但這些需求給了很好的框架來觀察下廚恐懼。目前我看過最常見的做菜恐懼是有關社交需求和自尊。

首先談談社交需求。為人下廚做飯是建立友誼和社交圈最有力的方法，約人一起共進美好一餐好處無限，但也有隱憂：如果你把正在做的食物徹底給毀了該怎麼辦？要克服這個恐懼，請開始重新界定食物被毀了時會發生什麼？如果毀的是晚餐呢？當然，這絕對有生理需求（有個解決辦法：叫外賣），也有金錢上的影響。但如果你的恐懼出自社交需求，食物其實並不重要。只要你約人相聚，好好招待，你的需求也就達到了，他們的也是如此。（要克服恐懼，幽默很管用——「還記得我們把喜瑞爾當晚餐的那次嗎？我們都笑死了！」）人們更容易記得你讓他們感受到的，而不是端上的食物。重要的是同桌的人，而不是盤子裡的東西。

---

[3] 茱莉亞・柴爾德（Julia Child，1912-2004），美國烹飪傳奇大師，37歲才開始學料理，寫食譜、主持烹飪節目，立志將美食普及一般家庭。

再來是自尊。自尊低是因為拿自己與他人比較，且太過在意別人的想法。我們觸目所見都是雜誌封面宣傳的完美假日大餐（上面寫著「好簡單，好高雅！」），網路上貼的都是驚人的美食創作。然後我們動手嘗試那道有著漂亮照片的「簡單」食譜，期待會有同樣的結果。這些比較都是沒有用的。生活時尚雜誌刊登的都不是泛泛的平均狀態，而是最棒的結果——悲哀的是，很多科學刊物也如此。你能否想像，光鮮亮麗的美食雜誌把全部完美無缺的餐飲美照換成家庭廚師的隨拍版本？對於自尊挑戰，你不該做無謂的比較，而該接受真實的自我，不管你做出怎樣的成品，都請接受它。（當然啦！除非已燒得精光，若到了這步田地，請參看前段說明。）

茱莉亞．柴爾德吸引人的地方在於她的才能只算中等，以及她「沒什麼特別」的謙虛光環（加上一股堅毅耐力）。請像她一樣，用「管它去死」的態度嘗試，預計雞本來就會三不五時掉在地上，玩玩各種不同的食材技術，構思你想嘗試的菜色（嗯⋯來個培根蛋早餐披薩）。要是你真的把雞弄掉，把晚餐燒了，只要你獲得樂趣，那又有什麼關係。正如著名心理學家艾利斯（Albert Ellis）[4]打趣地說：「只有自己可以讓自己感到內疚。」

如果我們只談論「學習上的成功」，而對「廚房中的失敗」閉口不提，難道就會因此更進步嗎？事情順利時能學的不多，當事情失敗，才有機會了解各個情況的界線在哪裡，也才有機會學習下次做得更好的方法。2009年，哲學家艾倫．狄波頓（Alain de Botton）[5]在TED演講會上曾對成功的定義發表演講，十分精采。請見http://cookingforgeeks.com/book/botton/，觀看他對「更寬容、更溫合的成功哲學」（A Kinder, gentler philosophy of success）的談話。

如果你對做菜請客這件事感到緊張，好比有場浪漫約會，為了自己，也為了有信心，
請在約定當天前先把菜色練習好。這會讓做菜的程序更熟悉，降低恐懼感。
就算把菜搞砸了丟到廚餘桶也沒關係，這和做科學實驗一樣，
只是沒辦法端上桌（請原諒這個很爛的雙關語）。

學習需要時間，你也許覺得有些時日什麼都沒學到，但日起有功，總會學到精髓。如果食譜做出來並不如預期，試著想想原因，也許食譜太高段或寫得不好。如果你對結果不滿意，請找不同出處的食譜試試看。

克服廚房恐懼症的方法是了解你想達成什麼需求，而不要讓對需求的焦慮四處擴散，請把下廚當成做實驗，把技客聰明的好奇心帶進廚房，當成是解決一個好玩的拼圖，由你挑選解謎的零件。

4　亞伯特．艾利斯（Albert Ellis），美國心理學家，發展出理性情緒行為療法，1960年代性解放運動先驅。
5　艾倫．狄波頓（Alain de Botton），瑞士作家及電視節目製作人，著作多以哲學角度闡釋生活瑣事，包括入圍法國費米娜獎的《愛上浪漫》（*The Romantic Moment*）。

: 訪談

亞當・薩維奇
談科學測試

Photo CC-BY-SA-3.0 porkrind on en.wikipedia.org

　　亞當・薩維奇（Adam Savage）是科普節目「流言終結者」（MythBusters）的主持人之一，這個節目檢驗謠言、迷思和傳統智慧，運用科學方法「測試它們」。

你如何測試迷思？

　　做這節目時，有件事情我們一開始就知道，總得有個比較對象。我們會試著找出以下問題的答案：這傢伙死了嗎？這車毀了嗎？這是傷害嗎？然後試著和一個絕對值比較，就像從高X英呎的地方掉落＝死亡。但問題是這世界很有彈性又凹凸不平，想要訂出像樣的絕對值非常困難，所以我們總在做相關測試時停下腳步。我們無法控制正常狀態，只能以類似狀態測試迷思，然後用兩件事來比較，在這種比較下我們就能看見結果。

　　我們做過牛排是否可被炸藥炸成「軟嫩」的測試，而我們必須確定什麼是「軟嫩」。問題在於，讓兩人分別試吃來自同塊肉的兩塊牛排，與不同肉塊的兩塊牛排，比較之後，兩人對於哪一塊牛排比較嫩可能有完全不同的意見。我們整天都在做測試，到最後無法拍攝，因為我們知道，我們根本用錯了參數評估牛排嫩度。美國農業部（USDA）有一台專門測試牛排嫩度的機器，方法是用幾磅的力道直接捶擊整塊牛排。我們複製了這台機器，結果讓我們十分驚喜。只花50大洋就湊成一部功能等於美國農業部檢測儀的設備。真是棒呆了！

該怎樣把測試謠言的精神轉化為學習烹飪？

　　改變一個變數可能是人們最難理解的。改變一個變數並不像改變一小群變數，而是真真正正地一次只變一個變數，然後你才會知道什麼造成第一次測試及第二次測試之間的變化，用這樣的做法才會更清楚狀況。

　　我算是熱血廚師，我太太和我都會做很多功夫菜，我們真的都很喜歡玩玩轉換單一變數，改東西也學東西。我們會看湯瑪斯・凱勒的書，他講過如何把鹽當成增味劑，還提到醋也是類似東西。它不會增加新味道，卻會改變菜裡的風味。我老婆有一次煮花椰菜湯，味道有點淡，但我又不想放太多鹽，說不定加鹽反而是錯的，所以我們灑了一點醋，整道菜居然就醒了。好神奇！我愛死了！

你做過其他有關食物的迷思測試嗎？

　　當然──我們做過一連串飲品的迷思實驗。我們測試過罌粟籽貝果，想知道吃了罌粟籽貝果是否會讓海洛因測試成陽性，這件事完全是真的。事實上，假釋犯完全禁止吃罌粟籽貝果。有人告訴他們，如果你的藥物測試成陽性，我們才不管是什

麼原因造成的,直接送你回監獄就是了,所以安分點,別吃罌粟籽貝果。

我寫過一系列「超現實美食」的單元,最後以炸彈炸軟牛排終結,但也有像「用觸媒轉化器做水煮魚」或「用洗碗機煮蛋」這類事情。另位主持人傑米（Jamie Hyneman）喜歡「用烘乾機燒肉」這點子。還有,有關吃新鮮「路殺」動物是否安全的想法[6],我們總覺得荒謬又噁心。

以解決問題為觀點的節目真的很吸引人。當問題產生,你如何達到你的目的,關於這點你有何建議？

首先要了解的是,不要停在你自以為是的終點,世界比你聰明多了。所謂的工藝師不是從沒搞砸過的人,他們搞砸的東西和你一樣多,他們只是有能力看到事情臨頭,懂得調整；這是一個持續的過程。每個人的烤箱熱度都不同,你打開查看,溫度因此下降,這些都是變數。也許今天太濕,也許不濕。濕度影響我太太的餅乾配方。當真正該注意過程的時候,人們總把焦點放在最後成果。解決問題並不表示不惜一切達到最後成果,而是隨路而行,你正走在路上,說不定在達到目的前,最終目的的定義已經改變了。

你的能力越強,事情就會越像你剛開始計畫的那樣。當我老婆開始做真正厲害的烘焙,我簡直不敢相信,只是讓材料在室溫下乳化產生化學反應,其間的差別就有這麼大——就說讓麵團起酥這檔事,只是在料理前一小時把所有食材從冰箱拿出來,這件簡單小事都對最後產品有巨大影響。或像在糕餅裡放莓果,莓果有酸度,這表示必須增加小蘇打的份量。我就愛這樣,只得邊做邊學。

你喜歡做什麼料理？

我最喜歡做蛋料理。幾年練習下來,我幾乎完全掌握不用鍋鏟就可翻蛋包的翻鍋技巧。我其實舉辦過15人的早午餐派對,主題是「來吧！你要什麼蛋,我就給你什麼蛋！」我的兩個孩子現在對這套很著迷。這對10歲雙胞胎一早起來都有各自喜歡的蛋料理做法。艾迪生偏好浪人蛋（hobo egg）,我就把一片麵包中間挖一個洞,把蛋放在洞裡煎。萊利喜歡炒蛋,還喜歡炒得老一點,但我想教他不可把蛋炒得過老。

這似乎是個通病,把蛋炒過頭,成了乾乾的炒蛋？

如果有足夠的醬汁就還好。但當你開始把蛋做對了,就好像有個小型樂隊在那兒,真是無法置信地好！這就是我喜歡蛋的原因,有些情況無可原諒,卻依然令人興奮。

烹飪最偉大的地方是,除非你真的做了什麼絕對無法原諒的事,料理食譜大多都有驚人的寬容度。這就是我愛它的地方,你可以改變所有變數,結果仍是啵棒！只能說烹飪是偉大的測試平台。

你如何從不成功的事中學習？

六七年前我第一次做手打發泡鮮奶油。我用手打,這是第一次鮮奶油被我故意打到太過頭,心想：「我知道現在打得很完美,但我想知道底線在哪兒？」我就這樣一直打,直到鮮奶油被我打成奶油。這過程出奇的快,讓我清楚知道打出發泡鮮奶油的底線在哪裡。

鮮奶油的味道好極了,調味、加糖只是小事。如果你很在行,在沒有碗和攪拌機的狀況下,你幾乎可以打得和攪拌機一樣快,而且只是機械式動作。當你手打奶油時,不妨坐下來和客人聊聊天也是很棒的事。

請見 p.321 參考打發鮮奶油。

---

[6]「路殺美食」（Roadkill cuisine）是撿拾路上被輾死的動物屍體來吃,在西方原是貧苦家庭行為,但自2007年在環保人士和行動藝術家推廣下成為風潮,英國甚至有路殺食譜問世。

1-5 食譜簡史

　　有書寫以來，我們就寫下有關食物的紀錄。從有文字記錄的文明開始，已知最古老的泥板上就出現以象形文字寫下的啤酒、魚和進食的紀錄。已知最古老的食譜可追溯到四千年前，描寫了製作啤酒的儀式。就像它的堂兄弟麵包一樣，啤酒也是必要的食物。比起喝下有污染可能的水來說，喝啤酒更安全些。所以將製作啤酒的過程儀式化並加以記錄，就創造了具有必要性且與生存相關的食譜。

　　古羅馬人將有必要性的食譜擴大為耽樂的飲食紀錄（火烤紅鶴！有人吃過嗎？）。雖然比較複雜，他們的食譜讀起來更像簡短筆記，而不像有測量數據與明確步驟說明的精準協定書。

黃金玉米蛋糕

3/4 杯玉米粉	1/2 茶匙鹽
1 1/4 杯麵粉	1 杯牛奶
1/4 杯糖	1 顆蛋
4 茶匙泡打粉	1 湯匙融化奶油

乾性食材攪和後過篩，加入牛奶、蛋攪打均勻，然後加入奶油，
倒入塗上奶油的淺鍋，放入熱烤箱烤20分鐘。

　　直到1800年代，食譜才開始提供較精準的測量值，那是法默（Fannie Farmer）的《波士頓廚藝學校食譜》（1896），這本食譜也成為美國早期食譜的領頭羊。左表列出我們現在稱為玉米麵包的食譜（雖然我認為她取的名字「黃金玉米蛋糕」比現代名稱還更適切。）

　　法默的食譜售出400萬冊，改變了我們的烹煮方法，也為倫鮑（Irma Rombauer）的飲食經典《料理之樂》（*Joy of Cooking*，1931）開創了舞台，迄今已售出1800萬冊。諷刺的是，這兩位作者在書籍付梓之初都遇到困難，都是自己出錢印第一版，可見突破現狀從不是件容易的事。

　　《料理之樂》的創新在於「以廚藝話家常」，中間插入食材清單，旁及讀者需要注意的描述說明。這是第一本帶著讀者把烹飪程序從頭走到尾的書，既像烹飪指南，又像寫給有抱負廚師看的筆記彙集（在我成長過程中曾翻閱我媽收藏的1975年版本，記得讀到「如何剝松鼠皮」這一段，讓我大為震驚，對僅是幾世代前的料理風格印象深刻。另外，嗯……可以理解這段敘述在最新版本已刪去）。

　　即使繼承法默食譜的精準度量，即使參酌《料理之樂》敘事交織的論述風格，現代食譜仍被視為某個廚師傳給另個廚師的筆記，只是在食材與表現方式上有太多不同版本。你抽屜裡的一茶匙乾燥奧瑞岡葉絕對和我抽屜裡的一茶匙乾燥奧瑞岡葉氣味濃淡不盡相同，因為兩者的存放時間、化學物的分解（這裡是指香芹酚）、生產與加工的變化都不一樣。食物的表現當然有很大差別——就像沒有「完美的」巧克力餅乾，只有我們各自喜愛的版本。

未來的食譜會是什麼樣子？我們正處於數位時代，但我不相信，或者選擇不相信，紙本飲食書會就此消失。對書本的需求不再是權威性或鉅細靡遺，而該有娛樂性和啟發性。當網路日益普及，要找個塔吉鍋燉雞或清炒豆腐的好食譜，你可以很快在網路上搜尋到，速度絕對比你翻找書末索引來得快許多，相信法默和倫鮑也會覺得訝異。

我們什麼時候會看到一本動態構成的食譜，裡面的食譜可根據個人口味量身打造；強調慢食的，強調健康餐點的，或低糖配方？或者食譜製作者也能讓我們選擇自己重視的參數。「電腦，請更改這份食譜，把餅乾口感改得更酥脆！」有些人試圖這麼做，但還沒有突破性的成功。但就部分而言，目前電子書的格式不具此項功能，安裝app比大多數創作者想像的門檻更高。

> 短小精幹的食譜對於有經驗的廚師來說是最容易照著做的，
> 就像莫琳・伊文斯（Maureen Evans）貼在推特上的短文 (@cookbook)。
> **檸檬扁豆湯**：切碎洋蔥＆西芹＆胡蘿蔔＆大蒜；加蓋＠低溫7m＋3T油。
> 燉40m＋4c湯／c扁豆／百里香＆月桂葉＆檸檬皮。打泥＋檸檬汁／鹽＋胡椒。

我也認為，我們已到了一個簡單不過的時刻：烹飪的樂趣就是一種休閒，接受會有成功回報的挑戰只會讓我們快樂。我稱這為「手作者的滿足」：當某件事物有一定困難度，只要把那東西做出來就能得到成就感。就如美好的布朗尼，只要從頭開始做，做的時候也快樂，吃的時候也愉悅。食品工業太了解這一切了，布朗尼預拌粉的配方可以調成不需要蛋、油和水，但它們無法傳達手作者的滿足感。把市售調理麵糊倒在鍋裡送進烤箱，再按一下「啟動」，真不知道這對你會有多大心理獎勵？也許不多。

不管食譜的出處或格式，是短文、美食隨筆、流程圖，或其他可能出現的任何形式，請讀一讀，想想來源和作者的意圖，為了達到你想要的結果，把形式轉換成意義才是必要的。

視覺系食譜運用時序流程與活動表，付出最小成本卻能傳達食材份量與步驟，就像麥可・邱（Michael Chu）的提拉米蘇（請參考 http://www.cookingforengineers.com）：

簡易提拉米蘇的時間和活動圖

約20個手指餅乾		沾		
2份（60毫升）義式濃縮咖啡	混合冷凍			
1/2杯（120毫升）咖啡				
1杯（240毫升）高脂打發鮮奶油	打到硬性發泡		分層鋪餡兩次	蓋好
455克馬斯卡彭乳酪	混合	拌合		
1/2杯（100克）砂糖				
3湯匙（44毫升）萊姆酒或白蘭地				
可可粉				
無甜味巧克力粉				

INFO

照著中世紀的食譜做

如果你是歷史迷，想翻翻老食譜找靈感，有個時代的食譜是你絕對不想照著做的。那是真正的老食譜，就說法國主廚希卡爾[7]在1420年撰寫《論廚藝》（*Du Fait de Cuisine*），其中刊載帕瑪堅果派（parma torte）的做法。他從「取三或四隻豬，」開始寫，「如果這次宴客事宜超乎我的預期，就添加其他，從去掉頭和腿的豬……」其下四頁又加了300隻鴿子和200隻小雞（如果舉辦宴會那時找不到小雞，就用100隻閹雞）。裡面放了熟悉的香料如鼠尾草、巴西里、馬鬱蘭，和不熟悉的香料如牛膝草和「天堂穀」。最後指示需在脆皮上面放上糕點做的家族圖紋，裝飾以「金箔做的棋盤紋」。

希卡爾的食譜如此複雜是可以理解的，因為他是為皇家節慶宴客而設計。但就算簡單如中世紀的食譜也具有挑戰性，原因在於語言、食材和烹飪工具都已改變，且變化太大。請看另一份在1390年左右刊載在《煮食法則》（*The Forme of Cury*）一書上的蘋果派做法：

Tak gode Applys and gode Spycis and Figys and reysons and Perys and wan they are wel brayed coloure wyth Safron wel and do yt in a cofyn and do yt forth to bake well.

它大致可翻譯為：「取好蘋果、好香料，還有無花果、葡萄乾和梨子，全部弄碎後，用番紅花上色，放入烤棺（coffin，此指派皮，與coffer〔保險櫃〕有同樣的字根）再拿去烤。」（烤棺，即小籃子，是現代派皮的前身，只是那時候還不可以吃）。不過，這是實驗的起點，把蘋果、梨子、乾燥水果、香料和番紅花磨成泥的想法，可以當成節日大餐的佳節蘋果醬汁。

很多老食譜現今都開放在公共領域中查得到，例如「網路檔案室」（http://www.archive.org）、「古騰堡計畫」（http://www.gutenberg.org）和「谷歌圖書」（http://books.google.com）。要做帕瑪堅果派，我會按比例算出適合自己的縮小版，為規模小得多的晚餐派對修改份量。之後我在伊莉諾和泰倫斯・斯卡利（Eleanor and Terence Scully）所寫的《早期法國廚藝：來源、歷史、原始食譜及現代變化》（*Early French Cookery: Sources, History, Original Recipes and Modern Adaptations*）中找到改良版，詳細內容請參閱 http：//cookingforgeeks.com/book/parmatorte/。

---

[7] 希卡爾（Maistre Chiquart），15世紀法國大廚，所著《論廚藝》記載當時宴客料理及飲食規範。

1-6 不要老是照著食譜做

不該盲目地照著食譜做，有以下諸多理由：

- 食譜配方上的份量值無法絕對精準。食材與技術上有太多變化，就如要你混合3杯麵粉和1杯水，每位廚師每次做每次結果都不同。專業的麵包師父知道看天氣改變水量（麵粉在濕度高的地方較潮濕），也知道跟著季節時序改變酵母的用量（冬天時酵母的作用慢，所以要多放一些）。多注意菜色的外觀和感覺以積累經驗，拿捏份量，才能做出之前的狀況。

- 有些食譜只是概念。石頭湯？廚房水槽沙拉？粥？我能說明我的做法，食材也是我在市場找到的農產，但如何應用都在你。就像在下一頁你會看到「粥」的食譜，它幾乎不算食譜，但還是寫了測量值與做法指示。你只需讀一次，之後掌握了概念就永不再需要食譜了。

- 請丟掉食譜放手做！你也許不喜歡某個建議食材的味道，想用別的東西代替。也許你對某道菜的做法，已讀過幾個食譜，想綜合調味料或蔬菜。食譜又不是寫在石頭上。（嗯，除了我之前提到的古埃及人的啤酒配方。）

> 請做 A/B 測試，目的在破解迷思。請把食譜做兩次，每次改變一樣東西（比方餅乾：選擇將奶油融化或不融化），看看有什麼變化（如果有變化的話）。
> 如果不確定要採取哪種方式做，就兩個都做，看看結果如何。
> **保證**你會學到東西，而這些事可能連食譜作者都想不明白。

最後，只會照著食譜做創意就被抹煞了。我經常轉向不同文化的料理，觀察他們的「味道家族」，或者研究那些被認為是互補的地區食材。檸檬、龍蒿、紅酒，是法國料理上常見的組合，放在一起就令人愉悅。而到了其他地方，組合可能就是檸檬、迷迭香、大蒜。有太多由地區出發寫成的食譜，找一本涵蓋你中意地方的食譜。我喜歡結合兩種或兩種以上地區文化的飲食書（如摩洛哥、以色列、越南），最能激發我的思考，技術與食材的運用方法經過融和後更覺得迷人。

至於脫離食譜後的食材與靈感，請探索民族超市和家庭式自營小店，這些往往都是小店面，瀰漫著從陌生食材和香料傳出的新奇味道，四處問問，打聽一下它們藏在那兒，可能會是驚人的發現，讓你認識即將改變你下半輩子飲食烹飪的食材──但如果你只守著食譜照本宣科，這件事永遠不會發生。

● INFO

粥

　　人啊，張開嘴就得吃，每種文化都有以當地主產穀物做成像粥一樣的料理。而四方土地生萬物：美洲產燕麥和小麥，部分歐洲也有燕麥，大半亞洲種稻子。這些都來自同一科植物（禾本科〔Poaceae〕，又名真禾本科〔true grasses〕）。所以，無需驚訝這些穀物都可放在水裡煮，有時水換成牛奶，且煮出來的結果都很類似。麥子變成麥糊，燕麥變成燕麥粥，而米變成粥。

　　你不太可能在餐廳看到菜單上寫著「粥」，食譜書也很少介紹。基於同樣的理由，「燕麥糊」或「穀米粥」也不常出現[8]。這些只是家常菜，不是外出享受的「高檔」美食。但這並不是說粥就不好吃，不營養。每天有十億人都在喝粥，對某些人而言，粥相當於雞湯麵，生病時、需要安慰時，粥總能帶來營養恢復氣力。

　　粥因為文化的不同分類為各種變形。中國人管它叫粥，英文是jook或zhou，就是放了蛋、魚板、蔥、豆腐和醬油的稀飯；在印度叫做甘吉（ganji），是用椰奶、咖哩、生薑和孜然籽調味的米湯。如果用甜牛奶加上荳蔻熬煮，再撒上開心果和杏仁，就是甜粥，是印度餐廳常見的一道菜。

　　煮粥給你最好的機會放下食譜，因為粥不只一種！請好好探索。它將食材與味道結合，也可嘗試其他穀物。何不在燕麥糊上試試傳統用在粥上的配料，就如在鹹的燕麥粥上撒一點青蔥、蒜酥，再來一顆嫩心蛋？聽來就覺得好好吃。驚人的料理創作源自兩種不同文化的融合，就如地中海（北非＋南歐）、東南亞（亞洲＋歐洲）、加勒比海地區（非洲＋西歐）。以色列市場賣的食材會從鄰近北非西部（特別是摩洛哥）及東歐進貨，料理則受兩地傳統影響。而現代越南菜受到19世紀法國占領的極大影響。有個名詞叫「無國界料理」（fusion cooking），融合眾多不同文化的美國可能是無國界料理最近的例子，看看非洲、美洲原住民與西班牙人對美國南方飲食的影響；西歐和非洲的背景結合成路易斯安那州的「克里奧料理」（Creole food）[9]；而墨西哥料理的注入形成「墨料理」（Tex-Mex）。而粥僅只是開始探索無國界料理最方便的地方。請想想用米做粥的方法，試試用燕麥、小麥糊和玉米粥是否也能成功。做個實驗吧！

你知道短粒米、中粒米、長粒米的差別嗎？黏稠米湯又是什麼做的？

　　堅果外殼（或說穀物外殼）有澱粉質。我們都聽過澱粉，但它是什麼？澱粉是一種碳水化合物（carbohydrate，字首carbo是「碳」的意思，字根hydrate是水的意思（更多資訊請見p.226），由「支鏈澱粉」（amylopectin）和「直鏈澱粉」（amylose）兩種分子構成。其中，支鏈澱粉比直鏈澱粉更會吸水，而兩種澱粉質的比例會因不同穀物、不同品種而不相同。澱粉顆粒的大小也會造成差異，改變吸水速度的快慢，因此不同品種的烹煮時間也不同。稻米品種中所謂「長短」關乎長度和直徑的比[10]，一般而言，長粒米含有的支鏈澱粉比例小於直鏈澱粉，所以吸水能力較小，煮後黏度也較低。

8　西方人對「粥」的認知約有三類粥congee、porridge和gruel。congee語源印度，原料為米，較似中國的廣東粥。而porridge是燕麥黑麥做的麥片糊，而gruel是玉米雜糧混煮的米湯，原料雖與porridge類似卻是米湯狀，是英國貧困時期的充飢物。

9　路易斯安那州在18世紀數度易手，經歷法國、西班牙、法國再到美國統治，當地出生的歐裔自稱為克里奧（Creole，原自西班牙文的混合），當地料理與美式不同，重香料且延續西班牙與法國的料理特色。

10　根據農委會的資料，長粒米的糙米長度要在6.61mm以上，中粒米要大於5.51mm，短粒米小於5.51mm。如再來米多是長粒米，而蓬萊米多半是短粒米。

粥

以下材料用慢鍋至少煮幾個小時,或用普通湯鍋以最小火燉煮同樣時間。

4杯(1公斤)水或高湯
1/2杯(100克)短粒米或中粒米(米不用洗,這樣才會煮出更多澱粉質,粥才更好吃)
1/2茶匙(3克)鹽

等到要吃時,再把稀飯煮到快開就算做好了。長時間低溫燉煮早將澱粉質煮化了,把米湯煮開只是為了產生米漿讓湯汁變厚。我的壓力鍋有慢煮模式,所以只要把慢煮模式轉到煮飯模式,煮飯模式的溫度比較高,鍋裡的粥一下就煮到快開。如果你的粥是放在爐子上用鍋子煮的,就把火轉到中溫。每隔一段時間就要攪拌檢查,免得黏鍋。

一面煮粥,一面準備配菜。沒有固定要放的食材,就算千萬個廚師每天換花樣也不會有錯。以下是我喜歡放的配料:

豆腐,切塊,四面都煎到金黃
蔥,切小段
大蒜,切薄片,每面烤一下做成「蒜酥」
辣醬,如是拉差醬
醬油
烤杏仁片

其他建議:

鹹粥。可嘗試下列食材自由搭配。小魚乾、肉鬆(是一種乾燥肉酥,這是傳統放在粥上的配料)、雞絲、日本香鬆(一種撒在飯上的日本調味料,裡面有魚鬆、海苔粉、芝麻)、烤過的芝麻粒、醃黃瓜、麵筋、味噌醬、花生、香菜、炒過的蔥或洋蔥、奶油。

甜粥。請想想一般傳統的燕麥粥配料(可放糖、蜂蜜、肉桂、牛奶、水果),然後想像它們用在其他料理上的親戚(椰奶、椰子粉、蜜紅豆、麻糬、紅棗、蜜花生)。

你可以像在家裡吃飯一樣,配菜擺在小碗裡,客人可以自己拿,或者你可先把配菜分好,看來更正式一些:加1、2湯匙豆腐,蔥也放幾茶匙,撒一點蒜酥,幾滴是拉差醬和醬油。份量多少不重要,但辣醬和鹹醬則隨意。

小叮嚀

· 烤大蒜時,用利刀切幾瓣下來(如果你是大蒜愛好者,切更多也無妨)放在淺碟子裡。平底煎鍋放在爐子上以中高溫加熱,但不要放油,大蒜片鋪平放一層,煎2到3分鐘,把一面煎到棕褐色,再翻面(請用夾子夾)煎第二面。

· 粥煮到最後可打個蛋下去,蛋可以打在大鍋裡(然後攪拌混和),或等粥分到小碗裡再一個個加(如果溫度無法把蛋燙熟,可能需要放入微波爐加熱幾分鐘)。加蛋會改變粥的質地,讓這道料理口感更濃郁。

● 訪談

賈克・裴潘
談烹飪

賈克・裴潘（Jacques Pépin）是明星大廚和教育家，寫過20多本書，包括《賈克・裴潘的新廚藝全集》(Jacques Pépin's New Complete Techniques, 2012)，也在公共電視主持許多烹飪節目，像是贏得艾美獎的《茱莉亞與賈克教你在家燒好菜》。還是詹姆斯・比爾德獎（James Beard）[11]的得獎常客，包括終生成就獎。

你怎麼開始踏進廚房工作的？

嗯，某種意義上我是生在廚房的，我父母經營一家餐廳，我和弟弟總是要幫忙打掃、洗碗或削皮等等。我要不跟著我爸當個木匠，就要像我媽進廚房工作。所以我做這個選擇，做得心甘情願，我覺得廚房實在太刺激了，有吵雜聲、味道，還有其他種種。

你生長在法國，到了1959年搬來美國，請問為什麼？

我在法國也做得不錯，都在最大的地方工作，像是雅典娜廣場飯店（Plaza Athénée）、富凱餐廳（Fouquet's）還有美心（Maxim's），我甚至做到總統的國宴主廚。我要說的是，我來美國並沒有真正的動機，只是有個像年輕人一樣的深層欲望。我以為只會待個幾年，學語言，然後就回去。但從我到紐約的那一刻起，我就愛上她了，再也沒有回去。

然後你到了這裡不久，在1961年直接被霍華德・強生（Howard Johnson）雇用，到他的連鎖飯店工作。你在《紐約時報》寫道，那是你最寶貴的學徒經驗。怎麼說呢？

那肯定是我最寶貴的美國學徒經驗。有人要我去白宮，但跟你實話，我根本沒想到可能會變成公眾人物。廚師屬於廚房，沒什麼好說的。當我替法國總統工作時，從來沒人要求我們進入用餐室，或讓別人進來廚房看我們。如果有人進來廚房，一定是事情出錯了。受邀去白宮也是因為我在法國的經歷，我並不想如此，而霍華德・強生代表著完全不同的世界，一個與大量生產有關的世界，一個屬於美國人飲食習慣的世界，一個我完全不熟悉的世界。

---

[11] 詹姆斯・比爾德（James A. Beard，1903-1985），是首位將法國料理引進美國的一代大廚，也是美國電視史上第一位烹飪節目主持。美國最富盛名的餐飲界獎項以他命名。

你投身美國餐飲業達半世紀之久，之前又在法國料理界服務數十年，你認為未來我們與食物的關係將如何發展？

我不知道，但在這層面上美國是很特別的，在法國，有99%的人做法國菜，因為他們生來就如此，而且食物很好又精緻。在義大利，99%的人煮義大利菜。在西班牙、葡萄牙和德國也都一樣。但到了美國就有很大區別。人們可能某天煮土耳其菜，從斯瓦希里餐廳到尤卡坦餐廳，他們都會去，然後可能去法國餐廳、義大利餐廳等等。美國在過去20多年已經養成了這種情況，因為這種多樣性，美國變成最令人興奮的國家。

50年前，我剛到這裡的時候，廚師是社會位階的最底層。好媽媽會要兒子當建築師或律師，肯定不讓他做廚師。現在，我們都成了天才。有人告訴我有400個美食相關電視節目，所以它絕對驚人。廚藝的未來會如何發展？我不知道，但它永遠不會再回到過去的狀況。這個國家整個食品產業如此之大，人們的飲食知識都非常、非常充足。

對於正要學習思考飲食，學習烹飪的人？請問你有什麼建議？

我都說，如果你不知道從哪裡開始，但知道自己將踏入飲食的世界，那就從廚房開始吧！因為那是根本。無論你想做美食評論家或美食攝影家，只要學過廚藝就會有用。但如果你從飲食世界的另個領域開始，那它也未必是真的，因為飲食已經進入各個領域，從學術界到小酒館再到快餐車。

你曾提過每天花點時間出外尋找飲食樂趣是件好事。做菜樂趣當然也是好事吧。

我都把超市當備菜廚師，這件事現在可行，以前做不到。我有一支不沾鍋，去超市買去皮去骨雞胸肉、切好的蘑菇切片、已洗過的菠菜，只要出最少的力，就可在10到15分鐘內做好一道菜。做菜當然很快樂，享受它，然後享用美好新鮮的食物。

現代食物賣場已成為家庭廚師的二廚，這真是很棒的觀察。你認為我們對食材作用的認識，也就是這些東西的化學作用，在過去數十年間已有了改變嗎？

是有一些變化，就像荷蘭醬為什麼會油水分離，諸如此類，主廚的學習管道有很多，磨刀的方法、打蛋白的方法、去雞骨的方法，還是做歐姆蛋的方法都和50年前一樣。我可以走過爐子，就可以告訴你烤箱裡的雞烤好了，因為就像我們說的雞在「chante」，就是在「唱歌」，烤到某個點上湯水都蒸發了，積在鍋裡的油脂熱得叫，也就是在唱歌。就像烤爐上的肉，只要你用手碰一下，就知道是半熟或三分熟，烤到你要的狀況，就可以把它拿下來了。

我曾經和知識豐富的人在一起，他們非常了解食物的化學和事情的運作，但是到頭來那餐飯卻很難吃。然後你跑去小義大利找胖媽，她做菜對化學可是毫無概念，卻是你人生吃到的最好一餐。

當做菜是為了創造食譜，或烹飪是出於本能的快樂，這兩者是完全不同的。我一面做菜一面把過程寫下來，然後我就有一套我寫的做法。但並不保證對你也相同。食譜純粹只是由我陳述的某個特定一天，在特定溫度下，某段時間的某一刻。

我給你食譜，但你面對的是必須照本宣科的一張打字紙，與我創造食譜時擁有的自由正相反。然而我會跟他們說，做食譜菜就該先完全遵照食譜說的做，不管是誰做的都該說公道話，如果做成功，你應該再做一次，但第二次只是快速翻閱，到了第三次或第四次，你就該順應個人口味加強這道菜的做法。食譜不是一成不變的，而是因人而變動。就算脂肪量一模一樣，你也不會做出一模一樣的雞。

我在波士頓大學有教課，每個學生都想跟別人「不一樣」。

這是一種說法上的矛盾，因為你和你隔壁的做出的東西根本不可能一樣，因為你又不是他，這就是弔詭之一。我會教烤雞、奶油馬鈴薯和沙拉，然後

學生會到爐子那裡花一個半小時重做一遍。我告訴他們，不要想做些不一樣的，搞得我一個頭兩個大。我有15個學生，最後15個學生今天烤的雞都是獨一無二的，你根本不可能和你隔壁同學做得一模一樣。所以別再折磨自己想標新立異，只要放膽去做，最後就會和旁邊的人不同。

你在《頂尖廚師大對決》(Top Chef)節目上說，對你而言，最理想的最後一餐是烤乳鴿配新鮮碗豆。我好奇為什麼是這道菜？

嗯…你知道，剛從花園摘下來的新鮮嫩碗豆，配上小萵苣、小珍珠洋蔥，用奶油加上一點糖和鹽，就是一道「法式春蔬碗豆」，真是太棒了。而我喜歡烤得恰好的乳鴿。

坦白說，「人生最後一頓要吃什麼？」這問題很愚蠢。你都知道自己快死了，大概也沒什麼胃口吃了！我說，吃個上好的麵包塗奶油我想就夠了，奶油和麵包無與倫比。當然，我以前會那樣說是因為他們說：「奶油麵包很好，但是不夠。」所以，好吧，那就來個乳鴿和碗豆吧！（想知道裴潘主廚的食譜，請見 http://cookingforgeeks.com/book/peas/）

所以，很好、很好的麵包和很好的奶油就夠了。

是**極好**的麵包和**極好**的奶油。是的，麵包塗奶油無敵！

1-7 包羅萬象也各得其所

並不是每個人都是整齊清潔那型，但只要有個地方可以讓每樣東西都擺放得有條有理，你的廚房就會整齊又清潔。茱莉亞・柴爾德的廚房有句格言：「包羅萬象也各得其所」，認真說來就是：湯鍋、煎鍋掛在鉤板上，各個品項層次分明，好讓東西物歸原處。刀子收在櫥台上方的磁鐵條上方便拿取。常用的烹調器材如湯匙、攪拌器、油、苦艾酒放在爐邊。她的廚房依照法式規矩——**方便至上**，所以工具和必備材料要放在靠近經常使用的地方。

你也應該在廚房做同樣的事，每樣東西都該有個「家」，就算蒙著眼睛也能想都不想就隨意抓出特定的香料罐或鍋子（對於盲人來說也不是能隨意辦到的）。店裡買來的廚具要放在它會配合使用的食物附近，就像量匙要跟著香草，壓蒜器和蒜放在一起，量杯要和散裝食材放在一起。提到散裝食材，請記得將散裝食材貼上品名和購買日期，以免幾個月後（或幾年後）可能產生不愉快的驚嚇。

常用的東西要放在很快拿到的地方，每間廚房的爐子邊都該有個放湯勺和鍋鏟的容器；每間廚房靠近砧板的地方都該放著腳踏式垃圾桶。建議你有個好垃圾桶好像很怪，但是當你滿手洋蔥皮或亂七八糟的時候，有個腳踏式垃圾桶比去開洗碗槽下方廚櫃裡的垃圾桶要方便多了。如果在兼具美感的情況下，不妨考慮把廚櫃的門拆了，讓盤子和碗一伸手盡快拿到。這些小調整個別看來都是小事，但全部加起來你會驚訝替你省去多少時間。

檯面空間很寶貴，所以請把很少用的器具移到廚櫃裡。放了一年沒去用的東西應該送人。如果你不確定或不捨得（那是我們蜜月時買的芒果切片器吧！），就替它們在廚房外面找個家。如果你發現馬拉松式的大掃除讓人抓狂，試試一週清理一個櫃子。還是很累人？一天清一樣東西就好，無論大小，直到你到達禪定的境界。把廚房大掃除當成持續的習慣而不是年度儀式，打掃起來會輕鬆許多。

3×4廚檯設計規畫

規則很簡單：要有三個不同流理台，每區至少要有4呎（1.2公尺）長，這樣就有足夠的空間，做菜也容易些。這件事影響很大：沒有足夠空間，你做菜做到一半就可能嘎然停止，因為你還在想在哪裡堆放髒鍋子時，其他菜就已經煮過頭了。

3×4設計規畫很有用，因為有足夠的流理台空間，你才有地方讓東西運轉流暢。你可能用一個流理台專門處理生的食材，另一個放熟食和上菜要用的盤子，第三個檯子就用來放髒碗盤。但也不是說這三個區域的功用固定，而是以經驗法則來說，有三個夠長（和夠深！）的工作檯可以讓烹飪更輕鬆。

如果你現在的廚房格局不適用三個檯面各四呎的規畫，請想出擴張檯面或創造工作檯的聰明方法。

如果空間夠，最簡單的方法是買個附輪子的廚房「中島」，可依需要到處移動，也可放一般工具。請找檯面是木紋砧板的中島工作台。有些廚房符合三檯面各四呎的規畫但每個流理台相距太遠（是的，可能空間太大），中島會是這種廚房的最佳解決方案。

如果空間不夠大，請找個地方裝上臨時砧板。一塊厚約1.25公分的硬楓木砧板就可以用很久，也許一面牆就是你安鉸鏈、鎖砧板的好地方，在你沒做菜的時候還可以拉起來。或者你也可找找是否還有可以讓你擴張檯面的閒置空間。Ikea有賣品質好又便宜的木製櫥台。

最後，如果你想替自己的空間來點奢華設計（中了詛咒？），請查看克里斯多夫·亞歷山大[12]等人寫的《建築的語言模式》，三檯面四呎長的規畫就是從這本書出來的（請見書中p.853〈廚具規畫〉一章）。

---

12 克里斯多夫·亞歷山大（Christopher Alexander），天才縱橫的當代建築理論大師。1936年生，研究領域跨建築、數學、認知心理、交通運輸及電腦工程。所著《建築的語言模式》（*A Pattern Language: Towns, Building, Construction*）提出城鎮住宅等253個建築模式，企圖總結人類居住空間的所有模式。而此模式語言的概念卻對電腦工程的模組設計產生絕大影響。

1-8 一個人的晚餐派對

我們應該慶幸有獨自吃飯的機會。這樣我們煮飯吃飯的樣子才不會被人看到，真是太好了。一碗喜瑞爾穀片、麵包夾乳酪、罐頭肉煎一煎（！），還是吃外賣。你不需要取悅他人，也沒有人會批評你，就這樣放縱自己！

如果你很忙，也沒必要多花時間。一邊吃晚餐，一邊吞甜點；一面看書，一面吃飯。有機會就想想吃什麼才能讓自己開心。鋪上餐墊，倒上一杯飲料。對於忙碌的父母或工作不停的專業人士，一個人吃飯應該是難得的樂事，是一段可以用自己喜歡的方式照料自己的時間。

給一人做飯的你一些小訣竅：挑幾樣使用共同食材的菜就可以「攤銷」菜錢。做雞料理剩下的番茄和香菜可以用來做隔天早上的蛋，晚餐煮好的雜菜雞可以變身為三明治。如果你的食物賣場附設沙拉吧，可以去那裡找找食材。香菜要用到一把嗎？撿幾支你需要的量就可以了，有時候已經切好的菜比放在蔬菜區的更便宜。

RECIPE

雜菜雞

這道雜菜雞原來刊登在 Bon Appétit 雜誌，我最近才看到，卻變成我的固定菜色。它很好做，隔夜更好吃，要請客時做這道更是讓人眼睛一亮。

烤箱先預熱到450°F／230°C。下列食材放在大碗裡攪拌，包括：

4湯匙（60毫升）橄欖油
4瓣大蒜，壓碎或切成末
1湯匙（7克）煙燻紅椒粉（不辣！）
1茶匙（2克）孜然粉
1/2 茶匙（0.5克）紅辣椒碎（辣）

取1/4杯（60克）無糖優格放入小碗，再將大碗中拌好的**綜合香料取一茶匙**放入小碗和優格拌勻，放在桌上備用，之後可當成放在菜上的配料。

在辛香料的大碗中放入：

4塊雞胸柳條，約500克，先用鹽稍微醃一下。或者放入兩片雞胸，去骨去皮，再對半剖成更薄的雞胸肉片。
425克罐頭鷹嘴豆（請把水倒掉）
300克櫻桃番茄

攪拌均勻，先在餅乾烤盤或普通烤盤鋪上烘焙紙（可少做一點清潔工作），食材倒入烤盤中鋪成薄薄一層。烤20到25分鐘後，最後撒上1/2杯（30克）**香菜碎**或**扁葉巴西里**。

:訪談

黛博拉・梅迪森
談一個人吃飯

黛博拉（Deborah Madison）是加州舊金山「綠蔬餐廳」（Greens Restaurant）的創始廚師，寫過很多本烹調蔬食的書。2009年，她和藝術家丈夫派崔克・麥法林（Patrick McFarlin）合著《一個人的料理》（What We Eat When We Eat Alone）。

你對人們獨自做菜吃飯有什麼發現？

我們訪問了很多人，發現人們會自成一類。有丈夫孩子的女人一人在家也許只想泡在浴缸裡一邊聽音樂一邊來碗燕麥粥，這和天天都一個人吃飯，只做健康、美味、適合個人需求食物的人是不一樣的；也和年長者、寡婦或鰥夫不同，跟在學校只簡單用三明治解決的人更是不同。然後有一群人喜歡烹飪，看重好食物及做菜經驗，為自己做飯有另一套思考邏輯。男人和女人大多數時候是不同的，男人傾向做一大份，然後吃一個禮拜。我們訪問了一位調酒師，他會用大塊牛腩肉捲上乳酪和培根做牛肉捲。他非常驕傲地給了我們食譜，也做給很多親朋好友吃過，而這是他的一人獨享餐，所以每當他做這道菜，就吃一個禮拜。

我得說花生醬是一個人進食最常被提到的食物，它有各種用途，多數很噁心。有花生醬三明治抹上美乃滋，還夾了炒洋蔥和洋芋片——你知道，就是些瘋狂東西。但人各有所好。有個女人做過最美味的蘆筍料理是撒上烤麵包丁、好橄欖油和濃嗆的酸醋。這道食譜我經常使用而且很喜歡。

聽起來有些人在沒人看見時才有真正的創意。

人們找到自己一人進食時想吃的食物，我想有些食物讓人非常驕傲，即使噁心了點，但只要人們覺得可以就沒問題，起碼餵飽自己，其他人則對自己沒有多做一些覺得內疚。人們對為自己做菜有不同的價值觀。有人說到他下廚做午餐的情形：「我會找蔬菜，總是先用那些放了比較久、快軟掉的菜。」因為他覺得對不起那些菜，就會先拿比較老、快軟掉的，再配一些別的，做個三明治。這就是他的例行公事，聽起來沒有太多改變，這樣也行得通，他也很滿意。他想利用那些蔬菜，對他來說才是重要的。

一個人做菜有什麼事是讓你驚訝的？

真正讓我驚喜的是一些我訪談過的年輕人，他們基於各種理由對烹飪很認真。有位醫學生說他就是看不得Subway的肉球三明治。他每週日都會讓他媽媽教他做菜，讓他興奮的是，他有能力辦一桌晚餐派對，這是Subway三明治做不到的。他說：「你知道這很像在實驗室工作，必須立刻注意很多事。」所以他真的很享受做菜，也愛能為朋友做菜。

我們還採訪了另一位年輕人，他開始做菜是因為他不喜歡爸媽的烹飪方式，他想自己掌控，開始做菜就可以自己做決定。我覺得這件事某種程度上很美好有趣，也有效果，因為他開始學做菜了。

另有一位女士說，她的孩子在青少年時期她剛好特別忙，便要求孩子們一星期做一次飯。所有事都要自己操作。她讓他們犯錯，就像把糙米留到晚餐前15分鐘才煮，以致食物無法同時間做好。但她說，就因為這樣，孩子們真的學到了，當她一整天工作結束，回到家聞到屋子裡傳來烹煮食物的香味，真是太棒了。她表示這是很好的經驗，當孩子終於長大了，離開家，都學到一些基本的生存技能，起碼會煮東西。

Hello, 廚房！

1-9 晚餐派對的力量

烹飪和娛樂他人都有神奇的力量，可將人們聚在一起。當個主人，從餐桌擺設到音樂，可以完全依你想要的方式創造體驗。無論是晚宴派對、早午餐、上午茶點，還是其他餐點，請別害怕為他人下廚。我在前面談廚房恐懼症時已提到，晚餐派對的重點不在食物多麼完美，而在讓大家聚在一起，有食物為伴，愉悅地交談，促進交流。

如果你是辦派對、請人吃早午餐的新手，以下提供一些快速指點：

- 用誠意邀請人來，想想你邀請的是誰，他們與其他客人是否處得好。發出邀請時，如果還有請別人也要說明清楚（在邀請函註明「還有其他賓客」或「還有其他朋友」），要設想等待時間（你的客人會準時在7點整到，還是7點左右，或其他時間，到時候是否需要端上食物或只是用點心？）

- 接受派對邀請有個不成文規定，要看場合和關係的不同。當不確定時，可依循以下腳本：客人是否需要提供或帶東西來（我要帶什麼東西嗎？），此時主人要展現客氣（人來就好！），但不管如何作客應該帶點東西（隨便帶瓶什麼酒都好，可當晚享用，或留給主人他日再用）。

- 預先詢問有無過敏情形。如果你替真正食物過敏的人做菜，應該要有額外的預防措施。就像如果你會食物過敏，當有人邀請你，你的責任是在回應邀請時讓主人知道。你可以提供或為自己準備一份食物，這樣就不會讓主人為了符合你的需求而多加負擔。

- 有些客人必須遵守某種飲食限制（例如，蔬食者不吃魚和肉，素食者不吃動物製品，奶魚蛋素食者可吃奶、蛋、魚但不能吃肉）；有人不能吃某類食物成分（如不能吃飽和脂肪、單醣或過鹹食物）；或者謹守宗教戒律（像是只能吃猶太教的潔食或清真食品）。無論何種情況，如果你要替有飲食限制的人做菜，請和客人先聊聊，知道哪些食物符合他們的需求。

- 請選擇讓你有時間陪客人的菜，畢竟他們去你家是為了見你！倒不是說你必須在客人到前每樣東西都準備好。一面料理餐點一面和客人聊天，是共度一晚的美好開端，只要端上的是客人期待的飲食。

- 替客人準備餐前點心，好讓客人用餐前先墊墊肚子。只要很簡單的東西即可，像是麵包配乳酪、口袋麵包pita和豆泥、新鮮水果（如葡萄）或蔬菜（紅蘿蔔配沾醬），當客人飢腸轆轆等待正餐上桌前，這些都是快速、簡單又好用的點心。

想了解食物過敏及一般過敏物的替代品，請看 p.472。

受歡迎的派對開胃點心

前菜、爽口點心（法文 amuse-bouches，意思是「爽口」）、開胃菜，無論你怎麼稱呼，就是帶著強烈風味可一口吞下的美味小拼盤，目的是在正餐前激起食客的胃口或先填一填飢腸轆轆的胃。

它們通常很簡單，是啊！在我的書裡只要一片麵包就算數，某位朋友有時還會端上一小杯湯（上次是用花椰菜和芹菜根磨成的菜泥濃湯）。有些人也許不習慣用開胃菜開始一餐，但這是有歷史的。史上第一家餐廳於1765年在法國開設，至少西方歷史是如此說的，它當時端上燉湯和清湯作為人們的「精力湯」，宣稱這些湯可以讓人恢復力氣。餐廳老闆在店外掛了招牌一言蔽之，用的就是「恢復精力」這個法文字「restaurant」（也就成了現在的「餐廳」）。

大多數為晚餐派對準備的小點心都應該很簡單，像是橄欖，或是抹上鷹嘴豆泥醬或酸豆橄欖醬的麵包（酸豆橄欖醬 tapenade，就是切碎橄欖、酸豆、鯷魚後拌成的沾醬），也許是從熟食店或肉店買回來的綜合醃肉片，麵包配乳酪也很常見，但如果你不注意，餐前小點就會變成主餐了（有人就覺得大餐結束吃乳酪才比較合理）。何不來一些只需要少許準備功夫卻仍然又快又美味的餐前點心呢！

下面提供幾樣我最喜歡做和吃的小點心：

烤綠橄欖。 使用大顆的帶籽鹽漬綠橄欖做效果很好，像是 Castelvetrano 綠橄欖。如果你用的品種沒有辦法吃熱的，你也可以吃冷的。如果用爐子做，就用附蓋的煎鍋加熱橄欖，如果想用烤箱的上火功能，就用耐熱的餐具。先在鍋中放入綠橄欖，倒入一層薄薄的橄欖油，再用中火或高溫加熱，不時搖搖鍋具，讓橄欖滾動，幾分鐘後橄欖各個部分就該出現微微的焦黃狀，也聞得到如花香般的香氣。也可試試讓它們和櫻桃番茄一起烤，熟了後再加入新鮮香草。

杏仁蜂蜜烤羊酪。 在微波爐適用的餐盤中放入一小塊圓圓的羊乳酪，再澆上一大匙蜂蜜，送入微波爐加熱30到60秒，讓乳酪熱到部分融化。再在乳酪上丟入一把西班牙 Marcona 杏仁果（這品種和普通杏仁不同，沒有薄皮，也比較不苦），或加一層新鮮香草碎。搭配脆餅乾或麵包食用。

酥皮塊或酥皮捲。 去超市冷凍區抓一包酥皮麵團，要做成餐前小點，就把它切成一口大小的正方形，在上面放任何好吃有香氣的食材送去烤。例如，你可以放上乳酪和番茄切片。也可以做個**蒜香酥皮捲**，先在酥皮刷上一層橄欖油，撒上蒜末（或蒜泥，用壓泥器把大蒜壓成泥）、新鮮胡椒碎，然後把酥皮切成約1公分寬的條狀，再把酥皮條像擰毛巾一樣扭成麻花，放在餅乾烤盤上以 400°F／200°C 的溫度烤10到15分鐘，烤到中等焦黃程度即可。

呈現和擺盤

「看起來好好吃！」恐怕是句不可能的話。怎麼可能用看的就知道這東西的味道如何？當然是透過裝飾和擺盤，也就是食物在盤上的擺設，給食物的味道設定某種期待，也是當你為他人做菜時，比滋味香氣更強而有力的信號。

食物呈現是一種信號表達形式，透過生物學家所說的「信號傳遞理論」（signaling theory）最容易了解這個說法。生物學中，動物用信號傳遞許多意圖，青蛙身上的亮紅色傳遞了「有毒」的信號以抵禦天敵，漸漸地，其他動物會模仿這個信號──請想像沒有毒的青蛙恰巧是紅色的──導致誠實的信號發送者與山寨抄襲者間的競爭，這就是為什麼比較難模仿的信號會取代老式且可模仿的信號。瞪羚抵禦天敵的信號是垂直蹬跳（pronking，現在這個字已做成填字遊戲），瞪羚跳得高也就展現了牠們能跑得快。獵豹看到瞪羚能快速地垂直蹬跳，得知追捕瞪羚的代價太高，便替兩者省去一場高耗能的賽跑。但較弱的瞪羚就無法複製如此誠實的信號，只能喪命。

人類也會傳遞信號，昂貴的跑車並不實用，至少在城裡行駛時是如此，但它也傳達經濟地位的信號（順便一提，這也是高級跑車只有兩個座位和極小儲物空間的原因：如果這部車對日常雜務很實用，那它就不會是展現財富的好信號。）下廚做飯必須從無到有且耗費時間，這也是一種信號，讓別人知道你重視他們。邀請客人來，替他們準備食物，這是個重大信號。信號傳遞理論部分也解釋了為什麼布朗尼預拌粉還要做成要放蛋和油的版本，除了我在本章前面寫到的手作者的滿足外，也需要這些食材讓人多費些工夫，好讓烘焙者傳送出他們在乎的信號。

⦂ INFO

柳橙中的布朗尼

擺盤不一定要花俏、困難或昂貴才能傳達出「特別」的信號，但它的確需要經過思考，也要和你平常做的不一樣才能傳達這般概念。就以布朗尼來說吧！就算你用預拌粉來做（帶著內疚的快感！），放在柳橙裡烤就能改變食物呈現並傳達你的想法。請記得，食物呈現取決於你設定的情境，所以布朗尼放在柳橙中烤也許在某些情境下很特殊（特別是對那些從來不在廚藝上下工夫的人來說），但在某些情境下就low了。

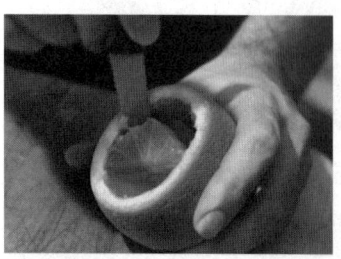

切除柳橙頂部，挖出中間果肉。 　　填入布朗尼餡料。 　　烤到用牙籤插入2.5公分深，取出時牙籤不沾餡料。撒上糖粉即可。

要傳達訊息，不同情況要求不同信號，而這就讓寫出「如何擺盤」的通則有些難辦。要了解食物如何呈現，就得先理解某人想要溝通的信號，然後為這情境挑選適當信號。如果只為了應付平日一餐下廚做飯，你也不會想弄個花俏擺盤（但倘若連平日場合都要講究用上特殊擺設，也許這正是個信號，為了即將來到的壞消息緩和衝擊）。如果是特殊的約會之夜，鋪上餐巾，花些時間在食物擺盤上，便傳遞出這是特殊場合的訊息。和好友相聚，準備一個符合社交圈期待的環境，這也傳達了你對群體規約的理解。跟著高檔餐廳的擺盤形式也許很迷人，但也可能要求誇張了些，這就要取決於你的同伴了。

如果你想使用一般西方高級餐飲常見的手法呈現食物，以下是基本擺設技巧。

盤子的顏色和大小要和食物相配。我一直很訝異使用大盤子的效果竟會如此不同，它就好像圍住了圖畫的畫框，盤子上的留白更是好。顏色也是有利的工具，我發現有兩組不同顏色的盤子較好，像我不是用白色的就是深灰色的，這會讓你更容易挑出較能襯托食物顏色的餐盤。你也可以在菜餚上加點顏色：在湯上加些香草葉子，在烤雞胸上撒些新鮮現磨的黑胡椒，或在巧克力甜點上飄一些糖粉，這些都能替單一色澤的菜餚增添一些視覺趣味。

讓菜色和傳統家常菜不一樣。如果你要上的菜裡有蔬菜、澱粉類，還有蛋白質，傳統上這三類會做成三角楔形，依次排放，合成一個圓。你可以試試改在盤子中央先鋪一層薄薄的澱粉類，然後把蔬菜放在上面，最後再在蔬菜上疊上蛋白質。（如果你想把菜疊得非常高，可以用去掉頂部和底部的大鐵罐圍住，把菜疊在裡面，然後滑動鐵罐從上拿掉就好。）

思考食物的大小和擺設。上美術課學到的一切視覺構圖規則都可應用在擺盤上（幼稚園學的也算！）。「奇數法則」（the rule of odds）是其中最簡單的，一碗義大利麵擺上三個或五個肉丸子多半會比放四個或六個丸子在視覺上來得有趣。對比食物大小和形狀也有幫助，如果你端上豬排肉，試著把它剖成兩片，把其中一片有點角度地放到另一片上方，這樣既可秀出排骨內部，也能展現肉的熟度，從擺設和顏色對比上都能增加視覺趣味。

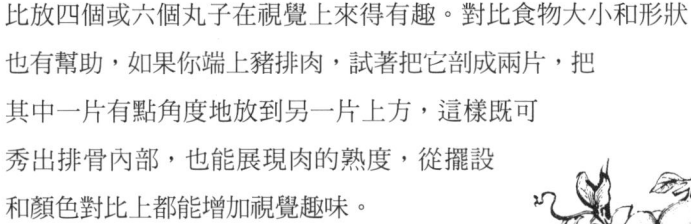

1-10 基本廚房工具

要找出廚房該有的器具真是件苦差事。市場上產品零零總總，要做這麼多決定讓人傷透腦筋，特別是愛過度分析的完美主義者（你知道自己是哪種人）。我該買什麼型的刀？這鍋子適合我用嗎？我該買那把櫻桃去核機嗎？

深呼吸，放輕鬆。對新手來說，廚房設備似乎像是廚藝成功的關鍵，但說句老實話，廚房設備並不是**那麼**重要。一把利刀、一個煎鍋、一塊砧板、一支攪拌用湯匙，就已經涵蓋食譜要求的80%，已比世上90%的廚房設備還好了。嘿嘿！世上還有些地方，人們只有一個鍋子和一把鍋鏟，鏟子還要把一邊磨利當刀子用。

好工具會讓廚事更得心應手。至於要買哪種工具，正確解答是：**只要你覺得有用、用得順手、用來安全的東西皆是**。接下來將介紹我慣用的廚房工具，但最終還是要你實驗，把這些建議修正成更符合個人需求。

要找最好的廚房工具，我能提供的最好訣竅是：請找餐廳廚具供應商。這些商店的貨品堆了一排又一排，任何你想得到的廚具、食器、餐廳用品，甚至連「請等候入座」的標牌都應有盡有。如果你找不到這種店，就像他們說的：「網路是你的好朋友。」任何東西都可上網購買。

做菜要用手！雙手是廚房最佳工具，只要用肥皂好好洗過，一樣很乾淨，功能無限也更靈巧。要撕萵苣葉？要擠檸檬汁？想把菜移到盤裡？就用你的手吧！還有，用手學習感受各種溫度的差異。

把手放在熱鍋上方，注意手與鍋子距離多遠仍能「感覺」熱氣，或把手貼在設定中溫的烤箱上，記得這感覺，然後比較你在操作熱烤箱時的溫度。

至於液體，就把手放在大約130°F／55°C的水中1、2秒，但如果放進140°F／60°C的水中，反應大概就是大叫一聲「好燙！」

INFO

現在就該替烤箱做的兩件事！

有個設備也許跟你一生一世，那就是烤箱。好烤箱之所以「好」，好在它精準測量和調節熱度的能力，因為烹飪很多都與用熱控制的化學反應速率有關，如果烤箱不會過冷過熱且保持溫度恆定，這樣的烤箱就會在烹飪與烘焙上造成極大不同。想確保你能得到最佳效果，有兩件事情你現在就該做。

校正烤箱溫度。請將烤箱設定在350℉／180℃，用探針溫度計測量實際溫度。當你真正用烤箱烤東西時，再把溫度計放在同一位置測試，如果溫度差別很大，請查看你的烤箱是否內建調整鈕或校正設置，如果沒有，就要在設定溫度時牢記偏差質，記得把溫度調到比設定溫度高一點或低一點。烤箱加熱時會先超越定溫，然後關上、冷卻、再加溫，如此重複。很可能你的烤箱溫度雖被「正確」校正，但量出來的溫度依然太高或太低，請以10分鐘為一輪，用溫度計多確定幾次。

在熱氣散失的狀況下，如何增進烤箱的復原時間？放進一塊披薩石板就行了。假設你在烤餅乾，烤箱溫度設定在375℉／190℃，餅乾已在烤盤上排好，就等放進去。在空空的烤箱中，唯一熱的東西是空氣和烤箱四壁，而你一旦開門放進餅乾，熱的東西就只剩烤箱壁。我發現放塊披薩石板在烤箱底部的層架上會讓烘焙結果好得多，然後再把另個層架架在石板上。（千萬別把餅乾烤盤直接放在披薩石板上！）

披薩石板負責兩件事。第一，它就像「熱質量」[13]，意思是當我們開門放餅乾，造成熱空氣流失時，讓它的恢復期更快。第二，如果你的烤箱是電烤箱，披薩石板就像散熱器，在你的熱源及烤盤間作用。熱源發送強力熱輻射，通常這股熱力會直接打在放在烤箱的烤盤或烤具底部。石板夾在熱源與托盤間，隔開了直接熱輻射，也分散了溫度，讓溫度更平均。請盡可能買最厚、最重的石板，就像所有的熱質量，放入石板會加長烤箱加熱時間（然後再降溫到定點），所以請確保預留更多的預熱烤箱時間。

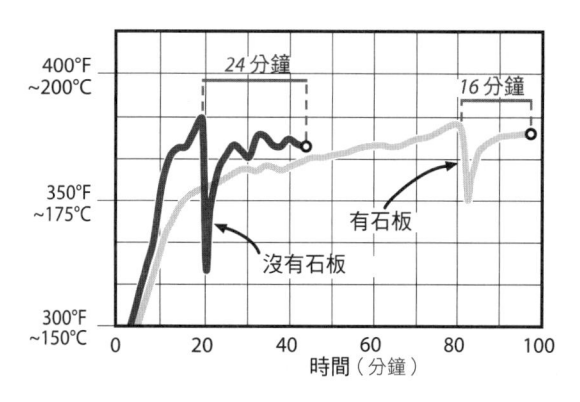

放入披薩石的烤箱升溫要花較久時間，
但當食物放入後會烤得更快，保溫效果更好。

---

[13] 熱質量（thermal mass），保溫質材，物體密度和熱容量越大，熱質量越大，蓄熱能力也越大。

LAB

技客實驗室：利用糖校正烤箱溫度

如果你沒有數位溫度計，卻要檢查烤箱溫度呢？用冰水和沸水校正溫度是常用的做法，因為冰水和沸水的溫度都基於水的物理特性。但水並不是廚房中唯一具有可調溫特性的化合物，你甚至還可用**糖**校正你的烤箱。

人類收成糖已經上千年，但僅在數百年前才工業化生產糖。你最可能買到的糖不是從甘蔗就是從甜菜來的，這些作物先浸泡在熱水裡，讓糖溶出成糖漿，之後再結晶。你所熟悉的白砂糖就是～99%的蔗糖（而蔗糖是純的 $C_{12}H_{22}O_{11}$ ），其餘是水和其他微量物質，像微量礦物質和來湊熱鬧的灰質。

首先準備以下材料：

- 鋁箔紙
- 糖
- 定時器
- 一個盤子（用來放熱的糖）
- 很明顯，還要一個烤箱！

實驗步驟：

白糖會在367°F／186°C融化，從熟悉的白色顆粒物質變成某種像玻璃的東西。（若處於比此溫度低的狀態下，蔗糖會化學分解，請見p.242。）適當校正過的烤箱若設定350°F／180°C就不會融化糖，但溫度設定在375°F／190°C則會。

我們要在兩種不同溫度下烘烤兩個糖樣本，一個希望能低於糖的熔點，另一個要高於，目的在檢查烤箱溫度。

1. 烤箱預熱到350°F／180°C。
2. 鋁箔紙做成樣本盛裝盒。
   a. 鋁箔紙撕成12公分×12cm的正方形。
   b. 四邊往內折後豎起，變成小盤子，盤子的四方形底部每邊約10公分，豎起的邊約1公分高。
3. 在每個樣本盛裝盒中各加入一湯匙糖。
4. 第一份糖樣本放入事先預熱好的烤箱（定溫在350°F／180°C）。定時器設定20分鐘，等待。
5. 20分鐘後拿出第一份樣本，放在盤上。請記得拿出來的糖很燙，即使它看起來不燙。
6. 烤箱溫度設定在375°F／190°C，等10分鐘讓溫度調整。
7. 第二份糖樣本盒放入烤箱，時間訂20分鐘，然後等待。
8. 20分鐘後，取出第二份糖樣本，放在盤子上。

研究時間到了！

請觀察這兩個樣本有什麼不同？你認為為什麼會這樣？比較350°F／177°C烤的糖和沒烤過的糖，有什麼發現？為什麼會這樣？研究這件事最好的地方是：一旦樣本冷卻，你還可以嚐嚐看，用375°F／190°C烤的糖又告訴你什麼？

用350°F／177°C烤的糖。　　　用375°F／190°C烤的糖。

刀具

刀是人類最古老也最重要的工具,因為:刀讓烹飪和進食成為可能。烹飪在於處理食物使能入口,在此最基本的意義上,烹飪創造了社會,而隨著時代演進,好的刀具增進我們處理食物的能力。在世界某些地方,金屬刀片取代了燧石與黑曜石,而這種運用金屬的能力也正式界定了石器時代和歷史時代初期的交界。

然後約在4,000年前,鋼材取代了其他金屬,如銅或鐵,想必不久之後鋼就被鍛造做為烹飪之用。現代的刀有兩種製造方式:手打鍛造(forging)或機器沖壓(stamping)。**手打鍛造**刀比較重,因刀鋒上有附加材料,切東西時比較好「拉」。**機器沖壓**刀則比較輕,也比較便宜,因為經過大量製造。至於哪一種刀較優?則是高度主觀。有些人認為刀是**非常**個人的選擇。而我則十分滿意便宜的機器沖壓刀。買刀前,請確認刀握在手裡的感覺。

切東西時,無論用的是哪種材質的刀,都需要把刀「拉」過食物(不是直接壓下,除非是乳酪或香蕉這類軟的食物,也不要用「鋸」的,而是用平順長拉的動作帶過)。以下是人人都該有的三種刀:

主廚刀。標準主廚刀長約20公分到25公分,刀鋒略彎,讓你只要提刀就可斬,拉刀就可割。如果你的手很小,可以看看日式設計的三德刀(Santoku),刀身幾乎完全扁平,橫切面極薄,最適合直上直下的切割動作。

削皮刀。削皮刀的刀身小(約10公分),設計成你可一手握刀,另一手拿食物,就可做些替蘋果切片去核或削除馬鈴薯壞掉部分的工作。市面上有些削皮刀的握刀方式被設計成拿鉛筆的樣子,讓你用兩隻手指就可畫圓旋轉,只要轉動刀頭就可以把東西的邊緣切掉,而不需要轉動食物。

麵包刀。麵包刀有鋸齒狀的刀鋒,長度約在5公分到25公分間。雖不是每天必用刀具,但除了麵包之外,用鋸齒刀鋒切橘子、葡萄柚、瓜類、番茄都比較容易。

我總想著「失敗模式」,如果刀滑了,刀會往哪兒去呢?看到有些人用刀用得不對就像聽到有人用手指甲在黑板上刮。

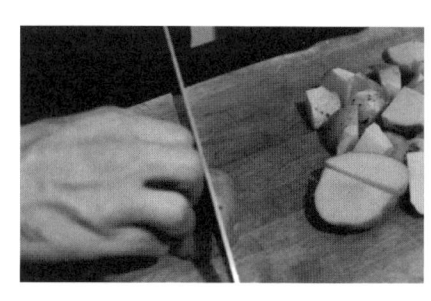

刀要保持垂直移動,要穿透食物,而不是陷在食物裡面。手指抵住食物切面防止手被切到,壓住東西時手要往後彎,所以刀滑掉時,手指也不會受傷。你也可以把刀的上側貼緊你的指關節,下刀時就會控制得更好。

要把砧板上的東西刮下去,請把刀反過來用鈍的那一面,這樣就不會把鋒利的那一面弄鈍。

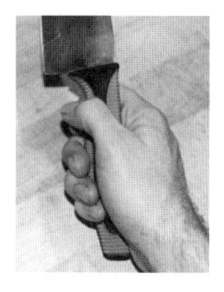

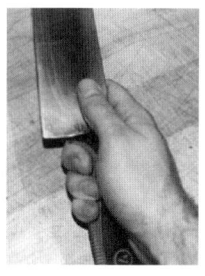

握刀方式不只一種:試著「捏著刀柄」握刀(右圖),而不要像握高爾夫球桿似的「握著刀把」,捏著刀柄握刀較靈活,運刀時更靈巧。

RECIPE

一小時法式洋蔥湯

　　大把主廚刀、一塊砧板、一大袋洋蔥，這是學習片、切、剁、剝等刀工最好的方法。如果你從沒做過法式洋蔥湯，只要你的用刀技巧很好，這道菜很容易。要看練刀工、切洋蔥等技法的精采示範，請上cookingforgeeks網站（http://cookingforgeeks.com/book/onionsoup/）看茱莉亞·柴爾德的法式大廚單元〈自家法式洋蔥湯〉。有些事會改變，就像製刀技術變得更好，但基本功不變，看茱莉亞的廚藝教學總是很有樂趣。

　　洋蔥湯最早的食譜需要水或牛肉清湯，就如1651年的版本就是如此；另一種老派作法則建議煮好後在湯上撒一點酸豆；茱莉亞·柴爾德的版本則需要在家自製雞湯和牛肉湯，但是你應該在某個時間自己熬湯（請見p.372），因為熬湯的時間比我們大多數人做晚飯的時間還要長。而我這裡的版本用的是蔬菜湯（我喜歡它的味道），用微波爐做是個聰明好方法（請想像一下！）。

　　擺好砧板，在旁邊放一個可微波的大容器，放洋蔥絲用，請先在容器裡放 **4湯匙（60克）奶油**。

　　取 **5到6顆大的黃洋蔥**，大約900克，去掉洋蔥根部和蒂頭，切成兩半（從上到下的縱切），剝掉外皮。請務必去掉所有硬皮，因為到最後它還是會留在湯裡。切成一半的洋蔥都切成絲，等到要清出砧板空間時，就把切好的洋蔥放入容器中。

洋蔥為什麼會讓你哭？

　　我們知道不是洋蔥汁濺入眼睛，而是當洋蔥細胞破裂時，洋蔥細胞裡的蒜胺酸酶與胺基酸亞碸會互相反應產生次磺酸，穩定之後成為硫酸氣體（專業上稱之為「丙硫醛–S–氧化物」〔SPSO〕），這種硫酸氣體與水作用則會產生硫酸。我們切洋蔥時，硫酸氣體接觸到眼睛中的水（淚液）生成硫酸，眼睛受了刺激只得湧出淚液以清除硫酸。

　　了解切洋蔥會哭背後的科學解釋了某些防止哭泣小祕方有效的原因，導致流淚有三個階段，蒜胺酸酶要與胺基酸亞碸起反應；硫酸氣體要接觸到眼睛；硫酸氣體要與你的眼睛互相作用，打斷任一階段都會減少洋蔥的催淚特性。以下有幾個方法提供參考：

　　使用好刀子和好刀工。用好刀子切洋蔥可以減少從組織流出的汁液，劃開時也可以讓洋蔥保持合在一起的狀態，暴露到空氣中的硫酸相對就少了。

　　洋蔥先冰過。酶促反應和揮發作用都與溫度有關，所以把洋蔥放入冰箱或冰庫一兩個小時能夠降低產生硫磺酸（但別把洋蔥放冰箱冷藏，原因請見p.139）。

　　刀、洋蔥、砧板都沾濕。讓你流淚的硫化物剛好都是水溶性的，所以適量的水有幫助，但這不是很好的解決方案，因為濕滑的東西並不好切。

　　避免硫酸氣體與眼睛接觸。使用風扇，在通風良好的空間切，甚或穿戴可笑的游泳護目鏡都可以減少觸發反應的硫酸氣接觸眼睛的量。

現在到了非正統做法的部分。一般把洋蔥放在爐上煮是一種熱平衡作用，一方面爐子要熱到可以煨煮洋蔥自身的水分，但溫度也不能太高，不能把洋蔥煮乾掉或燒焦。用微波爐煮洋蔥也許聽來瘋狂，但它卻對平衡作用做得極度完美：微波會加熱洋蔥中的水分，讓它們接近煮沸但不沸騰，決不激化到煮乾的程度，尤其不會把它們燒焦。雖然仍要花上至少30到45分鐘，卻出乎意料地簡單。

先把加了奶油的洋蔥以微波爐的強火加熱15分鐘，然後拌勻，此時的洋蔥應該看來有些半透明，有些部分也萎掉，但不是焦。看到有不小心留下的硬皮，請拿掉。然後再微波15分鐘，再拌勻，如果還有洋蔥硬皮再拿掉。此時洋蔥的體積應該變小，顏色也開始轉為褐色。此時以每次微波5分鐘為單位，多微波幾次，直到洋蔥份量都縮了，變得像桃花心木的褐色。

洋蔥放入鍋中，拌入以下材料：

1升無鹽蔬菜湯

2湯匙（30毫升）白蘭地、威士忌或雪利酒（酒可自由選用，但增添加分的深度；如果喜歡甜味，就用雪莉酒）

1茶匙（6克）鹽

新鮮胡椒粉

然後嘗嘗看，如果需要再調整味道，小心別在湯裡放過多的鹽，因為乳酪還會平衡鹹味。這時候你可以把湯放入冰箱幾天。

要吃時，把湯再煮到快滾未滾的程度，舀入烤箱適用的碗（如果你端上桌時走居家風，也可把湯舀入烤箱適用的淺鍋中），然後用烤過的乾麵包切片蓋在湯上，請不要省略烤麵包乾燥的程序，因為最後這樣的麵包才會吸飽湯汁又濕又黏。你可以用放了比較久的麵包直接烤，或者把麵包切片攤開，放在300°F／150°C的烤箱中烘乾。

然後在麵包上再舖一層融化時很棒的乳酪切片，如Gruyère，Fontina或Emmental，厚0.5公分一層舖滿。

用烤箱的上火功能融化乳酪土司，要烤到出現幾個快烤焦的褐點時才算好。

如何切洋蔥

先把洋蔥對半切開，切面放在砧板上，然後平切洋蔥兩三刀，要切到接近洋蔥蒂頭，但不能切斷。最後部分不切，洋蔥就不會散開。

接著縱切數刀，但小心不要切斷蒂頭處。

把洋蔥轉過來，垂直下刀，就可把洋蔥切成小丁。

● 訪談

巴克・雷柏
談刀具

巴克・雷柏（Buck Raper）是全美最大、最老牌刀具公司Dexter-Russell的製造工程部經理。上圖，巴克在治金實驗室，手握刀子，旁邊就是一台刀鋒打磨壽命測試儀。

你怎麼會到Dexter-Russell上班的？

之前我在攻讀有機合成化學博士的學位。

哇！然後呢？

到越南服役。

回來之後…

回來之後，並沒有太多工作機會給化學博士生。那時我仍想在學校待兩年，還有家要養，所以又去拿了一個MBA學位，得到博士生可賺取的兩倍起薪。我的家族一直從事刀具事業，從小聽的都是刀的大小事。當我還是小嬰孩時，我爸爸會在星期六早上帶我到小刀工廠，把我往工頭那裡一放，這樣他就可以把該做的事做完，我也可以跟著工頭做刀子。

化學背景結合了家族製刀歷史，是否有一種互補作用？

某種程度上吧…但更像是你從硬底子科學中學到了科學方法和分析技術，再運用在生產製造上。比起主修歷史的MBA或英文系畢業再修的MBA，我只是以不同觀點看待這件事。有真正的科學經驗，就會採取不同的方法，工程學的方法。

你能舉個例子嗎？

以前多數的熱處理作業、研磨及鋼材選擇多半都由民間傳說決定，總是沒有人記得為什麼要這麼做。而現在要替某個特定器具選擇鋼材時，就要做一些測試，先做一批刀子一把一把地試，看有什麼結果。有樣本控制，有數據紀錄，這就是我做的改變。Dexter-Russell有192年的歷史，我們還保存著自1900年世紀之交留下來的機器工具，這些器具仍可以運作，也做得很好，但沒有人真正知道為什麼我們要用做老機器的方法做現在的事。

當你測試這些民間傳說時，什麼是讓你嚇一跳的？

我們是做專業生蠔刀的第一把交椅，生蠔刀的刀尖用了一段時間就產生問題，它會裂。我們以往的處理方式都用熱處理，想法是讓刀更硬，刀尖就不會裂了。理論是如果刀會裂，就做硬一點，刀尖就不會斷了。而實際上我們要做的只是換個更韌的鋼材，所以改變我們的熱處理作業，創造堅韌卻更軟的鋼。

所謂的鋼材硬和鋼材堅韌是什麼意思？

這是鋒口處的權衡問題。越硬的鋼，越利於開鋒，但也需要一些彈性。如果你需要彈性刀身或是片魚刀，越硬的鋼就越脆，會裂。所以你得在硬度和韌度間權衡拿捏，而韌度可以讓刀更有彈性，刀也更耐用抗磨。開鋒失敗的原因之一，是你真的把鋼砂磨穿了，為了避免這情形，你必須找堅韌的鋼材。

鋼材做熱處理時，你要煉出「麻田散鐵」〔Martensite〕，要先把溫度加熱到能讓材質產生最大硬度（「麻田散鐵」是一種在溫度急速變化下在金屬內形成的晶體結構。）如果你降溫，溫度調低一點，鋼就會變韌。如果你加熱時間太久（太長，雖然鋼材會變硬，但它是脆的。就拿我們的不銹鋼400系列鋼材來說吧，這是可做熱處理的鋼材。煉鋼最佳溫度是1934°F／1057°C。若你把它加熱到1950°F／1066°C，卻會得到與1920°F／1049°C同樣的硬度，但一個較韌，另一個卻較脆。

鋼是由鋼砂形成。如果你把刀身斷成兩半，肉眼觀察就能看到刀裡的質地就像細水泥，你看到的就是一團一團的鋼砂。鋼有9到10種不同相變[14]。依據製造過程、特定溫度，可以混合這些不同相，這會決定鋼的堅韌度。當我解釋熱處理時，總用烘焙蛋糕來比喻，拿個生麵團使其受熱，它會產生化學變化及相變，一旦烤過，麵團就會從料漿變成多孔固體。

以鋼而言，一旦加熱到關鍵溫度，冷卻──就是「淬火」（quenching），也很重要。你也許看過老電影裡鐵匠一直打著鐵，打到鐵熱了，放進水裡，嘶一聲地冒出蒸氣，這是快速冷卻的緣故。至於不銹鋼，得在低於1350°F／732°C下不超過三分鐘，才能維持你想要的相態。如果冷卻速度較慢，鋼的相態組合就不一樣了。所以不只是提高溫度的問題，冷卻曲線也是關鍵。

鋼刀也取決於合金。不鏽鋼刀材有20到30種以上不同種類，不鏽鋼只是做刀鋼材中非常小的一支，而合金鋼材又是碳鋼中的分支。所有熱處理作業都與你用的合金鋼材有絕對關係。

製刀時，有為了特定目的而想用其他種類的鋼材嗎？

我們想用不銹鋼，即使碳鋼可以做出很棒的刀。大家都喜歡老碳鋼刀，但現在有「美國國家衛生基金會」（National Sanitation Foundation）[15]和其他監管機構，許多餐廳都不能用碳鋼刀了，所以我們選用不銹鋼。不銹鋼中含有鉻，是鉻讓它不生銹，鋼裡面也有碳，所以也具備堅硬的特性。如果你想要刀子硬一點，就多加一點碳；想要更強的抗腐蝕性，就多加一些鉻。做熱處理時，若想創造細緻質地，就要用鉬、釩、鎢和鈷等元素幫助你產生細緻的顆粒。而鎢和鈷可以讓鋼更韌。

為什麼限制餐廳使用碳鋼刀？

碳會生鏽，是鐵的氧化物。而鏽很髒，刀子生鏽的地方就像一個個坑，油就卡在裡面，而油脂會滋生細菌。通常市、州、郡的法律條款都有這項規定。

碳鋼和不鏽鋼哪個好？

這是我思考近30年的老問題。我最後從法國鋼鐵廠的冶金專家的研討中有了想法，他研發了一台可以測試刀口鋒利度和刀鋒壽命的機器。解答是，碳鋼刀的刀鋒可以多5%的鋒利度，而不銹鋼刀鋒可以延長5%的壽命。不銹鋼刀雖可以更韌，卻很

---

14 化學名詞，物體在外在狀況變化時由一種相變為另一種相，如水可由液態水變為固態冰。
15 美國國家衛生基金會（National Sanitation Foundation，簡稱NSF），為產品認證、標準設定的機構，使其合乎公共衛生及公共安全。

難產生如此鋒利的刀口,所以風評不好,因為人們無法正確磨刀。然而讓碳鋼刀多5%的鋒利度是可能的,但使用上絕對分不出差別,只有靠特殊的儀器才分得出中間差異。而實際差別是,在碳鋼刀上創造鋒利刀口很容易,所以多數人的碳鋼刀都比較利,因為比較容易磨利。碳鋼刀用磨刀棒磨磨就很方便好用;不銹鋼刀還得多花點工夫。

我下面要問的問題大概會直達地獄之門:請問要如何正確磨刀?

磨刀有很多方法,也許最能符合一般要求的方式是用鑽石磨刀棒。傳統鋸齒狀的磨刀棒是寬約1/2或5/8吋的縱紋直長棒,現在已慢慢被鍍著鑽石的直棒取代。鑽石磨刀棒可迅速矯正刀鋒,因為它夠硬,可改變金屬,創造新的鋒口。

刀鋒是由一大堆小刺組成,有點像站立的鋸牙垂直於刀背,當你一刀切下,這些小刺會翻起來(這裡我們稱這些小刺為**羽毛**)。當你用傳統磨刀棒掃過刀子,第一件事就是讓這些羽毛站起來,才有很好的鋒口。但過了一段時間,它們被彎來彎去,久用硬化,還有一些裂傷,就像被扭扯的電線,久了就硬化脆裂。這時就必須開新刀鋒,創造新刀刺,用鑽石磨刀棒上的顆粒做這件事最好。這就是傳統磨刀棒上長條鋸齒的功用,用鑽石磨刀棒做起來就更容易了。

當你延著磨刀棒劃著刀鋒,不但弄直刀刺,刀口也磨得越來越薄。我還可用瓷盤背面就做到這點,或用磚牆來磨利刀鋒,但是只有用鑽石磨刀棒磨得最好。

我去中國旅行多次,他們的廚房非常簡陋,設備、工具、餐具都是如此。刀子也是簡單一把湊合著用。有人說那是菜刀,但那根本不是菜刀,只是刀片、刀鏟或刮刀之類的東西,那他們就用那把刀,停下來蹲在地上,在地板上來來回回地磨,磨到非常非常利。我從中國菜學到俐落的刀工也能發揮食材的色香味。如果切得一塌糊塗,一切就毀了。

我建議磨刀不是用鑽石磨刀棒就是用磨刀石,但磨刀石需要更多技巧和訓練才會使用。還有,我會遠離電動磨刀機。

我能假設刀刺折損,就是該磨刀、開新刀鋒的時候嗎?

以鑽石磨刀棒來說,矯正刀鋒時也就在磨刀。傳統磨刀棒的硬度不夠,無法磨除金屬。使用磨刀棒,是你的磨刀棒必須比你要磨的刀子硬,不然一點用都沒有,就像用普通檔案夾替金屬順型,只要檔案夾的硬度比不過它要磨的金屬,就無法作用。如果刀子變得非常鈍,要回復刀鋒就很費工。如果你每隔幾天、每星期或每次把刀放回抽屜時,就拿磨刀棒劃個幾下,刀子就會永保如新。

刀子在何種情況才是有效利用?(巴克給我看下面這張照片。)比起上方的新刀,我無法相信下方的刀已經磨了多少次。這把刀到底有什麼故事?

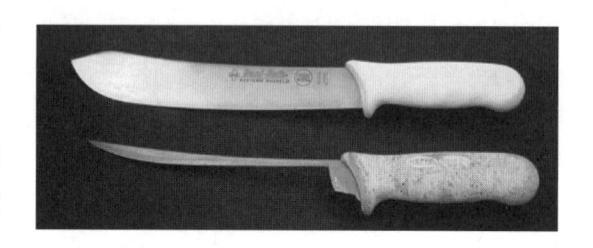

無論是誰磨這把刀,都磨得非常非常好。這把刀是我們客服人員從小雜貨店汰換回來的。我訓練我們的銷售團隊,他們問我刀可用多久時,我就給他們看這張照片。這實在很可笑。我猜這把刀應該磨了5〜6年之久。

我們通常認為餐廳的刀可以好好用上6到9個月。以專業刀具來講,特別是屠宰場,他們需要很寬的刀面把牛剖成兩半。他們需要我們稱為彎嘴牛排刀的大彎刀,開始用時,大彎刀有2又1/2吋寬(6公分),用到只剩1吋或1又1/4吋(2.5到3公分),那就不適合切大塊牛排了,所以用來切較

小的肉塊，這時候就是切割刀。當又磨損到不到1吋，就成了剔骨刀。

所以刀子有一系列不同人生，當它越磨越小，也就有了新的用途和用法？

刀子會越來越窄薄，越來越短，人們便賦予它們不同用處。家禽業至今仍然如此。但我說的狀況大都發生在二戰之前，二戰之後人們開始來找我們，說：「可以不可以從頭做把這款刀給我？」所以我們開始製作和那些磨損刀子同型的刀，你不必再等大彎刀磨薄，可直接從架上買個現成的切割刀。傳統上很多刀款的刀面都很大，磨損後可有不同用途，現在我們一開始就做那種刀。

你會給廚房新手什麼建議？

如果你是聰明人，我會告訴你不要強力沖刷你的刀，不要把刀放入洗碗機，用濕布擦乾淨就可以。刀放在洗碗機洗，刀會互相碰撞，刀鋒會敲出缺口。如果你真的把刀放入洗碗機洗，一定要把它們拿出籃子再擦乾。把持刀鋒銳利，別讓刀變鈍了。每次用刀或每隔幾次用刀後就要記得磨刀，只要在磨刀棒上劃幾下，磨刀就不會是苦差事，你就會永遠有把鋒利的刀。

磨刀技巧大公開

磨利刀子就像是替廚房設備用牙線或擦防曬乳，做再多次也不為過。

- 切東西時，鋒利的刀需要的壓力較小，所以較不費力，也比較不會滑手切到自己。
- 鋒利的刀切得比較乾淨俐落，無論切什麼，流出來的「淚汁」較少。
- 鋒利的刀使起來胳膊比較不累，因為你不需要從肌肉使力貫穿東西。當然如果你要切剁幾小時則要注意。

刀子要保持良好的操作狀況，內容包括刀口校正（刀鋒對齊），如果刀鋒真的歪掉，就要磨刀重塑刀鋒。而要校正刀緣，磨刀棒的使用要視為烹飪結束後清洗工作的一部分（磨刀棒就是在知名主廚照片中那些無所不在的鋼棒），把刀抵著磨刀棒劃過去，刀緣上不平的地方（也就是小刀刺）就會被推平。（永遠不要校正像麵包刀那樣的鋸齒刀──磨刀棒和鋸齒刀緣永遠不會貼合的。）磨刀棒則要找鍍了鑽石的，鑽石磨刀棒比一般磨刀棒更硬，不僅能校正刀刺，也可重塑新刀鋒，刀緣真正銳利後，也就不需重磨刀鋒了。

更嚴謹的磨刀還要磨利刀片，重塑新刀鋒，這只要抵在任何硬物表面就可完成，如：磨刀石、磨砂輪，甚至磚塊！（相關細節，請見上頁巴克・雷柏的訪談）。利用磨削刀片來磨利刀鋒，而不是修整刀片，有個主要缺點：創造新刀鋒會減損材料，減少刀具的使用壽命。儘管如此，即使經常修整，刀片還是會變鈍。

無論你要如何磨刀（大家多喜歡用磨刀石），都需要思考磨刀角度的問題。磨刀角度是以刀面與磨刀器表面構成的角度來衡量，角度10°磨出來的刀會比角度20°磨出來的刀利，但刀鋒越利，尖端金屬越薄，邊緣越薄弱，刀就越容易變鈍。刀鋒有兩面，若一面以20°角磨，刀鋒有兩面，共計40°。一般說來，廚房用刀每面多用15°到20°角來磨，磨的時候也不一定兩邊都要對等。有些主廚喜歡刀鋒不對稱，可能一邊12°，另一邊20°，當他們下刀時，刀就不會斜向一邊（因為慣用右手的師傅擺食物預備下刀時，食物會放在左手邊，視線是從左邊看過去，下刀時會有角度偏差。）如果要磨成刀鋒兩面角度不一樣，磨刀的角度就更複雜，也就是某一面刀面角度要用更陡的斜角再磨第二次，讓近刀尖更多的金屬受磨，創造更強固的刃口邊緣，刀鋒更銳利，也能維持比較久。有些做磨刀生意的店家會用凸面來磨，也就是磨石呈曲面的裝置。就像你看到的，磨刀有很多學問。提供一個小訣竅：試著在刀鋒邊緣用黑色麥克筆塗上顏色，可讓你更容易檢視磨刀的動作狀況。

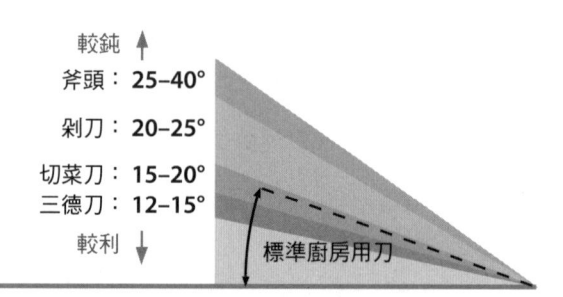

較鈍 ↑
斧頭：25–40°
剁刀：20–25°
切菜刀：15–20°
三德刀：12–15°
較利 ↓

標準廚房用刀

砧板

　　砧板主要有兩類：木頭做的和合成材質的。木頭砧板用密實的硬木做成，如楓樹或胡桃木，散發美麗溫暖的氛圍；合成材質的砧板就是塑膠做的，就如尼龍或聚乙烯，在價格上占有優勢。請不要用玻璃或石頭做的砧板，除非用來上菜，因為這些砧板會讓刀子變鈍。

　　無論哪種材質都要講究安全，把砧板放入洗碗機清洗消毒，殺死從肉類和未洗蔬菜而來的沙門氏菌或大腸桿菌。木製砧板不需用洗碗機消毒，熱水會把木頭燙彎，但基於木頭的化學特性，木製砧板對消毒的失誤較寬鬆。研究人員發現，家庭廚師用塑膠砧板會接觸到沙門氏菌的機會比用木製砧板多兩倍，即使他們在砧板接觸過生肉後就動手清洗。如果你用合成的塑料砧板，請務必適當清洗。

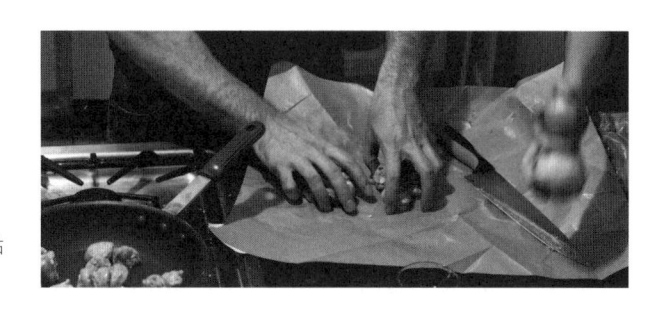

有些肉品在買回來時會用包裝紙包著，可以利用這些紙當成單次用可拋式砧板。這樣也少洗一個盤子。

　　至於我，我用塑膠砧板切生肉，木製砧板切熟食，因為我覺得材質不同就是簡單的視覺提醒，如果我真的不小心，沒有正確清洗其中一塊，交叉污染的機會也比較少。在食物安全議題之外，以下提供一些實用觀念請牢記在心：

以下另有幾點建議：

- 砧板大小至少要30×45公分，砧板太小，就沒有足夠空間剁東西，切東西。
- 有些砧板的周邊有凹槽設計，讓湯湯水水不外流。這種砧板切帶湯汁的食材很順手，但對於香草碎末這種乾性食材，移出時就比較困難。所以使用時，請在選擇砧板時把這點列入考慮。
- 如果你先用砧板切了有味道的食材（例如先切了大蒜或魚），請用檸檬汁和鹽中和臭味。
- 可在砧板下放毛巾或防滑墊，以防切東西時砧板滑動。

湯鍋與煎鍋

此刻我喜歡廚房走極簡風,近來都在縮減廚具數量,但即使如此,我收集的湯鍋煎鍋仍有五個,兩個煎鍋(有一把是不沾鍋),一個醬汁鍋(我在大學買到的零碼鍋具),一個湯鍋(謝謝你,老爸!),還有一個小鑄鐵鍋。這五只鍋子的價錢加起來也許比我目前廚房其他小物加起來還多,在我看來這是正確的。

平底鍋。平底鍋的鍋身淺,口徑寬,內緣緩斜而上。如果你只能有一只鍋,請找不沾鍋,它是最好用的鍋子。因為不沾塗層無助沉底物形成(黏在鍋底的食物焦香渣子,可增加醬汁香氣),你也許還想買個不銹鋼平底鍋。

醬汁鍋。醬汁鍋的高度與寬度大致相等,鍋緣直立向上,可裝幾升液體。請找厚底的鍋,底部厚有助分散熱能,請務必替鍋子找一個蓋子,有時候蓋子和鍋子會分開賣。

湯鍋。湯鍋的容量要裝得下四升或更多液體,用途是汆燙蔬菜、煮義大利麵和燉湯。我用的湯鍋是大量生產的便宜不銹鋼鍋。請確定鍋子有附鍋蓋!

鑄鐵鍋。鑄鐵鍋的質量大,比其他鍋具有更高的保熱度,用來煎食物非常理想,某些尺寸的鑄鐵鍋拿來做玉米麵包等烘焙料理也很棒。避免放入像番茄這種強酸食材在鍋中燉煮,酸和鐵會起化學變化。請在清洗鍋子後務必一定要把鑄鐵鍋擦乾,清洗方法是用水沖一下,或用海綿菜瓜布隨意刷一刷(或者用毛巾沾鹽),洗後放在爐子上燒一下,然後在鍋底塗上一層薄薄的油。

鑄鐵鍋要養鍋,什麼是養鍋?

養鍋是烹飪界的行話,是用油脂經過高溫烘烤,先融解再在鍋面彼此鏈結,形成一層不沾塗面。

新鍋必須開鍋(如果需要,老鍋也必須再養鍋),先用肥皂水把鍋子徹底刷過一遍,在爐子上烘一下烘乾,然後在鍋體鍋面都塗上一層薄薄的油,傳統上都用豬油或牛油,但任何油脂都應該可以;還有些廚師信誓旦旦地說要用生的亞麻籽油。抹好後盡可能把油都擦掉,鍋子放入烤箱,設定500°F/260°C,烤60到90分鐘,然後關火,把鍋子拿出倒扣放,讓鍋子裡面冷卻。如果你覺得表面塗層太薄,可以重複幾次,不然就是在你剛開始用鍋子的前幾次,在鍋子正常使用過且清潔過後,重複上油烘烤的程序。

1-10 基本廚房工具

如果鐵弗龍（聚四氟乙烯，簡稱PTFE）什麼都不沾黏，如何讓它黏上鍋具？

使用可黏接鐵弗龍和煎鍋的化學物質，化學術語稱為「密著促進劑」（adhesion promoter），選用的黏劑是「全氟辛酸」（Perfluorooctanoic acid，簡稱PFOA）。不幸的是，全氟辛酸相當毒，根據美國環境保護署（US Environmental Protection Agency，簡稱EPA），它只能用在製造時做為加工輔助，而製造商表示，全氟辛酸在成品中不會存在。

多買幾個平底鍋，你就可以在同一時間煮同一道菜裡的不同食材。

● INFO

金屬、鍋具和熱點

有些鍋具以不同金屬材質搭配各種組合,像三明治一樣兩兩夾疊,這種鍋具又是怎麼一回事?這類鍋子的不同處在於「熱傳導」(thermal conductivity,也就是熱能穿透金屬的速度有多快)及「熱容量」(heat capacity,加熱金屬所需的能量,而此能量與金屬冷卻時所需的能量相同)。

讓我們以一般製鍋金屬的導熱係數開始說明,旁及其他材料作為參考。

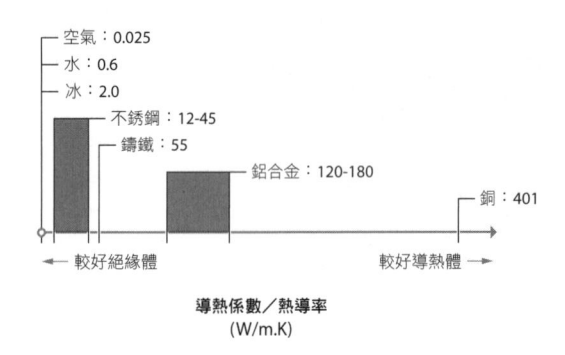

空氣:0.025
水:0.6
冰:2.0
不銹鋼:12-45
鑄鐵:55
鋁合金:120-180
銅:401

← 較好絕緣體   較好導熱體 →

導熱係數/熱導率
(W/m.K)

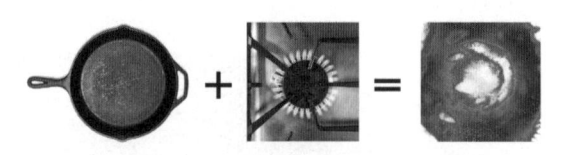

瓦斯爐上的鑄鐵鍋=導熱較慢

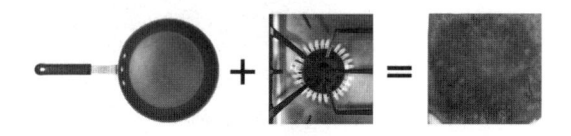

瓦斯爐上的鋁鍋=導熱較快

用熱導率低的材質製作的鍋具要花較長時間才會熱,因為爐火傳來的熱能要花較久才會傳到上層及外緣。套句物理術語,「反應時間較慢」。烹飪時,熱導率較低的鍋子(如鑄鐵鍋、不銹鋼鍋)對熱的變化反應「遲緩」,放在爐火上,有好一段時間似乎沒有反應。同樣地,若把它們熱到溫度極高再拿離爐火,裡面的食物仍有餘溫可烹煮一段時間。(如果你真的發現鍋子裡的食物已經快要燒起來了,可以把食物丟進碗中終止後熱程序。即使沒有爐火加熱,鍋子仍會持續加熱食材。)

取兩個直徑相同的鍋子,一個鑄鐵鍋,一個鋁鍋,相較之下,鋁鍋導熱的效率較快。以下是用熱感應傳真紙顯像的照片(嘿,可不是每個人都買得起熱顯像攝影機),因為熱傳真紙加熱後會變黑,所以黑=熱,白=冷。

如果你想自己嘗試,抓一捲熱感應傳真紙,把鍋子放在爐火上加熱30到60秒,關火,方形紙張放在平底鍋上方,再用幾杯岩鹽或猶太鹽[16]壓在上方,將紙抵住鍋面。

請注意,瓦斯爐的半徑較寬且瓦斯噴嘴直接朝外,結果呢?結果就是鍋子中心其實是冷的。鑄鐵鍋的顯像看得較清楚,因為熱傳過金屬的速度並不像傳越鋁鍋一樣快,因而出現冷點。

物體的「比熱」(specific heat)也很重要。**比熱**就是物質的單位質量改變一個單位溫度所需的熱能(以**焦耳**為單位)。每個物質的比熱都不一樣,也就是說,讓一公斤鑄鐵升高1°C所需的熱與讓一公斤鋁升高1°C所需的熱,兩者總量不同,此事在原子

---

16 猶太鹽(kosher salt),猶太教徒用來撒在肉上洗淨血水的鹽,因為含碘量低,不易受潮,極受廚師歡迎,是西方主要的烹飪用鹽。

1-10 基本廚房工具

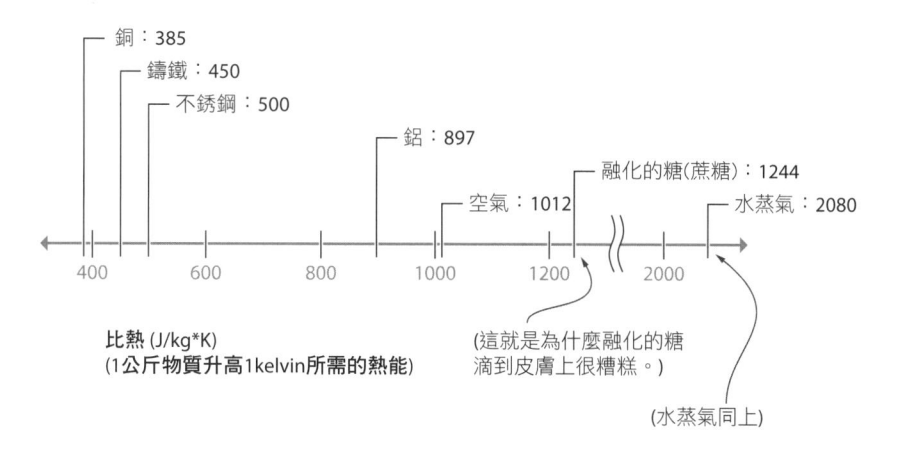

銅：385
鑄鐵：450
不銹鋼：500
鋁：897
空氣：1012
融化的糖(蔗糖)：1244
水蒸氣：2080

400　600　800　1000　1200　2000

比熱 (J/kg*K)
(1公斤物質升高1kelvin所需的熱能)

(這就是為什麼融化的糖滴到皮膚上很糟糕。)

(水蒸氣同上)

階段已構成。然而，比較鍋具中一般金屬的比熱又有何意義？

鑄鐵的比熱比鋁低。同重量的鋁和鑄鐵加熱到同一溫度，鋁耗費的熱能是鑄鐵的兩倍（897 J/kg*K 和 450 J/kg*K），因為熱能不會就此消失（熱力學第一定律），也就表示一公斤鋁在冷卻時會放出比一公斤鑄鐵還要多的熱（當你把大牛排丟到鍋面時即可知）。

不只是熱傳導和金屬比熱很重要，鍋子的質量也很關鍵。我總是用鑄鐵鍋煎牛排，它重達7.7磅／3.5公斤，相對於鋁鍋的3.3磅／1.5公斤，鐵鍋有更多熱能可釋放出來。煎炸東西時，則要挑「比熱 X 質量」得出最高值的鍋子。所以只要鍋子熱了，就算加入食物，鍋子溫度也不會急遽下降。

挑鍋子還有其他要考慮的事項。不好養鍋的鑄鐵和非陽極氧化鋁都對酸有反應，所以用此材質製作的鍋子不可以拿來燉番茄和其他酸性食材。不沾鍋不應該加熱超過500℉／260℃。除此之外，也有鍋子不是烹調主要熱源的情形：如汆燙和蒸東西時，水才是傳熱的提供者，所以鍋子用什麼材質製作並不重要。同樣，若你使用的爐子是超高熱能爐（就像用於中式快炒的60,000-BTU瓦斯爐），鍋子並不是熱能聚集器，所以鍋子的熱容量並不重要。

而鍍在鍋子上的金屬又如何？你知道鍋子的核心是銅或鋁，而外層被不銹鋼或其他金屬包住嗎？（鍍＝被其他覆材包住）這種鍋子有兩種目的：藉由快速分散熱能（利用鋁或銅的材質），避免熱點；利用無應材質[17]的表面（多半是用不銹鋼，雖然不沾鍋的塗層也可達到此目的），讓食物不會與鍋子起化學變化。

最後，如果你正要買鍋子，對兩個同型鍋子舉棋不定，請選那個把手可放入烤箱的。請勿選木頭把手的，並確定鍋把沒有大到鍋子擺不進烤箱。

---

17 無應是指對食物的酸鹼不會產生反應。無應材質有陶瓷和玻璃。

廚房必要用具

如果你請我為全新廚房列個購物清單，我會告訴你去找我前面提過的各類刀具鍋具各一，幾塊砧板，以及下面其他品項。

而這些「明顯該知道」的用具只需要提一下，包括：幾個攪拌用的木湯勺、一個攪拌器、廚用毛巾、廚用定時器、防熱金屬量杯、可裝液體的微波用玻璃量杯，還有量匙。然後還有幾個品項，一般很少提到，卻對廚藝門外漢很有用。

金屬和玻璃的攪拌盆容易清洗，在廚具店裡賣得也很便宜，放進低溫的烤箱也安全（放煮好的食物保溫用）。不要使用塑膠製品，一點也不實用。

矽膠刮鏟。在鍋裡炒蛋的完美工具，可把蛋白折入麵團，也能刮下碗邊的蛋糕麵糊。矽膠應用在烹飪工具是很棒的材料，耐熱性高達500˚F／260˚C。

廚用夾鉗。把夾子想成你的耐熱加長手指，很好用，可翻動煎鍋裡的法國土司或架上的烤雞，還可幫你把烤盅從烤箱拿出來。我建議找尖端有矽膠或耐熱墊的彈簧夾。

廚用剪刀。就是重型剪刀，剪骨頭（見p.239）和剪青菜時都很有用（包括做最後點綴時，直接抓著青蔥在碗上用剪刀剪）。

壓蒜器。用途不只處理大蒜，如果你的壓蒜器是不銹鋼做的重型壓蒜器。放入沒去皮的丁香，一壓，出來的就是去皮壓碎的丁香，請立刻沖洗壓蒜器，只要5秒，就有新鮮如蒜泥的精華。也可用在生薑，生薑切薄片，然後用它一擠，同樣的，用完立刻沖洗。

浸入式攪拌棒。也稱為**手持式攪拌棒**。攪拌棒的葉片裝在握柄下方，可直接插入容器裡，攪拌你要攪拌的東西。可做泥、湯和醬汁，用來快速，方便清洗。

奶油加糖打發是食譜中常見的步驟，寫的多半與打發過程中糖的晶體拖過奶油拌入的微小氣泡有關，當你看到食譜要求打發奶油和糖時，請把奶油放到室溫再打──奶油必須達到一定可塑性，才有辦法抓住氣泡，只要把奶油軟化到可以操作就可以了──然後用電動攪拌機把材料完全打勻，打到質地輕柔光滑。

攪拌機。不必買很貴的，便宜的手持式攪拌器就很好用，如果你常做烘焙，只需要把錢揮霍在桌上型攪拌機上。

最後，還有三個器具我要說說他們的優點：

電子廚用磅秤。是必備工具，麵粉等乾性食材容易壓縮，所以「1杯」麵粉的量會有驚人的差異，而電子磅秤可以解決這個問題，食材用重量計可以量得更快速。請找秤盤是平面的磅秤，因要放碗或盤子，且最高秤重至少可達5磅或2.2公斤，刻度間隔為0.05盎司或1克。

數位探針溫度計。太好用了，請找連著導線的，這樣當你做菜時，就可把探針貼在肉上，設定控制器，溫度一達到，溫度計就會發出嗶嗶聲。雖然定時器很實用，但時間只是溫度的代替品。食譜要你「把雞烤20分鐘」，因為它假設烤20分鐘後，烤雞的內部溫度會達到160°F／71°C。使用探針溫度計可防止雞烤得過熟，把探針貼在雞上，設定溫度到達150°F／65°C時會預警。當警鈴大作，即從烤箱拿出烤雞（請將預警設在低於目標溫度幾度，幾度的溫差會由「餘熱」達到）。

有煮飯和慢煮模式的電子壓力鍋。另一項偉大的工具。烹飪中某些化學作用需要長時間在相對穩定的溫度下才會作用，但在壓力作用下，你可以把六小時的烹煮時間縮減到一小時。壓力鍋就像自排汽車，雖不像使用老式放在爐上的鍋子一般有相同的控制性，但你也不需學會離合器和換檔。手動的壓力鍋的確在略微加壓和加速快熱上有優勢，加上沒有會壞掉的電子裝置，然而，如果你對壓力鍋很陌生，我會勸你買電子的。至少一開始是如此，它們可以放在那裡不用人顧仍然安全，也不用擔心廚房會被燒掉。這個方便的器具讓所有菜色都更容易做（像是紅燒排骨、油封鴨、燉牛肉）。請買有煮飯功能和慢燉模式的電子鍋（不是所有東西都用「壓力」煮比較好），有些品項有做優格和其他溫度範圍的設定。

你需要測量麵粉的重量嗎？是的，我請了10位朋友量出1杯麵粉，然後秤重。比較少的那杯據報有124克，最重的那杯有163克，兩杯有高達31%的差距。

探針溫度計塞進法式鹹派或甜派，內部溫度告訴你何時烤好。烤到溫度到150°F／65°C時就夠熱了，剛好可讓卡式達凝固，鹹派也不乾澀。

INFO

一杯有幾毫升？

這要看你問誰。古羅馬人會用「磨狄」[18]（modius）度量液體，但沒有任何標準單位，所以就歷史上而言，這問題沒有標準答案。令人驚訝的是，今日也是如此，我們仍沒有達到全球共識。

以美式標準量杯來說（為8美國液體盎司），一杯是237ml（毫升），但若是美國營養標示上的「法定」量杯容量，一杯則有240 ml。嗯…要是住在加拿大？一杯就是250ml！或者在英國？英制一杯是284ml。這就讓我不禁懷疑，難道一品脫的建力士啤酒到了愛爾蘭，份量會比較多嗎？

然後產生另個議題，在測量乾貨時不是該用容積而不是用重量嗎？美國農業部定義一杯麵粉為125公克；其他資料來源認為是137克；而我廚房的麵粉包裝袋上寫的是多少呢？ 120克。有些烘焙師認為一杯麵粉是140克，和我用237毫升基本量杯舀麵粉得出的平均重量最接近。

測量的誤差只是盲目追隨食譜無法成功的原因之一。了解測量到底想要控制什麼，並對應調整才是對的。如果你對公制不熟悉（就像一公尺有多長？），請思考下列由xkcd網站（http://www.xkcd.com）站主藍道・蒙羅[19]慷慨提供的圖表，裡面有「常見的轉換」，可說是我目前所見最好的轉換指南。

公制轉換的關鍵應建立在新的參考點。當你聽到26°C，並不會想到那是79°F。而會想著那是待在房子會熱、但出去游泳會冷的溫度。以下是幫助對照參考點的表格。

TEMPERATURE

60°C	EARTH'S HOTTEST
45°C	DUBAI HEAT WAVE
40°C	SOUTHERN US HEAT WAVE
35°C	NORTHERN US HEAT WAVE
30°C	BEACH WEATHER
25°C	WARM ROOM
20°C	ROOM TEMPERATURE
10°C	JACKET WEATHER
0°C	SNOW!
-5°C	COLD DAY (BOSTON)
-10°C	COLD DAY (MOSCOW)
-20°C	F**KF**KF**KCOLD
-30°C	F************CK!
-40°C	SPIT GOES "CLINK"

溫度

60°C	地球最熱溫度
45°C	杜拜熱浪
40°C	美國南方熱浪
35°C	美國北方熱浪
30°C	去海灘的天氣
25°C	暖和的屋子
20°C	室溫
10°C	穿夾克的天氣
0°C	下雪!
-5°C	冷天（波士頓）
-10°C	冷天（莫斯科）
-20°C	他XXXXX 的冷
-30°C	FxxK！
-40°C	吐口口水就變冰棍了

MASS

3g	PEANUT M&M
100g	CELL PHONE
500g	BOTTLED WATER
1 kg	ULTRAPORTABLE LAPTOP
2 kg	LIGHT-MEDIUM LAPTOP
3 kg	HEAVY LAPTOP
5 kg	LCD MONITOR
15 kg	CRT MONITOR
4 kg	CAT
4.1 kg	CAT (WITH CAPTION)
60 kg	LADY
70 kg	DUDE
150 kg	SHAQ
200 kg	YOUR MOM
220 kg	YOUR MOM (INCL. CHEAP JEWELRY)
223 kg	YOUR MOM (ALSO INCL. MAKEUP)

質量

3g	M&M花生巧克力
100g	手機
500g	瓶裝水
1kg	超薄筆電
2kg	輕中型筆電
3kg	重型筆電
5kg	LCD螢幕
15kg	CRT螢幕
4kg	貓
4.1kg	貓＋墊子
60kg	女士
70kg	先生
150kg	前NBA球星・歐尼爾
200kg	你媽媽
220kg	你媽媽＋便宜珠寶
223kg	你媽媽＋便宜珠寶＋化妝

LENGTH

1cm	WIDTH OF MICROSD CARD
3cm	LENGTH OF SD CARD
12cm	CD DIAMETER
12.5cm	WIFI WAVELENGTH
15 cm	BIC PEN
80 cm	DOORWAY WIDTH
1m	LIGHTSABER BLADE
170cm	SUMMER GLAU
200 cm	DARTH VADER
2.5m	CEILING
5m	CAR-LENGTH
16m 4cm	HUMAN TOWER OF SERENITY CREW

長度

1cm	MicroSD 記憶卡的寬度
3cm	SD 記憶卡的寬度
12cm	CD 直徑
12.5cm	WIFI 波長
15cm	長筆長度
80cm	大門寬
1m	絕地武士光劍長
170cm	女演員 Summer Glau 身高
200cm	黑武士身高
2.5m	天花板高度
5m	車子長度
16m 4cm	電影「衝出寧靜號」(Serenity) 船員疊人肉塔的高度

1-10 基本廚房工具

```
VOLUME
3 mL    BLOOD IN A FIELDMOUSE
5 mL    TEASPOON                SO, WHEN IT'S BLOCKED,
30 mL   NASAL PASSAGES          THE MUCUS IN YOUR
40 mL   SHOT GLASS              NOSE COULD ABOUT
350 mL  SODA CAN                FILL A SHOT GLASS.
500 mL  WATER BOTTLE
3 L     TWO-LITER BOTTLE        RELATED: I'VE
5 L     BLOOD IN                INVENTED THE
        HUMAN MALE              WORST MIXED
30 L    MILK CRATE              DRINK EVER.
55 L    SUMMER GLAU
65 L    DENNIS KUCINICH         55+65+75 < 200
75 L    RON PAUL
200 L   FRIDGE
```

```
SPEED
kph   m/s
5     1.5    WALKING
13    3.5    JOGGING
25    7      SPRINTING
35    10     FASTEST HUMAN
45    13     HOUSECAT
55    15     RABBIT
75    20     RAPTOR
100   25     SLOW HIGHWAY
110   30     INTERSTATE (65 MPH)
120   35     SPEED YOU ACTUALLY
             GO WHEN IT SAYS "65"
140   40     RAPTOR ON
             HOVERBOARD
```

容量
3ml	田鼠的血
5ml	茶匙
30ml	鼻腔
40ml	烈酒杯
350ml	汽水罐
500ml	水瓶
3L	2升瓶子
5L	男性的血
30L	牛奶箱
55L	女演員 Summer Glau
65L	參議員 Dennis Kucinich
75L	總統候選人 Ron Paul
200L	冰箱

所以鼻塞時，鼻子裡的鼻涕可以裝滿烈酒杯。順便一提：我發明了世上最糟的調味飲料。

55＋65＋75＜200

速度
公里/小時　公尺/秒
5	1.5	行走
13	3.5	慢跑
25	7	衝刺
35	10	世上跑最快的人
45	13	家貓流竄
55	15	兔子奔跳
75	20	猛禽飛撲
100	25	高速公路的慢速
110	30	洲際公路速度（65mph）
120	35	你說維持在65mph，但實際上的車速
140	40	猛禽溜滑板

藍道・蒙羅 xkcd.com 授權使用

PS. 一盎司黃金或一盎司羽毛哪一個比較重？（提示：金衡盎司[20]＝31公克，正常盎司＝28公克）

---

18 「磨狄」（modius），一說籃子，一說陶做的杯器，是古羅馬測量糧食的容器，又稱羅馬斗，約550立方。
19 藍道・蒙羅（Randall Mounroe, 1984-），前NASA的機器人專家，現為知名電腦繪圖家，經營xkcd網站，創造有關「浪漫、諷刺、數學、語言」的漫畫或圖像。
20 金衡盎司（tory ounce）是英制度量衡，是貴金屬的測量單位，1金衡盎司＝31公克，正常盎司＝28公克。

● 訪談

亞當・里德
談廚具和食譜

亞當・里德（Adam Ried）是《波士頓環球雜誌》（Boston Globe Magazine）美食專欄作家，也是公共電視「美國測試廚房」節目的廚具專家。個人官網：http://www.adamried.com。

你怎麼開始替《環球雜誌》寫稿，然後又去了「美國測試廚房」工作？

我在美食界討生活是無心插柳。我以前念建築，但很快就明白：1. 我不該去念建築；2. 即使念了，我追求的也是嚴重錯誤。套句芭比娃娃的名言：「數學太難。」

所以我到建設公司做行銷，卻把全部時間花在涉獵食譜，做晚餐，邀請朋友吃飯，但那時腦袋裡的燈泡還沒完全熄滅。週末下廚後，我會在禮拜一早上走進辦公室，用各種試驗品款待同仁，分享這些食物是怎麼做出來的，我還想改變些什麼。有一天，有個人看著我說：「你在這兒做什麼？你為什麼不去讀廚藝學校。」講話的樣子好像我根本是個大白癡。我從來沒想過這件事，即使我妹妹就是念廚藝學校，家裡每個人都做菜。我立刻辭掉工作跑去念波士頓大學的烹飪證照班。

然後有一次，我去主任辦公室，有個女人正等著和主任說話，所以我們就聊了一下。她比我早一兩年畢業，現在是《廚師秀》（Cook's Illustrated）的編輯，我看過那雜誌。但再一次，大白癡時刻，我從來沒印象《廚師秀》就在布魯克林那條街走下去就到了。我開始跟她聊她的工作內容和她是否喜歡，就在那時，我決定要寫美食而不是做美食。

那可憐的女人被我緊迫釘人地追著跑，希望她有事沒事給我一份自由撰稿的差事。就像滾雪球般最後真的在《廚師秀》找到一份工作。那是1990年代初，我記得我在學校時還想著：「喔！我不要去餐廳做線上工作，太辛苦，我太老了，我受不了熱，我能做什麼呢？」當你現在回頭看，這種發生在對的地方、對的時間的故事實在讓人無法置信又討厭，這是你永遠不想聽的故事。

從廚房料理的觀點，什麼事情比你原來想的重要？

這問題聽來有點技客味。但有件事我還不知如何駕馭，尤其是我沒有科學腦袋，那就是了解烹飪背後的科學，這件事很重要。要我明白發酵仍然是一場艱苦戰爭，所有料理配方基本上都要靠泡打粉發酵，但有時也會加一點蘇打粉。在廚藝學校，他們沒有真正教你什麼食材是酸性的，我並沒有真正了解到小蘇打這種食材是如何中和酸性的。

什麼是比較不重要的？

廚房器具，這不是砸自己的腳，而是你真的不需要拿所有想到的工具去把菜做好。

你認為廚房需要的基本器具有哪些？

當然是廚師刀。鋸齒刀也很有用。品質好、材質

重的鋁心煎炒鍋也很重要,你可拿它做超多事:煎炒是一定的,還有燉燒、慢煎、燒烤、烘焙……還有不錯的過濾器、量杯、湯匙都好用。我喜歡有刻度的碗,這樣就知道攪拌食材的份量。我有一把超級常用的浸入式攪拌棒,沒有它我哪裡都不想去。我也常用食物調理機,但就算沒有攪拌棒我也可以把大多數料理做出來。這些是基本工具。

當你檢視某件廚房用具時,你的通盤考量是什麼?

我會盡可能捨棄一切成見。我在這領域已有多年經驗,碰過各種用具,和各領域專家聊過,自動就知道該找什麼。但我必須放空一切,盡可能客觀地做試驗,也許結果會讓我驚訝。

記得有一次測試燒烤盤,是底部有條紋突起的那種,這種設計原來是要創造近似真實燒烤紋路的視覺效果。而我是大鑄鐵鍋的忠實愛用者,我喜歡鑄鐵,要測試的烤盤裡有個是鑄鐵做的,即使我努力放棄成見,我仍在想:「這盤子應該會很棒。」事實上,它的加熱均勻度和保溫效果都在合理範圍,也做出很好的烤紋,卻很驚訝它清洗起來很痛苦,因為它的形狀和突起條紋的位置會堆積髒污。鑄鐵鍋要養鍋保養,我盡量不用清潔劑和菜瓜布清洗,但如果真有髒污卡在上面,我會用粗鹽和硬毛刷,但是它的空間太小,粗鹽根本無法發揮作用。清洗過兩次後,我就發誓絕對不會再用它。

替《波士頓環球雜誌》寫專欄時,從最初版本或概念到最後確定呈現的食譜,這中間的過程是什麼?

我從來不會改變廚師步驟,所以我要做的研究及測試比我該做的還要多。我目前在寫耶誕節專欄的水果蛋糕主題。一開始我會先上網搜尋,家裡也有一大堆食譜書,也常常使用附近各家圖書館。所以我會盡可能找出許多水果蛋糕食譜,可能有40到50份吧,在截稿前找出一份可行的。我會依照水果蛋糕的種類和變化替自己做個圖表,只是把事情很快手寫下來,然後全靠我對食物的敏感度。

好比,什麼是我喜歡的顏色搭配,什麼是我要的麵糊、水果和堅果的比例,蛋糕的形狀等等。我會做所謂「東拼西湊」的食譜配方,然後試做一次,招集測試者和我一起試吃分析。這間屋子沒有隨便的事或不經思考的餐點,每個人放進嘴裡的每一口我都要知道回應。然後我會回去做第二次。如果我真的真的非常幸運,第二次試做就可以完全抓住。但多半不是如此,我還要做第三遍。持續批評和分析的過程。

有沒有一直卡住,想不出來為什麼不成功的情形?

我真的很幸運在美食界工作了很久,認識很多人,他們都比我聰明多了,有問題我就會打給他們。事實上我第一次為《環球雜誌》寫專欄就是如此,那時我用芒果做東西,想做芒果麵包,很想把發酵做好。麵包裡放了糖漿和芒果泥,問題在於接下來的發粉和小蘇打。最後我大概打給好幾百萬個烘焙師傅讓我了解發粉的角色,它又如何影響褐變。

如果第三次或第四次都做不出我要的效果,吃起來不像我想的那麼美味,我知道這份食譜就得放棄。但我不記得曾有卡在某個問題,求助很多聰明朋友還無法解決的事。

你是否曾有食譜發表後才發現:「糟了!」,這類出乎意料的反應?

喔,天啊,還真有!要取悅所有人還真難。我記得多年後回頭再看從前刊出的食譜,心想:「我那時在想什麼啊?這道菜不需要這麼兜圈子的。」

有沒有哪道食譜最後做出來的狀況出乎意料的好?

我做過一道檸檬藜麥飯佐蘆筍蝦。我和編輯討論過藜麥這種食材,我很喜歡。現在超市都有得賣了,但在我寫這篇食譜的時候還是新食材。大家都愛這道菜,我收到很多讀者的正面回響。

檸檬藜麥飯佐蘆筍蝦

1/4杯（60毫升）橄欖油

3湯匙（45克）奶油

1顆（100克）中型洋蔥，切細末

1.5杯（280克）藜麥，洗淨

鹽和黑胡椒

225克蘆筍，尾端切掉，切成1.5吋／4公分長

1.5茶匙（2克）檸檬皮（約1顆檸檬的量）

1/4杯（60毫升）檸檬汁（約1顆檸檬的量）

900克大蝦，去殼去泥筋（如果需要），洗淨擦乾

4瓣（12克）大蒜，切末

1/2杯（120毫升）無糖白葡萄酒

卡宴辣椒粉

1/4杯（15克）新鮮巴西里末

　烤箱烤架移到中央位置，放上耐烤盛盤，預熱到200°F／95°C。大型不沾平底鍋以中溫熱鍋，接著加入2湯匙油（30毫升）和1湯匙奶油（15克），放洋蔥炒5分鐘左右，炒到變軟。此時加入藜麥，一面煮一面拌，煮約4分鐘直到散發麥香。加入2 3/4杯水（650毫升）和1茶匙鹽（6克），開大火，將藜麥煮滾後再轉小火，蓋上蓋子，以小火悶煮12分鐘左右，藜麥一變軟就關火。擺上蘆筍，再蓋上蓋子，就讓鍋子放旁邊燜12分鐘，燜到藜麥吸飽湯汁，蘆筍也變軟。這時就可加入檸檬皮和檸檬汁，如需要再用鹽和黑胡椒調味，攪拌均勻。藜麥移到預熱好的盛盤，鋪平做底，放回烤箱保溫。

　用紙巾將平底鍋擦乾淨，加入1湯匙油（15毫升）以高溫加熱，當油開始冒煙就將半數蝦子下鍋煎1分鐘，不要動它就讓它煎到不透明，很快把蝦翻面讓反面也煎到同樣程度，時間約需45秒。然後把蝦移到碗中，原鍋倒入剩下的1湯匙油（15毫升），重複過程，把剩下的蝦子也煎透。然後加入餘下的2湯匙（30克）奶油以中低溫加熱，等奶油融化，放大蒜不斷翻炒45秒炒到香，加入酒和一撮卡宴辣椒粉，繼續拌炒。再把蝦回鍋，湯汁也要倒回鍋中。加入巴西里，用鹽調味，試試味道，攪拌均勻。從烤箱拿出盛盤，將蝦子和醬汁倒在藜麥飯上，即可享用。

亞當・里德授權食譜
原載於《波士頓環球雜誌》，2008年5月18日

Hello,廚房！

2.

2.

滋味、氣味和風味

打開冰箱只見酸黃瓜、草莓和玉米餅,怎麼辦呢?

也許你會說:包個酸黃瓜草莓捲如何?如你不愛冒險,或許會說:「叫披薩吧!」但是在囫圇包一起和叫外賣之間應該還有另一個選項,回答生命中更深奧的問題:**我怎麼知道什麼東西可以配在一起?**

就像很多事情,答案是「看情況」。它取決於你過往的經驗和學到的喜好;也要看看當你站在冰箱前琢磨著該拿酸黃瓜和草莓如何時當下的渴望,以及你的人生如何淪落到冰箱只剩下三樣東西的境地。還要看看食材和食材配在一起吃的滋味如何,那是基於你的舌頭與鼻子對入口食物滋味及氣味的感知。

得到幸福**美味**的最佳辦法是挑選好的烹飪輸入項目,食材味道好,發出好聞的香氣,令人垂涎欲滴。當然,一旦食材降落平底鍋,也需要好的烹飪技巧才行,但如果食材真的不好,也沒有廚師能救得了。對於食材搭配與烹飪靈感,透過了解風味是如何被創造及測知,你才能回答得更深入。

2-1 滋味＋氣味＝風味

有經驗的廚師可以連叉子都不動，就能想像材料組合出的風味。對他們而來說，預料哪些搭配行得通來自過往成功經驗的記憶與食譜上明列的組合。但風味**是**什麼？對於什麼東西放在一起會行得通，你如何有更好的預測？

風味是滋味與氣味的組合，**滋味**是從舌頭而來的味覺感知；**氣味**是從鼻腔嗅覺受器測到的嗅覺感知。還有其他少數從嘴巴得來的資料，我們的大腦也會當成參考因素，像是化學分子的質地和對口腔的刺激（想想辣椒或薄荷）。還有一些其他細微影響（有人或許會說那是干擾），好比顏色會影響我們對入口食物的想法，但上述觀點與廚師預測風味的情況並不完全一樣。

引發風味感知的所有感覺都基於化學成分。通常在唾液的幫助下，你的舌頭偵測到能觸發味蕾感知細胞的化合物。當揮發性化合物經由空氣攜帶通過鼻腔時，你的鼻子能偵測到這些容易就源揮發的化合物。下一次你咬下草莓請記住你感知到的風味，它們來自草莓化合物刺激你味蕾中的受器，來自其他揮發性化合物刺激鼻子裡的嗅覺神經。

大腦騙了我們，讓我們以為風味的感知是單一的輸入，但事實上，我們對滋味的感知是由大腦創造出來的，我們用「味道」這個字表示「風味」，但從科學的角度看，好草莓的滋味只是甜，但味道卻混合著果香等複雜的香氣，如此才創造出草莓的風味。當我們要深入滋味與氣味的科學時，釐清以下觀念是很重要的：滋味是舌頭管的，氣味則從鼻子來的，而風味是你的大腦統合多重感官的信號創造出的複合感知。本章其他內容將明確闡釋滋味、氣味及風味的意涵，但關於創造驚人餐點有幾個關鍵方針需要在這裡說明：

- **用好食材開始**。再多的烹飪魔法也做不出低品質食材沒有的滋味與氣味分子。
- **運用適當技法**。你的舌頭和鼻子無法測知綁在食物內部的化合物，劃開鎖鏈需要經過程序、食材混合和加熱才能解放，如此才能偵測到它們，也才能將它們轉換成其他能讓你感知的化合物。
- **要使用所有滋味改良劑調味，不要只用鹽**。加入鹽、糖、檸檬等食材可改變不穩定化合物的偵測值，也改變不討喜的化合物。例如，加一撮鹽，同時也掩蓋了苦味，藉此「增加」風味的可能偵測值；而加入檸檬汁則可中和氨基化合物的難聞氣味。

LAB

技客實驗室：你說馬鈴薯，我說蘋果

味覺和嗅覺雖常常配成一對，但它們是不同的感官，請找朋友試做以下兩個速成實驗，了解滋味與氣味的不同。

首先準備以下材料：

實驗1：發現味覺和嗅覺之間的差異
- 蘋果
- 白色或黃色洋蔥
- 馬鈴薯（自由選用）
- 菁蕪（自由選用）
- 切食物的刀及砧板
- 一個小碗裝水，浸泡食物

實驗2：了解口腔刺激
- 肉桂
- 卡宴辣椒粉
- 2個湯匙或2個小紙杯，放上述香料各一小撮

實驗步驟：

實驗1：發現味覺和嗅覺之間的差異

1. 蘋果、洋蔥、馬鈴薯（選用）和菁蕪（選用）切成細條，大小如薯條，請務必削掉實驗品的皮，切成大致看來一樣的樣本，並確定樣本數足夠，讓每個人都能試吃一些。
2. 實驗品放在裝著水的小碗中浸泡一兩分鐘，沖掉一些汁液，這對洋蔥尤其重要。（如果參加實驗的人有一組，這兩個步驟可以事先預備。）
3. 讓每個人從碗裡拿出一個樣本，同時捏著鼻子咬下。（捏鼻子是為了防止空氣中的氣味物質循環向上進入鼻腔。）請寫下你認為吃到什麼東西，又是什麼味道引起你的注意？然後，放開鼻子，注意區別。重複幾次，直到你把所有食物都吃過一遍。

如果參與實驗的團體較大，實驗樣本可用多種口味的水果軟糖取代。

實驗2：了解口腔刺激

1. 在湯匙或小紙杯中倒一小撮肉桂粉，在第二個湯匙或紙杯中倒一點卡宴辣椒粉（不要太多！）。
2. 捏住鼻子，沒有空氣流進或流出，鼻腔受體細胞就不會接受妨礙嗅覺的氣味。捏著鼻子試吃肉桂，請注意吃起來的滋味和氣味。放開鼻子呼吸，你注意到什麼？
3. 重複實驗程序試吃辣椒粉，捏住鼻子，試吃，然後放開鼻子，聞到氣味。記錄每個階段你注意到的事。

研究時間到了！

當你捏住鼻子，你注意到食物「嘗」起來是什麼狀況嗎？洋蔥和卡宴辣椒粉有較強的風味，當你試吃時，注意到它們如何不同嗎？你覺得當我們感冒時，為什麼吃什麼都沒「味道」？

2-2 滋味，味覺

我們的味覺是生物學和演化上了不起的成就，這樣說基於一個好理由：味覺讓我們趨向營養與能量豐富的食物（甜、鮮），和生物必要的建構基礎（鹹），並讓我們遠離可能有危害的食物（酸，苦）。

西方料理的基本味道是鹹、甜、酸、苦。這是古希臘哲學家留基伯在2400年前最早陳述的（更可能是他的學生德謨克利特所說）[21]。遠古中國納入了第五味，辣，的確辣性食物就像涼性食材一樣都能被味覺感知偵測。還有另外一種味道「鮮味」，它約在百年前由一位確認胺基酸會引發「肉味」的日本研究員[22]描述並推廣，並命名為「酯味」（umami，有時就是英文的「鮮味」〔savory〕）。最近的研究暗示還有一些味覺受器能探知腐臭的脂肪酸，也就是「脂肪味」（oleogustus），還有金屬、鈣，甚至水等味道，雖然它們在烹飪意義上永遠也不會被當成滋味。

滋味本身反而占風味的較小部分，大概有20％是感知，其他80％則來自氣味。但就較原始的層面，滋味卻比較容易理解，所以我們從它開始說明。人類舌頭上有數千個味蕾，每一個都是一組50至100個受體細胞。（你在舌頭上看到的每個小點都包含多組味蕾，但其他地方也有味蕾存在，甚至在口腔的上顎處也有。）當我們咀嚼食物，唾液攜帶多種化學物質，每個受體細胞都可以與數種化學物質相互作用，因此產生多重滋味的信號。這些受體細胞一旦被激化，將信號傳達到大腦，再由大腦統整所有信號變成各有相對強度的味覺。

滋味的魔法開始於受體細胞。這些細胞如何作用的標準比喻就是鎖與鑰匙。引發滋味的化學物質稱為「味道分子」（tastant），它們就像桌上砂糖裡的蔗糖或食鹽裡的鈉。而味道分子的作用就像鑰匙，剛好可以插進受體細胞這個「鎖」裡。不同家族的化合物適合不同的鎖，某個特定的味覺感知可想成插入特定鎖頭的鑰匙。當你吃到糖，大腦根據可以和糖連結的味覺受器及之後細胞和大腦間的神經傳輸才登記了「甜味」的存在。

> 據知，偵測甜味、苦味、鮮味化合物的受體細胞存在人體各處，
> 例如在腸道就有甜味的受器，可對糖起反應，將存在的信號送到大腦，
> 所以吃下好食物才會這麼令人滿足！
> 其他動物則更進一步依賴身體其他部位的受器測知味道，
> 魚用嘴得知味道，蒼蠅透過腳品嚐腳下走過的東西。

---

21 留基伯（Leucippus），古希臘哲學家，比蘇格拉底早生10年，與學生德謨克利特（Democritus）共同提出原子論，認為原子是細小不可分割的物質基本單位。

22 1908年日本化學家池田菊苗發現海帶的鮮味來自麩胺酸和天門冬胺酸，這些穀胺酸鹽類會觸發酯味這種味覺，後他研發出味素，成立最早的味精公司「味之素」。

每一種味覺感知來自不同類型的味覺受體細胞，但多種不同的受器可引發出同樣的味覺。據估計，舌頭上的受體細胞大約有40種，其中很多都能測出同一種味道。就如鹽可由兩種受器測知，至少在小鼠身上是如此，一種受器測知低濃度的鈉，第二種可被高濃度的鈉活化。甜味也由兩種不同的受器觸發，分別為T1R2和T1R3。化合物差異也決定了它們插進受器這個「鎖」裡的速度與活動時間的長短，以讓各種味道分子在不同時間被感知。但是鎖和鑰匙的比喻並不完美，因為某個味覺感知可能會在另個味覺被測知時減弱強度。

某個味道在我們大腦登記的強度有多強，要看此化合物在下肚的食物中存在多少量，以及我們對此味道的敏感度有多少。就像我們對其他感知一樣，任何感知都有「閾值」（threshold，最低限度起使值）。例如，鮮少人能聽到只有2分貝的聲音，幾乎每個人都只能聽到比15分貝強的聲音。味覺與嗅覺也有最低限度起始值。請看右邊表格列出一般味覺參考化合物的敏感閾值，顯示為含

甜	蔗糖	5000ppm
鹹	氯化鈉	2000ppm
鮮	谷氨酸	200ppm
酸	檸檬酸	40ppm
苦	奎寧	2ppm
辣	辣椒素	0.3ppm

有多少ppm（即每百萬分之一的濃度含量；就拿我們嘗到的化合物來說，它們的存在必須比所列濃度高，超出的數值稱為「超閾值」〔suprathreshold〕；將此數值和鹽對應，就會基於很多因素而改變）。

從我們對各種常見化合物的敏感度揭露了攸關它們重要性的很多意義，一眼看去就知道我們對酸、苦和刺激性的化合物更敏感，它們通常是不安全的食物，像是已經發酸的腐敗食物，或是常會出現酸苦味道的有毒食物。以進化的角度來說，這沒什麼好驚訝的，任何有機體只要能避免吞下危險物質，就有更好的機會傳衍基因。

請注意表格中的辣椒素，它是讓辣椒有辣味的化合物，正可舉例說明什麼是化學物質產生的感知，即所謂的「化學味覺」（chemesthesis）。我們的味蕾，就像大部分的皮膚，可以偵測如乙醇和辣椒素等化學物質帶來的刺激，還有其他化合物如薄荷則會激發出涼的感覺。這類化合物刺激味蕾的其他感知，進而影響風味，所以這也是認為舌頭只能感知四味或五味並不正確的原因。不同的文化各以其飲食傳統強調不同感知，很多印度菜和東南亞美食都強調刺激辛辣的口味，而日本人則把他們料理的基調設定在鮮味／酯味上。

無論你喜愛哪一種料理，做菜方法大都一樣：盡量平衡各種味道到好吃的程度（例如，不要太鹹，不要太甜）。但現實上，創造平衡滋味有很多挑戰，了解它們能顯著提升你的烹飪能力。至於你喜歡怎樣平衡味道，大部分要看你的大腦線路如何連結，以及回應基本味覺所受的訓練。以下是有關滋味的注意要點，不管你是為自己還是他人做料理都要注意。

記得調味！了解一切與滋味相關的科學不會讓你的菜更好吃，如果你不留意自己的感知。學會真正去品嘗食物的味道。菜做好了，看看自己是否能注意到滋味與氣味的變化，細細品嘗，問問自己怎麼做才能改善。結束時要調味是顯而易見的事，人們卻常忘記這一步。一撮鹽、一點檸檬汁都是平衡味道的神奇魔法。

文化養成會影響你的滋味平衡。也就是說，被某個文化視為理想的味道平衡並不必定與另個文化一樣。比起歐洲，美國人大都更愛偏甜的食物。酯味是日本料理的關鍵味道，但歷史上，歐洲傳統較少正式關注這種味道（雖然現在開始有了轉變）。對味道的偏好從出生前就開始發展，母親在懷孕時吃的食物如大蒜等會影響孩子的食物偏好，到了第三孕期可以從胎兒的臉部反應看出他對食物滋味的喜惡。以上皆在說明當你為他人做菜，你認為的剛剛好也許與對方的完美想法不同，無論這只是與同伴間同桌共食一次，還是同桌共食一輩子。

剛剛吃下去的東西會影響你等一下要吃的食物味道。不同菜餚端了上來，有些菜會留下餘味且衝擊其他菜的品嘗經驗，這種效應稱為「**味覺適應**」（taste adaptation）。我們多數感官適應信號都需要一段時間才能注意其他改變。例如甜味優格，如果你一直吃，甜味優格會變得比較不甜，且餘味會持續到你品嘗下一道食物。下次你刷牙後，請喝一點點柳橙汁，你會發現柳橙汁變得比較苦。（因為牙膏中的十二烷基硫酸鈉會餘味迴繞一陣子擊昏你品嘗甜味的感知能力。）傳統上味蕾的清潔劑是氣泡水這類碳酸飲料，但研究顯示餅乾更有效。桌上籃子裡放的麵包不只為了填飽肚子，當你轉換食物時，吃麵包也是清潔餘味。

味覺適應是你的味覺感受被之前的感覺改變，有一點像視覺殘留，
而**味覺異常**是化合物改變味覺感知在大腦登記的滋味。
想知道更多關於味覺異常的內容，請參見p.88。

環境因素會影響你的嘗味。環境若較乾燥，口中唾液量會改變，導致味覺靈敏度降低。飛機上的食物就因如此而受牽連，高海拔地區常吃鹹番茄汁和紐結餅，也是因為它們味道強烈。我們的味覺受天氣而改變！

溫度也會影響味覺，由於某些味覺受體細胞對熱敏感，味蕾碰到熱食（溫度高於86°F／30°C）比碰到冷菜的感知強。生物學有個好玩的偷吃步：低於體溫的食物不會在大腦登記為溫熱食物，所以如果某道菜稍低於體溫，卻因仍屬溫熱，就可傳遞較強滋味。特別是糖，溫熱的汽水喝起來有點噁心也是這個原因，熱汽水喝起來也比冰的甜（很膩的那種甜）。你在廚房做冷菜時，請把溫度對味覺的影響放在心裡，你會發現像冰淇淋、冰沙這類冰品會比溫熱時的液態滋味淡、氣味弱，請適當調整醬料濃淡。

基因差異可以改變口味偏好。你我的口味不盡相同，研究基因味覺差異的最多領域在於了解我們如何與食物相互作用，方法是利用苦味化合物丙硫氧嘧啶（PROP）和苯硫脲（PTC），這兩種化合物不是所有人都能嘗試的，包括我自己，而其他人則只是覺得它很苦。這也不是「可以吃或不能吃」這種二分法，但似乎是兩個基因間的聯繫關係，還需加上其他基因的影響。基於某個基因的構成，苦澀感覺可能會噁心到無法忍受。我有個朋友在嘗過PTC實驗試紙後，下意識反應一拳朝我揍來，顯然品味特異。（請見p.99，了解口味差異的實驗；還有在p.103，有琳達‧巴托夏的訪談，她對這項議題有廣泛研究。）

能品嘗PROP或PTC不見得是好事或壞事，只是不同。能吃的人在體驗某些食物時更苦，尤其是深綠色的葉菜，如羽衣甘藍、捲心菜、花椰菜和胞子甘藍，因為他們的舌頭可以感知更多苯基硫脲化合物。一般說來PROP／PTC測試者的舌頭味蕾數目很多，導致碰到口中刺激物的細胞數目更多。這種奇怪狀態使他們吃到澀味、酸味和辣味食物時感受更強。就如咖啡因對他們來說會更苦，這也解釋了研究者發現這些測試者更可能在咖啡和茶裡加牛奶和糖，才能抵消苦味。

誠如所見，牽一髮動全身，對某類苦味化合物的嘗味能力就算只有一點差異也會牽動一堆其他味覺，要根據某人想要的味覺平衡做出改變。基因差異的證據還可在品嘗鮮味化合物穀胺酸的能力中發現，誰知道還存在什麼差異？

生理問題也會影響味覺功能，特別是年齡、壓力和疾病。隨著年齡增長，我們的口味偏好會轉變。小時候愛吃甜食是對高熱量食物的生理驅動；老年人在嗅覺功能上有了改變，變得對鹹味和輕微的苦味較不敏感（這就像鈉和蔗糖等促味劑帶有輕微的氣味，嗅覺功能降低了，味覺的閾值也會受到衝擊。）而對老年人來說，味覺喪失會是真正的問題，因為沒辦法吃清淡的食物。壓力也會影響口味，因為壓力使腎上腺皮質醇增加，又與其他事物相作用後抑制味蕾的刺激強度。最後，會影響味覺的疾病範圍如此之廣，多數都

無法在非老年人的族群中被診斷出來（當你不知道其他人的感官經驗時，你怎麼會知道自己有特殊的味覺異常？）。儘管理解生理問題不會改變人的味覺，但能解釋當你吃飯時，你該如何看待周遭人等的飲食行為。

從上述影響味覺因素的簡短說明，你可以看到滋味不只是古希臘人追求的鹹、甜、酸、苦等簡單的四種基礎感知，在這章的第一部分我們將審視滋味的各種面向。

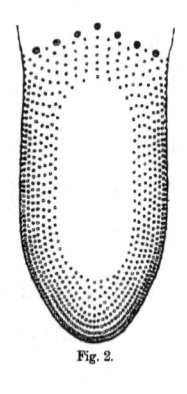

有人認為，主要味覺來自舌頭的不同區域，這個錯得離譜的謬誤來自研究論文的誤譯。人類舌頭每處表面都可檢測到主要味覺，每個區域的靈敏度卻有極小差異，這就是為什麼舌頭不同區域各自能更精確地感知不同味覺。舌頭後方比前方對苦更敏感，而舌頭前方比舌後更能感知甜味，所以略帶苦甜的液體在舌頭的不同部位流轉，味道也會跟著改變。

• RECIPE

希臘式醃料

對於醃料，至少大家都認可的定義是食物在煮之前浸泡其中的酸性液體。但這有一點用詞不當。醃醬（marinade）這個字源自西班牙文的marinar，意思是在濃鹽水中醃泡。大多數醃醬味道都只會進入肉的表面，所以請選厚度比較薄的肉來醃。

下列食材在碗裡混和：
1/2杯（120克）優格
2湯匙（30毫升）檸檬汁，約半顆檸檬的量
2茶匙（4克）奧瑞岡葉
1茶匙（6克）鹽
1個檸檬皮，切成細末

日式醃料

濃鹽水（brine）的基底是鹽，要有約5％到6％的鹽量，而在這道醃料裡用的是醬油。鹽分會分解部分肌肉組織，使肉在熟後變軟。還可添加其他調味用品，像蜂蜜，可以平衡鹹味。

下列食材在碗裡混和：
1/2杯（120毫升）醬油
4湯匙（24克）薑末
6湯匙（40克）蔥末（青蔥，也就是大家說的綠色洋蔥），約4根的量
4湯匙（60毫升）蜂蜜

INFO

各文化的增味食材

不同文化用不同食材調整做菜的基本滋味。下次做菜時，試著用下列某些常見材料調整味道。（至於各文化中增添氣味香氣的食材，請見p.131。）

請注意，以下是粗略選擇，不要把這張表格當成地區食材大全。印度北部比南部更乾旱、更涼爽，使用的技巧與食材就完全不同。很多食材也會帶來氣味，這也是各個文化的料理都有某種風味調性的原因。

	苦	鹹	酸	甜	鮮	辣
加勒比海	苦瓜	鹽鱈	萊姆	蜜糖 紅糖	番茄	辣椒
中國	芥藍 苦瓜	醬油 蠔油	米醋 梅醬（糖醋醬）	梅醬（糖醋醬） 紅棗醬（小紅棗） 海鮮醬	乾香菇 蠔油	芥末 花椒 生薑
法國	綠捲鬚生菜 小紅蘿蔔 菊苣	橄欖 酸豆	紅酒醋 檸檬汁	糖	番茄 蘑菇	第戎芥末 黑、白、綠胡椒
希臘	蒲公英 芥菜 球花甘藍	菲達羊乳酪	檸檬	蜂蜜	番茄	黑胡椒 大蒜
印度	阿魏 葫蘆巴 苦瓜	Kala namak （黑鹽，化學成分是NaCl和Na2S）	檸檬 萊姆 Amchur （乾燥綠芒果磨成的香料粉） 羅望子	糖 粗糖（粗粒棕櫚糖）	番茄	黑胡椒 辣椒 黑芥菜籽 大蒜 生薑 丁香
義大利	球花甘藍 橄欖 朝鮮薊 菊苣	乳酪 （pecorino或帕瑪森） 酸豆 鯷魚 （通常用鹽醃著）	巴薩米克醋 檸檬	糖 焦糖蔬菜 葡萄乾和果乾	番茄 帕瑪森乳酪	大蒜 黑胡椒 義大利熱長辣椒 櫻桃朝天椒
日本	茶	醬油 味噌 海帶	米醋	味醂	香菇 味噌 柴魚高湯	芥末 辣椒
北非	茶	醃漬檸檬	醃漬檸檬	椰棗	哈里薩辣醬、sumbala調味丸（西非）	哈里薩辣醬
拉丁美洲	巧克力（無糖） 啤酒	乳酪 橄欖	羅望子 萊姆	甘蔗	番茄	Jalapeño辣椒及其他辣椒
東南亞	陳皮 柚子 （柑橘類水果）	魚露 蝦醬	羅望子 檸檬葉	椰奶	豆醬	泰國鳥椒 醬汁醬料裡的泰式辣椒
西班牙	橄欖	鯷魚	醋	水果（葡萄乾、無花果、溫桲） 糖	煙燻辣椒	胡椒
土耳其	咖啡	Za'atar香料粉 （百里香、鹽、芝麻籽和鹽膚木的混合物）	優格	蜂蜜	番茄	紅辣椒碎

滋味、氣味和風味

鹹

　　我們是透過相當簡單的生物機制吃出食物的鹹味：鹽的鈉離子透過**離子通道**（進入細胞的門控通道）激活偵測鹹味的特定受器，然後完成電路迴圈，向大腦發送「鹹」的訊息。

　　在所有主要味覺中，我們感知鹹味的機制有其獨特性，特別處在於需以特定的化合物「鈉」觸發鹹味，除此之外幾乎都無法做到，因為離子通道對於它要鍵結的東西有選擇性。鈉是生理必需，由腎臟調節，用來控制血壓，幫助細胞溝通，平衡水分及管理其他眾多事情。生命的維繫也靠攝取足夠的鈉。就因為其生物重要性，也難怪我們有股特別能力渴望鹽和嘗到鹹味。一如甜味，我們對鹹味的渴望也跟身體隨時都有的需求有關。

> 鹽加入碘元素可做為對抗甲狀腺肥大等疾病的營養強化劑，
> 這也是美國等國家不再有這類問題的原因。
> 受控制的實驗顯示碘鹽和非碘鹽若以正常濃度用在食物中，
> 兩者味道沒有差異。

　　鹽是一種化合物，而**鹹**描述它的味道，而**食鹽**特指氯化鈉。但除非你在講化學，在化學範疇提到鹽這個字時，多半是指食鹽這一類。因為從化學的角度看，除了氯化鈉之外還有其他的鹽，像是氯化鉀這種鹽，吃起來也有鹹味但帶著一股苦味。如果你看一下代鹽的成分標籤，就會看到為了中和苦味還添加了其他化合物。你可能知道還有其他鹽類，如瀉鹽（硫酸鎂），也帶有苦味。使用含有鋰離子（Li^+）的鹽類代替鈉也可得到鹹味，因為鋰離子也可滲透離子通道。但我為發現這個現象的化學家感到遺憾，鋰離子若劑量大則有毒性！（其他做菜用的鹽，請見p.406。）大多情況下，鹹味的來源都是食鹽中的鈉離子，所以你可假設嘗到的鹹味都來自氯化鈉。

　　氯化鈉中是鈉離子（Na^+）有鹹味；而氯離子（Cl^-）僅為了穩定鈉的固體形式。至於鹹味要登記在大腦裡，則由鈉離子負責離子通道的電路。對於需要調節鹽分的食客而言，這點細微而重要，因為食物吃起來的鹹度無法偵測其中的鹽量。鈉離子非常小，在烹煮過程中容易滲透入食物，一旦進去了，就不會接觸鹹味受器。在烹調過程中太早加入大量鹽，更會吸收到食物內部，這也是說，你吃不到鹹味，但會消化鹽，反而增加鈉的吸收量。如果你為低鈉飲食的人做飯，這點要注意。

> 加入非常非常少量鹽的鹽水竟有甜味！
> 鈉離子似乎可以激活甜味受器，但實際的運作狀況還不清楚。

加鹽可改變其他味覺在大腦的登錄狀況，也改變我們感知氣味的方式。味覺受器並不完美，一對一的偵測器卻面對各種化合物。鹹味和酸味會掩蓋彼此，因為鈉會些微干擾酸味受器。在烘焙品中加一小撮鹽並不會讓食物變鹹，卻會降低酸味，相對增加甜味的認知。在食物中加入極少量的鹽（不可太多！）也能增強風味，可使原來被形容為「單調」的食物帶來一股「濃郁」的風味。這就是這麼多甜點，包括餅乾、巧克力蛋糕，甚至是熱巧克力都要求加一撮鹽的原因。但多少鹽是一小撮？量要足夠到可放大食物風味，卻不會多到吃出鹹味。

鹽若大量地放，就是用來增味的食材。淡菜要撒多點鹽，貝果表面要撒粗鹽，印度鹹奶昔（Lassi，印度優格酸奶）要加鹽，甚至連巧克力冰淇淋或布朗尼都要在上面撒海鹽。沒有鹽，滋味全然不同。如果把鹽當成上層點綴，請用粗鹽或雪花片鹽（請找海鹽），不要用岩鹽、猶太鹽或細鹽，如此，你就可以用較少的鹽做出相同的鹹味。

DIY 海鹽

自製海鹽很容易，如果你住在海邊，且不介意好幾桶水在家濺得到處都是。請在2升的容器中裝入味道好聞的海水，拿回家，倒入大鍋，用乾淨的布或咖啡濾紙過濾海水除去沙子和顆粒。把水煮開，煮到海水只剩1/5或1/6，再倒入淺口玻璃平底鍋，讓它蒸發一兩天變乾。每2升的海水量，希望可得到1/4杯（65克）鹽。

這麼做的鹽是從水分蒸發而來，而不是提煉。這也意謂水裡的東西都會存在於鹽中，包括細微的風味和微量元素（這是好的），還有有毒的汞（這是壞的）。只用一次不成問題，但我會盡量避免一生用DIY海鹽的習慣。

小叮嚀

- 避免「隱藏版的鹽」,在剛開始烹飪的階段只放必要的鹽,用量只要能引發化學物理變化就好,然後到烹飪快結束時,試過味道再調整鹽量就行。
- 「一撮鹽」不是精確計量。傳統上就是你用大拇指和食指捏出的量,但如果你還是需要一個基準,試試以 1/4 茶匙(約 1 克)計算。
- 是否吃得下苦味化合物要看個人基因差異,嘗試的人不同,對食物中用來掩蓋苦味的鹽量渴望就不同,所以若做帶苦味的菜,如青花菜、胞子甘藍和羽衣甘藍,請在桌子上放上鹽罐,讓品嘗的人平衡滋味。
- 偏好放多少鹽部分基於你近幾個月來的飲食習慣,隨著時間過去你的身體會學到愛用較少或較多鹽。

如何讓食物更鹹

- 加鹽(當然)或加有鮮味的食材(增加鮮味/酯味會放大對鹽的感知。有關鮮味食材的建議,請見 p.79)。

如果菜太鹹該如何?

- 如果只是鹽分多了一點,可增加甜味或酸味掩蓋。
- 也可在菜裡加更多食材稀釋鹽分。(老法子是在過鹹的湯裡加馬鈴薯,可降低鹹味並稀釋鹽的濃度。)

RECIPE

香辣芝心豬排

食物用濃鹽水醃漬會增加豬排這類肉塊的美味鹹味,就像這道菜做的示範,又好吃又好做,是晚上約會時很好的餐點。

4湯匙(70克)鹽和**4杯(1公升)冷水**放在容器中混合,拌到鹽溶解。**2到4片去骨豬排,厚度要切到2.5公分厚**,浸在濃鹽水中,放入冰箱冷藏1小時。(醃越久,肉越鹹。如果要醃超過2小時,請用冷水並放入冰箱醃。)

當肉在醃泡時,請取另個碗將下列材料放入碗中混合:

1/4杯(40克)墨西哥青辣椒。烤過切丁,約1個辣椒的量(請見小叮嚀)
1/4杯(40克)切達起司或Monterey Jack起司,切成小塊備用
1/2茶匙(3克)鹽
1/2茶匙(1克)黑胡椒粒

豬排醃透後,從鹽水中拿起來,用紙巾擦乾。備妥豬排準備填餡:用小削皮刀,在豬排一側先劃出小切口,接著把刀片插入豬排內裡,微微揮動把中間挖出一個洞,洞口——也就是插入的刀口——要越小越好。

每份豬排填入1湯匙餡料,把**油**抹在豬排外表,用一小撮**鹽**調味。你準備的餡料一定會剩下一些,但多備總比不夠來得好。多餘餡料可以留下來炒蛋。

鑄鐵煎鍋以中溫加熱(約達400°F / 200°C,水一灑在鍋面立刻冒出吱吱聲蒸發的程度)。豬排入鍋,每面煎5到7分鐘,煎到褐色,顏色要剛好不太焦不太淡。檢查中心溫度,須煎到145°F / 62.8°C。從鍋中取出豬排,放到砧板上靜置至少3分鐘。

上桌時,把豬排對切露出內餡,上面擺上迷迭香馬鈴薯泥(做法詳見p.233)。

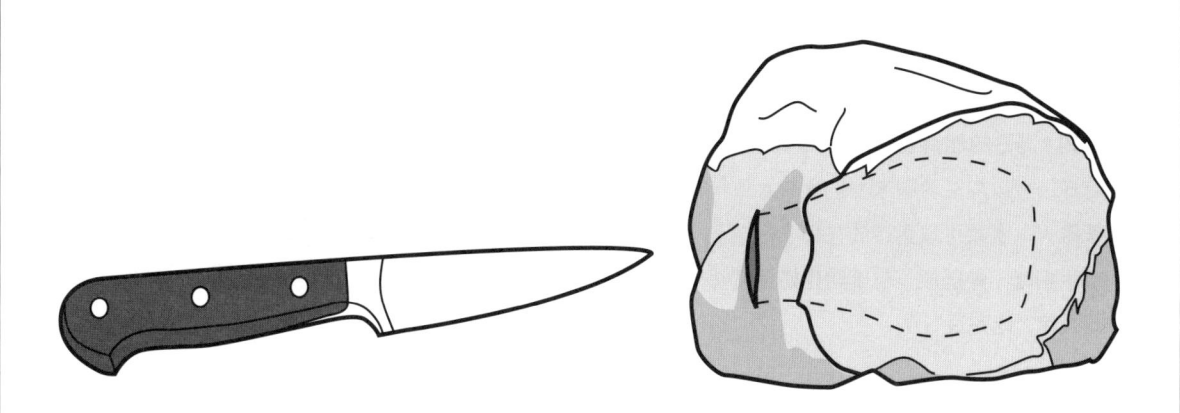

滋味、氣味和風味

廚藝好好玩

小叮嚀

- 如何烤墨西哥青辣椒？如果你有瓦斯爐，可以用夾子夾住青辣椒直接放在爐火上一面轉一面烤，烤到外皮都燒掉（看到外皮都焦黑才是你要的效果）。如果沒有瓦斯爐，也可以把青辣椒放入小烤箱（瓦斯或電子烤箱皆可），溫度調到高溫，必要時翻面。烤到青辣椒外皮大多焦掉才離火，在砧板上放涼備用。用布或紙巾擦掉燒焦外皮，切丁（去籽，去內筋，去蒂頭）放入碗中。
- 試試其他餡料，像是青醬，或拌入鼠尾草、果乾（蔓越梅、櫻桃、杏桃）及堅果（核桃、胡桃）的餡料。
- 在美國，烹飪指南呼籲將豬肉加熱至 165°F／74°C 以去除旋毛蟲病的危險，但目前旋毛蟲已從動物族群中絕跡，然而，在 2011 年美國農業部的烹飪指導方針已降低大塊肉的烹煮溫度到 145°F／62.8°C（請在吃肉或用小刀劃開前，先讓豬肉靜置 3 分鐘）。如果你住在其他地方，為了杜絕旋毛蟲病流行，烹飪指導仍建議將豬肉煮到 160°F／71°C。
- 請做一個實驗，試做一個用鹽醃漬的豬排和一個沒有用鹽水醃漬的豬排，然後把它們烤熟：觀察鹽漬是否在烹飪過程中減輕肉的重量？使用公克磅秤，在豬排還未醃漬前、醃漬後、烹煮後各秤重一次，然後比較未經醃漬的「控制組」豬排在烹煮後重量流失的百分比。你也許還想測試濃鹽水醃漬如何影響風味。如果你要為別人做飯，請把他們當成測試者，每人各一份醃過和沒醃過的豬排，然後看看那些測試者喜歡什麼。

RECIPE

乾煎紅蔥淡菜

撒上大量鹽的淡菜，再沾點奶油，味道真是棒！先把鑄鐵鍋熱到吱吱作響。熱鍋的同時，一面沖洗**約 500 克淡菜**，丟掉破的或已經開口的。洗好的淡菜下鍋乾煎，3 分鐘之後就會開口並煎好，在上面撒**大約 1 湯匙的粗海鹽**和 **1 顆紅蔥頭末**，如果你喜歡吃辣，可以加紅辣椒末。把食材大致拌炒一下，鍋子離火。淡菜可以直接放在鍋子裡端上桌，用叉子或手指吃，旁邊放一小碗**融化奶油**當沾料，另外放個大碗，吃完丟殼用。

甜

就像鹹味一樣，我們天生熱愛甜食。甜味表示快速消化的卡路里以及立即獲得的能量，對需要拿起尖矛採集食物的日子格外重要。就像鹹味誘惑我們涉取身體所需的鹽，甜味也誘使我們吃下維持生命、能量豐富的食物。我們對甜食的渴望在生命周期的各個階段都不同，隨著成熟而削減。小孩偏愛甜食是生物因素，與骨骼生長的物理過程有關。（孩子們，快！快去跟爸媽說你愛吃甜食是因為**生物學**！）

對比鹹味受器，會觸發甜味訊息的味覺細胞受器更加複雜。這並不奇怪，因為在單一鈉離子和我們身體一觸即發能量即來的化合物之間，兩者複雜度有差。某化合物要在大腦上註記為甜味，必須先被甜味偵測受器上的兩個對外點理解它是甜味。要做到這一點，該化合物必須先被塑型成能連接這兩點的形狀，以正確的化學結構在這兩點上化學鍵結。這是了不起的特定「鎖孔」，只有幾十種常見的自然「鑰匙」能匹配，而它們多是各式各樣的糖。

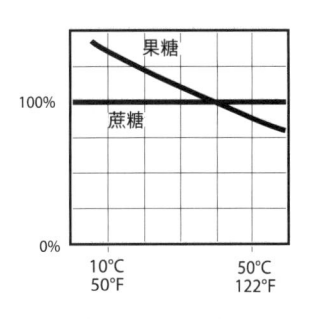

比起蔗糖，果糖遇熱會變得比較不甜，所以在冷飲中加果糖是有道理的。

化合物有多密合受體細胞這個「鎖」，就能測知各種甜味化合物有多甜，只要細微差異就能影響結果。常見的細糖（蔗糖）就和受體細胞密合得很好，牛奶中的糖（乳糖）就配合得不夠緊密，因此註記為較不甜。而在水果中常見的果糖在室溫下可以比蔗糖更甜，而這正是說明化學與生物學有多複雜的絕佳例子。果糖的甜度隨溫度而降低，當它受熱時，果糖分子的形狀改變，也改變它與甜味受器鍵結的能力。（而化學技客的說法是：果糖有幾個受熱影響的互變異構體〔toutomer〕——也就是一種結構變異，在變異處氫原子移過來一個位置，鄰近的單鍵和雙鍵交換次序。而發生在較高溫度的互變體並不會以同樣方式觸發受體細胞。）

我們感受甜度也要看化合物和味覺受器鍵結的容易度，以及可以結合多久。一般桌上放的砂糖，也就是蔗糖，與受體細胞只做微弱的連結，這也是砂糖甜味發作較慢的原因，當我們嘗到後，通常需要一兩秒鐘才能在大腦中登記為「甜」。蔗糖的餘味很美味，即使在非常高的濃度中都是如此。另一方面，果糖與我們的甜味受體能迅速結合，但來得快去得也快。你會發現各種形式的甜味劑有不同味覺感知，有的急速衝高，持續時間各有長短。以嘗試滋味而言，不只是感受有多強，而是隨著時間過去我們的感知如何變化。

貓吃不出糖的味道！不同動物基於日常飲食發展出不同的味覺受器。最純種的肉食動物，包括貓，無法攝取碳水化合物作為自然飲食的一部分，似乎就沒有偵測糖的受器。

除了糖之外，還有其他化合物可與甜味受器相合。以醋酸鉛形式出現的鉛，吃起來就是甜的，這是古羅馬人不經意發現的。有些蛋白質吃起來也是甜的，像是莫內林（monellin），可以輕易活化甜味受器，所以可做為代糖。而代糖，不論是合成來的，還是由植物萃取而來，都能與甜味受器結合得很好，狀況類似它會先檢查鎖，然後盡可能設計出完美的鑰匙。「甜菊糖苷」（stevioside）是一種甜葉菊家族的化合物，是甜味的起因，用量比蔗糖觸發甜味的量低300至600倍就能觸發甜味感知。還有阿斯巴甜（aspartame），是一種合成甜味劑，效力比甜菊弱，觸發甜味感知的量比蔗糖低150至200倍。

代糖做為體重控制機制的效用並不如你想的那麼明確。近來的研究發現健怡汽水反而造成體重更重，但為何如此並不清楚。也許我們身體儲存脂肪部分建立在對甜味的感知而不只是攝入的卡路里，或者特定的人工代糖影響腸道細菌改變我們處理食物的狀況。

代糖在濃度較大時吃起來有苦味，因為苦味受器與甜味受器的運作有點像。有些苦味受器接受「扭曲」的非二維代糖化合物──也就是這支鑰匙可插入這個鎖也適合另支鑰。這種相合的狀況也解釋了糖果要靠蔗糖製作，而無法用代糖做的原因。用於烹飪的砂糖功用不只在甜味，還可與水結合，引發且幫助褐變反應、發酵、結晶。一個簡單的分子可以完成這麼多不同角色是很了不起的，所以也難怪更複雜的分子有更多有趣的事。

> 糖的政治是複雜的。你有沒有注意到，美國食物在成分標示上都貼有「每日建議攝取量」嗎？但就是糖沒有。世界衛生組織說，應將糖的攝取量限定為熱量攝取的10%到建議的5%才是理想的。

小叮嚀
- 如果食譜要你用某種特定形式的糖，就說玉米糖漿好了，這多半是為了功能性的理由。玉米糖漿（100%葡萄糖）抑制結晶形成，防止糖結砂，這就是做焦糖和冰淇淋要用玉米糖漿的原因。
- 現在的紅糖多是白砂糖添加糖蜜製成，兩者比例大約是10：1。如果你做菜時紅糖剛好用完，可在每杯白糖（200克）中拌入2湯匙（30毫升）糖蜜（多為深色紅糖）。
- 製作冰紅茶這種有甜味的飲料時，需要用糖漿，這時請特別注意溫度。砂糖加入水中，加熱或煮到快沸騰都會分解成味道較不甜的葡萄糖和果糖。所以若要加熱糖漿也只是很快熱一下讓糖溶解，這樣吃起來就比加熱過或小火慢煮過的糖漿甜。

如何讓食物吃來更甜
- 加糖、蜂蜜或其他甜味劑（請見p.79）；也可少放一些酸味或苦味食材。

如果菜太甜
- 增加酸味（例如，加檸檬汁或醋），或加一點辣味（例如，加卡宴辣椒粉）。
- 對於烹飪實驗者，則可用甜味抑製劑（見p.418）。

RECIPE

簡易薑糖漿

當糖蓋住了酸味和苦味,同時就增強其他味道,就像這道薑糖漿,加了糖之後,生薑強烈刺鼻及微酸的口感變得溫和了。

下列食材放入鍋中煮滾,然後用低溫慢慢煨著:
2杯(480克)水
1/2杯(100克)糖
2/3杯(64克)生薑,切碎或磨末

小火煨30分鐘後,放涼,然後將糖水濾到瓶子或容器中,濾出的薑渣請丟掉。

薑糖漿除了加蘇打水做成簡單的薑汁汽水,還可淋在煎餅或鬆餅上。你也可以加入香草豆,在香草莢中間直劃一刀,放到糖水中小火煨煮就有濃郁的甜香美味。

如何煮朝鮮薊

對於門外漢,朝鮮薊是烹飪的謎團,因為它們不像我們吃的其他食物(我們什麼時候吃過沒開的花苞?)。何況它還會引發味覺異常,改變甜食的味道。

一般都吃朝鮮薊花形的部分,但會把花葉剝掉只吃熟的芽心,沾些醬汁、融化奶油或是浸漬油(請參閱p.426),用門牙把花苞底部的肉咬下來。煮朝鮮薊最簡單的方法是用微波爐:先切掉花梗處,再切掉花形上端約2公分,沖洗弄濕,然後放入微波爐加熱6到8分鐘(如果朝鮮 比較大或多,微波的時間則加長)。

朝鮮薊心就是花的中心部位,放在披薩、沙拉上,或只是簡單地烤過,味道都很棒。備菜時先切掉朝鮮薊的底部和上端,剝去暗色花葉,修掉綠色硬皮,用湯匙挖出中間芽心,噴上一些檸檬汁防止變色。芽心就是花苞底部白色的嫩肉,我的朋友第一次煮朝鮮薊時沒有準確遵照指示,最後修到一點都不剩。

滋味、氣味和風味

87

朝鮮薊與神祕果的味覺異常

我們的味蕾是充滿受體細胞的化學探測器，這些受體細胞無一不等著契合的化合物到來引發活動。就像空鎖等待對的鑰匙插入開啟。但是，如果有什麼東西把鎖撬開了呢？

當化合物暫時改變舌頭嘗其他食物的方式，這就是**味覺異常**。就如朝鮮薊，它有兩種化合物：洋薊酸（cynarin acid）和綠原酸（chlorogenic acid），會造成之後吃下的食物短暫偏甜。試著蒸一個新鮮朝鮮薊，不沾沾醬只吃葉子，然後喝些水，就會發現水嘗起來有點甜甜的。（這也是朝鮮薊很難找到搭配紅酒的原因！）

另外還有一種食物化合物是味覺異常的更好例子——「神祕果蛋白」（miraculin）。當酸性物質在附近遊走（酸度起始於pH6.5並增加至pH4.8），神祕果蛋白會與甜味受器鍵結並且活化，導致原本該吃起來是酸的食物（因為pH是酸性）變成甜的。

神祕果樹會長出紅色小漿果，恰如其名地稱為「神祕果」（miracle berry），是一種含有大量神祕果蛋白的果子。咀嚼新鮮果肉幾分鐘就有足夠的神祕果蛋白，可讓你吞下一顆檸檬卻覺得在喝檸檬糖水。

這種現象於1725年在西非首次被觀察到，當地人用它來「甜化」酸啤酒的飲酒經驗。到了1852年，「神祕」果子在醫學雜誌首次亮相；近期的研究主要集中在糖尿病患者的潛在用途。過去幾十年已看到使用神祕果作為食品添加劑的若干嘗試，但食品添加劑需符合不同管理規範（參見p.400），神祕果不同於那些「無趣的舊水果」，仍未清除這些障礙。

幸運的是，你可上網訂購神祕果；不幸的是，這些果子容易腐爛。用莓果萃取的乾燥錠劑也可以，也比較容易進行實驗（來源請搜尋http://www.cookingforgeeks.com/book/miraculin）。當你手邊有莓果或錠劑，邀請一群朋友把神祕果放口中嚼，再端上一些酸味食物，無味優格效果很好，也可試試葡萄柚、萊姆或檸檬切片。

「滋味暴走」並不限於酸味食物。我有個朋友發誓說，烤牛肉三明治吃起來有蜜汁牛肉的口感。其他朋友試過梅林辣醬油，卻把它比做生魚片。請試莎莎醬、番茄、蘋果醋、小胡蘿蔔、巴西里、黑啤酒、辣椒醬和乳酪。請記得神祕果會讓酸的東西口感變甜的，但並未改變食物的酸鹼值，所以別狂吞檸檬，以免得到胃潰瘍。

神祕果除了是有趣的體驗外，因為它特殊的狀況，最終無法廣泛應用為糖的替代品。它的效用會留存在舌頭上長達一小時，這意謂之後吃下的其他食物也將受到影響。目前正進行一些研究，希望在穀類食品中加入類似神祕果蛋白的蛋白質，請試想喜瑞爾穀麥片吃起來是甜的，卻沒有多加一點糖（此項研究，請見美國專利字號#5,326,580——嗯，非碳水化合物甜味劑），但誰知道這項研究會發展到什麼地步，也不知消費者會不會接受它。

酸

　　酸味是食物中的酸性化合物造成的，就像甜味和鹹味一樣，我們從出生就內建要對它們做出回應。就像我們嘗出鹹味，酸味的感知需透過酸性化合物的氫離子與酸味受器上的離子通道相互作用才能感知。也可這麼說，你的酸味受器就是原始化學酸度探測器。氫離子觸發酸味受器，越多的味蕾被觸發，就有越多食物的酸味被嘗出。

　　人類在享受酸味食物上十分獨特。就像苦味，酸味是危險食物的潛在指標，因此，厭惡感會阻止我們吃到腐敗的食物。但我們怎麼會變成喜歡酸味仍是生物學上的小祕密。可能是我們會定期從維生素C高含量的水果中攝取，但過去不知怎地就喪失了合成維生素C的能力；關於我們學會想吃酸性食物，有一派理論就圍繞在可確保我們攝取足夠維生素C以避免罹患壞血病這類疾病。

　　無論什麼原因，當我們成熟便學會享受酸溜的滋味。有些食物因為化學物質而產生自然酸味，這些東西多半是水果。柑橘食物裡的抗壞血酸（維他命C）和檸檬酸讓檸檬這些水果酸的不得了，這是對不會烹煮的草食動物作合理防禦。蘋果中常見的蘋果酸帶來可口的酸味；其他食物發酸則是因為變質，如優格、醋、醃黃瓜、泡菜和老麵麵團，原因都是發酵，藉著乳酸和醋酸產生美味的變質食物。

　　當然，對於「酸性刺激酸味」的規則也有例外和複雜性。酸是可借出氫離子的化合物，但此化合物的其他區域卻可與其他味覺受體契合。穀胺酸嘗起來的味道有鮮味；苦味酸則是苦的。我們偵測酸味的速度也因酸性物質的不同而有差異。就像某些糖可以很快被測知，有些卻要一段時間才能在大腦註記為甜味。酸味物質也有不同的發作時間，停留的時間長短也各自有別，端看食材中的化合物是什麼。柑橘酸可以很快被偵測，酸味很快爆發；蘋果酸發作的時間就很慢，停留時間也長。食品業利用如此聰明的效果，結合多重不同的酸產生不同時間有不同需求強度的酸味組合。

小叮嚀

- 請在菜要做好時檢查鹹味和酸味的平衡，然後再加入檸檬汁或醋這類食材，帶出「清爽」的風味。

如何讓食物吃來更酸

- 添加檸檬汁、醋或吃來有酸味的食材（請見p.79）。

如果菜太酸

- 加甜味掩蓋。

● RECIPE

自製優格

優格是被好細菌「弄壞」了的好牛奶。嗜熱鏈球菌和保加利亞乳桿菌吃掉了乳糖產生乳酸把牛奶變成優格，也給了優格一種酸的特性。當然，如果你添加夠多的糖（例如蜂蜜或果醬）或加鹽（比方醃東西，見p.91），酸味就會被掩蓋。乳酸也降低pH值，牛奶蛋白質變性，優格因此變得濃稠。

2杯（約500毫升）牛奶（使用哪一種牛奶都行，只要不是無乳糖牛奶，因為細菌需要乳糖。如果你喜歡，也拿得到，也可用山羊奶或棉羊奶）放入平底鍋（或用雙層的隔水加熱鍋更好），溫和加熱。

請用數位電子溫度計測量牛奶溫度，牛奶要煮到200°F／93.3°C。不要煮沸，因為會影響優格風味。

牛奶倒入熱水壺或絕緣容器，放涼至115°F／46°C，等到溫度涼了，加入**2湯匙（30克）無糖優格**，攪拌均勻。請確定你用的優格在食材上標明「活菌」，這代表優格裡有活的好菌。加入優格提供必要的細菌，所以請在牛奶變涼後再加，不然就把細菌煮熟了。

容器蓋上蓋子培養4到7小時，然後移到保鮮盒，放入冰箱冷藏。

小叮嚀

- 在接種之前可再熱牛奶中加入蜂蜜或果醬，如此可去除成品的生酸味（甜味有助掩飾酸味）。許多文化都用優格當成加強風味的食材，可以放在湯上當裝飾，或作醃料，或作肉、魚淋醬的醬底（見 P.39）。
- 這道食譜有消毒牛奶（牛奶用巴氏殺菌法[23]滅菌，仍保留低含量的細菌），且培養時間很短，也降低食物中毒細菌孳生的機會。請記得，只要是送入口中的食物，只要味道不對、聞起來餿了，或者裂成開口笑直盯著你瞧，那就不該吃了。（然而，悲哀的是，反之卻無法亦然，只因為東西聞起來還好並不表示它是安全的。）但如果你很安心願意在食物上冒一點險，培養越久，風味越濃越強。優格的傳統做法只是把牛奶放在外面，蓋上蓋子，讓它發酵一整夜。

- 傳統的優格是很稀薄的流體，也許不是你中意的類型。若要做希臘濃優格，可將優格奶放入過濾器，下面墊一個碗，讓它在冰箱裡慢慢滴一個晚上。或者，如果你喜歡，可實驗加入增稠劑，如果膠、洋菜或明膠（見 p.444）。如想要更濃稠的優格，可在加熱前，將 1/2 杯（120 毫升）牛奶換成鮮奶油。想知道更多優格製作的祕訣，請詳 http://cookingforgeeks.com/book/yogurt/。

你可以做個即興的雙層隔水加熱鍋，只要將金屬碗放在煎炒鍋上，在碗下面插入湯匙墊出高度，可讓水在炒鍋及碗間循環。

---

[23] 巴氏殺菌法（Pasteurization）是低溫殺菌法，法國科學家巴斯德（Louis Pasteur）在1860年發現酒類以45°C到60°C加熱數分鐘後可防止酒類變濁，後成為食品工業的保鮮法。

苦

　　就像酸味一樣，苦味的演化也出自生物必要性，為的是避免吃到危險食物，一般說來就是有毒食物。但與酸味不一樣的是，苦味的偵測機制更複雜。據估計，大約有35種受體細胞用來偵測苦味化合物，在鎖與鑰匙的比喻中，這35種受體細胞都需不同的化學「鑰匙」與其相配，但因為不同的受體細胞全都接上同一條神經纖維，我們把所有偵測到的不同訊號全部解讀為「苦」。

　　苦味並不尋常，我們透過學習才喜歡它。我們知道苦是一種學習來的偏好，不同文化對苦有不同的取向，美國和英國相對於其他文化就比較不重視苦味。無論我們學著喜愛苦味是因為「曝光效應」[24]（exposure effects）或社會環境，都是開放討論的議題。但確定的是，我們從小就不喜歡苦味食物。這種「學習而來的喜好」也是小孩對吃苦不太感興趣的原因，他們還沒有學會容忍，更談不上享受苦中作樂的感知。蒲公英綠苗、大黃和沒煮熟的朝鮮薊葉都有苦味化合物。我小時候無法忍受這些東西一點都不奇怪，而當我長大便愛上沙拉裡蒲公英嫩葉的那一絲苦味。

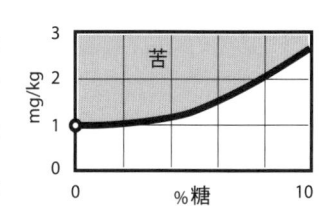

苦檸檬加入開水中，份量只要1mg/kg（或更高的濃度）就可嘗出味道；倘若加糖變成10%的糖溶液，苦檸檬的量就需要3倍多（Guadagni, 1973）。

　　苦也是一種令人困惑的味道，搞不清楚苦與酸的人數多得令人驚訝。大約有1/8以英語為母語的人口對柑橘酸水的形容都誤指為苦，而不是酸。咖啡一般都用苦味描述，但如果除了苦味稍強外還帶著酸，人們對咖啡的形容就會說成很酸。但除了咖啡之外，苦味放在其他飲料上倒是適得其所，紅茶、啤酒花（釀啤酒用）和可樂果（用於可樂等碳酸飲料上）都是苦的。就像所有苦味食物，仍很美味，只要你學會喜歡它們！

小叮嚀

- 苦味感知的基因差異會因為甜的東西而改變，特別是小孩。如果你做東西給別人吃，請記得，我們並不經歷同樣的「味覺造景工程」，不同的食物教養會改變進食者欣賞苦味的方式與喜好。
- 鹹與甜可掩蓋苦味。請用現代的奎寧水試做簡單的「苦味測試」，奎寧水用奎寧當成苦味劑，很容易在食品店買到（請找沒有加甜味的）。將奎寧水倒入兩個玻璃杯，其中一杯加入足量的鹽中和味道，然後比較兩杯奎寧水的味道。

如何讓食物吃來更苦

- 意思是，苦不像其他味道，沒有標準調味可以讓苦還更苦。請用苦味食材，如帶苦味的蔬菜或可可（見p.79）。

---

[24] 曝光效應（exposure effects），1960年由史丹佛大學教授Zajonc提出的心理現象，人們會因為多看、多接觸、多暴露在某一環境下，而對某事產生自然好感。

如果菜太苦怎麼辦

- 增加鹹味或甜味掩蓋苦味。含有蒲公英莖葉等苦味食材的沙拉需要加一撮鹽幫助平衡風味。
- 試著加一些油脂成分。有些研究指出，適量的油脂可在不影響其他口味的情況下降低苦味感知。

⦁ RECIPE

里昂沙拉（水波蛋鹹肉丁苦苣沙拉）

苦苣，也稱為捲葉菊苣，是帶苦味的綠葉，通常和水波蛋和鹹肉丁[25]一起做成沙拉，也就是法國知名的里昂沙拉。苦苣的苦味被鹹肉丁的油脂（基本上就是培根丁）和蛋黃柔和了不少。吃過沙拉後，請試吃一些不沾醬料的苦苣葉子試試其中差別。這道配方做出兩份開胃菜沙拉。

清洗1顆約150克的苦苣，底部切除，剝開葉子。你可以用蔬果脫水器或用毛巾把葉子拍乾，然後放進一個大碗，把較大的葉片撕成小片。

準備鹹肉丁：用厚片豬腹肉或用2、3片（80-120克）厚切培根切成大方丁。如果用鹽漬的豬腹肉，請把肉大致用水煮一下，把鹽分煮掉。鹹肉丁放入平底鍋以中小火慢煎，不時翻面，只要把肉丁煎到焦香，就把火關掉，肉移到大碗，煎出來的油仍然留在鍋裡。

做油醋醬：肉丁煎出來的油2湯匙（30毫升）從平底鍋舀到小碗或量杯中，加入2湯匙（20克）紅蔥頭末、1湯匙（15毫升）橄欖油、1湯匙（15毫升）白醋（如果你有的話，請用香檳醋或雪利酒醋），還有1茶匙（5克）第戎芥末醬，加入鹽和胡椒試吃味道。

如果你喜歡，可以用平底鍋裡剩下的油做一些麵包丁。**2片麵包**切成1公分的麵包丁，以中火油煎，必要時搖動鍋子讓麵包一邊煎一面滾動，煎好後放入碗中。

在葉片上淋上油醋醬，將葉片、鹹肉丁、麵包丁也一併拌勻。

做**兩顆水波蛋**（做法請見p.214）。上菜時放些沙拉在盤子上，最上面放顆水波蛋。

比利時烤菊苣

1顆菊苣從中間剖成同等份的四瓣，放入烤盤或烤箱可用的平底鍋，上面撒少量的**糖**和少量的**融化奶油**或**橄欖油**。

烤盤放在烤爐上或烤箱烘幾分鐘，烘到菊苣變得有些軟，葉片邊緣出現焦褐色。可搭配藍紋乳酪一起享用，或當成配菜，搭配味道濃重的魚。

---

[25] 此處用lardon，是用豬腹部位的肥肉煙燻或鹽漬後做成的鹹肥肉，做義大利麵時切成小條，傳統的里昂沙拉是切成長寬一公分的方丁。

鮮味，酯味

鮮味有時又稱**酯味**，令人咂嘴回味，是醇郁食物的正字標記。一如在美味肉湯、蕈菇和番茄裡，酯味化合物在披薩、肉、帕馬森這種硬質熟成乳酪中含量也很高。相較於其他四種味道，酯味至今在西方飲食中仍然較少被討論，卻是日式料理的基礎。鮮味的受體直到最近才被發現，研究人員在2002年發現鮮味的感受機制類似甜味受體的運作，也結束了鮮味／酯味不是真正滋味的爭辯。

> 無法喚起對酯味的記憶？那就做個簡單高湯吧！一湯匙乾香菇放入一杯（240毫升）的熱水中泡軟，靜置至少15分鐘。然後試一下味道，裡面有香菇釋出的高量麩胺酸。（不然，你也可以在小杯水裡加一點味精，但裡面的鈉也會帶來鹹味。）

日本人很看重酯味，認為那是地理、氣候作用下生出食用植物的奇妙結果。對海帶昆布一直持續且廣泛使用的也只有日本料理了，而它恰巧有含量極高的麩胺酸化合物，正是這種化合物在1908年被日本化學家池田菊苗確定為麩胺酸的形式，他也最早以「umami」（旨い，日語的好吃）說明麩胺酸可增強其他滋味的感知，建議以「酯味」也就是後來的「麩胺酸味」當作這種滋味的名字。雖然還有其他人在他之前也描述過這種味道，像是法國美食家布里亞・薩瓦蘭[26]早池田一世紀就曾描述過這種「肉質香」（osmazome），且對這味道一直念念不忘。但成功將此味道獨立出來並商業化的是池田菊苗。

在一般西方口感中，酯味比其他四種西方主要味覺來得隱而不見。這並不奇怪，因為西方料理的日常食材用來引發鮮味感知的促味劑本就很少。醬汁是西方料理鮮味的主要來源，如番茄醬或古羅馬人用的魚醬，傳入採用的品項如醬油也很常見。（而現代的番茄醬是味道的奇蹟，味道有甜、有鹹、有鮮，甚至還有點酸，只是不會苦——難怪孩子們都愛它。）

從生物的角度來看，舌頭上的鮮味受器可以感受核甘酸、胺基酸還有麩胺酸。麩胺酸就是味精裡的麩胺酸鈉，是最常引發鮮味的化合物。雖然池田一開始描述的鮮味感知是來自麩胺酸，但鮮味感受是一種廣泛現象，肌苷酸，鳥苷酸和天門冬胺酸在食材中也很自然普遍。在實際應用上，加入鮮味最簡單的方法是加入富含游離麩胺酸的食材（游離麩胺酸可以從食品中溶出和舌頭上的受體細胞鍵結，而鍵結麩胺酸則不易被測出）。

我們為什麼會感知到麩胺酸化合物？它又不像其他味道，我們對鮮味沒有生物傾向，即使我們對它毫無招架之力。據推測這是一種演化優勢，目的在確保我們攝取蛋白質豐富的食物，以提供必需胺基酸修建肌肉組織。我們人生首次嘗到的東西，也就是母乳，

---

26 薩瓦蘭〔Jean Anthelme Brillat-Savarin，1755-1862〕，出身律師、政治家，卻以美食為志，寫有《味覺生理學》（*Physiologie du goût*，台譯《美味的饗宴》），是法國美食書寫與評論的始祖。

麩胺酸的含量驚人的高。就像甜味鹹味都與食物的正面特性有關（甜味的情形是可以迅速得到能量，鹹味則是調節血壓的必要元素），我們對鮮味的渴求能確保我們攝取足夠的胺基酸。但無論如何，在享樂主義的價值下，鮮味絕對值得被認識。

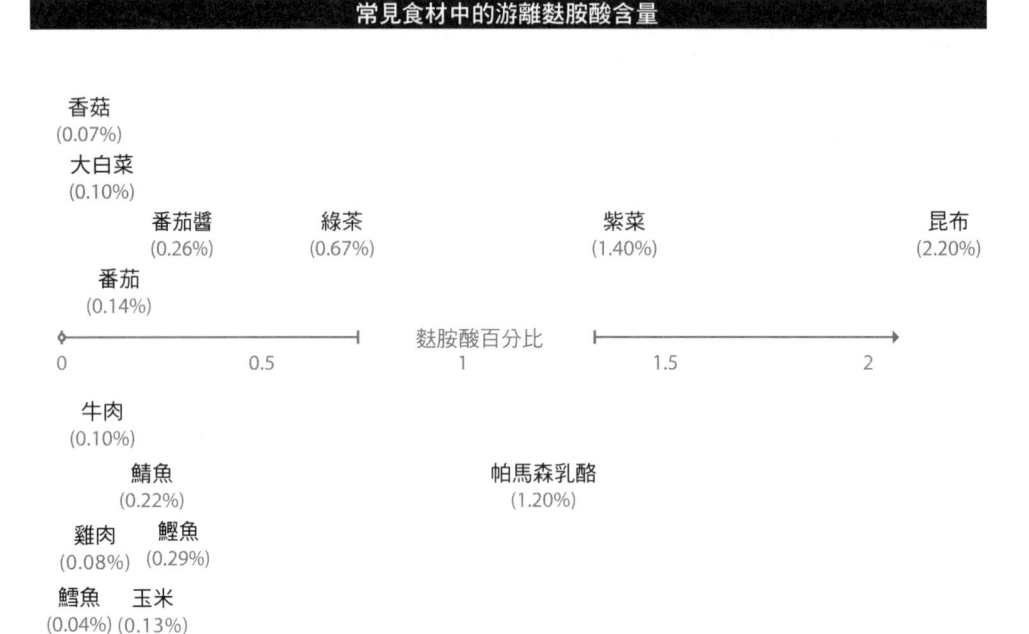

常見食材中的游離麩胺酸含量

香菇 (0.07%)
大白菜 (0.10%)
番茄醬 (0.26%)
綠茶 (0.67%)
紫菜 (1.40%)
昆布 (2.20%)
番茄 (0.14%)

麩胺酸百分比
0　　　0.5　　　1　　　1.5　　　2

牛肉 (0.10%)
鯖魚 (0.22%)
帕馬森乳酪 (1.20%)
雞肉 (0.08%)　鰹魚 (0.29%)
鱈魚 (0.04%)　玉米 (0.13%)

麩胺酸有很多天然來源。英國人和澳洲人對vegemite[27]的喜愛就在於它的鮮味顯著。傳統日本料理大都需要dashi（日式高湯），這是用昆布這種具有高麩胺酸的天然食材做成的高湯（昆布的麩胺酸含量達重量的2.2%）。做昆布高湯很簡單：找一個大湯鍋，放3杯（720毫升）冷水和15公分的昆布條（乾海帶）泡10分鐘，再以低溫慢慢加熱煮沸。水快要滾前就把昆布拿掉，再加入10克柴魚片（就是鰹魚煙燻乾燥後刨成的碎片）。一煮滾就關火，濾掉柴魚片，剩下的湯汁就是dashi。煮味噌湯時，可加入味噌醬、豆腐丁，也可隨個人喜好放點蔥絲、紫菜或海帶芽（食用海帶）就可以了。

很多食物天生就有麩胺酸存在，例如，牛肉（0.1%）和白菜（0.1%）。如果你像大多數技客一樣，看到披薩就流口水，也許是因為食材裡的麩胺酸，如帕瑪森乳酪（1.2%）、番茄（0.14%）和香菇（0.07%）多含麩胺酸。除了使用天然富含麩胺酸化合物的食材外，還可在食物裡直接加味精。味精對鮮味來說，就像糖和甜味的關係，它是一種化學製品，多半沒有氣味（卻有滿滿的滋味！），會觸發舌頭上的受器。

---

27 vegemite是一種麵包抹醬，看起來像巧克力醬，卻是啤酒酵母萃取物，吃來苦鹹又甘甜。

多加鮮味有個附帶好處：會放大其他味覺感受，鮮味增加鹹味與甜味化合物的感受力。意思是說，你可以將菜裡的鹽減量，只要加入有鮮味的食材或放味精（如果放味精，無論如何鹽都要少放，因為味精溶解後會解離成鈉離子和麩胺酸，而鈉離子會加重鹹味。）

> 對麩胺酸鈉，也就是對味精產生敏感的現象被醫學界稱為「味精敏感症候群」。在不加其他食物只給味精3克的情況下，大約有1%到2%的人會短暫受到影響，會在1小時後產生頭痛、麻木、臉紅發熱等短期症狀。但是加在食物中的味精多半不會超過0.5克，且投與安慰劑的雙盲控制實驗也對聲稱自己有味精敏感的個人提出質疑。

小叮嚀
- 做蔬食料理或素菜，請加入麩胺酸含量高的食材，可增加整體風味。

如何讓食物更鮮
- 使用鮮味食材，如玉米、豌豆、番茄，帕馬森乳酪或醬油。
- 用廚藝技巧增加食物的鮮味化合物（例如把食物醃漬或發酵，如培根肉、醬油和魚露，醃漬發酵讓它們的麩胺酸含量都提高了）。
- 添加味精，這就看你如何看待這件事了。（所謂味精造成「中國餐館症候群」引發過敏反應，這說法完全是安慰劑效應，沒有一個控制研究能複製這樣的結果，但安慰劑的效應也可能很強！）

如果菜的鮮味太濃怎麼辦
- 沒有好的反制方法，請試試稀釋。

RECIPE

日式枝豆（煮毛豆）

　　枝豆，edamame，原是日文「枝上豆子」的意思，把嫩毛豆蒸過，有時候撒一些鹽，就是餐前充滿鮮味的最佳小菜。擠出豆莢中的豆仁，便是慢慢啟動晚餐的美好開始。傳統上賣毛豆都是一串一串在賣的（可以在亞洲市場找到這樣賣的毛豆），但對大多數人來說，還是要在備貨充足的賣場冷凍櫃裡比較容易找到它們的身影。

　　要煮毛豆，一種方法是把**毛豆**丟到**加了鹽的滾水**中煮2到5分鐘，不然就是放入微波爐用蒸的。請把毛豆放入微波爐適用的有蓋容器，在裡面加**1/4杯（約60毫升）水**，送去微波2到5分鐘。吃之前撒上鹽。也可以把帶莢毛豆用**橄欖油**加上**蒜末**和**醬油**炒一炒，也是一種吃法。

辛辣、涼感及其他味覺感知

除了主要味覺，味蕾也登記另一組感知，這組感知與食物的化學特性有關，一旦接觸我們就學著喜歡它。這種由化學化合物引發的「化學味覺」（chemesthesis）應用在餐飲烹調上，從辛辣的辣椒到刺鼻的大蒜，再到清涼的薄荷糖，對所有食物的味道都有貢獻。

有關飲食的化學味覺，辛辣是最常見的形式，就如辣椒裡有辣椒素，這樣的化合物會利用神經傳導物質substance P刺激細胞（P是pain，意指**疼痛**，值得玩味），且激活偵測熱感溫度的同一機制。substance P天生的奇怪步數之一是衰竭速度很慢，要回復也需要時間，要花很多天，也許幾個星期。這意謂如果你經常吃辣的食物，就會增強對辣的忍受力，食物越吃越辣，偵測辣椒素等化合物存在的能力越來越低。也因為如此，問別人這道菜辣不辣並不表示你豁出去試一試絕對安全，對方可能經常吃辣。同樣的，如果你經常吃辣，辣感要維持同一水平，也需更多辣味食材才能感覺火辣。

有時候辛辣刺激的感知被引發了，卻沒有觸動熱感的溫度機制，像大蒜、山葵、芥茉都能引起一陣刺痛、頭緊灼熱的反應，還有某些味道濃臭的法國乳酪也帶有尖刺腐蝕的特色。亞洲飲食使用的花椒（四川辣椒）、非洲地區會用的非洲荳蔻（Melegueta）都會造成輕微的刺痛和麻木。

除了辛辣與刺麻以外，化學味覺還包括其他數種感覺。薄荷糖的清涼感就來自化合物薄荷醇，這種化合物天生存在於薄荷植物精油中，它觸發的神經通道和低溫會觸發的神經通道是同一個，這也是嚼薄荷口香糖或吃薄荷糖會有清涼感受的原因。

我們的嘴巴也會從口腔刺激的各面向捕捉資料。澀味是一種乾燥皺縮的反應，發生在某特定化合物（通常是多酚類）讓嘴巴變乾的時候，此時多半有唾液提供潤滑，可能此化合物與唾液裡的蛋白質鍵結才產生澀味。引發澀味的食物包括柿子、某些茶、某些未熟的水果，以及品質不好的石榴汁（石榴樹皮和果漿都很澀）。此外，碳酸飲料會引發細胞刺激感，同時也部分掩蓋了其他味覺。請喝一小口瓶裝氣泡水，然後讓它「放氣」（旋上瓶蓋，搖晃瓶子，再小心把蓋子旋開，慢慢把氣放走）。依據不同品牌，你也許會嚇到，這些走了氣的水怎麼嘗起來這麼鹹！（碳酸化作用也會和酵素「碳酸酐酶4」〔carbonic anhydrase 4〕互相作用，激活酸味受體，但到現在還不清楚為什麼它真正嘗起來並不酸。）酸味食物也可以觸發口腔刺激，即使相較於其他參與化學味覺的眾多感知，我們比較少注意到。

「金鈕扣醇」（spilanthol）是可食花卉「金鈕扣」裡的活性成分，會激活刺麻感的受器。它又叫作山椒仔、觸電子、電鈕扣，但與花椒一點關係都沒有，所謂的「仔」其實是金鈕釦菊的花苞。它帶來的刺麻感就像舔了9伏特電池，就算對這種感覺純好奇，你也該把錢花下去，上網選購這植物。

> 大多數歐洲文化並不把辛辣當成主要味道，其他文化卻是，像是泰國，還有印度次大陸的阿育吠陀療法把「熱」當成部分基礎食物處方。為什麼會有如此差別？有個理論認為歐洲人和其他地區人種在味覺受器上有基因差異。（味覺受體細胞越多＝越多細胞會被刺激。）

小叮嚀
- 辛辣食物會降低甜味和鹹味的感知，降低的同時卻可增加其他異味的感知。

如何讓食物吃來更辣
- 請用辣味食材，如卡宴辣椒（含辣椒素）或黑胡椒（其中的化合物胡椒鹼造成輕微刺麻）。

如果菜太辣怎麼辦
- 辣椒素是一種「非極性分子」[28]（見 p.75），這也是喝水無法減低火辣感，要用含糖和油脂類的食材才能中和辣味的原因。乳製品降低辣味的效果很好，基於多重原因：酪蛋白能與辣椒素鍵結；乳糖有助於辣椒素溶成溶液。所以如果菜太辣，最好加牛奶，不然就加點含糖或含油脂類的東西降低辣度。

DIY 史高維爾辣度指標

剛進入20世紀時，美國藥劑師韋伯·史高維爾（Wilber Scoville）花了很多時間研究從植物萃取化合物的方法。他最有名的貢獻是「感官測試」，此試驗著眼於感知，目的在測量辣椒裡辣椒素的辣度。但它不是特別精準（因為每個人的感知會隨時間不同，感覺也人我有異），但你可以在家做實驗，這是此測試的好處。

史高維爾的方法首次公布在1911年，非常簡單，只要用各種辣椒的乾燥粉末（也就是辣椒素）就可以操作。「將1谷（grain，英制最小重量單位＝64.8毫克）辣椒粉用100毫升酒精（78.9克）浸泡一夜，然後充分搖晃，過濾。然後將濾出的酒精溶液加到一定比例的糖水裡，直到舌頭感知明顯卻微弱的刺痛感。」但他沒有指明糖水要放多少糖，但在水裡加10%的糖是合理的開始。如果你想嘗試，在酒精溶液方面可用天然的穀類酒精伏特加。要決定某辣椒的史高維爾辣度，請計算辣椒粉是如何稀釋在可檢測的熱溶液中。使用的辣椒品種不要太多，這樣就可加以相對比較！

---

[28] 極性是共價鍵或共價分子電荷分布的不均勻性，電荷分布不均則為極性分子，均勻則為非極性分子。就如物以類聚，極性分子溶於極性物質（親水），非極性分子溶於非極性物質（疏水），像鹽與糖屬極性分子則溶於水，油與蠟是非極性分子則溶於非極性的乙烷。

薄荷巧克力

　　Junior Mints、Peppermint Patties、Andes、After Eight，這麼多糖果都是巧克力外衣裡面包著薄荷糖心，這足以證明薄荷醇的清涼口感有多流行。所以你可以用高品質的巧克力自己做。

　　取一個攪拌盆，把下列食材量好放入盆中，拌成均勻濃稠的膏狀。

1杯（120克）糖粉

1湯匙（15克）室溫奶油

2茶匙（10毫升）牛奶或玉米糖漿（如果你希望糖心是糖漿狀而不是脆糖狀，請用玉米糖漿）

2茶匙（10毫升）薄荷精

1茶匙（5克）砂糖

　　下一步，做出你想要的薄荷糖形狀，有很多方式，最簡單的方法是滾成小球，做成像Junior Mint薄荷球。或者也可以把薄荷糖壓成圓盤，切掉四邊，成為塊狀。只要定型，就把薄荷糖餡放在料理台上靜置1到2小時，讓它稍微乾一點，或者放在冰箱30分鐘，讓它變硬。

　　取第二個碗，融化110到220g苦甜巧克力，按照p.177的指示做調溫巧克力。如果你不介意偷吃步，薄荷糖的外衣也可換成巧克力糖。巧克力糖沒有可可脂但含其他油脂且不需要調溫。

　　用叉子叉著薄荷糖沾裹巧克力（請拿塑膠叉子且把中間的長齒撙掉，這樣就很好操作），每一顆糖都要翻面裹上外衣，用叉子叉著在碗邊輕敲，讓巧克力外衣更薄。裹好後把糖放在盤子上或鋪上烘焙紙的餅乾烤盤上在室溫下靜置。（把糖放入冰箱或冰庫無法適當地把巧克力調溫。）

　　製造商用一堆花樣做糖果，就拿After Eight薄荷糖來說吧！巧克力中間夾著流動的餡，因為商人在糖心裡加了酵素和轉化酶。過了幾天，酵素把糖（蔗糖）分解成更簡單的糖（果糖和葡萄糖），正好就變成不知怎麼出現的糖漿（更多有關酵素的知識請見p.459）。請別期待你能完美複製自己最喜歡的巧克力薄荷糖。

LAB

技客實驗室：基因差異測試

你我聞東西嘗味道怎麼可能都一樣？請想像你和親友正在做飯，卻為了這盤青菜要不要多加一點鹽激烈爭吵。（我知道，這是為人父母的夢想。）某人覺得菜不夠鹹，另個人覺得它已經太鹹了。或者你正試做雞料理，卻用了吃來味道有點怪的香菜（請見p.39），這時又該如何？

就像基因變異導致眼睛顏色不同，味蕾和嗅覺受器也人各有異。以下有三種味覺實驗，請做個測試看看你的味覺和嗅覺基因如何堆疊。測試順序並不重要，但建議把薄荷糖實驗放在最後一個，當作味覺愉快結束的方式。

首先準備以下材料：

實驗一	幾片香菜
實驗二	測試一： PTC（苯硫脲）和PROP（正丙硫氧嘧啶）試紙。（請上網搜尋「supertaster試紙」，或上 http://www.cookingforgeeks.com/book/supertaster/）	測試二： 一瓶藍色食用色素、 棉花棒或湯匙、 三孔活頁紙（或其他有洞可放在舌上的紙，孔洞直徑要有8公釐），撕成每塊都有孔的長方形紙條、 一面鏡子，或能幫你看舌頭的夥伴
實驗三	薄荷糖（例如用Altoids薄荷糖或Pep-O-Mint Life Savers涼喉糖）。薄荷糖的味道隨時間遞減，所以請用新鮮的！ 一杯用來漱口的水或飲料

實驗步驟：

實驗一：香菜的氣味

1. 捏住鼻子，香菜放入口中嚼，注意你有什麼反應。
2. 放開捏住的鼻子呼吸，把聞到的味道用筆記下來。

實驗二之一：PTC/PROP測試

1. 試紙放在舌頭上，停幾秒鐘。
2. 注意有什麼感覺，濕試紙的味道是強烈的？溫和的？還是令人愉快的？

實驗二之二：藍色食用色素測試

如果沒有試紙，可以直接伸出舌頭（當然，是以科學的名義做這件事）。

1. 藍色食用色素滴一滴在棉花棒或是湯匙上。
2. 塗在舌頭上，然後含一小口水，洗掉染料。
3. 找舌頭上的染色點。你應該看得到舌頭上有沾染了深藍色的粉紅小點。（那是蕈狀乳突，位於味蕾分布的舌頭上方，不會染上食用色素，也可能一個小點都數不到。）

技客實驗室：基因差異測試

4. 找一個小點較密集的區域，通常會在舌頭的前端，然後將紙放在上面，讓小點從孔洞中露出來。
5. 可以用鏡子或請夥伴幫忙，計算看得到的粉紅小點。

實驗三：三叉神經敏感

1. 往嘴裡丟顆清涼薄荷糖，緊緊閉上（別張開嘴，也別咀嚼！）
2. 等待半分鐘左右，讓唾液有機會化開糖。
3. 然後不要張嘴，喀滋喀滋地大口嚼。你注意到什麼？感覺很強烈嗎？或很溫和？
4. 用嘴大大呼吸一口，判別味道是否有變化。

這就是你要找的粉紅小點，這個例子約有12個小點。

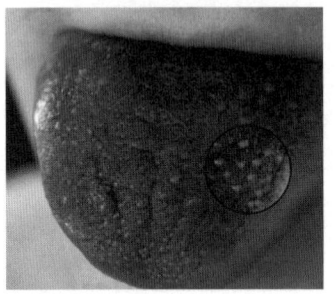

研究時間到了！

從這三個實驗中你注意到什麼？有驚訝的地方嗎？你如何看待味覺差異對人攝食方式的影響？對苦味食物更敏感又能改變多少調味方式或改變什麼調味方式？

注意以下事項：

- 10人中約有一人聞到的香菜氣味與他人不同。
- 藍色食用色素實驗中，若乳突大於30個，你可能是「超級味覺者」[29]（supertaster），一般味覺者多有15到30個乳突，而味覺不敏感者的乳突小於15個。而約有25%的人味覺不敏感，50%的人有一般味覺，還有25%的人是超級味覺者。
- 薄荷糖測試會讓你對自己的三叉神經有多敏感有粗略認識。如果清涼感讓你發出「嗚～好涼喔！」的反應，你的三叉神經可能很敏感；如果你不覺得有什麼，敏感度可能很輕微。然而大多數人對清涼感的反應介於兩個極端之間。

額外提醒：

感知差異除了遺傳因素還有其他原因，就如疾病會損害你的感官，可能暫時，也可能永久。其中最快測知味覺神經是否受損的方法是：把手指弄濕，伸入即溶咖啡，最好這杯即溶咖啡是很苦的espresso。舔一下手指並吞下咖啡汁，注意你有什麼感覺。是否覺得舌頭上有苦的感覺，或一吞下就讓你驚嚇到跳起來？若是，你舌頭前端傳輸信號的神經（鼓索神經）很可能受傷，舌頭後端傳輸信號的神經（舌咽神經）則運行正常。

---

[29] 超級味覺者（supertaster），1930年由化學家福克斯（Auther Fox）在操作PTC苯硫脲粉末時偶然發現，有1/4的人對味覺感受比其他人更鮮明，鹹的更鹹，甜的更甜，特別對苦味非常敏感。

2-3 味道搭配的發想

　　食材搭配可以驚奇方式改變食物風味。只要一點鹽，就能降低苦味，並相對增加甜味感知，而改變一道菜的風味。這種交互作用說明了為什麼只要把帶出味道的食材加入菜裡就能帶來平衡，也可放大美味的感受。

　　味道搭配大多是「鹹＋甜」、「苦＋甜」，也改變風味，這是多了不起的事，味道居然變了！舌頭偵測到的滋味可以改變鼻子測得的氣味。一般多認為味覺和嗅覺系統是分開的，但兩者竟可重疊。甚至發生在偵測不到的層次，只要少量卡宴辣椒，就測得更多看似不在的成分氣味，就如葡萄果凍裡的葡萄。我們的感覺是複雜的系統，交錯著各種閾值與強度，登記味道時如此，當偵測某些不斷被其他化合物改變的化合物時也是如此。

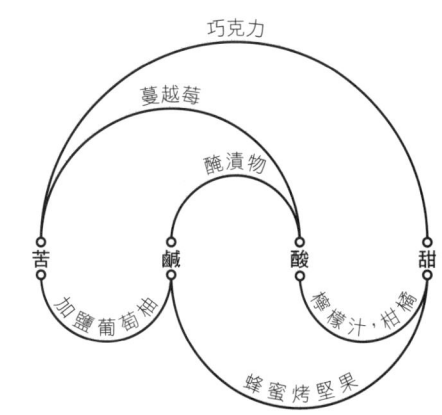

　　下廚時，請試吃正在做的菜，問問自己味道太強或太弱。有時調整很簡單，新鮮水果嚐來有點淡，可以撒點糖（在草莓上試試），撒點鹽（用在葡萄柚上），或沾上檸檬汁（木瓜、西瓜和淋有蜂蜜的桃子），食材和另種主味互相配合，就有更多富創意的解決方案（西瓜的甜搭配菲達羊乳酪的鹹）。試著用非傳統的味道搭配法，來個黑胡椒草莓？芒果沙拉配墨西哥青辣椒和香菜？把基礎味道的組合法則混搭一下就是很好的發想。

　　味道搭配遠超過滋味的傳統定義。請用辛辣食材搭配其他主味做實驗。辣＋甜會如何？Buffalo 烤雞翅！加入油脂拌合也可以改變滋味，因為有些化合物是脂溶性的，就如辣椒素。請用酪梨和是拉差醬（泰式酸辣醬）做實驗，是拉差醬一般稱為**雞醬**，因為某個受歡迎的品牌在瓶身上放了雞的圖像，據說宿舍伙食只要有了它必美味大增，但如果用太多，也是會像直接撞上你的火車。

　　許多食物由三種或更多主味組合而成。比方，番茄醬的味道驚人的複雜，有酯味（番茄）、酸味（醋）、甜味（糖、番茄）和鹹味（鹽）。如果在一道菜裡混合多種味道太具挑戰性，就把個別元素並排放一起，第一道菜味道配著第二道菜的味道，兩者互補。

　　在菜裡加一撮鹽或糖，或加 1/4 茶匙（0.5 克）的卡宴辣椒粉，也許無法讓食物味道變得更鹹、更甜或更辣，但這樣可以改變風味。也許做菜時你根本不會察覺這樣的變化，但如果你採樣食物，專注在單一面向，很可能會錯失其他層面。感官分析的領域涉及人類感官認知的測量，本就是迷人又複雜。

RECIPE

夏日西瓜乳酪沙拉

到了西瓜上市的季節，就試做這道沙拉吧！有著菲達羊乳酪的鹹和西瓜的甜，請體驗鹹甜混合的滋味。

下列食材放入碗中拌勻：

2 杯（300 克）西瓜，切丁或用湯匙挖小球

1/2 杯（75 克）羊乳酪，切小塊

1/4 杯（40 克）紅洋蔥，切細絲，泡水瀝乾

1 湯匙（15 毫升）橄欖油（橄欖油賦予風味，請用特級初榨橄欖油）

1/2 茶匙（2.5 毫升）巴薩米克醋

小叮嚀

- 可用 1、2 茶匙檸檬汁取代醋當酸味來源。也可加入黑橄欖（鹹味）、薄荷葉（清涼感）、紅辣椒碎（辣味）玩點不同味道。思考每種變化會將味覺推到何種不同方向。

要把西瓜切成小方塊，這是快速方法。用刀在同方向劃上一連串平行線，再換其他兩軸重複動作。

組合	單一食材範例	搭配範例
鹹+酸	醃漬物 醃漬檸檬皮	沙拉醬
鹹+甜	海藻 （因甘露醇〔mannitol〕而微甜）	西瓜配菲達羊乳酪 香蕉配味道濃烈的切達乳酪 哈密瓜配義式火腿 外層裹上巧克力的扭結餅
酸+甜	柑橘	檸檬原汁配糖（檸檬汁飲料） 萊姆汁烤玉米
苦+酸	蔓越莓 葡萄柚（酸來自檸檬酸，苦來自柚皮苷酸）	Negroni（琴酒、苦艾酒和金巴利酒調成的雞尾酒）
苦+甜	苦味巴西里 Granny Smith 青蘋果	苦甜巧克力 咖啡／茶加糖／蜂蜜
苦+鹹	（N／A）	鹽炒芥蘭 芥菜炒培根／清炒苦瓜

● 訪談

琳達・巴托夏
談滋味之樂

滋味、氣味和風味

　　美國心理學家琳達・巴托夏（Linda Bartoshuk）對基因差異和疾病如何影響嗅覺和味覺有廣泛研究。她最知名的是在超級味覺上的發現。

你怎麼會想研究氣味與滋味的？

　　我在念哲學的時候，對認識論非常著迷，那是關於我們如何學習已知事物的學問。我變得熱中比較人與人之間的味覺感官，而這是非常有趣的哲學問題。只要思考這問題，就知道你和我是不可能享有共同經驗的。我怎麼知道你嘗東西時的味覺體驗？是覺得痛？還是其他種感覺？

我想過以1到10來測量的數字量表，或在給予很多樣本後，要求排名的鑑別測試。

　　排序會提供你一些資訊，但不會告訴你別人的經驗。讓我給你一個有關疼痛的例子。如果你在醫院，護士問你有多痛，要你從1到10來評估，這是當你服用止痛藥後了解你的疼痛是否好轉很合理的評估方法。但你的痛與隔壁床的人有關嗎？沒有，因為你不知道那個人的10級評量標準。解決這樣的問題導致發現超級味覺者的存在，也就是那些味覺比別人強烈的人。

你如何比較人與人之間的味覺差異，特別是像超級味覺也有各種等級？

　　我們請他們比較那些與滋味毫無關係的東西。我給你舉個例子：我們集合一群人觀察他們的舌頭，看到舌頭上叫做**蕈狀乳突**的結構，它們是你在舌頭上看得到的較大突起，也是住在味蕾上的結構。我們選了一群有較多蕈狀乳突的人，然後找了另一組蕈狀乳突較少的人，讓受試者戴上耳機，要他們把最甜的飲料配上最大聲的聲音。我們給他們一個能轉大小聲的旋鈕，有較多味蕾的人會把旋鈕調高至90分貝，較少味蕾的人則會調低到80分貝，10分貝之差的意思是響度加倍。所以我們證明，有較多蕈狀乳突的人也有較多味蕾，會將飲料的甜度搭配兩倍的聲音響度。現在也許你會說：「也許他們聽力不一樣。」嗯，我們是沒有理由認為聽力跟味覺有關，而如果我們是對的，平均說來有最多味蕾的人能體驗到兩倍的甜度。為了保險起見，在響度之外，我們也用其他標準做測試。

　　因此知道了很多有關超級味覺者的事。如果你是超級味覺者，你嘗到細白糖的甜度會比我嘗到的甜度多兩到三倍，因為我不是超級味覺者，我是遠在另一邊的人。我用視覺上的比喻就是：我嘗來如粉彩柔光，超級味覺者則是霓虹閃爍。

103

這是否意謂你對食物的享受不如超極味覺者？

嗯，喜愛食物有很大部分超越生物學。大多與之前的經驗有關，而我們往往喜歡之前的體驗。我一點都不希望是超級味覺者，因為我真的喜歡我現居的世界。

我愛吃巧克力脆片餅乾，但如果我是超級味覺者，我無法想像我還會愛它，當然我也無法確定，因為那種體驗無法分享。但我們可以運用我們的新方法比較人在吃這類食物獲得的喜悅。如果以快樂量表評估，也許巧克力脆片餅乾讓超級味覺者得到的快樂真的比它們帶給我的歡樂來得少一些。一般說來，超極味覺者會從自己喜愛食物中得到較多的快樂，而不是喜歡非超級味覺者所愛的食物。

跟食物有關的愉悅感又是從何而來？

我們認為是學習來的。現在此領域最常見的看法是，基於氣味作用的一切都是學習來的。氣味有時與我們認為的基本作用，也就是所謂的「硬體」是一起出現的。你生來愛吃糖，那麼某個與糖一起出現的氣味就會被你喜歡。你也可能偏好某種肉的氣味，這種味道主要與脂肪相有關。因你需要熱量，大腦就要你攝取脂肪。大腦注意到當胃中檢測到脂肪，脂肪會發出一種特殊的味道；就因為它要你把脂肪吃下肚，所以就讓你比較喜歡這味道，因為這味道會與大腦想要的東西，也就是脂肪一起出現，這是有條件偏好的機制。這也是為什麼實驗心理學能說明我們喜愛某些食物的原因，因為這系統是行得通的，也有規則可循。

如果你想讓某人從食物中得到最大樂趣，要怎麼做？

「評估情境」（evaluative conditioning）研究某刺激物的影響轉移到另一物上，而嗅覺又特別有趣，因為我們獲得很多從氣味轉來的影響。你想讓某人喜歡一道新菜？就將食物的氣味和十分宜人的環境搭配在一起，就像安排他們和真正喜歡的人一起吃飯，之後他們就會更喜歡這道新菜，因為他們第一次享用是和他們喜歡的人一起吃的。

這是我以前教「食物行為」這門課時出的考題。我問學生：「你是化學家，剛發明世上從未有過的新氣味，」這是可能發生的，「現在你要讓公司總裁選上你的新氣味做行銷，你要如何讓總裁喜歡你的味道？」學生回答都非常有創意：「讓他的女友噴上這氣味的香水。」「總裁喜歡棒球賽，當他去看棒球時把這氣味噴在他的椅子上。」「把氣味放在他最喜歡的食物上。」這些全是轉移作用的案例，把某些中性事物和已經愛上的事物做連結，中性事物就變成你喜愛的東西了。

這就是我們喜歡某些味道搭配的原因吧？

你可以用愉悅的觀點看待它。例如，如果你把柳橙加在鴨子裡，這是很棒的組合，覆盆子和巧克力是另一對我們會喜歡的搭配。而另一方面，若你把巧克力加在鴨子裡，這聽起來並沒有特別有趣，或覆盆子配柳橙？如果你思考嗅覺的愉悅及如何得到愉悅，我相信這裡面有我們無需注意的結構。例如，柳橙本來就討人喜歡，因為它和甜味一起出現；鴨子也討人喜歡，因為牠和油脂是一起的。而我們沒有天生就喜歡柳橙的氣味，而是它和甜一起出現才學著喜歡它。我們也不是生來就喜歡鴨子氣味，因為它和油脂一起才學著喜歡它。以不同方式連結氣味以獲得轉移作用也許會產生更強烈的效果。

這件事如何與味道搭配相連結——這裡的味道是指味覺感官？

我們知道滋味混合的規則。我們知道如果你把甜、鹹、酸、苦全混在一起會發生什麼事。當你加入兩種有共同滋味的東西，它們就有加總的效果，就像糖精有甜味、糖也有甜味，兩個就有加乘的效果。但如果你加入兩種不同的滋味，像糖裡的甜和奎寧裡的苦，它們就會彼此抵銷。所以規則是，無

2-3 味道搭配的發想

論你什麼時候加入兩種不同特性的滋味，它們會多方互相抑制。只要仔細思考，這也許是非常棒的機制，想想極度複雜的中式醬汁，也許用些醋，加醬油，放點糖，當然還要放點生薑，這樣風味才好。但如果這些味道都是線性相加，就會把你的頭給炸了。

滋味混合後的抑制力很強大，有抑制才能保持滋味在合理範圍內。不然每一次你做個複雜滋味，味道都會非常、非常強烈。但味道強烈沒有用，它只在以滋味確定不同物體的世界比較重要，你不會真的希望味道線性相加的。至於氣味，狀況甚至更糟，請試想你能混合在一起的所有味道，如果它們線性相加，只要是複雜混合的氣味都驚人的強烈，每一種簡單氣味卻都是弱的，但狀況並不是如此運作的。在嗅覺方面，各成分間會互相抑制，甚至比滋味的抑制更巨大。

我們接受食物和對食物的反應聽來非常、非常無聊，而食物的氣味和滋味卻有如此多的學問，是什麼讓它如此複雜？

生活中對食物的愛是難以置信的強大力量，至於是什麼讓人們喜歡食物或不喜歡食物，我們知道一大堆原因，但生物學扮演的角色相對小，因為大多數都基於經驗。

INFO

購買好風味食物指南

好味道始於優質食材。一顆完美的桃子切好放在盤中端上來，心情就愉快。但若是沒有真正味道的桃子，感覺還比較適合棒球賽[30]，會特別引人注意的機會並不大。以下是購買好風味食物的幾個小祕訣：

運用你的感官。說到檢測品質，你的鼻子、眼睛、手就是很好的工具。水果應該聞起來有香氣，魚聞起來應該很少腥味或根本沒味道，而肉聞起來卻該有淡淡的野肉味，但不是壞掉的味道。瓜類應該聞起來香甜，但不能過甜（那就太熟了！）。顏色和質地也很重要，請注意食材表面。像桃子梨子會在肉結實時才收穫，輕輕壓一下就知道水果是否沒熟、熟得正好或過熟。

了解食材。你的感官不一定會指導你。有些水果摘下來之後，因有乙烯存在而持續成熟（請見 p.139 專欄），這就是買綠色香蕉沒問題的原因。但成熟和風味是兩回事，成熟的水果有討喜的質地，糖與澱粉的比例適當，但風味化合物仍可能缺乏，這種事番茄控一定知道。

交錯購買。聰明購物和屯貨可決定水果成熟的時間。買香蕉時，選半串熟的，另外半串還是綠的，所以香蕉成熟的時間就會錯開。像香蕉、桃子這類會因乙烯後熟的水果，可以放入紙袋，乙烯氣體被套後住就會加速水果的熟成。

寧改換不妥協。寧可改買有希望發出一股腦衝鼻香氣的東西，也不要低品質的特定食材。

了解當季食物。食物賣場已存在約一世紀，但直到過去數十年才開始有較多種類的新鮮水果及全年皆有的蔬菜。但不同作物有不同生產期，過季的作物也不像當季食物一樣好。賣場裡堆了成堆紅色物品，雖貼上「番茄」標籤，但都是在成熟前就採摘下來的，而風味化合物在成熟期才會創造美味，所以這類番茄也不會有令人喜悅的風味特徵。如果你拿不到新鮮番茄，最好找好的罐頭番茄，它們在番茄產季最盛時採摘包裝，況且罐頭和冷凍食材比較不會浪費。

謹防行銷手段。我們喜歡想像自己是命運的主人，但商人和行銷人員會告訴你另種想法。用綠色包裝看起來似乎健康些，但除非你吃的是標籤，食物味道也不見得有什麼不同。公司花錢買熱門陳設區，所以眼光可往貨架的上方下方看看，找找沒有花那麼多錢在行銷上的替代產品。小心逛到店後方時的購物衝動，因為那裡有乳品櫃！大家在購物清單上幾乎都寫著買牛奶，而店家知道你一路逛到最後會越來越不挑。請列出購物清單並把小孩留在家裡。（有個有趣現象：你可注意到，大部分商店陳列都和你逛的路徑成逆時鐘方向，好讓你的右手可自由拿取貨品，而左手好推推車。）

---

30 作者冷笑話，桃子（peach）是棒球賽中投球（Pitch）的同音字。

2-4 氣味，嗅覺

　　氣味在抽象層面簡單，複雜在細節。以抽象層面而言，氣味帶領我們走向心所嚮往的，讓我們遠離不安全的。但氣味要做到這點，取材內容皆不限於食物：選擇和誰配對？幫助嬰兒認出媽媽？幫我想清楚穿過一次的襯衫是否可安全地再穿一次？這些事情都要靠我們對氣味的感知，正式說法是「嗅覺」，而嗅覺的複雜已演化成能扮演數種角色。

　　味覺局限於屈指可數的特性，嗅覺則是數據的聚寶盆。我們天生設定可偵測大約360種獨特的氣味屬性，可辨識且記憶的超過一萬種。若加入強度因素，我們可以區別一兆種不同的可能性。我們對氣味的敏感度也很驚人，人類鼻子可以偵測濃度只在幾兆分之幾以下的某些化合物。以此觀點看，就像要從外太空找一顆不過米粒大的曼哈頓。沒有氣味，食物的風味會局限在少數基礎味覺，晚餐桌上的生活將會無聊多了。

　　我們如何感知氣味是迷人的主題，且對它的了解都是最近的研究。2004年的諾貝爾生理學或醫學獎頒給兩位研究者，理查·阿克塞（Richard Axel）和琳達·巴克（Linda Buck），正因為他們發現我們感知氣味的機制。就像味覺，我們對氣味的感知基於被化合物激發的受器。在氣味的範疇，這些化合物稱為「氣味分子」（odorant），它們會激發鼻子裡的化學感受器，但對於嗅覺的故事還有更多細節。

　　乍看之下，嗅覺和味覺受體細胞好似以相同方式運作。就如味覺，氣味受體細胞只為偵測某個特定屬性而造，而每一個受體細胞都正好由特定的受體細胞基因編碼。就像味覺受體可被數種不同化合物（如蔗糖、果糖、糖精）激發出「好甜！」的感受，特定嗅覺受器也由各種不同化合物激發。以嗅覺的狀況而言，受體細胞位於鼻腔，對揮發性化合物產生反應，變成氣體的化合物懸浮於空氣中，通過鼻腔時，氣味受器就有機會測知它們。

　　在氣味感知上，事情變得更複雜的是，氣味受體細胞的多樣性以及它們如何在群體裡激發出來。不像滋味只有簡單數得出名字的幾種味道，氣味卻有更多更多可能感知。我們用**霉味、花香氣、檸檬香**描述常見的嗅覺類型，但這些感知並不從單一氣味受器而來。嗅覺之所以複雜，基於以下顯著事實：單一化合物可激發多重氣味受器，所有經觸發的氣味受器登錄後的訊息總和，我們才稱為嗅覺感知。還要加上第二層關鍵事實：凡是氣味，從花香到咖啡，都是混和的化合物，由此可見嗅覺如此複雜的原因。

從生物學的觀點來看，滋味分子就像是用鋼琴彈出的單一音符，而氣味分子則像神經學的和弦。以滋味來說，一種滋味受體細胞被激發了，我們就登錄一種滋味感知；以氣味而言，多重混和的嗅覺受體細胞被激發了，才會在大腦登錄一種氣味。就如化合物「香草醛」，是一種化學分子，香草香氣大部分皆源於它。當香草醛化合物激發了多重氣味受體細胞，它們在大腦登錄的共同組合才是「如香草般」的氣味。普通香草味道最濃的地方是取自香草豆中的一組氣味分子，它們全都由一個通道進入，被我們偵測到，就像很多不同和弦在同一時間齊鳴合奏，共同登錄為一首名為「香草」的交響樂。

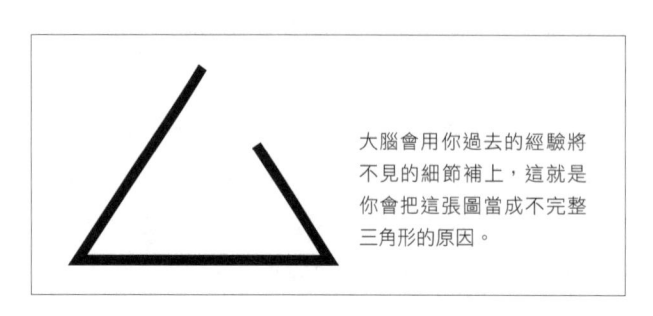

大腦會用你過去的經驗將不見的細節補上，這就是你會把這張圖當成不完整三角形的原因。

這也解釋了只聞到部分氣味，卻又認錯的經驗是什麼情形？當某些「音符」不見，大腦的配對機制就會出錯，只好猜個最可能答案。最近我鼻子不通，氣味感知能力下降，那時正好走出公寓房門踏進走廊，一下聞到一股杏桃味，但再走下去，更多氣味分子迎上我的嗅覺系統，氣味瞬間轉換成未乾油漆的味道。兩個東西這麼不同，我怎麼會「聞錯了！」只能說我塞住的鼻子有某些神經一開始先被觸發，奏出的和弦已足夠聞起來像杏桃，大腦以它能找到的最近似東西自動完成配對。（至於為什麼是杏桃？我完全沒有頭緒。）

不是所有化合物都能被聞到。其一，化合物必須具有揮發性，也就是能夠因蒸發或沸騰變成蒸氣。至於我們要聞到東西，這東西還必須「在空氣中」。當你剝開一條巧克力棒，聞到它的味道，是因為巧克力棒中的化合物揮發，飄過你的鼻腔。巧克力乘載著揮發性化合物，而你的不鏽鋼勺子裝著的揮發性物質卻非常少，這也是為什麼你聞得到巧克力卻聞不到不鏽鋼勺的原因。化合物的揮發也會因為溫度而改變，要聞到冰冷食物的味道並不容易，因為溫度部分決定了物質的揮發性。（順帶一提，揮發性化合物的蒸發會讓巧克力棒隨著時間過去以微量速度一點一點變輕，如果你需要現在就把巧克力吃了，這是個好藉口。）

有些食物天生氣味就很強烈，但多數生的食材並不會散發氣味直到受到干擾。沒有剝皮的香蕉、一顆萵苣、新鮮的魚都不會有太多香氣，直到你加以處理。烹飪時不是藉著釋放揮發性化合物，就是藉著分解非揮發性的化合物，讓氣味分子大量增加變成新的風味。就像切洋蔥的人都會做的一樣，你也會切開蔬菜綠葉釋放氣味。想想修剪草坪之前和之後氣味的差別——在草被修剪前，「青草味」的來源是困在葉片中的化合物。

但我們要偵測化合物光靠化合物揮發及「放它們自由」仍不足夠，尺寸、形狀和某種稱為「對掌性」（chirality）的特色都決定分子是否能聞得到，又如何才能聞得到。我們的氣味感知機制與現代實驗室設備不相上下，都在搜尋特定形式的東西。我們有能力區分數種原子構成——聞得到辛烷和壬烷，也聞得到只有兩個氫原子和分開的單個碳原子；梨子和香蕉主要氣味的差異也在於兩個氫和一個碳。

但嗅覺最令人驚訝的是對掌性的影響，無論分子和它的鏡像（這對分子稱為「鏡像異構物」〔enantiomer〕）是否一模一樣，都與對掌性有關。就如你的右手和左手就是對掌，但它們並不完全相同，即使基本形狀一樣。化學中的經典例子是香芹酮（Carvone）：D香芹酮（D-Carvone）的味道像香芹子，而R香芹酮（R-Carvone）的味道卻像薄荷，可見能激發的氣味受體細胞組合就是如此特定。

氣味和揮發性化合物有著通用的經驗法則，對化學技客也是可理解的。同個化合物家族包含某種化學結構，以致聞起來味道多半也很像。有一類化合物叫做酯類，傳統上認為有水果香氣；另一類為胺，腐臭難聞，好像放了一星期的死魚，其中屍胺和腐胺是兩個較知名的氣味；還有另一組，醛類，往往聞起來像青草或植物。這種共通特性支持一個理論，部分的氣味偵測根源於激活受器，而受器要激活則靠揮發性化合物的化學結構。

雖然聞單一化合物不會帶來像割草般全部的氣味，但有些化合物非常像，像到研究風味的化學家只用一點（以草為例，只要己烯醛、己烯酯和甲醇），就能欺騙大腦，讓我們覺得聞到真貨。不管從洗衣粉到糖果，很多產品都含有人工香料，通常價錢不高，化學性比天然香料更穩定，甚至還可能更安全（「天然」也可能有天然的毒素）。例如人工香草精多半含有香草醛，香草醛剛好是香草中最常見的化學物質，即使人工的東西缺少其他香草中的化合物，我們仍會把這物質登記為香草，大多也認為它是愉快的味道。

就如所見，嗅覺的化學複雜性在於細節，我們甚至還沒觸及偵測氣味的個人差異。以下列出你也許想知道的幾個嗅覺差異，特別當你為他人做飯時更要注意。

基因差異。就像味覺有基因差異，嗅覺也有基因差異。最簡單的例子是香菜，對某些人來說，香菜在登錄的味道就像是洗碗精，很噁心；但對其他人來說，香菜是搭配菜餚的美味佐料。如果你討厭香菜，汝道不孤，茱莉亞·柴爾德也討厭香菜。我們知道對香菜的厭惡來自輕微的遺傳變異（請上網搜尋rs72921001），大約1/10的人有這種情形，且歐洲人厭惡香菜的比例略高，亞裔則較低。

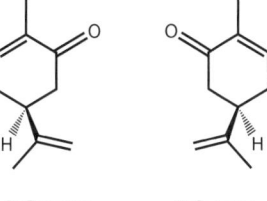

辛烷　　　　　　壬烷　　　　　　D-Carvone　　R-Carvone

閾值差異。目前已知還有其他生理差異存在，女性比男性在嗅球上多了50％的神經元連接，偵測氣味的能力也因此增加。大概因為基因的關係，有些人的嗅覺就是比其他人更敏感。這些差異意謂著不同氣味分子在登錄時所需的最小閾值也人各有異，因為香氣是氣味分子的組合，不同香氣有重疊，如果我能偵測到香氣裡所有的氣味分子，但你只能聞到其中一部分組合，我聞到的或許是百合花，你聞到的也許就像屎。

隨年齡改變。就像視力和聽力，我們的嗅覺開始在三十多歲時開始退化，在六十歲時迅速衰退。這是一段緩慢下降的過程，且不像聽力與視力，我們很難注意到嗅覺變化，但嗅覺喪失的確在某種程度上衝擊食物享受。

就像我們聽到的聲音是立體聲，聞到的氣味時也是立體的：因為左右鼻孔各自作用。加州大學伯克萊分校的研究人員發現：一個鼻孔堵塞了，要追尋氣味就更困難，因為缺乏「鼻孔間的溝通」。

交叉影響。味覺和嗅覺無法各自獨善其身。氣味分子可以改變我們對基本滋味的感知狀況。例如香草香氣會增加甜的滋味。照理說水果中藍莓的糖分比較多，藍莓應該比草莓「甜」，但草莓的氣味讓我們感覺反而草莓比較甜。實驗已經告訴我們，聞一聞像焦糖這種比較甜的食物，然後再喝一小口水，會讓我們覺得水是甜的。

嗅覺疲勞。要感謝嗅覺疲勞的存在，沒有它，不管你在家或是出外走動，無時無刻都會聞到空間中存在的氣味。氣味應在幾分鐘內沒入背景，也或許是大腦將感覺轉淡。香水櫃前放的咖啡豆也許就是讓你在嗅覺疲勞後重啟感覺用的，但研究並不支持這樣做的效果——好吧，至少不是重啟鼻子用的（但可能是重啟你的錢包？）。

人工香草精和天然香草精的差別？

在美國，天然香草精必須用香草豆製成（約占重量的10.5％），基底至少有35％的酒精；而人工香草精的基礎是合成的化學香草化合物，負責主要的香草味。

看製造狀況，人工和天然的香草精在化學上沒有明顯區別，即使你在店裡看到這兩種香精通常也有些不一樣。人工香草精可能含有其他改變氣味的化合物（例如，夾竹桃麻素〔acetovanillone〕），據說其中有些比「香草更香草」——在大腦登錄成更強的味道——所以人工香草精可能比香草豆提煉的味道更濃。

描述氣味

不像滋味，日常語言描述像「鹹」這樣的感知很容易，但描述氣味則是個挑戰。要描述草莓，除了「像草莓般的」沒有別的常用語言能描繪──這樣很好了，只是要你描述草莓，倘若要你形容的是榴槤又該如何？咖啡烘焙師、釀酒師、乳酪職人都有獨特行話描述氣味，但真正知道該如何談論氣味的還是研究風味的化學家。

以描述做分類就像把氣味貼標籤，是歸類與分組食物的方法。最簡單的描述性分類是由化學家艾莫爾（J. E. Amoore）在1950年代提出，將氣味主要劃分為七類：樟腦（如樟腦丸）、醚類（像清洗液）、花香味（如玫瑰）、麝香（如鬍後水）、薄荷味、刺鼻味（如醋中酸味）和腐臭味（如臭雞蛋）。而這個小分類飽受異議挑戰──這些分類的定義又是什麼呢？如果我聞到巧克力，便不知如何分類。

更多現代的描述性分類使用較大的詞彙量，也被訓練有素的專業人員使用。其中最常見的是美國材料試驗協會[31]所出的《氣味特色描述總集》（*Atlas of Odor Character Profiles-DS61*），作者是安德魯・達夫涅克（Andrew Dravnieks）。雖然納入的詞彙不一定都讓人愉快或與食物相關，但的確是多樣化的組合，讓你在思索氣味時很有用。整本詞集提供數百條跟揮發性化合物有關的各種術語，分為146個描述詞彙，達夫涅克提供足夠的細緻度，開始形成有意義的氣味描述模式。

另外一種標籤式的分類系統，是Allured出版的《調香師概要》（*Perfumer's Compendium*），這類系統多用於香水工業，也用於主管產品氣味的相關人等，負責從洗衣粉到牙膏等的產品氣味。你以為新車的味道是偶然的嗎？受過訓練的員工要聞一下將做新車內裝的材料，以確保味道無誤（引用電影「駭客任務」的一句話：「你以為你現在呼吸的是真的空氣嗎？」）Allured的分類系統使用更多描述以及更精細的味道類型，熟悉的有香蕉、桃、梨，但也有特定項目，如風信子、廣藿香、鈴蘭（山谷百合），對外行人來說，這套系統比較用不上。

描述分類法絕非完美。例如檸檬和柳橙在達夫涅克的列表上被放在「水果味／柑橘」一類。描述性分類允許某些氣味對比，但它們不是化學分析，只是對數種化合物的存在與數量進行評量。儘管如此，考究起來仍很有趣，如果我們分享相同語彙，當談論到氣味感知時，也能給你真實的感受，更好溝通。但即使有了像這樣的描述清單，描述氣味仍然比較像文學練習而不是科學活動。有個調酒師朋友就受夠一直被客人要求說明紅酒的味道，最後終於翻臉說道：「如果小貓放出彩虹屁，這紅酒聞起來就像那樣。」

---

31 美國材料試驗協會（American Society for Testing and Materials）的工作在於研究制定材料、產品、系統、服務、性能標準及試驗方法等規範，類似國家標準局。

氣味特色描述總集

這146個氣味詞彙的分類來源，都是美國材料試驗協會的安德魯‧達夫涅克。這項清單讓我們在思索氣味時提供廣泛的框架。如果你正安排約會，想讓人印象深刻，這個清單是描述氣味很好的起點（這個乳酪嘛……聞起來像髒床單！）

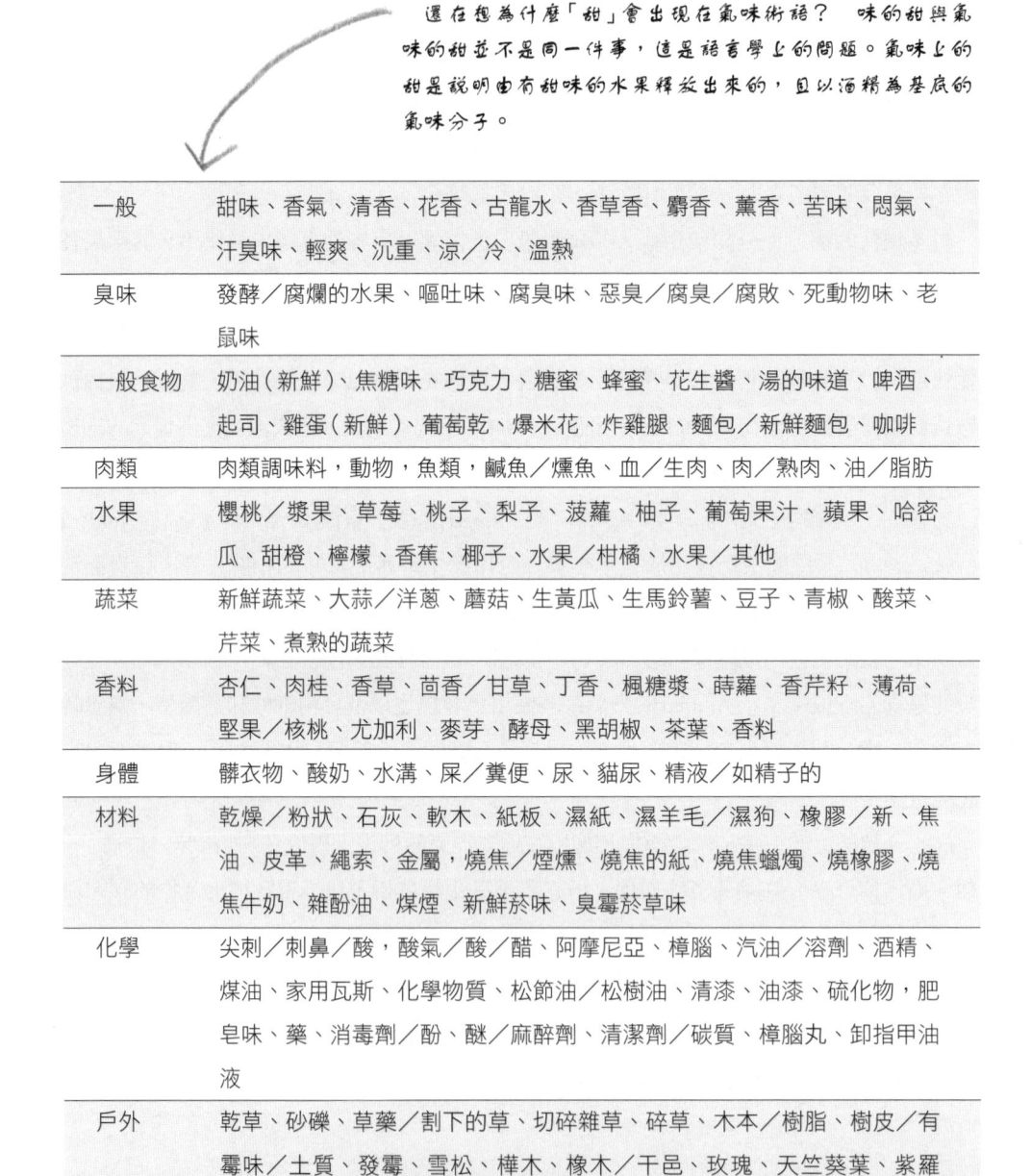

> 還在想為什麼「甜」會出現在氣味術語？味的甜與氣味的甜並不是同一件事，這是語言學上的問題。氣味上的甜是說明由有甜味的水果釋放出來的，且以酒精為基底的氣味分子。

一般	甜味、香氣、清香、花香、古龍水、香草香、麝香、薰香、苦味、悶氣、汗臭味、輕爽、沉重、涼／冷、溫熱
臭味	發酵／腐爛的水果、嘔吐味、腐臭味、惡臭／腐臭／腐敗、死動物味、老鼠味
一般食物	奶油（新鮮）、焦糖味、巧克力、糖蜜、蜂蜜、花生醬、湯的味道、啤酒、起司、雞蛋（新鮮）、葡萄乾、爆米花、炸雞腿、麵包／新鮮麵包、咖啡
肉類	肉類調味料、動物，魚類，鹹魚／燻魚、血／生肉、肉／熟肉、油／脂肪
水果	櫻桃／漿果、草莓、桃子、梨子、菠蘿、柚子、葡萄果汁、蘋果、哈密瓜、甜橙、檸檬、香蕉、椰子、水果／柑橘、水果／其他
蔬菜	新鮮蔬菜、大蒜／洋蔥、蘑菇、生黃瓜、生馬鈴薯、豆子、青椒、酸菜、芹菜、煮熟的蔬菜
香料	杏仁、肉桂、香草、茴香／甘草、丁香、楓糖漿、蒔蘿、香芹籽、薄荷、堅果、核桃、尤加利、麥芽、酵母、黑胡椒、茶葉、香料
身體	髒衣物、酸奶、水溝、屎／糞便、尿、貓尿、精液／如精子的
材料	乾燥／粉狀、石灰、軟木、紙板、濕紙、濕羊毛／濕狗、橡膠／新、焦油、皮革、繩索、金屬、燒焦／煙燻、燒焦的紙、燒焦蠟燭、燒橡膠／燒焦牛奶、雜酚油、煤煙、新鮮菸味、臭霉菸草味
化學	尖刺／刺鼻／酸，酸氣／酸／醋、阿摩尼亞、樟腦、汽油／溶劑、酒精、煤油、家用瓦斯、化學物質、松節油／松樹油、清漆、油漆、硫化物、肥皂味、藥、消毒劑／酚、醚、麻醉劑、清潔劑／碳質、樟腦丸、卸指甲油液
戶外	乾草、砂礫、草藥／割下的草、切碎雜草、碎草、木本／樹脂、樹皮／有霉味／土質、發霉、雪松、樺木、橡木／干邑、玫瑰、天竺葵葉、紫羅蘭、薰衣草、月桂葉

引用出處：Reprinted, with permission, from DS61 Atlas of Odor Character Profiles, copyright ASTM International, 100 Barr Harbor Drive, West Conshohocken, PA, 19428.

> 風味化學家將描述性的氣味術語應用在氣味分子的數據資料上,例如由康乃爾大學的兩位研究員艾克里(Terry Acree)和亞恩(Heinrich Arn)設立的資料庫Flavornet(http://www.flavornet.org),其中描述了可以由人類鼻子偵測到的700多個化學氣味分子。列出的化合物如戊酸香茅酯(citronellyl valerate,味道像蜂蜜或玫瑰,可用在飲料、糖果和冰淇淋),當用人工生產某種香料時,這些資料庫有一定用處——那什麼化合物聞起來像X?

: INFO

煎炸對滋味與氣味的衝擊

我們對氣味的感知基於飄入我們鼻腔的揮發性化合物,而這些化合物會跟著氣壓改變,進而也改變我們對氣味的感知。在氣壓較低的地方會有兩件事發生:揮發性化合物更容易蒸發(意謂有更多化合物可供偵測),空氣在一定容積的份量減少(所以我們偵測那些化合物的機會也減少)。

要弄清楚真實情況,除了準備飛機餐的人員外還能問誰?我打電話給任職Flying Food Group的主廚帕克森(Stephen Parkerson),這家公司為多家美國主要航空公司準備飛機餐,以下是帕克森對高度如何影響食物味道的看法:

當你在空中缺乏水分,就好像身處在沙漠中影響黏液和味蕾。在高海拔地區,對甜和鹹的食物會失去約30%的味覺。在平地上覺得味道剛好的東西,當你到了三萬英尺的高空,基本上就覺得淡而無味。唯一的例外是酯味/鮮味,在高處味道仍可顯現。

我們試圖彌補因高度失去的風味,像我們煮豆子,汆燙四季豆,會把水裡的鹽分加倍,倒也不一定有比例或公式。這就像在餐廳工作,替菜調味,知道這是要送去哪條走道。我們知道飛機也就如那條走道。也許你到了地上再吃飛機餐會覺得很鹹,味道多半太重,但當你到了空中,吃起來就像在餐桌前吃飯一樣。

下一次你搭飛機,試試在飛行時吃些食物,到了平地也吃同樣東西,可能會驚訝風味強度如此不同!

RECIPE

模擬蘋果派

　　如果你從來沒有做過，模擬蘋果派是大驚奇，完全可騙過毫無預期的食客。它用餅乾代替蘋果，卻和真的蘋果派有相似紋理，也有足夠說服人的糖和辛香料，加入甜、酸和讓人聯想到蘋果派的香味，讓你騙過熟悉真貨的人以為真的在吃蘋果派。這是很好的例子，當氣味組合影響感官並結合心理預期，就能騙過大腦。

　　派皮麵團鋪在派盤上——雙層派皮的食譜請見p.279，如果想作弊也可以買市售現成的麵團，但要確定買到的是雙層的（雖是一整組但第二部分可做上層派皮）。

　　醬汁鍋中加入**1.5杯（360毫升）水、2杯（400克）糖、2茶匙（6克）塔塔粉**。糖水煮沸後，轉中火保持微滾，讓糖漿煮到濃稠，溫度大約是235-240°F ／ 110-115°C。然後鍋子離火，放涼幾分鐘。

　　鍋中加入**30片（100克）奶油小餅乾**（Ritz小脆餅是最常用的，但用薄鹽蘇打餅也可以）、**1茶匙（3克）肉桂粉、1茶匙（2.5毫升）香草精、1/4茶匙（0.5克）肉荳蔻、2.5湯匙（38毫升）檸檬汁**，還有**1顆檸檬皮碎**。輕輕攪拌食材混在一起，但不要過度攪拌，餅乾要保持大塊。

　　餡料倒在派皮麵團上。**2湯匙（30克）奶油**切成小塊撒在餡料上，再撒幾搓肉桂粉。

　　上層派皮鋪好，邊緣摺入下層派皮，整圈派邊都要收好。可以用叉子或用鋒利小刀規律地輕刺或輕輕劃開上層派皮，讓派在烘烤時，蒸氣有發洩的出口。

　　派放入以425°F ／ 220°C預熱的烤箱中烤30分鐘，烤到派皮金黃焦香。溫熱時享用（必要時可用微波爐加熱），時髦的吃法是加一勺香草冰淇淋。

什麼是塔塔粉？

　　主要成分是酒石酸氫鉀（potassium bitatrate），原是釀酒的副產品，具有酸性，給模擬蘋果派帶來很多酸性口感，而一般則來自真正蘋果的蘋果酸。但塔塔粉的味道不像蘋果，因為根本沒有氣味分子，但酸酸的滋味騙騙你綽綽有餘。

INFO

常見化學香料

　　以下舉出數種能讓食物自然發出香氣的化合物，請注意有些香味只要一種化合物就能確定，而其他香氣可能是複雜組成。很多香草和辛香料只由幾個關鍵揮發物組成，而水果香氣通常牽涉到上百種化合物。

　　完全一樣的化合物在相同濃度下，人工香味和自然香味兩者沒有差別，雖然人工萃取物經常走捷徑。例如，人造草莓香料用了3個或4個在草莓中最常見的氣味分子，其他聞起來不同的揮發性物質大多放掉不用。如果你成長過程多接觸人工草莓香氣，你可能更喜歡人工合成版！

　　香濃的雷根糖和一刮就香的芳香貼紙，都是依賴這些化合物的產品。請打開一包雷根糖，看看你是否能認出有下列化合物的氣味分子。

己烯醛

己醛

己烯醛和己醛的不同處僅在兩個氫原子。它們都存在於自然界，聞起來也有相同的「青草味」，也說明類似化合物的氣味聞起來並無差別。

食物化合物	說明
杏仁： • 苯甲醛（Benzaldehyde）	苦杏仁油的主要成分。下次你在食物賣場請順便看一下人工杏仁精上的成分標籤。有時測試者認為人工杏仁精較好，而且天然杏仁精有微量氰化物。
香蕉： • 乙酸異戊酯（Isoamyl acetate）	做出人工香蕉精是化學實驗室的傳統科目，也是隔壁教室老師的煩惱。乙酸異戊酯也是蜜蜂攻擊信號的費洛蒙，所以在蜜蜂高度出沒的季節請不要在戶外吃過熟的香蕉！
黑松露： • 二甲硫基甲烷（2,4-dithiapentane）	一般多用合成的代替真正的黑松露油。有些廚師很恨它，大概是因為用太多氣味就變得不好聞。
像奶油的味道： • 雙乙（Diacetyl）	用在微波爆米花，或奶油爆米花口味的雷根糖，大量吸入會導致俗稱「爆米花肺」的疾病。
一般說的「水果味」： • 乙酸己酯（Hexyl acetate）	用在粉紅色泡泡糖和綜合水果味的雷根糖。在金冠蘋果中也有它的存在。
一般說的「青草味」： • 己醛（hexanal）	被形容為像剛割下來的草，用在蘋果和草莓等水果味。
葡萄柚： • 香柏酮（1-p-menthene-8-thiol） • 諾卡酮（nootkatone）	葡萄柚至少有126個揮發性化合物，但這兩個似乎是主要的。葡萄柚雷根糖很可能就是用這兩種化合物做的。
如草莓的味道： • 雙乙（Diacetyl，奶油味） • 丁酸乙酯（Ethyl butanoate，水果味） • 己酸乙酯（Ethyl hexanoate，水果味） • 喃酮（Furnone，像焦糖的甜味） • 己烯醛（Hexenal，青草味）	草莓大約有150種不同的氣味分子，其中僅有4到6種主宰香味。好的人造草莓香料會把它們都納入，不那麼令人信服的香料只會用幾個，這就是人工水果香料聞起來假假的原因，它們不是不能做得像真的一樣，只是經濟效益上，用到所有化合物也不能合理證明有這個價值（它不是像人工杏仁精一樣，只要一種化合物就夠了）。

滋味、氣味和風味

115

2-5 風味是什麼？

風味是絕地武士的心靈控制術，是味覺和嗅覺的組合，並在大腦融合而成的新感知。為了讓你知道大腦在組成味道時是多麼聰明，請想一下：無論你吸進吐出的是什麼，大腦都能個別偵測出氣味。這太瘋狂了！這就像左手換右手分別觸碰冰冷流理台，各自感覺不同溫度後再右手換左手。我們的大腦天生就建構以兩種不同方式處理滋味信號；風味用的是第二種。

先下定義會比較容易討論。「鼻前嗅覺」（Orthonasal olfaction，又作「鼻前通路」）是你直接從聞而偵測到的氣味，只要那東西存在於世間，如聞玫瑰，除非你同時把它嚼吞了，不然都是走鼻前通路得到嗅覺。「鼻後嗅覺」（Retronasal olfaction，又稱「鼻後通路」）是當你吃進食物，由口腔循環進入鼻腔的空氣。即使你沒注意到這件事，它就是存在。試著捏住鼻子咀嚼食物，切斷氣流就能證明，因為味道感知不見了。

為了解開大腦玩的花招，研究人員保羅·羅津（Paul Rozin）讓受試者通過鼻前嗅覺感受不熟悉的水果和湯——「這裡，好好聞聞，記得這個氣味。」之後再給受試者食物，由鼻後通道感受（用一根塑膠管），然後要他們找出之前聞過的氣味，結果糟透了。同樣的化合物，同樣的感知器官，卻是完全不同的經驗。就像我之前說的，氣味的抽象面簡單，但複雜在細節，因此得出味道沒有差異。

從實際角度看，你喜歡或不喜歡某個味道是曝光效應和個人偏好的問題。當羅津被臭氣薰人的乳酪難倒後，開始研究鼻前和鼻後嗅覺——對於某些氣味噁心的東西，我們怎會有截然不同的味道體驗？眾多心理學家和生理學家仍在探索這問題。但幸運的是，你不必身為其中才能做出一頓好菜。處理食物時，只要記得風味是味覺與嗅覺兩種感知的特定組合，但絕不是直截了當地兩者相加。食物在端上桌前一定要嘗過調整味道，光是聞一聞是不夠的。

以下列出烹飪時確保好味道的小祕訣：

咀嚼！為求好味道要咀嚼，無可否認這是奇怪的建議。把食物咬碎、混和、讓一堆化合物跳起來好讓嗅覺系統偵測，加入嗅覺並拌進風味感知。請記得化合物要激發氣味受器，必須出現在偵測點上，如此就引發一個問題：如果嘴巴打開咀嚼食物，食物味道的體驗會不一樣嗎？（如果動物總是嘴巴大開咀嚼食物……）

使用新鮮香料。大部分乾燥香料的香氣都比較弱，因為負責香氣的揮發性精油會氧化分解，意思是乾燥香草是味道較淡的替代品。但它有其必要性，冷寂的冬天，像羅勒這種一年生植物並不當季，使用乾燥香草是很合理的。請把乾燥香料放在涼爽陰暗的地方（而不是爐子上方！），熱與光會加速辛香料中有機化合物的分解，乾燥香料盡量不要接觸到。

香料要現磨。不要使用預先磨好的黑胡椒；隨著時間過去，很多揮發性化合物改變，會喪失很多香氣。新鮮現磨的肉荳蔻味道也比預先磨好的強很多，預先磨好香料中的芳烴經過時間不是潮濕，就是氧化，不然就是消散，導致風味改變。多數乾燥辛香料可用熱稍微「發」（bloom）一下，香氣就會更好，所謂「發」就是用油或用小乾鍋將香料以中火炒香，絕不是用大火炸，這是一種無需弄碎卻能釋放揮發性化合物的方法。

不要低估冷凍食材。市售冷凍蔬菜水果非常方便，有些菜用它們來做也不錯。把正在盛產的農產品冷凍起來有好處；可以停止營養的破壞，被凍起來的食材多半收自產量最高峰的時候，那時的味道最濃最好（而店裡的新鮮食材則是早早就採收下來或晚採收）。如果你只是做給自己吃，冷凍食材特別有用，如果需要，還可以挑單一品項來用。想把自己種的作物冷凍起來嗎？想替CSA（社區支持農業）把多餘的分享食物做成冷凍食品嗎？請見p.388如何使用乾冰。（用家用冰庫冷凍所需時間較長，蔬菜會變得軟爛。）

做菜時用酒。我最喜歡的舊金山餐廳用德國櫻桃酒kirschwasser做水果舒芙蕾，在醬汁中灑一點紅酒，或用來洗鍋底收汁做個簡易醬汁，這些都是標準程序。用酒改變風味，是因為它的化學特性：它會取代一般與化合物連結的水分子，變成更容易揮發的較輕分子，蒸發率較高，就有更多揮發物讓你的鼻子偵測。

味覺嫌惡

我朋友唐恩討厭蛋的味道。她小時候吃過用燒焦奶油煮的蛋，她的大腦把蛋的味道和燒焦奶油的噁心酸味連結在一起，到今天這樣的連結卡在她腦海裡讓她無法吃蛋。這就是「味覺嫌惡」（taste aversion），也就是強烈厭惡某食物，但此厭惡感並不是與生俱來的生物偏好，而是出自以前對食物的不好經驗，這經驗通常發生在小時候，就如唐恩對燒焦奶油蛋的體驗。而食物中毒是最常見的原因。

味覺厭惡很神奇，因為完全是學習來的連結關係。要正確辨認什麼是引發疾病的食物需在某段時間才可能，多半情況會怪罪這餐中最不熟悉的食物，這狀況稱做「白醬徵候群」（sauce Béarnaise syndrome）。疾病和食物有時毫無關係，但仍學到負面連結且懷疑某物是罪魁禍首，這類味覺嫌惡的制約稱為「加西亞效應」（Garcia effect），名稱來自確定此說法的心理學家約翰·加西亞（John Garcia），他讓小鼠接觸糖水，引發噁心感覺，因此得到味覺嫌惡。這也更進一步證明我們受到潛意識支配，請想想：即使我們知道自己錯認了疾病的原因（「這應該不是喬安娜的美乃滋沙拉搞的鬼，其他吃過的人都沒事！」），但味覺嫌惡的錯誤連結已經根深蒂固。

有時候會引發食物中毒的食物只要暴露一次就足夠讓你的大腦產生負面聯結。有關味覺嫌惡的最聰明實驗出自卡爾·古斯塔弗森（Carl Gustavson），他在萬事俱備只欠論文的博士生時期（俗稱ABD，all but dissertation）證明了味覺嫌惡可由人工誘導。他為了訓練放養的郊狼不要吃羊，放了有毒（但不會致命的）羔羊肉塊在附近給狼吃，狼群們很快發現羊肉會致病，因此「學到了」不要吃羊。誘惑乃天生，我不建議用這種方法改正吃垃圾食物的習慣，但它的確可以克制奇怪的吸引力。

如何才能克服味覺嫌惡？一開始可以從堅決意志和開放態度做起。你也許覺得蛋很噁心，如果不願意解開這種關聯，吃歐姆蛋的機會就相對低了。只要在自己覺得舒適的範圍裡，反覆暴露在小量的厭惡食物中，最後就能解開食物與負面記憶的連結，這就是味覺嫌惡的「消除」（extinction）。記得，要從小範圍開始，持續反覆暴露於受支持的環境中。如果一開始就想改變對食物的某些想法可能要求太多，就改變食物質地或烹調法讓味道連結不要這麼強烈。

● 訪談

布萊恩・華辛克
談期待、風味與進食

滋味、氣味和風味

康乃爾大學教授布萊恩・華辛克（Brian Wansink）研究我們與食物的互動狀況。著有兩本書：《瞎吃》（Mindless Eating）和《訂作苗條》（Slim by Design），檢視我們如何做出要吃什麼的決定。

什麼事情會改變我們對自己所聞、所嘗東西的感知理解？

法國人有句諺語說：各人口味無需解釋。除了在味道範疇的兩個極端，這句話當然不是真的。人們都極度主觀，主觀到味蕾由期待驅動的地步。若有人說：「你嘗嘗看，這好苦。」我們就會說：「好苦！」但如果他說：「嘿，這味道有點淡。」對於某些食物，我們也會說：「對啊，好淡。」我們不斷發現有這種事。想要改變人們對味道的理解，最簡單的方法是改變人們吃之前對味道的期待。

人們從哪裡得到對味道的期待？

對食物的視覺感知會讓你的味覺產生偏見。我們發現如果用紅色食用色素改變檸檬果凍的顏色，然後說那是櫻桃口味，人們就會說：「喔，櫻桃果凍不錯喔。」我們發現改變食物擺盤的方式也很重要，如果我們把布朗尼從紙盤改放在更細緻的瓷盤上，人們願意付幾乎兩倍價錢買下它。我們甚至發現在盤中放一件超扯的裝飾才真正讓人願意掏大錢。

另一個考慮是我們認為這道食物下了多少工夫做，如果我們覺得這道菜沒花多少心力，就會把它的價值看得較低。我們也發現如果把某道菜的名字定為「義式肉厚汁多海鮮菲力」人們就會說：「很棒！」但如果把名字定為「海鮮菲力」，大家就沒有那麼喜歡它。

這聽起來像食物的期待極其重要。而別把期望值訂太高一定是個挑戰？

不會，一點也不會。我們從沒發現期望值反撲。比方說，我請你吃牛排，只說了句：「請用牛排。」你吃了並說：「不錯，我給它6分。」然後我端上第二份完全一模一樣的牛排，但是我說：「我要請你吃世上最驚人、最厲害的牛排，它被小矮人手工按摩許多年，然後叭啦叭啦說一堆。」這樣的期望值設在哪裡呢？訂得很高啊！然後你吃了牛排說：「牛排很硬也有點乾，沒有那麼好，只能給它6.5分。」這種事情就是定錨效應，即使你真的把期望訂得太高，也不會讓人說：「爛透了！」他們會給的分數仍然比你一點期待都不給它們時還來得高。

我們請來銷售主管做實驗，他們花在食物上的支出平均一年有2萬5千美元。這些人應該知道什麼是高檔飲食。我們讓他們吃Chef Boyardee罐頭，但把食物放在盤子上，再把罐頭後面的說明

念給他們聽,就像:「源自義大利久遠時代的老菜譜,翻作次數數也數不清。」至少對於這些會花大錢的人來說,他們給的分數比不告訴他們這是Chef Boyardee來得高。如果你成長過程因為價錢太高而從沒吃過有品牌的產品,Chef Boyardee也許是能發出光環的食物。

如何才能把這光環放入我們的期待中?

你喜歡創始老字號的話,品牌會是很大的光環。像你喜歡KC大師的漢堡,「KC大師BBQ漢堡」這個共同品牌就凍結在那裡,比起只說「BBQ漢堡」的包裝,你應該會說:「那一定不錯。」

但光環也可能讓人走火入魔。我們觀察到當人們注意到大豆放在食物中,會讓他覺得很糟糕。我們讓一群人吃能量棒,成分含有10公克植物性蛋白質,但來源不是大豆。但我們把標籤改了,一種改成「含有10公克蛋白質」,另種改成「含有10公克大豆蛋白質」。根植在人們心中的往往是第一種說明,他們會說:「很棒!巧克力口味!有很棒的質地。」但吃到標籤寫著大豆蛋白質的人就會說:「吃起來一點也不像巧克力,我嘴巴吃不出什麼味道。」但它們明明就是一樣的東西。人們只是品嘗他們以為自己將要吃下去的東西。

健康也是光環嗎?在味覺研究中,健康的東西最後比分都很低嗎?

對孩子的學校餐廳做的研究中,有一次我們把蔬菜義大利麵做標記,分別標成「健康」、「新鮮」或什麼都不註記。比起標記為新鮮或只說這是櫛瓜義大利麵,標記成健康的食物就是會被評價為最糟。許多人對健康的認知就是健康是他們一定要做的事。沒有人會說:「我的甜點真是太健康了!」

人們對於健康的觀念幾乎毒害你的想法。我家有三個女孩,當我們給她們吃東西時,絕不用「健康」這個詞,她們現在都很喜歡健康食物。

在周遭對食物健康的看法如此時,是否可把它視為營養政策上的議題?

是啊,主要因為營養政策那群人不是受過訓練的行為主義者。

那麼,行為主義者會採用什麼方式改變人們的飲食狀況?

首先,你要把吃這件事變得更方便。第二,讓吃更具吸引力。第三,讓吃變得更正常。在這三種條件下,就有許多改變機會。

假設我想讓孩子吃青菜,難道我要跟她們說「把菜吃了!它們對你的健康好」?不用,我會這麼做:晚餐時上的第一道菜是沙拉和蔬菜,每個人都有,坐在那裡直到吃完,然後才可以上義大利麵和雞肉,這讓整頓飯就吃得更好也更方便。

至於吸引力嘛,假設我們晚餐有櫛瓜,我會說:「親愛的,我們今晚吃什麼?」老婆就會描述櫛瓜說:「櫛瓜啊,你們知道櫛瓜是什麼嗎?你們知道它的味道像什麼嗎?味道像哈密瓜嗎?」只要小小討論一下引起好奇心,就會是值得嘗試的冒險。

你也可以把嘗試變得更簡單。孩子不想吃某些東西時,我會說:「好吧,如果你們不吃,我可以吃嗎?」他們會說:「好啊。」所以我就吃一口,然後說:「真好吃,真的好好吃,親愛的,我好喜歡。」孩子還偷笑說:「我把他耍了。」幾分鐘後,我又伸手拿菜、吃了一口說:「啊…真好吃啊,謝謝你,親愛的,你下次要多做些。」突然間,孩子明白了,「等一下,你在拿我的東西吃!」孩子感到的「稟賦效應」[32](endowment effect)就像大人一樣,幾次之後,就會說:「爸,別再拿我的東西啦!」

那盤子的大小和顏色這些事有影響飲食嗎?

顏色這件事實在太讚了。大多數人都想簡單就好,但它只要一個步驟就脫離簡單的水平。我們發現,顏色並不重要,重要的是盛上的食物和你用的盤子間顏色的**對比**很重要。

有一次我們在康乃爾舉行校友會，大家吃的不是紅色義大利麵就是白色義大利麵；用的盤子不是紅盤子就是白盤子。我們發現如果紅麵配紅盤或白麵配白盤會比白麵配紅盤或紅麵配白盤多吃19%的麵。如果盛上的東西有對比，你就會說：「哇！夠了。」如果沒有對比，你就會一直拿直到你說：「哇！吃得有點多。」

這件事每天都上演，且無論健康或不健康的食物，只要吃的東西和盤子的對比越大就有19%的差異。我們也發現，當我們用綠盤子或黃盤子盛豆子給人吃也有一樣的效果，我們想讓人們吃更多豆子，是吧！用綠盤子裝豆子會比用黃盤子吃的量多，因為對比。我們請一批人吃布丁，人們吃深色盤子上的布丁會比布丁放在黃盤子時吃下較多的巧克力，吃黃盤子布丁的人會比吃深色盤子布丁的人吃下較多的香蕉。

什麼東西有吃過量的危險？對大多人來說，是白色食物。所以你不需要有50種顏色的盤子，只要有深色盤子就可以了。

還有什麼事是家庭廚師為了讓餐點更好吃而要注意的？

把燈光調暗。我們發現當燈光調暗，人們就會吃得比較慢，對食物的評價也比較好。這個超酷實驗是我們在一家正在重新裝潢的速食店做的。我們把人分成兩半，一半用高級料理的方式進食，另一半是速食店典型的明亮燈光和吵鬧音樂。我們發現僅僅只是把燈光調暗，就能讓人們進食的時間延長1/3，吃的分量則減少18%，而且對食物的評價也好很多。

這些發現有多少基於經驗高級料理的感受？我知道高級料理，這種飲食文化對美國人來說就該在昏暗的燈光下進行。

也許是吧，但我認為也許更因為掩飾焦慮、活動、分心。幾天前在家裡我們有些事有點失落，有天晚上我們就想來點特別的，努力復原。我們說：「我們要在燭光下吃飯且只點燭光。」結果女孩們都愛死了。

---

32 經濟學家賽勒（Richard Thaler）在1980年提出，認為當人擁有某物時，對此物的評價會比沒有擁有它時增加，就如成語「敝帚自珍」。

2-6 探索來的靈感

不像我們的原始味覺有先天上的偏好,對於大多數氣味我們沒有先天上的喜歡或不喜歡。我們會喜歡某個風味是我們學習去喜歡它,這也是其他文化的食物對我們全然陌生的原因,所以從文化出發的美食探索是我們學習新風味的絕佳途徑!某些我鍾愛的菜色雖是熟悉食材卻以新搭配煮成,這種搭配通常來自其他地區的料理做法。我第一次吃到北非燉雞料理塔吉雞時,覺得既熟悉(有雞腿、番茄、洋蔥)又有異國情調。(順帶一提,塔吉是煮雞的鍋子,放入鍋中的搭配材料多是手邊有什就放什麼。)想有如此風味創意的祕訣是學習讓它們出現的味道和創意。但如何才能得到這樣的知識?以下是探索地域性及其他味道的方法。

詢問你吃的食物是什麼食材。花點時間注意你吃的食物氣味,記下認不出的味道。下一次出去吃飯,叫盤你不熟的菜試著猜出材料。如果有困難,問問服務生,別害羞。我記得有一次吃了爐烤甜椒濃湯,卻完全想不出來湯的濃稠度(厚度)是什麼做的。五分鐘後,我發現自己坐在廚師對面(那是個悠閒的夜晚),他給我一份廚房的工作食譜,告訴我配方的真正機密,亞美尼亞甜椒糊。那天,我不只學到新種類的風味,還有新的技法(烤過的法國麵包攪成泥拌入湯中——這是很古老很古老讓湯濃稠的技巧),並得到鄰鎮亞美尼亞食品專賣店的地址。

玩「神祕食材大考驗」遊戲。下次你逛食物賣場,買個你以前從沒做過的食材。至於「中階玩家」,就找個熟悉但不會煮的食材。如果進步到「進階級」程度,就選個你從來不認識的東西。你會訝異竟然有那麼多食材是你不熟悉成分形態的,一旦食材入了菜做上手,也許就司空見慣。有絲蘭根(yucca root)?就做絲蘭根薯條。有香茅、泰國檸檬葉?試試泰式酸辣湯。美國一般食物賣場有千百種商品隨手可得,應該找得到啟發你的新東西。

> 某文化喜歡的事物也許對另個文化一點也不討喜。《美食雜誌》(*Gourmet Magazine*)在2005年8月刊登了一篇好文章。三位四川名廚遠自中國來到美國頂級餐廳享用大餐,但餐廳風味對於大廚們就如曲不解韻,話不投機,毫無欣喜之情。無可避免的,你的口味和賓客口味一定會有差異,只希望你不需替世界知名的四川名廚做菜。所以,當你鍾愛的味道搭配對他人來說只是普通而已,你也無需太過驚訝。

模仿其他菜的味道。如果你現在只是在廚房學步的階段，對很多菜色都不熟，想想有什麼食材是你喜歡放在菜裡的。就算簡單如果醬和花生醬三明治也可以很有創意，想像烤雞串塗著甜美果醬再撒上香烤花生碎。也許你喜歡披薩餡料裡的洋蔥、番茄、羅勒，請用這些配料做義大利麵，或當成配料放在麵包上，就像做義式番茄麵包開胃菜bruschetta。

按照食材清單上網尋找已做過的菜色。如果你心血來潮想用番茄、洋蔥、羊肉做個北非塔吉鍋或燉菜，但不確定什麼食物香料可以帶出風味，請上網輸入這些材料，再加上「食譜」，看看網路上會出現什麼。只要瀏覽搜尋結果就可以了，在這情況下，可能會出現香菜、馬鈴薯和紅椒粉。

運用類似食材，當作好的相容替代品。如果食譜要用材料A，但B與A極類似，改用B試試是否可行。好比，羽衣甘藍和甜菜都是硬葉菜，在很多菜色中都可互換。同樣地，帕芙隆（Provolone）和莫札瑞拉（Mozzarella）乳酪風味都很溫醇，融化時口感也類似，做歐姆蛋這類食物時，交替使用也很合理。類似的食材並不是總能互換，每種食材都有各自獨特的風味，如果做傳統菜色也用替代品，應該無法信心十足做出老菜口味。但如果你的目的只是享受做菜的快樂，用類似食材做實驗是觀察事情何處相容、何處走錯路的好方法。

要創造最佳風味，記得調整食材份量。追求風味最重要的手段不是加入新食材，而是調整目前食材的分量。靠近一些聞聞這道菜，然後再嘗嘗味道。什麼味道失去平衡？需要更多調味料嗎？加更多鹽？如果平淡無味，看看要否加些酸性食材（檸檬汁或醋），好讓味道鮮活起來？

法式母醬

「Sauces」（醬汁）的字源來自拉丁文的「to salt」（給予鹹味），本來的意思是在食物裡加入調味，醬汁藉著少量液體攜帶大量味道賦予食物風味。西方文化使用醬汁至少兩千年，它們出現在所有料理中。基本上所有文化都有自己的醬汁，再搭配烹飪技巧和食材，料理就各有差異。烤肉要澆上半釉汁（demiglace）[33]；乳酪義大利麵要靠乳酪醬；義大利墨雷辣醬（mole）[34] 用了可可亞和辣椒；青醬只是羅勒、松子，加上大蒜和橄欖油打成的菜泥。醬汁也出現在甜點中，英式鮮奶油（crème anglaise，見p.213）可以當成甜美香濃的奶油醬料；果泥帶來顏色和強烈風味（就像酷麗果漿〔colulis〕[35] 的做法其實只是水果過濾去籽而已）。

法式料理的傳奇在於醬料的運用，所以我們在其中尋找靈感。法式「母醬」（mother saurces）一般歸功於人稱「廚之王，王之廚」的法國大廚艾斯可菲（Auguste Escoffier），他是西方料理界最重要的大廚，因為他建立了商業廚房的動線安排、創造衛生標準、聚焦在簡單的食物（總而言之，保持簡單！）。他在1903年寫出開創性作品《烹飪指南》(Le Cuide Culinaire)，書中第一章就界定五種基本醬汁。艾斯可菲在推廣母醬的功勞上絕對值得推崇，但母醬中大多數還是由另一位法國名廚卡漢姆（Marie-Antoine Carême）歸納整理，他早在50年多前，就界定出其中四種[36]。

: RECIPE

焗烤通心粉醬

法國母醬在各地都看得到，即使做焗烤通心粉的醬料也是白醬的「子醬」。

開始先做出**兩份白醬**，加入以下材料慢慢攪拌直到融化：

1杯（100克）磨碎的莫札瑞拉乳酪

1杯（100克）磨碎的切達乳酪

另取一鍋加入鹽水煮**1/2杯（250克）義大利麵**。選用小一點的義大利麵，像小彎管、螺絲捲或筆管麵，只要容易沾付醬汁的都可以。可以先吃一小塊義大利麵試試看熟了沒有，如果熟了，就將義大利麵濾到乳酪醬汁裡攪拌均勻。

如果只要做焗烤義大利麵的基本醬料，在這裡就可停住，但若拌入下列食材就更精緻了：

1/4杯（60克）炒過的洋蔥

2片（15克）培根，先煎過再切丁

少許卡宴辣椒粉

麵醬放入烤盤或個別碗裡，上面撒上**麵包丁**和**乳酪**，以中溫烤2到3分鐘，直到麵包乳酪烤到黃褐色。

小叮嚀

- 醬汁不想這麼厚，可以在乳酪醬裡多加一些牛奶。
- 麵包丁可以自己做，把放很久或烤過的麵包放入食物調理機或攪拌器迅速攪打，或用刀切成小塊也可以。

RECIPE

白醬

如果你在這些母醬中只想學一種，那一定就是白醬了。它和所有食物百搭，可作簡便的節日用肉汁到甜點醬底，加入乳酪或芥末等有風味的食材，又會變成另一種美妙醬汁。

1湯匙(15克)奶油放入平底鍋以中火融化，再拌入**1湯匙(9克)麵粉**均勻攪拌，拌到奶油和麵粉完全混和後再煮幾分鐘，煮到醬料由金黃變成淺棕色(這鍋奶油麵糊就是所謂的「油糊」〔roux〕)。加入**1杯(240毫升)牛奶**，並把溫度升到中高溫，不斷攪拌，直到麵糊變濃稠。

傳統上做白醬要加**鹽、胡椒粉**和**肉荳蔻**，也可試試**乾燥百里香**，或將牛奶加入**月桂葉**預熱。如果你是不碰奶油的人，也可用一半奶油一半油。

就像其他「母醬」，這道配方可調整後做出各種「子醬」。再做好油糊，加入牛奶後，可試試其他變形醬汁：

莫奈醬(Mornay sauce，起司醬)

同等份量的格律耶乾酪(Gruyère)和帕瑪森乾酪放入白醬裡融入。份量是1杯牛奶配1杯(100克)乳酪碎，分三次加入醬汁，每次加1/3，讓它融化。如果你是不拘泥於傳統的人，幾乎會融化的乳酪加在裡面都可以。

貝尤醬(Bayou sauce)

洋蔥切大塊用奶油炒，然後加入一點蒜末和克里奧香料粉(內容大約是等量的洋蔥粉、大蒜粉、奧瑞岡葉、巴西里、百里香、卡宴辣椒粉、紅椒粉、鹽和黑胡椒)[37]，加入麵粉，把油糊煮到深褐色。這道醬汁多半用在路易斯安那風的卡津料理[38]。

芥末醬

白醬加入芥末籽或1匙芥末(試著把籽一起拌入)。芥末醬加入切達乳酪和梅林辣醬油後還可做成美味的切達起司醬。或在做油湖時，用奶油煎一些洋蔥丁並加入芥末，就變成芥末洋蔥醬。

滋味、氣味和風味

---

33 半釉汁(demiglace)是法式小牛高湯至少濃縮為一半的褐色醬汁。
34 墨雷辣醬(mole)，又稱混醬，以紅辣椒為基底，拌入巧克力、杏仁和其他香料做成。
35 collis是由法文的couler「流動的水」而來，所以質地介於果泥與果汁之間，有時太稀薄會加吉利丁，通常配蛋糕和可麗餅等甜點。
36 卡漢姆(Marie-Antoine Carême 1784-1833)首度將法國料理做系統性整理的大廚，他與艾斯可菲都對母醬進行整理，卡漢姆歸納出「蛋黃奶油醬」(allemande)、「白醬」(béchamel)、「西班牙醬汁」(espagnole)、「天鵝絨醬」(velouté)；而艾斯可菲則將蛋黃奶油醬歸在天鵝絨醬，另加「荷蘭醬」(hollandaise)、「番茄醬」(tomate)兩類，成為五大母醬。
37 克里奧(Creole)與卡津是紐奧良料理的兩大菜系。路易斯安那州在18世紀數度易手，經歷法國、西班牙、法國再到美國統治，當地出生的歐裔自稱為克里奧，料理與美式不同，重香料且延續西班牙與法國的料理特色。
38 卡津人(Cajun)的傳統美食，他們原是移民加拿大Acadia地區的法裔，被英國人驅離後定居美國路易斯安那，所以卡津料理出於法式，卻混合著黑人、印地安人的色彩，特別在香料的運用。

● RECIPE

天鵝絨醬

天鵝絨醬是很多醬汁的基底，多放在味道清淡的魚和肉上。如果你想做雞肉派，一開始先做雙層派皮麵團（見p.279），然後將熟雞丁、青豆、珍珠洋蔥、胡蘿蔔在天鵝絨醬中拌勻，把餡料填入派裡。

一開始就像做白醬，先做出金黃色油糊：在鍋裡放入**1湯匙（15公克）奶油**以低溫融化，再拌入**1湯匙（9克）麵粉**。就等它煮，但不可以煮到油糊變褐色（田那就稱做**褐色油糊**）。加入**1杯（240毫升）雞高湯**或清淡高湯（用生骨取代烤過的大骨來熬湯，像是魚高湯或蔬菜湯），讓油糊煮到濃稠。

你可以加入各種食材，做成衍生醬汁，下面列出幾項建議。請注意資訊中的材料並沒有列出特定份量，你可以利用這個機會用猜的，調整成你喜歡的味道。

阿布費拉醬（Albufera sauce）
檸檬汁、蛋黃、鮮奶油（可搭配雞或蘆筍）

貝西醬（Bercy sauce）
紅蔥頭、白酒、檸檬汁，巴西里（可搭配魚）

布雷特醬（Poulette sauce）
蘑菇、巴西里、檸檬汁（搭配雞）

奧羅拉醬（Aurora sauce）
加入番茄糊，大概1份番茄對4份天鵝絨醬，再加奶油試試味道（搭配義大利餃）

匈牙利醬
洋蔥（切丁煸炒）、paprika紅辣椒、白酒（可搭配肉類）

威尼斯醬
龍蒿、紅蔥頭，香芹葉（可配清淡的魚）

義式蔬菜濃湯

醬汁也可以做湯底，就像這道蔬菜濃湯。請把食材當作參考，真的，手邊有什麼好蔬菜和澱粉食物都可以加。

請做**2份奧羅拉醬**（請見上面天鵝絨醬的做法介紹）。醬汁持續以小火煨煮，加入**1/2杯（70克）小型義大利麵**，如通心粉或彎管麵。加入**胡蘿蔔丁、芹菜丁**，還可加香草如**切碎的奧瑞岡葉**或**羅勒**。煮到裡面的通心粉變軟，再加入**鹽**和**黑胡椒**調味。

番茄醬汁

法文的「Sauce tomate」和我們今天認知的簡單番茄醬料（像是義大利番茄醬）好像很像但其實不一樣。艾斯可菲的原始配方要放鹽醃豬胸肉；我這裡用的是美式培根（豬腹肉），因為較容易取得。如果你喜歡，也可以跳過培根和奶油，改用橄欖油。

在鍋中放入2片（約60克）培根，用1湯匙（15克）奶油逼油，油逼出來後就加入1/3杯（50克）胡蘿蔔丁、1/3杯（50克）洋蔥丁（用半顆小洋蔥就夠了），再加入1片月桂葉或1根百里香。炒5分鐘，炒到變軟且有一些褐變，然後再加入2湯匙（18克）麵粉，持續拌炒，炒到全部麵糊料帶一點褐色。

加入900克馬鈴薯泥和2杯（480毫升）白醬，全部醬料煮開，關小火。加入1瓣蒜泥、1茶匙（4克）糖和1/2茶匙（3克）鹽。蓋上鍋蓋，小火煨煮1小時左右。（如果你用的是可放入烤箱的鍋子，還可以移到350°F／180°C的烤箱，蓋上鍋蓋慢慢烘。）燉好後用濾網過濾醬料，濾掉蔬菜渣和培根碎，或直接用攪拌器把醬料打細。再加入**新鮮現磨黑胡椒**和**鹽**調味。

粗粒番茄醬汁

煮好的醬汁不過濾或不用攪拌棒打碎，而是一開始就把培根和蔬菜切得非常小，讓細渣留在成品中。

義大利番茄醬汁

是我們較熟悉的醬料，要做義大利版的番茄醬汁，就不要放豬肉、麵粉和白醬。醬汁燉煮更久，讓湯汁收得更濃些（艾斯可菲把這種醬汁叫做番茄泥）。

番茄醬

省去加白醬的步驟，而將醬料煮化再濃縮，加入更多糖調味。如果要更有風味，還可加入其他香料，如卡宴辣椒粉、辣椒粉、肉桂粉或紅椒粉。

伏特加醬汁

快煮好時，在醬料中加入1/2杯（120毫升）奶油和1/2杯（120毫升）伏特加，然後小火煨煮幾分鐘就好了。

伏特加紅醬筆管麵

煮義大利麵醬汁不需要費工耗時，你可以從市售的法式母醬開始，然後擴張成衍生醬料。就像你可以先從番茄醬汁開始，然後自己加入鮮奶油和伏特加就是伏特加紅醬。把現成醬汁「盛裝打扮」一下是實驗風味的好方法。我就知道有人的廚藝入門是從在義麵醬汁裡加培根或酸豆這種簡單食材開始的。

一開始需要2杯（480毫升）番茄醬汁，你可以自己準備一份（參上），或用現成的義大利麵醬。選擇性地加入1小湯匙乾燥**奧瑞岡葉**，再加1/2杯（120毫升）**鮮奶油**和4湯匙（60毫升）**伏特加**。之後拌入約500克煮熟筆管麵，上面再撒上**現磨帕馬森乾酪**。

滋味、氣味和風味

RECIPE

荷蘭醬

　　荷蘭醬是早午餐上熟悉的名字，一般多放在蘆筍或水波蛋（見p.214）上。它也是這一串醬料中最具科學性的：水與油的乳化，就像它的衍生醬汁美乃滋（我們之後會說明乳化，請見p.456）。如果你不是堅守傳統的人，可以用美乃滋取代荷蘭醬做子醬。

　　8湯匙（120克）奶油切成八片，放旁備用。
　　取一個醬汁鍋，放入**2顆大雞蛋的蛋黃（40克）**、**1大顆檸檬的檸檬汁（2湯匙／30毫升）**，還有**鹽少許**。先用打蛋器混合，然後放在低溫上加熱，同時持續攪打，要把蛋汁打到夠濃稠，可以看到從打蛋器上垂一條細絲連到鍋底。小心不要過熱，持續攪打時，只要需要可以隨時把鍋子拿離開火源。持續攪打，每次加**1湯匙（15克）奶油**到蛋糊中，打到奶油完全與醬料融成一體，一次一個，加入剩下的奶油。
　　你可選擇性地添加**卡宴辣椒粉**和新鮮現磨**白胡椒**。如果你覺得檸檬味太重──這對蘆筍也許不是問題，但對班乃迪克蛋可能就是問題──請將1湯匙（15毫升）檸檬汁換成1湯匙水。

貝亞恩醬（Béarnaise Sauce）	切2湯匙（10克）新鮮龍蒿碎和2顆紅蔥頭末（2湯匙／20克）放在2湯匙香檳醋或白葡萄酒醋中用小火慢煨。上述醬料加入蛋汁中一起攪打，然後再加奶油打勻。如果把龍蒿換成薄荷，就是帕羅醬（Paloise sauce，薄荷荷蘭醬）。
第戎醬（Dijon sauce）	荷蘭醬做成後，加入芥末試味道。這道醬汁傳統上要用第戎芥末醬，但傳統第戎芥末醬放的是白酒而不是醋。
馬爾他醬（Maltaise sauce，橙汁荷蘭醬）	荷蘭醬做成後，拌入柳橙皮碎和1湯匙（15毫升）柳橙汁。傳統上馬爾他醬要用血橙。
榛子荷蘭醬（Noisette sauce）	做醬汁時，請用褐色奶油（見p.176）取代普通奶油。

荷蘭醬這種乳化的醬汁很可能會「破」，也就是油水分離，做荷蘭醬時小心切莫過度加熱食材！

RECIPE

西班牙醬汁（褐色醬汁）

西班牙醬汁又稱褐色醬汁，多用來做放在肉上的半釉汁，如果不加其他東西單獨使用多被認為味道太重，而且做起來也比做其他母醬更費工，但了解餐廳如何做出魔法般的料理，做這醬汁也就值得了。

取一大鍋放入 **4湯匙（60克）奶油**融化備用。（這材料可自行選用，可用一片培根代替一半奶油）。

在鍋中加入 **1/3杯（50克）胡蘿蔔丁、1/3杯（50克）洋蔥丁**（半顆小洋蔥的量）、**1/3杯（50克）芹菜丁**。翻炒蔬菜，炒到中度褐變。加入 **4湯匙（36克）麵粉**一起翻炒，炒到麵糊也變成淡褐色。再加 **1/4杯（60克）番茄醬**和 **2公升基礎褐色高湯**（食譜請見p.372的註釋〔基本白醬：化學篇〕）。傳統上西班牙醬汁要放的褐色高湯需用烤過的小牛骨來熬，但現在一般都用雞骨頭來做。（用罐頭高湯也可以，只是不夠好；罐裝高湯是沒有膠質的清湯，所以不會有相同的口感。聰明的解決辦法是在使用前在湯裡加入一包無味明膠。）

再加入 **1片月桂葉和幾支百里香**。慢火熬燉2小時，把湯汁收到一半，大約只剩1公升。當醬汁在熬的時候，覺得需要就不時撈去浮在湯上的浮沫。熬好後，醬汁離火放涼，再用濾網過濾（還可以用細綿布過濾第二次，濾掉更細的渣質）。

羅伯特醬汁（Sauce Robert）	加入白酒、洋蔥和芥末。最早的醬汁之一，1600年代十分流行，但現在已歸入歷史檔案。
波爾多醬汁（Bordelaise sauce）	荷加入紅酒、紅蔥頭和提香的香草。傳統上是配紅肉的醬料，如菲力牛排。
賈伯勒辣醬（Diable sauce）	加入卡宴辣椒粉、紅蔥頭、白酒。Diable是法文的devil（魔鬼），這也說明有些人對卡宴辣椒的感覺。
皮果特辣醬（Piquante sauce）	加入酸豆、醃漬小黃瓜、醋和白酒。可嘗試搭配雞肉。褐色醬汁快煮好時，再加入醋和1大湯匙壓碎的黑胡椒，醬汁再煮幾分鐘。請小心不要把醬汁煮過頭，如果煮太久黑胡椒的味道會變苦。
波哈德辣醬（Poivrade sauce，又名辣椒醬）	

滋味、氣味和風味

● 訪談

莉迪亞・華辛
談不熟悉的食材

Photo used by Permission of Lydia Walshin

莉迪亞・華辛（Lydia Walshin）是專業美食作家，也教成人烹飪。我請教她如何熟悉新食材。你可以上網找到她：http://www.theperfectpantry.com.。

你怎麼去學做這些不熟悉的食材？

學習使用新食材的最好方法是用它們取代某樣你熟悉的食材。例如，我在秋冬會做很棒的奶油南瓜湯。當我拿到一個新香料，覺得它的特性也許很像湯裡的某個食材，就會拿來替換。剛開始，我只代換一部分，試過味道如何後，說不定下次就會全部換掉。

我的奶油南瓜湯會加咖哩粉，這是一種混合多種成分的食材。最近我發現有個材料叫做vadouvan，一種法國咖哩粉。我如何學習vadouvan的特性呢？就把它放在我已經熟知的東西裡，像是拿掉一半咖哩粉換成它，試試味道有什麼變化。等到下次做南瓜湯時，就把全部咖哩粉換成vadouvan，再試試它對味道有什麼影響。

一旦了解熟悉物和不熟物之間的差別，我就會把它應用在其他菜上。但如果我一開始就把新成分用在我不熟的菜上，也還不清楚食譜用的材料，我就不會知道這些新成分在那道菜上的作用，因為我根本無法將它從那道菜中獨立出來。

妳說到把食材獨立出來，就像程式設計師寫程式時的做法：一次獨立一個變數運作一次，只改變一項事情，看看系統如何改變。我認為很多技客和電腦玩家都忘了一件事，應該用他們在電腦鍵盤前的那套技術，走進廚房，把同樣的理論方法應用在食物上。

除了料理結果可能無法量化或預測，但我認為那是烹飪中非科學的部分。對我來說，做菜是藝術又是科學。你得掌握某些基本知識，只要用鑄鐵鍋做一次番茄醬就知道，只站在科學觀點並不是好主意，而以品嘗角度而言——看著你的醬汁變成綠色還冒著泡泡實在很糟糕。所以要做菜，就要了解基本科學知識，但不需為了做菜而成為科學家。做菜的結果可能比你坐在電腦室的結果還要隨機一些，而你必須接受它。

Vadouvan是用乾燥洋蔥粉和乾燥紅蔥頭做的法式綜合香料。你可以試著自己做，做法請見：http://cookingforgeeks.com/book/vadouvan/。
要做莉迪亞的奶油南瓜湯，食譜請見：http://cookingforgeeks.com/book/squashsoup/。

各文化提香食材

正如文化不同,基本調味的食材也各異(請見p.74),不同文化用來增添香氣風味的食材也不一樣。基於生長氣候、植物地理差異,各地對香味的偏好,世界之廣,不同風味的食材所在多有。有些調味料也會改變基本味道,但誠如所見,它們全都香氣撲鼻。下一次你準備餐點或做醬汁,請參考下列表格尋找靈感

加勒比海	眾香子粉、椰子、香菜、辣椒和甜椒、加勒比海綜合香料(主要有眾香子和蘇格蘭圓帽辣椒)、萊姆、糖蜜、番茄
中國	豆芽、辣椒、大蒜、蔥、薑、蠔油、香菇、麻油、醬油、八角、花椒
法國	月桂葉、「奶油、奶油、更多奶油」[39]、蝦夷蔥、大蒜、巴西里、紅蔥頭、龍蒿、vadouvan
希臘	黃瓜、蒔蘿、大蒜、檸檬、薄荷、橄欖、奧瑞岡、巴西里、松子、優格
印度	小荳蔻子、卡宴辣椒、香菜、孜然、酥油、生薑、芥菜籽、薑黃、優格
義大利	鯷魚、巴薩米克醋、羅勒、柑橘皮、茴香球莖、大蒜、檸檬汁、薄荷,奧瑞岡、紅辣椒碎、迷迭香
日本	生薑、味醂、蘑菇、青蒜、大豆
拉丁美洲	辣椒、香菜、大蒜、莎莎醬(各地區有別)、safrito蔥香醬(洋蔥加上蔬菜香料炒香的醬料)、番茄
北非	杏仁、大茴香、香菜、肉桂、孜然、紅棗、生薑、哈里薩辣醬、紅辣粉、醃檸檬、番紅花、芝麻、薑黃
東南亞	卡宴辣椒、椰子、魚露、青檸葉、檸檬草、萊姆、泰國辣椒
西班牙	大蒜、紅椒粉、甜椒和辣椒、雪利酒、番紅花
土耳其	眾香子、孜然、蜂蜜、薄荷、堅果、奧瑞岡、巴西里、紅辣椒、紅甜椒、百里香

黑胡椒最初是在印度南部生長的蔓生果子,有漫長傳奇的歷史,幾乎所有文化都用它。果子加工的方法會導致不同風味。

黑胡椒是果子部分已熟的果子,用水快速煮過然後乾燥。

綠胡椒是果子未熟就拿下的保存版,風味較溫和。

白胡椒是完全成熟的果子,先泡過濃鹽水後去黑殼,也去掉大半嗆辣味。

---
39 這是法國20世紀廚神普安(Fernand Point)的名言,由此可見法式料理對奶油的態度。

2-7 來自季節的靈感

　　如果有什麼魔法藏在春末的草莓和新鮮的夏季玉米裡，那就是風味了！這已不是什麼祕密，用新鮮食材烹調，食物就有美妙的風味。限制自己在購物清單只能列出當季食材，是挑戰自己的有趣方式，因為當季食材的風味較豐厚，比較容易讓料理風味更迷人。使用當季食材還有個好處：基於供需法則，它們的價格通常較低。櫛瓜到了豐收季節，賣場一定得想法子把所有櫛瓜賣出去！

　　下次你去食物賣場，請記下有什麼水果蔬菜剛上市，又有什麼菜正下市。在我住的地方玉米棒是最具季節性的商品，幾乎一過季就買不到。其他農產像是桃子幾乎一年到頭都擺在本地市場賣，但味道少有驚喜，往往令人失望。請把這個烹飪挑戰當成刺激靈感：把外頭的每樣食物都當成生產期有限度，四月做蜜桃派？不了！就算你能在四月買到桃子，味道也不會像你在仲夏買到的一樣，所以你的派無可避免會吃來無味。

　　當然，不是每種食材都得是當季的。窖藏洋蔥、庫存蘋果，還有食物儲藏櫃裡的食物，如米、麵粉、豆子，都是一年到頭都有的主食。若在酷寒冬天，地面積雪逾呎深（順便一提，當地若有有機料理餐廳，這時候可不是出門光顧這些餐廳的好時機），要找有好滋味新鮮食材可是項艱鉅挑戰。這也是寒冬要做好餐點，多半要靠廚藝才有好味道的原因。法國冬天的經典料理卡酥來（cassoulet，傳統上用肉和豆子做的慢燉菜）和紅酒燉雞（coq au vin，雞放在紅酒裡慢燉）都用了窖藏蔬菜和家畜肉，但當夏季到來呢？魚快煎一下配上新鮮蔬菜就很棒，我無法想像在盛夏吃油膩的卡酥來，但到了死寂寒冬，沒什麼食物比它更棒了。

　　我們很幸運地生活在食物供應異常充足的時代。很多料理有季節性的限定，也有與當地飲食環境相關的歷史背景。19世紀法國風味最迷人的料理如卡酥來和紅酒燉雞都基

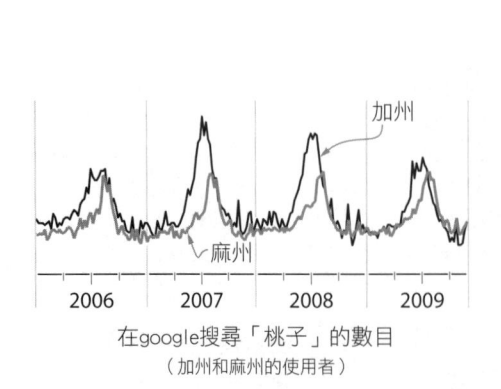

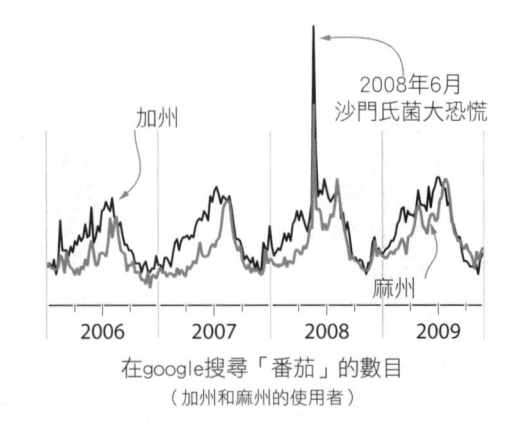

在google搜尋「桃子」的數目
（加州和麻州的使用者）

在google搜尋「番茄」的數目
（加州和麻州的使用者）

顯示人們居住地及時序在食物上的變化。這是Google Trends的關鍵字流量統計，顯示加州和麻州的網路使用者以桃子（上圖）及番茄（下圖）作為關鍵字搜尋的數量，需注意麻州的產季較晚也比加州短。

2-7 來自季節的靈感

於他們食物供應的狀況。斯堪地那維亞沿海地區缺乏道路系統，這項局限到近幾十年前才獲改善，所以現代北歐料理注重簡單的乳酪與醃魚等保存方法，迴避了複雜的香料應用，說來也就不奇怪了。

現代的食物供應也有不利的一面，意謂著我們不再受限於當季食材，這也讓學習做好菜變得更難。想從季節啟發創意，想找風味撲鼻的食材，去農夫市集採買可能是個好資源。看看 p.136-138 的季節性湯品，即知在七月買到南瓜幾乎是不可能的，我不會在冬天做西班牙冷湯。季節沙拉也一樣，來道加上莫扎瑞拉乳酪、番茄和羅勒的夏季沙拉如何（請見 p.134）？好吃。加了茴香球莖的冬季沙拉？放了香烤南瓜子和豆芽菜的秋季豐收沙拉？（我寫這些的時候，猜猜誰餓了！）只要你盡可能地張大眼，藉著探索前段文章，從季節的角度理解味道，召喚靈感就像漫步在擺滿農產品的走道一般容易。

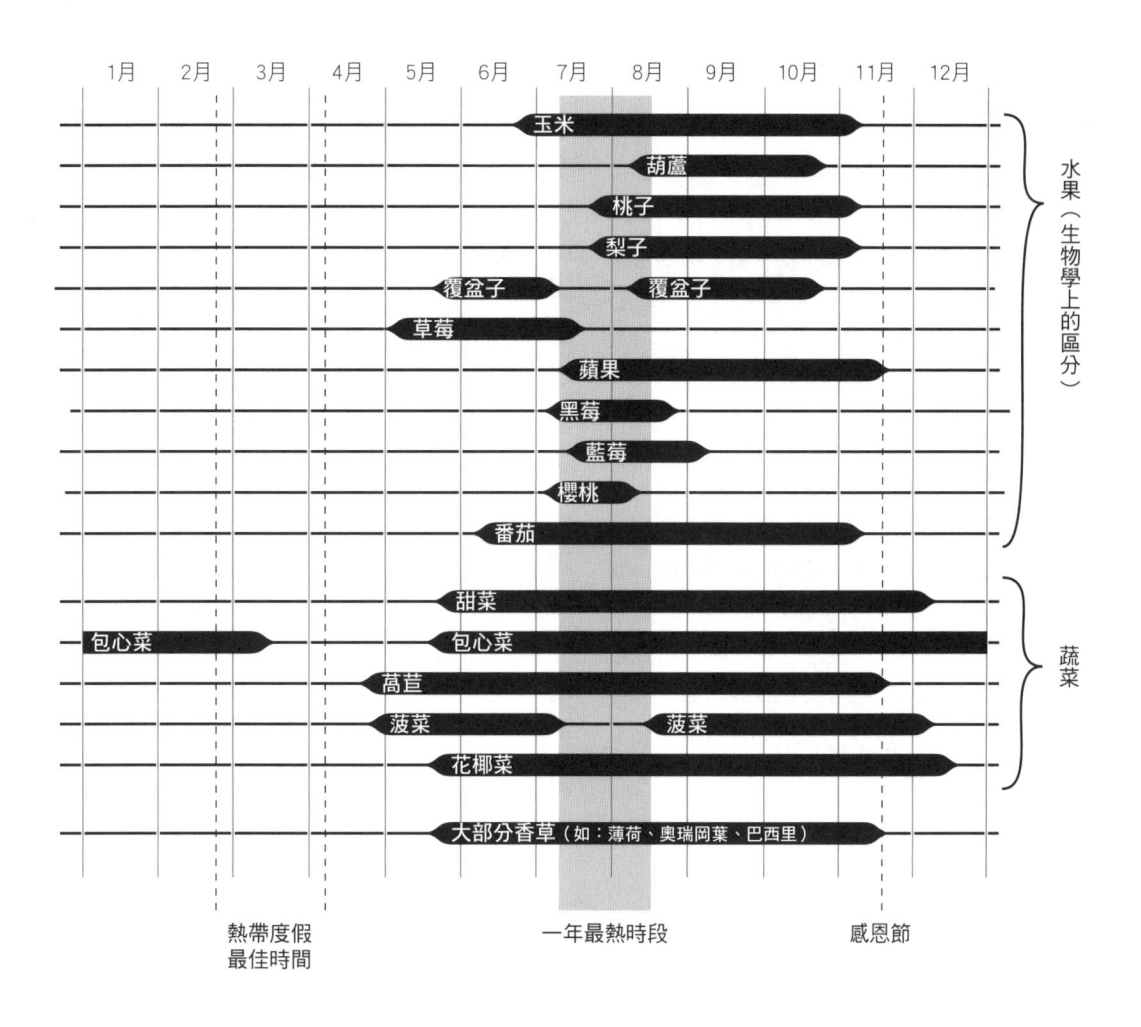

項目	產季	分類
玉米	7月–10月	水果（生物學上的區分）
葫蘆	8月–11月	
桃子	7月–10月	
梨子	8月–11月	
覆盆子	6月–7月、8月–10月	
草莓	6月–7月	
蘋果	7月–11月	
黑莓	7月–10月	
藍莓	7月–10月	
櫻桃	7月–9月	
番茄	6月–10月	
甜菜	6月–11月	蔬菜
包心菜	1月–3月、6月–12月	
萵苣	6月–11月	
菠菜	5月–7月、9月–11月	
花椰菜	6月–11月	
大部分香草（如：薄荷、奧瑞岡葉、巴西里）	6月–11月	

標記時段：3月 熱帶度假最佳時間；7月–8月 一年最熱時段；11月 感恩節

這是新英格蘭地區蔬菜水果的季節性圖表。水果的產季比蔬菜短，只有少數蔬菜能熬過初次結霜。有些植物無法忍受當年酷暑，而其他則是最甜美的時刻。

: RECIPE

夏季番茄沙拉

新鮮羅勒和番茄在夏季時分最是盛產，因為讓它們有豐厚風味的化合物需要溫暖的氣候。到了你可以買到好番茄的時候，試試這道經典組合。（如果你喜歡冒險，還可以自己做莫札瑞拉乳酪，請參閱 p.460）。

下列食材放入碗中略拌就可以吃了：

1 杯（180 克）番茄切片，約 2 顆中型番茄
1 杯（15 克）新鮮羅勒，需 3、4 根
1/2 杯（100 克）莫札瑞拉乳酪
1 湯匙（15 毫升）橄欖油
1 茶匙（5 毫升）巴薩米克醋（試味後若需要可再加）
鹽和胡椒粉適量

小叮嚀

- 羅勒、乳酪、番茄的比例沒有對錯問題。每項食材你都可留一些不放，然後看看情況，再拌入你覺得可以讓它更好的東西。唯一要注意的是鹽，放太多就很難救了。
- 番茄和乳酪要切成什麼形狀也隨你。可以把番茄和乳酪切片，然後交叉疊放在盤上，或者把番茄乳酪切成一口大小，放在碗裡端上桌。
- 請試做這道沙拉兩次，第一次用一般番茄，第二次用原生種番茄，看看有什麼差別。

冬季茴香沙拉

茴香球莖又名佛羅倫斯茴香，是天冷時節才有的產物，一般收成時間是秋天或嚴寒之前的早冬。簡單的沙拉卻搭配成極美的風味。請務必把食材切得越薄越好，用高品質的帕馬森乳酪和巴薩米克醋。

下列食材放入碗中拌一下：

1 小顆（100 克）茴香球莖，切成薄片
1/2 顆（60 克）中型 Portobello 蘑菇，切成薄片
60 克帕馬森乾酪，刨成寬薄片
2 湯匙（30 毫升）橄欖油

將一把拌好的沙拉放入盤子，撒上少量**巴薩米克醋**，也可選擇放些**石榴籽**或烤南瓜子。

小叮嚀

- 剝石榴籽最好的方法是把它放在裝了水的碗中剝。先將石榴分成兩半，把半顆石榴丟進裝滿水的碗中，用手指分開隔間把籽剝下來。石榴裡面白色肉質部分不可吃（稱為中果皮）且會漂起來，而石榴籽會沉下去。

INFO

對環境友善的食物選擇

要想帶著望向環境衝擊的眼睛做菜,「融入季節」就是最好的方法,尤其季節性原則不外乎做出好的、對環境友善的食物選擇。可是你怎麼知道要買些什麼?

綠色蔬菜和水果:影響最低。讓我們先從好消息,也是最環保的綠色:蔬菜開始說起。本地種植的蔬菜沒有包裝且結合最少輸運過程,是你能對環境做到最好,也是能為自己找到最好的事。老掉牙的忠告總要你吃蔬菜,這也是為了環境好的最好建議。

海鮮:有一些影響。無論是養殖或野生捕撈,哪個好則要看魚的種類,沒有絕對通則。而這兩種情況都各有問題,某些魚塭飼養法會造成污染,也有將魚放生與野生種混種的做法;而野生捕撈則會造成海洋資源枯竭,過度捕撈對於食物供給系統是非常現實的威脅,影響漁業全球性崩潰。你能做的最大貢獻是──至少在餐盤上──避免食用已被過度捕撈的某些野生魚種。蒙特利灣水族館有個偉大活動叫作「海鮮,要注意!」,列出「最佳」、「不錯」、「避免」的物種清單,它會經常更新且打破國家地理疆界。想了解最新建議,請見:http://seafoodwatch.org。

紅肉:衝擊最大。紅肉就是吃玉米的牛,這是付出環境代價生產的:牛要吃,如果餵玉米(而不是草),而玉米要種、要收、要處理,結果,每磅屠宰用牛的碳足跡都比雞這種小型動物產生的量要高。然後是運輸燃料費,還有包裝器材對環境的衝擊。據估計,生產一斤紅肉平均產生的溫室氣體排放量是一磅家禽或魚的四倍。(請上http://cookingforgeeks.com/book/foodmiles/,參考韋伯和馬修斯〔Weber and Matthews〕文章〈食品里程和相對氣候如何影響美國的食物選擇〉〔Food-Miles and the Relative Climate Impacts of Food Choices in the United States〕。)這並不是說所有紅肉都是不好的。如果肉是來自當地飼養的食草牛,牠也許在環境中正扮演積極角色,將草叢中儲存的能量轉化為肥料(也就是糞便),以利其他生物使用。但一般的通則是:越多腿的對環境越「不好」,「腳越少」的對環境較友善。(依照這個邏輯,蜈蚣最邪惡⋯)

你該如何做?

你是採買當地食材的素食者,還是看到玉米牛的肥瘦三層大肉板就會心花怒放?無論你在光譜的哪一端,限制消費都是幫助環境也是有益健康的最佳方法(更別提還省你的荷包)。選擇對環境衝擊較少的食物並且注意不要浪費。

說到動物性蛋白質,就目前資料認為,吃魚對環境的衝擊比吃雞和火雞的衝擊要少,雞又比豬來得有益永續發展,但豬又比吃玉米的牛對環境要好些。有個朋友遵循「不買」原則:高興吃,但不買。我聽說有人遵循另類的「六點前吃素」飲食規範[40]:白天限制肉類攝取,但一到晚餐就狠狠地吃。

滋味、氣味和風味

---

40 此倡導出自《紐約時報》美食記者馬克・彼特曼(Mark Bittman),他的著作《煮盡天下》(How to Cook Everything)創百萬銷量,獲得「詹姆斯・比爾德」飲食文學獎。

RECIPE

春天萵苣湯

萵苣湯對我來說是個驚奇，特別是我從來沒有在外用餐時看過它。萵苣湯帶有一種肉香，有點像花椰菜湯和維奇濃湯（Vichyssoise，就是馬鈴薯蒜苗洋蔥湯），如果你有CSA農產共享組織（見p.144）的配額，在早春時節最後分得8顆萵苣，這道湯是很棒的用法。

2湯匙（30克）奶油或**橄欖油**放入大鍋以中溫融化，放入下列食材：

1顆（100克）中型洋蔥，切成塊狀
1顆（150克）中型馬鈴薯，切成塊狀
1/2茶匙（3克）鹽

洋蔥馬鈴薯炒5到10分鐘，加入：

4杯（約1升）雞高湯或蔬菜湯
2瓣（5-10克）大蒜，切碎備用
1/2茶匙（1克）現磨黑胡椒

上述食材以小火煮到小滾而不沸騰，然後加入：

1顆（400克）萵苣，葉片撕開或切成大條

你可以用其他蔬菜，如芝麻葉、豌豆苗、菠菜，手邊有什麼菜都可以用。加入蔬菜後煮幾分鐘，煮到軟爛。如果喜歡奶味更濃的湯，可加**1杯（240毫升）全脂牛奶**或**1/2杯（120毫升）鮮奶油**。

煮好後，鍋子離火，放涼幾分鐘，再用浸入式攪拌棒把湯打成泥狀，或把湯分批放入攪拌機打成泥糊。加入**鹽**和**黑胡椒**調味，也可選擇加入其他香料，如香菜或肉荳蔻。湯可以熱的喝（可撒些切達乳酪），也可以喝冷的（上面添1-2匙酸奶油或撒些新鮮蝦夷蔥末）。

冬日白豆蒜茸湯

2杯（400克）白豆，如**白雲豆**（cannelloni bean）放在碗裡，浸泡幾小時或一整夜。

浸泡一夜後，瀝乾豆子放進鍋裡，裝滿水（可加些月桂葉或迷迭香）。把水燒開，再轉小火煮至少15分鐘。把水倒掉，豆子放回原鍋（如果用手持攪拌器的話），或放入調理機的大碗中。

下列食材和豆子一起放在鍋中或碗中攪拌直到均勻：

2杯（480克）雞湯或蔬菜湯
1顆（100克）中型黃洋蔥，切丁炒過
3片（50克）法國麵包，塗上橄欖油，兩面烤香
1/2瓣（25克）大蒜，去皮壓碎，煎過或烤過
鹽和胡椒，依口味適量

小叮嚀

- 不要跳過泡豆子煮豆子的程序。真的，豆子裡面有一種蛋白質，叫作「植物血球凝集素」，會讓腸道極度不適。豆子要用水滾過才會讓這種蛋白質變性；用慢燉鍋低溫烹煮並無法使這種蛋白質變性，只會讓事情變得更糟。如果你趕時間，可以用白豆罐頭，它們是已經煮好的豆子。
- 變化：把新鮮奧瑞岡葉放入湯中一起攪拌，上面丟幾片培根塊，或用帕瑪森乾酪裝飾。就像做其他的湯，你想要湯有什麼口感，想放多少奶油，全憑個人喜好。

RECIPE

夏季西班牙番茄冷湯

這道番茄冷湯 Gazpacho 是西班牙藏寶箱，滿載番茄和生鮮蔬菜，一起攪成泥狀喝冷的，配夏天溫熱的餐點最好。這道菜的食材搭配沒有對錯問題，只要它們有滿滿的風味。

2 顆大番茄，去皮去籽（500 克）

再用手持式攪拌機或食物調理機打成菜泥，番茄泥倒入大碗，再加入：

1 根黃瓜（150 克），去皮去籽
1 根（125 克）玉米，烘烤後切段
1 個（100 克）甜紅椒，先烤過
1/2 個（30 克）小型紅洋蔥，切細絲，用水浸泡再瀝乾
2 湯匙（30 毫升）橄欖油
2 瓣（5-10 克）大蒜，切碎或用壓蒜器壓成泥
1 茶匙（5 毫升）白酒醋或以香檳醋取代
1/2 茶匙（3 克）鹽

攪拌均勻，放入鹽試試味道，如需要可加入黑胡椒粒。

小叮嚀

- 這份食譜寫的重量是指食材處理過後的重量（也就是去過籽、修過莖、泡過水後的食材重量）。
- 如果你喜歡口感滑順的西班牙冷湯，最後再把所有食材用食物調理機打一次。或者把一半蔬菜打成泥，剩下一半最後加，這樣就有半帶滑順、半有嚼勁的口感，就看個人喜好。
- 有些料理靠的就是手上有多少新鮮食材，西班牙冷湯就是這種料理。以上寫的食材數量，沒有任何機械或化學上的理由，所以多加點、少加點，只看個人口味。也可試著放入其他食材，像辣椒或香草都很好。
- 玉米和甜椒烤過會增加湯的煙燻味，燒烤的較高溫度會帶來化學變化，我們會在之後討論。你也許較喜歡「原味」的湯。或者你真的很愛煙燻味，可以加些「煙燻水」[41]（請見 p.428）加重味道。

只要在食譜中看到某蔬菜要先烤過，就該知道這蔬菜在烤前需用橄欖油輕刷過一層，可防止蔬菜在燒烤時被烤乾。

番茄如何去皮

我朋友的男友想為她做道驚喜晚餐，菜色包括番茄湯，但他不知道怎麼去番茄皮。當她回家時，發現男友正用蔬果削皮器拚命刮番茄，哎～白費力氣……

要去番茄皮，先把它們丟到滾水裡燙 15-30 秒，再用夾子或網勺拿出來，就可以去皮了。你可以在下水川燙前先在皮上劃個 X，雖然我覺得有些品種的番茄就算不劃皮也拉得掉，只要水在大滾狀態下就可以。你可以做個實驗，試試有無差別。

滋味、氣味和風味

---

[41] 煙燻水（liquid smoke），食品添加劑，是收集木屑燃燒出的煙霧再濃縮溶入水中的產品，市場雖多稱為「煙燻油」，但此產品不含油。

● RECIPE

秋天南瓜湯

　　秋天，南瓜葫蘆瓜大豐收，是我一年中最喜歡跟著季節做菜的時節。請把這道食譜當成起始範本，加入其他季節性食材當作配菜。

　　下列食材用食物調理機或手持攪拌器打成泥。

1 顆中型南瓜，去皮切丁後放烤箱烤一下，份量約 2 杯（660 克）
2 杯（480 毫升）雞湯、火雞湯或蔬菜湯
1 顆（110 克）小型黃洋蔥，切丁先炒過
1/2 茶匙（3 克）鹽（依口味調整）

小叮嚀

- 就像西班牙冷湯食譜，其中的重量是指處理過後的食材重量，且是大略估算。所以，請將食材分門別類先準備好。例如南瓜，先去皮，上橄欖油，撒鹽，放在烤箱以 400 － 425°F／200 － 220°C 烤到開始褐變。食材攪泥時，請留一些南瓜和高湯先不放，試試菜泥的味道，再行調整。想要湯頭再濃厚一點，就多加一點南瓜；想要湯頭稀薄些就加高湯。

- 這道湯非常基本。只要你覺得速配，手邊有什麼材料都可以當裝飾，像是蒜香麵包丁和培根，或是放上一小坨鮮奶油、烤過的胡桃，蔓越莓乾則會讓這道湯帶點感恩節氣氛。來一茶匙楓糖漿如何？幾片薄切牛肉和新鮮奧瑞岡葉呢？香蔥、酸奶酪、切達乳酪？有何不可！別完全照著食譜採買，試著用別餐吃剩下的食材做出南瓜湯。

- 如果你趕時間，可以用微波爐把南瓜「快速啟動」。南瓜去皮切四瓣，用湯匙挖出南瓜籽，然後切成 3-5 公分塊狀。用烤箱和微波爐皆適用的玻璃烤盤裝著，用微波攻擊它 4 到 5 分鐘，讓這團東西熱到半熟。從微波爐拿出來後，塗上橄欖油，撒一點鹽，在預熱過的烤箱中烤 20 到 30 分鐘烤到熟。如果你不趕時間，可以跳過去皮程序，直接把南瓜切兩半，用湯匙去籽，加油撒鹽，烤大約 1 小時（烤到南瓜肉軟了），再用湯匙把南瓜肉挖出來。

切奶油南瓜和南瓜這類厚實的瓜果，可利用大主廚刀加槌子。首先，先把瓜體削下薄薄一片，讓它可以躺平不會滾動，然後輕輕拍打刀切開南瓜。

新鮮農產的儲藏技巧

要維持農產品新鮮美妙口感都要仰賴保存風味與控制熟度。有兩個主要變數需要管理：儲藏溫度與乙烯暴露。

儲存溫度是比較容易控制的變數。把熟的、可耐冷的食材放入冰箱；未熟的及對冷敏感的食物可放在廚台或儲藏櫃。「凍傷」是食材受傷的行話，一般說來低於50°F（10°C）的溫度對食材就算太冷，食物儲藏在這樣的環境中就會發生凍傷。熱帶和亞熱帶水果如香蕉、柑橘、黃瓜、芒果，西瓜不該放在冰箱，才能保持最好風味。而萵苣和大多數香草都可以放在冰箱裡，只有羅勒是例外，羅勒的保存方法應該像鮮花一樣，把尾端修掉，插在放了水的玻璃容器裡。

有關儲存的第二個變數在於乙烯氣體，這就有些奧妙了。乙烯氣體通常是植物結果部分自然生成的，是熟成過程的一部分。將某個正在釋放乙烯的農產品放在另個農產品旁邊可以加速第二個產品的熟成，但也會導致你不希望的後果，就如以下條列所示。

無論是何種產品，挑選時都該選已經熟的，熟的時候食物的風味才會完全長好。熟成和風味發展是兩個不同的過程！如果農產品太早摘下，成熟過程中缺乏足量乙烯，風味也不會好。

會被乙烯催熟的食材

這類食材可用紙袋寬鬆包覆，放在室溫下避免陽光直射，可加速熟成。不要把未熟水果放入冰箱，乙烯在低溫下很難促進食物熟成。

杏、桃、李。 成熟的果子充滿香氣，輕柔握住會感到略微彈性，此時就可放入冰箱儲藏。沒有熟的果子應該放在室溫，放入冰箱儲藏會有凍傷。也不要將沒熟的果子放在陽光直射的地方，也不要裝入塑膠袋，因為會聚集水氣。如果你很幸運，有人送你好多好多杏、桃、李，在它們壞掉之前，可以冷凍起來，做成果醬（見p.445），或做成果乾（見p.374）。

酪梨。 成熟酪梨有一定結實度，但輕輕壓下也有彈性。單就顏色無法判斷酪梨是否成熟。存放時，因為氧化及酵素作用果肉會變成褐色，就算把果核挖掉也無濟於事，果核反而可以阻止空氣進入接觸果肉。切好的部分用保鮮膜包緊可防止接觸空氣，酪梨醬則可在上方倒一層薄薄橄欖油。

香蕉。 香蕉應放在室溫下熟成。如果不想讓香蕉太熟，可以放在冰箱，但外皮會變成褐色，而果肉不變。

藍莓。 藍莓會因乙烯而熟成，味道卻不會因乙烯而更美，請看黑莓的介紹。

番茄。 番茄應儲存在高於55°F／13°C的溫度中。沒熟的番茄放在冰箱會讓番茄不熟且影響風味和質地，即使有人認為全熟的番茄放入冰箱不會被凍傷。如果番茄的最後目的是做醬汁，可以先煮好放在冰箱或直接冷凍起來。

馬鈴薯。請放在涼爽乾燥的地方（但不是冰箱；冷會讓它變甜）。陽光會讓馬鈴薯皮變綠，如果出現這種情況，**一定**要削皮再吃。出現綠色是因為葉綠素，當馬鈴薯產生神經毒素龍葵鹼（solanine）和卡茄鹼（chaconine）時，葉綠素也同時生成。但因為馬鈴薯多數營養物質都直接藏在皮下，請盡可能保留這些營養。（一顆綠皮馬鈴薯的龍葵鹼含量約0.4毫克，你不太可能因此而死，卻會讓你的消化道在接下來的美好時光充滿不愉快的經驗。）更多說明請看 http://cookingforgeeks.com/book/Solanine/。

不被乙烯催熟或引發負面影響的食材

這些食材必須和會產生乙烯的農產分開儲藏。

蘆筍。儲存蘆筍時，要將底部包上濕紙巾放在保鮮室或冰箱最冷的地方。也可以像插花一樣，把蘆筍插在玻璃杯或馬克杯裡（先切掉尾端）。蘆筍要盡早食用，因為風味會隨時間消減。

黑莓、覆盆子和草莓。請丟掉發霉和變形的莓果，過熟的莓果也要立刻吃掉。然後將其他莓果放回原來的包裝盒，或者不要清洗，直接放在墊著紙巾的淺碟中，放入冰箱。可在莓果上方再蓋一層紙巾，吸收多餘濕氣。要吃才洗，洗後再放只會增加濕氣而發霉。

花椰菜、捲心菜、高麗菜、甘藍菜、青蒜、甜菜。這些菜要放在冰箱的保鮮室，或將塑膠袋戳幾個洞再把菜放在裡面，這樣可散去多餘水氣，也可讓會使花菜和葉子變黃的乙烯散失。

胡蘿蔔。擺上幾星期，乙烯即會讓胡蘿蔔生出苦味。去掉頂端綠色部分。清洗胡蘿蔔，放入塑膠袋，放置冰箱保鮮室儲藏。胡蘿蔔放冰箱儲藏可保存風味、質地和β-胡蘿蔔素含量。

柑橘。乙烯會讓柑橘由綠色變成黃色（稱做「褪綠」），加速潛在枯萎的可能，也無法改善可食部分的味道。所以請避免將儲存中期（6-8週）的柑橘催熟，應該把水果放入袋子，放入冰箱的蔬果保鮮室中儲存。

小黃瓜。小黃瓜放入冰箱，會讓表皮軟凹，幾天後就會變壞。應該放在檯子上，但不能與其他水果放一起，因為小黃瓜對乙烯很敏感。

大蒜。應放在涼爽昏暗的地方，但不可放在冰箱，氣味會擴散轉移。如果大蒜發芽，蒜瓣仍可使用，只是味道不如以往強。而蒜苗可以切下來當成青蔥或蝦夷蔥使用。

萵苣和洋生菜。生菜買來需檢查菜葉裡是否有蟲。要清洗葉片，再用毛巾或紙巾包好放在塑膠袋，戳幾個洞，再放入冰箱儲藏。如果你幾天之後才使用，請不要洗，等要做時再洗菜，因為先洗水氣增加會加速青菜腐敗。

洋蔥。乙烯會讓洋蔥發霉，請放在陰涼乾燥且避光直射的地方。洋蔥放在空氣流通的地方效果最好。請勿把洋蔥和馬鈴薯放在一起，因為馬鈴薯會釋放水氣和乙烯，加速洋蔥腐爛。另外，請不要把洋蔥放在冰箱，一方面會變軟，洋蔥味又會傳到其他食物上。

訪談

提姆・維希曼
談因季節得來的靈感

維希曼（Tim Wiechmann）是麻州T. W. Food 餐廳主廚暨老闆。

你如何構思一道菜？

我從食材開始——它們必須是當季食材。我想出一道菜的材料是剩下的庇里牛斯山乳酪，還有當季的黑櫻桃和甜菜。所以我該替甜菜沙拉做怎樣的淋醬，在庇里牛斯山，他們用羊乳酪配櫻桃。我大部分的作品都取自文化，四處旅行後對歐洲食物有深刻見解。我研究各地人民做些什麼食物——這裡人做這個，那裡人做那個。我努力了解這些行之千百年的事，就像我這道菜用的食材就是融會貫通的想法。

我的菜其實很難。每件事都經過嚴格精確的料理條件配合。需要準備工作，溫度和時間是一切。觀察是關鍵，知道東西好了需要經驗累積。就像你煮洋蔥，顏色隨時間改變，有時你想拉住某階段慢慢來，因苦味會隨著焦糖化的程度增強。洋蔥放在深鍋出水和放在寬鍋出水大大不同。用深鍋煮，洋蔥放出水分，煮起來均勻，因為水不會跑掉。為了做這些事我們都有特定鍋子——洋蔥出水要用這個鍋，而不是那個鍋——新廚師只會隨便抓一個。

你怎麼知道東西會不會奏效？

就多嘗試。開始彈鋼琴時，你怎麼知道哪個音符在哪兒，得有技法才知道如何組合音符。我敲這個音，得到這個聲。如果我想讓洋蔥甜一點，我會焦糖化。技法由知識而來。我每天都會修正食譜和時間等大小事。櫻桃和蘋果放在袋子裡多久，放入水循環機又是多久，這些都是經驗。

我總把座右銘掛嘴上：「弄清楚，努力做。」只要相信它，努力嘗試。每當你煮東西——即使你燒焦了，丟進垃圾桶——都不是失敗，下一次就不會燒焦。

欲知提姆的烤甜菜沙拉食譜，請見http://cookingforgeeks.com/book/beetsalad/。

滋味、氣味和風味

● 訪談

琳達‧安提爾
談因季節得來的靈感

琳達‧安提爾（Linda Anctil）在美國康乃狄克州擔任私人主廚。

妳如何看待食物的視覺體驗？

我像個設計師般處理食物，但正因為是食物，就該有食物的功能，說到底還是要好吃才行。有時候，食材、調味、形狀或顏色都是我的靈感來源，但靈感隨處皆有，納入驚奇的元素才是我想要的，無論它們屬於視覺或其他感官的刺激。

大自然是我源源不絕的靈感來源。去年冬天，我到花園裡撿拾鼠尾草，手套上沾滿耶誕樹上針葉的味道。這味道沁入我心，突然間，我興起把針葉當成香草的念頭，啟發一連串組合松葉香味的料理。我把不同質地和風味的東西層層堆疊，拍成影片「冬日花園」作結。我認為這是我所呈現過最抽象、最概念化的料理了，但真的抓住了當日在外、冰雪滿天，凜霜間，松香幽然的感覺。但最後還是自己一人把那道菜吃了。我樂在其中，這是非常個人化的展現。

如何看待呈現食物的方式？妳有什麼建議嗎？

保持心胸開放。拿起一片水果，想像自己是剛到這星球的外星人，從沒見過這東西，用放大鏡好好經驗。你看它像什麼？聞起來像什麼？嘗起來味道又如何？可以拿它做什麼？跳脫框架思考，好好享受這過程！你可以看看其他藝術家或主廚的料理，就會了解這是表達自我的個人表現。作品訴說著這人經驗的故事。這就是烹飪美妙的一面。

想觀賞琳達的廚藝秀，請上：
http://cookingforgeeks.com/book/winterdish/。

有機、當地、傳統食物

　　季節性的農產品不是選擇要吃什麼的唯一考量，還有有機、當地和傳統食物的層面。對於這個議題有太多意見與事實，通常兩者模擬兩可。爆雷警告：科學並不支持泛泛言論，以下是一些無關科學的深度哲學議題。

　　有機食物必須遵循政府對化肥、農藥、除草劑和激素使用的限制，且要求動物的人道對待。美國出產的農產品必須依照美國農業部（USDA）國家有機法規（NOP）的規範以取得有機認證。同樣的，歐盟的食品業也需要遵循歐盟一般食品法規且通過年度審計。（附帶說明：歐盟和美國使用相同的有機定義，所以這兩個區域的有機食品可以互通。）因為目前有機食品有較高的消費需求，且成本通常較高，有機食品的供給量還沒來得及趕上需求量。又因為紙上作業和認證程序也需負擔成本，所以一些規模較小的機構可以允許農家遵循法規，而選擇不支付有機認證費用，因此這樣做就不能在產品上標示「有機」。

　　在地食品沒有正式的法律定義，而一般世俗定義則是基於食物產地在多少英哩外，通常情況下，本地食品的產地最遠到「幾小時」車程。農產運銷中心是當地農場與牧場將產品賣給較大買家如食物賣場的轉運站，目前迅速普遍，且以美妙方法強化當地和地區性的食物系統。吃在地食品有很多好處，包括支持在地經濟、「過著有季節感的生活」、連結到更深層的糧食供應（請上網搜索美國農業部USDA的「了解你的農夫、了解你的食物」網站。）「在地」這個詞與「有機」無關，但那裡的消費者多半在永續、食品安全和環境保護上有共同理念。但「在地」並不保證具備這些特質！

　　傳統食物是那些沒有經過**有機**標章認證的食物，當然成長狀態仍需受政府的法規規範。傳統食物可能是當地的，但也可能不是當地的。

味道上有何不同？

　　有些消費者認為有機食品更具真實滋味且有「味道較好的光環」。有機蘿蔓和你在本地菜市場買的傳統食物味道當然不同，原因在於每個地區的氣候差異與農產品的生產方式。但研究顯示，經過一株一株的比較，傳統種植與有機種植的相同植物品種在味道上並沒有差別。有機農藥使用對比傳統農藥使用，在不受外界影響下，兩者也不會造成味道差異。

　　在地農產也具有類似的「光環」效應，常被認為味道較好。對某些風味在收成後逾時遞減的農產品來說，在地農產可能較新鮮，滋味也較好。但也不一定如此。例如蘿蔔，在較熱氣候區生長的蘿蔔味道較好。如果你住在氣候較涼爽的地區，較遠地區生長的蘿蔔味道較好。如果當地種植蘿蔔只能靠溫室，遠地蘿蔔的環境衝擊也可能必較低。

　　如果這答案讓你驚訝，就想想安慰劑效應的力量。如果你相信某些東西味道較好，它的味道就比較好。滋味的安慰劑效應的力量難以想像，食品行銷相關產業都知道。但科學數據並不支持大多數消費者相信他們所察覺到的味道差異。

接觸化學藥劑的情形如何？

　　無論你在意傳統或有機食品，各類除草劑和殺蟲劑在最終農產中合法殘餘的量都受到政府法規的限制。沒有人應該暴露在殺蟲劑或除草劑的容許範圍內，而這一直是農場工作者該面對的真正問題。但它是你的問題嗎？答案很複雜。

　　將有機殺蟲劑和除草劑視為一類，接觸它們跟接觸傳統農藥相比，前者並沒有顯示會更安全。某些化學品，無論哪種類型，會不會致癌都在於是否有足夠濃度。就像化學家告訴我們的：「劑量才是關鍵。」我們身體測得農藥程度的能力遠低於對毒性

滋味、氣味和風味

的探測。要用一些數字表示我們暴露在傳統食物裡的致癌農藥有多少，就想想貝利茲博士（Dr. Belitz）等人在《食品化學》（Food Chemistry）一書中所說的：「（一杯咖啡中）已知會致癌的天然化學物約等於會致癌的合成農藥殘留物一年的量。」

與傳統食物相比，有機農產測試的農藥含量較低，但並沒測驗出它的營養價值比較高。但對購買有機農產的人做測試，他們血中的農藥殘留量的確比較低。但血液中農藥含的最低劑量是否會改變我們的整體健康或生命週期？這裡不確定的是，為什麼有這麼多人購買有機食品（事實證明，尤其是新一代父母）。殺蟲劑／除草劑和我們身體間長期的化學交互作用仍有很多未知的地方，我們知道的是所有被批准的農藥基本上都是安全的，對於這項說法，已做過很好的研究；但我們不知道的是，是否百分之百確定長期衝擊完全等於零。這點不太可能（怎麼可能？），但這樣的衝擊是有意義的嗎？仍未可知。所以我才說要買有機還是傳統產品是哲學問題──當科學團體發現的太少，只說仍存在風險，你對這股不確定性作何感受？

那不用化學物呢？

嗯，食物就是化學物。所以假設提問人的意思是不添加化學物，如農藥。這似乎是不值一提的問題，但我已學到這個問題的重要性。例如，在1999年所做的一項調查發現，1/3的受訪者認為「普通番茄沒有基因，但基因複製的番茄有基因。」如果有選擇，農夫寧願不在農作上噴灑任何農藥；牧場主人寧可不替牲畜接種疫苗或施打藥物：這些東西既花錢又花時間。

最划算的事？

要專門只買在地食材或／和有機食物，都是倫理和道德議題而不是科學議題。除營養價值和味道感受之外，這些選擇的背後都含有很多精神理念。

如果你想購買在地農作，一般而言也比較便宜，因為運輸成本不太高。除了食物賣場之外，你可以找個農夫市集。想真正了解食物來源，思考烹飪和做依循季節的飲食，去農夫市集逛逛是個好途徑，更別提當地小農會多感謝你。如果你想「升級」，找找附近有沒有CSA（社群支持農業）[42]，這是小額共享的概念，在農作生長季節開始，你付個幾百元，就能收到農場生產的小額配分，共同分擔風險（希望不是乾旱年）。這是無需自己耕種，卻能得到想要作物的最簡潔途徑了，也是自我挑戰烹飪技巧的好方法。（拿到10顆萵苣怎麼辦？試試做個萵苣湯吧！請見p.136。）

如果你想買有機食品但預算不足，可參考以下原則。就拿水果來說，如果你想連皮吃，就買有機的；如果去皮吃，買有機產品提供的差異相對小。蔬菜呢，有機青椒、芹菜、甘藍和萵苣的農藥殘留程度比傳統同型產品來得低。至於高脂肪的動物性產品，如奶油或油脂豐厚的肉，請買有機的，因為某些脂溶性農藥會殘留在最終產物裡。

而我個人的選擇？衷心認為了解你的食物從哪裡來，花時間為自己或他人好好做一頓，這些事比想著你的食物在法律定義上是有機或傳統的來得重要多了。

無論你購買有機或傳統產品，標著「在法律允許範圍內」並不表示「100%保證安全」。美國食品藥品管理局（FDA）只對少於1%的進口農產抽檢（截至2012年），但當獨立研究員檢驗由國外進口的某些農產品時，發現有過量農藥殘留。明顯執法需要加強（找出這些食品）。

---

42 CSA（community-supported agriculture，社群支持農業）起於1960年代德國，提倡消費者與生產者以互助關係支持彼此。消費者以會員方式固定向農夫長期訂購農產，而農夫得到訂戶的支持後可種植安心農產。

2-8 電腦運算得到的風味靈感

確定相似性的方法是通過測量多個不同變數——比方說測量潛在化合物或氣味的量——然後再依據不同變數比較那些品項。這道程序有兩個步驟：第一，找到描述個別品項的一堆數字；第二，比較不同品項中的數字。

舉個例子較容易說明。想像某個食物的風味特性，這個特性聞起來有多像達夫涅克的146項氣味清單裡的詞彙（見p.112）。描述清單中的每個詞彙都可拿來測試，取一食物品項，由1到5評分，給分1表示「聞起來一點都不像」，給5分表示「聞起來完全就是這個字的意義」。假設是梨子好了，它的味道聞起來有多像「濃重」？1分；有多少「水果味」？也許3分；那「花香味」呢？假設是成熟梨子，所以得4分。（達夫涅克創造的氣味特色描述總集的確和已知化學化合物集合有些類似。）在這第一步給分的步驟中，不是在問這個食物和氣味描述是否相符，而是這個氣味術語是否正確地描述這個氣味，並以數字量化它。

相似性配對的第二步是比較各種變數的值，根據相似食材會有類似得分的理論，可以搭配使用或互換使用。假設現有一組得分，這組得分是你對梨子的氣味感知，你將同樣的變數應用在香蕉，也得出一組分數，這兩組會有多少重疊？你可將它們畫出（基本上就是柱狀圖），看看他們的氣味有多類似。相同的狀況你可應用在各種食材，很容易就能看出梨子和香蕉比⋯就說比鮭魚和梨子吧，有更多類似的氣味分子。

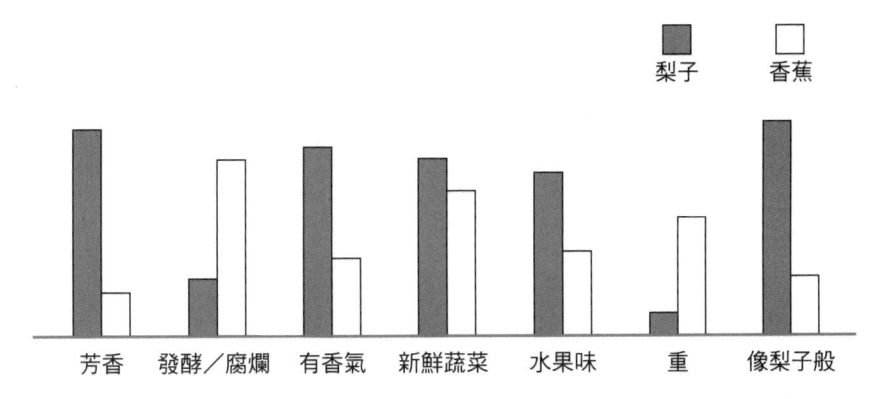

此是線上投票結果，由數千位未經訓練的網友投下他們認為可描述香蕉和梨子的氣味分子的分數（柱狀越高表示食材和氣味的符合度越高）。

不像共生食材，化學相似性方法可以找到不在歷史中重疊的風味分子。你可以想像某道菜裡所有的食材變成一張圖，顯示每種食材味道出現的「頻率」。然後想像各種樂器共組一篇樂章，每個樂器各有頻率組合，而所有樂器的全部組合構成了整部樂章的頻率分配。當合韻時，頻率排列整齊：不同食材觸擊到同樣的氣味詞彙，沒有太多衝突的氣味術語。就像樂章，當這盤菜完全不合韻時，這個組合是刺耳不搭調的，即使個別元素都很好。

當然，拿音樂比喻風味的想法並不完全合適，因為烹調或食物化合物間的反應也會引起化學變化，這些變化也會改變柱狀圖。音樂的類比也沒有包含食物的其他變數，如質地、重量或口感。這樣的方法最適合應用在以攜帶氣味為主要目的的食材，不管湯類、冰淇淋、甚至舒芙蕾，全部都是運送風味和食材香氣的方法，無需考慮原始食材的質地和份量。

很多廚師可以憑空想像風味搭配，他們通常是職業主廚，或是有多年烹飪經驗的業餘老手，他們在腦海中進行類似的程序。就像作曲家想像一首樂曲中的每種聲音和音軌，有經驗的廚師也想像整道菜的各層面，從外觀到質地與香氣。好廚師思考有哪個音符不見了，或太軟了，或想還可以加入什麼食材才能強化或減低其他元素。

> 英國名廚赫斯頓‧布魯門索（Heston Blumenthal）旗下最知名的「肥鴨」餐廳（Fat Duck）使用一些創新的風味搭配：草莓和香菜、蝸牛和甜菜、巧克力和粉紅胡椒、胡蘿蔔和紫羅蘭、鳳梨和某種藍紋乳酪、香蕉和巴西里。它們聽起來很瘋狂，但研究支持這種搭配，且做出來的菜色也很成功。

怎樣才有全新的搭配？一種前無古人的組合？這就是此方法能指光引路的地方。有心研究的主廚想要尋找新點子，投下無窮時間研究風味組合。有些頂級廚房還開辦研究廚房，致力實驗工作，底下職員不乏碩士等級，他們有人主修硬體科學如化學，也有人從高級廚藝學校畢業。對於新型的高端餐廳和包裝食品業，只要推出新風味是可以賺大錢的。雖然他們想出的組合較不尋常，有時聽起來也不夠吸引人，或需要稀有食材才做得出來——你常常隨手一拿就有魚子醬嗎？但他們真的有用。最起碼，你會發現這類工具是有趣的靈感來源，讓你嘗試新事物。去做實驗吧！

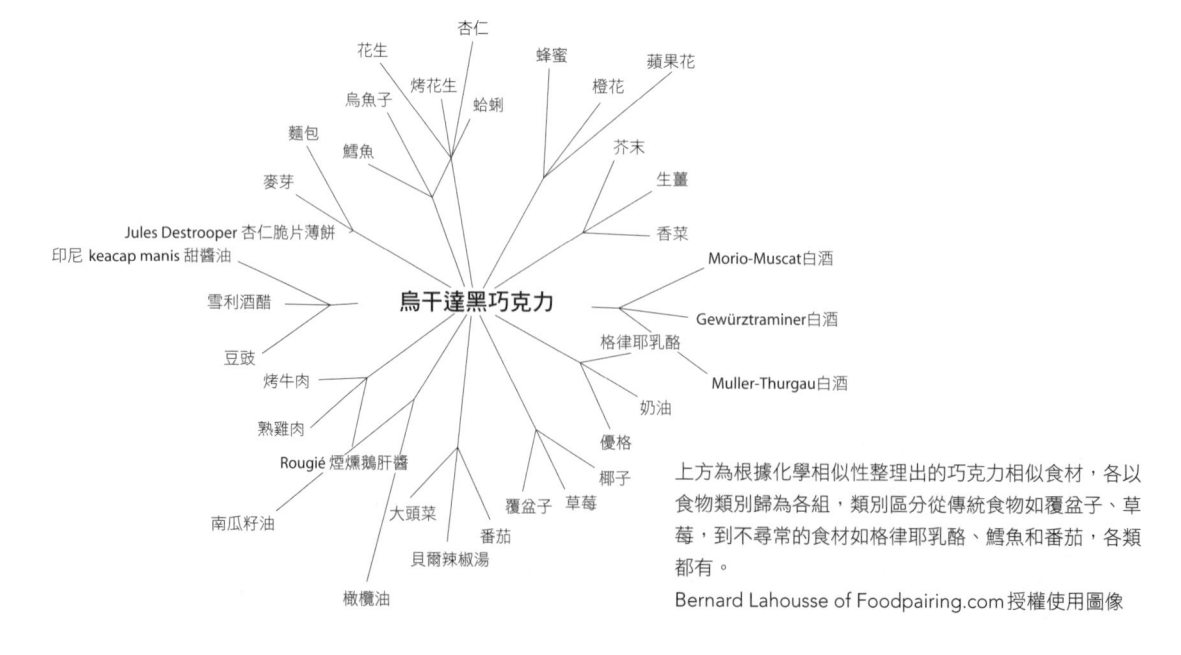

上方為根據化學相似性整理出的巧克力相似食材，各以食物類別歸為各組，類別區分從傳統食物如覆盆子、草莓，到不尋常的食材如格律耶乳酪、鱈魚和番茄，各類都有。

Bernard Lahousse of Foodpairing.com 授權使用圖像

RECIPE

黃瓜草莓魚塔可

在這章一開始,我設下一個機智問答:如何搭配醃黃瓜、草莓和玉米餅——這樣的食材搭配絕對不會吸引你手刀奔去廚房。但如果我們能接上一台超級電腦,讓它嚼出所有可能性呢?IBM 的「主廚華生」(Chef Watson)研究計畫(http://www.ibmchefwatson.com)就完全做到了,更證明它有吸引人之處,值得擁有自己的食譜書:《跟著主廚華生學認知運算烹飪》(Cognitive Cooking with Chef Watson)[44]。我將此發展視為某種證明:不是電腦將統治世界,就是不需要有簽書約的衝動了——也許兩者皆是。

主廚華生是個好奇寶寶,會根據食譜資料庫(目前有從 Bon Appétit 雜誌輸入的九千多份食譜),分析食材的共同特性和食材間化合物的相似性。當沒有給它太多限制時,如一開始輸入蛋和巧克力——這樣的配方建議很合理,但也古怪到足以發揮創意。用一杯 Gruyère 乳酪代替奶油做布朗尼?乳酪提供必須的脂肪,布朗尼用奶油乳酪也不是從沒聽說過。如果限制更多——輸入醃黃瓜、草莓、玉米餅——食材要求從古怪升到詭異。即使如此,結果仍然頗有見地。要用這三種食材做菜,建議的多數食譜都要搭配魚,且用塔可餅。草莓恰巧和番茄享有共同的氣味化合物,知道這點,就知道這道菜能夠做得出來!

取一小碗,將下列食材在碗裡拌勻做成塔可餅的餡料:

1/2 杯(90 克)草莓,去蒂頭切成丁
1/4 杯(40 克)醃黃瓜,切丁並瀝乾水分
1/4 杯(15 克)香菜,切碎末
1 湯匙(15 毫升)白葡萄酒、無糖苦艾酒或琴酒

餡料放旁備用。

準備約 250 克魚或海鮮,如大比目魚、鮪魚或螃蟹肉,切成 3-5 公分的大塊,裹上麵包粉。麵包粉的做法是用 1/4 杯(約 20 克)日本麵包粉或麵包碎,加上 1/2 茶匙(2 克)海鹽,混合均勻。然後把海鮮塊放入裹上粉料。

在平底鍋中放入 2 湯匙(30 克)奶油以中溫融化,熱到奶油變成褐色,就把魚塊放入。煎 2 分鐘後翻面再煎,持續動作直到魚煎熟了,麵包碎也變成金黃焦香。

塔可餅或**玉米餅**旁放在盤子上,上面放 1 湯匙魚和 1 小湯匙塔可餅的餡料,再擠一片萊姆就可以吃了。

滋味、氣味和風味

---

[44] IBM 從 2011 年開始主廚華生計畫,將食材關係與做菜理論輸入超級電腦,以大數據運算分析,統整出前所未見的無厘頭食譜,個人可上網輸入運算,2015 年已推出個人食譜。

LAB

技客實驗室：你辨識味道的能力有多高？

你覺得自己辨識味道的能力有多高？以下提供兩組團體活動，挑戰參加者思考自己的知覺。第一個實驗同時使用味覺和嗅覺，所以要多做一些預先準備。第二個實驗只用到味覺，因為要避免潛在的過敏考量，但不是那麼值得獎勵。

首先準備以下材料：

實驗1：風味測試（同時品嘗和聞味道）

準備10個小杯或10格製冰盒（如果做此實驗的人數眾多，請將6到10人分為一組，以全組36人來算，可分為4小組，所以4個製冰盒和叉子就夠了）	準備測試用的食材。（其中幾項有點模擬兩可，但對於熟悉常見風味的測試者來說，這也是一種有趣的挑戰。如果有些東西在你居住地的食物賣場買不到，可以根據你住的地方及測試者的經驗尋找其他你覺得適用的食材。） ・白蕪菁（大頭菜），煮熟切丁 ・煮熟的義式玉米糕，切小丁（有些店有賣很容易切開的袋裝玉米糕） ・榛果，磨成沙礫大小 ・香菜糊（可以在冷凍食品區看到，也可買新鮮香菜，再用缽和杵磨成糊狀） ・羅望子糊或羅望子濃縮醬 ・Oreo餅乾，磨碎（包括巧克力餅乾及奶油內餡，放入調理機或攪拌機中打碎，最後會變成砂礫狀的黑色粉末） ・杏仁油（或除了花生油之外的任何堅果油） ・香芹籽　・豆薯，切丁　・黑莓泥
準備可在杯子上做記號的馬克筆，如果你用的是製冰盒，準備可以寫字的紙膠帶。	
準備小湯匙，參與者每人一份（如果你不介意「沾兩次」，每人一支湯匙就夠了）。	
準備紙筆，給測試者寫下他們猜測的答案。	

實驗2：只用聞的

準備15個小塑膠杯或紙杯（一組小樣本要讓30到40人聞，如果實驗人數眾多，份量則要加倍）。	準備用來聞的食材。（如果有些東西不易準備，可用類似東西替代，或直接去掉也可以。） ・杏仁精　　　　・嬰兒爽身粉 ・巧克力碎片　　・咖啡豆 ・古龍水或香水（直接噴在杯子裡或衛生紙上） ・大蒜，切碎　　・玻璃清潔劑 ・草，切碎　　　・檸檬，切片 ・楓糖漿（真的楓糖漿，而不是鬆餅糖漿） ・甜橙皮　・醬油　・茶葉　・香草精 ・木屑（鋸木頭剩下的木渣、削鉛筆屑）
準備用來蓋杯子的15塊小紗布或棉布，還要15條橡皮筋用來固定蓋布。	
準備紙筆，給測試者寫下他們猜測的答案。	

LAB

技客實驗室：你辨識味道的能力有多高？

實驗步驟

實驗1：風味測試（同時品嘗和聞味道）

事前準備工作

1. 請在杯子寫上1到10。如果你用的是製冰盒，請在製冰盒較長的一邊貼上紙膠帶，並在每個隔間上方標上1到10。
2. 請把這些食物切碎或打成泥狀，消除任何可由尺寸、質地判別的視覺線索。把它們放在適合的號碼處，如果食材切丁，請盡量切成大小一致，約1公分。
3. 把樣本蓋好，如果你在幾小時之前就準備，請把它們放在冰箱裡。

準備好後

1. 若有人對堅果過敏或有不常見的過敏，應該對這次風味大餐棄權。
2. 指導參加實驗者試樣本，並記錄他們猜到的答案。在猜第一輪時最好每個人都不出聲，要求大家列出他們第一個想到的答案，如果改變主意，要把另一個答案寫在旁邊，而不是把之前的答案劃掉。

實驗2：只用聞的

事前準備工作

1. 請在杯子寫上1到15。
2. 把樣本放到杯子裡，蓋上紗布或棉布，再用橡皮筋把上方固定。

準備好後

杯子傳下去讓參加者聞，聞的次序並不重要，但如果參與的人數眾多，最好一次一次傳。請參加者寫出猜測的答案，但不要大聲說出來。

研究時間到了！

以上實驗使用常見食材，大多食物都是食物賣場買得到的。多數建議用的食材樣本不太可能是你每日經驗的一部分，但仍然是熟悉的。你會驚訝要確定某些食材竟有一定困難度，也會驚訝地發現自己是如何「知道」這些食物樣本的：看到香菜葉，或有人告訴你這是榛子巧克力杯子蛋糕，就是這些事讓我們感知自己期待的味道。

請參加者猜測每個樣本的答案。對於大家的猜測，各組人員注意到些什麼？有些樣本比較容易猜到嗎？有多少人可以準確猜到Oreo餅乾和低加工的食物？是否有些人偵測氣味的本領較高？

如果你對參加「真正的」嗅覺實驗有興趣，賓州大學的研究者開發出經過詳盡測試的「一刮就香」（scratch-and-sniff）實驗[45]，又叫UPSIT，你可向他們寄出申請。請上網查「賓州大學嗅覺鑑定測試」（University of Pennsylvania Smell Identification Test）。

---

[45] 這是逐漸作為商業用途的新科技，磨擦某物表面就會觸發表面塗層散發氣味。1970年代瓦斯公司曾以此技術做成貼紙，使人認識甲烷釋出的味道，現有人用在牛仔褲。

■ 訪談

蓋兒・文斯・奇維爾
談味覺與嗅覺

根據蓋兒・文斯・奇維爾（Gail Vance Civille）自己的描述，她是憑著感官專業在「常用食物科技中心」開展事業的「香、味技客」，現在已做到總經理，且是紐澤西州新普維登斯（New Providence）的 Sensory Spectrum, Inc 公司老闆。

當某人被訓練成以風味、滋味等感官感受事情時，他們與普通人有什麼不同？

一個訓練有素的試味者與一個未經訓練的試味者有很大差異，重點不是你的鼻子味蕾變得更好，而是你的大腦統整感覺的能力變得更好。你訓練大腦注意正在接收的感覺和連結這些感覺的話語。

聽起來這能力與回憶過往經驗有絕大關係。我們可以做些什麼來幫助組織大腦？

你可以去放香料香草的櫥櫃一面整理一面聞裡面的東西，好比，眾香子聞起來很像丁香，那是因為眾香子含有丁香精油或丁香酚。你會說：「喔，這個眾香子聞起來好像丁香。」所以下一次，你再碰到這味道就會說：「丁香，不，等等，這可能是眾香子。」

因此在烹飪上，這是有經驗的廚師了解食材替換及搭配的方法嗎？

對。我鼓勵大家多實驗多學習這些事物，就會知道一旦奧瑞岡葉用完了，可以用百里香或羅勒替代。奧瑞岡和百里香的化學性質相似，感官印象也類似。這些是玩過摸透食材後才會了解的。

您都怎麼處理香草香料？

首先，你要學懂它們。把它們拿出來聞聞，說：「啊，很好，這是迷迭香。」然後聞別的東西，再說：「很好，這是奧瑞岡葉。」諸如此類。下一次閉上眼睛，伸手拿起瓶子聞一下，看是否能說出它的名字。另一種練習是看你能否在一堆同類東西中找出不同類。你會把奧瑞岡和百里香歸為一類，把鼠尾草和迷迭香放一起，因為它們都有相同的化合物桉油醇，因此也有相同的味道。

香料和食物又如何搭配，像是蘋果和肉桂？

蘋果配肉桂是因為蘋果有木質成分，莖幹和種子就有木質風味。而肉桂也有木質成分，掩蓋了不那麼令人愉快的蘋果木質成分，並加入甜香的肉桂特性。同樣的，你在番茄裡加入大蒜或洋蔥是為了蓋住番茄的土臭味，而番茄上面的羅勒和奧瑞岡葉多多少少也為了掩蓋黴青味。它們共同創造突顯出番茄的最佳特色，也蓋住番茄較不可愛的部分。這就是廚師把某些東西放一起的原因。它們互相搭配、混合、交併、融合，也真的創造出比原本各部分加總更獨特不同也更好的東西。

這需要一段時間才能達到水準，得在勝任廚師和擺脫食譜上深具信心之後才能成功。拜託，丟掉食譜吧！大家都把食譜丟了，好好想想什麼東西吃起來美味。嘗一嘗再說：「我覺得這食物的整體結構好像少了什麼東西，讓我想想該加些什麼才好。」想想自己做菜中有什麼東西忘了放，這道菜有前味，也許是牛肉，它已經褐變了，就有濃厚的後味。我把風味想成三角結構。好吧，還需要加點奧瑞岡葉或類似的東西。我不需要檸檬，這是另一種前味，我也不需要另外焦糖化的東西，因為焦香已經在鍋底了。你要嘗嘗看，想著做得如何，還要加些什麼。

如果有人嘗過之後說：「嘿，我想自己在家做，該怎麼做呢？」他們該如何尋找解答？

我可以坐在世上最棒的餐廳卻不知道碗盤裡到底是什麼東西。我無法將食物分開品嚐，它們做得太密實了。所以這不只是經驗的問題，也是主廚經驗的問題。有些受過嚴格訓練的法國或義大利廚師，做出的東西會讓我搖搖頭說：「考倒我了，我說不出裡面到底是什麼！」因為做得太密實了，完全混在一起，看不出個別元素，只看見整體。

但在亞洲食物進來後就不常發生，因為亞洲菜都設計成又敲又爆的。這就是中國菜不會有法國料理和義大利菜味道的原因。你注意到了嗎？亞洲菜裡有青蔥、大蒜、醬油和薑，這些東西本來就該爆啊、炒啊、炸的。但第二天全都攪在一起，就不是那麼有趣了。

難道說，有人想學做菜，就該先出去吃亞洲菜，試著認出各種味道？

哦，當然。這是個不錯的起點，中國菜比其他菜更好著手。我的課有一些亞洲人，當我說到這裡，就教得很慚愧，就像是……不要、不要、不要，我拒絕，但事實上就該如此。亞洲菜就是這樣，不好對付但有趣又流行。那可不是經典的歐洲料理方法，尤其不是南歐菜。

說到經典歐洲菜，就說去外面吃焗烤茄子好了，真是太棒了。怎麼才能搞清楚這道菜是怎麼做的？

我會先從確定我能確定的東西開始。所以你說：「好，這裡有番茄，有茄子，但茄子好像在某種有趣的東西裡煎過，不太確定是花生油或橄欖油。我想知道是什麼？」所以就問服務生：「這道菜很有趣，和一般常見的焗烤茄子不同，是不是二廚用了什麼特別的油或方式，讓茄子煎得如此特別？」如果你問得很具體，更可能得到廚房的回答。但如果你問：「你能給我食譜嗎？」這樣可能就得不到答案了。

思考如何表達味覺和嗅覺時，一直在用描述味覺的詞彙，好像這種詞彙才重要。

這是我們溝通經驗的方式。如果你說「新鮮」或「吃起來很家常」，你的意思可能很多。比如「你可以吃到香煎茄子，搭配滿口的醬汁和起司。」這些非常非常具體的詞彙，之前用的詞彙可要含糊多了。事實上，這裡的「新鮮」只是指剛剛炸好的茄子。有一次，我在餐廳吃普羅旺斯燉菜也遇到類似情形，我問服務生：「你能告訴我普羅旺斯燉菜是否剛出爐？」服務生說：「廚師之前就做好了，但他在晚餐前才把每個部分都組合好。」當人們說「家常」，意思通常是吃起來不複雜精緻，但如果是手藝好的家庭廚師做的菜，雖然比較質樸，但組合起來會非常非常美味。

家庭廚師有一定的優勢，是因為他組合食材的時間和享用餐點的時間很近？

哦，毫無疑問這取決於食物本身的特性。有些東西長時間燉在鍋裡是有好處的。大多數家庭廚師對於什麼配什麼、什麼要煮多久才到極致有很好的認識，這概念不是出於直覺，就是在感官認知上有想法。

您幾分鐘前說：「我們應該把食譜丟了。」您能否再說清楚些？

當我做菜，我會參考七份不同食譜。我第一次做德式醋烤牛排，至少參考了五份食譜。你會把每一種你覺得看來不錯的東西挑出來，想像風味可能是這樣的。我認為以「傳統意義上的實驗」做實驗，這想法蠻好的。玩家就該事事都實驗。最糟的狀況會如何呢？不過是味道不太好。它又不是毒藥，也不會變得噁心，只是沒那麼完美，但沒關係。我認為當你這樣做時，會給你更多自由做更多事，因為你不依賴材料清單。在我來看，食譜是開始的起點，並不是全部，也不是全部的終點。

3.

3.

時間和溫度

自從穴居人發現火開始燒烤晚餐,
人類就開始享受全新的食物風味。

　　熱轉變了食物,因為它觸發了動植物組織裡的蛋白質、脂肪和碳水化合物產生物理和化學反應,而這些反應以驚人的滿足和美味途徑改變了食物的風味、質地和外觀。

　　烹飪時需要的溫度只是各種熱反應的代理。無論你的烤箱是什麼溫度,是食物自身的溫度決定它會發生什麼變化。煮和蒸都靠水得到熱,把食物溫度限制在水沸騰的溫度,最後也阻止食物的褐變。炒和烤則不受水沸點的限制,可讓溫度更高,產生更多反應。

　　控制熱流進入食材,學習在何種溫度會有何種反應發生作用,這些將是你征服廚房的最好武器。不同的加熱方法改變烹煮食物的速度,了解時間和溫度的關鍵變數就能回答那個著名問題:**東西煮好沒?**

烹飪涉及熱，但什麼是熱？你為什麼不能把熱增加一倍，食物熟的速度就快兩倍？當你把做巧克力脆片餅乾的麵團送去烤，這球麵團到底發生了什麼事？

只要步入廚房，你就不知不覺變成物理學家和化學家。當巧克力碎餅麵團在烤箱中加熱，蛋裡的蛋白質變性了（化學變化），水從蛋和奶油裡蒸發出來（物理變化），麵粉中的澱粉融化了（更多物理變化），餅乾外層因為梅納反應和焦糖化反應轉成褐色（更多化學變化），然後你就有了餅乾！

水變成蒸氣，澱粉融化，都是物理學家稱為「相變」（phase transitions）的變化：某物質從一種相態（固體、液體、氣體）變成另一種相態。這些改變都是可逆的，蒸汽可以還原成水，脂肪可以重新凝固。而把餅乾變成褐色的焦糖化反應和梅納反應是**化學變化**：物質發生變化是因為出現不一樣的分子組合。這些反應有時是可逆的，但多半不可逆。你不能把燒毀的東西變回來！反應變化有多快（從來不是瞬間發生的）稱為「反應速率」（rate of reaction），更正式的說法是：在一定時間內這個反應的發生速率是多少。

下面是本章最重要的概念：溫度增加，反應速率就增加。這是基本動力學，是宇宙的定律。某個反應在某溫度作用較慢，在酵素和反應物不變的情況下，把溫度提高反應作用就較快。因為較高的溫度加速反應速率，如此，我們得到經驗法則：**煮熟＝時間 × 溫度**。所以「東西煮好沒？」的答案要看東西是否發生足夠反應，而那些反應都是要看時間和溫度的。

烹煮＝時間×溫度

「東西煮好沒？」根據加入的時間和熱能，這問題的確有理論性的答案。下面提供動態數學模型，模型因素包括肉的導熱係數、蛋白質如肌動蛋白（actin）和肌球蛋白（myosin）的變性率。如想知道更多訊息，請見 http://cookingforgeeks.com/book/meatmath/ 。請記得，把肉煮到三分熟！

$$\begin{cases} t_{i(J+1)} = (q_i \cdot \tau dh + 1_m \cdot d\tau \cdot (t_{i(j-1)} + t_{i(j+1)}) + m_c \cdot c_m \cdot h_{i,j})/2 \cdot 1_m \cdot Fd\tau + m_c \cdot c_m \cdot dh \\ K_{1i} = 0.00836 - 0.001402\, pH + 5.5 \cdot 10^{-7} \cdot t_i^2 \\ K_{2i} = -0.278 + 7.325 \cdot 10^{-2}\, pH - 3.482 \cdot 10^{-5} \cdot t_i^2 \\ K_{3i} = 2.537 \cdot 10^{-3} - 1.493 \cdot 10^{-4} \cdot t_i + 2.198 \cdot 10^{-5} \cdot t_i^2 \\ K_{4i} = 2.537 \cdot 10^{-2} - 9.172 \cdot 10^{-3}\, pH + 3.157 \cdot 10^{-5} \cdot t_i^2 \\ m_{1t,i} = m_0^b - (m_o^b - m_t^b) \cdot e^{-K_{1i} \cdot t} \\ m_{2t,i} = m_0^b - (m_o^b - m_t^b) \cdot e^{-K_{2i} \cdot t} \\ m_{3t,i} = m_0^b - (m_o^b - m_t^b) \cdot e^{-K_{3i} \cdot t} \\ m_{4t,i} = m_0^b - (m_o^b - m_t^b) \cdot e^{-K_{4i} \cdot t} \end{cases}$$

引用出處：M. A. BELYAEVA (2003), "CHANGE OF MEAT PROTEINS DURING THERMAL TREATMENT," CHEMISTRY OF NATURAL COMPOUNDS 39 (4).

如果你在熱的餅乾烤盤上撒一點糖,放入320°F／160°C的烤箱烤1小時,部分的糖會起反應,會焦糖化,但作用很慢。在溫度更高的餅乾烤盤上撒等量的糖,用340°F／170°C的溫度烤,反應大概會快兩倍,意思是它只要半小時就有相同份量被焦糖化。這是假設糖會直接跳到那樣的溫度!更完整的烹煮範例包括冷食物放入熱烤箱時被加熱的時間。

> 聞的、摸的、看的、聽的、嘗的,請學著運用所有感知在烹飪上。煎到三分熟的肉會覺得緊實,用看的就知道它縮起來了;煎到超過三分熟,因為各種蛋白質的變性,肉縮得會更多。如果食物用水煮,大部分水分蒸發時,醬汁的冒泡聲聽起來會不同。已有足夠褐變反應的麵包脆皮聞起來很香,你會看到顏色變得像桃花心木的赤褐色。

如果溫度升高加快反應時間,那何不把溫度一路調高,烹煮時間就也會一路減少?因為其他反應也會加速,**但不以相同的比例**。巧克力餅乾是很好的例子:餅乾內部還有水,外表正在褐變,如果溫度增加太快,餅乾會在中間固定之前全部褐變完成。其他反應也開始作用,如與燒焦相關的反應會在390°F／200°C開始加速。但另一方面,如果你把溫度設得太低,餅乾會在外面烤好前就乾掉,也就不會有你要的濃郁香味。時間和溫度是熱能和化學平衡的行動,你會在本章讀到相關內容。

請注意下面兩個「啊哈!原來如此!」的重點:

- 烹飪中最重要的變數是食物本身的溫度,而不是食物在烹煮時四周環境的溫度。當你烤雞,烤箱的溫度並不決定可能發生反應的**速率**,即使它的確決定雞被加熱的速率。最終,重要的還是雞本身的溫度。
- 食物的溫度決定反應的速率,但就算是同樣溫度,不同速率有不同反應。改變溫度就改變產生化學反應的速率。熱需要時間轉移到食物上,而這點讓這過程更複雜。

許多有趣的變化發生在食物加熱時,多半發生在食物的脂肪、蛋白質以及碳水化合物中。本章架構在下表列出的各項反應上,對觀察各種反應發生的溫度和各種烹飪技巧發生的溫度這個全貌很有幫助,是我最喜歡的圖表之一!

烹飪溫度以及各種不同反應發生的溫度

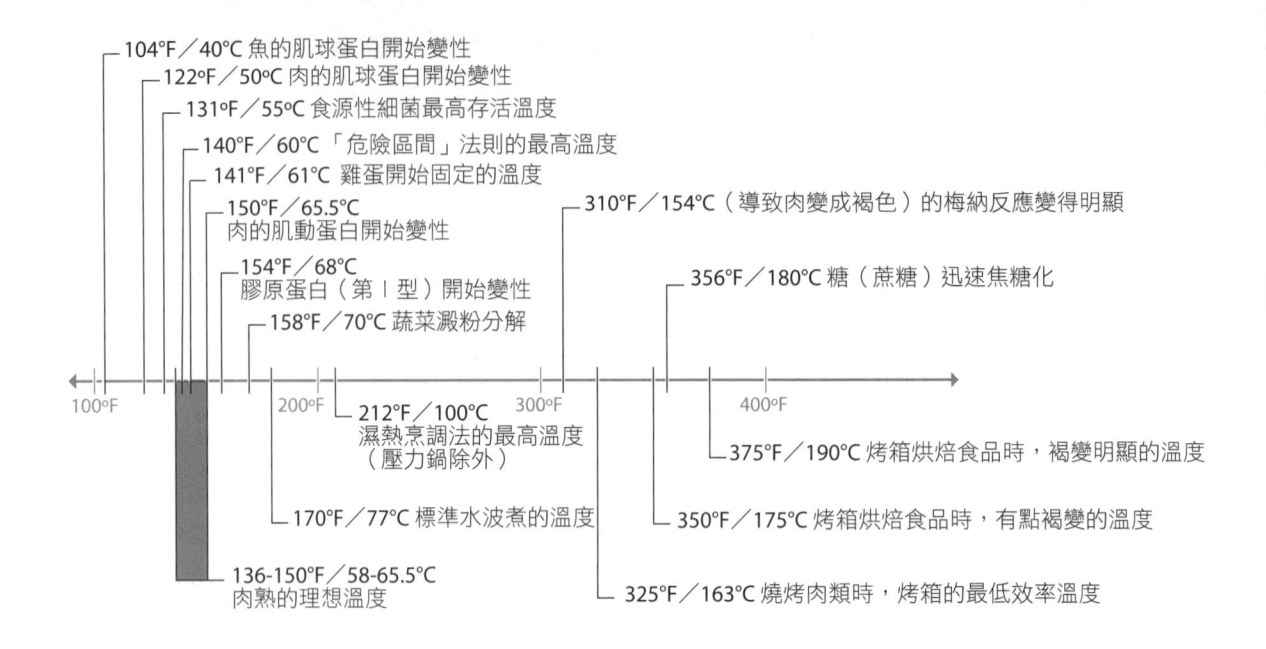

- 104°F／40°C 魚的肌球蛋白開始變性
- 122°F／50°C 肉的肌球蛋白開始變性
- 131°F／55°C 食源性細菌最高存活溫度
- 140°F／60°C 「危險區間」法則的最高溫度
- 141°F／61°C 雞蛋開始固定的溫度
- 150°F／65.5°C 肉的肌動蛋白開始變性
- 154°F／68°C 膠原蛋白（第Ⅰ型）開始變性
- 158°F／70°C 蔬菜澱粉分解
- 170°F／77°C 標準水波煮的溫度
- 136-150°F／58-65.5°C 肉熟的理想溫度
- 212°F／100°C 濕熱烹調法的最高溫度（壓力鍋除外）
- 310°F／154°C （導致肉變成褐色）的梅納反應變得明顯
- 325°F／163°C 燒烤肉類時，烤箱的最低效率溫度
- 350°F／175°C 烤箱烘焙食品時，有點褐變的溫度
- 356°F／180°C 糖（蔗糖）迅速焦糖化
- 375°F／190°C 烤箱烘焙食品時，褐變明顯的溫度

∶ INFO

天然蛋白質和變性蛋白質

自然存在的蛋白質，當它們在植物或動物組織裡正常且自然狀態時，就稱為「天然」。蛋白質是由一群連結在一起的胺基酸組成，自我堆疊成特定形狀。你可以把蛋白質想像成全部纏在一起的長條金屬鍊，當它生成時，鍊子的環扣在一起，然後以一種特定的狀態扭曲摺疊成3D形狀（稱為「分子構象」〔molecular conformation〕）。

加熱蛋白質改變它的3D形狀，把扭曲與摺疊的地方拆開來，過程中也改變了蛋白質的功能，這就是所謂的「變性」（denaturation）。（這也是加熱可以殺死細菌的原因！）一旦彎曲變形，蛋白質可能無法連接到它要抓住的東西（讓食物質地不那麼硬）。或者，連接上其他分子變成新的構象（讓食物質地變硬）。烹飪中不只加熱可以讓蛋白質變性，還有用酸、酒，或者機器打發或冷凍都可引發蛋白質變性。

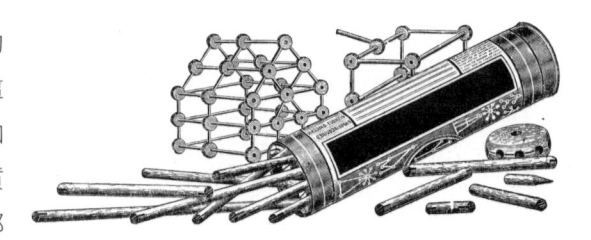

熱傳遞

我們已簡單看過巧克力脆片餅乾在烘烤時發生了什麼事，包括蛋白質變性、水分蒸發、外表褐變，但餅乾到底是如何變熱的？在我們探究烹飪範疇與熱相關的反應前，應該先觀察熱是如何傳到食物的。餅乾真的很複雜，所以我們這裡討論烹調牛排，但概念是相通的。

你可以用任何你喜歡的方式做牛排，只要中心溫度達到你要的溫度，這概念聽起來真簡單，但簡單的事情必定有詐，的確，是有幾個。

第一，你如何讓熱傳到一塊食物。這很重要。牛排放在炙熱的烤爐上烤，中心到達三分熟的速度比放在溫暖的烤箱烤速度要快。熱力學定律是這樣規定的：任何時間兩個系統間若有溫度差，熱量會從較熱的系統（烤肉架）轉移到較冷的系統（牛排）。兩個系統間的溫差越大，熱力越快轉移（見圖表說明）。

這張圖當然是過度簡化了。它只說明牛排的中心溫度，忽略水分蒸發降溫後的溫度暫停等其他層面。（我們這裡考慮的是圓形的牛，但環境明顯不是在真空中。）如果當兩塊牛排的中心溫度到達135°F／57°C，切開剖面，會看到烤爐烤的牛排和烤箱烤出來的差異相當大。

從中心到外緣的溫度差異稱為「溫度梯度」（temperature gradient）。這兩塊牛排的溫度梯度非常不一樣，因為較熱的烤爐傳熱較快，較大的溫度差異導致較陡的「熟度梯度」，在上面的例子中，炭烤牛排烤過頭了。

如果牛排烤過頭，那用烤爐烤肉有什麼吸引力？這就要看你喜歡幾分熟的肉。一塊烤得剛好的牛排要有香氣，要有熱得嘶嘶叫的焦香外層，就說，外層溫度要到達310°F／154°C，而內部熟度則要在一分熟與全熟之間。如果你喜歡吃一分熟（125°F／52°C），你需要較陡的熟度梯度，所以放在較熱的環境中很快烤一下。如果你喜歡把肉烤到全熟（160°F／71°C），就用低溫烤久一點。我們大多喜歡牛排三分熟（135°F／57°C），因為三分熟的牛排有恰到好處的柔軟質地，又能保留最令人滿意的肉汁。

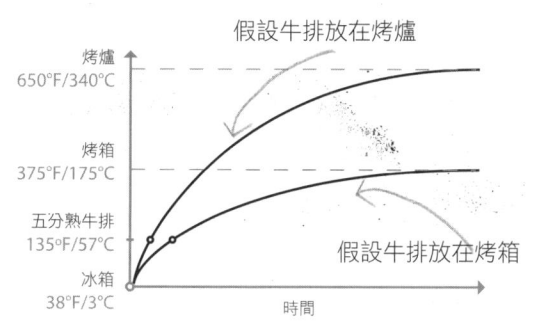

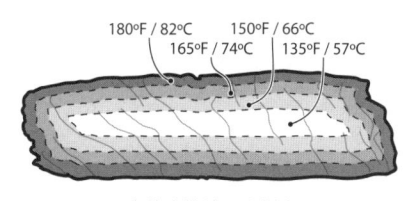

假設牛排放在烤爐

烤爐 650°F/340°C
烤箱 375°F/175°C
五分熟牛排 135°F/57°C
冰箱 38°F/3°C

假設牛排放在烤箱

時間

180°F／82°C　150°F／66°C
165°F／74°C　135°F／57°C

炭烤牛排的溫度梯度
（放在650°F／343°C的烤爐上）

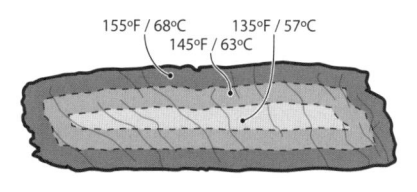

155°F／68°C　135°F／57°C
145°F／63°C

烤箱牛排的溫度梯度
（放在375°F／190°C的烤箱中）

香煎牛排

「後熟」（carryover）就是食物在離開熱源後還會持續變熟的現象。這狀態看似違反熱力學定律，事實上卻簡單明瞭：剛熟的食物外層比內部熱，所以外層會將一些熱傳到內部。後熟的力道取決於食物質量和熱力梯度，但一般而言，我發現食物大約會提高5°F／3°C。

煎牛排是動態觀察後熟的最好方法。遵循下列指示，在牛排靜置時繼續觀察探針溫度計。你會看到核心溫度在3分鐘後會升高5°F／3°C，然後就進入休息時間。隨著經驗積累，你會由視覺和觸覺學到牛排何時熟，但在一開始，還是要用數位探針溫度計。

取鑄鐵鍋以中高溫好好加熱。準備**2.5公分厚沙朗牛排**，然後修掉牛排邊緣多餘的油脂，再每隔2.5公分切一個刀口（預防牛排因煎煮縮小時，旁邊會捲起來），然後拍乾牛排（太多水分會改變牛排外層的質地）。

牛排放入鑄鐵鍋煎2分鐘，請勿戳它！就讓它煎。2分鐘後翻面，再翻面，火轉小到中低溫和中高溫之間，再煎5到7分鐘，中途仍需翻面。若要牛排三分熟，就用中高溫把牛排中心溫度煎到溫度計指數130°F／54°C。如果要吃五分熟，則用比較低的溫度煎到中心溫度140°F／60°C。後熟還會讓牛排增加幾度，這些數字就會被調整。

牛排放在砧板上靜置5分鐘。如果你喜歡可以在煎好後撒一些鹽和黑胡椒。（不要在煎之前撒鹽，鹽會把牛排中心的水分逼出來，肉的外層就會濕濕的。如果你真的很想預先用一些鹽，請在一小時之前先醃，然後在下鍋前把水分完全擦乾。如果下鍋前先撒胡椒會有一點燒焦的苦味，因為胡椒粉會焦掉。）

要知道常見食物的烹煮溫度及牛排其他熟度的溫度，請見p.201的列表。

為什麼有些食譜要你一開始用高溫，然後轉到中溫？

冷冷的牛排一丟到熱鍋上會讓鍋中的溫度迅速降低，因為鍋子的熱都轉到冷牛排上了。**復原時間**就是鍋子回溫的時間，且根據爐子加熱鍋子的速度而決定。爐子不同傳遞熱量的速率就不同，也與鍋子的熱質量有關。開始要用高溫是因為溫度驟降，必須馬上回到復原時間。

「熱越多，溫度梯度越陡」，這個溫度規則之所以重要，原因在於你期待怎樣的結果就先要符合正確的烹煮溫度。一道菜裡，食物的熟成溫度在不同區間，你需要選擇食譜上的烹煮時間和溫度才能把食物熱到正確程度。我知道理論上聽起來很簡單，但你怎麼知道你的烤箱是怎麼設定的？有句俗話說：「理論上，理論和實際操作沒有不同；但實際操作有。」實際操作上，最好對時間和溫度做出有知識的猜測，並對食物內部和外層是否被正確烹煮記下筆記。如果外層比內部先熟（證據是外層燒焦，裡面沒熟），下次請降低溫度，讓食物煮久一點。如果外熟內不熟的是馬芬這樣的烘焙物，請把溫度降25°F／約15°C左右，增加10%的烘焙時間；如果是做肉和蔬菜，試著把溫度降低50°F／約25°C，並依情況調整。如果問題正相反，依上述狀況增加溫度並注意情況。

烹飪法

我已經寫了很多有關溫度差異和溫度梯度的事，但真正與烹飪有關的是**熱傳遞**。正式說法是：**熱**是基於兩個系統間因溫度差異而發生的能量轉換。我知道，這聽起來很困惑，**什麼溫度，然後呢？！**但只要一個簡單例子，就能輕易理解。

一鍋沸水的溫度是212°F／100°C。加熱鍋子是動能的轉移，從爐子到鍋子，再從鍋子到水。對沸水增加更多熱，也就增加了更多動能，但它並**不會**改變水的溫度！就算一直加熱，水仍然保持在212°F／100°C。但熱把水變成蒸氣，這就是動能轉移的地方，即使蒸汽和沸水有相同溫度。

用水傳熱的烹飪法叫做「濕熱法」（wet heat methods 或 moist heat methods）。除此之外所有的烹飪法都是「乾熱法」（dry heat mothods）。（我不想混淆你，但一鍋水放在爐子上加熱是乾熱法，而東西放在水裡加熱是濕熱法，因為用了沸水傳熱。）

濕熱法沒有足夠的熱能引發焦糖化反應或梅納反應，無法創造風味。（唯一的例外是壓力鍋，可以在食物潮濕時設定必要條件，請見p.330。）當你想避掉風味，就該選擇濕熱法。烹煮時，蔬菜用蒸的不會產生褐變，食物的風味就不會改變太多，這樣對花椰菜來說是好事。但有些時候褐變產生的風味對菜色有益。孢子甘藍通常用煮的，但多半沒什麼人喜歡。下次你做孢子甘藍，把它切成四瓣，在上面塗些橄欖油，撒些鹽，用烤的。放入小烤箱，用中溫烤成輕微的褐變。這樣做，大家就不會這麼討厭。

濕熱法和乾熱法依據熱傳遞方式可分為三類，而熱傳遞方式分別是傳導、對流和輻射。

傳導

傳導（conduction）是最容易理解的熱傳遞類型：當你接觸到冰冷的流理台或手握一杯溫熱咖啡，你體驗的就是傳導。而在烹飪上，由傳熱材料直接接觸食物的傳熱方式就是傳導，所謂傳熱材料就像做煎鍋的熱金屬就是其中一種。

牛排丟進鑄鐵鍋使熱能從鍋傳到溫度較低的牛排，同時間，互相靠近的分子把動能分散，兩邊的溫度差變成一樣，這就是傳導。牛排碰到煎鍋的地方熱了起來，那部分再透過肉把熱傳到不熱的區域。再說一次，這是基本熱平衡。

不同材料以不同速率（也就是「熱傳導率」〔thermal conductivity〕）傳遞熱量，這也是為什麼室溫下的木頭不會讓你覺得它和金屬一樣冷，不同的鍋子依據鑄造金屬不同也有不同的速率導熱（請見p.60了解更多金屬鍋具知識）。

烹煮介質的選擇也會影響熱傳導率：熱水傳熱的速率比相同溫度的熱空氣快上23倍，又比油快3.5倍，這就是極大的差異！所以這就是為什麼白煮蛋放在沸水中煮或用蒸的都比放在更熱的烤箱烤要快，也是濕氣會改變烹煮和烘焙時間的原因，因為水蒸氣依舊是水！更高溫度意謂著空氣中有更多水氣，更多水氣則表示有更多熱被傳遞。（氦恰好是很棒的熱導體，就如橄欖油──附帶說明以防你剛好有一罐在手邊。氫也是，但我並不建議使用。）

熱傳導係數（Watts per Kelvin per meter）

家中的空氣：0.025　硬木：0.16
保麗龍：0.03　橄欖油：0.17
烤箱中的空氣：0.037　芥花油（菜籽油）：0.18　　水：0.6

← 較好的絕緣體　　　較好的導體 →

油傳熱比空氣快但比水慢，但油可以加熱到比水高好多的溫度！高到足以觸發焦糖化反應和梅納反應，讓它變成有上述優點又能快速傳熱的烹煮方法。（嗯～甜甜圈！）

對流

以對流（convection）傳送熱的方法如烘焙、燒烤、水煮、蒸，所有傳熱都因為較熱物質和較冷物質的循環導致兩物質發生熱傳遞。技術上，對流也是一種傳導，但只是「間接」，是傳熱材料將熱傳給食物後，材料就再去循環了。

烹飪的乾熱法需要熱空氣、油或單純的金屬傳熱。薯條放在深炸鍋裡炸，就是靠油的對流加熱冷的薯條；餅乾放入烤箱中烤，主要是靠熱空氣的對流加熱冷麵團。「對流烤箱」（又稱旋風烤箱）內部裝了送風裝置，可加速空氣運動，食物加熱速度會快1/4，也消除烤箱裡的冷點。（技術上，在熱空氣流動傳送熱的意義下，所有烤箱都是對流烤箱，只是加了風扇，空氣流動更快。）

> 食物本身會以對流方式由一區到另一區傳遞熱量，如蛋糕麵糊，在它固定前麵糊會慢慢流動，從較溫暖的外部向上升起朝中心捲去。

烹飪的濕熱法就如煮的或蒸的，利用水傳熱。水波蛋或蒸饅頭就是用水或水蒸氣提高食物表面的溫度。（所有濕熱法都應該被視為熱對流，因為水和水蒸氣永遠在運動。）用濕熱法也很容易把食物煮過頭，因為熱傳導率較高。對於比較瘦或軟的肉或魚，如果用液體煮，請小心不要把食物熱得太燙！只要讓液體維持微微冒泡的狀態，溫度大約160°F／71°C到180°F／82°C就可以了。

水汽（steam）與水蒸氣（water vapor）的差別

喔！語言啊！你怎麼這麼麻煩！「水蒸氣」較簡單，就是「氣態的水」，肉眼是看不到的；但「水汽」一說是水蒸氣，或是懸浮在空氣中凝結的水滴，水煮開的時候，你可以瞧見「水汽騰騰」地冒在水面上。

一種是水蒸氣，一種是你見到開水上方雲霧彌漫的水汽，兩者在熱力上有極大差異。氣態的水富含巨大的熱衝擊力道，當氣凝結成水時，每克水會釋放出540卡路里的能量。我寧願把我的臉放在一鍋水汽繚繞的開水上，因為空氣中的水都已經凝結了，也不要靠向水蒸氣的氣流，因為它在凝結和動能轉換的過程中會把我的皮膚燒傷。

輻射

輻射（Radiation）的傳熱是以電磁能的形式賦予能量，典型的方法如微波或紅外線。輻射熱就像是皮膚受到日光照射時所感受的熱。在烹飪上，輻射熱是唯一打在食物上不是被反射就是被吸收的能量。不同食物會吸收輻射熱或反射輻射熱，要看能量如何與食物分子互動。以微波為例，如碰到水這種極性分子就吸收非常好，但如果是像油這種非極性分子吸收就會很差（更多有關分子極性的內容，請見p.424）。

輻射採直線傳播：從烘烤爐直接到食物，或可能反射到烤箱壁，也可能反射到餅乾烤盤的表面。你可利用這樣的反射特性改變食物加熱狀態。例如烤派皮有一種技巧，先用錫箔紙包起派皮當成反射工具，烘烤時就可防止派殼外緣被過分烘烤。如果你看到菜裡的某部分熟得太快，而它的熱源是輻射，就可以用一小張鋁箔紙做個「隔熱罩」護住那地方，這是像技客一樣思考的聰明應用。

> 深色吸收更多輻射熱，這就是冬天夾克是黑色，夏天外套是淡色的原因。顏色較深的餅乾會吸收較多輻射熱，而不是得到傳導來的熱。傳導的能量透過食材下方的材質直接傳到餅乾，讓底部烤得更快，如果你的餅乾底部快要烤過頭，請把烤箱溫度降低25°F／約15°C。

用瓦斯的烤箱靠熱空氣循環加熱烤箱壁，熱的烤箱壁再輻射出熱能。如果你的烤箱是用電的，加熱設備直接放出大量輻射熱，就從烤箱底部發出，這對期望做菜熱源主要是熱對流的食譜不太好，食物底部會被熱得太快！這就是我強烈建議你在烤箱底部放個披薩石或烘焙石的原因，它會吸收輻射熱再擴散出去，讓烤箱有更好的加熱狀態。（請見p.47，有關校準烤箱的說明。）

瓦斯烤箱和電烤箱有什麼不同

嗯，除了熱源之外，它們烤東西也有些不一樣，原因有些微妙：它們處理濕氣的方式不同。瓦斯烤箱通常（並非總是）會把燃燒出的副產品二氧化碳和水蒸氣等在它們經過烤箱內爐時排掉，意思是燒烤食物周圍的水汽會不斷排出，也不斷從烤箱內爐把空氣排到外面──因為進來的瓦斯必須取代某物！

另一方面，電烤爐一開始就更乾燥，沒有瓦斯燃燒產生水蒸氣，但很多型號的電烤箱在烘焙食物時不會排放空氣也不會放出水汽，所以電烤箱在食物烘焙的過程中，因食物水分蒸發最後會越來越濕。

根據傳熱傳遞形態列出的烹飪法

	傳導	對流	輻射
描述	藉由兩種材質直接接觸而傳遞熱	藉由一較熱物質與一較冷物質的運動而傳遞熱	藉由電磁輻射傳送熱
舉例	牛排碰觸鍋具；鍋具接觸電子爐	熱水、熱空氣或油在食物外部移動	木炭放射的紅外線
用法	煎炒	**乾熱法：** ・烘焙／燒烤 ・炸* **濕熱法：** ・滾煮 ・燉燒／隔水加熱 ・加壓烹煮 ・小火煨／水波煮 ・蒸	微波 炙燒 燒烤

*炸屬於乾熱法的原因在於油。雖然油是液體，但它不濕，裡面沒有水分。

熱傳遞的組合方法

烹煮技巧總是結合多種傳熱方法，用烤箱烤餅乾是因為烤箱中有熱空氣（對流），烤盤加熱後會加熱餅乾底部（傳導），還有一些從發燙的烤箱壁送出的輻射熱。

有些食物，如餅乾，當熱從某些特定的方向、以特定速率傳來，最後的結果會較好。有時候效果很明顯。要避免餅乾底部烤焦，就要降低從下面傳來的熱，方法是用不會導熱這麼快的烤盤（可用顏色較淺的盤子，或改用不同金屬材質），不然就是在烤盤上墊張烘焙紙。若是其他料理，對應方法就不那麼容易想得出來，例如派和卡士達，當熱從底部傳來時，它們效果較好，這樣可避免上面已固定，底部卻持續裂開來。把它們放在水中隔水加熱，或直接在烤箱上方放烘焙石會有幫助。

以下是選擇烹煮法時的幾個想法：

使用多重烹飪技巧

我最喜歡的焗烤千層麵是這樣做的：開始先烤（對流），烤到中間熱起來，乳酪都融化，結束時用烤箱的上火烘（輻射），讓千層麵上方出現美味的褐色焦香。如果你憑直覺做菜，請使用會讓食物在各區間都達到正確目標溫度的烹煮技巧，且視需要混搭。

烹煮技巧要配合食物的形狀

爐烤和烘焙的熱來自四面八方，這對烤全雞來說很棒。然而煎和炒時，熱只由一面傳來，這就適合扁平的魚排或雞胸。也是煎餅要翻面的原因（用爐子，熱從下方傳來），但蛋糕就不用了（用烤箱，熱從各方傳來）。

如果某種烹飪技巧你做不到，請用類似方法代替

如果你沒有烤爐（輻射，熱從下方傳來），試著用烤箱上火烘的功能（輻射，熱從上方傳來），因為是最相近可比擬的技巧（食物也要翻過來，熱進入雞的方向也會改變）。如果你沒有壓力鍋，可用裝滿水的鍋子，這兩種都是濕熱法。

變換技巧做實驗

像是煎餅麵糊改用炸的，就會炸成漏斗蛋糕[46]，在電鍋的飯上放顆蛋不知會怎麼樣？請在飯煮好後，在飯上打一顆蛋。用鬆餅機烤巧克力餅乾麵團會如何？或用洗碗機燉梨？有何不可？（請見p.348）。這些方法也許有悖常理，但熱的來源不一定要是傳統烹飪設備！

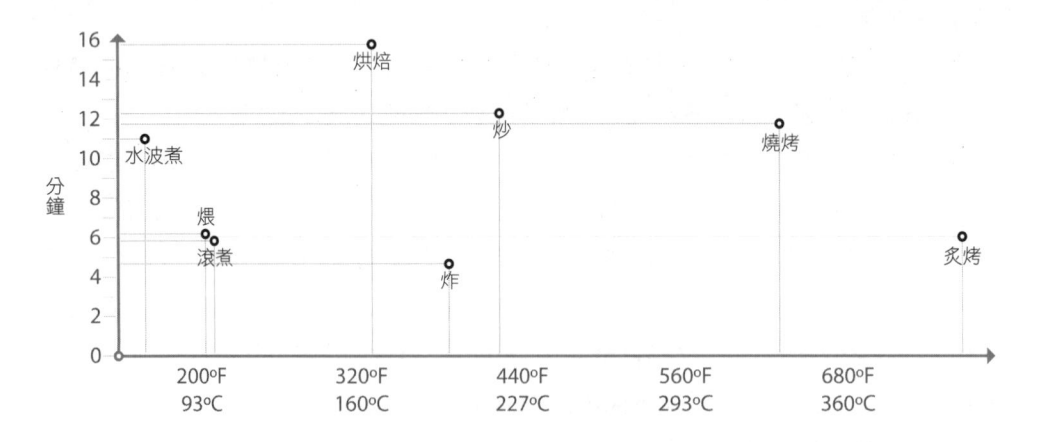

烹飪環境的溫度

炸最快，烤最慢。圖中顯示將同樣大小的豆腐以各種烹飪方法加熱，讓它的中心溫度由36°F／2°C升到140°F／60°C所需的時間。在這個豆腐實驗中，烹飪用的鍋具材質（鑄鐵、不鏽鋼、鋁製）和烤盤材質（玻璃、陶瓷）對於總體時間只有些微影響，但對於像餅乾這種食物就會造成很大差異。

---

46 漏斗蛋糕（funnel cake），美國園遊會點心，麵糊用漏斗一條條擠在鐵圈中，炸成像鳥巢的炸麵團，口感類似甜甜圈。

RECIPE

檸檬香草鹽烤魚

鹽也可以當成食物在烹煮過程的「熱屏蔽」。把魚、肉或馬鈴薯用一定量的鹽包起來，在食物外部表面作一層保護。到最後鹽會吸收輻射熱的衝擊，也減少水分蒸發，保留食物水分。如果整條新鮮的魚不易取得，可用其他食物做做看，像是豬背上的小里肌（請在鹽裡加一些辛香料，如黑胡椒、肉桂、卡宴辣椒粉混在一起），甚至還可用一整根大肋排。

抓一條**全魚**，可用**鱸魚**或**鱒魚**，重量在1-2公斤之間。魚的內臟挖掉清乾淨，徹底沖洗，在魚肚子裡塞入**檸檬片**和**香草**（試試新鮮蒔蘿或奧瑞岡葉）。魚皮要留下，可防止魚肉過鹹。

準備幾杯**猶太鹽**，加入適量**水**，就可以做出鹽泥巴，也可以用**蛋白**代替水。如果要覆蓋的東西比魚的形狀還要複雜時，加蛋白很有用。

在烤盤或餅乾烤盤鋪上烘焙紙（方便清理），然後鋪一層薄薄的鹽泥。魚放在鹽上，然後再把剩餘的鹽沿著魚的周圍上方鋪，把魚包住。你不需要把魚埋得太深。只要每個地方都有約1公分的鹽就夠了，這樣就能承受表面溫度的衝擊，但不要在魚的中間鋪太多，不然會花太多時間，無法真正到達溫度。

魚放入400-450°F ／ 200-230°C的烤箱烤20到30分鐘，請用探針溫度計檢查中心溫度是否到達125°F ／ 52°C。到了後，將魚從烤箱拿出來靜置5-10分鐘（後熟會讓溫度提升到130°F ／ 54°C）。敲開鹽殼，刷掉黏在魚面上的鹽，就可享用了。

時間和溫度

167

3-2 85°F／30°C：脂肪的平均融化溫度

> 所有的推論都是假的，包括這一個。
> ——馬克・吐溫

來了，到了本章第一個溫度區間。有一個關照全章的細節我要事先說明：談到食物的化學反應，有關它們溫度區間的定義是非常非常麻煩的，那是因為反應速率的關係。為了實用的目的，這章討論的溫度區間都是適用烹飪的定義。（就如後面我們會討論的膠原蛋白，技術上它可在低於104°F／40°C的溫度下變性，但你不會想吃的。）至於脂肪，我將總結脂肪的熔點，但那是錯誤的推論，可是有用，可以了解一般常見脂肪酸的狀況：很多脂肪會在高於室溫但低於體溫的溫度融化。（這也是巧克力製造商會說「只融你口不融你手」的原因。）

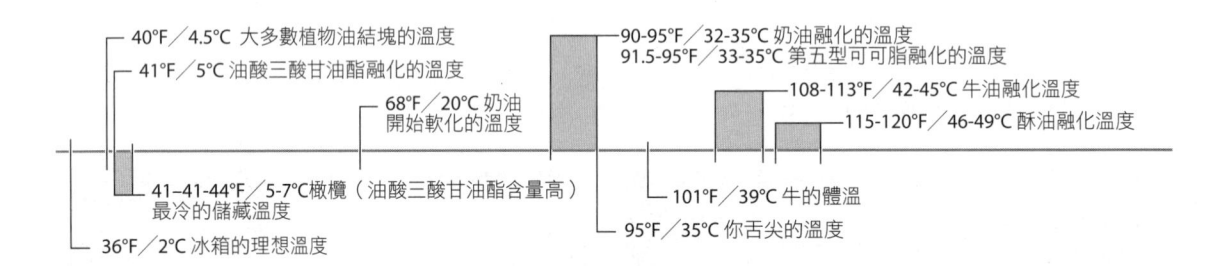

- 40°F／4.5°C 大多數植物油結塊的溫度
- 41°F／5°C 油酸三酸甘油酯融化的溫度
- 68°F／20°C 奶油開始軟化的溫度
- 41-41-44°F／5-7°C 橄欖（油酸三酸甘油酯含量高）最冷的儲藏溫度
- 36°F／2°C 冰箱的理想溫度
- 90-95°F／32-35°C 奶油融化的溫度
- 91.5-95°F／33-35°C 第五型可可脂融化的溫度
- 108-113°F／42-45°C 牛油融化溫度
- 115-120°F／46-49°C 酥油融化溫度
- 101°F／39°C 牛的體溫
- 95°F／35°C 你舌尖的溫度

脂肪和油對食物至關重要。它們增加風味，像是鹹鹹的奶油塗在很棒的麵包上，上好的橄欖油沾覆著沙拉。它們帶來質感，讓餅乾和馬芬蛋糕吃起來鬆鬆酥酥，給冰淇淋滿口濃醇甜美。它們還用在烹飪食物，做為煎炸的傳導和對流功用。但什麼是脂肪？在烹飪和食用上各有什麼功用？什麼又是飽和脂肪酸、ω-3和反式脂肪？要回答這些問題，我們得從一些簡單的化學開始建構。

簡單說，脂肪和油就是在室溫下呈液體的油脂，所以從現在起我把它們統稱為油脂，是一種叫做「三酸甘油酯」（triglyceride）的脂類。三酸甘油酯這個字描述的是脂類的化學結構，且此化學結構決定了油脂的特性。「tri」是三的意思，但這個「三」又是什麼？不是三個甘油酯，而是三個東西連結在一個甘油酯上。甘油酯開始時是甘油分子（當分子連結到某些東西上時才會取一個新名字），所以要了解油脂的第一部分就是研究什麼是甘油分子。

這就是化學家所謂的「鍵線結構」（line structure），你不需要是化學技客也會了解這些事。O代表氧，H則是氫。那些線表示原子之間共享電子，每次線彎曲或自行結束（這件事不會發生在甘油上）就表示那裡有一個碳原子，通常也存在一些氫原子。

畫出所有原子的甘油分子。

3-2 85°F／30°C：脂肪的平均融化溫度

以碳為基礎的生命形式含有大量碳和氫，你大概有1/5是碳，1/10是氫！這兩個元素很常見，所以當只有碳氫存在時，鍵線式便不顯示（化學家，如廚師，也有相等的地方，假設你知道加一點鹽。）

我把鍵線結構的圖形修補一下，通常的陰影部分是不存在的，它們顯示碳和氫，化學家會從畫線判斷狀況。碳一定有4個鍵，所以這是為什麼中間的C只有1支鍵掛著氫原子。甘油，是了解油脂的第一塊磚石，分子式是$C_3H_8O_3$──3個碳、8個氫和3個氧原子──計算圖示中所有氧、氫、碳，加起來會一致。（然而分子式並不會告訴你關於原子的排列！）

所以這是建構油脂化學的第一塊磚頭：甘油分子，抓著三個東西。在油脂中，這些東西是三種不同的脂肪酸──碳原子鏈在一頭尾端抓著特別的酸，「羧酸」（carboxylic acid），它剛好連結到甘油的氫氧根OH，若是看圖就很容易了解，下面是其中很常見的油酸結構。

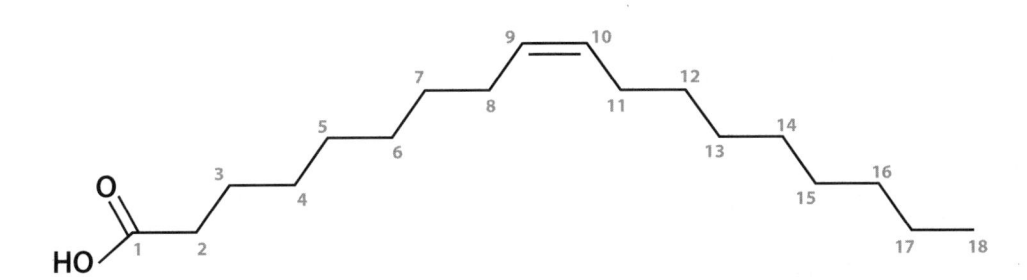

油酸是碳鏈，有18個碳原子，在第9和第10個碳原子間有雙鍵。

脂肪酸是簡單分子，有兩個變數：碳鏈有多長和是否有連接是雙鍵。油酸有18個碳原子（自己算！）在第9和第10個碳原子之間有雙鍵；你可以看到一處劃兩條線的地方。當碳原子和鄰近的原子用4個電子，而不是2個，此時會有雙鍵。如果我們在那裡加1個氫原子，雙鍵就會變成正常鍵結，也會改變脂肪酸（在此案例中，油酸會變成硬脂酸。）

這些雙鍵是理解脂肪的祕密。飽和和不飽和脂肪酸、ω-3和ω-6脂肪酸、反式脂肪，甚至脂肪的熔點：這些都由雙鍵在何處和雙鍵有多少而決定。

現在你知道油脂的兩塊建造磚石！3個脂肪酸，再加上1個甘油分子，碰在一起變出脂肪。（它們鍵結在一起時，恰巧甩開一個水分子，這就是為什麼圖示有一點不一樣。）

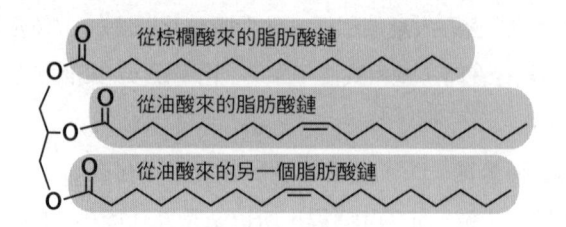

油脂是3個脂肪酸連結1個甘油分子。上方結構存在於常見的橄欖油，組成包括20-25%的脂肪，且為多重不飽和脂肪酸。

有數十個常見的脂肪酸，長度一般在8到22個碳原子之間，雙鍵數量從0個到3個。任一種脂肪分子可以是數十種不同脂肪酸的組合，這意謂著脂肪分子有數百種可能變化。就是這樣，油脂才有如此多的複雜性！

既然我們初階化學已經完成上路了（幸運的是不用考試），對於那些一直困擾我的油脂相關問題，我們就能全部解答：

飽和脂肪酸和不飽和脂肪酸有何不同？

在碳原子間沒有雙鍵的脂肪酸稱為飽和脂肪酸，因為帶著氫原子而飽和，沒有辦法再塞其他原子了。就如上圖所示的棕櫚酸就是飽和的。如果脂肪酸只有一個雙鍵，這就是所謂的「單元不飽和脂肪酸」（monounsaturated acid），有可能在脂肪酸的雙鍵那裡恰好塞進一個氫分子。油酸，正如你所看到的，是單元不飽和脂肪酸。脂肪酸鏈裡若有兩個或更多雙鍵的稱為「多元不飽和脂肪酸」（polyunsaturated acid）。相同定義適用於各種油脂，圖示中的例子有兩個雙鍵，所以是多元不飽和脂肪酸。當談到健康議題，通常不飽和脂肪酸比飽和脂肪酸要好，但並非總是如此。也有好的飽和脂肪酸和壞的不飽和脂肪酸。植物通常產生不飽和脂肪酸，但並非總是如此（椰子油，我正看著你）；動物通常帶有飽和脂肪酸，但也並非總是如此。

什麼決定油脂分子的熔點？

熔點是由脂肪分子的形狀決定的，在分子的鍵線式裡不能準確看出分子形狀，也看不到分子如何裝在一起。形狀涉及到有多少雙鍵存在，飽和脂肪酸是非常有彈性的，可以彎曲、在每個碳鏈接點圍繞轉圈。它們通常舒展成一條直線，可以輕鬆地堆疊在一起變成固體。油有更多不能轉動的雙鍵，所以更會「彎曲變形」，這使得它們更難結在一起。更多雙鍵＝比較不飽和＝熔點較低＝更可能是油。分子如何結在一起也有巨大差異，三酸甘油酯可以固化成三種可能的晶體結構，每一種各有熔點。（一些異構化技術的差異也有關。）這些不同的晶體結構是做好巧克力的關鍵，我們將在下幾頁介紹。

什麼是 ω-3 和 ω-6 脂肪酸？

大家都在討論它們對健康的好處，了解這種事再好不過。ω-3 脂肪酸表示尾端算來第三個碳原子有雙鍵（相反的一端則連接到甘油酯）。就是這樣。由於雙鍵的數目有至少有一個，所以不是飽和脂肪酸，請看上述定義！而 ω-6 脂肪酸，正如你想的，就是在尾端算來第 6 個碳原子上有雙鍵。而油酸是 ω-9 脂肪酸，盡量從圖表右邊數 9 個原子。你的身體需要 ω-3 和 ω-6 脂肪酸，但它們無法從其他脂肪酸造出來，這就是它們被稱為必不可少的原因。（並不表示越多越好！）

什麼是反式脂肪？

「trans」是拉丁文的「橫越」或「相反」的意思，相對於「cis」則是拉丁文的「相同」。反式脂肪（trans fat）其中有碳連接在雙鍵的異邊；順式脂肪（cis fat）的碳連接在雙鍵的同一邊。順式脂肪實在太普遍，自然界就是以此形式創造雙鍵脂肪酸的。（但事實上，動物腸道細菌會將一些順式脂肪酸轉變成反式脂肪酸，但不是很多，所以自然界是會產生反式脂肪的。而劑量才是重點！）如果你一開始就用多元不飽和脂肪酸且氫化它們，沒錯，這就是氫化脂肪顯示的成分標籤，早在 1902 年就由德國化學家申請專利。做法是把氫原子硬擠到脂肪酸去，讓部分雙鍵變成正常鍵，增加熔點，讓脂肪在室溫下是固體，不讓它們在食物中移轉。（有趣的花絮：起酥油「crisco」就是從棉籽油結晶化來的。）因為熔點較高，焙烤食品時，我們會用奶油代替油。氫化脂肪會讓油比較硬，使它們更適合各種應用。但也可能在氫化過程中產生反式脂肪，因為過程中習慣加入氫原子，這樣做也重新定位已經存在的氫原子。當此情況發生時，就創造出反式脂肪，並且有此結構的脂肪可再堆疊到其他反式脂肪的上方。數量太大了，導致健康問題。（分子「彎曲變形」的方式恰巧可讓分子疊放得剛剛好。）

廚師在廚房時還有另一個複雜的脂肪科學：動物脂肪和植物脂肪混合了不同類型的脂肪分子。如果一罐油酸做成的油脂（橄欖油主要是油酸），它的熔點正好是 41°F／5°C，但裡面還有其他的脂肪酸，這也是為什麼當你把一瓶好的橄欖油放在冰箱時，裡面會結塊，油卻不會凝固。因為有些脂肪酸凝固了，其他還是液體。

牛油被熉出來後，做成一個插著燈芯的蠟燭。牛油多半是硬脂酸和油酸，所以在室溫下是固體。脂肪是很棒的能量來源。

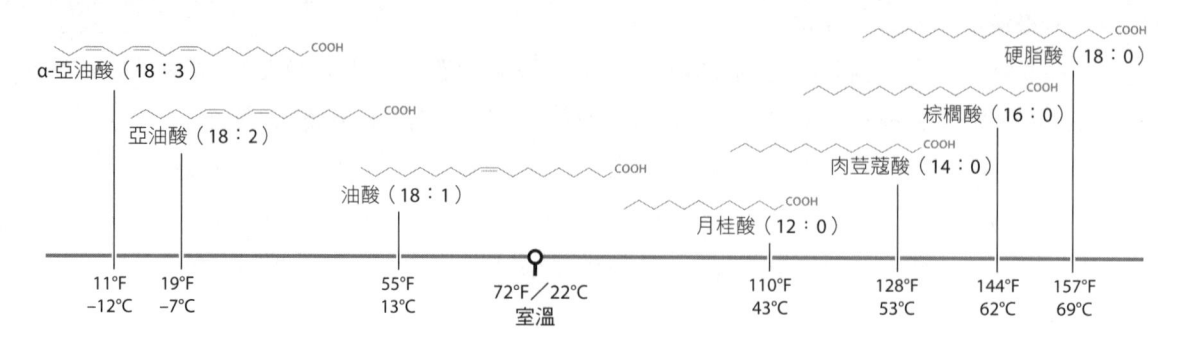

一些常見脂肪酸和它們的熔點，請注意飽和脂肪的熔點要高得多（沒有雙鍵的酸，顯示為"0"）。鏈較長，熔點較高。

> **為什麼有些東西會融化，有些東西卻燒焦？**
>
> 　　這要看手邊化合物的特性。融化是一種物理變化，一種由固態到液態的相變，並不會改變分子結構。但另一方面，燃燒是一種化學變化（通常是氧化燃燒或高溫分解）。有些物質是融化後再燃燒，有些是融化前燃燒，還有一些也許會或也許不會融化或燃燒。食物幾乎都是物質的混合物，讓這件事更複雜。以奶油而言：當它加熱時，油脂先融化，然後在較高的溫度下，乳固體燃燒。

油脂	常見脂肪酸				
	亞油酸	油酸	月桂酸	肉荳蔻酸	棕櫚酸
奶油	4%	27%	2%	11%	30%
豬油	6%	48%	-	1%	27%
椰子油	1%	6%	50%	18%	8%
橄欖油	5-15%	5-85%		0-1%	7-16%
芥花油（芥酸低／油酸高；又名菜籽油）	20%	63%	-	-	4%
紅花油（高油酸）*	16-20%	75-80%	-		4.5%
紅花油（高亞油酸）	66-75%	13-21%	-		3-6%
蛋黃	16%	47%	-	1%	23%
可可脂	3%	35%	-		25%

*相同植物但品種不同也會產生不同脂肪酸組成。例如，紅花油有兩種類型：一種油酸高，用在烹飪；另一種亞油酸高，用做油漆顏料（類似亞麻籽油）。還有些油用不同名稱區分種類，如芥花是一種低芥酸的油菜，業界給了它不同於油菜的名字。生長條件也會改變脂肪酸組成。

油脂的各種溫度？

傾點

油脂至少需要一點溫熱才能讓它「倒得出來」——那些你也許覺得會融化的東西，但也不一定完全變液體。多數堅果油的傾點大約在34°F／1°C。

濁點

當溫度冷卻到油脂變混濁卻仍然可傾倒，就是濁點，這不是你在廚房會注意到的溫度，除非你把油放得太冷。這就是我們把橄欖油放在流理台而不是放冰箱的原因。大多數堅果油會在40°F／4.5°C變得渾濁。

熔點

在此溫度區間中，脂肪分子已融化變成液體的油脂。因為幾乎所有脂肪都是混合物，內含不同結晶形式的脂肪酸，因此熔點在實際上會是一個溫度區間，且會超過脂肪由硬變軟再變液體的溫度。技術上，我們會把在室溫下是固體的油脂用來做烘焙食品，把室溫下是液體的油脂（就是油！）當成沙拉淋醬或沾醬（油的凝固點往往比~10°F／~6°C冷。）

- ~25°F／~-4°C：橄欖油
- 90-95°F／32-35°C：奶油
- 95-113°F／35-45°C：豬油
- 115-120°F／46-49°C：酥油

起煙點

脂肪開始因熱分解的溫度，在此溫度下你會看到縷縷輕煙從鍋子冒出，這是你在油炸食物時，希望到達的油溫。未精製的油含有顆粒碎渣，它們會燃燒，降低起煙點。

- 230°F／110°C：未精煉的芥花油
- 350-375°F／177-191°C：奶油、植物起酥油、豬油
- 400°F／205°C：橄欖油
- 450°F／232°C：紅花油
- 475°F／245°C：清澄奶油、印度酥油、精製的高油酸芥花油
- 510°F／265°C：精製紅花油

閃火點

在此溫度下，脂肪會著火，但熱度不夠無法持續燃燒，如果你在瓦斯爐炒過東西，有時會看到煙火很快冒上來，而這就是。

- 540°F／282°C：豬油
- 610°F／321°C：橄欖油
- 630°F／332°C：芥花油

燃點

在此溫度引燃脂肪，脂肪會繼續燃燒，這一點對蠟燭很重要，但肯定對廚房不太妙！如果有什麼東西真的著火了，請趕快遠離火源並在東西上加蓋。

- 666°F／352°F：豬油
- 682°F／361°C：橄欖油
- 685°F／363°C：菜籽油

自燃點

在此溫度下，物質不需要點燃就會自發點燃。這對瓦斯車的引擎是必要的，但在廚房卻要避免。

- 689°F／365°C：乙醇（酒精）
- 800-905°F／427-485°C：木材（松樹，橡樹）

奶油

奶油是迷人的東西。不像其他烹飪用油,奶油不是純脂肪,而是混合物,含有乳脂(80-86%)和水(13-19%),而水又含有蛋白質、礦物質、水溶性維生素,還有添加的鹽。奶油非凡的味道來自水油混合這種不太可能的組合,但因為脂肪裡的甘油分子圍繞水滴,而使水油混合成為可能。

奶油的融化溫度也非常特殊。放在冰箱的奶油,超過2/3的脂肪是固體,夏天溫暖的日子把它放在櫥台上,只有1/3的脂肪是固體。固態液態脂肪混合的特性讓奶油成為在室溫下唯一可做塑料的天然脂肪,可變形,可延展,同時維持形狀。奶油裡的脂肪酸(主要是肉荳蔻酸、油酸和棕櫚酸)存在於各種脂肪分子的組合,這些脂肪分子的熔點在-11°F／-24°C和164°F／73°C之間;在正常的組合物中,奶油會在68°F／20°C軟化,在95°F／35°C融化。

> 想看奶油如何做出來的影片,請上http://cookingforgeeks.com/book/butter/。

想做上好的奶油,不只是攪動搖晃把脂肪從鮮奶油中分離出來那麼簡單,做好奶油要複雜多了。奶油中脂肪球的大小差異是根據鮮奶油在巴氏滅菌時冷卻速度的快慢造成的,而它會改變奶油的質感,同時也決定攪打後奶油留存的水量。乳脂也因脂肪酸的組成而有變化,如果鮮奶油因受熱融化的脂肪量比一般來得更多,奶油最後就會變得很軟。(脂肪酸的比例要看乳牛的飲食;鮮奶油若來自餵食牧草的乳牛,鮮奶油中的飽和脂肪酸較少,熔點較低。)若要自己做奶油,了解這些過程是很值得的。但實際上,奶油用買的更容易也更省錢。但要買哪一種呢?又要如何存放?以下是幾個提醒:

加鹽奶油與無鹽奶油

吃東西時用一些加鹽奶油就很棒,新鮮剛出爐的麵包切一片,塗一層鹹鹹的奶油,希望你知道那種在室溫下厚厚抹一層的喜悅。由於加鹽奶油中鹽分含量的差異可達1.5-3%,烹飪上最好用無鹽奶油,這樣你就知道要放多少鹽。當你在食譜看到要放「奶油」,包括這本書,無需說明都是使用無鹽奶油。加鹽奶油有另一項優點:鹽會抑制細菌生長,當在室溫下儲存,加鹽奶油比較不容易壞。

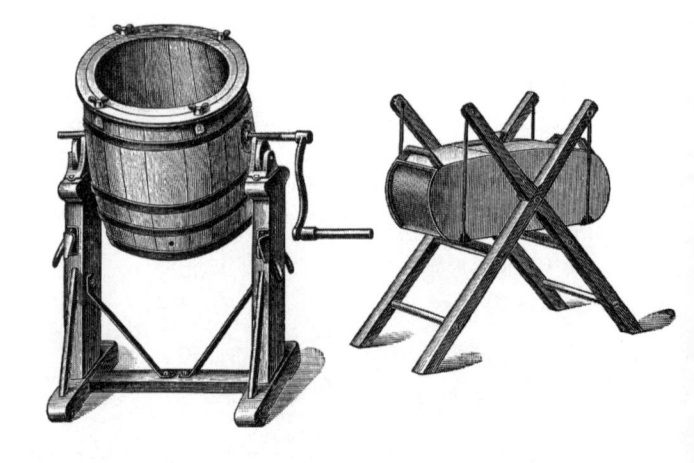

3-2 85°F／30°C：脂肪的平均融化溫度

甜奶油和發酵奶油

傳統上，奶油都從鮮乳酪做出來，而鮮乳酪從牛奶分離而來，只要給它時間，鮮奶油會浮在牛奶上面，會發酵、味道會有一點酸。(放的時間再久一點，就會做出酸奶油！)美國人大都習慣用未發酵的甜味鮮奶油做奶油；在歐洲及其他地方，鮮奶油多半有些發酵了，所以就會做出發酵奶油。

奶油的儲放

理想的奶油是結實的，質地要硬到可以保持粒狀結構；但也要很柔軟，軟到可以塗抹，且保有技術上形容像臘一般的質地。但對放在冰箱的奶油來說，這簡直是不可能的任務。所以把加鹽奶油放在櫥台，才是安全的，只要放在隔絕光線、限制空氣的保鮮盒中，且在兩週內吃完，以防酸敗。(因為氧氣可以把自己插入脂肪酸中產生「丁酸」〔butyric acid〕，腐臭奶油的名字「rancid butter」就是從丁酸的字根得來。)無鹽奶油最好放在冰箱，使用前1小時再拿出來放暖，當你做烘焙時，希望奶油和糖能拌和得很好，這一步非常重要。

用奶油做烘焙

比起融化奶油，固體奶油拌入麵團麵糊的情形不同。固體奶油加糖打發會產生細小的氣泡；如果奶油融化後加糖打發，奶油會包覆糖顆粒而不會捕捉小氣泡。此外，融化奶油也會分離出水，讓麵糊出現比它原本該有的更多麵筋(見p.269)。並且，不同品牌的奶油在出水量上也有些許不同，這會影響像派這種烘焙物，請用高脂奶油做奶油烘焙品。

在家做酸奶油

發酵奶油一開始要用微酸的鮮奶油做，但如果你讓鮮奶油再發酵久一些呢？最後你就有了酸奶油！自己做的風味和好油感絕對是外面買的比不上的，而且十分好做。

請從店裡買**1盒高脂鮮奶油**，打開它，加入**1匙有活性乳酸菌的原味優格**，再把原包裝封好，搖晃幾下。如果你的慢燉鍋或高壓鍋有做優格功能，請把那一包放在鍋子裡，裡面放2.5公分高的水，以優格模式讓它發酵12小時。不然就把那一盒放在廚房流理台上放1天左右，讓鮮奶油發酵。做好請把酸奶油放入冰箱，可保存一週。

● INFO

澄清奶油、褐色奶油、印度酥油

要做澄清奶油（clarified butter）需要把奶油煮到沸騰，把裡面的水都煮掉，然後把留下的牛奶固形物濾掉，變成熱澄清的狀態。去掉了乳固形物，澄清奶油的起煙點大約在450°F／230°C或更高。

做澄清奶油的方法：1杯（230克）奶油放在醬汁鍋中，如果使用無鹽奶油，請在鍋裡加 **3/4茶匙（5克）鹽**，以中火融化或蓋上蓋子放入微波爐融化。你會看到融化的奶油開始冒泡，這是水在蒸發。幾分鐘後，水蒸發掉，留下奶油和白白東西，那就是乳固形物。鍋子離火，小心地把油倒出來，留下乳固形物，或用細網過濾液體。澄清奶油可以用來煎魚、烤蔬菜、炸麵包碎和做英式馬芬這種麵包。

你可以把澄清奶油的程序更進一步，就可以做出褐色奶油（browned butter）和印度酥油（ghee）了。只要讓乳固形物一直燒到焦香，就能提升香氣，讓油脂的風味更濃郁。褐色奶油會保留烤香的乳固形物，這樣對風味很有幫助。而印度酥油會把乳固形物拿掉，讓油有更高的起煙點，所以要炸東西，可以用印度酥油，但不能用褐色奶油炸。

印度酥油最早用於印度料理，通常是從乳牛或水牛的牛奶製成，有時候有發酵（如發酵優格）。這是在沒有冰箱時的簡單對策，也是溫暖氣候區的料理經常出現酥油的原因。為什麼要自己做？因為梅納反應產生的化合物無法穩定儲存，在酥油中，反應最初階段產生的物質會在幾星期間持續分解，醋酸量增加（請想想白醋的狀況），味道就慢慢變了──新鮮東西的味道就是不一樣！

做褐色奶油和印度酥油的方法：剛開始依照做澄清奶油的步驟，但持續加熱，一直燒到乳固形物微微焦黃，眼睛要緊盯著看，只要乳固形物開始變褐色，就要趕快離火。深褐色的乳固形物會帶來更香的風味。如果你要做印度酥油，就讓這一鍋靜置至少5到10分鐘，然後過濾，餘下的時間會讓烤香乳固形物的風味滲入油裡。

做鬆餅、馬芬或餅乾（瑪德琳蛋糕！）都可以試著用褐色奶油：用85％褐色奶油和15％的水取代奶油──大約每1/2杯（115克）奶油要用7湯匙（100克）褐色奶油＋1湯匙（15毫升）水（如果食譜要求乳狀，可多加一些水，讓食材變濕一點）。或嘗試用它做醬汁：先融化褐色奶油，擠一點檸檬汁，放一些香草，如鼠尾草，就好了。

而一般會用高溫油的情況，你都可以用酥油，如油炸或烘烤。

巧克力、可可脂和調溫

Mmm～巧克力，有甜，有苦，有的堅果味，有的水果香，還有辛辣氣。它帶來喜悅快樂，對於某些人還能舒緩負面情緒。不管你怎麼描述它，就是美味。不，是真的，科學上來看，就是美味。巧克力被引介到每個文化，每個文化不但接受也更渴望它，這等豐功偉業可能連培根都很嫉妒。

巧克力之所以棒，部分應是質地和咬下的瞬間。質地來自巧克力的糖和脂肪如何混合（精煉〔conched〕），還有可可脂融化、冷卻、調溫的方式。所謂「調溫」（tempered）就是以溫度冷卻過程控制可可脂中特殊的晶體結構。調溫巧克力會用在松露巧克力的外殼，或做水果沾醬，像沾杏桃乾或裹新鮮草莓，或做烘焙物和甜點的外層。令人驚訝的是，只是一件事的變化，也就是三酸甘油酯疊放的方式，就能改變這麼多！

> M&M巧克力是由法蘭克・馬斯（Frank C. Mars）與兒子弗斯特・馬斯（Forrest Mars）在1940年開始發展的。佛斯特在西班牙內戰時（1936-1939）看到西班牙士兵吃著包有糖衣的巧克力，而「糖衣包裝」就成了防止巧克力融成一團的好方法。

要了解調溫，我們必須先了解巧克力到底是什麼。巧克力，最簡單的定義就是由可可脂和可可固形物做出來的東西，而無論可可脂或可可固形物都是從可可植物Theobroma cocoa的種子萃取出來。加入糖，就變甜；加入其他食材如牛奶和香草，也就加入風味。**可可脂**（cocoa butter）真的是可可的脂肪，內含植物性的三酸甘油酯，主要成分是肉荳蔻酸、油酸和棕櫚酸（這其實非常接近奶油的組成，因此熔點相似！）。**可可固形物**（cocoa solid）是拿掉脂肪後留下來的東西，磨碎加工後就是**可可粉**，濃郁的深色粉末帶來和巧克力幾乎一模一樣的風味。（荷蘭精製可可粉就是經過精製提高溶解度的可可粉，更親水，也更容易混合。精製也讓可可粉改變味道，荷蘭精製過程提高了可可粉的pH值，所以如果烘焙食品的反應要依賴小蘇打，此時用的天然可可粉就不該換成荷蘭可可粉；想知道更多細節，請見p.297。）

> 「可可」到底是cacao還是cocoa，帶有一點字源之謎。西班牙語總是用cacao，後來不知何時何處cacao經過「音段移位」（metathesis）變成cocoa進入英語詞彙。這也許是字典編纂者塞謬爾・約翰森（Samuel Johnson）做的好事，他在1755年編的字典中寫了一條cocoa的詞條，並註記更適當的寫法是cacao。
>
> 近期在英文中cacao通常用於描述可可植物，或從植物取下還沒有被精製的東西；而cocoa用於描述種子乾燥發酵後的衍生產物。做為食材時，cocoa在美國的定義也指可可粉，這對西班牙譯者來說真是一大挫敗。

當巧克力融化和調溫時,只有可可脂真正融化了。可可固形物並沒有融化,所以理論上來說,融化巧克力並不準確。調溫巧克力要透過融化,然後選擇性地固化可可脂中的某些脂肪,這可以是一種令人生畏、極度講究的程序。傳統方法要把巧克力加熱到高於110°F／43°C的溫度,然後讓它在大約82°F／28°C冷卻,再把溫度拉高到89°F／31.5°C到91°F／32.5°C之間。一旦進入調溫,你就必須扮演熱平衡的角色:溫度太高,巧克力失去韌性;溫度太低,巧克力就固定了。要做極致的巧克力需要對調溫有極致的了解,你需要用一支好的溫度計,不然就要仔細觀察(~90°F／32°C恰巧就是你嘴唇的溫度)。

但這些溫度是怎麼來的?可可脂根據三酸甘油酯的排列,以6種可能的型態固化成晶體結構,每一種型態融化的溫度都些許不同。調溫的關鍵在改變脂肪結晶的狀態,一但融解,就可以再結晶成6種中的任一種。因此必須調溫,溫度調整可強迫脂肪固化成我們想要的結構。在適當調溫的巧克力中,好的可可脂晶體需占質量的3-8%。

可可脂六種晶體的熔點

第I-IV型結晶的融化溫度(不需要的結晶)

- 第I型:64°F／17.8°C — 68°F／20°C
- 第II型:74°F／23.3°C — 76°F／24.4°C
- 第III型:78°F／25.6°C — 82°F／27.8°C
- 第IV型:81°F／27.2°C

第V和VI型結晶的融化溫度(需要的結晶)

- 第V型:95°F／35°C
- 第VI型:94.3°F／34.6°C

63°F／17.2°C　68°F／20°C 室溫　75°F　83°F／28.3°C　91.5°F／33°C　97.3°F／36.3°C　100°F

好的可可脂結晶有兩種型態,第Ⅴ型和第Ⅵ型。(分類標準來自1966年的研究論文,也有研究人員稱這兩種型態的巧克力為晶體β2和β1。)這兩種型態可以結晶成更緊密的網格,帶來更結實的結構,讓巧克力有令人愉悅的滑順感,折斷時有結實的「啪」一聲。(這和三酸甘油酯第Ⅴ型和第Ⅵ型的形狀有關,這兩型比其他型更可以緊密堆疊。)其他四型的晶體結構,也就是第Ⅰ型到第Ⅳ型,會讓巧克力質地較軟,也較有咬勁。

巧克力也會變壞(恐怖喔!),如果讓它在極端溫度上上下下,會把好的可可脂晶體轉回到第Ⅰ型至第Ⅵ型。這樣的巧克力被描述為「長白霜」(bloomed),外表有斑斑點點,吃來口感也砂砂的。長白霜的原因是1/4左右的可可脂在室溫下仍是液體,那些液體隨時間因溫度移到表面,在過程中,重新結晶好的脂肪起了微妙變化。(如果那一整塊都變成像粉筆灰一樣斑駁,糖分已經因為水分而散開。請把整塊巧克力融化重新調溫,下次放在比較乾燥的地方。)

就像大多數天然脂肪,可可脂所含的脂肪是各種三酸甘油酯的混合,主要成分是硬脂酸、油酸和棕櫚酸。再加上可可樹的生長狀況並不完全相同。例如,有些巧克力產自低海拔地區的豆子,它們脂肪混合物的熔點,就比產自較高冷地區的巧克力脂肪熔點高。儘管如此,溫度變化仍相對較小,所以這裡談的溫度區間是一般黑巧克力都適用的溫度。牛奶巧克力大概會再低2°F／1°C左右。另外加入的食材也會影響不同晶體的熔點。觀察巧克力的調溫,要確定它沒有添加其他脂肪或卵磷脂,因為這些成分也會影響熔點,只要加入的卵磷脂超過0.5％就會大幅拖慢調溫速度。

對世界各地的巧克力愛好者都幸運的是,巧克力有兩個怪怪的特性,讓它這麼受人喜愛。其一,我們不想要的脂肪型態全部會在比90°F／32°C低的溫度融化,而我們喜歡的脂肪型態明顯融化的溫度是94°F／34.4°C左右。如果你把巧克力加熱到這兩個溫度之間,我們不喜歡的巧克力型態都融化了,又固化成我們喜歡的型態。第二個幸福的怪事是簡單的生物學問題:口腔裡的溫度在95-98.6°F／35-37°C的範圍內,只比調溫巧克力的熔點高一咪咪,手的表面溫度又低於這個溫度一點點。

傳統調溫的操作如下:先融化巧克力中各種脂肪結晶,然降溫到夠低溫度觸發「晶核形成」(nucleation formation,也就是讓某些脂肪結晶成「種晶」〔seed crystal〕,包括一些我們不喜歡的結晶形態〕),然後再把溫度提高,把第I型到第IV型的結晶融掉,但這時的溫度對第V型和第VI型的結晶是夠冷的,結晶形式不變。這三階段調溫程序需要眼睛緊盯著,在第二和第三步驟期間,還要不停攪拌,刺激晶體形成且維持小粒的狀態。

什麼原因讓巧克力起砂?

假設你沒有因為在國家間走私巧克力而被抓[47],「巧克力的起砂現象」(seized chocolate)發生在當有少量水混入了可可固形物和可可脂中。請想像幾滴清水滴入乾燥的沙子中會發生什麼?它會變成一小團一小團的,狀況和巧克力一模一樣。可可固形物就像是沙子,只是被脂肪圍繞,而不是被空氣圍繞。用兩隻乾燥手指捏起一點可可粉磨一磨,感覺很光滑。加入少量的水,就會起砂;加多一點水,則又回到原來光滑的感覺。如果你的巧克力碰到水,就拌入多一點水——請依據可可固質物的量,大概加入重量的20-40％液體——巧克力就可以再次流動了。但也許你會不知所措,這樣的巧克力不會再固化了,但拿來做甘納許巧克力會很棒(請見p.302)!

---

47 作者雙關笑話,原文是seized chocolate,seized可表示非法持有,如cocaine seized,但用在巧克力是巧克力seized(糾結)在一起了,是巧克力的起砂現象。

有些調溫法要你在第二階段調溫點時加入切碎的巧克力,這方法可加速巧克力種晶形成,也會加速冷卻過程,可能很有用。它也可以用來調溫少量且已經被調過溫的巧克力,如巧克力塊,不是巧克力碎,巧克力碎不用調溫,這也是它比較便宜的原因。把巧克力溫度直接拉到~90°F／32°C,可以用微波爐加熱但小心控制(間隔10秒加熱一次,每一次都要攪拌一下,確保溫度沒有超過92°F／33.3°C),或者隔水加熱(請見p.361)。

為了讓調溫更容易,可以用「糖衣巧克力」(couverture chocolate,couverture是法文的cover,覆蓋的意思),它是用來覆蓋其他食物如水果蛋糕的巧克力,因為可可脂的百分比很高,可讓調溫更容易。在歐盟,糖衣巧克力的可可脂比例必須至少有31%(不是可可固形物!);在美國就沒有法律上的定義。可可脂加的多,更容易有夠多的可可脂讓結晶結得更好,也有正確的次級結構。如果你找不到它,或你喜歡實驗過程,可以去買可可脂,以重量計增加10%,融化後加入巧克力中。請確定你買到的是可可脂而不是白巧克力,白巧克力只有~20-25%的可可脂!

巧克力融化和調溫的溫度／時間對照圖

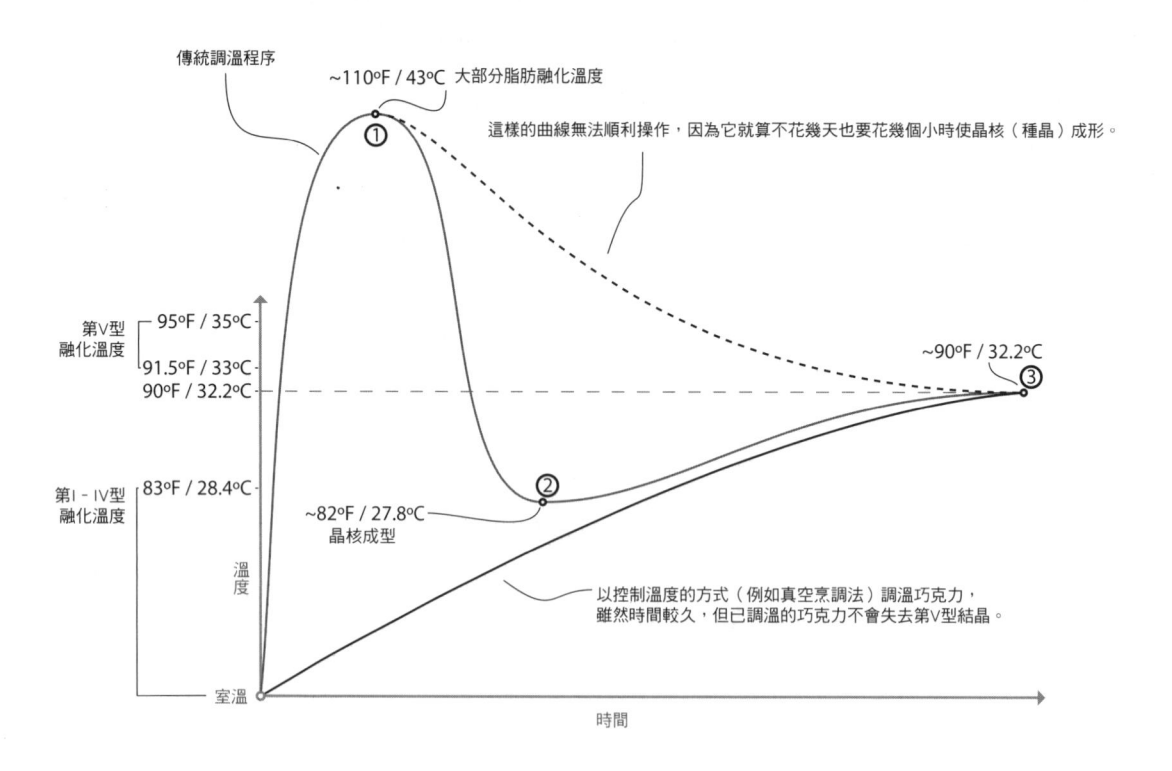

傳統調溫程序

① ~110°F / 43°C 大部分脂肪融化溫度

這樣的曲線無法順利操作,因為它就算不花幾天也要花幾個小時使晶核(種晶)成形。

第V型融化溫度 ─ 95°F / 35°C
91.5°F / 33°C
90°F / 32.2°C

~90°F / 32.2°C ③

第I - IV型融化溫度 ─ 83°F / 28.4°C

~82°F / 27.8°C ②
晶核成型

以控制溫度的方式(例如真空烹調法)調溫巧克力,雖然時間較久,但已調溫的巧克力不會失去第V型結晶。

溫度

室溫

時間

RECIPE

DIY 苦甜巧克力

　　塊狀的苦甜巧克力基本上需含有54-80％的可可，歐盟食物法和美國FDA的定義僅把苦甜巧克力塊摻入到半甜巧克力塊（可可含量不得低於重量的35％）的區塊一起說，但大抵來說，它們的成分大約是30％的可可脂、40％的可可粉、30％的糖。當你看到一塊巧克力的成分寫著，內有70％的苦甜巧克力，也就是指可可脂加上可可粉的量。某個製造商的70％，可能是脂肪30％／可可粉40％；另個製造商的配方可能是35％／35％。因為可可粉比較苦，可可脂的口感吃起來有點像起酥油，所以即使有兩塊巧克力，苦甜巧克力的含量都是70％，可可粉放得少的和可可脂放得多的會比較甜。

　　可可粉、可可脂、糖攪拌在一起的過程叫做「精煉」(conching)。瑞士企業家魯道夫‧蓮(Rodolphe Lindt)在1879年買了香料廠的機器，發展出精煉技術。可可漿在兩塊石輪間滾6到72小時，過程一直保持溫暖，精煉的時間越長，糖晶體和可可固形物分解就會產生滑順的質感。要知道巧克力在瑞士蓮改進前的樣子，你可以自己做一份沒有精煉的試試看。

1湯匙（9克）可可脂（假設是小顆粒狀）放在小碗裡融化，你可以用隔水加熱或用微波加熱。

可可脂離火或從微波爐中拿出，加入**2茶匙（10克）糖**和**2湯匙（12克）可可粉**。用勺子把醬料拌1-2分鐘攪到均勻。無糖巧克力一般都不精煉（但有些高級品牌也會精煉無糖巧克力，只要可可固形物仍有用處）。如果找不到可可脂，請用**7份無糖巧克力**對**3份糖**（無糖巧克力：糖 =7：3）取代。

　　如果你喜歡，可依據本節描述的調溫準則調溫巧克力，然後放入彈性模或鋪了烘焙紙的容器，放入冰箱冷卻。

　　品嘗這種巧克力時，你會發現，最初的滋味又澀又苦，甜味接著才出現，糖在口中化開隱隱有花香滋味。若換用細糖，會產生滑順質地，但這樣的巧克力不會具有像精煉巧克力一般的口感。

　　你也可以做實驗，加入其他食材，如**烤堅果、肉桂、辣椒碎、薑、可可豆、海鹽、咖啡豆、薄荷葉、培根**。你在巧克力店看到的所有風味都可簡單製作。

上圖是精煉過的市售巧克力（上）和沒精煉的自製巧克力（下），透過特寫可清楚看到兩者差異。

時間和溫度

3-3 104-122°F／40-50°C：魚及肉蛋白質開始變性的溫度

魚和肉只要煮得好會是一生飲食中最動人心扉的記憶焦點。雖然肉食動物的名聲聽來不太響亮，但某些食肉經驗卻是我最美好的飲食記憶，像是我父親的節日火雞或人生首次的油封鴨探索。火雞和鴨腿之所以美味，需要結合六種變數，包括色、香、味、多汁、柔軟和口感。做為料理人，你操控最後兩項因素的關鍵在於時間和溫度，只要做得好，的確能帶來嘆為觀止的柔軟和口感。但要了解做到的方法，必須先看清楚「肉」到底是什麼。

當動物被宰殺時，你很可能並沒有多想在動物組織中發生了什麼化學反應。毫不誇張地說，最重要的變化是循環系統不再對肌肉提供從肝臟來的肝醣或帶氧血液。沒有氧氣，組織裡的細胞也死了，預先存在肌肉裡的肝醣也消散，造成肌肉或粗或細的肌絲都燒光再綁在一起，成為死後的「屍僵」（rigor mortis）——拉丁文的「死後僵直」——就是肌絲黏合在一起產生的僵硬狀態。

大概在8到24小時之後，肝醣供應耗盡，肉裡的天然酵素開始分解死後僵直造成的緊繃狀態（死後蛋白質水解）[48]。在此程序前的宰殺流程會影響肉的質地，也會影響肝糖在動物屍體中的量。屠宰的長期壓力降低動物組織中甘醣的量，造成動物被宰後，組織pH值的變化，肉更快被破壞。而短期壓力在動物死前（還活著的時候）達到最高，血液中肝糖量升高，加速屍僵，顏色白質地軟的肉或魚因此品質下降，所以魚怎麼被殺會影響牠的質地。

各種蛋白質開始變性的溫度（圖表上部），以及標準熟度層次（圖表下部）

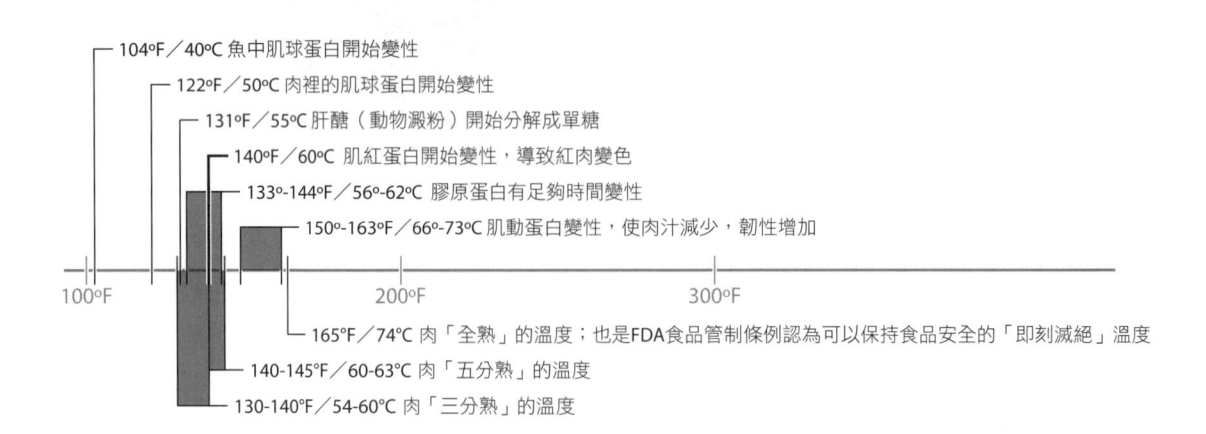

- 104°F／40°C 魚中肌球蛋白開始變性
- 122°F／50°C 肉裡的肌球蛋白開始變性
- 131°F／55°C 肝醣（動物澱粉）開始分解成單糖
- 140°F／60°C 肌紅蛋白開始變性，導致紅肉變色
- 133°-144°F／56°-62°C 膠原蛋白有足夠時間變性
- 150°-163°F／66°-73°C 肌動蛋白變性，使肉汁減少，韌性增加
- 165°F／74°C 肉「全熟」的溫度；也是FDA食品管制條例認為可以保持食品安全的「即刻滅絕」溫度
- 140-145°F／60-63°C 肉「五分熟」的溫度
- 130-140°F／54-60°C 肉「三分熟」的溫度

---

[48] 這在食品業稱為「解僵」，是肉中酵素自行分解、軟化肉質使其有風味的現象，又叫「熟成」。

屠宰過程與動物對待造成的差異太過明顯，感應器發現，在僵直狀態結束前從雞骨頭剝下的雞胸肉質，比還留在骨頭上的肉硬。因為時間就是金錢，很多大量生產的肉在屠宰之後直接解體。（我**知道**這就是烤全雞較美味的原因！）

除了買東西要聰明外，魚和肉在處理終結送入店前，你能控制的地方並不多。被注入鹽水的超便宜肉塊或者冷凍狀況極糟的魚雖會提供營養但質地已經不好，如果你做的菜結果總是不好，請確定食材品質狀況並避免標籤上寫著「醃製」或「加味」的食材。如果你有辦法，最好找一位魚貨肉源都經過妥善處理的魚販和肉販。

做魚煮肉的挑戰最後總是溫度，要把溫度煮到夠高才能殺死病原體，但溫度也要夠低，蛋白質才不會燒到太老。魚和陸上動物的成分大多是水（占65-80%）、蛋白質（占16-22%）、脂肪（1.5-13%），還有醣類如肝醣（0.5-1.3%），而礦物質（1%）在質量上少有貢獻。

蛋白質的熟度決定了此熟食大部分的質感，也就是柔軟、緊實與乾濕。肉中蛋白質可分為三類：結構、結締組織和肌漿蛋白。這裡會略去肌漿蛋白不談，它們對肉質的影響不像其他成分那麼大。（如果你熱中舉重健身，要鍛鍊的正是這些蛋白質。）而蛋白質的結構和結締組織是非常重要的。

為什麼有些肉是白色，有些肉是紅色？

行銷廣告詞是這樣說的：「豬肉，另一種白肉。」而紅肉被定義為比起雞肉有更多肌紅蛋白的肉。帶給肌肉顏色的不是血，而是蛋白質。**肌紅蛋白**（myogliobin）是紫色的；當它抓到氧就變成「氧合肌紅蛋白」（oxymyoglobin），就變成紅色的。（現在你知道為什麼解剖模型有青筋和紅色動脈了吧！）

雞胸肉的肌紅蛋白非常少（0.05mg/g），雞腿大約有2mg/g，豬肉有1-3mg/g，牛肉可以高達10mg/g。所以可這麼說，豬肉和牛肉比起來，色素較少。這就是豬肉看起來較清淡的原因，但雞的肌紅蛋白仍然比較多（抱歉了，行銷人）。

深色的肉（請想像雞腿）有較多的肌紅蛋白，這是很有道理的。肌紅蛋白提供氧氣到肌肉組織，因為動物負責走路與拍翼的部分需要更多氧氣。肉的顏色也根據氧氣的暴露量、pH水平和儲存條件而變化，這就是為什麼有時熟肉看來是粉紅色，生肉顏色反而趨近褐色。

附帶說明，如果你曾注意到絞肉顏色由紅色變成褐色，若不是因為肌紅蛋白沒有持續暴露在氧氣中，就是肌紅蛋白無法再抓住氧氣（結構中其中一個鐵離子會失去電子），以致轉成變性肌紅蛋白。無論哪一種情況，都不是絞肉壞掉的信號。

負責結構的蛋白質（肌纖維〔myofibrillar〕）會使肌肉收縮。魚的蛋白質有70-80％是結構蛋白質；陸地上的哺乳動物約有40-50％。加熱時，這類蛋白質會固定成像膠質一樣的結構，就是肉可以當成「黏合劑」的原因，也是可將食物黏在一起的食材。肌纖維蛋白有數種不同類型，包括：

- **肌球蛋白**是組成肌纖維的主要成分，約占55％，這也是實際會收縮的組織，能量來源則是三磷酸腺苷（ATP）。現在讓我們回到屍僵的問題，肝醣會轉化為ATP，並產生乳酸作為副產物。剛宰殺的肉類中有多少肝醣會決定產生多少乳酸，肌球蛋白就被剩下的肝醣供應燒掉。
- **肌動蛋白占肌纖維**的25％左右，並與肌球蛋白結合；也因為這樣的結合關係讓這兩種蛋白變成收縮肌肉的機器。
- **其他肌纖維蛋白**幫助維繫「肌球-肌動蛋白」這台機器，其中蛋白中的肌聯蛋白（titin）、伴肌動蛋白（nebulin）、連結蛋白（desmin）受到鈣蛋白酶影響，隨時間過去分解改變肉的質地，明顯的質地差異會在屠宰後一星期內發生，持續數週之久，這就是熟成牛排有更多柔軟口感的原因。

第三類的蛋白是結締組織（基質蛋白質〔stromal〕），如膠原蛋白，這類蛋白提供肌肉組織的結構，就像筋。魚裡面大概有3％是結締組織蛋白質，鯊魚有10％！哺乳動物的結締組織蛋白質則是約17％。要做菜，了解結締組織是很重要的，我們會在此章不同地方討論這個主題（見p.216）。現在只要知道膠原蛋白較多的肉塊需要特殊烹飪技巧就好了。

結構蛋白中肌動蛋白和肌球蛋白的量因動物類型和地區各有不同，實際上它們的化學結構也不太一樣──肌球蛋白是蛋白質家族，哺乳動物和海洋生物的蛋白質已發展到不同變形。魚裡的肌球蛋白只要低溫104°F／40°C就會明顯變性；肌動蛋白約在140°F／60°C明顯變性。陸上動物必須因應溫暖環境和熱浪才活得下來，肌球蛋白變性的溫度會在122-140°F／50-60°C的區間內，肌動蛋白變性的溫度則約是150-163°F／66-73°C。

乾燥煮過頭的肉並不硬，只是裡面缺水。所謂的硬是在微觀尺度上蛋白質已糾結在一起，變得太難咬了。把肉拿去加熱，讓蛋白質在微觀尺度上產生物理變化，肉的質地就改變了：蛋白質一經變性就鬆開不再糾結。此外，在變性時，捲曲一旦放開，蛋白新暴露的區域會接觸到另個蛋白的某區域而形成結鏈，使蛋白質互相連接，這個過程稱為「凝固」（coagulation），基本上這只會發生在蛋白質變性的烹飪過程，是一種獨特現象。

研究人員透過實驗數據確定，口感最好吃的肉是煮140-153°F ／ 60-67°C時（實驗以「咀嚼總和」和「總體質地表現」來評估，這是我最喜歡的部分）。當肉煮到上述溫度區間，因為溫度，蛋白質排得整整齊齊，肌球蛋白已變性，而肌動蛋白保持在天然形式。在此溫度範圍內，魚保有水分而不乾，紅肉呈現粉紅色，且會流出暗紅色的肉汁（但不是絕對）。

雖然很難證明，但是趨向理想質地的溫度剛好在肌球蛋白變性點之上與肌動蛋白變性點之下，這樣的巧合高度暗示，所謂肉質是基於這兩個蛋白的狀態。依此特點安排魚與哺乳動物的變性溫度，且在此溫度下延長保溫時間，就能消除時間-溫度速率下相關效果的可能性。所以，如果你在這一節只想得到一個想法，只要記得：變性的肌球蛋白＝嗯，好吃！變性的肌動蛋白＝嘔，噁心！當然，在這場賽局中還有其他蛋白質，當這些蛋白質也變性時，溫度的細微變化也會改變影響肉質，但對於大多數是肌動蛋白和肌球蛋白的肌肉組織，這兩個蛋白是肉質好壞的關鍵。

有些肉塊的質地可以藉著嫩化而改進。使用醃醬和濃鹽水[49]醃魚是化學性的嫩化方法。其中一個方法是酵素醃漬（像是鳳梨中的波蘿蜜蛋白酶，可分解結締組織。或用生薑中的生薑蛋白酶，對肌肉纖維更有效）；也可利用溶劑的效果（有些蛋白會在鹽溶液中溶化）；熱活化的化學柔嫩法有時也會注射到包裝肉類。乾燥熟成的牛排就是受到牛排肉裡本就存在的酵素，適時分解膠原蛋白結構及肌球-肌動這台機器。乾燥熟成也會改變肉的風味：熟成時間較短的牛肉吃來有金屬味，熟成時間較長的肉嘗起來則較富野味。哪一種「較好」，只是個人偏好。（有些人也許對金屬味特別敏感。）零售的肉塊基本要經過5到7天的熟成，但有些餐廳會用兩三週熟成的肉。

再來就是機械性的「嫩肉」法，其實也沒有真的嫩多少，只是把很硬的肉塊切成小塊，就像做漢堡的絞肉，結締組織和肌纖維都被切斷。肉切薄片要「逆紋切」，也就是切肉方向要和肌纖維結構垂直，就像做韃靼牛肉（見p.194）和烤倫敦牛腰。有些肉會用極細的針戳做微小斷筋，有點像用叉子反覆地戳。但此做法有一些潛在的問題，我們將在下一節（食品安全）探討。

---

[49] 濃鹽水（brine），西式醃漬不用醬油，多用濃鹽水，標準為1加侖水加8盎司鹽，或如日式做一夜干，也以濃鹽水醃泡。

熟度溫度表

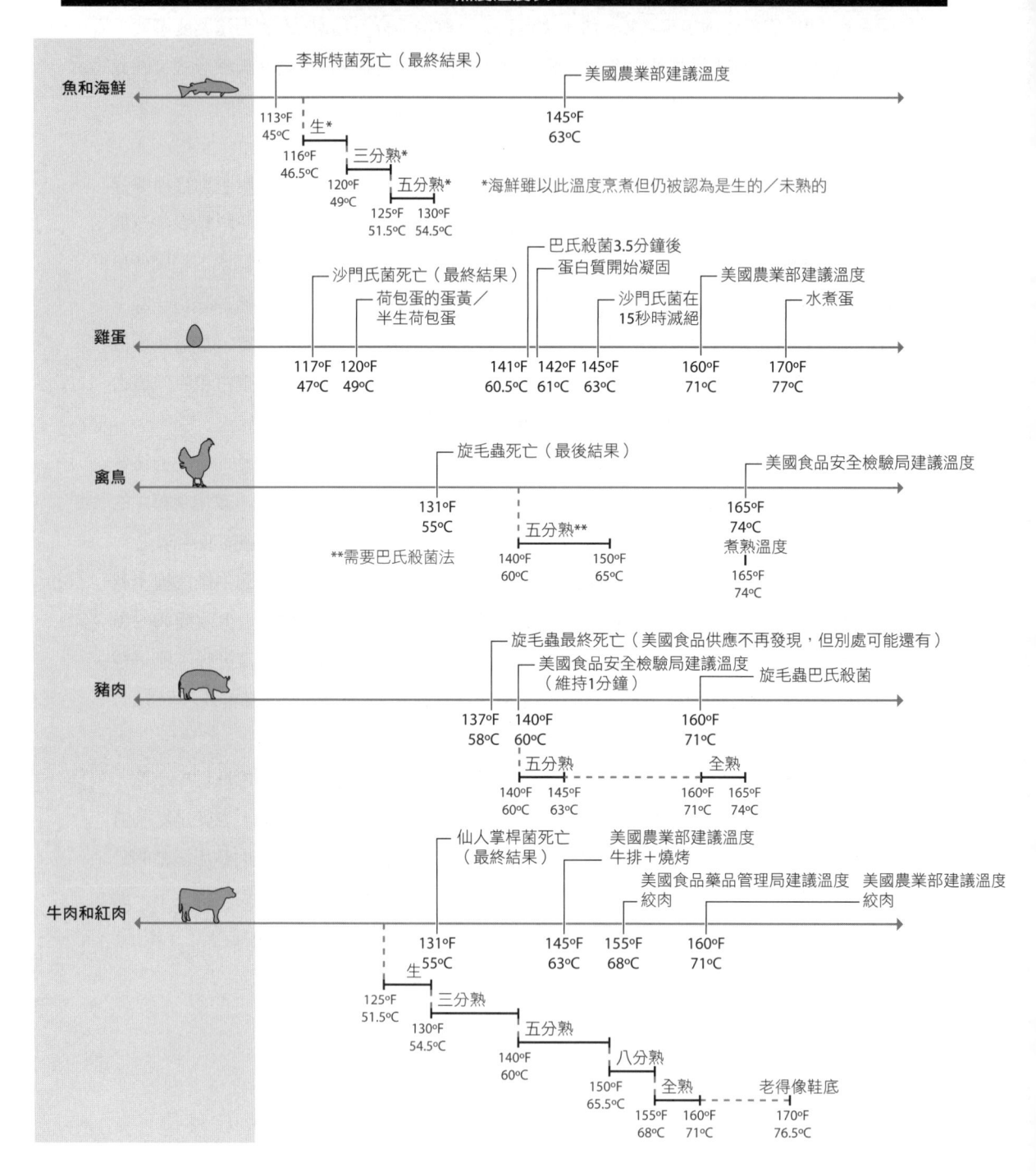

魚和海鮮

- 113°F / 45°C — 生*
- 116°F / 46.5°C — 李斯特菌死亡（最終結果）
- 120°F / 49°C — 三分熟*
- 125°F / 51.5°C — 五分熟*
- 130°F / 54.5°C
- 145°F / 63°C — 美國農業部建議溫度

*海鮮雖以此溫度烹煮但仍被認為是生的／未熟的

雞蛋

- 117°F / 47°C — 沙門氏菌死亡（最終結果）
- 120°F / 49°C — 荷包蛋的蛋黃／半生荷包蛋
- 141°F / 60.5°C — 巴氏殺菌3.5分鐘後
- 142°F / 61°C — 蛋白質開始凝固
- 145°F / 63°C — 沙門氏菌在15秒時滅絕
- 160°F / 71°C — 美國農業部建議溫度
- 170°F / 77°C — 水煮蛋

禽鳥

- 131°F / 55°C — 旋毛蟲死亡（最後結果）
- 140°F / 60°C — 五分熟**
- 150°F / 65°C
- 165°F / 74°C — 美國食品安全檢驗局建議溫度
- 165°F / 74°C — 煮熟溫度

**需要巴氏殺菌法

豬肉

- 137°F / 58°C — 仙人掌桿菌死亡（最終結果）
- 140°F / 60°C — 美國食品安全檢驗局建議溫度（維持1分鐘）
- 160°F / 71°C — 旋毛蟲巴氏殺菌
- 140°F / 60°C – 145°F / 63°C — 五分熟
- 160°F / 71°C – 165°F / 74°C — 全熟

旋毛蟲最終死亡（美國食品供應不再發現，但別處可能還有）

牛肉和紅肉

- 125°F / 51.5°C — 生
- 131°F / 55°C — 仙人掌桿菌死亡（最終結果）
- 130°F / 54.5°C — 三分熟
- 140°F / 60°C — 五分熟
- 145°F / 63°C — 美國農業部建議溫度 牛排＋燒烤
- 150°F / 65.5°C — 八分熟
- 155°F / 68°C — 美國食品藥品管理局建議溫度 絞肉
- 155°F / 68°C – 160°F / 71°C — 全熟
- 160°F / 71°C — 美國農業部建議溫度 絞肉
- 170°F / 76.5°C — 老得像鞋底

RECIPE

白脫奶醃牛肝連

大部分牛肉都是從穀飼牛來的,也就是在宰殺前幾個月改吃穀物等食物的牛,而不是草飼牛,而這樣的牛我稱為「草成品」,因為所有母牛都從吃草開始。穀物飼養讓肋眼和牛肝連[50]比草飼牛的相同部位肥兩倍(肌內脂肪約占5.2%而不是2.3%)。難怪草飼牛的肉更韌!

大多數醃料無法穿透到較深層的肉,但酵素和酸可以,只要時間夠。根據一般經驗法則,像鹽裡的鈉離子這樣的小分子約需要24小時才能進到肉塊2.5公分。這就是為什麼以醃漬為底的菜色都需要很長的醃漬時間,這不是醃料效果有多強的問題,而是有多少組織暴露在醃料中的問題。

理論上,極瘦的瘦肉用醃的會改進質地,特別是草飼肉。酵素嫩精會用在商業加工,因為在屠宰過程中它們可以較早暴露在肉中;家庭使用酵素則會讓肉糊掉。在白脫奶中有乳酸,或許也是鈣的原因,白脫奶會嫩化肉類且不會有讓肉糊掉的問題。

在實做上,醃料對肉質影響有很多的辯論。切半的醃肉塊若以目測只有在外面薄薄一層有改變,在風味測試上也支持這一點。但質地差異與風味是不一樣的,很顯然,酸和鹽真的可以滲透肉的組織。扇貝做成香檸海鮮[51],再切成一半用肉眼就看出差異。請自己做個實驗,看看有什麼想法。

1塊約1公斤的側腹牛排或牛肝連放在密封袋中,再加**幾杯白脫奶**,加入份量要袋子放下時可蓋過肉。如果你喜歡可以在白脫奶中加香草和辛香料,如**檸檬皮碎**和一些**蒜瓣切片**。袋子放在冰箱醃8到24小時後,把肉拿出來,醃料可以丟掉,把肉放在熱鑄鐵鍋中每面煎2-3分鐘。煎好後,要有最好質地需逆紋切肉,也就是和肌纖維垂直切肉。

醃漬對其他肉類效果也好。可用雞肉試試看,最少醃12小時。

---

50 牛肝連又叫裙帶排。
51 香檸海鮮(ceviche),在中南美洲大餐廳及路邊攤都吃得到的一道名菜,發源於祕魯。烹飪方式就是使用酸味果汁醃生海鮮!

⦁ RECIPE

橄欖油水煮鮭魚

鮭魚和大西洋鮭魚若煮太久，口感就柴了，失去細膩的美味。水波魚的祕訣是用低溫，給它時間慢慢燙。水波煮是控制火候的簡單方法，結果是驚人的美味。

魚排帶皮面向下，放入烤箱適用的碗中，碗的大小要足以放入整個魚排。撒上鹽，倒入橄欖油淹過魚排。魚放入「大小剛好」的碗，可以減少橄欖油的用量。

魚放入預熱好的烤箱，溫度設定在中溫（325-375°F／160-190°C）。

想吃半生口感就燙約15到20分鐘，如是上好鮭魚，帶生肉質會有驚人美味。請用探針溫度計，鬧鈴設在115°F／46°C。（魚燙到半生的意思是，除了做了巴氏滅菌，魚應該覺得像生的或未熟的——詳請見p.353。）

想吃五分熟，就煮約20-25分鐘，直到內部溫度達130°F／54°C。

只要鬧鈴一響，就拿出魚，讓餘溫把溫度再拉高幾度。

小叮嚀

- 試著把魚放在糙米或野米上一起享用，上面加一匙香煎蒜苗、洋蔥或香菇。（擠些許柳橙汁在青蒜上，味道真是特別好！）或者搭配四季豆紅椒丁炒飯，上面再淋一點醬油。
- 鮭魚含有叫做「白蛋白」的蛋白質，會在肌肉外層生成白色凝結物質，如下圖所示。漢堡和其他肉則會浮出一層層的物質，與這層白色凝結物是同樣的蛋白質，基本上會在表面浮出略帶灰色的「斑點」。想避免這問題，可以把魚放在含鹽濃度為5-10％的濃鹽水中（以重量計）20分鐘，就可凝結蛋白質。右圖的下面那塊肉經過濃鹽水醃漬，你可以看出其中的差異。

鮭魚中含有叫做「白蛋白」的蛋白質，浮在肉上時，魚肉就很難看，好像一層凝乳結在水煮魚的表面，就像上圖下方所呈現的。

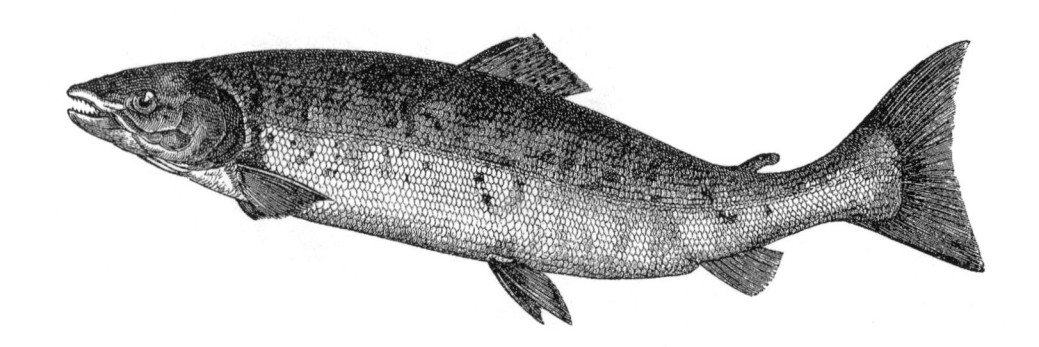

● RECIPE

香煎孜然鮪魚

　　說到真正簡單的烹飪法，用平底鍋油煎是其中之一。它會產生迷人的香氣，剛好也可兼顧受細菌污染的表面。

　　外皮煎得焦香酥脆的關鍵是用不銹鋼鍋或鑄鐵鍋，這兩種鍋子的熱質量幾乎比起其他鍋具都來得高（對於不同鍋子傳熱速度差異，請見p.58）。這道食譜我建議用鑄鐵鍋，這樣就不用擔心魚在高溫下煎到彎曲。當你把鮪魚放在煎鍋中，外層會被煎熟而中間幾乎仍是生的。

　　準備每人每份**85-110克鮪魚**，切成大致一樣的大小，可一次煎一片或兩片。

　　取一平盤，量**1湯匙（6克）孜然籽**和**1/2茶匙（2克）海鹽**放入盤中（最好是片狀鹽），這是一片鮪魚要沾的份量。再取另個盤子倒入**幾湯匙（約30毫升）耐高溫的油**，如精煉芥花油、葵花油或紅花油。

　　鑄鐵鍋放在爐子上盡可能地燒熱，等到鍋子完全熱透，開始冒煙才行。

　　每份鮪魚都抹上孜然和鹽，每一面都沾上油，就像替魚裹上一層外衣。

　　魚的每一面都要煎過，一面的孜然籽煎出焦香褐色時再翻另一面，每面約煎30秒。

　　煎好的鮪魚切成1公分厚，可搭配沙拉一起吃（魚放在綜合蔬菜上），或當成主菜（試試搭配米飯、義大利燉飯或日式烏龍麵）。

小叮嚀

- 這種鮪魚很適合搭配尼斯沙拉。先用生菜做底，可用貝比生菜或奶油萵苣，再加入四季豆、白煮蛋、小馬鈴薯、番茄和橄欖，淋上清淡的油醋醬，請盡情享用。
- 請注意，魚一下鍋，鍋子就會降溫，所以別把太大的魚塊下入鍋裡。如果你不確定魚塊是否太大，請分批煎魚。
- 可用粗海鹽，不可用岩鹽（猶太鹽）或鹽罐子裡的精鹽。粗海鹽顆粒較大成片狀，不會一碰到魚肉就全溶解，而是在你的舌尖慢慢化去，留給你美好的風味。

把鮪魚壓在均勻鋪著香料的盤子上，讓每一面都沾上孜然籽和鹽。

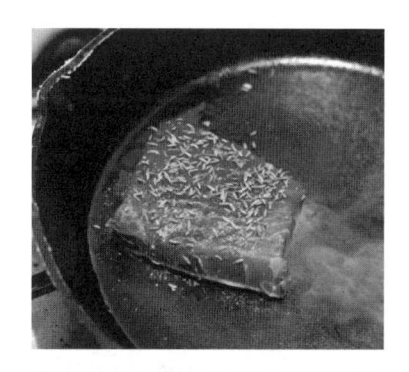

鍋子要燒得非常燙。煎魚時，旁邊要冒出一點煙才算好。

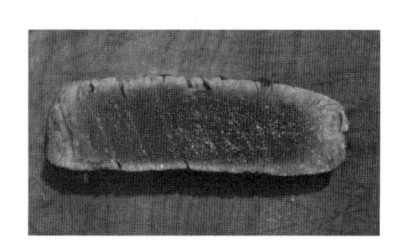

香煎鮪魚會有很大陡峭的熟度梯度，外圈薄薄一層是全熟的部分，但中間有很大一圈都是生的。

時間和溫度

3-4 140°F／60°C：危險區間結束的溫度

危險區間規則：不要把食物放在40°F／4°C到140°F／60°C的溫度區間超過2小時。

1980年代的樂迷也許想「一路衝進危險地帶」[52]，但說到食物，我建議一路衝向別的方向。現代食物供給比起以往更能互通有無、互相依賴，當我寫下這句話時，我正吃著早上的穀麥片、優格、香蕉和杏仁。穀麥片來自瑞士，優格產自新英格蘭，香蕉源自哥斯大黎加，杏仁是美國加州產品。唯一沒有從三千哩外運來食物的方向是北方，可能只因為北極沒產什麼東西。

雖然誠屬萬幸，一年到頭皆能得到新鮮農作和來自四方各國的食材，但也有一個缺點，食物處理若有差錯，受影響的人數也會增加。一批受污染的水灑在菠菜田上，可以跨過一州又一州讓上百位吃到的人染病，在污染物的來源被確定前，可能已過國際線。

食品安全不是一個性感的話題，但是重要的話題，且涉及生物學的某些有趣觀點。（你知道有些寄生蟲甚至可在液態氮中生存下來？！）不像這一章的其他部分（唉，還有本書其餘部分），我將扯一段簡短的題外話，下面十幾頁中，我要從「烹煮如何發揮作用」的有趣想法來看看「如何不會殺死自己」，我會盡量讓它有娛樂性。

食物不安全的主要元凶是細菌和寄生蟲，外加不當處置。其他如病毒、黴菌和污染物也很令人擔心，但它們比較容易處理。當你不洗手或生病時做菜，很容易就把病毒傳播出去。但這兩項都很容易解，只要洗手，還有生病時不要為他人做飯就好。如果你看到東西長黴了，就把它丟掉（請見p.461，針對發黴問題的訪談）。有人認為，黴菌只會出現在發現它的地方附近2.5公分，這觀念是錯的。最後，污染物和毒素是食物製造商的主要議題，身為消費者的我們多與那些事脫鉤。（如果你自己種菜，就要檢測土壤中有無污染物。）

回到細菌和和寄生蟲的世界。大多數會犯下食源性疾病的小蟲多在溫度高於40°F／4°C時繁殖，某些品種的活躍溫度會一路高達131°F／55°C。再加上幾度的安全邊際，你就會明白為什麼本節開頭提到的「危險區域」被定義為40°F／4°C和140°F／60°C之間。細菌和寄生蟲在冰箱裡可生存，但一般不會繁殖（也有例外），若溫度高於140°F／60°C，它們就會死亡。落在這兩個溫度間的某處，就是壞蟲子的派對中心。

---

[52] Highway to the Danger Zone，語出肯尼‧羅根斯1986年發行的歌曲〈Danger Zone〉，也收錄在《捍衛戰士》電影原聲帶。

正如你所想的，被危險區間規則限定的時間範圍是微生物世界真實狀況的大量簡化。這個規則限制的空窗期可到2小時，假設在最糟的情況下，如果食物放在此溫度更久就可能生病，就如沾染了更積極的細菌仙人掌桿菌。（誰說科學家沒有幽默感？請把仙人掌桿菌的英文大聲念出來：B. cereus！[53]）

溫度區間也被大略簡化。生物在不同溫度以不同速率繁殖。就以沙門氏菌為例，在100°F／37.8°C左右是它最幸福的滋生溫度。（怪不得我們會因此得病產生這樣的議題！）它不會在40°F／4°C由零開始繁殖，到了41°F／5°C就變成派對模式火力全開，而是一條斜坡緩慢漸進地升到理想繁殖溫度。危險區間和烹調溫度的準則都經過簡化，從大局看，你會煮出味道更好且更安全的食物。

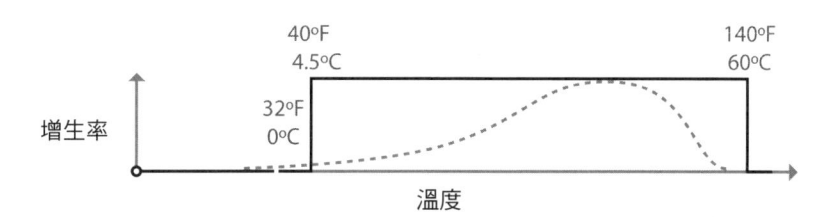

食源性疾病的細菌增生率會跟著曲線走，到中間時形成理想繁殖高峰，一點也不像危險區間規則暗示的。

要了解時間和溫度區間的簡化，就需談談機率問題。沾染食源性疾病是或然率的遊戲。可能存在於生牛奶的單核增生性李斯特菌（Listeria monocytogenes）會引起李斯特菌症，但要生病必須吞進上千個。雖然聽起來好像很多，但並不是，只要一小口被污染的牛奶就會讓你生病。只有一個大腸桿菌不會造成問題（不過我也不想當自願者！），但有10到100個，賠率就嚴苛許多。假設真有細菌，漢堡肉煎到三分熟可減少它們的數量，但並不保證會消滅它們。你應該接受怎樣的風險——你**真的**想要三分熟漢堡嗎？那你需要知道後果是什麼和可能的機率。

對於大多數人來說，感染食源性疾病的後果是腸胃不適、腹瀉、嘔吐、肌肉痙攣。然而，對於高危險族群，他們只要得到食源性疾病就會導致更嚴重的併發症，所以這種不適就可能致命。如果你為老人、幼兒、孕婦或有免疫問題的人做飯，要特別注意食品安全問題，並略過有較高風險的料理（唉……包括三分熟漢堡）。

病從口入的機率每年大都是6人中有1人會得病，這些案例中有1/4的人需要住院治療。根據聯合國美國疾病控制中心和預防中心（CDC），因食物染病的途徑複雜。讓我們以沙門氏菌為例說明，但請牢記這些概念也適用其他病原體，只是不同物種。

---

53 發音類似 be serious，叫人正經點！

沙門氏菌普遍的程度實在太驚人，每年各地感染人數達數千萬人。它的繁殖溫度區間為44-118°F／7-48°C，甚至超出這範圍也能存活。但只要溫度煮到160°F／71°C就會立刻死亡，也就是沙門氏菌的「熱致死點」（thermal death time）──在特定溫度下細菌多久會死亡──是零。

美國農業部（USDA）向食用者公布烹調溫度指導方針，對於最常受大腸桿菌和沙門氏菌污染的雞，USDA說明書中表示雞要煮到165°F／74°C，但這是一種簡化的建議，且重點不放在這樣煮雞會不會好吃。然後，還有美國食品和藥物管理局（FDA）撰寫實際的食品相關法律，法規中明令營業單位烹煮雞肉只要達到155°F／68°C（如你好奇，它列在食品準則的第3節-401.11）。

為什麼有溫度上的差異？某種程度上，要歸咎於美國食品監管體系及各組織間的可笑行徑。（講真的，當USDA或FDA或CDC或NSA〔美國國家安全局〕該涉入時，誰又能持續追踪它們？）消費者指導方針假設實際一定有些誤差，所以寧可把小差異拉高。而商業機構總是以法律標準為標準，且應該有較好的測量技術和設備。

此外，還有**保溫時間**的問題，也就是食物在一定溫度下要維持多久才能殺菌的問題。美國食品藥物管理局的要求是，若病菌熱致死點在155°F／68°C，則要維持15秒。

本章開頭對反應速率的討論其實真正是為細菌和寄生蟲，延長保溫時間就有更多病原體會被殺死。還有另外一個單位（以及另外的縮寫），美國農業部食品安全檢驗局（FSIS）就根據這項討論，制定保溫時間表。雞胸肉煮到145°F／63°C的口感較好，已經熟又不柴，但必須在這個時間保持8.4分鐘。而這些是消費者飲食指南假設家庭廚師無法正確做到的事項（但如果使用真空烹調法就有可能，請看p.342）。若要求150°F／66°C保溫時間只要2.7分鐘，這就是多加留意就可以自行操作的狀態。不要告訴別人，這就是我煮雞的方式。我允許自己有5°F／3°C的誤差，將溫度直接升到155°F／68°C，然後保溫3分鐘。（噓！）

後續討論的保溫時間比前面說的達到溫度牽涉更多（我寧願去依循簡化飲食指南的餐廳

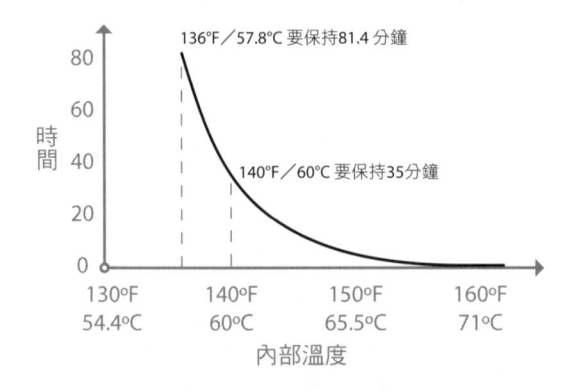

按照USDA和FSIS飲食指南中煮雞需要的保溫時間，時間以分鐘計（且假設雞有12%的脂肪含量）。

吃飯,也不要去什麼依據都沒有的餐廳)。具體需要的保溫時間要看的不只是手邊的生物,也要看在煮什麼食物。若煮雞,脂肪含量少、表面也較光滑,在145°F／63°C放8.4分鐘已經足夠對沙門氏菌做巴氏滅菌。倘若你做的是牛肉乾,也許是因為牛肉表面保持低溫,在細小裂縫乾燥時,水的蒸發冷卻讓沙門氏菌可在145°F／63°C存活10小時。

如果保溫時間令你困惑,就像我剛開始一樣,請把它們想成在三溫暖消磨時光。你能活下來,甚至很享受,先乾熱烤一會,但如果暴露在乾熱環境太久就會死亡。所以裹著冷毛巾,拿著冷飲往熱浴池一跳就能撐更久時間。這同樣適用於病原體:只要暴露的時間夠長,終究會死,**但不是馬上**,因此如果你煮東西的溫度低於指南建議的簡化溫度,就需要仰賴你如何正確把食物巴氏滅菌。

順道一提,**巴氏滅菌法**僅是把有代表性的病菌減少到安全水平,請不要把巴氏滅菌與**消毒**混淆,消毒會把病原體完全消滅。顯然如果經過烹煮,沙門氏菌一個都沒有,食物是不會自發性的腐敗,除非又被污染。但用巴氏滅菌法滅菌,病菌的數量減低,但不一定為零,所以在繁殖溫度下給它時間,它們可以攀升到危險水平。像罐頭鮪魚、紫外線照射牛乳這種消毒過的食物就沒有病原體存在,經過妥善密封可在室溫下無限期保存。

巴氏滅菌的保溫時間會根據病菌在特定時間有多快死,以及需要殺掉的數目而決定。在最壞可能與可接受的污染程度之間,科學家根據其間差異,以對數值差log10 reduction說明巴氏滅菌,其中一個log10 reduction表示減少以底數10呈現的病菌數。所以對於沙門氏菌,指南明確指出可減少7 log10 reduction,意思是1千萬個細菌中應該只有1個可以存活。

如果我們能以烹煮減少病菌數量,對於那些無意間遺漏、可能再次產生病菌的食物,為什麼我們不再煮一次就好?有時,問題不在病菌本身,而是它們產生的毒素。適當烹煮也許能安全減少細菌數量,但那些毒素可能受熱穩定,留存在熟食中,就如仙人掌桿菌產生的毒。

對於你需遵循的特定時間和溫度,我們將在下一單元帶你了解。想了解食物病源體的更多訊息,請看美國食品藥物管理局的《壞蟲書》,或請連結http://cookingforgeeks.com/book/badbugbook/。

韃靼牛肉與水波蛋

有些人認為韃靼牛肉是人間美味；也有些人覺得韃靼牛肉令人作嘔。撇開對食物的偏好，carpaccio（切薄片的生牛肉）和韃靼牛肉（生牛肉碎）不但味道美得驚人，從科學的觀點看也很有趣。這是利用切斷肌肉組織以機械嫩化的方法，是處理食品安全的好案例。

我在這裡應用的技術是熱水浸漬處理，這樣可以除去表面存在的99%以上的細菌。就像食品科學的老生常談：沒有安全食物，只有比較安全的食物。當你把肉浸入183°F／83.5°C的水中，10秒後大腸桿菌會減少99.4%（2.23 log10 reduction），20秒後則減少99.9%（2.98 log10 reduction），這樣很好，但不是百分之百。如果你不吃水波蛋，在美國還有沙門氏菌的風險，那麼你就不該吃韃靼牛肉。如果你想賭一賭，就試一試，你會訝異它的美好！

如果是做開胃菜，你需要約**100克牛里肌（菲力）、頂級沙朗，或其他「全是肌肉」的肉塊**。如果是4個人，每人約抓個450克。**請不要買絞肉**。確保肉塊沒有經過機械嫩化（也就是不經針刺或滾針扎）；請詢問你的肉販。我很幸運，我找到的肉乾燥熟成了兩週，在肉店前再部分切割，所以我知道我買的是什麼。

肉放在大鍋裡，裝入足夠的水，水量要蓋過肉。拿開肉，水再加熱到183°F／83.5°C。肉丟進去10到20秒，然後拿開用紙巾吸乾。這時的肉應該是灰色的。（有趣的事實：顏色會在一段時間後部分恢復）。

肉放在盤子上放入冰庫30分鐘，給它時間變硬，硬了就比較容易切開。

肉放在冰庫變硬後（請不要真的把它冰凍！），請用非常堅利、尖銳的刀子把肉切成小方丁大小（也就是技法中的brunoise，每塊約0.3公分）。一開始先把肉切成薄片，再把片切成條，條切成丁。如果切時拉不開，請壓住捏緊切。肉放到碗中，隨意用**海鹽**和**胡椒**調味。

韃靼牛肉迷對如何準備這道菜及要搭配什麼有強烈意見。如果你喜歡有開胃的感覺，可混入少量**檸檬汁、芥末**和**橄欖油**試試味道。

韃靼牛肉總是在上方放一個生蛋黃，而我喜歡用水波蛋。蛋黃仍然流動，但對於不喜歡生蛋黃的人是較能接受的呈現。在盤中放入每人一份韃靼牛肉，塑型成圓盤狀，上面再放水波蛋（做法請見p.214），可以搭配好吃的**洋芋片**。

為什麼放在櫥櫃的食物不會變壞？

為了繁殖，病原體需要的不只是適當的溫度。很多食物都很耐儲放，因為它們的濕度很低（如餅乾、豆類和穀物等乾貨、油，甚至果醬和果凍），但還有其他變數。微生物的生長需要以下六種變數都在適當的範圍內，它們的字首縮寫是 FAT TOM，比較容易記。如果任一種超過範圍，食物都無法支持微生物生長。

F= Food（食物）

細菌繁殖需要蛋白質和碳水化合物，沒有食物就不會增生。雖然它們仍可能存在，例如瓶裝水，沒有有機物卻仍能支持病菌增生。

A= Acidity（酸性）

細菌只能存活在一定的酸鹼值範圍中。太酸或太鹼都會令細菌中的蛋白質變性。醃漬食物耐儲放，因為它們很酸。自製果醬，很難知道酸度是否夠低，除非你遵循經過驗證的配方。

T= Temperature（溫度）

太冷，細菌只會睡覺；太熱，它們無法生存。另一方面，大多數寄生蟲在適當冷凍後都會被殺死。至於海鮮，寄生蟲處在 -4°F／-20°C 的溫度7天後會死亡，就像細菌太熱也會死。

T=Time（時間）

細菌需要足夠時間增生到足夠數量以擊潰我們的身體。放在櫥櫃的食物溫度和時間並不是限制因素。

杯狀病毒（caliciviruses）是非常多產的病毒家族，其中以諾羅病毒最有名，典型的散播途徑多是病人為他人準備食物而引起。如果你在馬桶前吐了整晚，有腹瀉、嘔吐、畏寒、頭痛等症狀，50%的機會可以怪罪諾羅病毒給你如此經歷。如果你有這些症狀，千萬不要為他人做飯！

O =Oxygen（氧）

微生物只有在氧足夠時才會複製，或者是沒有氧才會繁殖的厭氧菌（如肉毒桿菌）。請記住，真空袋不一定全然無氧。食物用油儲存就隔絕了氧氣，雖然如此，如果你做了浸漬油或使用內有大蒜、香草、紅辣椒非酸性淋醬，請放入冰箱或在4天內食用完畢。

M= Moisture（濕度）

細菌需要水才會繁殖。食物科學家使用一種稱為「水活性」（water activity）的量尺，建立食料含水量的標準（從0到1）。細菌增生需要在水活性值0.85或更大數值的環境中。

有趣的事實：保妥適（Botox）是由肉毒桿菌產生的毒素製成的，是真正的劇毒。只要攝入小到250奈克的劑量，也就是米粒的 1／120,000 就會有事。

RECIPE

香檸扇貝

香檸扇貝是一道很容易準備的料理，炎炎夏日吃來特別爽口。也是理解酸運用在烹飪上的好例子。這裡我們用到的酸是萊姆汁和檸檬汁，他們用來讓食物安全可食。

下列材料在碗中拌勻：

1/2 杯（120 毫升）萊姆汁

1/4 杯（60 毫升）檸檬汁

1 小顆（70 克）紅洋蔥，盡量切碎

2 湯匙（20 克或 1 顆）紅蔥頭末

2 湯匙（30 毫升）橄欖油

1 湯匙（15 克）番茄醬

1 顆（7 克）大蒜，剁碎，或用壓蒜器壓碎

1 茶匙（5 毫升）巴薩米克醋

醬汁加入下列食材拌勻沾裹：

450 克扇貝，漂洗後拍乾

放入冰箱冷藏，2 小時後再拌一次，冰一個晚上，讓酸有足夠時間滲入扇貝。加**鹽**和**胡椒**調味。

小叮嚀

- 浸漬 2 小時後，先把一塊扇貝切成對半，你會看到外圈呈白色而中心是半透明的。白色外圈是檸檬酸在時間作用後的蛋白質，因蛋白質變性而改變顏色（與加熱後的效果一樣）。同樣的道理，浸漬一兩天後，切開扇貝的切面應整個變成白色。

- 記住醃漬的酸鹼值很重要！假設檸檬汁和萊姆汁外的食材並不全為高鹼性，檸檬汁或萊姆汁至少須占整道料理的 15%。萊姆汁（pH 2.0~2.35）會比檸檬汁（pH 2.0~2.6）酸一點。

- 試試在醃料中加少許香料，如奧瑞岡葉；或在成品中（醃好的），加入櫻桃小番茄和芫荽。

萊姆汁的除菌效力

對於可能存在於海鮮的細菌種類，用萊姆汁很有效。根據文獻指出，「面對霍亂疫情的流行，食用萊姆汁醃漬的香檸海鮮是避免感染霍亂弧菌的最安全方法」（L.Mata, M.Vives, and G.Vicente（1994））[54]。「受污染的魚浸在萊姆汁裡，霍亂弧菌因酸性基質而消滅。」（*Revista de Biologia Tropical* 42(3)：472-485）

---

[54] 作者註：此篇文章是由哥斯大黎加大學教授馬他（L. Mata）、維福斯（M. Vives）和維森特（G. Vicente）發表在《熱帶生物學期刊》的論文，〈在酸性液體中消滅霍亂弧菌〉（"Extinction of Vibrio Cholerae in acidic substrata: contaminated fish marinated with lime juice（ceviche），" Revista de Biologia Tropical, 42(3): 472-485）。

• INFO

用酸烹煮

　　不是只有熱才能讓蛋白質變性並殺死病菌。蛋白質維持天然形狀，是因為施加在分子結構上的推力與拉力都能平衡。加入酸或鹼，就敲散了原來的平衡力道。酸鹼離子不斷推壓蛋白質結構改變電荷，讓蛋白質改變形狀。像香檸海鮮這樣的菜（就是用柑橘類醃漬海鮮），檸檬或萊姆的酸會導致分子水平上類似用熱煮的變化，這種變化不只發生在表面，給予足夠時間，酸鹼溶液會完全滲透食物。

　　香檸海鮮是用酸殺死病菌的典型例子，霍亂弧菌由海鮮傳播是常見的病菌，就算在常溫下只要在pH值低於4.5的環境中會迅速死亡。另一個例子是做壽司的飯，這是加了醋的飯，如果沒有加米醋，煮熟的飯放在室溫下就是仙人掌桿菌的理想繁殖溫床：飯的濕度夠，有理想的溫度，又有這麼多營養物質供細菌大力嚼。但只要把環境的pH值下降到4.0，米飯就落於細菌生長的舒適範圍之外。這就是為什麼餐廳準備醋飯至關重要的原因，pH值若未適當調整，就會有噁心嘔吐的食客。

> **為什麼飯煮熟了細菌還是無法消滅？**
>
> 　　煮飯會除菌，但只是暫時的。像仙人掌桿菌這樣的細菌可以耐熱，即使沸水煮仍然存活。因為細菌孢子在水和土壤中高度普遍，幾乎不可能除去。並且除非你用罐裝儲藏這樣的技術，在冷卻後交叉感染，病菌很容易再次進入食物。

時間和溫度

: 訪談

道格・包威爾
談食品安全

　　道格・包威爾（Doug Powell）是堪薩斯州立大學診斷醫學和病理學院副教授。他的部落格「嘔吐物部落格：思考食品安全議題及會讓你嘔吐的東西」，網址：http://www.barfblog.com。

食品安全和烹飪品質間是否有種緊張關係？如果有，是否有兩全其美的辦法？

　　安全和品質完全是兩回事。品質是人們愛談的事，聊酒、有機食品、如何長成，這些事人們到死都談不完。而我的工作是確保他們不會因此而……嘔吐（barf）。

要在家做飯的人看出品質不同很容易，但要他們察覺食品安全上的差異卻很難，除非因此生病，我想的對不對？

　　新鮮蔬果全年供應的確帶來極大營養價值，但同時，蔬果豐饒的飲食也是北美地區食源性疾病的主要原因。因為食物新鮮，任何與它們接觸的東西都有污染它們的潛在可能。所以要如何平衡潛藏危機和潛在利益？要注意風險及確認安全程序，得從農場開始做起。

　　如果你查看1920年代的罹癌趨勢，人們最常得的癌症是胃癌。那時候誰不在冬天吃些加了鹽和醋的醃黃瓜。但現在因為有新鮮食物，這種現象幾乎完全杜絕，因為攝入的食物更新鮮。現在要預防的，反而是從農場到廚房的污染問題。這些事總有取捨，有一說是在準備漢堡和雞肉時，必須完全煮透且要用溫度計確定。但事實上大多數的風險在於交叉污染，馬鈴薯長在土裡，被鳥屎覆蓋，而鳥屎裡有很多沙門氏菌和曲狀桿菌。當你從食物供應處將馬鈴薯帶入廚房，它帶的細菌就足以污染整塊地方。

從攝取到症狀發作一般要多久時間？

　　沙門氏菌和大腸桿菌要花一兩天，李斯特菌可長達兩個月，A型肝炎要花一個月。你不可能記得昨

天吃了什麼，事實上，任何能追溯到源頭的引爆點，我覺得都是奇蹟。過去，如果一百人參加婚禮或葬禮，吃了相同的餐點，兩天後都出現在急診室，他們會提供共同的菜單，而調查員會對他們做團體檢查。現在，經由DNA指紋鑑定就更容易了。住在田納西、密西根和紐約的人，如果都因為某物得病，只需要取樣本做DNA指紋鑑定。有電腦工作七天24小時，加上工作人員不停檢視這些配對。於是，他們才可說這些全國各地來的人全都染上同一種蟲，吃了同一種食物。

想想2006年爆發的菠菜污染事件，約有200人生病，橫跨整個國家[55]。如何將線索拼湊在一起，因為這些人有同樣的DNA指紋，也在某人廚房裡的一袋菠菜上發現大腸桿菌，而大腸桿菌上也發現同樣的DNA指紋。接著他們又發現鄰近菠菜園旁邊的牛身上也有同樣的DNA指紋。這是鐵證如山的最佳例子，但一般狀況不會有這麼多證據。

該如何做沒有明確標準，但當你檢視大多數感染爆發事件，多半不是上帝的作為，而是嚴重的衛生違規，你不禁懷疑人們怎麼沒有因此更早得病。很多新鮮農作的污染爆發多半因為人或動物的排泄物污染了灌溉水，人們再用這些水去灌溉農作。這些蟲本就存在，我們是可以採取某些監管措施，但要怎麼做？殺光所有的鳥嗎？我們能做的只是減少衝擊。

農夫收割時可以將農作放在含氯的水中清洗，降低細菌含量。我們知道牛、豬、其他動物會攜帶細菌且因屠宰受到污染，因此採取其他盡可能會降低風險的步驟。因為當我們把這些肉買回家做漢堡，就知道一定會犯錯。我已經拿了一個博士學位，還是會犯錯。我希望細菌數降到最低，這樣我一歲孩子就不會生病。

你覺得要壓垮整個系統，需要多少特定數目的細菌？

這取決於微生物。像沙門氏菌和曲狀桿菌這類細菌，我們不知道多少量才會影響曲線。我們總是在事件爆發後才後知後覺地工作。就像冷凍食品，也許某人的冰箱才是有好樣本的地方，我們可以找到更多細菌。以沙門氏菌和曲狀桿菌來說，似乎要一百萬個細胞才會引發感染。但就大腸桿菌O157型來說，只要5個就夠了。

你必須考慮到細菌的致命性。有10%的病患，大腸桿菌O157可以搞垮他們的腎臟，有些還會導致死亡。感染李斯特菌的病患30%會死亡。沙門氏菌和曲狀桿菌比較不喜歡殺人，但得到也不是好玩的事。所有事情都有各種因素。孕婦得到李斯特菌的可能性多20倍，所以她們被告誡不能吃火腿熟食、煙燻鮭魚和冷凍食物。李斯特菌生長在冰箱，而孕婦的感染率多20倍，這種細菌會殺死胎兒。大多數人都不清楚這件事。

關於食品安全，有什麼特別重大的事是你想讓消費者知道的？

食品安全和酒後開車或其他活動一樣並無不同，都要小心。在我們的文化裡，關於食物的主要訊息都受食物色情所主導，打開電視盡是無窮無盡的烹飪秀，所有人都追著美食跑，卻沒人理會食品安全相關事宜。今天你去超市，可以買到40種不同牛奶，和不同方式種植的100種蔬菜，但沒人敢說其中絕沒有大腸桿菌，因為人們會想：「天啊！沒有食物是安全的！」他們該做的是，只要看看報紙，就會知道食物是危險的。

---

[55] 2006年8月，半個月內在美國26州發生199起腸胃炎症狀，其中31人急性腎衰竭，3人死亡。最後發現原兇是受0158:H7大腸桿菌污染的菠菜。

我看到很多規範都提到危險區間40-140°F／4-60°C的概念。

很多規範說的都是廢話。有危險區間很好,不要把食物放在危險區間太久很重要,但同時卻沒有深入任何細節。人們靠著說故事學到教訓,只告訴人們:「不要讓你的食物這樣。」是沒有用的。然後他們又說:「好吧!可以啊!為什麼?」我可以告訴你一大堆為什麼及為什麼不的故事。那些規範根本不會改變人們的行為,這就是我們為什麼要研究人類行為,就是為了真正找到讓人們做他們該做的事的方法。就像瓊・史都華[56]在2002年說的,如果你認為那些貼在廁所的標語(「工作同仁必須洗手!」)會解決尿液沾上食物的問題,那你就大錯特錯了!我們要做的是想出有用的標語。

我很好奇你的標語像什麼?

我們有些不錯的標誌!我們最喜歡的圖像是萵苣菜裡有顆骷髏頭!胡蘿蔔汁裡冒出死人也不錯!

---

[56] 瓊・史都華(Jon Stewart),美國脫口秀演員,自1996年開始主持 The Daily Show with Jon Stewart,是脫口秀節目中,最擅於惡搞新聞、嘲諷時事。

如何降低食源性疾病的風險

不久前,我不斷聽到本地賣場的魚販告訴客人,用他賣的鮭魚做壽司沒有問題。但是,若那條魚沒有貼上「預先冷凍」的標籤,萬一又和其他魚直接接觸,這條魚則無任何明確保證可以完全杜絕寄生蟲和細菌。當真正的魚販消失了,消費者又該如何應對?

對於初學者來說,要關注和了解風險所在。不是所有食品都有同一種風險,例如沙門氏菌較易出現在陸上動物及處理不當的蔬菜上;如果你沒有即時洗菜,很容易就會得到它。還有其他細菌,就像創傷弧菌會出現在河口潮汐鹹淡交會水域的魚身上,如野生鮭魚就會有,而鮪魚這種深海魚類較少列入考慮。很少有人會記得這樣的細節,我就知道自己對鮭魚的細節沒有什麼好記憶,但撇開做壽司之外,也有能適用烹煮眾多食物的廣泛規則。

防止食源性疾病的最安全方法是適當,烹煮避免交叉感染(嗯,除了活在塑膠泡泡裡,只吃輻射照過的粥之外)。喔! 交叉感染實在太痛苦,是比食物未煮熟更嚴重的麻煩。洗手,洗手,勤洗手,而且不要用髒毛巾擦剛洗過的手。

至於烹調溫度,美國農業部(USDA)建議烹煮食物需採用能立即殺死可能存在病菌的溫度。USDA建議犧牲美味換取安全,也許當我退休在郵輪上吃飯或在醫院復健時,我會想這樣做,但其他時間呢?用它定的溫度就會讓食物煮過頭。

假設你有很好的探針溫度計,遵循保溫時間的指示就能讓食物適當巴氏殺菌,同時也避免煮過頭。而我之前提過,美國食品安全檢驗局(FSIS)公布了保溫時間表,請上網搜尋FSIS保溫時間指南。

就像菜單上的警告標語,若你想「吃生的或沒有熟的肉」,又該如何?這就要看食材了,你應該聰明處理它,包括避免交叉感染,保持食物低溫狀態。也要了解農產、肉類和海鮮的各種風險。以下是這些主題的簡要說明。

USDA飲食用餐準則:

145°F / 63°C:魚和貝類

145°F / 63°C:「全肉塊」溫度,包括牛肉與類似牛肉的肉

160°F / 71°C:絞肉

160°F / 71°C:雞蛋

165°F / 74°C:家禽和剩菜

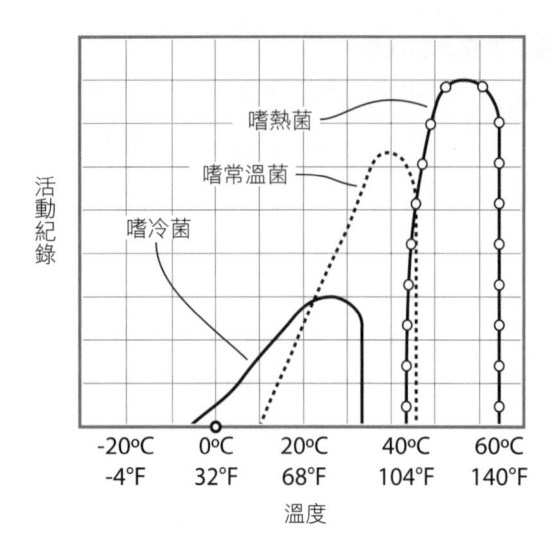

安全烹調溫度取決於何種病菌可能存在以及它們的存活溫度區。會引起食源性疾病的病菌只有少數是嗜冷菌（也就是低溫生長的菌），這就是冰箱能阻擋它們的緣故（李斯特菌是例外）。大多數壞蟲都是嗜常溫菌（在體溫附近最活躍的菌），非常幸運的只有幾種是嗜熱菌（如曲狀桿菌）。

引用出處：Graph based on E. Andersen, M. Jul, and H. Riemann (1965), "Industriel levnedsmiddel-konservering," Col. 2, Kuldekonservering, Copenhagen: Teknisk Forlag.)

圖表座標軸：活動紀錄／溫度
溫度刻度：-20°C/-4°F、0°C/32°F、20°C/68°F、40°C/104°F、60°C/140°F
曲線標示：嗜熱菌、嗜常溫菌、嗜冷菌

避免交叉感染

洗碗海綿和毛巾在交叉感染上是臭名遠播（可笑吧！還真的是臭名）。你擦一下骯髒流理台，用熱肥皂水沖洗海綿和毛巾，把它擰乾。一小時後，把它撿起來，又擦一下另一個流理台，然後Bam！中標！你已經讓每個地方都完美鋪上一層壞蟲，自來水的熱度不夠殺死病原體。或者你在處理生食過後，已用熱水和肥皂洗過手，然後用髒的毛巾擦手，然後Boom！炸了！

用紙巾擦乾手，擦乾濺出的水，準備一疊乾淨的毛巾，好在每餐飯後都可把現在用的丟去洗。洗碗海綿可以微波處理（先用水洗乾淨後，再以高溫微波2分鐘），或用沸水煮5分鐘，或每週都放在洗碗機中洗。

這應該不必說：料理生食和熟食的砧板盤子要分開。你可以把保鮮膜包在砧板上，就是一層快速且用完即丟的外層，或甚至用包肉的包裝紙墊著，只要小心別把紙切破。

保持食物低溫

你確定過你家冰箱運轉時的溫度嗎？應該低於40°F／4°C，最好擺在較冷的那一側（34-36°F／1-2°C），食物才會冷得更快，壞得更慢。

雖然食物經過烹煮會殺死大部分細菌，但可能有幾個會生存下來，或經由交叉感染又回來。也很可能耐熱的病菌芽孢仍然很張狂，給它們適當的溫度區間和時間，就能增生到不安全的數量。立刻把剩菜用標籤貼好放進冰箱，而不是隨便放等到飯後再清理。唯一的例外是，如果你有大量的燙食物，放入冰箱更早之前，最好先放涼到140°F／60°C，然後用冷水浴迅速降溫。

如果你想把食物放在外面一會兒，像是悠閒漫長的早午餐時光，牛奶放在桌上，或去公園野餐的馬鈴薯沙拉，請讓它們保持低溫。可以把裝牛奶的容器塞在一碗碎冰上，馬鈴薯沙拉也可以用冰袋讓食物容器保持冰涼。如果你知道食物已正確烹調和冷凍，可以用危險區間的規定作為準則，也就是放在外面2到4小時還OK，但超過時間就存在風險。

洗菜

上一次你清洗冰箱保鮮室是什麼時候？是啊……我也這樣想（我也很慚愧）。菜和萵苣放入塑膠袋，食用前一定要清洗。你也可以把蔬菜蒸一下，快速殺死病原體。利用有蓋保鮮盒，蓋子大致蓋上，在裡面放一些水，蓋子會讓蒸汽持續與蔬菜接觸。

水果和蔬菜的污染可能發生在購買之前，可能是農場種植時使用的水遭污染，或是其他來源（鳥飛過農田時說不定拉了屎）。根莖類蔬菜，如胡蘿蔔、馬鈴薯、甜菜和其他包在土裡的蔬菜都應該徹底清洗，每樣東西都要洗得乾乾淨淨。誰知道會不會有人在店裡打個噴嚏。（我知道，很噁心，但看完Reddit版上的爆料，自助餐廳員工從來不吃……好吧，你可能不想知道。）

使用完整的肉塊

業界行話「全肉、完整」描述肉塊從裡到外沒被切割，也就是沒有被機器絞過，也沒有**被機械嫩化**（用一大塊帶有小刀片的刀板先細微切過）。不管是牛肉、豬肉、牛肉、羊肉，完整全肉塊煮起來都很好吃。污染僅限於肉塊表面，只要很快烤一下或丟進滾水燙，裡面全生的部位也可安全食用。韃靼牛肉？用完整全肉來做絕對沒問題。

但機械嫩化這個詞應該讓你停看聽。大約有1/4的零售牛排和燒烤肉類都經過機械嫩化，處理過後，肉就沒那麼硬，但也把表面污染強穿深入肉裡層。不幸的是，你看不到微小創口，而令人沮喪的在於食品標示法並不要求製造商需標明肉品經過機械嫩化。遊說團體在努力20年之後，只有加拿大需要標示。與肉舖短暫往來是沒有辦法確定哪一塊牛肉是否是完整全肉。購買者要小心！

絞肉要煮到全熟

做漢堡的絞肉可說全是肉的外層，也意謂表面物染已經絞進全部肉裡。美國農業部表示，煮絞肉溫度至少要達到160°F／71°C，但這樣的溫度已足以讓大多數蛋白質變性，肉質變硬。因為脂肪能掩飾肉的乾澀，使用牛絞肉時請多放些肥肉，做出來的肉餅也會較多汁。請找瘦肥比「85／15」的牛絞肉，也就是瘦肉85％、肥肉15％的肉；如果瘦肉更多，漢堡口感就乾了。

請注意顏色改變不見得是煮熟的準確指標，肌紅蛋白、氧合肌紅蛋白、變性肌紅蛋白會在140°F／60°C時開始變成灰色，倘若環境酸鹼值在pH值6.0，溫度達160°F／71°C，反而會變成粉紅色。所以烹煮絞肉時，請用數位探針溫度計。

想做安全的三分熟漢堡肉排，也是有可能的。只要你把肉買回來自己切碎，請買「完整的全肉」，按照做韃靼牛肉的相同程序處理它（請見p.194）；不然就要找經過冷式殺菌的肉（又名放射線照射殺菌法）；或者用真空烹調法自己殺菌（參見p.342），一塊.15公分厚的漢堡肉要在141°F／61°C的溫度下放30分鐘左右）。如果你有裝備，我吃過最好吃的漢堡肉就是真空烹調做的，你可以做好再拿出來快速煎一下，再撒上鹽。

根據烹煮法選擇魚類和海鮮

海鮮裡的寄生蟲多半不會感染人類，而且你煮海鮮時其實也把蟲煮了。然而海獸胃線蟲和條蟲卻是要列入考慮的兩種寄生蟲。做海鮮料理，內層溫度達到145°F／63°C時，什麼寄生蟲都會死去。雖然一想到把蟲吃下肚心情可能不好，但如果蟲已經死了，讓人擔心的問題也只剩精神層面，就想成額外的蛋白質就好了。

生海鮮的和半熟海鮮又完全是兩回事。鱈魚、大比目魚、鮭魚吃生的？要做生魚片或冷燻魚？牠們全是蛔蟲、條蟲、吸蟲的潛在宿主。幸運的是，就像大多數動物一樣，很少寄生蟲能在冰凍後生存。（當然也有例外，毛滴蟲凍結在液態氮中仍能存活，幸運的是，不會出現在食物中。）當僅用低溫煮魚，請選擇預先冷凍好的魚。

如果你想自己冷凍殺蟲，以下是指導方針，如果你剛好可以拿到乾冰或液態氮，一開始就把魚迅速結凍會有較好質地。

FDA 2005年食品管制條例第3-402.11：「任何以生的、生醃、半熟、或半熟再醃的海鮮類，在食用或販售前，認定的可食用狀態必須為：1. 在-20°C（-4°F）或更低溫的冰庫內冷凍儲存最少168小時（7天）。2. 以-35°C（-31°F）或更低溫將食物冰到完全結成固體，儲存在-35°C（-31°F）或更低溫最少15小時……」

對於半熟魚類的第二個考量是細菌。雖然冷凍可殺死寄生蟲，但無法殺死細菌，只是將它們放在「冰裡」。（研究人員將細菌樣本以-94°F／70°C的溫度保存以備未來研究所需，所以極度冰凍的食物也無法摧毀細菌。）幸運的是，魚中細菌多半存在表面，原因多是處理不當，所以很快煎一下就能去除它們。

如果賣場裡賣生魚，也賣「生魚片等級」的魚，兩者差別只在處理過程及表面污染機率的處理手續。大多數生魚片等級的魚應該預先冷凍。食品藥物管理局並未明定什麼是「生魚片級」，什麼又是「壽司級」，但的確指出對於已知藏有寄生蟲的魚，或不想完全煮熟的魚，在吃之前必須冷凍滅菌。某幾種鮪魚和養殖魚因為只餵食食物顆粒，身上不會有活寄生蟲，因此豁免於冷凍要求，因為在牠們身上找不到令人擔心的寄生蟲。

> 寄生蟲和魚的關係就像蟲和蔬菜的關係：只要你吃過蔬菜，就吃過蟲；如果你吃了魚，也就吃下寄生蟲。

開罐頭前，請先把罐頭密封蓋洗一下，也要洗開罐器！因為當開罐器切開封蓋時，刀片會碰到食物。

牡蠣愛好者真是太幸運了，美國食品藥物管理局把軟體貝類排除在冷凍規定外。但牡蠣仍然會攜帶創傷弧菌，這是在晚餐桌上測不到的。受到創傷弧菌感染的病例報告在5月到10月間達到高峰（創傷弧菌較喜歡溫暖的水），所以購買者請注意，如果你是高危險群，請略過生蠔。（對不起，媽！）。

: INFO

安全半熟食物

當你為他人做菜，而對方無法承受未熟食物的風險，卻硬要三分熟的漢堡肉或半烤魚（烤到半熟，帶出美味口感就好）？以下提供幾個可消除食源性病菌也不會過度烹煮蛋白質的選項。

若是魚，就給冷凍一個機會。請尋找說明標籤上有「預先冷凍」字樣的魚，或直接前往賣場冷凍櫃購買。有些店家賣的冷凍魚實在太糟糕，又黏、灰暗、死氣沉沉，但這並不全然是魚被冷凍的關係。（技術上來說，冷凍並不會讓某些形態的蛋白質變性，添加穀胺酸就可抑制。）有些日本頂尖壽司師傅會使用急速冷凍的鮪魚，因為品質仍然不錯。海上抓到立刻冰凍（利用液態氮和乾冰的冷凍液），鮪魚沒時間腐壞。因為品質參差不齊，請多試幾種品牌。放在冰箱過夜解凍肉質比較好。

若是肉，完整的全肉塊容易處理，只要把外層煎過就可以進行後續。如果你想做只煎到三分熟的絞肉漢堡排，請找貼有「冷式滅菌」（標籤上註明「經由照射處理」）或經過電子光束滅菌的產品。網路上有幾家賣冷式滅菌肉的專業肉商，如果你無法在當地店鋪找到這樣的肉，可以在產品搜尋欄打「照射處理」。

比利時肉丸

絞肉都只能算肉的外層，沒有內層，這也是它比全肉塊更需要用高溫烹煮的原因。自助餐、醫院、飛機上都不供應三分熟漢堡肉排是有原因的，因為食源性感染的可能性太大了。但是肉丸，這個習慣上可預先準備的菜式，總是做到全熟又很美味。

做肉丸只有一個錯誤方法，就是沒煮熟。至於調味或上菜樣式則都看個人口味。每個文化都有一些丸子料理，用不同絞肉加入各種辛香料做成。比利時肉丸（ballekes）就綜合了牛絞肉、豬絞肉、洋蔥和麵包碎，非常適合我的口味。這道菜其實混合哪種絞肉都可以，無論你用哪一種，只要確定肥肉的成分足夠，不然肉丸子就會又硬又柴。至於調味，就全看個人喜好。可加入培根、茴香球莖、辣椒或你吃來眼睛一亮的東西。

先在盤子包上保鮮膜，準備放未熟的肉丸。

以下材料放入中碗或大碗拌勻備用：

1顆（110克）中型洋蔥，切細末
1/2杯（45克）麵包碎，大約1片麵包
2湯匙（8克）乾燥奧瑞岡葉
1茶匙（6克）鹽

再加入：

1顆（50克）大雞蛋
250克豬絞肉
250克牛絞肉，肥瘦比為15-20％的肥肉對上80-85％的瘦肉

用手指把餡料捏拌在一起，輕輕地把絞肉拉開再拌在一起。用湯匙弄並不好做，反而會把肉弄得更糊。

接下來替肉丸塑型，我喜歡的樣式大約直徑5公分，但如果用來做湯，就要做小一點。捏好後將肉丸子放在盤子上。手和碗洗得乾乾淨淨。

取一煎鍋以中火融化2湯匙（30克）奶油。一旦融化，就把一半的肉丸拿到鍋裡煎，請注意不要在鍋裡一下放太多太擠。讓肉丸在鍋裡煎，幾分鐘就翻面一次，直到肉丸外層煎到深褐色。若肉丸外層褐色不均勻，就把鉗子上沾覆的東西洗掉。

當肉丸煎好，你可隨意加入醬汁——在鍋裡滿滿加入2杯（480毫升）義大利麵醬汁，再用低溫慢火燉。不然，也可以繼續用中火煎熟，或放入溫度適當的烤箱烤熟。

要煮到用探針溫度計插入肉丸中心，溫度顯示為160°F／71°C。我這一款溫度計有一根很長的引線和警示裝置，所以我把鬧鈴設在155°F／68°C，就知道什麼時候快煮好。

> 在美國，標示「漢堡肉」的肉可以添加牛的肥肉，但標明「牛絞肉」的肉不行。

易壞食物儲存技巧

海鮮。海鮮也許是經手食材中最容易腐壞的食物了。理想狀況下,海鮮應該當天買當天吃。放一兩天還OK,但超過時間點,酵素和腐敗菌就開始分解胺類化合物,產生難聞的魚腥味。

> **有趣的科學事實:**魚生活的環境溫度大致和冰箱溫度相同,在此溫度下,魚體內某些酵素的特定活性要比哺乳動物體內的酵素活性高很多。把冰舖在海鮮下面就增加活化反應需要的能量,也就多買了一些時間。肉與理想反應溫度的關係已離得夠遠了,藉著放在冰上多減個幾度,是不會改變太多的。這就是魚舖放冰,但肉舖不放的原因。

肉類。請遵循銷售期限或使用期限的規定。所謂銷售期限是過了那一天之後,店家不該認為產品仍可安全販售。(這裡不是說你應該延長時限,但東西也不是像只要到了隔天、一到12:01分,肉就突然變成綠色或發出臭味。)就像你想的,所謂的使用期限是指食物建議烹煮的最後期限。如果你有一包雞,上面的使用期限是今天,請今天就煮掉,即使你今天不準備吃,以熟食儲存也可多放幾天。

永遠把生肉放在冰箱下層,這樣可減低交叉污染的可能,因為從肉裡流出的液體就無法滴落到其他食物上,例如也生吃的萵苣。肉放在其他食物下方是商業機構需要遵守的衛生規範,這是多麼重要啊!

如果魚或肉已經買來,在使用期限前都不會吃它,請丟進冰庫,以0°F／-18°C或更冷的溫度冰凍。冷凍會影響肉的質地,但至少不會浪費食物。冷凍食品是無限期安全的,但在3至12個月之間,存在於肉類的酵素會保持活性,改變肉的質地而變差。

> 冷凍食物並不會殺死細菌。被沙門氏菌污染的肉需要用輻射(冷式滅菌)才能讓菌無生命力——很高興知道這點,但不是很有幫助,除非你手邊恰巧有鈷-60。

水果和蔬菜。處理和儲存水果及蔬菜的方法也會影響它們的熟成和風味,還可延緩黴菌生長。請參閱p.139當令食材儲存技巧。

3-5 141°F／61°C：蛋開始定型的溫度

雞蛋的重要溫度

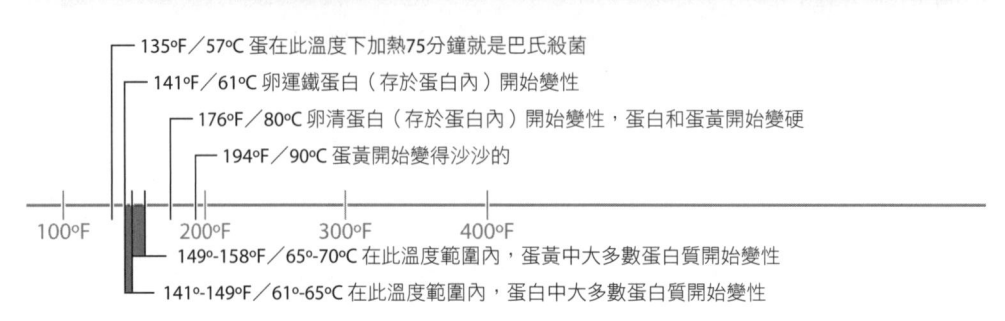

- 135°F／57°C 蛋在此溫度下加熱75分鐘就是巴氏殺菌
- 141°F／61°C 卵運鐵蛋白（存於蛋白內）開始變性
- 176°F／80°C 卵清蛋白（存於蛋白內）開始變性，蛋白和蛋黃開始變硬
- 194°F／90°C 蛋黃開始變得沙沙的

100°F　200°F　300°F　400°F

- 149°-158°F／65°-70°C 在此溫度範圍內，蛋黃中大多數蛋白質開始變性
- 141°-149°F／61°-65°C 在此溫度範圍內，蛋白中大多數蛋白質開始變性

雞蛋的學問可能比其他食材都大，可做鹹點和甜點、熱湯及冷點、早餐和晚餐，是每種文化都使用的食材。蛋也是肉丸和餡料的黏合劑，是舒芙蕾、蛋糕和蛋白霜點心的膨脹劑，也是美乃滋和荷蘭醬等醬汁的乳化劑，還撐起卡士達的結構和冰淇淋的主體。而目前這一切都還不涉及蛋的風味，也無關乎把新鮮雞蛋煮到完美的單純喜悅。

蛋與廚藝世界緊緊綁在一起，呈現光明面與黑暗面，難怪如此令人驚歎！下次你把蛋打入煎鍋，仔細看看眼前事物。蛋沿著外殼應該有4層看得到的部分：蛋黃、靠近蛋黃較稠的蛋白、邊緣一圈薄薄像水一樣的蛋白，還有一小條白色扭曲的「繫帶」（chalaza）。每一部分都各有功能：

• **蛋殼**本身就是工程學上的奇蹟：形狀允許新生小雞輕易脫離，同時也能保護牠們對抗外在世界。（如果你不介意浪費一顆蛋，請把它握在手掌中，伸拳用手指握著，在水槽上用力捏，你會發現要費好大勁才會捏破它。）外殼下方有兩層堅韌的薄膜，大部分是膠原蛋白。外殼與膜可以讓空氣進出，成長中的小雞才能呼吸到空氣，同時也把細菌與病原體隔絕在外。據估計，蛋上面有17000個微小氣孔！蛋殼的顏色與雞的品種有關，不會影響滋味和營養。

• **蛋黃**和我小時候想的正相反，動物不是從那裡來的。蛋黃大約一半是水，一半是營養。營養裡有2/3是脂質，1/3是蛋白質，還包括大量脂溶性微量營養素。蛋黃出現橙色是因為雞飼料的色素沉澱，顏色深的蛋黃好像比較吸引人，但和淺色甚或奶油色的蛋黃相比，深色蛋黃實際上並沒有更好的營養成分。結構上，蛋黃裡的脂肪一層一層圍著中心繞成同心圓，這種層次很難在白煮蛋中看出，但你有機會可用鴕鳥蛋煮白煮蛋試試（這種昂貴的事我正好做過一次），就可把白煮鴕鳥蛋中各層的脂肪一層一層剝開。

- **卵繫帶**是把蛋黃固定在蛋中央的扭繩，防止蛋黃沉到蛋殼底部。它在烹飪上其實沒有太多價值，可以用叉子挑起來。或者做醬汁或卡士達時，會把蛋打成蛋液，這時就可把繫帶一起濾掉。
- **稠蛋白**就是當你煎蛋時看到緊靠蛋黃的部分，也就是外圈的濃蛋白。雞蛋蛋白有88-90%的水，其餘是蛋白質。稠蛋白之所以濃稠是因為蛋白質卵粘蛋白（ovomucin）的濃度較高。雞蛋品質的指標之一是看蛋打在平面時稠蛋白的高度，就像食物的其他度量，這種評量標準也有專屬的特殊單位：「豪氏單位」（Haugh unit），命名源自發明者雷蒙・豪（Raymond Haugh）。
- **稀蛋白**會流動並存在於兩個地方：一是蛋白外圈較稀薄處，你可在靠近蛋殼的薄膜處找到；二在蛋白內層，位置正好在蛋黃外緣。當你低頭看著煎鍋，可以看到濃稠蛋白外面有一層像水窪一樣的稀薄蛋白。稀蛋白就像稠蛋白，組成也大多是水，且混合了一些蛋白質。放比較久的蛋有較多的稀蛋白，因為稠蛋白會隨著時間分解（因此用豪氏單位可以測量）。

煮蛋的挑戰來自蛋的各部分是如何因時間而轉變，以及不同蛋白質如何對應熱而產生各種反應。蛋是一個複雜、動態的系統，瞬息萬變：一下稠蛋白分解、一下氣流進出蛋殼、水分蒸發——蛋並不是完美的小時空膠囊，凍結在時空裡！

蛋熟成的最主要變化是它們的pH值。母雞在蛋形成時把二氧化碳存進蛋白，讓蛋白的酸鹼值保持在7.6到8.4之間。經過幾星期的週期，或處於室溫下幾天，二氧化碳從溶液跑出來，透過蛋殼上的孔洞散出，讓蛋白的pH值上升到9.1到9.3之間。酸鹼值改變，稠蛋白就會分解，稀蛋白的份量則因此增加。

敲蛋的正確方法

要在櫥檯上敲，而不要在碗邊上敲。蛋殼敲擊平面時，蛋殼產生較大碎裂且不會插入蛋裡。如果在銳利邊緣上敲蛋，碎裂處多且會插進蛋裡，打入碗裡時，這些插進蛋裡的小碎片就會一起掉落，還得把它們撈出來。如果蛋殼真的掉進去，請用敲開的一半蛋殼當成湯匙把它們舀出來。

不好　　　　　　　好

烹調時，若把蛋煮成白煮蛋，酸鹼值的改變會讓放比較久的蛋的蛋殼較好剝，因為內層薄膜和蛋白沒有黏得太緊。如果你很幸運自己養雞，煮白煮蛋前請把蛋放在室溫下幾天，用蒸的也會讓蛋殼更容易剝除。稀蛋白酸鹼值的變化讓體積改變，此時若把蛋用水波煮，蛋白更容易飄來晃去，產生更多縷縷白絲。白絲要用過濾的，會比用酸抑制更容易（請見p.214烹飪技巧）。

現在要討論煮蛋較複雜與迷人的部分：蛋各個部分的不同蛋白質對各種加熱速率的反應。蛋白和蛋黃由數十種不同蛋白質組成，每一種都在不同溫度下變性，作用的速率也不同。讓我們深究蛋白質的特性，討論中還穿插美美的照片和圖表，幫助你更理解。

你可以把蛋白質天然原生的狀態想像成捲曲的小球，呈現這個形狀的原因是蛋白質的分子結構具有「疏水性」（hydrophobic，怕水的）。構成蛋白質的某些原子在電磁作用下被水的極性排斥，因為這種與水相斥的特性造成蛋白質結構自行折疊。

只要在蛋白質中加入動能──動能通常來自熱，也可能是機械能量（如攪打蛋白）──分子的疏水部位就會舒展開來。結構放開了卻纏上其他蛋白質，因此變得更糾結，最後到處糾纏，隨處凝結形成連結結構。這就是煮熟的蛋變硬不流動的原因。

雞蛋中對熱最敏感的是**卵運鐵蛋白**（ovotransferrin），它會在141℉／61℃左右變性，蛋白的蛋白質中卵運鐵蛋白的比重占12%。（鴨子等其他品種生的蛋則有不同構成和蛋白質比例，這裡只討論雞蛋。）另一種蛋白是**卵白蛋白**（ovalbumin），在蛋白蛋白質中所占比例高達54%，它的變性溫度比較高，大概要176℉／80℃才會變性。蛋白裡的其他蛋白質都在這兩個溫度間變性，卵運鐵蛋白和卵白蛋白的變性溫度有35℉／19℃的差距，在這中間會變性的蛋白質已經足夠讓蛋的質地改變，導致很多可能的結果，從水狀的蛋到易於塗抹的蛋，到堅硬的蛋，再到酥脆的蛋。在此範圍內做個水波蛋就是有趣的挑戰：不太難但也不算小事一樁。

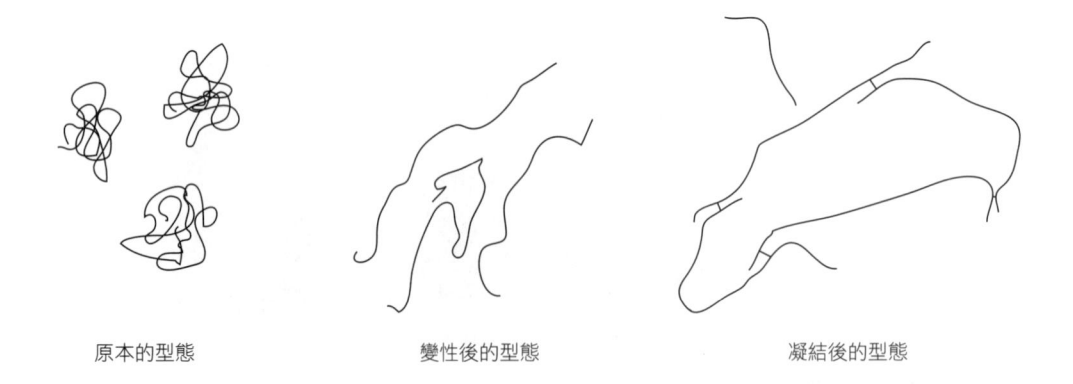

原本的型態　　　　變性後的型態　　　　凝結後的型態

疏水性蛋白的原始狀態（左圖）是避免與周圍液體作用的捲曲狀。蛋白質區域和水分子互相排斥產生位能，受熱時，當動能超越位能的最弱程度，蛋白就會變性開展（中圖）。一旦變性全部展開，之前看不到的蛋白質疏水部分就能與其他蛋白質互動連結（右圖）。

蛋黃蛋白質的變性溫度區間就比蛋白蛋白質的變性區間小，流動的蛋黃會在149°F／65°C和158°F／70°C之間固定，雖然一些蛋白質在較低溫度、給予較長時間一樣會固定。（基於反應速率梯度不同，讓蛋黃煮到比蛋白還要硬在技術上是可能的。）

正如你所料，雞蛋蛋白質的變性是一種基於反應速率的變化。蛋白質不會一到達某個神奇溫度就瞬間變性，它們混合了其他化合物，變性溫度就會改變。並且，研究溫度的人員對溫度的報導多半基於蛋白質單獨存在的狀況，並不是真的煮蛋時的狀況——我申明過了喔，主廚！變性的要件並不只是溫度，蛋白打發也是變性。（我們會在之後的章節討論打發的問題，請見p.313）。

> 平均而言，工廠大量生產的雞（或農場大量生產的雞）在一世紀前每隻雞每年只能產84顆蛋，但到了千禧年之際，養殖技術與飼料的改進已使數字高達每年292顆，幾乎是3.5倍之多。

加入蛋白，當溫度達到141°F／61°C後持續一段時間，讓一些蛋白質變性，蛋就會有柔軟、如卡士達般的質地。如果你把蛋加熱到156°F／70°C，且給予足夠時間，蛋白會有堅硬、可切片的質感，非常適合做要剖開來的蛋，或用來做三明治。若維持176°F／80°C以上溫度太久，蛋白會變得像橡皮一樣（這應該是卵白蛋白變性造成的）。蛋黃裡的蛋白質也會煮過頭，變成又乾又難吃的蛋黃。（除此之外，蛋黃表面最後會變成灰色，這是因為蛋白中的硫化物和蛋黃中的鐵離子混合的結果。）有時候，一張圖片勝過千言萬語，請參考下方照片，觀察以不同時間溫度煮出來的蛋。

嫩心蛋和實心蛋常見的做法是用接近沸騰溫度的水煮，也有用蒸的。煮7-8分鐘會有嫩心蛋，煮11-12分鐘則有很棒的實心白煮蛋。煮時用低溫，烹煮時間就會增加，但這樣做正好，對於嫩心蛋來說更是太好太好了。你應該有一種可以用定溫煮蛋的機器，用144°F／62°C的溫度煮1小時，會讓你有軟軟滑順的水煮蛋，若定溫在147°F／64°C煮，最後會煮出邊緣剛好固定的溏心蛋。

> **當食譜要求你放蛋時，你該用多大的蛋？**
>
> 心照不宣的情況下，請用大號的雞蛋，除非你是在歐盟，若在歐盟地區卻用美國食譜，就要用歐洲認定的中型蛋，因為不同地區對雞蛋尺寸有不同定義（蛋殼也算在重量之內！）

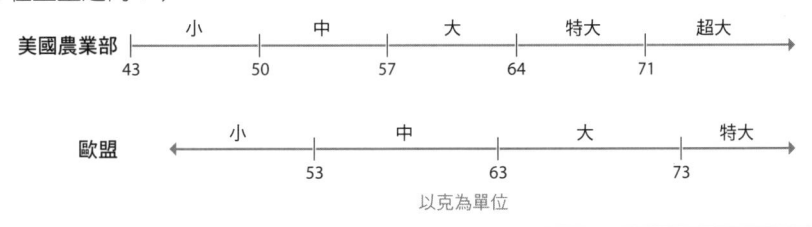

美國農業部
| 小 | 中 | 大 | 特大 | 超大 |
43   50   57   64   71

歐盟
| 小 | 中 | 大 | 特大 |
53   63   73

以克為單位

蛋對於時間和溫度的反應是極其複雜的。我曾經開玩笑說整個大學課程都可以用蛋來授課。蛋有豐富的細節：蛋白質變性要花多少時間才會改變質地（變性快產生較細緻的蛋白凝膠結構）；蛋白是廚房內兩種標準鹼性食材之一（另一個是小蘇打）；當然，先出現的是蛋（爬行動物出現的時間遠早於雞）。不同品種的禽類各有特性，例如鴨蛋白很難打發，但加入像檸檬汁一類的酸就能改善。關於蛋我可以一直說下去，但我就得更換這一章的章名了。

為什麼有些國家把蛋冰起來，有些國家則不？

把蛋冰起來是因為要防止腸道沙門氏菌感染，而不是因為它們被洗過了！是的，洗蛋殼的確會讓蛋的角質層損害到一定程度而使細菌有可能進入，但是蛋會感染沙門氏菌更可能的途徑是生它們的雞。感染沙門氏菌的雞可能在形成蛋時也把菌感染給蛋，把蛋冰起來可防止細菌增生，降低荷包蛋讓你吃了不開心的機會。

腸道沙門氏菌在美國1970年代大量感染蛋，其他沙門氏菌株都因為雞隻屠宰後而被消滅。細心的禽畜管理及給雞接種疫苗都能預防感染。如果在你住的地方的雞已知沒有腸道沙門氏菌感染，把蛋放在冰箱也就沒有必要，即使蛋放冰箱會增加一倍的保存期間。

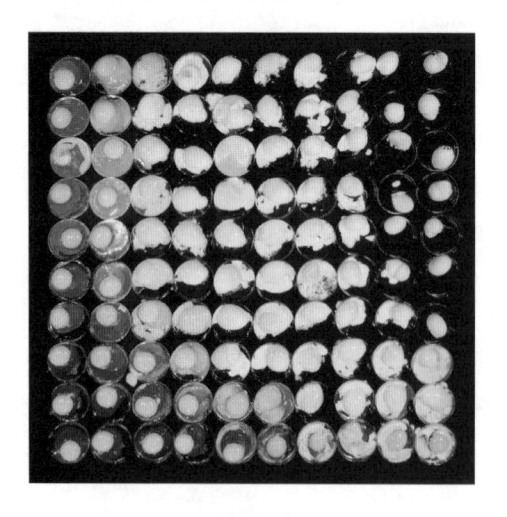

用不同時間（Y軸）和溫度（X軸）烹煮的蛋，溫度分別是從135°F／57°C至162°F／72°C，烹煮時間由6到60分鐘。

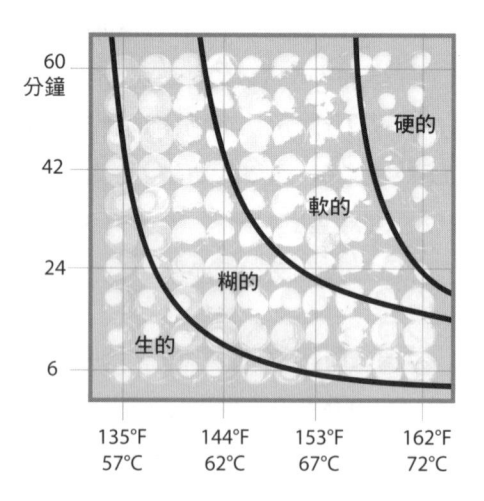

這是對照時間和溫度煮蛋照片的標誌圖。蛋白質在不同溫度不同速率下固定，當對熱最敏感的蛋白質變性了，蛋就會開始變糊，然後才會變成嫩心蛋或實心蛋。

RECIPE

英式鮮奶油、香草卡士達、麵包布丁

這是很久以前古羅馬人想出來的美食：蛋黃混合鮮奶油和甜味食材就是美味。英式鮮奶油、卡士達和麵包布丁都是這個原始概念的改進延伸，都依賴蛋的質地和風味。

英式鮮奶油是香草冰淇淋的醬底，放在冰淇淋製冰機中冰起來就是冰淇淋，或請見p.384試試更有創意的製冰方法。英式鮮奶油也可以用來做很棒的法式土司，厚切麵包浸泡在蛋奶糊中10到15分鐘，然後用奶油以中小火每一面煎3到5分鐘。

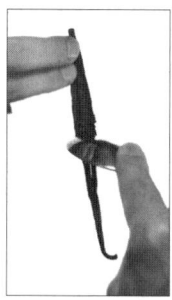

下列食材放入碗中，攪拌均勻：

4顆（80克）大雞蛋的蛋黃
2杯（480毫升）半乳鮮奶油，或1杯（240毫升）牛奶加1杯（240毫升）鮮奶油
2茶匙（10毫升）香草精，1/2香草豆，垂直剖開後將籽挖出來（自由選用）
1/4杯（50克）糖
鹽少許

奶蛋糊用細濾網過濾到第二個碗中，濾掉卵繫帶。

英式鮮奶油：奶蛋糊放在醬汁鍋中以中火加熱，讓溫度到達170°F／77°C，此時用金屬湯匙測試，湯匙背後會附上一層奶醬薄膜。請小心不要煮過頭，煮太久鮮奶油最後會變成蛋凝乳。

卡士達：卡士達的做法是：奶醬倒入小烤盅或可入烤箱的杯子，再放在烤盤上，加入水，水的份量要淹過烤盅或杯子的一半，然後放入325°F／160°C的烤箱烤45到60分鐘。

麵包布丁：麵包布丁的做法是：**半條麵包（250克）切成1-2公分片狀，大概有4杯的量。可用肉桂葡萄乾麵包再添加其他風味，或加1/4杯（40克）水果乾和1湯匙（8克）**肉桂混合。麵包塊放入烤盤或可直接端上桌的杯子，加入英式鮮奶油，放入325°F／160°C的烤箱烤30到60分鐘，之後搖晃烤盤或杯子看看布丁是否已經定型。

什麼是半乳鮮奶油（half-and-half）

half-and-half是一半牛奶一半鮮奶油，在美國依法必須含有10.5-18％的乳脂。你可以混合牛奶和鮮奶油自己做。想知道不同牛奶和鮮奶油中脂肪的含量，請看p.321的圖表。

高檔冰淇淋，賣場賣的最高級冰淇淋大概有10-16％的脂肪。如果你用英式鮮奶油做冰淇淋，以比重計大約會有12-22％的脂肪。上面的食譜大約有12％的脂肪，如果把half-and-half換成全脂鮮奶油，就做出22％脂肪的冰淇淋。

時間和溫度

● RECIPE

水波蛋

　　水波蛋可以在幾小時前事先做好，是朋友相聚時很好的早餐或早午餐。可以做成半成品泡在冰水裡放好，等到要用時，很快再用一鍋熱水回溫一分鐘。做水波蛋有三個挑戰：羽毛似的蛋白、風味，以及凝結得剛剛好的蛋黃。

● **羽毛似的蛋白**。煮得不好的水波蛋外層總散著一絲絲沒用的蛋白，這是蛋放在水裡燙時外層稀蛋白遇到熱水的產物。卵黏蛋白（ovomucin）會讓蛋白變濃厚，但外層稀蛋白中卵黏蛋白的濃度較低。有個簡單方法可以解決羽毛蛋白的問題：蛋在水波煮前，用小細漏網或漏勺把它們過濾掉。煮蛋時把水攪成漩渦狀，再把蛋放在中間也是有幫助的，但如果有很多蛋要煮，一次只能煮一個也是挺煩人的。

● **風味**。在我的書中，風味是在水中加鹽和醋的原因。蛋在無味的水裡燙，味道就是無味平淡的。加入鹽，讓水變成含鹽1-3%的鹽水，就大大增進水波蛋的風味。加醋多半為了解決羽毛蛋白的問題，雖然也的確有幫助，但我不喜歡的味道也會附在蛋上。如果你喜歡這味道，就加吧！

● **凝結得剛剛好的蛋黃**。適當的時間和溫度才會有凝結得剛剛好的蛋黃。室溫的蛋用已微微冒泡卻未沸騰的水燙（180-190°F／82-88°C），如果你希望蛋黃是流動的，只要燙2到3分鐘；如果希望蛋黃比較結實，就燙久一點。

好剝殼白煮蛋

　　我寫首版《廚藝好好玩》時介紹了煮蛋的聰明方法，用「震懾方式」煮出又好吃又容易剝殼的實心白煮蛋。先把蛋放入沸水中用熱「震」30秒，這會讓蛋殼較好剝除；然後換新的一批冷水，把蛋放入再煮，煮到溫度接近沸點，則會讓蛋有美味的口感。從那時候開始，我發現了…嗯，再次發現了，蒸蛋狀況會更好。蛋用蒸的，蛋殼會裂開，剝成兩半剛剛好。

　　請確定你的蛋已經放了幾天，至少讓蛋的pH值在比較高的狀態下。如果你夠幸運有真正新鮮的蛋，會更難剝殼。

　　請自行決定是否要在蛋殼底部戳一個洞，如果蛋用水煮，這麼做一點意義都沒有，因為水會跑進去弄得一團糟。但如果是用蒸的，因為氣囊遇熱膨脹，戳一個小洞會防止氣囊氣體散放時擠裂蛋殼。

　　平底鍋加入1公分的水煮沸，再加入蛋，蓋上蓋子等12分鐘。全程保持高溫，蒸氣要一直撲向蛋直到蛋煮熟。

　　蛋在剝殼前需要冷卻。想讓蛋殼比較好剝，並不一定要泡冰水，但丟在冷水裡（不加冰塊的水）會讓蛋的形狀較圓（不會平底）。當蛋還是熱的就可以剝殼了，但需要一點水沖掉蛋白外面的內膜。

RECIPE

慢炒蛋

做慢炒蛋太簡單了，只要你不炒過頭（炒正常的炒蛋要用中火，火絕不能大！），因此做慢炒蛋要在你覺得炒好之前就要離火，蛋裡的餘溫會持續加熱。

30分鐘慢炒蛋涉及超低熱度、持續攪拌，還有警覺的觀察力。很花時間，但吃蛋多年後，有個新的做蛋方法也不錯。用超低熱度炒蛋，不斷攪拌打破凝結的蛋液，讓大部分水分蒸發，讓風味近似乳酪或奶油的口感，完全不像普通的炒蛋。請勿調味，甚至不要加鹽，就欣賞蛋原本的風味。

敲兩**三顆蛋**到碗中，蛋白蛋黃完全打散，不要加鹽，也不要加其他調味，就只有蛋。蛋液倒入不沾鍋，放在爐上爐火越小越好。

用矽膠刮刀不斷攪拌，請用「任意遊走式」，讓刮刀掃過鍋子的每一角落。低溫的意思是真的很低溫，鍋子不要超過160°F／71°C。如果鍋子太熱，請將鍋子離火一分鐘，以防一下炒過頭，如果看到蛋液有任何凝結的部分（樣子就如炒蛋的蛋塊），那就是鍋子太熱了。

持續攪拌到蛋液固定到像卡士達一樣的質地。我曾測量時間，炒到這程度需花20分鐘，但你可能只要15分鐘就能辦到，也可能長達半小時以上。

烤蛋

這裡提供一個簡單方法讓你把蛋做成早午餐或一人份晚餐。材料即興，可加入乳酪、香草和穀物。若做早餐，可加一些紅辣椒碎，如果做晚餐，也可用一些是拉差醬，來點刺激的鮮辣。這道菜可以一兩天前先做好，放入冰箱，等到要吃時再熱一下。

取一人份可放烤箱的碗（理想狀況是也可當食用碗），加入：

早餐版
1杯（30克）新鮮菠菜碎
3湯匙（20克）磨碎的莫札瑞拉乳酪
3湯匙（45毫升）高脂鮮奶油
1湯匙（15克）奶油

晚餐版
1/2杯（100克）番茄泥
1/4杯（50克）黑豆（用罐頭黑豆最簡單）

用碗口把食物壓成環狀，中間做出一個「井」，敲**1或2個蛋**到井裡，撒點**鹽**和**現磨胡椒**，用鋁箔紙蓋上。然後用預熱到350°F／180°C的烤箱把蛋烤到定形，時間要花25分鐘。（我會把探針溫度計設定在140°F／60°C時鬧鈴響，所以可以走開和朋友聊天，不用擔心蛋會烤得太熟。）

有趣的小事：鵪鶉蛋平均重約9克，而鴕鳥蛋通常重達鵪鶉蛋八倍（高達70克。我很高興得知，鴨子也比鵪鶉蛋重。）
—*你要參加益智節目Jeopardy！）。*

時間和溫度

3-6 154°F／68°C：膠原蛋白（第一型）變性溫度

與膠原蛋白水解和變成明膠的相關溫度

~59°F／~15°C 加熱時間夠長，明膠會固定成膠狀

95°F／35°C 第五型膠原蛋白的變性時間（常見於烏賊），變性後如橡皮

154.4°F／68°C 第一型膠原蛋白變性時間（常見於牛肉），變性後口感如橡皮

158°-176°F／70°-80° 加熱時間夠長，第一型和第五型膠原蛋白水解，有些還轉為明膠

84°-95°F／29°-35°C 明膠融化的大致溫度（取決於明膠型態和儲存條件）

這一章前面談到動物蛋白質和變性時，我提到膠原蛋白非常獨特，需要單獨說明，這一節就是了。首先，很快地複習一下。動物性蛋白質（包括魚和海鮮）可分成三類：結構、結締組織和肌漿蛋白。結構蛋白一般說來是料理操作中最重要的部分，但若是海鮮和肉類，則是結締組織最重要。

動物的結締組織提供結構及支撐給肌肉和身體器官，是肌肉和其他組織間柔軟的筋膜和韌帶，就像肌腱和骨頭，你可以把大多數結締組織想成是鋼筋：它們不像肌肉組織主動收縮，但當肌肉拉動和收縮時，它們提供支持結構。（有趣的事實：若同重量的膠原蛋白和鋼筋上場比劃，膠原蛋白比鋼筋更勇。）

結締組織中最常見的蛋白質類型是膠原蛋白，而動物的膠原蛋白類型還有好多種。以料理的觀點看，各種膠原蛋白類型之間，最主要的化學差異在於變性溫度。烹飪上，膠原蛋白以兩種不同方式出現：不是肌肉外層碎散的塊狀（如肌腱或筋膜），就是滿布肌肉的網狀。不管是哪個位置的膠原蛋白都很硬（畢竟它提供結構），只有在夠高溫度下煮夠久時間，才能美味可口。

對付散狀的膠原蛋白很容易：切掉就好了。有些肉塊外面包著一層結締組織（也就是**筋膜**，英文叫做silverskin，銀色的皮，大概是因為看起來白白亮亮），要盡量切乾淨。通常牛里肌有一面會有這層膜，在下鍋前把這層膜剪得越乾淨越好。雞胸肉連接雞里肌的部分，也有小條但明顯的肌腱，還沒下鍋前，這條筋看起來像珠光色緞帶；下鍋後則變成像白色小橡皮筋的東西，不論怎麼咀嚼，也得不到滿足。一般說來，這類膠原蛋白都很好找，如果沒挑出來，吃的時候也很容易發現，留在盤子裡就好。

> 用壓力鍋煮膠原蛋白效果實在太神奇。因為膠原蛋白分解的反應速率與溫度有關，溫度升到250°F／120°C會縮短75％左右的烹飪時間。有關壓力鍋的知識，請參考p.330。

然而，對於滿布整個肌肉組織，像包著3D網絡的膠原蛋白就比較難處理（我說真的！）。有些肉塊帶著較多膠原蛋白，除去堅硬質地的唯一方法就是煮，通常以長時間慢火燉。膠原蛋白的反應速率比其他肉裡的蛋白質要慢很多很多。為了理解烹飪上的挑戰以及解決可預料的問題，我們需要深入膠原蛋白的分子結構。

膠原蛋白的原始型態很像繩子，是由三股分子鏈纏繞而成的線性分子，這三條螺旋被很多較弱的次級鏈連在一起（但數量很多），且透過少數「交聯結構」（crosslink）而穩固，而交聯是較強的共價鏈。（「共價鏈」（covalent bonds）是一種聯結，是原子在某位置和另個原子共享電子的狀態。）

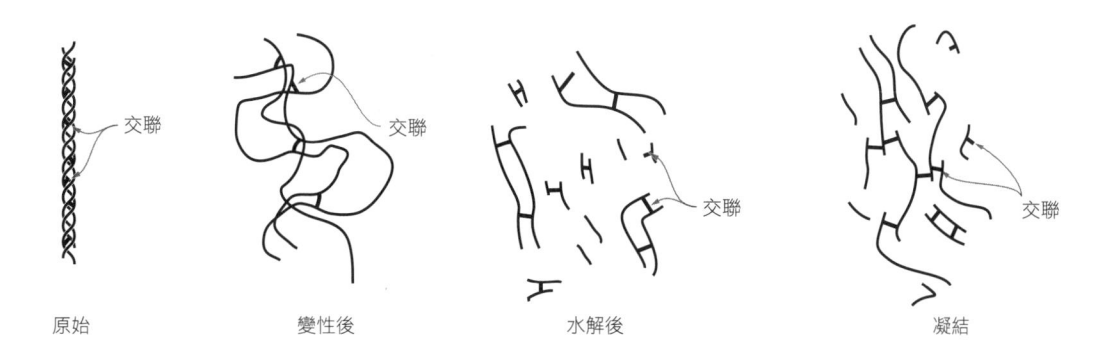

| 原始 | 變性後 | 水解後 | 凝結 |

原始型態的膠原蛋白是交纏在一起的三股螺旋，這個螺旋結構藉著二級分子鏈繫在一起（最左圖），且因交聯結構而穩固。加熱後，二級分子鏈斷掉，蛋白質變性，但在鏈與鏈間的交聯仍然維持結構（第二圖）。給予足夠的熱和時間後，三股螺旋中的分子鏈會自行水解（第三圖），並在冷卻後反還為鬆散且保有水分的分子網絡（最右圖），也就是凝膠。

除了交聯外，三股螺旋結構也靠次級鏈維持，因為次級鏈在同分子的不同區域間產生聯結。你可以想成麻花繩，每一股都繞著另兩股，所以會「彎曲」，因為在這個形狀中，內部結構會找到最佳休憩地。

適當條件下——應用在烹飪上通常是指暴露在足夠的熱或某種酸下——膠原蛋白的原始型態因變性而鬆脫了線性結構，解開成為任意分布的混亂狀態。這發生在動能實際震動到結構，因為動能到處彈跳，通常抓住螺旋結構的電能當下抓不住了。當能量增加，膠原蛋白改變得更多，拉緊收縮到原始長度的1/3或1/4。（只有一種方法讓蛋白質維持原始狀態，而多數方法都是錯的。）

酸也會造成膠原蛋白變性：酸的化學特性提供了必要的電磁，可扯斷螺旋結構的次級聯結。這只是膠原蛋白在變性過程中扭轉、鬆開而交聯在原地保持不變的狀態，在此形式下，膠原蛋白像是橡膠——以材料學的觀點看，這就是橡膠——也因為如此，你在橡膠裡也會找到這質地。

不過，若加入更多的熱和酸，膠原蛋白的結構就會經歷**另**一種變化：分子鏈自行切斷且鬆開主鏈，在此狀況下，膠原蛋白沒有真正的大型結構留存。這反應稱為**水解**（hydrolysis），以熱水解為「熱水解」（thermal hydrolysis），以酸水解為「酸水解」（acid hydrolysis）。由於涉及打破聯結所需的能量和隨機過程，水解需要時間。

水解膠原蛋白不僅打破了結構變性後的橡膠質感，也把部分結構反轉成明膠（吉利丁就是從這來的，而吉利丁就是做果凍的東西）。當膠原蛋白水解時，膠原蛋白破成大小不同的碎片，較小的溶進周圍液體創造膠狀質地。就是這種膠質讓紅燒牛尾、慢燉排骨和油封鴨肉有如此特殊的口感。

紅燒牛尾也好，慢燉排骨也好，都需要仰賴明膠才有絕佳口感，當然要用有高膠原蛋白的肉塊來做。如用瘦肉做牛肉燉菜，結果一定又硬又柴。肌動蛋白會變性（請記得，這發生在150-163°F／66-73°C），但明膠不會出現在肌肉組織中，無法美化因肌動蛋白變性帶來的乾柴。別用價錢更貴的肉「升級」燉牛肉，沒用的！

「太好了！」你也許會想：「難道這一切都在告訴我，無論如何只要慢慢燉肉就行了？」想想你現在手上的這塊肉（或魚或禽鳥的肉）是來自動物身上的哪個部分。如果是陸上動物，份量較重的肉塊，多半膠原蛋白含量較高。

這很有道理：因為較重的區塊負重較多，需要結構支撐，所以有更多結締組織。但這不是絕對法則，肉塊多半有一個以上的肌肉群。

倘若是魚這種不需要在陸地上支撐重量的動物，膠原蛋白含量就少得多。烏賊和章魚是負重規則的明顯例外，因為它們的膠原蛋白支撐狀況與骨頭結構一般無異。烹煮它們的訣竅是讓它們很快地暴露在熱溫一下，保持蛋白質天然狀態，不然就是要在適溫下煮很長時間煮到水解。而在這之間得到的結果都是橡膠。

3-6 154°F／68°C：膠原蛋白（第一型）變性溫度

另一個有關膠原蛋白的經驗法則是：較老的動物有較高的膠原蛋白。隨著動物年齡增長，膠原蛋白才有更多時間在螺旋結構中形成更多鏈與鏈間的交聯。這就是較老的雞肉要久煮慢烤的原因。（法文用不同字說老雞和小雞：母雞是poule，小雞是poulet。）然而，大多肉販都賣年幼就宰殺的動物，所以動物年齡不再是重要因素。

膠原蛋白含量還有另個簡單的經驗法則，就是觀察肉的相對價錢：高膠原蛋白的肉塊需要更多烹煮功夫，不然最後口感必定乾柴，所以人們多半喜歡其他肉塊，以致高膠原蛋白的肉塊比較便宜。

> 請用木瓜泥醃小塊的肉塊，木瓜裡有木瓜酵素，藉著膠原蛋白的水解作用，就會讓肉質軟嫩，然後試試肉塊的質地。

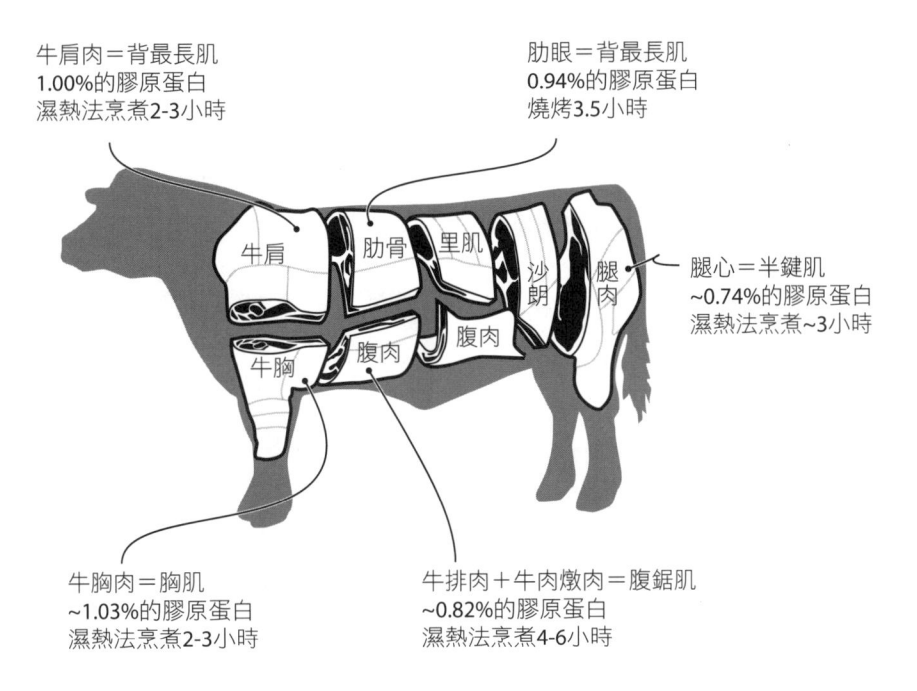

牛肩肉＝背最長肌
1.00%的膠原蛋白
濕熱法烹煮2-3小時

肋眼＝背最長肌
0.94%的膠原蛋白
燒烤3.5小時

腿心＝半鍵肌
~0.74%的膠原蛋白
濕熱法烹煮~3小時

牛胸肉＝胸肌
~1.03%的膠原蛋白
濕熱法烹煮2-3小時

牛排肉＋牛肉燉肉＝腹鋸肌
~0.82%的膠原蛋白
濕熱法烹煮4-6小時

煮肉時，如果這塊肉來自負重的部位（主要如肩、肋、胸、腿的肌肉），
就有較高的膠原蛋白，需要較長的烹煮時間。

● RECIPE

義式烏賊普切塔

　　長久以來，烏賊對我來說一直都是料理之謎，因為牠不是只能煮幾分鐘，就是要煮上一小時，若介於兩者之間，肉都變得像嚼橡皮筋般老硬（不是因為我常嚼橡皮筋才這樣說）。為什麼會這樣？

　　烏賊和章魚的膠原蛋白只要在原始狀態或水解狀態吃來都是愉快的，只是不能在變性狀態。而烏賊變性需要幾分鐘，所以只要用平底鍋快速煎一下，保持生的狀態（還可丟一些新鮮番茄，放在俗稱普切塔〔bruschetta〕的蒜烤麵包上，超好吃的）。烏賊的水解狀態則需花上數小時，所以小火慢燉的墨魚結果一定好吃，加上番茄燉燒會降低pH值，加速水解程序。

　　要做簡單的烏賊普切塔，得先準備**一條法國或義式麵包**，切成1/2吋（1公分）薄片。你也可斜切，這樣會比較大片。（最後剩下的三角塊留下來，沒人看見時一口吞下。）麵包兩面都塗上**橄欖油**（通常這工作需要用糕點刷，但如果沒有，也可以摺紙巾來塗，或者在盤子上倒橄欖油，拿麵包很快沾一下）。要烤麵包，只有上火的小烤箱最好用（每片麵包都與火源距離4-6吋／10-15公分）。變成金黃色就趕快翻面，如果沒有小烤箱，也可以用家用大烤箱，只要將溫度設定在400°F／200°C。如果東西較少，用烤麵包機也可以。

　　麵包烤好放在盤裡，放入烤箱保溫（在沒開起熱源的狀態）。

　　準備烏賊：

450克烏賊（可以連觸鬚，或只有身體的都可）。

　　烏賊切片，或更好的是，直接用廚用剪刀剪成一口大小。

　　煎鍋以中溫加熱，把鍋燒熱，溫度要高到讓烏賊一下鍋就能煎到位。加入少許橄欖油 — 讓油在潤鍋晃動時薄薄一層鋪在鍋底 — 然後將烏賊入鍋。

　　使用木湯匙或矽膠鏟翻炒烏賊，注意：當它變成白色時 — 應該說變得比較不那麼透明時 — 時間大約30秒，將下列材料一起加入鍋中攪拌：

1杯（250克）番茄丁（約兩個去籽的中型番茄）
1湯匙（5克）新鮮香草，如奧瑞岡葉或巴西里
1/4茶匙（1克）海鹽
胡椒粒，試味後再調整

　　烏賊番茄倒入碗中，搭配烤麵包食用。

請用廚房剪刀把烏賊剪成小塊直接入鍋，然後加入番茄和香草，拌炒均勻就可起鍋。

RECIPE

油封鴨腿

　　油封鴨腿，即用油泡熟的鴨腿，吃起來與其他烹煮鴨子的方法完全不同。就像培根和豬肉，套句河馬・辛普森[57]的話：它們來自「某個了不起、神奇的動物」。（很顯然，這個神奇動物是鴨。）

　　好吃的油封鴨腿吃來多汁、風味佳、軟嫩、垂涎誘人，也許有點鹹。以「油封方式」煮鴨，意義只在反轉堅韌的膠原蛋白讓它變成明膠。

　　我是很務實的廚師，油封鴨腿這種傳統菜色耗時費工，禮拜日下午休閒時間和三五好友來瓶好酒是不錯，但是和我凡事簡單的想法不合。

　　油封鴨腿的祕訣在時間及溫度，而不是實際的烹煮技巧。所以論點是？你可以用慢燉鍋或烤箱以極低溫做油封鴨。是否用鴨油煮也沒多大關係，某些實驗證實，鴨子先用水煮熟再泡在油裡和傳統油封鴨的口感吃來無異。無論如何，絕對要略過異國風情的鴨油塊，光是鴨腿就夠貴了。

鴨腿每人1隻，外層抹鹽，兩面皮和露出來的肉都要擦上。我通常**每隻鴨腿會用1湯匙（18克）鹽**，你需要足夠鹽把它外表完全覆蓋。

　　將上過鹽的鴨腿放在碗裡或塑膠袋裡，放在冰箱醃幾個小時。上了鹽的肉會增加風味並逼出一點水分，但如果你趕時間，可以省略這步驟，只要替鴨腿輕輕裹上幾撮鹽就可以了。鴨腿乾醃[58]後，再把鹽完全洗掉。

　　請記得：將生肉放在冰箱下層，就算汁液外漏也不會污染新鮮農作和要吃的食物。

鴨腿低溫煮了長時間後，腿肉很容易分開，因為多數膠原蛋白和撐住肌肉的結締組織流失了。

---

[57] 河馬・辛普森（Homer Simpson），卡通「辛普森家庭」裡的老爸。
[58] 乾醃（dry brine, dry cure），在醃製過程一直保持肉類乾燥的醃肉法。如多數的鹹肉和香腸。

此刻，你必須選擇熱源。

慢燉鍋油封法

鴨腿排入燉鍋或放入多用途電子鍋附帶的碗裡，倒油蓋住食材（我會用芥花油或橄欖油），將慢燉鍋開到慢燉模式，至少燉6小時（燉10到12小時更好）。

烤箱油封法

鴨腿排入可爐烤的鍋中，倒油蓋住鴨腿。烤箱設在170℉／77℃，至少烤6小時。

烹煮時間越長，鴨腿就越嫩。我曾經用一個大鍋把36隻鴨腿放在烤箱裡燜了一整夜。如果你一次要煮很大量，請記得核心溫度得在兩小時內達到140℉／60℃。這時，先把油熱到250℉／120℃，再放入鴨腿。透過這種方法，熱油會結結實實地傳達熱，冷鴨腿就會更快達到溫度。

烹煮後，鴨皮依舊鬆弛，坦白說，有點腫脹。但肉質很柔嫩，一戳就散。你可以去皮（或用平底鍋煎一下做成鴨肥肉，不要放油，用鴨皮本身的油），或者在鴨皮上劃幾刀，把鴨皮面煎到焦香酥脆。

如果不會立刻使用鴨腿，請先放進冰箱。

做油封鴨剩下的油混合了鴨油和你之前放的油，請把它留下來。你可以用來炒蔬菜或半煎炸[59]馬鈴薯。

小叮嚀

- 傳統做法要用鴨油而不是橄欖油。用鴨油的好處是：當它冷卻到室溫時會凝固，鴨腿就被一層滅菌過的油脂包裹密封著，就像某些果醬用蠟封保存一樣。如果你住在一世紀以前的法國，這是在漫長冬天保存鴨腿的好方法。但在冰箱發明、現代食品店林立後，肉品已經不需靠只能延長幾天不壞的鴨油來保存。用橄欖油吧！便宜又健康。
- 如果你把油和湯汁倒入另個容器，等到冷卻，它們會分開，膠質就是下面那層。請善用這層膠質！倒入湯裡。

---

[59] 半煎炸（shallow-frying），油用得比一般少，只放到炸物的一半，就如同一半用煎的，一半用炸的。

RECIPE

油封鴨醬義大利麵

準備2隻油封鴨腿,做法就像前面介紹。鴨腿可以事先做好放在冰箱裡,如果你不想等一天,就看看食品賣場裡有沒有賣現成的油封鴨。如果你有壓力鍋,做鴨腿會快一點。

用大鍋煮開**鹽水**,準備下義大利麵。

取下**兩隻油封鴨腿**的鴨肉,骨頭和皮不要,或留下來燉高湯。鴨腿肉放在平底鍋以中火稍微煎到褐變。

800克罐頭番茄丁
225克罐頭番茄醬
1/4-1/2茶匙(0.25-0.5克)卡宴辣椒粉

番茄和番茄醬以小火煨煮5分鐘左右。煨煮醬汁時,一面按照包裝上的指示煮義大利麵:

150克長條狀義大利麵——最好是義大利寬蛋麵pappardelle(以蛋為基底,又寬又扁的麵),也可用spaghetti。

義大利麵煮熟後,濾去水分(請不要沖水),放入煎鍋中。加入:

2湯匙(2克,大約12支)新鮮奧瑞岡葉或百里香葉(乾燥的並不理想)。
1/2杯(50克)磨碎的巴馬乾酪
1/4杯(30克)磨碎的莫札瑞拉乳酪

以上材料充分攪拌均勻。

要拔葉子,先抓著植物芽葉的一端。　　手指順勢滑到莖的最尾端,拉下葉子。

小叮嚀

- 你也許覺得把鴨醬放入煮義大利麵的鍋中攪拌會比較容易,因為平底鍋的容量可能不夠大。上桌前,你可以在料理上撒些帕瑪森起司粉,再多加些奧瑞岡葉或百里香葉做裝飾。
- 油封鴨醬的祕密在於材料間的配合:卡宴辣椒含有辣椒素,它的辣度會被乳酪中的脂肪及糖分平衡;而鴨子的油膩感會被番茄酸味降低。新鮮百里香散發芳香化合物帶來新鮮氣息,而這就是純粹的美味。如果明天就是世界末日,我希望這是我今晚的大餐。
- 當你從冰箱把冷鴨腿拿出來剁肉,鴨油也許看來又白又滑;肉質更黑,更多纖維。如果你懷疑肉的好壞,只要它看來可口,大概也不會錯了。因為肉已經過褐變,但褐變處並不包括黑色的膠質,也就是明膠,當鍋裡的水燒掉,膠質就會融化燒焦。
- 從莖上拔下新鮮百里香葉子時,請注意不要把莖也拉到食物裡。百里香的莖是木本,雖嚼得動,但不能食用。請用一隻手抓住莖的上端,另一隻手的手指順著葉子生長的反方向滑過去,把莖上的葉子扯下來。

▋RECIPE

慢燉牛小排

料理牛小排和其他高膠原蛋白質的肉塊並不難，只需以定溫煮一定時間，煮到膠原蛋白水解。這就是慢燉肉有辦法做到的事。你可以用有慢燉模式的鍋子，或用烤箱適用的烤盤，烤幾個小時，是很適合冬天寒冷月份吃的好菜！

（雖然用壓力鍋可以煮得更快，但並不是人人都有壓力鍋，就算你用壓力鍋做，煮的時候也看不到肉質發生了什麼。）

這是一份故意簡單化的食譜，但請不要被它騙了：慢燉肉可以好吃到**嚇人**，如果你要安排晚餐派對，這道菜讓你在張羅晚餐時格外輕鬆。

如果你有煮飯用的電子鍋或壓力鍋，請看看鍋子是否有慢燉模式。電子鍋的慢燉模式多用170-190°F／77-88°C的溫度加熱食物，這溫度高到足以消除細菌感染，卻不會低到蒸乾肉塊。

如果你沒有壓力鍋，請把烤箱設定在180°F／80°C，用烤箱適用的烤盤蓋上鋁箔紙用烤箱烤。

1瓶烤肉醬倒入鍋子內鍋。（我用的是市售醬料，因為方便，而這正是慢燉吸引人的地方。你也可以依照p.334的食譜自己做醬汁。）

加入**牛小排**，平鋪成一層，讓烤肉醬剛好蓋過。

慢燉至少4小時（時間更久也很好）。可以試著早上工作前先預備——慢燉鍋可保證烹煮安全，而額外的燉煮時間可以讓膠原蛋白完全溶解。

小叮嚀

- 理想情況是，你應該在下鍋前先讓牛小排煎1、2分鐘。煎一下會產生褐變反應，讓最後成果濃香四溢。
- 請記住之前提到的危險區間概念，別把一堆冷肉塞在慢燉鍋裡，這樣要花兩小時才能把鍋內溫度升到140°F／60°C之上。
- 在醬汁裡加入其他材料，如果你喜歡也可以做個獨創的醬汁。我通常會倒入一湯匙左右的葡萄酒或波特酒在空的烤肉醬瓶裡，把黏著的濃醬「晃下來」，再把這瓶波特醬倒入慢鍋中。

LAB

技客實驗室：膠原蛋白實驗

請做這個實驗觀察膠原蛋白蛋白質的不同狀態：原始狀態、變性及水解後的膠原蛋白。膠原蛋白會變性和水解，這是兩個不同程序，且根據溫度和膠原蛋白的特殊形式以不同速率出現，但是它們各要花多少時間？

首先準備以下材料：

- 請將富含膠原蛋白的動物組織做成6個小樣本，可以用烏賊切片，把烏賊的長管切成烏賊圈，或弄一包冷凍生魷魚腳，或把燉牛肉切成1公分的小丁6塊（牛肉烹煮的時間會多花3倍）。
- 1杯／240毫升中性食用油，如芥花油或植物油
- 烤箱或慢燉鍋
- 2個叉子和1個盤子
- 如果使用烤箱而不是慢燉鍋，請準備烤箱適用的小型容器1個，如玻璃量杯

實驗步驟：

1. 如果使用烤箱：請把油倒入量杯，放入烤箱。如果使用慢燉鍋，把油放入慢燉鍋的內鍋。
2. 烤箱溫度定在200°F／95°C，或開慢燉鍋的「慢燉」或「保溫」模式。
3. 用叉子把所有樣本叉入油中，設定計時器。
4. 樣本若用海鮮組織如烏賊：煮了20分鐘後，用叉子把其中一個樣本移到盤子上，以備後續觀察。每煮20分鐘拿出一個樣本。樣本若用哺乳動物的組織如牛肉：每煮1小時拿出一個樣本，而不是20分鐘。
5. 所有樣本都拿出來後就關掉烤箱或慢燉鍋，裡面的油等到冷掉時倒掉。

研究時間到了！

觀察盤子裡的樣本，你看到什麼？用兩支叉子，一手拿一支把每個樣本扯開，記錄每個樣本好撕的程度以及哪塊比較硬。

額外提醒：

可重複實驗，用海鮮和哺乳動物做樣本，比較各種時間的差異。

另一個點子：試做燉牛肉，燉了30分鐘後取出一杯燉肉，2小時後取出第二杯，6小時後取出第三杯。咀嚼肉塊比較質地差異。（可以用孩子做實驗，做個雙盲實驗[60]，避開安慰劑效應。把孩子的眼睛矇起來，給他們兩份樣本，一份燉了2小時，一份燉了6小時，看他們是否能分辨不同。）

---

60 雙盲實驗（double-blinded），受測者及評估者都不知道實驗品分配狀態的實驗。

3-7 158°F／70°C：蔬菜澱粉分解溫度

烹煮植物時的相關溫度

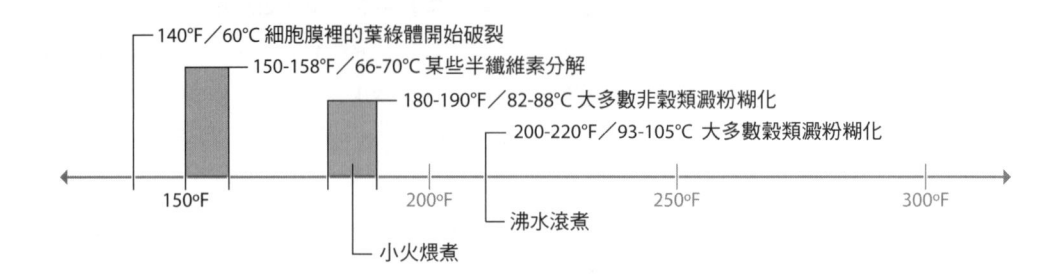

- 140°F／60°C 細胞膜裡的葉綠體開始破裂
- 150-158°F／66-70°C 某些半纖維素分解
- 180-190°F／82-88°C 大多數非穀類澱粉糊化
- 200-220°F／93-105°C 大多數穀類澱粉糊化

150°F 小火煨煮　200°F 沸水滾煮　250°F　300°F

　　肉主要是蛋白質和脂肪，而植物的組成主要是碳水化合物。肉類在煮到未熟和鞋子皮間的溫度區間較小，而碳水化合物的溫度區間通常更寬容，即使煮太久會讓質地變糊，顏色也失去。

　　植物細胞中含有各種與料理有關的化合物。正如你料想的，不同化合物有不同性質。以下舉出五種常見的化合物並說明它們遇熱的反應。

　　• **纖維素**（cellulose）是植物細胞壁的主要結構。它在生的狀態完全無法被人體消化，但溫度高到 608-626°F／320-330°C 時會凝膠化，所以我們討論烹飪的化學時可以忽略它。（但有證據顯示用壓力鍋煮豆子的確會分解一些纖維素，事情總有例外的！）

　　• **木質素**（lignin）是出現在植物細胞次生細胞壁中的纖維絲狀物，就像在木頭裡的纖維。它就像纖維素，不會因烹煮而有太大差別。木質素會卡在牙齒中間，吃起來有一點像在嚼木頭（蘆筍，對，我在看你）。蘆筍的莖部有大量木質素，這就是你可以也應該把它去掉的原因。

　　• **半纖維素**（hemicellulose）不同於纖維素，是植物細胞壁中發現的大量多樣的多醣體，與纖維素和木質素一起構成細胞壁。當它在 150-158°F／66-70°C 的溫度區間時，很容易被酸、鹼、酵素分解。我們烹煮柔軟的植物，關注的對象就是半纖維素，但要注意不要讓它們分解太多以免質地太糊。半纖維素與木質素和纖維素不同，部分可溶於水。這三種化合物構成大部分的不溶性膳食纖維，幫助身體沖洗消化道。

- **澱粉（starch）**。植物將能量儲存為澱粉，我們把植物吃了，也就吃了澱粉賦予的能量。澱粉的天然存在狀態是半結晶體，由兩個碳水化合物分子組成，分別是直鏈澱粉和支鏈澱粉。當半結晶體加熱且暴露在水中時，它會**糊化**（gelatinizes），也就是吸收水分、溶化並分解。一直到冷卻它都會持續吸收水分，如此，烹煮就將半結晶體轉化為更容易消化的形式。曾有理論認為，當人類開始烹煮植物就得到贏過其他物種的優勢，而上述說法正是這套理論的基礎。澱粉膠化只牽涉到幾個溫度區間：一個與支鏈澱粉吸收水分有關；另個比較高的溫度則與溶化直鏈澱粉的結構有關；然後還有第三個潛在的溫度範圍則與澱粉冷卻時，凝膠何時固定有關。這些溫度取決於直鏈澱粉和支鏈澱粉的比例和具體結構，同時也要考量環境因素，如它們暴露的液體是酸性或鹼性。而在烹飪上哪一個是我們要關心的議題？這就要看澱粉存在於植物細胞內的方式。我們主要關注的是會讓直鏈澱粉溶解的較高溫度區間，通常發生在135˚和220˚F／57˚和105˚C之間。

- **果膠（pectin）**是把細胞壁黏在一起的細胞膠，類似把肌肉組織結合在一起的膠原蛋白。比較硬的水果從果膠化合物得到結構，如蘋果的皮和核有10-20％果膠。當它在酸性環境（pH 1.5-3）加熱至高於140˚F／60˚C時，這些化合物開始降解。若要果膠糊化成果醬和果凍，建議設定的目標溫度需要在217˚F／103˚C（有含糖液體較容易達到）。果膠不是多數水果和蔬菜應用在烹飪的主要成分，但對製作果醬很關鍵（參見p.445）。

但上述所說一切與你煮蔬菜水果有什麼關係？你可以根據它們的成分來確定要用什麼溫度來煮水果和蔬菜。而烹煮溫度要維持多久、組織裡的水分有多少和處理過程的環境條件，都會影響烹煮所需的確切溫度，所以請將下列說明當成料理蔬果的指導原則：

- **烹煮根莖類蔬菜**的溫度需高於175˚F／80˚C，如煮馬鈴薯。若用更高的溫度煮，當水氣蒸發時造成額外的質地轉變（如口感鬆綿的烤馬鈴薯），但溫度稍微低一點是好的，就像你在焗烤馬鈴薯中看到的變化。與穀物相比，根莖類蔬菜的支鏈澱粉百分比較高，這意謂著它們的澱粉更容易糊化（溫度通常需達135-160˚F／57-70˚C）。煮的時候把溫度調到比適當溫度區間高一些是為了合理的烹飪時間，根莖類蔬菜含有足夠的水分，無需擔心在糊化過程中還要再加水分供澱粉吸收。當然，如果你煮的是從植物萃取出來的澱粉，如葛根粉或太白粉（有時雖叫馬鈴薯麵粉，但其實是澱粉），就要多加水分讓澱粉吸收。（更多內容請見p.433）。

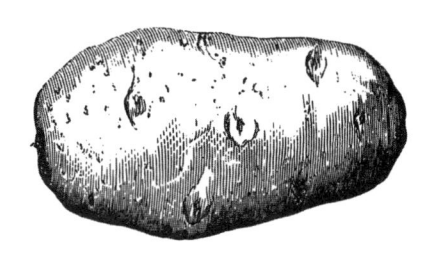

- **煮穀物**要用接近沸騰的液體煮，如煮飯。雖然支鏈澱粉會在較低的溫度降解，但穀類結構中的直鏈澱粉較多，而這些直鏈澱粉要到 200-220°F ／ 93-105°C 才會溶解。（如果你熟悉 p.342 的真空烹調法，就會知道為什麼真空烹調可用來烹調根莖類蔬菜卻不能煮穀類。）大多數的穀類也沒有足夠水分可讓它們糊化，這意謂著種子可撐過冬天！所以你煮穀物時才需要用水。

- **煮硬質水果**（如蘋果）必須煮的時間夠長，要煮到細胞壁中的果膠分解。而煮的溫度則看水果的酸性，溫度必須達到 140-212°F ／ 60-100°C 之間。做糖漬水果也該用硬質水果以免變糊。同樣地，根據某些建議，想做上好水果派的祕密是混合兩個品種甚至不同種類的水果，一種用煮時保持形狀完好的硬質水果，再混入第二種烹煮會分解的水果。烤蘋果派時可混入做醬汁的蘋果，像用翠玉青蘋果搭配麥金塔紅蘋果，也可不同水果種類混搭，例如用鴨梨或洋梨混搭做醬汁的蘋果麥金塔、科特蘭或金冠五爪蘋果（更多果膠的知識，請見 p.445）。

- **水分豐富的水果和蔬菜**要用中溫烹調，溫度 150-158°F ／ 66-70°C 足以分解半纖維素。葉子不太硬的蔬菜如菠菜，只要在平底鍋中用少量的水或油就能讓葉子萎掉。即使放在剛濾出來的熱義大利麵中很快拌一下都會有效果。葉子比較硬的蔬菜如瑞士甜菜和羽衣甘藍，應該把莖梗都去掉，最先放下去煮，因為那部分結構組織較多，需要分解更多半纖維素才會變成討人喜歡的柔軟質地。

水果和蔬菜中還有其他會遇熱改變的化合物，其中特別需要點出的是：葉綠素。綠色蔬菜一經煮，顏色會從鮮活的綠色轉為黯淡的棕色。此時細胞圍著葉綠體的薄膜受熱破裂，讓葉綠體反應成不同分子，脫鎂葉綠素，而此分子帶有棕色。這種轉變的相關變數是酸鹼值與溫度，在酸較多的環境會加速它發生，較低的溫度會減緩它發生。在煮菜的水裡加入少量小蘇打會抑制這樣的反應。（太多小蘇打會引起其他反應，我們將在下一章介紹水的化學。）傳統方法會要你注意用熱烹煮而不是用沸水煮，且不要過度烹煮，並將煮熟的食物放到極冷的水中降溫以停止反應。就我個人而言，我寧願選沒煮熟的四季豆和蘆筍，這些食物沒煮熟仍然好吃，但煮得過熟？噁心！

煎蔬菜丁這類東西時，想要嫩化卻不想讓它們變成褐色？如果溫度太高，就灑一點水降低溫度。

RECIPE

快蒸蘆筍

用微波爐烹調處理硬質的綠色蔬菜和高澱粉質蔬菜很有用，像番薯、馬鈴薯和其他根莖類蔬菜只要放入微波爐微波幾分鐘都有不錯的效果。你也可以用微波爐蒸蔬菜。

在可微波的容器中，放入底部修剪或折過的**蘆筍**，加入薄薄一層**水**蓋住底部，蓋上蓋子但留一點開口讓蒸氣可跑出去。微波2-4分鐘，微波到一半時請看看熟度，確定是否還要多花一點時間。

小叮嚀

- 這種技巧以兩種方法烹煮食物，包括：熱輻射（以微波形式存在的電磁能）和熱對流（從容器裡的水加熱後產生的蒸氣）。蒸氣在食物周圍循環，確保每個冷點（沒被微波到的地方）都得到足夠的熱，既可煮熟食物，也能殺死可能存在於表面的細菌。
- 可加檸檬汁、橄欖油或奶油再煎一下，再加點蒜泥加入蘆筍中。

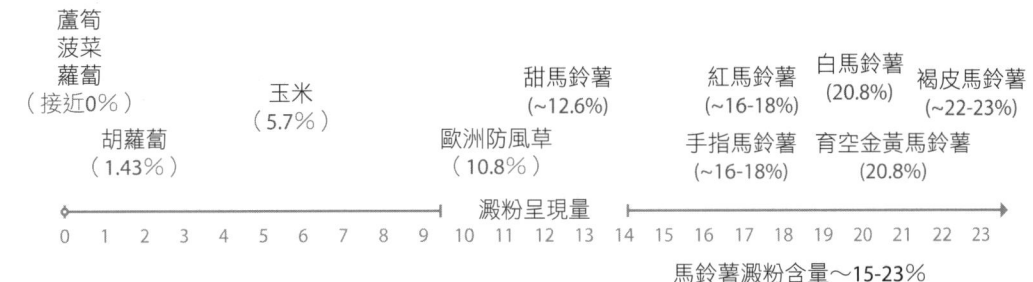

時間和溫度

蔬菜	澱粉含量
蘆筍、菠菜、蘿蔔	接近0%
胡蘿蔔	1.43%
玉米	5.7%
歐洲防風草	10.8%
甜馬鈴薯	~12.6%
紅馬鈴薯	~16-18%
手指馬鈴薯	~16-18%
白馬鈴薯	20.8%
育空金黃馬鈴薯	20.8%
褐皮馬鈴薯	~22-23%

澱粉呈現量
0 1 2 3 4 5 6 7 8 9 10 11 12 13 14 15 16 17 18 19 20 21 22 23

馬鈴薯澱粉含量～15-23%

15 ← 蠟質馬鈴薯　粉質馬鈴薯 → 23
　　結實滑順口感　鬆綿口感

低	中	高
馬鈴薯沙拉	馬鈴薯湯	薯條
	烤馬鈴薯（烤箱）塊狀口感 馬鈴薯泥	烤馬鈴薯 奶油口感 馬鈴薯泥

根莖類蔬菜澱粉含量較高，需要較多時間烹煮，這就是烤胡蘿蔔比烤馬鈴薯來得快的原因。澱粉含量高也會帶來食物蓬鬆的口感，就像上圖的兩顆熟馬鈴薯，左邊的澱粉含量低，右邊的澱粉含量高。

RECIPE

芝麻炒青菜

菠菜這種綠葉蔬菜要快炒，羽衣甘藍這種硬葉菜有比較軟的部分則要快煮，而這些菜沒有太多澱粉或纖維需要分解，全都是半纖維素。

中火加熱炒鍋或不沾平底鍋，再加入下列食材：

2 湯匙（30 毫升）麻油或橄欖油（能覆蓋鍋面即可）
1 湯匙（8 克）芝麻

很快把芝麻炒一下，然後加入：

1 把瑞士甜菜、羽衣甘藍、芥藍菜或其他硬葉菜，去掉莖和粗梗，用切或用折的，弄成 2.5 公分段狀。

用鉗子很快翻炒青菜沾到油和芝麻。鍋子要熱到一定程度，青菜才會很快受熱，但也不能過熱讓油燒焦。持續翻炒讓青菜均勻炒軟，加入**鹽**和**胡椒**，試味調整。

小叮嚀

- 依據個人口味，加入下列某種組合使這盤菜更豐富：
  - 5 瓣大蒜，切末；半顆小檸檬，取汁（大約 1 茶匙／5 毫升）
  - 2 茶匙（10 毫升）巴薩米克醋，也許再加少許糖
  - 1 茶匙（5 毫升）雪利酒醋、1/4 茶匙（0.3 克）紅辣椒碎、1 罐 425 克白腰豆、3 瓣大蒜末
  - 1/4 顆紅洋蔥，切絲炒香；1/2 顆蘋果，切成一口大小，炒過；一把核桃碎，烤過
- 可煎幾塊培根條，拿出培根，用逼出來的油炒菜，再加入 1 茶匙左右（5 毫升）巴薩米克醋調味。培根切丁，兩者混合。選擇性加入藍黴乳酪（或其他乳酪）。食材份量看個人喜好，就當做實驗吧！
- 瑞士甜菜這種硬葉菜要折硬莖和剝粗絲，你可以一手抓住葉桿，一手抓住綠葉，去莖。

蔬菜炒軟，就可在完成前先離火，餘溫會讓菜變熟。

紅酒漬水梨

糖漬水梨非常好做、美味又迅速。我們對水果的愉悅感受，不只來自風味，也來自口感。請想想不脆的蘋果和撞爛的香蕉：失去慣有的口感，迷人處也就消失了。但情況並不總是如此，糖漬水果，就像糖漬水梨，果肉結構有類似的改變，細胞壁分解了，影響鄰近細胞間的聯結，創造較軟質地，且注入湯汁的風味。

取一個淺醬汁鍋或平底鍋，放入：

2個（350克）中型水梨，打直刀（縱向）切成8到12片，去核

1杯（240毫升）紅酒；或1杯（240毫升）水、1/2杯（100克）糖和1茶匙（5毫升）香草精

1/4茶匙（0.5克）胡椒粉

平底鍋以低溫或中溫加熱，酒煮到微微出現小泡，水梨以水波煮的方式煮5到10分鐘，直到變軟。煮到一半要翻面，這樣兩面切片泡在酒裡的時間才平均。水梨煮好拿起，去掉酒湯（你也可以把酒湯濃縮成糖漿）。

小叮嚀

- 趣的化學事實：酒的沸點比水低，實際的溫度要看糖和酒精含量，當酒煨到冒出小泡時，比例改變，大概會從194°F／90°C左右開始冒泡。但保持懷疑態度可讓你不會把梨子煮過頭。
- 有些水果不熟就是不熟，但當你移開目光，到下次再移回目光時，它已爛了，梨子就是其中之一。為了讓它們加速變熟，你可以把還沒熟的梨子放在紙袋裡，植物組織會暴露在自己放出的乙烯中。我覺得，如果水果已經有點過熟，我寧願趁新鮮吃了，不會留著做糖漬，但你的梨子至少要有點軟。
- 可配焦糖醬（請見 p.248）和香草冰淇淋一起吃。還可嘗試糖漬其他水果，如新鮮無花果，也可使用不同液體。像是用波特酒，或用蜂蜜水加少許檸檬汁，煮得又甜又好吃時，再加一點檸檬皮碎。
- 你不需把材料份量量得一絲不差，只要湯汁夠多可漬梨子，最後結果就會很好。如果適合你的口味，也可加入新鮮胡椒粉。

請別用現成磨好的胡椒粉，它們的複雜香氣很快散失，最好使用在放入前才現磨的胡椒粉，放在手心，胡椒保留撲鼻辛辣味，而不是沒有半點胡椒的細緻香氣。

❘ RECIPE

燒烤蔬菜

美國人做燒烤是小事一樁，這是文化的一部分，而源起可追溯到大西洋的另一邊。燒烤變成美國傳統是從二戰之後，當「韋伯兄弟五金行」構想出韋伯烤爐，自此開啟了後院的消遣娛樂[61]。

燒烤要用丙烷還是木炭？哪個較好要看你的用途。丙烷燒烤生火較容易，適合只想烤快速漢堡或幾道菜的人。而木炭燒烤就要多花點功夫才能上手，但這種方式會創造較熱的燒烤環境，發展出更好的風味（有更多的褐變反應）。無論你想用哪種，只要食材薄，燒烤都是料理的好方法，就像裙帶排、漢堡和蔬菜切片。如果是較大塊的食材，也可以放在烤爐慢慢烘——我一直很喜歡在夏日午後一邊和幾個朋友喝酒，一邊等全豬烤熟。

燒烤用丙烷或木炭的第二項主要差異在溫度。丙烷燃燒溫度約可達 3100°F／1700°C，隨著時間過去，熱氣在烤爐附近消散，溫度降到 650°F／340°C。若熱源使用大量合理的木柴或木炭，則能產生較高的熱輻射。我測過燒木柴木炭的烤爐，溫度可達 850°F／450°C 左右。

香烤夏時蔬

燒烤蔬菜待客最好，做起來又簡單。或許有人找得到把烤肉串烤得好吃的方法，但堅守經典作法較容易：選擇較硬、水分較少的蔬菜（如**蘆筍、南瓜、青椒、洋蔥**）。

蔬菜切成大段放入碗中，以少量**橄欖油**和少許**鹽**拌勻，想換點花樣就放醃醬或烤肉醬，但如果你的食材很好，這就有點畫蛇添足。

我通常會先烤漢堡或其他肉類，等到肉放在一邊時，再烤蔬菜。蔬菜要烤幾分鐘，烤到中途記得翻面。

烤地瓜「薯條」

地瓜切成瓣狀（找不到地瓜？那就找 yam 吧！美國人把學名 Ipomoea batatas 的東西叫做 yam，那其實是甘藷）。

地瓜外層塗上**橄欖油**，撒上**粗海鹽**，放在烤爐上烤 10 分鐘，翻面，再烤 10 分鐘，烤到軟，趕緊趁熱吃。

如果不想用橄欖油和鹽，也可以裹上甜味外衣，把大致同份量的**奶油**和**蜂蜜**融在一起，刷地瓜條。或試著用**辣椒末**撒在烤好的地瓜上，做個辣味版本。

---

61 芝加哥商人喬治・史蒂芬（George Stephen），在 1952 年發明圓球狀可掀蓋式烤爐，隨著二戰後消費及休閒熱潮，1950 年代晚期後院 BBQ 成為流行休閒活動。

• RECIPE

迷迭香馬鈴薯泥

　　這道簡單食譜只要用微波爐烹煮馬鈴薯就可以了。做馬鈴薯或澱粉類的根莖蔬菜，必須讓蔬菜裡的澱粉糊化，這就得做到兩件事：澱粉顆粒需達到一定熱度才會真的融化；要讓它暴露在水中，顆粒才能吸水膨脹。這兩件事做到了，組織的質地才能改變。幸運的是，馬鈴薯本身就含有足夠的水，可以不需額外多費功夫。只要把甜馬鈴薯放入微波爐微波5到8分鐘，一開始用叉子戳個洞，看看好了沒有。

3-4顆（600克）中型紅馬鈴薯微波約6分鐘，煮到熟。

微波後，馬鈴薯切小塊，可用叉子背面壓碎成泥，加入下列食材一起搗碎：

1/2 杯（120 克）酸奶
1/3 杯（80 毫升）牛奶
4 茶匙（20 克）奶油
2 茶匙（2 克）新鮮現切迷迭香
1/4 茶匙（1 克）鹽（約兩撮鹽）
1/4 茶匙（0.5 克）胡椒粉

小叮嚀

- 想做口味更濃郁的版本，可將部分酸奶用原味優格取代。
- 不同種類的馬鈴薯有不同含量的澱粉。澱粉含量高的品種（如外皮棕黃粗糙的褐皮馬鈴薯）多半做烤馬鈴薯或薯泥，結果較為清爽鬆軟。澱粉含量低的品種（如紅皮或黃皮馬鈴薯，通常體積較小，外皮較光滑）較能保持外型，比較適合要保持形狀的菜色，像馬鈴薯沙拉。當然，個人偏好總有很大的空間。說到馬鈴薯泥，比起全然滑順的口味，我偏好吃得到顆粒的薯泥。完全柔滑的馬鈴薯經常出現在與感恩節有關的電影場景中，所以我會用紅馬鈴薯來做。

3-8 310°F／154°C：梅納反應變明顯的溫度

我們應該感謝梅納反應（maillard reaction），有它，感恩節火雞、國慶日漢堡和周日的早午餐土司才有迷人的金褐色與焦香氣。咖啡、可可、烤堅果的風味更是大大仰賴梅納反應的副產品。如果仍喚不起你對梅納反應滋味的記憶，拿兩片土司去烤，一片在變成焦褐色前拿出來，另一片烤到金黃焦褐色，然後嚐嚐兩片的不同。

當蛋白質中的胺基酸和某種形式的糖（叫做**還原糖**〔reducing sugar〕）結合且分解，就產生梅納反應，進而生成堅果香、焦香等複雜香氣。梅納反應的命名來自法國化學家路易斯‧卡米兒‧梅納（Louis Camille Maillard），他在1910年代首次描述這個現象，但世人直到1950年代還無法好好理解這個反應。梅納反應發生時，含有游離胺基酸的化合物與還原糖發生縮合反應。例如，肉就有還原糖，就像肌肉組織中的主要糖分葡萄糖；肉裡也有胺基酸如離胺酸。受熱後，這兩種化合物很容易相互反應形成兩種新分子。

梅納反應比我們目前談過的其他反應都複雜得多。反應一開始時會生成兩種新分子，其中之一是水，但另一種是複雜且不穩定的分子，這些分子很快級聯出更多反應。最終塵埃落定成幾百種化合物，生成我們想要的顏色和風味。

為了讓事情複雜，要看一開始縮合反應產生的分子是由哪種化合物發動的。任何具有游離胺基的化合物，包括胺基酸、胜肽或蛋白質，都可以和任一種羰基化合物（通常是還原糖）結合，所以一開始發動的分子可以有很多很多形式。所以當你在烤漢堡或烤麵包時，梅納反應風味副產品會有些微差異，那是因為兩種食物中的胺基酸和還原糖（如葡萄糖、果糖和乳糖）的比例和類型都不一樣。而在另一層次，副產品還會依照所處環境的酸鹼值分解成不同化合物，這也會改變味道，所以只能說，很複雜！

現在我讓梅納反應聽來還真的很複雜（確實啊），所以你要如何控制這個反應，以及它的香味和顏色？幸運的是，從廚師的角度來理解梅納反應比用化學家的角度容易得多。目前所知，有四種方法可以控制它，理解這些方法需要先簡單解釋一下在各反應率中的化學規則。

顯然，沒有胺基酸和還原糖就沒有反應，也就是兩者都要存在。基礎化學規則是：反應物濃度增加，反應速率就提升。所以麵包的食材需要牛奶，糕餅外皮需要刷上蛋液來增加顏色。牛奶有蛋白質和乳糖，蛋液有胺基酸，這兩種都會增加反應物的量，進而生成更多梅納反應，也因此得到風味與顏色。沒有它們，就沒戲唱了。如果你想要更多梅納反應，第一種方法就是提高反應物的濃度。

另一個與反應率相關的基本化學規則是溫度。發生化學反應所需的能量稱為「活化能」（activation energy），它來自分子動能的能量。溫度較高，分子機會越好，越有可能跳過反應發生的能量障壁（energy barrier），但這仍只是有可能。在較低溫度反應仍舊會發生，但發生慢得多。（根據反應類型各有最小閾值。）假設你有很多反應物，提升烹煮的環境溫度是提高反應速率的最簡單方法。

影響食物很多的環境酸鹼值也能改變梅納反應的發生率。梅納反應需要依賴游離胺基酸才能發生起始步驟，這就是為什麼洋蔥裡要加小蘇打才會加速褐變，也是做蝴蝶餅的麵團需要泡鹼水，餅乾褐色才會變得更濃黑的原因。廚房裡除了蛋白、小蘇打粉外很少有鹼性食材，但幸運的是，如果放少量是吃不出味道的。如果你想加快烘焙食品的褐變，可以在麵團表面刷上蛋白。如果要做「焦糖化洋蔥」這類食物（說洋蔥焦糖化有點用詞不當），加一點小蘇打就可加快反應。

梅納反應的速率也取決於水：水不可太多，也不可太少。因為反應的第一步會生成一種可逆性的化合物，很容易在兩狀態中變過來變過去（也就是在化學式中看到用「⇌」符號表示的東西），在此情況下，可被逆轉的第一步是水分子。當水分子連接上化合物，也阻止了反應發生第二步。如果環境太潮濕，連接上化合物的水分子增加，就阻絕了反應持續；但如果環境太乾，反應也一樣不會進行，因為胺基酸和糖一定要能移動到碰得上才能發生反應。（就水而言，讓反應速率到達高峰的水要有 0.6 到 0.7 Aw，如果你熟悉水活性，嚴格說起來大約是 5% 的水。）這未必是說只要改變水量就能改正你看到梅納反應速率的問題，這點不太可能，但可以解釋你看到的烘烤測試，放在同一張烘焙紙上濕麵粉與乾麵粉的變化差異。

> 梅納反應不容易發生在濕的食物上。如果你要煎肉，請用紙巾很快把肉的表面水分拍乾。若在瘦肉下鍋前才加鹽，會把水分拉到表面，煎的時候，就會花更多時間才能將它們蒸發。所以不是在做之前先用鹽把肉醃好，然後下鍋前拍乾，就是在煎烤後才放鹽。

考慮所有變數後，在多數料理應用上，若想有梅納反應的美味香氣和好看顏色還需要相當高的溫度。這裡提出 310°F／154°C 作為適當指標，不管你是透過烤箱門看去，或把食物放在爐上煎，都是梅納反應速率明顯作用的溫度。對大多數料理來說，無論使用煎鍋或烤箱，只要想引發風味，350°F／180°C 都是合理的料理溫度。有些食譜要求很長的料理時間，像是放在烤箱燜烤數小時，這時就會用 325°F／160°C 的溫度。

很少看到食譜要求更低的烤箱溫度,因為那會讓梅納反應作用得太慢。但有時梅納反應不是你要的風味,就像你做馬卡龍,要做蛋白霜餅乾(見p.315)。若想避免梅納反應很簡單,只要讓水、溫度、pH值其中一個超出需求範圍。通常這意謂著把烤箱調到極低溫,如250°F／120°C,而這就是做蛋白霜餅乾的方法。

我們將在下一節說明其他重要褐變反應,也就是焦糖化,但在這裡有必要提出的是焦糖化會奪去梅納反應需要的還原糖。所以用太熱的鍋子煎肉會把肉裡的葡萄糖先焦糖化,而失去和胺基酸反應的機會,所以料理肉的時候用中高溫就好,溫度不要太高。

梅納反應的發生溫度的確可低於我說的標準溫度310°F／154°C,只是不會作用很快。高湯用212°F／100°C的溫度小火慢慢煨,要熬好多好多小時才會熬出夠濃的反應物,顏色也才會開始慢慢變成褐色,生成梅納反應的風味。(有些主廚發誓壓力鍋也可以做高湯,那是因為烹煮溫度較高,梅納反應發生速率更快!)只要有足夠的反應物和時間,梅納反應甚至可在室溫下發生,就如Manchego和Gouda乳酪在熟成作用時也有少量梅納反應副產品。梅納反應也發生在其他地方:像有些東西自然變黑,也是透過同樣的機制!

鍋煎馬鈴薯

樸實的馬鈴薯就像蛋一樣，有著黑暗面（皮）與光明面（內層），可以把東西黏在一起（因為澱粉）。但煎炸馬鈴薯為什麼會變成褐色？因為它有大量胺基酸、葡萄糖，還有一些水分，只要把烹煮環境設定為梅納反應需要的條件，馬鈴薯就會變色。請將做好的馬鈴薯搭配烤雞（見p.237），也可當早餐（若當早餐，請加點紅椒、黃洋蔥和小塊培根）。

這道食譜用了兩種熱度。首先是水煮，可提升整顆馬鈴薯的溫度，讓澱粉快速煮熟。然後再油煎，提升食材外層的溫度。你也可以用微波取代水煮，但鹽水能做好調味工作。

3-4顆（700克）中型馬鈴薯，切成可用叉子送入口的小塊。放入中型鍋，用鹽水煮5分鐘。

馬鈴薯撈出，放入厚底鑄鐵鍋或琺瑯鍋，在爐火上以中溫加熱，再加入：

2-4湯匙（30-60毫升）橄欖油或其他油脂（剩下的雞油、鴨油或培根油，味道都很棒）。

1茶匙（6克）猶太鹽

每隔幾分鐘拌炒一下，讓面朝下的部分有足夠時間煎到褐色但不是燒焦。大約煎20分鐘，只要煎到每一面大都變褐色了，就轉小火，放入下列食材，如果油不夠，再加更多油或脂肪。

2茶匙（4克）紅椒粉

2茶匙（2克）乾燥奧瑞岡葉

1茶匙（3克）薑黃粉

「預煮」就是把食物先煮過一道，也就是先把部分食物煮好，就可加快後續烹煮作業。這步驟不是為了製造更多髒盤子，而是為了省時，讓你煮食物的時候用比原本需要的更短時間就能把東西煮好，或者可以把它視為烹煮法轉變前的第一道工序。在這道菜中，馬鈴薯事先煮過讓做菜時間縮短了，因為第一道手續用了鹽水，它讓馬鈴薯熟得更快。你也可以省略這個步驟，只用鍋子油煎馬鈴薯，但烹煮時間要多花30分鐘。

❗ RECIPE

香蒜麵包

烤麵包抹著香蒜奶油，對大蒜愛好者來說有什麼比它更好的呢？大蒜用在食物的歷史可說驚人（請上網搜尋「四賊醋」[62]），且大家都知道它有益健康（從大蒜素中得到，請見下方蒜泥的說明）。

但就算香蒜奶油也救不了次等麵包。連鎖超市賣的現烤麵包從不會像真正麵包店做出來的麵包一樣好。如果可以，請打從一開始就用很棒的麵包。

大蒜用量很多，但要用切的，不要用壓蒜器。準備 **6 瓣（4 湯匙／60 克）** 或 **大約 1 顆半大蒜**，這用量並不會不合理，真正的大蒜迷會想放更多。請把蒜末放到小碗中，加入以下食材攪拌均勻：

- 4 湯匙（60 克）已軟化或融化奶油
- 2 湯匙（30 毫升）橄欖油
- 1/2 茶匙（2 克）海鹽或蒜鹽（如果使用加鹽奶油則省略此食材）
- 2-4 湯匙（10-20 克）新鮮巴西里碎末
- 1-2 匙紅辣椒碎（自由選用）

義大利麵包或法國麵包橫切一半，做出上蓋與底座，將兩片麵包面部朝上，放在鋪好錫箔紙的烤盤上。用刷子或湯匙將調好的蒜醬抹在麵包上。放入預熱到 350°F／180°C 的烤箱中烤 8 到 10 分鐘（想吃更脆的麵包可以烤更久），然後以上火烘，烘到上層金黃焦香。

小叮嚀

- 可嘗試加上帕馬森乳酪或莫札瑞拉乳酪，或用其他香草取代巴西里，如可用乾奧瑞岡葉，傳統上用巴西里是因為謠傳它可以減輕冒出蒜味的體臭。你也可以在烤之前，把麵包切成片狀或方塊狀。
- 大蒜開始烤出褐色，並在 260-280°F／125-140°C 烤好。烤得褐色太深，吃起來就有焦味。請在烤麵包時也要注意蒜末的狀況。

什麼時候大蒜該用切的而不是用壓蒜器壓？

若只求方便，建議使用壓蒜器。在蒜泥迅速噴出和沒有大蒜間，我寧願選擇用壓的。至於有人討厭用壓蒜器，是因為蒜用壓的會改變大蒜的味道——**但只在某些情況下**。

風味起自大蒜中的「蒜胺酸酶」（alliinase），它是不耐熱酵素，只要受熱就會分解。大蒜壓碎時，蒜胺酸酶與化合物「蒜胺酸」（alliin）接觸，轉化為另一種化合物「大蒜素」（allicin）。硫基化合物有大蒜味並不奇怪，但大蒜素並沒有那麼重的大蒜味。只要 6 秒，半數的蒜胺酸就已轉化為大蒜素（蒜胺酸酶是大蒜中最豐富的蛋白質，因此反應速率超快）。而大蒜用切的用剁的，蒜胺酸都不會和蒜胺酸酶混合，大蒜一加熱，蒜胺酸酶不會反應，也就沒有大蒜素。唯一可避免用壓蒜器壓蒜產生反應的方法是將大蒜直接壓進油裡。如果你依循的食譜無法讓你做到這個動作，大蒜只能改用切的或剁的，以避免臭味。

雖然大蒜素的味道不好聞，但它是大蒜中唯一已知對健康有益的化合物。抱歉了，各位，但沒有生蒜或大蒜壓泥留下的那種臭味伴隨左右，也就沒有健康上的好處！

---

62 公元前希波克拉底就將香料入醋當成治病材料，而「四賊」名起自 16 世紀法國，當時黑死病盛行，有 4 名盜匪到處掠劫黑死病人財物，落網時法官訝異為何不被傳染，盜匪說他們服用此藥草醋，故稱四賊醋，是浸泡丁香、肉桂、百里香、迷迭香、鼠尾草、薰衣草和大蒜的醋。

RECIPE

蝴蝶雞

你也許喜歡把剁肉的事交給肉販，甚至看到生肉就噁心想吐，但把雞剖成蝴蝶雞（butteflied chicken）的工夫還是非常值得學習的。把雞插成蝴蝶狀在英國叫做「插雞固定法」〔spatchcocking〕[63]，在法國叫做「蛤蟆雞」（crapaudine），至少對烤的小禽鳥是這麼叫的。蝴蝶雞比全雞容易煮，也比較符合經濟效益，只要花一點小錢和幾分鐘的外科手術就能變出4到6餐。

洗淨去內臟的雞在解剖學上是圓柱體，基本上就是一個又大又圓的物體，只是帶著皮膚、脂肪（外層）、肌肉（中間層）和骨頭（內層）。料理全雞比料理蝴蝶雞難，因為不變的真理是，圓柱體受熱是以不同速率來自不同方向，也就是說，除非你有可使外層均勻加熱、均勻熟透、均勻好吃的環狀旋轉式烤爐，不然還是得靠蝴蝶雞。

剪開雞脊椎，你就把圓錐體變成平面的雞——雞皮在上，肉在中間，骨頭在下。以平面呈現的解剖結構十分適合單一方向的熱源（例如，以上火烘或燒烤），如此在料理時就很容易烤出味道好、顏色金黃、香酥的脆皮。

1. 準備工作區。我會在烤盤上做這件事，因為最終還是會弄髒。打開雞的包裝，取出內臟（可以丟掉或留著做別道菜），拿一把厚重的廚用剪刀。做蝴蝶雞，雞身必須很乾，如果不是，請用紙巾拍乾。

2. 把雞翻過來，讓雞脖子朝向你，用剪刀由脊椎右側剪開（如果你是左撇子，也可以從左側剪開）。應該不會太費力。請注意不是剪開脊椎而是脊椎邊緣。

3. 剪開第一刀後，再把雞翻過來——因為從脊椎外側剪開較容易，然後再剪另一邊。

4. 拿掉脊椎（可以丟掉，或放在冷凍庫留著熬雞高湯），把雞翻過來，雞皮朝上，用兩隻手——左手放雞左胸，右手放雞右胸——朝下壓斷雞胸，把雞壓平。正式說來，你還應該去掉龍骨，但也不是一定要（龍骨是連結雞左右兩半的骨頭）。

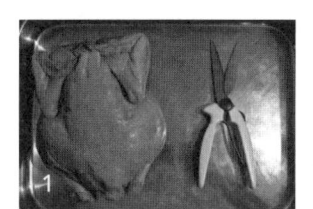

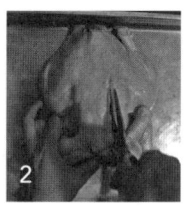

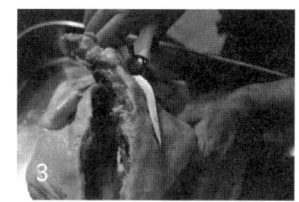

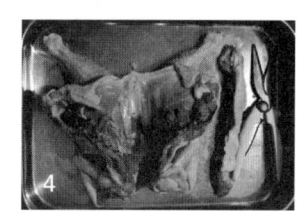

---

[63] spatch是插入樹枝，這是打獵時處理野味的傳統做法：以兩枝竹籤由雞胸交叉，插到雞翅做十字固定，形狀與蝴蝶雞一樣。

現在你有了蝴蝶雞，可以直接拿來料理。因為皮肉各分兩邊，可以用不同火源將兩邊燒到各自需要的熟度。也就是說，你可以把帶皮的那一邊有效地烤到發生梅納反應變成金褐色，然後再翻面烤，烤到雞用探針溫度計或以人工測量確知已熟的溫度。

蝴蝶雞的外部擦上**橄欖油**，撒上**鹽**（橄欖油可防止雞肉在烘烤過程中變乾），將雞放在鋪有鐵架的烤盤上，皮面朝上（因為雞被鐵架墊高了，所以不會泡在滴下來的油裡）。翅膀先向上折再彎到雞胸下方，這樣就不會直接被上火烤到。

烤箱上火定在中溫烤10分鐘，或讓雞皮烤出一層焦香為止。雞和烤箱火源距離要保持6吋／15公分。如果你的上火特別強，而且有些地方快要烤焦了，可以用錫箔紙做個「迷你隔熱罩」來應急。

一旦雞皮褐變，就把雞翻面（我會用折起來的紙巾代替鉗子，免得扯破雞皮）。烤箱切換成全火烘烤模式，溫度定在350°F／177°C。理想情形下，探針溫度計鬧鈴定在160°F／71°C（餘溫會讓溫度升到165°F／74°C）。如果你沒有探針溫度計，可以在烤了25分鐘後從腿上切下一塊肉確定熟度，檢查流下來的肉汁是否乾淨，肉是否熟了。如果沒熟，把雞的左右兩半拼好放回烤箱，隔一段時間再檢查。

小叮嚀

- 有些人喜歡把雞先醃過。這樣會增加肉的鹽度，改變味道。請將雞肉用濃鹽水醃半小時左右（濃鹽水的比例是2公升冷水對1/2杯／150克鹽——但說真的，你可以把鹽直接放入水裡直到飽和）。如果你想把雞醃更久的時間，醃漬越久，雞越鹹，這時請把雞放在冰箱，以40°F／4°C的溫度醃漬。

- 亞頓・布朗的「好食」（Good Eats）節目有一集就在談如何做蝴蝶雞。他發揮創意把大蒜／胡椒／檸檬皮貼在雞皮下方，然後以儲藏室蔬菜（胡蘿蔔、甜菜、馬鈴薯）鋪底，雞就放在上面烤。這是非常棒的做法，那些貼著雞的香料會帶來豐富的風味，而儲藏蔬菜承接了雞滴下來的精華。這做法還有變化，雞皮下方也可以塞大蒜末，或放入迷迭香等香草。

- 如需更多靈感，可以看茱莉亞・柴爾德等人著的《掌握法國料理的藝術》（*Mastering the Art of French Cooking*）第二冊，裡面有對 Volaille Demi-Désossée，也就是「半去骨雞」的精采描寫。茱莉亞先去雞胸骨（但留下完整脊椎），肚子填入內餡（鵝肝、松露、雞肝和米），把它縫好再烤。翻查傳統食譜——可能是最近出的或舊的——都是讓你更了解食物的好方法。

RECIPE

香煎扇貝

扇貝是出奇容易料理的食物，但常常會煮得太老。請找沒有泡在液體裡乾燥包裝的扇貝，這樣在烹調過程中就不會濕答答的。冷凍的扇貝若品質好也是很好的（請確定成分標示上只標明「扇貝」，這也確定它們是乾燥包裝），然後放在冰箱過夜退冰。

料理**扇貝**的準備工作要用乾紙巾把扇貝拍乾，放在盤子裡或砧板上。如果你的扇貝還黏著帶子，用手指將它們剝下來留做他用。

扇貝主體旁邊會黏著小塊肌肉（干貝、帶子），如果不知道要拿來做什麼，可以在煎完扇貝之後，把它們丟進鍋子裡煎一下，再趁四下無人時吃掉。

以中高溫加熱平底鍋，鍋熱了就放入**1湯匙／15克奶油**，薄薄一層蓋住鍋子就夠了。用鉗子排好扇貝排，平的那面朝下放在奶油裡。扇貝一碰到鍋子，就會冒出嗞的一聲。如果沒有聲音，把火稍微開大一點。

把扇貝煎2分鐘直到底部金黃，在煎的時候，千萬不要動它或戳它，不然都在干擾奶油和扇貝之間的傳熱。一面煎好了（你可以用鉗子把一個扇貝翻面檢查），再翻面煎，一樣煎2分鐘直到金黃。翻面煎時把扇貝移到沒用過的地方煎，這些地方熱度較高，奶油較多，利用這個特點扇貝很快就熟了。

熟了後，把扇貝移到乾淨盤裡享用。

小叮嚀

- 可以把這些扇貝放在簡單的小沙拉上——例如芝麻菜淋上清爽的義大利黑醋做醬汁，再加一點紅蔥頭末和胡蘿蔔丁。
- 如果你不確定扇貝是否熟了，拿一個到砧板上切一半，如果不想讓人發現切半是為了檢查熟度，就把所有扇貝都切一半，以這造型上桌，這樣也可檢查是否所有扇貝都熟了。
- 生扇貝可以裹上麵包粉或其他爽口的澱粉外衣再煎。如果你有芥末口味的豌豆酥，可以用缽杵或是攪拌機把它們磨碎放在盤裡作扇貝的裹粉。

你可以把芥末口味的豌豆酥搗碎，扇貝先裹粉再下鍋煎。

時間和溫度

3-9 356°F／180°C：糖快速焦糖化的溫度

蔗糖和烘焙的相關溫度

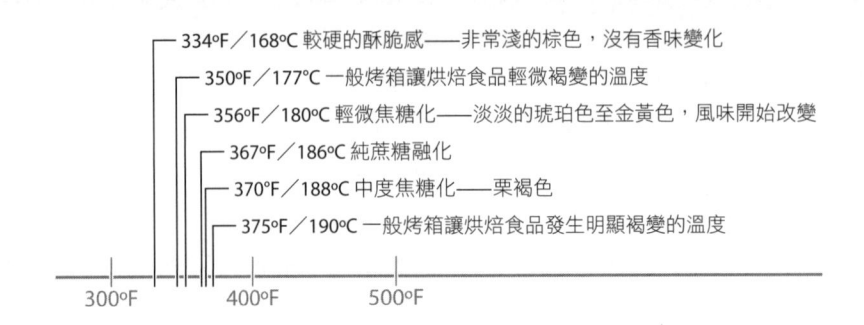

- 334°F／168°C 較硬的酥脆感——非常淺的棕色，沒有香味變化
- 350°F／177°C 一般烤箱讓烘焙食品輕微褐變的溫度
- 356°F／180°C 輕微焦糖化——淡淡的琥珀色至金黃色，風味開始改變
- 367°F／186°C 純蔗糖融化
- 370°F／188°C 中度焦糖化——栗褐色
- 375°F／190°C 一般烤箱讓烘焙食品發生明顯褐變的溫度

焦糖醬：美味，滿載熱量，只要透過加熱糖這種簡單動作就能做出來。不像梅納反應，梅納反應的名字源自第一位描述這反應的化學家，焦糖化的命名則因為反應的最後結果。焦糖化「caramelization」這個字來自17世紀法文「燒焦的糖」，字源由晚期拉丁字根 canna 或 calamus（甘蔗）和 mel（蜂蜜）組成，這是極好的視覺描述，說明糖在融化褐變後的樣貌。

把糖燒化有各種方式（除了煮東西時不留心外）。最簡單的是用乾熱法：把乾鍋裡的糖加熱會**熱分解**（thermally decompose），就如字面所示因熱分解。以蔗糖為例，分子結構會分解且經過一連串反應，過程中會創造4000種不同的化合物。其中某些化合物是褐色的（是你生平所見最好看的無味聚合反應！），有些化合物聞起來棒極了（真多謝這些碎裂反應，怪只怪它們也帶來苦味）。

把糖溶於水加熱，也就是以濕熱法做焦糖，事情就有些許變化。當有水分時，蔗糖會**水解**（hydrolyze），此反應涉及吸納水（所以字首從hydro，表示水與氫）。以蔗糖而言，它會水解成葡萄糖和果糖，稱為**蔗糖轉化**（sucrose inversion）。若遇熱，葡萄糖與果糖的分子結構重新排列成另一種形式，踢除水分子開始化學反應過程。蔗糖的水解是一種簡單反應。即使你不熟高中化學，也可以了解下列化學等式，等式一邊的原子數與另一邊原子數相等。

$C_{12}H_{22}O_{11} + H_2O = C_6H_{12}O_6 + C_6H_{12}O_6$
蔗糖 + 水 = 葡萄糖 + 果糖

糕點主廚就是這樣做轉化糖漿的！糖的濃度、溫度和酸鹼值全都會加速反應，如果你看過做焦糖的食譜要求加塔塔粉，那是因為塔塔粉會加速葡萄糖和果糖的轉化。且因為果糖焦糖化需要的溫度較低（稍後會詳細說明），潮濕的焦糖醬理論上應該在較低溫發生焦糖化反應，並與乾燥的焦糖醬有不同的化學構成。我們對焦糖化的全部化學知識仍然

知之甚少，雖然研究者已經能夠描述其間的某些反應，但化學反應中的完整途徑仍保持神祕。

描述焦糖化的溫度也很棘手，因為熔點和分解溫度十分接近。融化是一種物理變化，分解是化學變化，兩者根本是兩回事。根據定義，蔗糖是一種純物質，具有特定的分子結構。純蔗糖會在367°F／186°C融化，而由固體轉成液體，發生狀態變化。葡萄糖也是同樣的情形，熔點是294°F／146°C；果糖融化發生的溫度相對低，在217°F／103°C。

但這些糖類的熱分解溫度低於融化溫度。分解會在適當溫度以非常非常慢的速率進行，隨著溫度升高開始變得明顯。以蔗糖而言，反曲點在338°F／170°C左右，約比熔點低30°F／16°C。如果在蔗糖到達熔點前熱分解已反應足夠，套句研究者自創的說法，糖顆粒會「明顯融化」。砂糖含有豐富結成結晶結構的蔗糖分子（帶有一些雜質），把砂糖加熱到只比熔點低一點的溫度，會讓某些蔗糖分子透過熱分解轉化成其他化合物。如此糖顆粒不再是純物質！這就是糖顆粒若慢慢加熱，糖顆粒「明顯」融化的溫度會低於真正熔點的原因。糖就像構成我們食物成分的其他東西，既迷人又複雜。

: INFO

科學家如何分辨某物何時融化？

最常用的方法是「差示掃描量熱法」（Differential Scanning Calorimetry，DSC）。科學家以兩種方法密切監測封閉環境中的樣本溫度，不是記錄在一致速率下升高溫度所需的精確能量，就是記錄以一致速率增加能量時在各溫度的精確變化。DSC則採用「相變」（如固體變液體）和化學變化（如蛋白質變性或熱分解），因為這些變化需要熱能量但不需要升高溫度。

請看右邊DSC顯示圖。圖表顯示樣本以一致速率，在一分鐘內，從室溫加熱到熔點需要多少能量。曲線圖明顯在338°F／170°C左右上升，在356°F／180°C再次升高，所以描述焦糖化的溫度多半落在這兩個溫度上。但請注意，線條在這些溫度前呈現穩定緩坡而上！以慢速加熱蔗糖會使這兩個反曲點在更低溫出現，如果慢到一定程度，分解和融化溫度會慢慢落在兩個不同的峰。以「低溫且慢速」煮糖依舊會熱分解，只是需要較長時間。

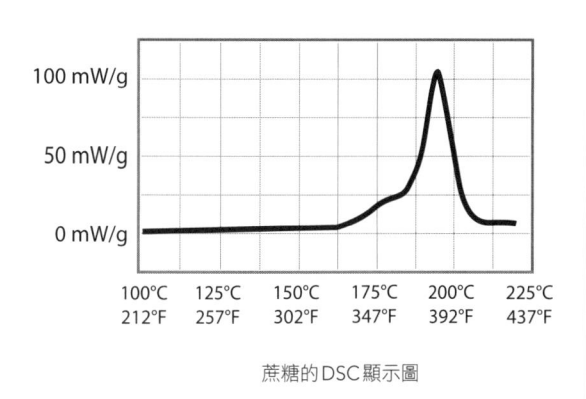

蔗糖的DSC顯示圖

以風味而言,焦糖化就如梅納反應,過程中也會生成上千種化合物,這些新的化合物帶來褐色與好聞的香味。這些香味美到極致,但對某些食物實在太濃重,而干擾到食材自身的香味。所以有些烘焙食品的烘焙溫度會設在350°F／177°C甚或325°F／163°C,不要發生太多焦糖化,其他食物就會以375°F／191°C或更高的溫度加速作用。做菜時,問問自己做的東西是否需要焦糖化的香氣,如是,請將烤箱溫度設定在最低375°F／191°C,或把烘烤時間延長到足以發生反應。如果你發現做出來的食物褐變不夠,可能是因為烤箱太冷,請把溫度往上調。

澱粉會焦糖化嗎?

不會直接焦糖化。澱粉是一種複雜的碳水化合物;焦糖化則是簡單碳水化合物的分解。但若加熱到一定時間,澱粉會分解成糊精,糊精是一連串連結的葡萄糖分子,通常用做黏著劑,就是你在信封背後舔的那玩意,它可由澱粉加熱數小時後形成,再經過其他程序會轉化成麥芽糊精這種東西(參見p.442),但你在食物上看到的大多數褐變都是來自糖(焦糖化)以及還原糖與胺基酸作用(梅納反應)。澱粉可以分解成葡萄糖,葡萄糖利用酶反應或水解而焦糖化,因此也有例外。為了分辨兩者差別,請在墊好紙的餅乾烤盤上各放一小搓乾燥玉米粉、糖和麵粉,旁邊再放被水稍微弄濕的樣本(觀察水帶來什麼變化),用375°F／190°C的溫度烤10分鐘,觀察結果。

以下列出一般烘焙食品所需的溫度,以蔗糖明顯褐變溫度分野,列出在褐變溫度以上和以下的各種食品:

以325-350°F／163-117°C烤的食物	以375°F／191°C和更高溫烤的食物
布朗尼	麵包 糖霜餅乾
巧克力脆丁餅乾(烤12-15分鐘烤到有咬勁的餅乾)	花生奶油餅乾
含糖麵包:香蕉麵包、南瓜麵包、櫛瓜麵包	巧克力碎丁餅乾(烤12-15分鐘烤到酥脆的餅乾。用的溫度較高,也意謂水分蒸發更多)
蛋糕:胡蘿蔔蛋糕、巧克力蛋糕	玉米粉麵包 瑪芬蛋糕

糖餅乾、奶油餅乾、肉桂小圓餅

　　糖餅乾、奶油餅乾和肉桂小圓餅有什麼不同？以重量計，它們都有25％的糖、25％的奶油、44％的麵粉、5％的蛋，以及1％的其他。就是1％的其他物質造成差異。奶油餅乾沒有加膨鬆劑，而糖餅乾和肉桂小圓餅則有加。肉桂餅乾還要加入塔塔粉，所以風味較強烈，口感較有咬勁。

　　餅乾是焦糖化和梅納反應褐變的完美例子。有人偏好幾乎沒有褐變的餅乾，也有人喜歡餅乾烤得焦焦香香的。我個人則喜歡柔軟但沒什麼褐變的糖餅乾，奶油餅乾卻要烤到有適當的褐色。

　　2.5杯（350克）麵粉和**1茶匙（6克）鹽**放在小碗中混合。自行選擇是否要加**1/2茶匙（2.5克）小蘇打**，但若是做奶油餅乾則不加，做肉桂小圓餅則要加**2茶匙（6g）塔塔粉**，然後用打蛋器或叉子將材料混合均勻。

　　1杯（230克）放室溫的無鹽奶油和**1杯（200克）糖**打軟成乳霜狀，再加入**1顆（50g）大雞蛋**和**1茶匙（5毫升）香草精**均勻拌合。可依自己喜好加入各種風味，如加入**1/4茶匙（1.25毫升）杏仁精**或**1茶匙（2克）檸檬皮碎**。

　　一半乾性食材倒入有濕性食材的大碗中，攪拌均勻。重複這個步驟，將剩下的乾性食材加入再攪拌。如果時間充足，這時可將拌好的麵團冰幾個小時，傳統上這些麵團會變得結實，就可以把它們擀開，切出形狀。

　　看個人喜歡，準備要滾入麵團球中的糖，請準備**1/4杯（50克）糖**放在小盤子上。要做肉桂餅乾，加入**1湯匙（8克）肉桂粉**和糖混合均勻。若做有風味的糖餅乾，則在糖中加入**2湯匙（12克）茴香籽**。如要做糖霜裂紋餅乾，則用另一個盤子擺上**1/4杯（30克）糖粉**。

　　用湯匙把麵團分成每份15克的小塊，做成直徑2.5公分的小球，放在糖粉裡滾一滾。（你也可以把麵團擀開，用餅乾模切出造型，請見p.362自製專屬模具。）每顆麵團球放在鋪好烘焙紙的烤盤上壓扁，可用叉子壓出有線條的表面，或用手掌壓出較平整的餅乾。想有比較軟、色澤淡的餅乾，請將麵團放在325°F／165°C的溫度下烤10到12分鐘；想吃比較脆硬的餅乾，就用375°F／190°C烤10-12分鐘；如果你喜歡完全焦香酥脆的餅乾，請在325°F／165°C的溫度下烘烤25-30分鐘。

小叮嚀

- 如果糖餅乾與奶油餅乾都不對你的味，你可以混入其他味道，麵團裡擀入糖和堅果丁，或把烤好的餅乾沾上巧克力。如做巧克力風味的餅乾，請把 1/2 杯（70g）麵粉換成 1/2 杯（40 克）荷蘭可可粉。要做節日餅乾，請把麵團球滾上彩糖。（要自製彩糖，可將 1/4 杯〔50g〕糖放入塑膠袋，滴幾滴食用色素，密封後均勻搖晃。）或想玩點花樣，還可將麵團分成兩批，一份香草，一份巧克力；或者兩份分別染成不同顏色，然後把兩份麵團捲在一起，一條放中間，另一條包在外面，變成一條長棍後可切開備用。
- 現代的肉桂小圓餅基本上就是有嚼勁的糖餅乾裹上肉桂粉，但也不全然是這樣。就我所知的最早版本就沒有用麵粉，據推測，很可能是 19 世紀某個廚娘（很少是男的）發現麵粉用完了，但還想做一餐。如果你喜歡遵從古法的肉桂餅乾，請上 http://cookingforgeeks.com/book/snickerdoodles/，並把雞蛋改用小的（因為現代的雞蛋比較大）。

廚藝好好玩

- 裂紋餅乾多半用混了可可粉或糖蜜的深色麵團做成，沾上糖粉就看到裂紋的樣子。它來自餅乾膨脹時，糖吸收濕氣，讓餅乾表面在完全膨脹前乾掉固定。為了更好的結果，請把麵團球滾兩次糖，第一次先滾砂糖，再裹上糖粉。

| 325°F／160°C | 350°F／180°C | 375°F／190°C | 400°F／200°C |

用 350°F／180°C 或更低的溫度烤餅乾，餅乾顏色會較淡，因為蔗糖在這些溫度焦糖化作用不夠，不像用標準溫度烤出來的。請做兩份餅乾，一份用果糖取代砂糖，看看焦糖化的差別。

● LAB

技客實驗室：美味的反應速率──找到完美餅乾

可做個簡單實驗，數據是美味指數。每個人對完美餅乾的條件都有各自的想法，而質地是完美要求的很大部分，至少對餅乾來說是如此。如果你喜歡較濕黏的餅乾，需要把餅乾烤到卵蛋白不固定；如果你喜歡酥脆的餅乾，則要烤到麵團中大多數水分都蒸發。但如果你喜歡邊緣酥脆而中間濕潤的餅乾呢？這也是可能的──只要時間溫度配合得剛好。

幾乎所有烹飪上的反應都基於溫度，不同反應發生在不同溫度，但狀況也不是說「在X溫度時，發生某反應」這樣簡單。反應隨著溫度越高作用速度越快，各種溫度區間裡有不同反應，狀況也是重疊的。例如，餅乾麵團水分的蒸發時間正是卵蛋白固定的時間。

要找完美餅乾就要自己玩玩看，找到你最愛特質的時間和溫度組合。請嘗試以不同時間和溫度烘烤餅乾麵團，觀察不同反應變化。

首先準備以下材料：

- 一份淡色餅乾麵團（請見p.245甜餅乾麵團的做法），或直接買市售麵團。

- 烤餅乾的工具：湯匙、鏟子、烘焙紙、餅乾烤盤、計時器、烤箱。

- 2張信紙或A4紙，還有可書寫的工具。

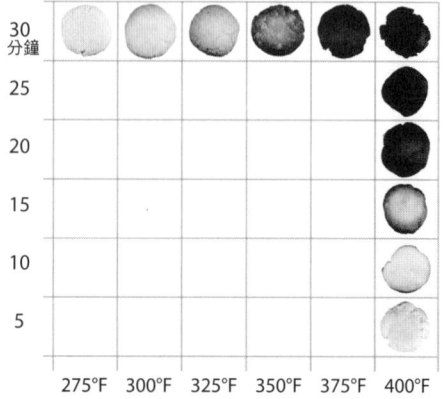

	275°F 135°C	300°F 149°C	325°F 163°C	350°F 177°C	375°F 191°C	400°F 204°C
30分鐘						
25						
20						
15						
10						
5						

LAB

技客實驗室：美味的反應速率——找到完美餅乾

實驗步驟：

1. 選擇你想實驗的時間、溫度值及循環間隔。例如你可以選擇在300°F／150°C到375°F／190°C的溫度範圍內，以25°F／12.5°C為一間隔，時間範圍為6分鐘到21分鐘，每3分鐘為一間隔。
2. 在兩張紙上畫出表格，溫度為x軸，時間為y軸，每格欄位隔6公分做一標示。
3. 烘烤！
   a) 烤箱設定在你選擇的最低溫。
   b) 麵團用小勺子分成每份15克的小塊，放在舖好烘焙紙的烤盤上。如果以每種溫度要搭配6種不同時間烤，請將6個麵團放在烤盤上。
   c) 計時器設成剛開始最小的時間間隔（如設成6分鐘），開始烤餅乾。
   d) 等到計時器響了，餅乾拿出放在正確的欄位上。
   e) 計時器設定適當時間（例如3分鐘），時間到了就拿出餅乾，重複這個步驟直到所有餅乾都以正確時間烘烤。
   f) 完成一種溫度，就把烤箱溫度調高到下個溫度範圍，等10分鐘讓烤箱溫度調整。（如果你是和團體一起做實驗，可以分組，一組人操作一種溫度，但請先校正烤箱且烤盤材質要同一種。）

研究時間到了！

烘焙有兩種不同的褐變反應：梅納反應和焦糖化反應。你是否注意到在某個既定溫度與另個溫度下，把餅乾烤到中度褐變各需花多久時間？你認為是否可以算出每增加一個25°F／12.5°C，餅乾烤熟的速率增加多少？

請觀察在最低溫花最長時間烤出來的餅乾，並比較在最高溫度、最短時間烤出來的餅乾？你是否注意到餅乾邊緣與中間的顏色差異？何種原因造成？

如果改變麵團材料，如增加糖的份量或加入檸檬汁這樣的酸性物質，你覺得會有什麼變化？

時間和溫度

RECIPE

焦糖醬（加水vs不加水做法）

　　焦糖醬就是那種看來組成複雜、做法神祕，但一旦你做成功了，還會在那一刻懷疑：「真的嗎？就是這個嗎？」的東西。下次你吃冰淇淋，享用酒漬水梨，或想替布朗尼或乳酪蛋糕準備淋醬時，可以試著自己做做看。

不加水做焦糖醬。

　　有兩種做焦糖醬的方法，加水的與不加水的。
加水做法：這就是傳統做焦糖醬的方法，也是做淡色焦糖醬的唯一方法。在醬料中加入玉米糖漿可以阻止蔗糖分子結晶起砂。但如果你沒有加玉米糖漿，請不要過度攪拌，因為攪拌會加速結晶形成。

用微波爐做

　　用微波爐做焦糖醬是快速方法，微波快速加熱水分，然後水分加熱糖。在微波爐適用的透明大碗中放入 **1 杯（200 克）砂糖**和 **1/4 杯（60 毫升）水**，以微波加熱 1 到 3 分鐘，請注意糖的顏色。糖會冒泡泡，維持一會兒清澈的顏色，然後突然一下變褐色，這時就該停止微波，也可多熱幾秒鐘，讓糖變成中度褐色。糖漿從微波爐中拿出來，用非常非常緩慢的速度將 **1/2 到 1 杯（120 到 240 毫升）高脂鮮奶油**倒入糖漿中（越柔滑的醬汁需要更多鮮奶油），一面倒，一面將焦糖醬攪拌均勻。

用瓦斯爐做

　　醬汁鍋中加入 **1 杯（200 克）砂糖**和 **1/4 杯（60 毫升）水**，自行選擇是否加入 **1 湯匙（15 毫升）玉米糖漿**。糖水用小火加熱 5 到 10 分鐘。這段時間你會看到大部分的水冒泡煮掉，也請注意糖水冒泡聲音的改變。糖水需要煮到約 350-360°F／175-180°C，可用數位溫度計測量，或煮到它變成琥珀色。若想要更濃郁的風味可把糖漿煮到更高溫度，但這樣倒不如用不加水的方法做還較簡單。糖漿離火後用非常緩慢的速度加入 **1/2 到 1 杯（120 到 240 毫升）高脂鮮奶油**，一面倒，一面將焦糖醬攪拌均勻。

不加水的做法：如果你要做中度褐變的焦糖醬，也就是高於蔗糖熔點的焦糖醬，這時可甩開溫度計、水、玉米糖漿走捷徑，直接融化糖就可以。請確定鍋子是乾的，如果鍋子裡還有水，水分蒸發時會讓糖結晶起砂，糖就不會融化。

　　1 杯（200 克）砂糖放入長柄小鍋或大平底鍋內，以中高溫加熱。

注意糖的狀況,只要一開始融化就轉小火。只要糖外圈開始融化變成褐色,就開始用木湯匙把未融化和已融化的部分攪在一起,平均分散熱度,也避免較熱的部分燒焦。

當所有糖都融化了,就將鍋子離火,以非常緩慢的速度加入 **1/2 到 1 杯(120 到 240 毫升)高脂鮮奶油**(鮮奶油越多,焦糖醬越滑順),一面倒,一面將醬汁攪拌均勻。

小叮嚀

- 這是卡路里炸彈!1589 卡路里,熱量介於一杯高脂鮮奶油及一杯糖之間。但味道很棒!
- 可加入少許鹽或一點香草精或檸檬汁提味,或加 1 或 2 湯匙波旁酒也很美味。
- 不同溫度區間發生的分解狀態,會形成不同的風味化合物。如果追求更複雜的風味,試著做兩份焦糖醬,一份剛好融化,一份讓褐變多一些。把兩份味道明顯不同的焦糖醬拌在一起(等冷卻時再攪拌),風味會變得更豐郁複雜。
- 蔗糖有較高的「潛熱」(latent heat)──也就是糖分子能夠在不同方向移動擺盪,因此蔗糖由液體到固體的變相會釋放出較多能量,若你被燙傷,狀況會比你被廚房其他東西燙到糟很多很多。這也是為什麼糕點師傅會稱它為「液態汽油彈」的原因。

● INFO

甜菜糖和蔗糖有什麼不同?

從分子的角度看,蔗糖就是蔗糖,有明確的分子結構,並且你的容器裡裝的蔗糖和我的容器裡裝的蔗糖完全一樣。但我們用的白砂糖只有**大部分**是純蔗糖。高度精製的白糖中大概有 0.05% 到 0.10% 的微量雜質,這些雜質根據生長狀況及植物來源而有變化。結晶結構在質量上也有潛在差異。一顆糖粒是蔗糖分子的小結晶,但就像希望之鑽,結晶結構也不是百分百純的。2004 年曾有一篇研究報告針對兩種不同蔗糖樣本進行 DSC(差示掃描量熱法)分析,發現就因為這些差異,蔗糖的溶解和分解都有明顯差異。

在美國大約有一半的糖來自甘蔗,而另一半來自甜菜。糖的成分標示上並不會載明糖來自哪種植物,糖的製造商聲稱就算受過訓練的感官辨識人員也都無法分辨其中差異。但烘焙師傅和網路論壇並不贊同他們的說法,認為蔗糖的表現遠遠優於甜菜糖。伊利諾大學在 2014 年的一篇論文支持他們的說法:62 位味道辨識人員試吃帕芙洛娃蛋白酥配上簡單糖漿,發現兩種糖在香味與風味上有明顯差異。但把它們放在糖餅乾、布丁、打發鮮奶油或冰茶中時,測試人員並無發現明顯差異。

RECIPE

糖漬胡蘿蔔佐紅洋蔥

烤像胡蘿蔔這樣的蔬菜會帶來一種愉悅的堅果焦香，這是梅納反應與焦糖化共同的作用。加入蜂蜜、紅糖、楓糖等糖分更能增加風味與顏色。

準備大約**1公斤胡蘿蔔**，先削皮，蘿蔔皮特別苦，削去可增進美味，並去掉蘿蔔頭。如果有些蘿蔔比其他的粗，請切成兩半。將**1個或2個（70-140克）小紅洋蔥**切成四半，去掉洋蔥的硬皮與根。

找一個可放入烤箱烤的鍋子，鍋子要夠大可以放一兩層胡蘿蔔，然後先加放薄薄一層**橄欖油**或**芝麻油**，接著是**1茶匙（3克）海鹽**和任何你喜歡的香料，如**孜然粉、肉桂、香菜**和一點點**卡宴辣椒粉**都很美味。再加入**2湯匙（25克）紅糖**或**楓糖**和**1湯匙（15毫升）檸檬汁**或**柳橙汁**拌勻。然後把胡蘿蔔和小洋蔥放入鍋中，不停滾動讓它們都沾上醬料。

烤箱預熱到 400-425°F ／ 200-220°C，放入胡蘿蔔烤 20-30 分鐘，不時攪拌一下，烤到褐色且柔軟時就可以拿出來了。

小叮嚀
- 烤好後，可以嘗試拌入切碎的新鮮鼠尾草或其他提香材料。

● 訪談

布莉姬・蘭開斯特
談烹飪的錯誤觀念

布莉姬・蘭開斯特（Bridget Lanster）在「美國測試廚房」（America's Test Kitchen）[64]任職，擔任旗下電視、廣播、媒體事業的美食執行編輯。她原來是「美國測試廚房」和「廚師國度」（Cook's country）兩個公視節目的來賓，在此之前則在美國南方和東北部各地餐廳工作。

你怎麼進入烹飪這一行？

我媽媽是很好的廚師，我從她那裡得到烹飪這項嗜好。那是調理食品剛開始出來的時候，那些預先料理好的東西，產品標題結尾都掛上「小幫手」這個字。我媽就是拒絕和這些東西有任何關係，所以每樣東西都是從頭開始，永遠是自家做的蛋糕、麵包……

還有我的祖父在軍隊待了很多年。當他在韓國時，同連夥伴收到愛心包裹，他會要大家把裡面不同的食物拿出來做一頓特別的，不再只是軍隊裡的標準伙食。我想他總愛把一些乏味平淡的東西變成一些特別的。這也是我興趣的起點，從不受限於貧乏，總在想著：「這樣可能會好一點吧，這樣可能會更多吧。」這就是我和「廚師」的關係（如圖示）。

妳提到妳在不知義麵醬會從罐子裡來的環境下成長。當你對烹飪越學越多，什麼東西會令你訝異，人們居然不動手做而用買的？

嗯，你講的就是其中之一，因為只要花10分鐘就可從無到有做出好吃的義大利麵醬。冷凍走道上放著索爾斯伯利牛排[65]、搭配冰凍的馬鈴薯泥？這樣做我們幾乎都成了飛行員，把食物看成攝取的東西而不是真正的一餐。

倒也不是說沒有很棒的現成食物，就像有很棒的香腸和罐頭番茄。我整個冬天都會用罐頭番茄，因為我不喜歡在冬天買新鮮番茄，那簡直就是紅色保麗龍。

妳提到妳對烹飪的嗜好是來自母親。什麼是妳希望從她那裡學到的？什麼又是妳覺得除非跟別人學，否則很難從她那裡學到？

64「美國測試廚房」（American's Test Kitchen）是多角化經營的廚藝企業，有自己的網站、廣播節目、出版食譜也在美國公視頻道製作「美國測試廚房」等節目，且發行《廚師秀》雙月刊。

65 索爾斯伯利牛排（Salisbury steak），美國倡導低碳水化合物飲食法的醫生 James Salisbury 發明的肉排，是以牛豬的瘦絞肉製成漢堡排。

最簡單的食材就是它天然的樣子，做的越少越好。

我覺得對這神奇魔法的認知正在消失。就說你把布朗尼放進烤箱，它就不見了，等回來時已完全不同？那時候到底發生了什麼？我從來沒有問過這些問題，只是接受，當成某種表相上的意義。

我想很多人真的認為這就像魔術箱一樣。你把餅乾麵團送進去烤，不知怎麼地就變出餅乾了。那裡發生的魔法還有什麼是其他人不了解卻重要的？

有些魔法甚至還發生在進入箱子前呢！其中一個大概是攪拌。你能想到的蛋糕麵團、餅乾、任一種烘焙食品，在進入那個魔術箱前，如果攪拌過度，東西就會太韌。那是我們現在才知道的街頭新惡棍——麵筋（麩質）的關係。麵筋對結構很重要，但很容易刺激越多，生成越多，最後就變成堅硬的蛋糕而不是柔軟的蛋糕。

做牛排，魔法就是鹽醃。我媽會說那叫醃漬，但我們現在知道醬油是醃漬的主要成分，就像是濃鹽水的作用，某種帶著更多風味的鹹味滷汁。我媽會讓牛排泡在大部分是醬油的醃醬中足足半小時，不加任何酸性物質。然後就放在烤爐上烤，等到烤好，從裡到外都是滿滿的鹹香味。

我們的祖父母不知道什麼是結締組織和膠原蛋白到明膠的轉化，但他們知道如果你的肉塊真的很硬，你大可把它們的結構轉變成非常不同的東西，就像蛋糕麵團和烤熟蛋糕的不同。只要把那些又硬又老的肉放進烤箱，時間越長越好，烤得越慢越好，只有溫度和時間的作用，加上等待它發生的時間，你真的會改變結構。

有關料理蔬菜的黑盒子，什麼是人們錯過的？

我想如果我能及時趕回家，要我媽烤一些蔬菜，我應該就不會那麼挑嘴了。小時候我們的味蕾非常不一樣，在我們嘗到其他味道前，會先嘗到苦味。

用烤的會帶走苦味，它會把苦轉成甜味和更有深度的味道，但不是苦味。我想那是發生在蔬菜上最好的事，就像烤孢子甘藍。現在也能在餐廳裡看到這道菜。他們帶來好多籃孢子甘藍，我只是笑，因為我想做個調查，就在餐廳裡到處問人：「你小時候吃過孢子甘藍嗎？那是不是你小時候父母用來威脅你的最好東西？」但現在我們吃它就像吃爆米花一樣。

花椰菜是另一種。我想這有部分該多謝蔬食者，甚至連吃純素的都急切渴求某種可以當成實質主菜的東西。現在你可以看到花椰菜排，它好吃，有焦香，可經過高溫爐烤，或放烘架上燒烤，但處理方法都是料理肉和其他食物的方法，已經當成要加很多味道的菜，而把長久以來都視為配菜的東西變得更加特別。

你把事情連結到素食者與蔬食十分有趣。還有其他次團體曾把食物當成新奇有趣的事物介紹給大眾的嗎？

今天我看見對不同穀物的強調。不僅是蔬食主義或純素主義，還包括對麩質敏感的人。這種人不能碰大麥，顯然也不能吃小麥。所以你看到探訪新領域，某些新事物，用新品穀類或綜合穀類做成的麵包，然後我們也看到天然無麩質的慶典食物，像是南方玉米麵包，北方玉米麵包多半用麵粉和玉米粉一起做，但南方玉米麵包只用玉米粉。

像這樣的潮流從餐廳開始，因為有人走進餐廳說：「我對乳製品過敏。」但有些文化的食物原本就不含乳製品，就像很多泰國食物。你在泰國菜看不到很多起司，也看不到牛奶、乳製品。你看到的是椰奶。

我想我們的文化變得越來越多元，不僅是種族上，也在料理上。我們在食譜、餐廳和家庭烹飪裡看到更多這樣的事情。我們正嘗試來自世界各地的新料理，它們恰巧有無麩質或不含牛奶的，但並不是設計要這樣。你現在可以看到人們用椰奶做燕麥粥而不用普通牛奶了，或用不同的乳製品做冰沙。

就你所見，什麼是學料理的人常犯的錯誤？

也許第一名的錯誤就是他們怕鹽。他們不知道在不同階段加鹽不只會影響味道，還會影響食物的質地。你想想看，在放了油或奶油的鍋中加洋蔥，只要加一點鹽就可帶出水分，這樣做就有更多的焦糖化和更多風味。當你把爐火關了，最重要的步驟是試吃食物，最後調整調味料。味道是不是有點悶，加點鹽味道就會更鮮活吧？

第二，人們只會看時鐘，而不會瞄一下雞胸肉下面是否已經褐變到正確的顏色。那會告訴你是否該翻面了，而不一定是食譜上的時間。

另一件是對設備的恐懼。做菜最安全的東西是用非常非常鋒利的刀，用鈍刀反而是最危險的。還有某種形式上對爐子的恐懼。我看到人們只把爐火轉到中火，然後他們會覺得奇怪，食物放在鍋子裡卻只是像蒸過而沒有煎出深層、暗色的外殼。你必須加把勁把火熱起來，在鍋裡放油，要把油熱到剛開始要冒煙的時候。煙就像是某種危險信號，但也是你該行動的很好暗號。我了解那種恐懼，但熱會讓食物焦糖化和褐變反應。

你覺得對廚房的恐懼是從哪來的？

我們絕對害怕失敗，但我想，約有一兩代人就這樣遠離廚房，然後微波爐變成另一個黑盒子，有了它我們幾乎不需做準備工夫。大家可以很快有東西吃。我這輩子曾有幾次敗給Stoffer's的焗烤乳酪通心粉，把它放進微波爐，好吃得不得了啊。

當你很怕某件事，但得每天面對它，它就會消失。我想若你每個禮拜只煮一兩次，是不會想搞砸的。加上如果你買的還是**真正的**好食材，就是那種看到標籤價錢會嚇死的食物，你真的不會想要搞砸它。

我認為有一代人將烹飪視為束縛。不要想得政治化，我們只是不想被爐子綁住。幾個世代的人都沒有因為待在廚房得到好處。想想義大利奶奶，總是在神奇鍋子裡加東加西、攪來攪去，最後就出現了驚人的肉醬。不是所有人都有這樣的經驗，不過我想這狀況又回來了。誰會想到出現了美食頻道，我身為其中一份子自知有罪，但除了茱莉亞·柴爾德之外到底還有誰是你想到在電視上教你做菜的人？也許賈斯汀·威爾遜（Justin Wilson）？還是葛萊漢·柯爾（Graham Kerr）？願神保祐他的心臟。

我記得在911之後讀到，人們買廚房設備的數據大幅上升，因為有一種需要一個窩的感覺，你需要家的安全感。我記得我讀到這篇文章時就想著：「對某些人來說，這就是改變遊戲規則的變數之一。」

烹飪和科學的哪些部分曾令你驚訝？像是應該很簡單的事情卻很難，或是本來很難最後卻很簡單？

我想我完全了解你剛剛說的事：應該簡單的事卻最難。我現在知道了，但那是一種被嚇到的感覺。我做廚師時的工作之一是替主廚煎歐姆蛋，想想只是歐姆蛋。一個歐姆蛋應該真的真的很簡單，但那就是重點了。正因為它是那麼小，真的很難做，只要某個步驟稍微變了一點，一切就都不同了。

但我認為最大的關鍵是我們總能做得更好，只要我們不做預先假設。想想老廚房傳下的規矩：「不要在豆子裡加鹽。」這是我最喜歡的一個，因為在我成長過程中從來沒有在豆子裡加鹽，因為你會毀了整道菜。然後我們知道，事實上你是可以在豆子裡加鹽的。這樣做不僅增加了菜的味道，也會改變結構，所以豆子也更滑順些。

4.

4.

空氣與水

要了解烘焙，比起時間與溫度，
我們更該了解同為關鍵變數的空氣與水。

雖然我們很少會將空氣和水視為材料，但它們對烘焙食品至關重要。麵包和蛋糕都需依賴空氣與濕度才構成該有的質地、風味和外觀。酵母增加麵包的澎鬆度和風味，泡打粉和蘇打粉產生二氧化碳讓蛋糕澎脹。打發蛋白中的氣泡撐起了舒芙蕾，使蛋白霜變得輕盈，升起了天使蛋糕。是什麼讓有的巧克力脆片餅乾鬆軟耐嚼，其他卻酥脆，中間差別只是在烘烤過後幾個百分比的水分差異。

烘焙和烹飪不同，烹飪的化學成分從一開始就被鎖定，就像廚師不能改變鮭魚排的蛋白質型態；而烘焙需要把材料比例拿捏得完美平衡才能產生氣體與捕捉空氣。要達到如此平衡狀態有時在於一開始的準確測量，其他則要靠麵團發展時小心注意它的外觀與感覺。如果你是靠直覺的廚師，事情一發動就恣意而行改變食譜，你也許會喜歡做麵包；而另一方面，若你是有條不紊的廚師，喜歡精確和整潔的環境，又或者你喜歡藉著食物表達感情，那就烤蛋糕、點心，且餅乾會成為你的拿手絕活。無論哪一種，背後的科學都是令人著迷的。

在這一章，我們會扼要探討空氣、水和麵粉，並涵蓋鹹甜餐點中產氣食材的不同，其中包括：生物性的（酵母菌和細菌）、化學性的（發粉和蘇打粉）和機械性的（蛋白、蛋黃和打發鮮奶油）。

4-1 空氣、熱氣和蒸氣的力量

如果古希臘人寫美食雜誌，可能會列出地、水、火、風（air）作為成分。亞里士斯多德與當時其他哲學家都認為這四個經典元素根本無法分割。證據何在？把水加入火，兩者都不會更多，而是產生另一種新「結構」，稱為「蒸氣」。

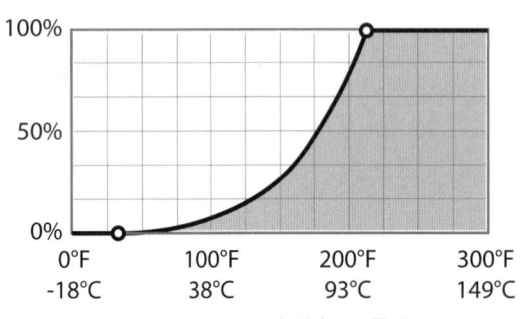

各種溫度下含有水蒸氣的最大百分比
濕熱的天氣意謂食物在烘烤時有更多水蒸氣加熱食物。

雖然古希臘人對科學僅有簡化的認知，但他們對水與火的想法的確有見解：空氣的屬性隨溫度而改變。空氣的溫度上升，空氣中的潛在水量也上升，量雖微少但重要。空氣中大部分是氮和氧，水蒸氣通常只有0.5%到1%，當溫度上升時，空氣能保有更多水蒸氣——**只要有供水來源。**

水蒸氣對烹飪至關重要，因為冷卻時它會作用。技術上來說，水氣與水蒸氣並不是相同的東西。在科學上，水氣是懸浮在空氣中的水滴，而水蒸氣是看不到的。之後說到科學性質，我就會用科學定義。隨著溫度下降，水蒸氣的最大容量百分比也同時下降，到了某個時候，溶解在冷空氣中的水蒸氣太多則導致凝結（該點稱為「露點」〔dew point〕）。你通常會以為凝結現象只在炎熱夏天的一杯冰茶上看到，但它也會發生在你的烤箱裡！冷冷一球餅乾麵團放進熱烤箱就會讓周圍空氣變冷，而空氣中的水蒸氣也隨之凝結。

水蒸氣在凝結時釋放出大量熱量。烤箱裡有越多水蒸氣，從凝結而來的熱就會更強烈地打在冰冷的餅乾麵團或蛋糕麵糊上，食物因此熱得更快。高溫乾燥的烤箱烘烤食物所花的時間，比以同樣溫度卻充滿水蒸氣的烤箱花得更久。蒸汽的力量很強大！

> 專業主廚經常使用多功能的蒸氣烘烤爐，就是能控制濕度和溫度的烤箱。也許將來有一天這會變成家庭烤箱的標準設備；但直到今日，我們大多數仍在使用噴水瓶和用烤盤加滿水。

當你把一批餅乾放進烤箱，熱氣用兩種方式加熱冰乾麵團：對流和凝結（相關定義，請參見p.163）。對流很容易想像：烤箱的高熱空氣在冰冷食物表面循環，讓食物也變熱。（如果你的烤箱有對流模式〔旋風模式〕，也就是內建風扇可把空氣吹動循環得更快速。使用對流模式會使食物烤得更快也乾得更快，對於口感需要硬脆的糕點或一咬酥鬆的麵包來說，這樣很棒，但對於要蒸軟的包子或卡士達就不怎麼好了。）

凝結有些棘手，不太好搞懂，因為我們通常並不會在食譜裡考量到水蒸氣（你上次在食譜中看到烤箱設定50%濕度是什麼時候？）。廚房濕度的改變會導致當天及隔天料理方式的差異，影響加熱速度是加快還是減緩。

沒有全球通行的完美濕度。鄉村麵包要烤出一層厚又脆的表皮，或者要烤出脆皮烤雞，食材表面必須乾燥，所以你需要乾一點的烤箱，至少在烘烤快結束時是乾的。（梅納反應不會發生在周遭都有水的環境，請見 p.256。）如果你在做內層軟、表面顏色淡的餐捲麵包，就需要較潮濕的烤箱。如果要蒸包子饅頭，就需要更潮濕的烹煮環境，像是蒸籠或電鍋。

添加濕度很容易：可在淺烤盤中加水且不加蓋子，當烤箱加熱時放入烤箱。或在你把盤子放進烤箱前，用噴水瓶在烤箱中噴水，請小心不要噴到燈泡（會爆裂的！）。但要去除濕度就較難：在廚房用空調或除濕機會是最好的選擇。

> 想想孕育食譜的文化和氣候。烘焙師不會對抗他們土生土長的環境，而會調整食譜與期望結果以適應當地氣候。

對於有酵母的食物濕度更是重要。酵母和它依賴的酶都對溫度敏感：在90-95°F／32-35°C時酵母生成二氧化碳的速度最快。溫度上升，酵母依賴的「酶促反應」（enzymatic reaction，又稱酶催化）就會加快，但到了某一點，酶就變性了，且立刻停止作用。（酶大多是生物產生的蛋白質，用於分解其他物質；但就像所有蛋白質，它們也會「熟」。）而麵團入烤箱從開始受熱額外膨脹的大小則稱為「烘焙張力」（oven spring），烘焙張力的條件在於：麵團表面乾燥的速度有多快，酶產生的糖分有多少，以及麵團受熱的速度（因此決定酵母會活多久）。

你在烘焙上會遇到的第二個議題是天氣。冬天濕度較低，室溫較冷，酵母作用的時間就會變慢（這時可把麵團放在冰箱上方或靠近散熱器的地方發麵）。夏天的天氣濕度高，蛋糕可能不會發展出夠強的「外殼」而坍塌（這時請少加點水）。也可能某天下雨（濕度100%，至少是室溫），但一個禮拜後也許空氣濕度降到50%，在室溫與烤箱溫度沒有改變的情況下，水蒸氣量就差了兩倍，這就是加熱食物時的主要差異。注意濕度、上升溫度及室溫就可解開烘焙的奧祕。

空氣對烘焙十分關鍵的另個層面在於食物內部空氣所占的物理體積。空氣加熱而膨脹。大多數烘焙製品因熱而成形，空氣脹得越大，烤後占據食材的空間越大。假設內層有蛋的蛋白質或外層是麵粉澱粉，讓它成形到一定程度產生必要支持結構，冷卻後就能支撐。

至於要如何讓空氣進入麵糊或麵團，則在本章其餘部分說明。有些食譜會使用**膨脹劑**，也就是會產生氣體的材料（酵母、蘇打粉），這些食譜靠它們冒出小泡產生氣體，多半都是二氧化碳。香爆泡芙、蛋白霜和舒芙蕾等沒有膨脹劑的糕點會膨脹只有兩種情形，不是靠已經存在的氣體澎脹，就是靠水蒸發成氣體。無論哪種來源，了解並控制空氣是做好烘焙這門科學的重要部分。

> 你檢查過烤箱嗎？如果沒有，請見p.47〈現在就該替烤箱做的兩件事〉。

INFO

提升廚藝：不同高度的烹煮密技

無論你在科羅拉多州露營或在瑞士阿爾卑斯山烘焙，所在高度的氣壓越低，越會引發各種頭痛問題：如麵包粒子太粗、蛋糕易坍塌，當然還有因欣賞壯麗地勢而來的曬傷。以下是兩個重點：

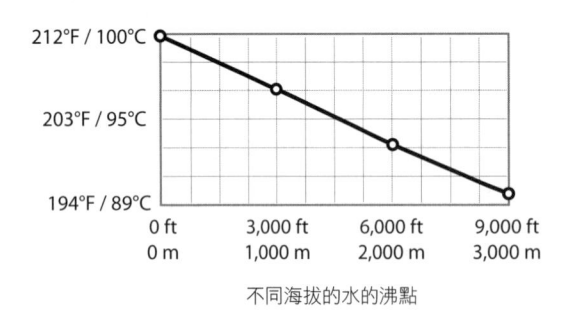

不同海拔的水的沸點

麵團和麵糊裡的氣泡會發得更厲害，可能會脹得太大。若用酵母？請減少發酵時間。若用化學發酵劑，份量應減少10-25%；若用蛋清，則打到比硬性發泡稍低一點的程度就好。麵團做得較結實，則有助於阻止內部產生大氣囊。請參閱p.269增加麵筋，思考如何調整食譜。

水會蒸發得更快，導致烘焙食品更乾及更多蒸發冷卻。如果食物褐變得不夠好，請將溫度調高15-25°F／10-15°C，補償持續增加的蒸發冷卻。至於麵糊，要根據液體食材的水量多加10%。

> 加鹽會升高沸點，飽和鹽水的沸點會高4°F／2°C。這也會增加水中冒出蒸氣的溫度。如果你在高海拔蒸東西，在水裡加鹽會使溫度上升幾度。

RECIPE

蒸爆式香爆泡芙

香爆泡芙（popover）是一種快發的麵包捲，完全由水轉成氣體時的膨脹而脹大。你可以加入乳酪碎和香草做成鹹點，但我最喜歡的版本是小時候我媽做的奶油香爆泡芙，加上一匙草莓醬或杏桃果醬，就是周末的早餐。

香爆泡芙是空心的，其他烘焙物不是約克夏布丁的後裔，就是荷蘭嬰兒煎餅的表親，但香爆泡芙與它們都不像。麵糊在烘烤時，上方表面比內部快定形，烤到內層時，水沸騰變成水蒸氣卻被頂端困住。

傳統上，香爆泡芙要用專門的泡芙杯來做，那是一種有斜度的窄杯，具有一定份量以維持很好的熱度。你也可以用馬芬蛋糕模或小烤盅代替。

下列食材放入攪拌碗攪打，或以食物攪拌機混合：

1.5 杯（355 毫升）全脂牛奶
3 顆（150 克）大雞蛋
1.5 杯（210 克）麵粉（一半中筋，一半高筋）
1 湯匙（15 克）融化奶油
1/2 茶匙（3 克）鹽

泡芙杯或馬芬模放入烤箱一起預熱到 425°F／220°C。

泡芙杯或馬芬模塗上厚厚一層奶油：融化幾湯匙奶油，在每個杯中放 1 茶匙。麵糊倒入杯中約 1/3 或 1/2 滿。烤 15 分鐘，立刻把溫度降到 350°F／180°C，持續烤 20 分鐘直到外層固定，顏色金黃焦香。

搭配果醬和奶油立刻享用。

小叮嚀

- 如果你是甜食控（或有愛吃糖的小孩），可加入糖和肉桂或奶油和楓糖漿。
- 香爆泡芙在烤的時候請別偷看！只要打開烤箱溫度就會下降，泡芙溫度也會往下掉，喪失膨發的關鍵蒸氣。
- 麵粉選擇如何影響香爆泡芙的內層與外殼？好奇嗎？請做兩批麵糊，一個用低筋或中筋麵粉，另個用高筋麵粉。用兩個杯子分別將第一份和第二份麵糊分別加到半杯，同時烘烤相同時間，看看有什麼差別！

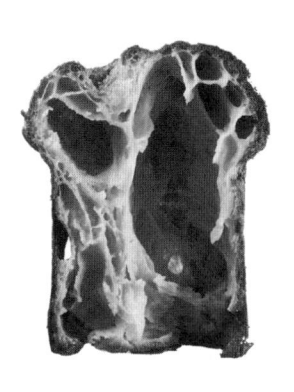

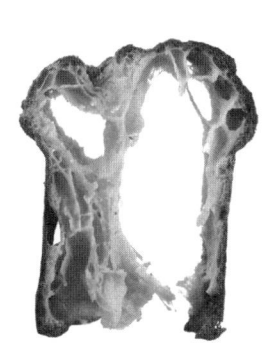

香爆泡芙的空心內層讓它們變成奶油和果醬的完美容器。

4-2 水的化學特性以及它如何影響烘焙

水真是怪得妙啊！零零總總的事情太多了，有些很明顯，如水變成氣體時，體積會膨脹1,600到1,700倍，因此給予烘焙膨脹力道；有些特性則出奇地傷腦筋（藉由檢查番茄的水成分，就可以分辨這顆番茄的大致生長緯度）。

自來水不只是H_2O，還有其他東西，有微量的礦物質，做為添加劑的氯，還有溶解的氣體，這些種種都從水龍頭流出，注入你的麵團和麵糊。當它碰到酵母和麩質結構（相關內容會在下一節介紹），微量元素也好，其他會改變水的酸鹼值的東西也好，都會造成差異。就因為這些差異，也許會讓你發現，在某地區能執行完美的食譜，到了其他地方則需要些微調整。

首先，讓我們談談微量元素。水中的微量元素主要是鈣（Ca^{2+}）和鎂（Mg^{2+}），當水通過石灰石和白雲石等含鈣、鎂的石頭時，會吸收這些成分，因此自然存在於水中。我們的身體需要這些礦物質，自古以來它們就存在於水中。不同地區供水量不同，溶解的微量元素比例和份量也不同，這些變化都會衝擊食物。（有些人認為，英國供水差異造成人們口味不同，才會演變成不同種類的茶。例如，蘇格蘭從地層表面獲取大部分水，如雨水；而英格蘭東南部的水則大多從含水層中取得，導致微量礦物質與茶中化合物相互作用的程度也不同。）

水硬度（water hardness）是指溶解在水中微量礦物質的濃度，**軟水**濃度低，**硬水**濃度高。水硬度沒有精確標準，那是因為溫度、礦物質組合和酸鹼值都會影響礦物質與其他物質的交互作用（特別是麩質）。研究人員通常使用百萬分率（parts per million，縮寫為ppm）做為鈣的計量單位，所以我們之後會用這樣的規範。含鈣量越多，據說水就會更硬，大概是因為礦物質真的就是「硬化」的東西。

如果你曾遇過水龍頭累積水垢，這可是家庭清潔的毒瘤，這些水垢可能是碳酸鈣或硬脂酸鈣，因為硬水中的鈣可與空氣中的二氧化碳或肥皂裡的硬脂酸結合。請用醋，大約5%的醋酸，水垢就會溶解。

因為硬水有更多鈣（通常也有更多的鎂），會讓麵筋更硬，更沒有彈性（這裡的彈性是指彈回原形的能力），不太能拉得開，而這三種狀況都會讓烘焙製品更硬實。依據你用的水有多硬，也許需要調整食譜配方配合因應。

> 當水裡有碳酸鈉時？水中會有更多溶解的鈉，為了調整風味和質地，此時鹽要少放。
>
> 當水中加了氯時？裝一大壺水放一夜讓氯消散，避免它干擾酵母。

如果你用的水太硬——你會知道的，因為以酵母做成的食品不會發得好，麵包會太硬實，蔬菜和豆子會煮得太「老」——第一招請用過濾水。沒有濾水器？請把水煮開，消除溶在水中的二氧化碳，進而讓碳酸鈣沉澱出來。如果這兩招都無效，而食譜配方也允許，看看是否能把鹽量減低或加入酸，如噴一點檸檬汁（檸檬酸），放一小撮維生素C的粉末（抗壞血酸），或放一些醋（乙酸），如此就能矯正。

範圍（鈣的ppm）	問題	矯正
< 60 ppm：軟水	又軟又黏的麵團；糊爛的蔬菜	增加鹽量
60-120 ppm：適度硬水	可能很硬	用過濾水
>120 ppm：硬水	麵團不會發；很硬	加酵母；加酸；減少鹽量；用過濾水

太軟的水會讓麵團變黏，這對酵母也是麻煩，酵母菌和我們一樣，需要礦物質生長繁殖。如果你覺得自己加入的水量是根據比例的正確水量，請加入適量的鹽。但是太多鹽會讓水落在「太硬」的那一邊，且讓麵包最後味道太鹹。

水的酸鹼值又如何？

如果你用的是鹼水（pH值高於7，通常水質也很硬，但也不一定），且烘焙品要加酵母，此時你需要加入酸性食材做調整。要加酵母的烘焙品需要用pH低於7的水，因為酵母用糖作為能量來源，而糖是由酶分解澱粉而來（例如麵粉中的澱粉酶），而它們對pH值很敏感。同樣的，如果你的食譜配方利用蘇打粉當做鹼產生二氧化碳氣泡，此時用的水還是鹼水，就需要減少蘇打粉的用量。不然在烘焙成品中可能有未反應的蘇打粉，吃起來味道不好，有肥皂味。

你應該不需要處理太酸的水：美國環境保護局規範自來水的pH值會落在6.5 和 8.5之間。對大多數的我們而言，水的pH值不會對烘焙造成問題，但對於那些用硬水，也就是鹼水的人來說，可能就是問題了。

（PS：爭論煮豆子要放多少鹽，往往忽視了水的差異。有15%的廚師用的水太軟，而水有pH值，加鹽可讓豆子煮得更快；過酸的水卻減緩煮豆子的速度。豆子糊爛是因為煮太久，吃豆子會脹氣是因為豆子事先沒有浸泡且煮的時間不夠。說到用鹽沸水煮豆子，鹽的確會提高沸點，但提高的程度太少，也因此無法改變烹煮時間。這是化學變化才能做到的事，不是物理變化。）

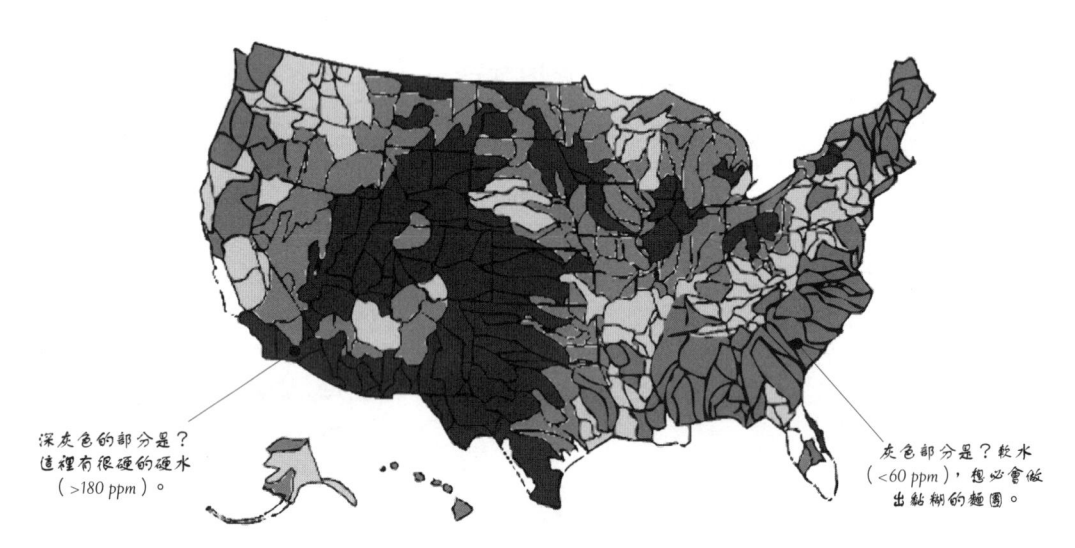

深灰色的部分是？這裡有很硬的硬水（>180 ppm）。

灰色部分是？軟水（<60 ppm），想必會做出點糊的麵團。

居住地決定麵包麵團有多少麵筋。

經美國內政部聯邦地質調查局修改的地圖版本。

INFO

福爾摩斯如何辨別番茄產地

是靠元素，親愛的華生。具體說來是同位素。我們大多數，包括華生，都認為一杯水裡就是 H_2O，也許還有一些微量元素和溶在水裡的氣體。H_2O 是指與氧原子和兩個氫原子的鍵結（以水而言是共價鍵，我們在 p.217 討論過）。所謂的「H_2O」並不是那些原子**同位素**的呈現。

身為元素的氧是有8個質子的原子，這是它的原子序數和元素週期表上的位置。氧通常也有8個中子，這只是產生穩定核子的最少中子數，所以化學家不嫌麻煩地寫出擴張版本 ^{16}O（16來自質子數和中子數，^{16}O 念成氧16）。

有99.73%的時間，H_2O 中的 O 是 ^{16}O，如 $H_2^{16}O$。但其他0.27%的狀況呢？除了 ^{16}O，氧有其他兩個穩定同位素：^{17}O 和 ^{18}O，分別具有9個中子和10個中子。氫碰巧有3個同位素，分別是沒有中子、1個中子、2個中子，前面兩個是穩定的（不要問第3個，會貪多嚼不爛的）。如此，「簡單」的一杯水迅速變成複雜的化合物。

考慮到水是這麼複雜，所以當超級市場可以把番茄標成相同的 SKU（stock keeping unit，最小庫存單位）且保持一致性，實在讓人驚嘆。說到番茄，較輕的水的變形蒸發比較重的快（中子越多越重）。因為蒸發現象在越近赤道地區越高，土壤中6種同位素的比例傾向較輕的變形。若使用正確的設備（質譜儀），福爾摩斯可以分析番茄水分組成，粗略判別它們的生長氣候。再加入微量礦物質的分析，並與土壤組成的地理變化整合後，他也許就能確定原產區，就算福爾摩斯的宿敵莫瑞亞提教授也會留下深刻印象。

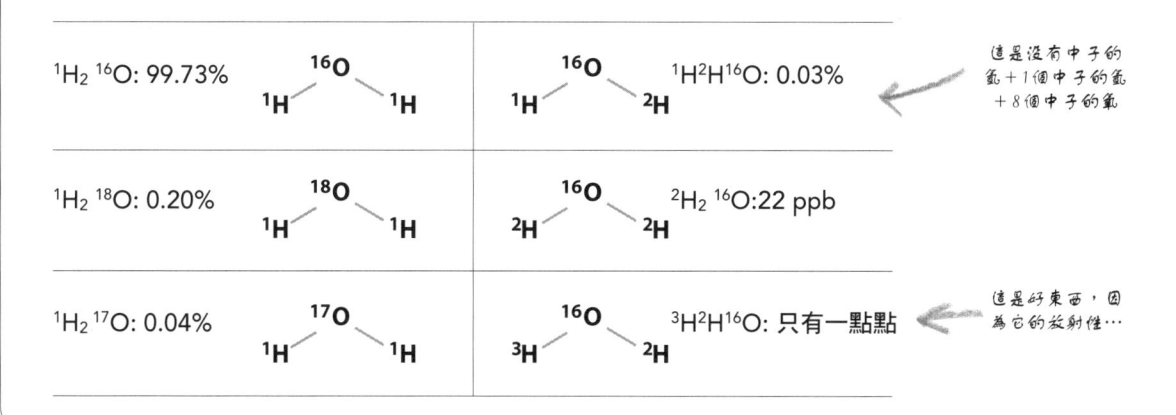

$^1H_2\ ^{16}O$: 99.73% ^{16}O / ^1H — ^1H	^{16}O / ^1H — ^2H $^1H^2H^{16}O$: 0.03% ← 這是沒有中子的氫＋1個中子的氫＋8個中子的氧
$^1H_2\ ^{18}O$: 0.20% ^{18}O / ^1H — ^1H	^{16}O / ^2H — ^2H $^2H_2\ ^{16}O$: 22 ppb
$^1H_2\ ^{17}O$: 0.04% ^{17}O / ^1H — ^1H	^{16}O / ^3H — ^2H $^3H^2H^{16}O$: 只有一點點 ← 這是好東西，因為它的放射性…

空氣與水

技客實驗室：鹽水校正冰庫

水的化學特性影響層面遠超過形成麵筋。在水裡加鹽改變的不只是沸點也改變了冰點（凝固點），此現象稱為「溶液凝固點下降」(freezing-point depression)。鹽的不同濃度讓冰點下降的程度也不同，如果你可利用糖的化學特性校正烤箱溫度（請見p.47），為什麼不能用鹽水的化學性校正你的冰庫。

當然，用溫度計校正冰庫較容易，但你怎麼知道你的溫度計是正確的？華氏溫度由德國物理學家丹尼爾·華倫海特發明，最初0°F的定義就是冰、水和氯化銨（一種鹽，就像氯化鈉也是鹽）混合物的溫度。另外，自己校正更有趣，顯示只要溶於水中的簡單東西就能改變水的行為。

首先準備下列材料：

- 數位磅秤（可自由選用，但強烈建議）
- 如果沒有磅秤，需要1/2杯量杯和茶匙
- 6個可拋式紙杯
- 在杯子上寫字的筆或鉛筆
- 食鹽
- 一壺水
- 當然，還要冰庫

實驗步驟：

1. 在杯子上寫出各樣本的鹽濃度：0%、5%、10%、15%、20%。
2. 請利用磅秤，量出100公克的水加入各杯。如果沒有磅秤，請用1/2杯水（118克）。或者你有以毫升計量的量杯，可用它們量出100毫升的水。
3. 調製鹽水需用正確計量。要調20%的鹽水，在100公克的水裡需要加25克鹽，因為20%的鹽水是是80％水，20％鹽，因此100克水÷0.80，溶液總重量為125克。

    - 如果你沒有磅秤，問題則是：1茶匙的標準食鹽重5.7克，要用1/2杯（118g）水做出20%的溶液，所以你需要？
      1. 118克÷0.80 = 147.5克（溶液總重量）
      2. 147.5-118= 29.5克鹽
      3. 29.5克鹽÷5.7克鹽（1茶匙的鹽重）= 5 1/4茶匙鹽放在1/2杯水中，則可做成20%的鹽溶液
    - 用1/2杯水做5%的鹽溶液，則需要放1茶匙鹽；做10% 鹽溶液需要2 1/3茶匙鹽；15%鹽溶液要放 3 2/3茶匙；20%鹽溶液需要5 1/4茶匙鹽；25%鹽溶液則是7茶匙鹽。

4. 紙杯放入冰庫等待完全冷卻，最好放一天。

技客實驗室：鹽水校正冰庫

冰庫的溫度要多低？

美國食品藥物管理局規範冰庫溫度需訂在0°F／-18°C：溫度必須夠低，低到抑制腐敗細菌和食物病菌的生長；但也不能太低，低到我們吃薄荷夾心巧克力這種冷凍食品時都把自己凍傷了。

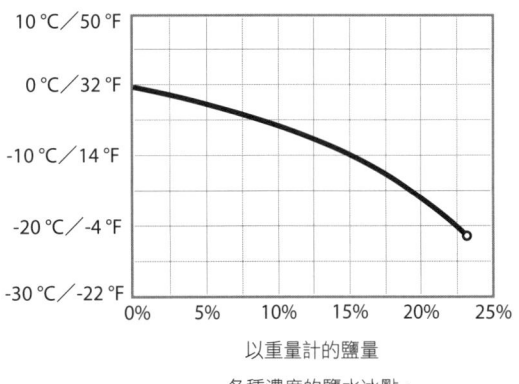

各種濃度的鹽水冰點。

研究時間到了！

一旦鹽水冰到和你的冰庫溫度相等，檢查哪些紙杯還是水，哪些是凍結的水。

你會注意到其中一兩個杯子部分凍結，上面有一層冰，下面是混濁的水。把鹽水凍起來並不會產生凍住的鹽水，它會產生冰，也就是固體的水，還有更濃的鹽水，進而讓剩下的溶液冰點更低。（要做清澈的冰還涉及溶質與溶劑分離的問題，那又是另一本書的故事了。）

根據你結冰最少的濃鹽水樣本對照旁邊的圖表，找到對應的溫度區間（冰庫至少可達此低溫），再以全部還是液體的樣本找到對應溫度（這是冰庫至少有如此高溫）。

如果那是濃度10%的鹽水，表示冰庫溫度比14°F／-6°C低。

你覺得圖表上的鹽水濃度為何在25%停下來？（它停在濃度23.3%，結凍溫度是-6°F／-21.1°C。）

額外提醒：

接著做後續實驗，可限定在全是液體和冰凍水兩樣本間，以濃度間隔1%的溶液重複實驗程序。

食鹽實際上不是純的NaCl（氯化鈉），裡面總有0.5至1.0%的矽鋁酸鈉（二氧化矽）。如果你拿一杯清澈的水加入足量的鹽，讓它放一會兒，其實可看到二氧化矽分離出來沉澱到底部。二氧化矽並沒有得到太多關注，做為必要的微量元素，它出現在鹽裡不是問題，但這表示所有鹽進行計量時，技術上都該往上調1%。這是細節，細節……

4-3 要選麵粉，且要聰明地選

要做又輕又膨鬆的食物（如麵包）需要兩個條件：空氣及能捕捉空氣的東西。這似乎顯而易見，烘焙時若沒有抓住空氣的方法，可頌麵包會像派皮一樣扁塌。這裡就是該切入麵粉選擇議題的地方。

麵粉以最普通的話來說，就是從地上長出來的「東西」磨出來的粉，這些東西通常是穀類，多半是小麥。很多時候也會用到米、黑麥、玉米等其他穀類做出的粉，還有從種子堅果類做出的粉如杏仁粉、鷹嘴豆粉、莧菜籽粉則讓我們有更多選擇。

當成食材的小麥麵粉有很多特性，專業人員和業界烘焙師都需要把這些特性考慮進去，而家庭烘焙者在選擇麵粉時通常受限於少量的商用作物，它們的主要差異在於麵筋（gluten，又稱麩質、穀蛋白）的形成數量。就像我們使用蘋果和咖啡豆等其他食材一樣，希望很快就能看到小麥麵粉的再次興起。（但說正經的，我們會需要多少種類的蘋果呢？）在那之前，我們大多數只有少量選擇。所以下面提供一些明智看法幫助你選擇並運用麵粉，免得你的麵包變成沙而煙消雲散（這句話的意思是，做了糟糕的選擇）。

在美國賣的小麥麵粉多是萬用麵粉（all-purpose，縮寫為 AP，就是中筋麵粉），會叫「萬用」是因為適用大多數烘焙工作。中筋麵粉由小麥穀中的胚乳構成，使用時可以形成10-12%的麵筋。當你在食譜上看到用「麵粉」，你該用的就是中筋麵粉。歐洲部分地區的麵粉是按灰分比例分類，就是用麵粉中的礦物質含量做評量標準，灰分含量則要看用果實的哪一部分和用多少比例才能確定。只用胚乳的麵粉會產生灰分含量較低及顏色較白的麵粉，例如義大利「00麵粉」（doppio zero），且多半再三精製成更細。雖然不能確切地說00麵粉的蛋白質較低，或說它比灰分量高的麵粉更精細，但大多數00麵粉比較像細磨的中筋麵粉。

對小麥過敏和麩質敏感是兩件事，有些人對小麥中的蛋白質過敏，但對其他穀粉中的麩質沒有問題，反之亦然。如果你要替對小麥過敏的人做飯，請先參考 p.450。對於麩質敏感的人請用不會形成麩質的食材，例如米、蕎麥、玉米或藜麥。

麵筋在烘焙中得到很多關注，因為它創造烘焙食品的結構。當「麥穀蛋白」（glutenin）和「穀膠蛋白」（gliadin）這兩種蛋白質互相接觸，形成化學家說的「交聯」時，麵筋就產生了。化學家所謂的交聯就是：兩個分子連在一起的連結。廚房裡麵包師傅創造交聯的方法是加水和揉麵，他們不說交聯完成了，只會說麵筋揉好了。因為拌揉，兩種蛋白質因水連結，最終讓麵筋分子黏在一起，形成有彈性、有延展性的薄膜，會捉住食材裡因酵母、蘇打粉甚或水形成的空氣泡泡，給烘焙食品澎起高度與彈性質地。

了解如何控制麵筋的形成將大幅改善你的烘焙作品。你希望有嚼勁的口感嗎？或希望做出發得高高，一壓就會回彈的食物？那就需要發展足夠的麵筋才能提供你想要的質感和彈性。如果你想做澎鬆的鬆餅、酥軟的蛋糕或硬脆的餅乾，你需要減少麵筋的數量，方法不是減少會產生麵筋的蛋白質份量，就是加入會破壞麵筋生成的食材，如奶油、蛋黃和糖。

讓我們從簡單的方法開始談起：改變蛋白質份量就能控制麵筋的量。小麥是麵筋最常見的來源，生成麵筋的百分比也最高。不同品種的小麥基於個別生長氣候，含有不同濃度的麥穀蛋白和穀膠蛋白，所以改變小麥來源就能改變麵粉蛋白質的量。其他穀類如黑麥、大麥等有必要蛋白質但份量較少，還有以玉米、米、黑麥和藜麥做成的麵粉則不會產生任何麵筋。

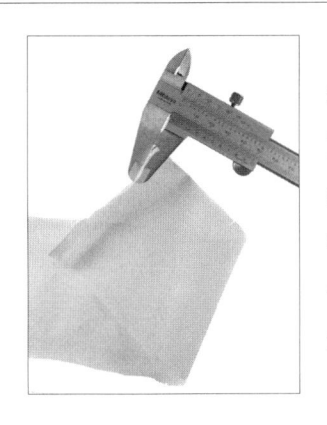

千層麵皮（phyllo dough，或拼成filo dough）是一種未經發酵的麵團，用來做baklava（土耳其果仁千層酥）這樣的酥皮糕點。它利用麵粉混水，反覆折疊揉擀形成麵筋，厚度如紙片般薄。經我測量每片大約只有0.175公厘。Phyllo麵皮弄濕後會有彈性，乾燥時卻變脆。用它做食品時請注意不要讓它乾掉，用噴水瓶裝水需要時就噴水。

改良小麥品種，改變麵粉研磨方式，拌入非小麥的麵粉，這些方法都會改變捕捉空氣的麵筋存在量。如果你習慣使用中筋麵粉，請改用全麥麵粉或是其他穀粉以減少麵筋，這樣做出的麵包比較扁，但也許依然美味。換成麵包麵粉（高筋麵粉）會增加麵筋，開始可依重量比換掉50%且加多一點水，結果麵包就會發得更高。

　　倘若你想要有某種特定麵粉的風味，像是全麥麵粉或蕎麥麵粉的味道，但也需要更多麵筋，這時該如何？你可以加入**小麥蛋白粉**（wheat gluten，又稱活性麵筋粉），它是已經去除麩皮和澱粉的小麥麵粉，能產生超過70%的麵筋量。如果你想把中筋麵粉換成全麥麵粉，請依重量比將10%的麵粉用小麥蛋白粉取代，正確的麵筋數量就會被補回來。（如果要用全麥麵粉取代正常麵粉，你還需要更多水，麩皮和胚芽會吸收它，或者減少麵粉量。無論哪一種方式，麵團都需要放置兩倍時間。）

　　選擇對的麵粉是控制烘焙食品麵筋份量的簡單方法。需要較高的穀蛋白量，使用更多小麥麵粉就能創造更多；使用較軟的小麥麵粉或其他種類麵粉就能降低麵筋。控制麵筋還有另一種方法，雖較複雜但有時必要：阻止麥穀蛋白和穀膠蛋白交聯，或在它們形成後打斷交聯。

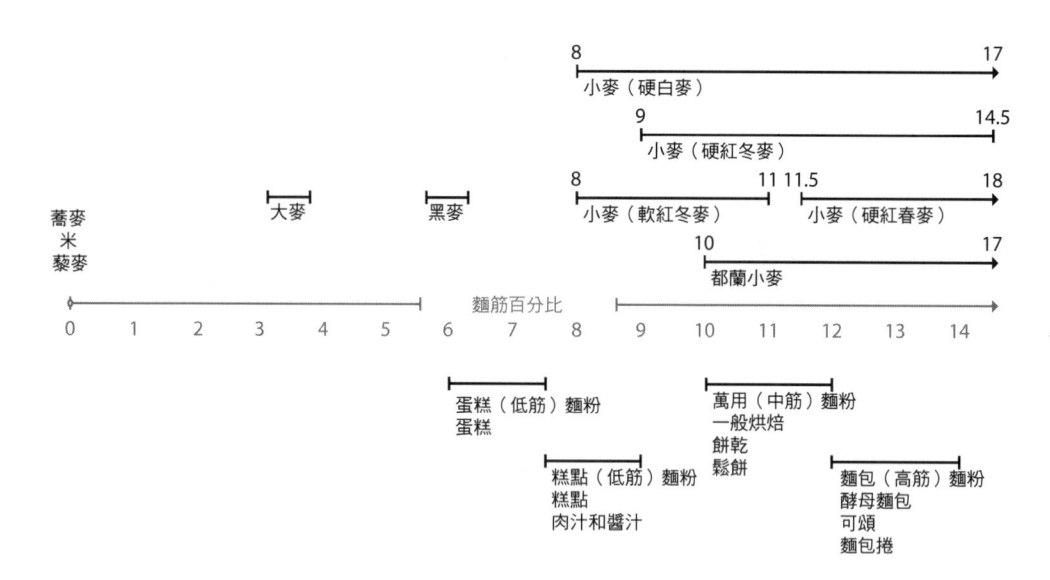

各種穀類和粉類的麵筋含量。除了小麥之外，大麥和黑麥也會形成明顯數量的麵筋，儘管黑麥也含有某些物質會干擾黑麥形成麵筋的能力。

> **為什麼比斯吉是南方食物而奇蹟白土司源自中西部？**
>
> 冷一點的氣候較有利於麥穀蛋白和穀膠蛋白較多的麵粉品種，就如法國的麵粉不會和美國產的麵粉一模一樣，不同地區也各有差異。產地會改變麵粉特性。不同磨粉廠使用不同麵粉，可用幾個不同品牌烘焙看看。
>
> 寒冷氣候＝硬質小麥＝麵筋量高
> 溫暖氣候＝較質小麥＝麵筋量低

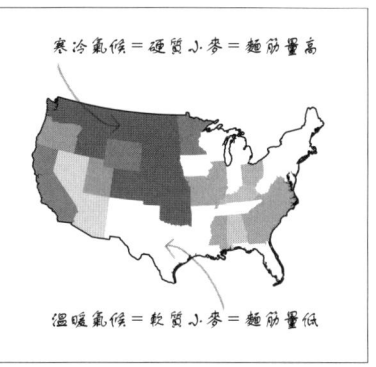

調配麵筋份量時，請參考下列祕訣：

用脂肪和糖減少麵筋形成

餅乾的酥和蛋糕的軟都是因為脂肪和糖，它們會阻礙麵筋形成。油、奶油、蛋黃都是替麵團加入油脂防止交聯，而糖具有吸水性，在麵筋吸水前把水全都抓走。如果你烤出來的食品口感不是想要的酥鬆，可能的修正方法是增加油脂（因此「一個蛋再加一個蛋黃」）或加糖（如果不是太甜）。

利用機械攪拌和發麵時間生成麵筋

機械性的攪拌（就如揉麵）物裡性地將蛋白質撞在一起，增加它們形成麵筋的機會。靜置也會讓麵團產生麵筋，當麵團一點一點在發麵時，時間讓麥穀蛋白和穀膠蛋白有機會結合。這就是p.282免揉麵包食譜能成功的原因。

不要過度攪拌

揉麵揉得太兇太多會讓麵筋減弱。一開始攪拌麵糊麵團把需要的蛋白質混在一起就可發展麵筋，但在幾分鐘之後，麵粉中的酶會讓麵筋分解。

你想過為什麼有些食譜會告訴你「拌到均勻就好」（如馬芬），其他會說「攪拌幾分鐘」（麵包和餐包）？研究人員利用「麵團攪拌性質測定儀」（Farinograph）檢查麵團攪拌一段

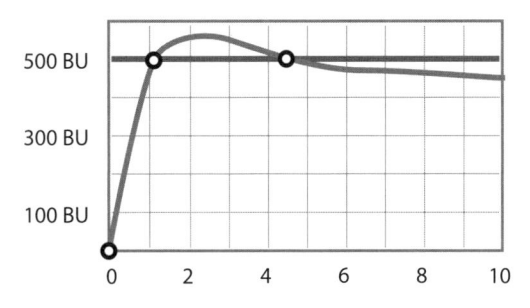

黏性單位BU／時間（以分鐘計）的圖表顯示麵團拌合後的黏性。

時間後的黏性,只要看到圖表一切就明白了。麵粉加水後只要攪拌1分鐘就能形成足夠的麵筋,產生有嚼勁、如麵包般的質地。拌合時間少於1分鐘就不會有上述質地,這樣做對馬芬是好的,但對麵包就不適當。另一種極端狀況是攪拌時間超過數分鐘,如此會讓麵粉裡的酶分解麵筋,在神奇的閾值「500 Brabender Unit」之下麵筋開始惡化。(Brabender Unit是黏性測量單位,簡稱BU。)1分鐘和5分鐘原則依據麵團和食材的不同而改變,但它們是好的經驗法則。

注意水分

份量很重要:你需要足夠的水產生麵筋,但加入太多水,蛋白質就不會彼此碰撞。麵包麵團的水與麵粉的比例目標設定在0.60:0.65(水約為重量的30-35%);超過這份量,麵包就會產生很大又不規則的孔洞,這樣對鄉村麵包也許很好,但做三明治麵包就不妙了。麵筋較多的麵粉會吸多一點水,請視狀況調整。因為蒸發冷卻,水分太多的麵糊最後總有表面問題,也會軟爛,讓蛋糕在烤後崩塌;如果你發現有此問題,請減少濕性食材。如果濕度太高,也會遇到類似狀況,同樣也要降低濕性食材份量。

糖、麵粉、鹽等食材都會吸收大氣裡的水分,所以濕度改變,也會改變它們帶入配方中的水量。理想情況下,請購買放在密閉容器中的糖、麵粉、鹽,儲藏時也是如此。否則一遇潮濕天,請將液體食材保留1/5左右,視需要加入,以達到一致效果。

注意礦物質和鹽

麵筋也要從溶於水的礦物質中得到一定量的鈣或鎂;你可以藉著調整麵團中的鹽量平衡太多或太少的情況。至於鹽就有一些來回的空間,但做麵包時,把鹽保持在總重量的1%到2%之間,可有最佳發麵效果。最後要小心pH值是否太高:如果你的水是鹼性的,要加一點酸,像維生素C、檸檬汁、醋。(關於水如何影響烘焙,請見p.260。)

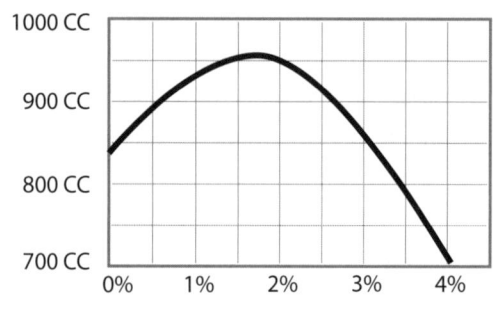

麵包體積(cc)/鹽(NaCl)的百分比

RECIPE

老爸的1-2-3可麗餅

在送我們上學前,我的爸爸偶爾會做1-2-3可麗餅,它的名稱起自食材的比例。(我們何不在出門工作前也做這道點心當早餐?!)

可麗餅的結構是由蛋提供,不是由麵粉,所以可用不同麵粉試試看。在法國鹹味可麗餅也常以蕎麥麵粉來做,它剛好不含麩質且會帶來一股濃香。

攪拌至完全混合,約30秒:
1杯(240克)牛奶(最好是全脂牛奶)
2顆(100克)大雞蛋
1/3杯(45克)麵粉
1小撮鹽

靜置至少15分鐘,放久一點更好。開始先用不沾平底鍋以中溫預熱1分鐘,要熱到灑一點水下去會嗞嗞叫。

抹油:拿出冷藏的棒狀奶油,把包裝紙拉開一些,抓著包著的部分,將奶油少量抹在煎鍋上。

擦油:用紙巾抹去鍋子表面的奶油。鍋子要看起來很乾;你只需要一層超薄層奶油就可以了。

倒麵糊:用一隻手倒麵糊,另一隻手把鍋子提到空中一面轉一面把麵糊倒在鍋子上。一個25公分的鍋子可倒入1/4杯/60毫升的麵糊,視需要調整份量,讓麵糊平均蓋住鍋底。請檢查鍋子溫度,火溫要熱到能讓麵糊煎出蕾絲般的質感:整張可麗餅有細小的孔洞,就像麵糊中的水煮開了從麵糊中一孔孔鑽出。如果蕾絲洞沒有出現,請把火開大一點。

翻面:等到可麗餅的邊緣開始變褐色,就用矽膠鏟子沿著周邊慢慢推,餅皮邊緣被你推動了,就可用鏟子把餅翻面。或做我會做的事:用兩隻手抓著餅皮邊緣小心翻面。把可麗餅的第二面烘半分鐘左右。

再次翻面:可麗餅成品比較好看的那一面留在外面。

加內餡:在此步驟你可以鍋子不離火,把蛋或融化的乳酪放進去,或在煎好的可麗餅上直接加入餡料,不然就把餅皮移到盤子上再包餡。加入餡料後,可把可麗餅對半折再對半折,或捲起來像一支雪茄。

還可加入以下餡料:
- 起司、蛋、火腿
- 奶油乳酪、時蘿和煙燻鮭魚
- 烤蔬菜和山羊乳酪
- 糖粉和檸檬汁
- 香蕉和巧克力抹醬
- 新鮮水果加ricotta奶酪
- 派餡料加打發鮮奶油

⋮ INFO

自己磨麵粉

磨麵粉比你想的容易多了：批一些麥仁——就是去殼的麥穀，還帶著麩皮、胚芽和胚乳——可以在當地的健康食品店或合作社找到，放進研磨機裡，你就有了新鮮麵粉。

為什麼自找麻煩？嗯，原因一：味道比較新鮮。麥子裡揮發性的化合物來不及分解，也更能控制麵粉粗細與使用的麥種，然後，也有健康的考量。大多數市售的全麥麵粉都經過防止胚芽腐臭的加熱處理，但這種加工也會影響麵粉中的脂肪。

從不好的觀點看，新鮮麵粉不會像熟成麵粉生成那麼多的麵筋。要做鄉村麵包，也許還好；但若要做全麥義大利麵（它需要麵筋抓住結構），就可能不那麼妙了。當然，你總是可以加入一些麵筋麵粉提升麵筋含量。但這會奪去「從頭開始做」的吸引力，至少對我來說是這樣的。

對於研磨機你有幾種選擇。如果你有直立式攪拌機，請檢查製造商是否已在機器上配有研磨功能。如果真讓你買到一台，事先警告，磨麵對攪拌機會是很大壓力。請用低速磨兩次，第一道先粗磨再細磨。如果你沒有直立式攪拌機，或不介意花更多錢，也願意貢獻出櫥台空間，請上網找找磨麵粉機。

你也可以改用其他穀類，像米或大麥，一樣丟到研磨機裡就可以了。對於水分較多、脂肪量較高的穀物較不適合，例如杏仁或可可豆就不甚理想：它們會卡在研磨機裡。（或使用高功率攪拌機。）

還有一件事：不要期待會磨出像蛋糕麵粉這樣的東西。蛋糕麵粉已經把麩皮和胚芽去除了，且通常用氯氣漂白，讓麵粉成熟。麵粉熟成的過程稱為「成熟」，會因氧化而自然發生，但加氯處理加速了麵粉的成熟，也改變麵粉中澱粉的特性，讓它在「糊化過程」（gelation）中吸收更多的水（想知道澱粉糊化的更多內容，請見p.433），且弱化麵粉中的蛋白質，減少麵筋形成的量。此外，氯降低了糊化作用的溫度，在麵糊裡的固體如堅果、水果、巧克力脆片表現得更好，因為在澱粉糊化把它們包起來前，固體下沉的時間會縮短。把事情從頭做到尾是很有趣，但也有限制。

麥仁 　　　　　　第一磨：粗粒狀 　　　　　　第二磨：細粉狀

RECIPE

果仁餅乾與扁麵餅

如果想來個美食實驗之旅，可以先從「3份麵粉、1份水」的想法開始，放入熱烤爐烤10分鐘，反覆6次，最後你會醒悟你做的是上古埃及人首次發明的扁麵餅（flatbread）。做餅乾和麵餅比你想的簡單得太多了。

餅乾和它的未切割版本麵餅有時要經過發酵，就如使用酵母的中東口袋餅pita和鹹餅乾，但也有不經發酵的。不經發酵的版本只需花幾分鐘攪拌和烘烤，因此成為猶太教逾越節和基督教聖餐的宗教象徵。姑且不論象徵主義，它們很快就可做好，從開始到結束只需20分鐘。

你會發現這些餅乾比它們的發酵同行更脆，可當成盛裝配料的載具。

下列食材量好放入大碗中：
1杯（140克）麵包麵粉（低筋麵粉）
1/3杯（80毫升）水
1/2茶匙（3克）食鹽（請勿用粗鹽，它不容易拌勻）
2茶匙（10毫升）橄欖油
2-4湯匙種子和香草（自由選用；可用等量的罌粟種子和芝麻種子）

用湯匙將材料攪和成表面「粗粗毛毛」的麵團。它會很乾，請用手揉捏1或2分鐘。然後一分為二，一半留做下一批使用。

在砧板上薄薄撒一層手粉，把麵團擀開，推成15公分寬的長條，越長越好。如果你希望把麵團擀得盡可能的薄，目標必須擀成1/8吋厚（大約幾公釐）。如果餅乾最後變得很硬，請再擀薄一點。

用刀子把餅皮切成方形或條狀，或者不要切開，做成像薄餅一樣的大片餅乾。

用叉子在餅皮上戳洞（這樣做氣泡就不會從餅乾上一顆顆冒出來）。然後放到烤盤上。

用400°F／200°C的溫度烤10-12分鐘，烤到淡褐色。如果你的餅乾烤出來很有嚼勁，請再烤幾分鐘。

小叮嚀

- 種子和香草烤好就會和餅乾很相配，可用芝麻、葵瓜子、罌粟籽、茴香籽、黑胡椒粉、迷迭香，任意搭配都很合。
- 忍不住在這裡插一個無厘頭的推論：以技術而言，駭客（cracker，也就是餅乾）是非法闖入系統的人；而黑客（hacker）是「思考如技客」，讓物品在原始目的之外用得更有創意的人。

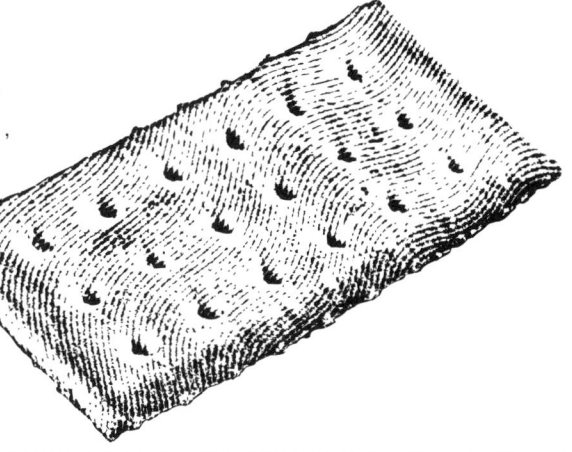

空氣與水

LAB

技客實驗室：自己做麵筋

你會需要以下材料：

- 1 杯（140 克）中筋麵粉
- 1 杯（140 克）麵包用高筋麵粉（自由選用，但能與中筋麵粉對照較好）
- 1 杯（140 克）蛋糕或糕點用低筋麵粉
- 3 個小碗（每份麵粉一個）
- 一壺水
- 湯匙
- 電子秤

我們談過如何做個人專屬的麵粉（見 p.272），也說到麵筋對烘焙有多重要（見 p.266），但研究人員如何確定各種麵粉中各有多少麵筋？請做下面簡單實驗分離麵筋並「觀察」不同麵粉中的麵筋含量。

小麥麵粉的主要用處在於它的蛋白質和澱粉，但好好端詳那個放在食物櫃裡的袋子還裝著什麼東西也很值得。

澱粉：65-77%

蛋白質：8-13%

水：~12%

纖維：3-12%

脂肪：~1%

灰分：~1%

麵粉主要的兩個成分是澱粉和蛋白質（主要是麥穀蛋白和穀膠蛋白）。蛋白質較低，澱粉較高的原因中有很大比例是小麥生長季的氣候較暖。而纖維質類似澱粉，兩者都是碳水化合物——對生化學家而言就是醣類——但我們的身體機制無法消化所有形式的醣；那些無法消化的醣被歸為纖維（有時又稱為「非澱粉多醣體」）。至於麵粉灰分，就是微量元素和鈣、鐵、鹽這類礦物質的統稱。

實驗步驟：

1. 等量麵粉放入各個碗中，加入足量的水（大約 1/2 杯／60 克），然後用湯匙把麵粉攪拌成又濕又黏的球。

2. 碗中倒入更多水，水量需蓋過麵粉球，讓它靜置最少 30 分鐘（最好放隔夜）。麵球在靜置期會長出麵筋（烘焙上，此步驟稱為「自我分解法」〔autolyse technique〕[66]。）

3. 麵球浸泡後，用手抓著水中的麵團揉捏洗去多餘澱粉。你會注意到水變得非常混濁，這就是洗出來的澱粉。如果你放麵團的碗很小，如需要可把水倒掉換新一批水，或直接把麵團放在自來水下沖洗。沖洗幾分鐘，直到出現非常有彈性的質地，那就是麵筋。

4. 分離出來的麵筋秤重，比較它們的重量。**因為麵筋吸飽了水，麵筋球的重量會比麵粉所含的麵筋百分比還要重。**

---

[66] 如果麵粉糊化所用的液體是燙的，如用熱水或熱牛奶，此過程則是「湯種」或「燙種」。

4-3 要選麵粉，且要聰明地選

技客實驗室：自己做麵筋

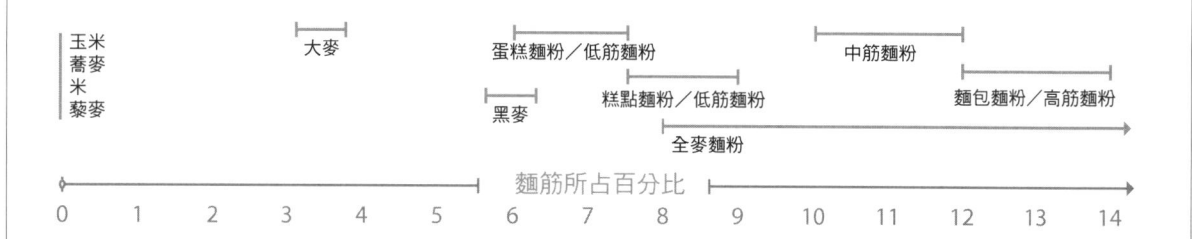

```
玉米                  大麥          蛋糕麵粉/低筋麵粉        中筋麵粉
蕎麥                                                                    麵包麵粉/高筋麵粉
米                                    糕點麵粉/低筋麵粉
藜麥                          黑麥
                                            全麥麵粉
                            麵筋所占百分比
 0   1   2   3   4   5   6   7   8   9   10   11   12   13   14
```

研究時間到了！

不同麵筋球間的重量百分比差異是多少？（即使重量包含吸收的水分，麵筋球間的重量比仍有排列順序）。

根據各類麵粉間麵筋比率的差異，比起你的預測又如何？例如，因為高筋麵粉的麵筋占~13%，低筋麵粉的麵筋占~8%，大致說來，你預料的結果是：高筋麵粉的麵筋球會比低筋麵粉的麵筋球重1.62倍（13 ÷ 8）。

如果你用其他種類的麵粉做這個實驗，你覺得會發生什麼事？特別是那些用在無麩質料理上的麵粉，像是蕎麥麵粉？如果你用全麥麵粉做實驗，你會注意到出現像砂礫般的褐色東西。為何如此？

額外提醒：

以低溫（250°F／120°C）烘烤麵筋球幾小時，就會把水分烤乾只剩下麵筋。麵筋的重量除以麵粉的重量就會得到麵筋百分比的近似值。

你可以把麵筋球丟到一杯藥用酒精中分離出麥穀蛋白和穀膠蛋白。穀膠蛋白有細長的粘性鏈，而麥穀蛋白則像硬橡膠。

中筋麵粉　　麵包麵粉　　全麥麵粉

空氣與水

開心果巧克力千層捲

Phyllo麵皮用起來很方便,可做出豐富狀觀的層次。中東點心Baklava(土耳其果仁千層酥)基本上就是用Phyllo麵皮和綜合堅果層層交疊後烘烤,外層再塗上蜂蜜醬汁。

我在這裡做的版本是烤好後切成一長條,再捲成像雪茄一樣,然後配上打發鮮奶油和檸檬皮碎。請不要吝嗇這兩種成分,它們難以置信地平衡了味道!

一包phyllo麵皮解凍,盒子的每一面都退冰(通常放在冰箱解凍要幾小時,放在流理台上要1小時,請事先準備!);你會需要6到9張麵皮(多準備幾張,以防撕破)。

烤箱預熱到350°F／180°C。

1杯(100克)開心果和**1杯(100克)核桃、胡桃或杏仁**切成粗粒,放在盤子裡,烤到剛開始要變褐色。

烤好的堅果放入小碗,加入下列食材且攪拌到奶油融化:

1/4杯(50克)糖
2湯匙(30克)無鹽奶油
1茶匙(2克)肉桂
鹽少許

取另一小碗,將約**60克苦甜巧克力碎片**秤好放入碗中。

1杯(115克)奶油放入小碗或量杯中融化備用。

1張phyllo麵皮攤在大砧板上,用糕點刷或橡皮刮刀(或就用兩支手指吧!),在整張麵皮上抹上薄薄一層融化奶油。放上第二層phyllo麵皮,再薄刷一層奶油。

沿著麵皮較短的那一邊,將1/3的堅果餡料塗成一條5公分的長條,餡料上再撒上1/3的巧克力碎片。(如果先把巧克力和堅果混在一起,巧克力就會融化了。)

開始捲麵皮,從塗了堅果餡料的那一邊小心往上疊,下面露出的地方再薄刷上奶油,然後再捲,一面刷一面捲直到麵皮全部捲起來。

請把千層捲移到餅乾烤盤,再塗一次奶油。其餘的phyllo麵皮和餡料也請照單重複。

然後烤15-20分鐘,烤出金棕色。

一面烤千層捲,一面做糖漿。下列食材放入小鍋煮到滾:

1/2杯(100克)糖
1/4杯(60毫升)水
2湯匙(40克)蜂蜜
1/4茶匙(0.5克)肉桂粉

煮滾後離火,放入**半顆小檸檬**擠出的檸檬汁,大約1湯匙的份量。

做**1杯甜味打發鮮奶油**(做法請見p.322)。

要吃時,將千層捲切成長約5-8公分的小段,放一塊在盤中,灑上糖漿,加入1大匙打發鮮奶油,外加一點檸檬皮碎做裝飾。

RECIPE

辣炒四季豆佐烤麩

　　烤麩（麵筋素肉）是從麵筋而來的植物性高蛋白，是素食者的主要膳食和素菜的重要材料，值得每位主廚擴展成拿手領域。它是由麵粉麵筋做的（請見 p.274，學著自己做麵筋）。藉由水量變化和調味，甚至變換烹調方法，麵筋可以做成各種質地和風味。若用烤的，就會變成較硬的烤麩；若用蒸的或水煮，口感就比較柔軟。試試這道鹹味烤麩，它的鮮味高，吃起來就像肉，可作為自製「素肉」的入門。

　　下列食材放入大碗中拌勻：
3/4 杯（180 毫升）水
2 湯匙（30 毫升）醬油
1 茶匙（5 克）番茄醬
1/2 茶匙（5 克）蒜泥，用 1 瓣大蒜磨成泥或切細末
加入 1 1/3 杯（160 克）麵筋粉（又稱為小麥蛋白），用湯匙攪拌成濃厚有彈性的麵團。

　　烤盤塗上薄薄一層橄欖油。麵團壓成扁平肉排狀放入烤盤中，用錫箔紙蓋好，用 325°F／160°C 的溫度烤 60 到 75 分鐘，烤到部分外表變成褐色。（可切一半檢查狀況，如果你發現中間還是「濕的」，就是還沒烤好。如果你不確定狀況，或想做個有關質地的實驗，就切一片拿開，其餘的再烤久一些，然後做比較。我個人認為烤久一點比烤不夠來得好。
　　烤麵筋時，請準備四季豆。
1 公升水放在小鍋裡，加入 **2 湯匙（35 克）鹽**煮到大滾。
準備炒鍋，放入**薄薄一層橄欖油**，加入 **1/2 茶匙（0.5 克）紅辣椒碎**爆香。
準備 **2 把（200 克）新鮮四季豆**，去莖去梗，如果你用的是原生種的豆子還需剝去「老絲」。豆子放入鹽水中燙 2 到 3 分鐘，時間長短看你想吃多硬的豆子，燙好後可把鍋子水倒掉，或用夾子夾出。放入煎鍋，開大火稍稍拌炒 2 到 3 分鐘，加入 **1 顆小檸檬**擠出的檸檬汁，拌炒到均勻。
　　要吃時請將烤麩切成條狀，放在四季豆旁一起上桌。

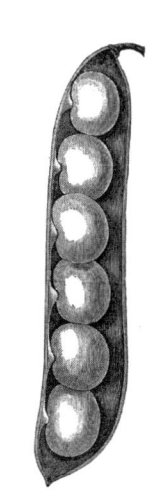

空氣與水

4-4 烘焙裡的容錯

「容錯」（error tolerance）是可忽略而仍得到好結果的錯誤容許量，做糕點和蛋糕在測量上的容錯比多數麵包和鹹食容忍度來得小。麵粉、水、糖、脂肪的比例只要稍微不一樣就會導致結果產生極大改變。

沒有足夠的水，麥穀蛋白和穀膠蛋白不會好好形成麵筋，這樣對司康、比司吉和派皮是好的，但對需要高麵筋的食物如麵包就是不好的。但放太多水也會有問題：麵包最後會有很大氣泡，而蛋糕無法適當定形，自己就塌了。

同樣的，當你做餅乾或派皮這類東西時，起酥油比預定該加的少加了一些，麵筋就會增加，做出的派皮就會很硬。如果你多加了起酥油，麵團漲開的程度不夠，最後就不會酥；這也是奶油酥餅得名的原因。

請思考以下兩組雙層派皮麵團的配方材料：

《料理之樂》（8吋／20公分的派）				《瑪莎・史都華的派與塔》（10吋／25公分的派）		
100%	240克	麵粉	100%	300克	麵粉
60%	145克	起酥油	—	—	（沒有起酥油）
11.25%	27克	奶油	76%	227克	奶油
25%	59克	水	19.7%	59克	水
0.8%	2克	鹽	2%	6克	鹽
—	—	（沒有糖）	2%	6克	糖

第一欄的數字是「烘焙比例」[67]，以麵粉的重量將其他重量標準化。第二欄是派皮麵團所用材料的實際公克重。

比較這兩份食譜，你可以看到麵粉與油脂比分別為1:0.71和1:0.76，而水的比例在《料理之樂》中要求較多。

然而，奶油與起酥油並不是同一種油；奶油有13-19％的水和~1％的牛奶固值，而起酥油只有脂肪。記起來後再看一次食譜。瑪莎・史都華的食譜中有76克奶油（每100克麵粉），以及約62克脂肪。《料理之樂》的版本中，起酥油和奶油一起算，每100克麵粉有69克脂肪。如果把奶油裡的水含量也視為因子，兩邊的水含量大致相等。

若你依循的食譜並沒有給麵粉重量，就要猜猜作者意圖每一杯的麵粉有多少克。如果這份食譜來自美國，試試從140克開始猜；如果是歐洲食譜，試試用125克。

> 若參照的食譜容錯較小（這類食物通常是糕點類，很少是麵包），請用**數位電子秤**。這個在烘焙應用上的變化將對最後成果產生最大影響。

---

[67] 烘焙比例（backer's percentages），原則是將麵粉重量視為100%，其他材料的重量與麵粉的比則為它的烘焙比例。如145克起酥油／240克麵粉＝60％。

雙層派皮麵團

派皮麵團有兩種：酥皮派麵團（flaky pie dough）與碎粉派麵團（mealy pie dough）[68]。將油脂混入麵粉，拌到像豌豆一樣大，水加多一點，會做出層次較多的麵團，非常適合做預烤派殼；把油脂和麵粉拌成玉米粗粒的質地，就會做出比較不吃水的粉狀粗礫麵團，烤後比較適合用來盛裝餡料。

這道食譜足以做出舖天蓋地的派頂和派底，稱為雙層派皮。如果要做無蓋的派，也可以做兩份派底，把一個冰在冰箱保存幾天。

無論做哪種派都可按照p.278的份量，量出麵粉、鹽，還有糖（可選擇放是否要放），放入攪拌碗或食物調理機附的攪拌缸中。奶油切成小塊（1公分），加入碗中。如果使用起酥油也要加入。

如果你的廚房很溫暖，請將碗先放入冰庫冰15分鐘，買一點保險，以防溫度升高。你不會希望奶油在攪拌時就融化，這會讓層次變少，派殼變得較硬。

如果你有食物調理機，一面慢慢加水，一面將食材以瞬動功能打一兩秒，水量只要加到麵團可混合就好。持續以瞬動模式攪拌麵團，拌到食材混合在一起。

如果沒有食物調理機，一手拿一支叉子的背面，或用酥皮切刀（如果有的話！）把奶油拌切到麵粉裡，視需要加水，拌到食材混合在一起。

一旦麵團變成粗礫狀或均勻的小鵝卵石狀，就可以倒在撒了手粉的砧板上，分成分量差不多相等的兩堆，壓成兩個圓盤，一個做派底，另個做派頂。

用擀麵棍將圓盤擀成一片，然後對摺再擀開，重複此動作數次，擀到麵團顆粒緊密結合。麵皮放在派盤上，適用各種派的食譜。

預烤派殼

有些派需要先烤派殼，就像蛋白霜檸檬派（請見p.436的食譜）。先烤一個派殼（又叫「盲烤」〔blind baking〕），把麵團擀開放入派盤或模具，然後舖上烘焙紙，填入重石／烘焙石。（你也可以用米粒或豆子，舖烘焙紙可防止重石黏在麵皮上或因此染上味道。）請勿省略派殼舖重石這道程序！它會防止烘烤時，麵皮從派盤邊上垮下來。

烤箱預熱到425°F／220°C，派殼烤15分鐘。重石拿掉後再烤10-15分鐘，直到派殼變得金黃香酥。

> **我討厭**麵粉沒烤熟的味道；苦澀從嘴巴後頭冒出來。如果你不確定派皮麵團熟了沒，寧願烤久一點。

用烘焙紙裝乾豆或米粒可預防烘烤時派殼從旁邊崩塌。

沒有擀麵棍？就用紅酒瓶、甚或一支又高又直的玻璃杯都可應急。擀麵時用保鮮膜蓋住麵團就可以。

---

[68] 碎粉派麵團將油脂與麵粉拌到玉米粒大，再加入液體拌成團，但用的水分比酥皮麵團少，不太起筋性，適合作派底。酥皮派麵團則將油脂與麵粉混成榛果花生大，因油與粉未完全混合，加的水又多，所以筋性較高，會擀出一層麵一層油的效果，會烤出一片片的酥皮，適合做派皮。

● 訪談

吉姆・拉赫
談烘焙

吉姆・拉赫（Jim Lahey）以「免揉」的麵包做法廣為人知，這些技巧都記錄在他的書《免揉麵包之父吉姆・拉赫的83道獨門配方》（*My Bread: The Revolutionary No-Work No-Knead Method*）中。他在2015年獲得詹姆斯・比爾德基金會的傑出麵包師獎。

什麼讓你踏入烘焙領域？

我年輕時去過義大利，置身在到處是食物的環境中。以前覺得好吃的種種想法，全都被這個看似孤立的國家的各地偉大美食傳統所動搖。當我有機會吃到這個光靠自己就夠美味的美妙麵包，便點燃了我心中的火，讓我興奮思索要如何做出來。那時候羅馬的麵包真是太棒了；當時仍有大量老師傅從事烘焙工作。反觀今日，羅馬的烘焙師大都靠冷藏發酵得到好結果。而我是非冷藏發酵那一派。

你如何比較美國文化和義大利文化在食物與烘焙上的表現？

我們是極端異質化的社會，各有不同文化和傳統。但我們的食物卻不一定根據特定的傳統。如果你觀察因地產生的無數「手工」食物，或者參照不同文化中各種料理受歡迎的程度，就知道我們是一群「他者」。和我一起長大的鄰居很多是義大利人，他們會分享家傳的肉丸食譜，所以我記得我和我那愛爾蘭裔美國人的媽媽一起做肉丸。我們在美國吃漢堡，但誰又擁有漢堡呢？

令人驚訝的是，飲食在過去數十年間變化如此之大。

部分是因為網路，部分則是旅遊世界的經歷。如果你想見識一下麵包是如何形成的，可以上網，網路上有上千個影片可看。當然，看影片時若沒有實際狀況的參照並不表示你會成功做出麵包。

讓我們來談談麵包。你說你是非冷藏發酵那一派是什麼意思？

嗯，顯然我們需要某種冷藏形式來儲藏和發酵食物。而我做麵包時，喜歡把麵團拌好卻不放入冷藏，所以根本不需占據冰箱空間。

所以它更務實，與改變麵團風味的方法正相反？

是啊。如果你把麵團放在較低溫的環境經歷各種發酵階段，就會誘發某些或許放在室溫發酵會錯失的風味。冷藏給了你比以前沒有時更容易得到的方便，但你卻不是真正在學東西怎麼發酵的。我把做

麵包這個行為當成一種修練，就像瑜珈或武術。如果你正在做麵包，且在室溫下做，你會得到實做上的知識，這是一種直觀，對麵團需要待在什麼溫度區間有感覺。

而乾酵母和免揉法則帶來了不起的方便，它讓你無論有沒有那些知識都無所謂了。動手實做，就會得到理解發酵力量的第一步。

你的免揉麵包被《紐約時報》的馬克‧彼特曼（Mark Bittman）報導出來後，讓很多人走入廚房做麵包。

這很奇妙，因為他們對這個麵包的原型並沒有概念，也不知道這是地中海地區鄉村會做的麵包。

讓我們談談烤麵包的變數，那是有些人在家會忽略的。

溫度扮演重要的角色。我把它和我要用的酵母份量和時間長度一起考量。我的麵包店目前沒有很棒的暖氣，所以在冬天做一批要放酵母的麵包，我可能每公斤麵粉要多加6克酵母；在夏天以相同的公式，則用1/4克。

麵團與眾不同的特質也有改變。你做個麵團，它不是液體也不是固體，是固體和液體間的黏性物質，有特定的性質，具有某種黏度、聚合力、稠度。但它開始發酵變成海綿，它的獨特性質發生巨大變化。在冬天，如果你做很大份量的麵團，如30公斤，你會注意到在這龐然大物的外層到中心會有10到15度〔5到8°C〕的差異。我必須預測天氣狀況來規畫發酵的過程！

依你的經驗，你覺得免揉麵包和揉製麵包應該有什麼不同？

如果小麥中有任何天然色素，免揉麵團將保持那種色澤。所以你會看到黃色、粉紅、棕色的小塊狀，就看你用什麼小麥種類。如果你用機械揉麵，揉製過程進入的氧氣會從漂白效果產生更淺的顏色。如果你把揉製麵團和免揉麵團並排放，就可以看得非常清楚。從結構上來說，免揉麵包具有較鬆散，較不規則的小塊狀構造。

因為免揉麵包要靠時間產生麵筋，能否分割免揉法和標準揉法之間的差異，做成某種「低揉麵包」？

如果你看過法式烘焙，在你把材料混合好之後就是這個概念。讓麵團吸收水和味道，開始醒麵，再把鹽加入麵團做為功能性的調節劑。艾力克‧凱薩（Éric Kayser）[69]長期推廣低揉法，麵團不用密集揉搏。

人們的想法總繞著一堆有的沒的天方夜譚，到頭來我們還是會以食者的想法看這些成品。你隨便去一間超市，他們又沒有在賣特定的麥子品種，賣的就是一堆麥子，你不知道穀子從哪裡來，也不知道是哪個磨坊出的。

我總說，不是麥子讓你做出好麵包，而是麵包師傅的知識。你可以有全天下最好的麥子，卻仍做出品質很差的麵包。也可能拿著公認是全球最差的市售麵粉，然後幻想有間小農場說：「它讓我想起法國的山坡。」

---

[69] 法國著名麵包店MAISON KAYSER的創辦人，希望以天然酵母、傳統技術及現代製程重現18世紀的傳統麵包，2007年起在台北微風廣場展店。

RECIPE

免揉麵包

所有食材放入大攪拌盆中拌15到60秒，拌到麵團表面粗粗的。蓋好麵團，放在室溫處12到24小時。

你可以把麵團放在中型鑄鐵鍋、耐熱玻璃鍋或陶瓷烤盅裡都好，蓋子蓋好放入預熱到500°F／260°C的烤箱。

重量	容量	烘焙比例	食材
390克	3到3 1/4杯	100%	中筋麵粉
300克	1 1/4杯	77%	水
7克	1茶匙	1.8%	鹽
~2克	1/2茶匙	—	新鮮酵母（一塊豌豆大小），或以即溶酵母1茶匙（5克）代替

烤箱在加熱的時候，麵團移到撒有麵粉、麥麩或玉米粉的檯子上。此時的麵團應該很黏，當你把它弄下來時還會黏在攪拌盆上。摺疊幾次，揉成一個球胚（圓球狀）。再放到一張撒上很多麵粉的棉布上，讓它發到原來體積的兩倍大，時間約需再1小時。用棉布把發好的麵球包起來放在預熱好的烤盅裡，蓋上蓋子烤30分鐘。之後拿掉蓋子，再烤15到20分鐘，烤到表皮像栗子的棕色。

4-5 酵母

我們已經談過麵粉和水如何創造麵筋以及美妙麵筋如何捕捉空氣，但我們如何真正地讓裡面的空氣開始運作？以生物為基礎的發酵法——主要用酵母，但鹼麵包裡的細菌也算——是替食物製造空氣的最古老方法。據推測，史前時代的烘焙師傅首次發現這個作用，是因為把一碗加了水的麵粉放在戶外，讓環境中的酵母跑到麵粉裡開始發酵。麵包在羅馬帝國如此重要，以致麵包業界的代表在元老院也占有一席之地。農業參與政治已有很長很長的時間，酵母用於烘焙的時間則可回溯更久遠。

酵母是單細胞真菌，能分解糖分及其他碳來源，釋放二氧化碳、乙醇及其他副產品化合物。這三種特性讓酵母很有用：二氧化碳可讓物體膨脹；乙醇有殺菌及保存飲料的功能；其他副產品則給予酸麵包獨特的香氣。多年來，我們藉由選擇性育種「馴化」某些菌株，如烘焙用的「釀酒酵母」（Saccharomyces cerevisiae），甚至直接叫它「焙用酵母」或「麵包酵母」。其他菌株對生產啤酒很有用處，通常會用「巴氏酵母」（Saccharomyces pastorianus），這名字來自路易·巴斯德（Louis Pasteur）——真是幸運的傢伙[70]。

在酵母馴化前，做麵包的人需依賴出現在環境中的酵母菌，然後把成功的菌株省下來共享。倒也不是說建議你在廚房幹活需以「輪盤賭博法則」挑選酵母菌——把一碗沒有加蓋的麵團放著，有很大機會結果不好，要是碰上劣質的酵母菌發出難聞又難吃的硫化物和酚類化合物，最後下場還可能更糟。這就是要加「種菌」（starter，或稱麵包酵頭）的原因：藉著提供某種特定的菌株，確保由它來主導環境中可能出現的酵母。如果你的麵包發得太快（當麵包不會膨脹、孔洞很多時，你就知道是發太快了），請減少種菌的使用量。

就像任何活體小動物，酵母喜歡住在特定的溫度區間，不同菌株有不同溫度偏好。麵包酵母在室溫表現最好（55-75°F／13-24°C）。還有其他用在烹飪上的酵母菌，主要用在釀酒，如窖藏啤酒（lager）和蒸氣啤酒（steam）喜歡待在 32-55°F／0-13°C 這種較冷的環境。無論你走哪一條廚藝冒險之路，記住所用酵母偏好的溫度區間，太冷，它會沉睡；太熱，它就死了！

> 我們用的酵母菌株沒有什麼魔法，只要注意香味，然後想：「這個嘗起來真不錯，我想我會繼續用它。」友誼麵包可說是酵母的「連鎖信」，已經傳了數十年了[71]。

---

[70] 路易·巴斯德（Louis Pasteur），法國生物學家，受酒商請託研究酒發酸的原因，因而發現酵母菌與乳酸菌，改變微生物是發酵產物的想法，更衍生出巴氏殺菌法。

[71] 友誼麵包起自阿密許人（Amish）將麵團當禮物的傳統，若收到麵團，除把它留著當老麵菌種外，十天之內需再分送給他人，將愛傳送出去。

: INFO

檢查你的酵母！

如果你發現麵團膨脹的狀況不如預期，請給你的酵母做個簡單的健康檢查：

1. 量出2茶匙（10克）酵母和1茶匙（4克）糖放入玻璃碗，然後加入1/2杯（120毫升）溫水（溫度約100-105°F／38-40°C）

2. 攪拌並靜置2到3分鐘。

3. 靜置過後應該可看到表面形成小氣泡。如果沒有，酵母就是死的。是該去店裡走走的時候了。

烘焙上，此做法叫做「泡水激活」（proofing），請不要和醒麵（bench proof）搞混，醒麵是讓塑型好的麵團在烤前先休息鬆弛。如果你用的是活性乾酵母一定要先泡水激活它，用意在軟化包著酵母顆粒的硬殼。

請用溫水泡酵母。如果水溫低於100°F／38°C，會有一種叫穀胱甘肽的胺基酸從細胞壁漏出來，讓你的麵團黏答答的。

也不要擔心熱自來水的溫度太燙會殺死酵母，除非自來水比它該有的溫度還要高。酵母實際死亡的溫度需高於130°F／55°C，所以自來水的熱水不會殺死酵母，只會讓它反應變慢。想確定這點可用最燙的自來水泡發酵母，這只會讓激活酵母的時間花更久。

泡發的酵母會有氣泡（左），死去的酵母兩層分開且不會有泡沫（右）。

麵包：傳統做法

如果你從未做過麵包，簡單的土司麵包很容易上手，而且好幾年你會忙著精進手藝。這是值得隔幾天就做一條的食譜，每做一次就加點變化，好了解這些變化如何影響最後成品。

取一大碗，將下列食材攪拌均勻：

1.5 杯（210 克）高筋麵粉

1.5 杯（210 克）全麥麵粉

3 湯匙（25 克）麵筋麵粉（選用）

1.5 茶匙（9 克）鹽（或 2 茶匙猶太鹽或片鹽）

1.5 茶匙（4.5 克）速發酵母（不是活性乾酵母）

加入：

1 杯（240 毫升）水

1 茶匙（7 克）蜂蜜

只要拌在一起就好，大概用湯匙拌 10 下，放著醒麵 20 到 30 分鐘，這時麵粉會吸收水分。

麵團靜置後，開始揉麵。你可以把它放在砧板上，用手掌往下壓，再往外推，然後摺到上面來，做幾次就讓麵球轉一下。我有時候只是把麵團放在手裡揉捏，又拉又摺，也許一點也不正統。但一直揉到它通過「拉筋測試」：就是把一小塊麵團扯下來，開始拉。筋膜不該被扯破，如果破了，繼續揉麵。

揉好後，將麵團揉成一個球，放在大碗裡讓它休息，用保鮮膜包好（噴上一層不沾油噴劑避免沾黏），直到麵團發到兩倍大，通常需要 4 到 6 小時。

試著把麵團放在溫度介於 72°F／22°C 和 80°F／26.5°C 的地方。如果麵團放在溫度太高的方——比方說，天氣太熱或太接近排熱氣的地方——發成兩倍的速度就會快些，所以注意觀察，用常識判斷。熱一點會快一點，但效果不一定好，麵團放久一點，發出來的味道會好些。

麵團發好後，很快再揉第二次，這過程叫做「排氣」，就是很快來個溫柔的馬殺雞，擠出大泡泡，且重新調配沒有發的地方。此時，你可以隨意加入堅果、香草或其他風味。然後把麵團滾成結實的球，撒上一層細細的麵粉，放在披薩鏟上（或硬紙板上），再用保鮮膜包起來，再醒麵 1 到 2 小時。

> 依據溫度狀況，酵母會以不同速率產生乙酸和乳酸，不同的上升溫度會創造不同風味。理想的溫度上升區間是 72°F／22°C 到 80°F／26.5°C。
>
> 如果溫度太低，麵團會因為生產氣體不足而變得扁塌老硬，最後的麵包成品層次就不均勻，會有不規則的孔洞，外殼也會太黑太硬。
>
> 反之，發麵環境太熱，麵團會很乾缺乏彈性，延展時一拉就破，最後成品會泛酸，孔洞大，麵層厚，外殼灰白。

空氣與水

一邊等麵團鬆弛，一邊將烘焙石放入烤箱預熱，溫度定在425°F／220°C。（理想情況下你應該把烘焙石一直放在烤箱裡，請見p.47。如果你沒有烘焙石，可用鑄鐵小炒鍋或平底鍋，倒扣放在烤箱裡。）請確定烤箱在烘烤前完全熱透，所以1小時的預熱時間不是沒道理的。

麵團放入烤箱前，倒一兩杯滾燙熱水在放烘焙石架子下的烤盤裡。（請用舊烤盤，水可能會留下難以清潔的沉積物。）另外，你也可以用噴霧瓶，在烤箱裡噴十數次增加濕氣，請小心別噴到烤箱裡的小燈泡（會破的）。

用鋸齒刀輕輕在麵團上方劃「X」，然後放入烤箱。烤約30分鐘，直到外殼呈金棕色，用指關節敲擊底部，會出現空洞的聲音。理論上你也可以用電子溫度計確定熟度；內部溫度應在210°F／98.5°C，這是麵粉澱粉分解的溫度（更多澱粉糊化的內容請見p.227）。但理論在此處也不太行得通，因為麵包也需達到一定的乾燥程度。檢查溫度只會幫你確定麵團的熱度夠，不會沒烤熟（我想稱重應該行得通，只要你有耐熱秤…）實際操作時，你最好學會去感覺麵包什麼時候會烤好：從外觀或當你把麵包拿起來用指節敲擊的聲音都會告訴你更多。

在你切麵包之前，至少讓它冷卻30分鐘，它需要充分冷卻，澱粉才會固定。

小叮嚀

- 二次揉擀期間，可加入迷迭香、橄欖或炒過的洋蔥丁。如果要做帶鹹帶甜的麵包，請只用高筋麵粉並加入一些大塊苦甜巧克力或水果乾。
- 想用稍微複雜點的方法做麵包，請嘗試用「中種」（sponge）來做：將麵粉、水和酵母預先發酵，這可讓麵團的香氣發展得更好。麵粉、水在一開始時不要全放，只用一半的麵粉（210克）和2/3（160克）水，再加入全部酵母（4.5克），讓麵團發酵到泡泡在表面形成而中種麵團開始往下塌。一旦到了這階段，就加入剩下的水（80毫升）和剩下的麵粉（210克）和鹽（9克），依照前述方法繼續攪拌發麵。

為何麵包會走味？

到底是什麼讓麵包老化乾掉，目前原因仍然未知，幾個不同機制名列合理的嫌犯。有人認為，在烘焙同時，麵粉麵筋反轉成可以與水結合的形式，在烘烤之後慢慢形成結晶，開始放出水分，這些水分被麵筋吸收，也就改變麵包層次的質地。但麵包外層有脆殼，會把麵包中間的濕氣拉過去，也讓外殼質地改變。無論正確機制是什麼，放在冰箱冷藏的麵包會加速質地變化，但麵包如果放在冰庫冷凍則不會有這樣的改變。所以，請把麵包放在室溫或冷凍庫。把麵包烤到高於澱粉糊化的溫度可反轉某些變化，所以若你的麵包變老變乾了，請烤一下，讓麵包再次活起來。

INFO

酵母在烹飪上的四個階段

把種菌（酵種）加入麵團後，接下來會發生什麼事？

1. 呼吸。細胞取得並儲存能量。若沒有氧氣則無法呼吸。在這個階段酵母聚積能量、呼吸且產生二氧化碳（CO_2）。

2. 增生。在有氧的環境下，酵母細胞透過芽殖或直接分裂（核裂變）增生。根據酵母菌株的數量及增生速率，酸性化合物在此階段被氧化，導致食物中pH值不同。

3. 發酵。當酵母把可用的氧利用殆盡，就會轉到厭氧發酵程序。細胞的粒線體將糖轉為酒精且產生二氧化碳（也就是「酵母菌的屁」！）及其他在此過程會產生的化合物。你可藉著控制麵團發酵的時間長短就可以控制麵團的膨脹程度。

4. 沉澱。一旦等到酵母再無產生能量的可能，那是再也沒有氧氣、也沒有糖的時候，細胞就關上了，轉成休眠模式，希望氧氣與食物會有再來的一天。

每個酵母細胞都會經過這些階段，而同一時間不同細胞可能經歷的階段都不同；也就是當某些細胞正在繁殖增生的時候，其他細胞正在呼吸或在發酵。

麵包酵母有三種：速發酵母（instant yeast）、活性乾酵母（active dry yeast），以及新鮮酵母（fresh yeast）。速發酵母和活性乾酵母是已經乾燥的酵母，所以細胞外有一層死亡酵母形成的外殼，保護仍具活性的細胞。新鮮酵母——也就是酵母餅，因為壓成餅狀販賣——基本上是沒有外殼保護的酵母塊，所以保存期限較短（以冰箱儲藏時間而言）。酵母塊可在冰箱放兩個禮拜，速發酵母在櫥櫃大概可保存一年，而活性乾酵母在櫃子裡兩年還是好好的。速發酵母和活性乾酵母有時被保存在雜貨店裡的冷藏區。如果買了大包裝的速發酵母或活性乾酵母（比小包更經濟！），請用可開啟的容器收起來放在冰箱或冰庫儲藏。

速發酵母和活性乾酵母基本相同，但有兩個差異。第一，活性乾酵母有較厚的保護殼，雖然會使它有更長的保存期限，卻也意謂你在使用前需要把它泡水，軟化那層保護殼。第二個不同在於活性乾酵母內的活性細胞數量比存於速發酵母中的低，因為較厚的保護殼占據較多空間：當食譜要你放1茶匙（2.9克）活性乾酵母時，你可以用3/4茶匙（2.3克）速發酵母代替，雖然以份量1：1取代也是可以的。

速發酵母比較好用：只要直接加入乾性食材內攪拌均勻即可。除非你有特殊理由一定要用活性乾酵母或酵母餅，建議使用速發酵母，較不費功夫，且比活性乾酵母作用快。請記得放冰箱儲藏！

空氣與水

: RECIPE

格子鬆餅

烘焙酵母含有很多種酶,其中一種叫做「酒化酶」(zymase),會轉化單醣(如葡萄糖和果糖)變成二氧化碳和酒精。就是這種酶讓酵母具有膨脹能力。但酒化酶無法分解乳糖,所以用牛奶做的麵團與麵糊吃來較甜。這也是某些麵包食譜要放牛奶的原因,而格子鬆餅風味如此濃郁香甜也是為此。

備料需在2小時之前,最好前一天晚上就預備好,先量好下列食材,攪拌均勻:

1 3/4杯(420毫升)牛奶(最好是全脂)
1/2杯(115克)融化奶油
2茶匙(10克)糖或蜂蜜
1茶匙(6克)鹽(最好是精鹽,猶太鹽和片鹽在此不適合)
2.5杯(350克)麵粉(中筋麵粉)
1湯匙(9克)速發酵母(不是活性乾酵母)
2個(100克)大顆雞蛋

麵糊拌好後加蓋在室溫儲存。使用的容器一定要是大碗或大保鮮盒,且高度夠高,讓麵糊有空間膨脹。

把麵糊再稍拌一下,然後遵照你的格子鬆餅機的烤餅程序烘烤。

小叮嚀

- 做烘焙時,請使用精鹽,不要用猶太鹽或片鹽,因為顆粒較細的鹽在麵糊中會攪拌更均勻。
- 這道食譜請不要用糖,而用蜂蜜、楓糖漿、龍舌蘭花蜜,並用全麥麵粉或燕麥粉取代一半的中筋麵粉。
- 如果你的格子鬆餅呈現的脆度不是你要的,放入250°F／120°C預熱好的烤箱熱一下——這溫度高到可快速蒸發水分,也低到不會讓鬆餅發生焦糖化和梅納反應。

追求美味披薩

一本跟「技客」有關的書怎可不提及披薩?無論你對geek的定義是什麼,做披薩和吃披薩都一樣有趣。真的,你該學會怎麼做。那些送到你家門口的比你自己在家做的實在差太多太多了。有個番茄起司披薩的專門時段,通常是周末下午2點左右。那其他時間呢?幸福人生包含吃著美好的手工披薩細細品嚐個中差異。

首先,做披薩麵團。你大可以去賣場買現成的披薩麵團,但我覺得從頭開始做成果較好,而這就是我爸教我的。我非常鼓勵你自己做披薩麵團,我寫下兩份不同食譜:列在p.307的是簡單免揉麵團,如果沒什麼耐心,還有p.307的無酵母配方(相信我,我了的!)。

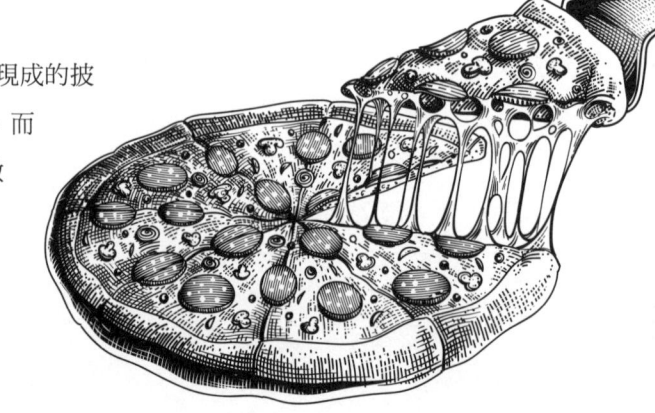

第二，準備好烤箱。烤箱溫度決定披薩外殼的固定狀態。請把烘焙石放在中間架子上，然後預熱烤箱，若想烤個柔軟的外殼，請預熱到375℉／190℃；若想要更脆的披薩，烤箱溫度至少要450℉／230℃。（高溫烤披薩的做法請見p.393。）

麵團預先烤過。預烤披薩並不包含在多數披薩的做法中，但我是這種做法的愛好者。一開始先烤過麵團，就能避免麵團濕黏或餡料烤焦的風險。

1. 在大砧板上撒上麵粉。
2. 用手將450克的麵團一面揉一面塑形成球狀。這時麵團應該只是稍微黏手，實際黏在手上的應該不多。如果還是太黏，請在麵團上撒一些麵粉。
3. 麵團一直揉到每個部分都很結實，且在拉開時有很好的彈性。
4. 然後把麵團壓成扁平的圓盤狀，接著滾成圓形或四方形。
5. 如需要，請用批薩鏟或乾淨堅固的硬紙板小心將披薩麵團拿起來放在烘焙石上，放入烤箱。
6. 披薩麵團烤3到5分鐘，直到麵團固定。當麵團脹出一個個泡泡，用主廚刀把泡泡戳出小洞，再用刀背把凸起的地方填平。
7. 預先烤好的披薩從烤箱中拿出來，放在砧板上。

準備披薩餡料。塗上醬汁，加入餡料。醬汁餡料的選擇可說是披薩的美學，就像是一塊空白畫布，任你畫出喜愛的風味。以下是常見想法：

・塗上薄薄一層番茄醬，加幾片好的莫扎瑞拉乳酪，烤好後再放上蘿勒葉，這是絕對不會出錯的。

・如果番茄醬汁用完了，從薄抹一層橄欖油到塗一點白乳酪醬汁都可以（請見p.125白醬的做法）。

・洋蔥和香腸等配料，需先炒過再放在披薩上。想一次把所有東西都做好，倒不如分批做好麵團和配料，這樣可免去所有頭痛，只要針對三個重點就好：融化乳酪（假設你有用它）將食材融合在一起；披薩皮烤到褐變酥黃；披薩上面的餡料也要焦香。

烤披薩。加好配料的披薩放入烤箱烤8到12分鐘，烤到顏色開始轉成金褐色。如果不知是否烤好，可以再烤一下，烤到披薩有美麗的褐色外皮（我可沒說黑色噢），色香味都兼顧也好吃。

● 訪談

傑夫・瓦拉沙諾
談披薩

Photo used by permission of Jeff Varasano

傑夫・瓦拉沙諾（Jeff Varasano）從紐約搬到亞特蘭大，那裡沒有紐約味的披薩，使他實驗多年——直到到了家裡超熱烤箱設定的清洗周期，他硬是撬開了鎖，把披薩放進去烤。最後，他辭去了C++程式設計師的工作，在亞特蘭大開起了瓦拉沙諾披薩店。

你如何從C++程式設計師走上做披薩的路？

我從紐約搬到亞特蘭大。就像很多從東北部搬來的人一樣，開始尋找最好的披薩。很多地方都說他們的披薩做得跟紐約一樣，吃過以後的感覺卻是：「嗯，這些人到底有沒有去過紐約啊？」所以我開始在家烤披薩。一開始，我只是用電話通知所有朋友說：「欸，我今天晚上要烤披薩。可能會弄得很可怕，你們要不要來嘗嘗看？」最後還真的挺糟的。

然後我開始實驗。所有口味我都試過。嘗試用不同方法熱烤箱。也試過把披薩放在炭烤爐上。還試過用鋁箔紙包起烤箱防止熱氣散失。接著我搬到新家，有了一台可以設定清洗周期的烤箱。我不清楚什麼是烤箱的清洗周期。從沒用過有這種功能的烤箱，但等到實際用過我才知道，這功能基本上就是把裡面所有東西都焚燒掉。我就想：「哈，無論如何得進去試試！」這就是撬開鎖烤披薩的想法由來。

我把這件事寫在網站上（現在移到http://www.varasanos.com/PizzaRecipe.htm）。當時真的沒想太多，但拜訪人次忽然從一年半的3000人跳到一天3000到11,000人，我的伺服器都塞爆了。我發現，人們不斷點擊這網頁，從那天起，我開始收到電子郵件。這事讓我茅塞頓開，開始思考何不放棄做軟體，轉行做披薩。

學習做披薩的過程中，什麼事出乎意料，比你原來想的更重要或不如你預想的那麼重要？

嗯，很明顯地，麵粉不如我想的那麼重要。每個人都想找個特殊設備，或想找到只要買來放進去披薩就會超級美味的祕密食材。不是這樣的。這是我很早就了解的事。世上沒有神奇子彈。如果你查看我排行榜上的五大披薩店，你會發現他們都用了五種烤箱：瓦斯、木頭、炭烤、電烤箱，信不信由你，還有用油烤的烤箱。不只燃料不同，溫度也不一樣，有些披薩只烤2分鐘，有些烤7分鐘，那又如何？答案是這就是藝術，大功告成就在那一刻。這就是我所了解的，學到了基礎知識和基本原理，你就走進風格及藝術，這是很難加以定義的。裡面不只一個祕密。

很多技客在學習烹飪時,都執著於小細節,忽視了置身其中一窺全貌,也忘記烹飪需要嘗試及從玩中學的道理。

是啊!我就是實驗者。對於問題我總有不同的研究方法。至於做事方法則不做任何假設。很多人都假設自己知道什麼是最好的做事方法,所以在小圈圈裡不斷掙扎,但我偏向對事情做較寬廣的變數嘗試,測試什麼有用,什麼又沒用。

是否有即使以宏觀想法操作,卻仍然遇到瓶頸,如果沒遇到,你又會怎麼做?

這問題很有趣。讓我稍微先偏離主題,然後再回來。很多人都熟悉所謂的科學方法,這是把所有事物保持完全相同,一次改變一點的方法。這讓我想到人們在玩魔術方塊時,總試著先拼出一面。但多數好方法不會只牽涉到一面,那反而是你最後該做的。所以人們會卡住,自以為已有了這樣的成果,不想在半途放棄。所以如果你想提升一個階段,可能要放棄所有方法論,重頭開始,做披薩就是這樣。

藝術開始於技巧用盡之時。所謂技術是用盡所知付諸於邏輯的結果。所以當你已窮盡一切方法,而又想更進一步時,你會怎麼做?這時,你需要重新打開心胸,填補跳躍式思考中空缺的部分。這也許牽涉同時採取多重步驟,也可能堅持某件事,但得放棄五件事。

以披薩為例,我只要換了麵粉,加水軟化的狀況就一定不同,因為我把麵粉換了,所以水就得改變,否則麵團的濃度就不一樣。好了,你猜怎麼著,當我增加水分,滲入麵團的熱度就要變慢,不然就有太多水被蒸發。所以突然間變成連烤箱溫度也要改變了。我非常樂意執行一個變數受到控制的實驗,在掌握所有變數的情況下,得出麵粉A比麵粉B好的結論。但在真實世界中,這種實驗沒有意義。這就是它之所以為藝術的原因。

這很有道理。我認為外面很多技客都會說,這就是能夠發現最佳披薩食譜及技巧的多變項法則。

沒錯。而且你得了解內在力量,個別了解它們,但結果絕不是一組個別的獨立變數,而是互動變數的組合。

第一階段在於處理問題或努力掌握技巧,這時候,你會覺得每件事情似乎是環環相扣,而那時你只有基本功力。下個階段在於個別看待每件事,拆散後再重新分類。想到的都是如何把事情切割成細中有細的獨立技巧。最終階段是學習如何連結那些你切割的細項,整合成環環相扣的整體,而不是獨立變數的集合。

我個人正處於中間階段,所以也不太了解這些元素如何相互牽動結合。例如,如果我們關掉餐廳的暖氣,讓麵團在這裡受熱發酵一整夜,發麵的速率會和幾天前不同。我想,嗯,似乎也沒太大不同,但就是有兩度的差異,所以就要修正溫度。我會想著回到我開始的地方,但回不去了。有時你甚至不知道差異在哪裡,你只好抓著頭毫無頭緒。一年後,哪裡不同就會非常明顯了。

可以舉個例子嗎?

有個食材我一直沒想太多,也忽視它的重要性 ── 就是奧瑞岡葉。我的屋前有個小小香草園,種了奧瑞岡,我不喜歡院子本來種的那株。有一天,我在一個廢棄花園找到一株較好的品種,挖起來就種在院子裡,做菜都用它。但現在要開餐廳了,就只能向菜販找奧瑞岡葉,找遍所有菜販,居然找到了33種,但我還是坐在那兒嚷嚷,這吃起來不是我院子種的那種。

你不會了解到底有多少差異必須處理,但那種事是毫無防備的。等到我真正喜歡的奧瑞岡葉量產,那要等一年後了,所以我又開始做實驗,説不定有些好方法可以把我的奧瑞岡乾燥保存。如果我有新鮮葉子,也許可以用不同方式把它們乾燥保存,也許在乾燥的過程中,就會發現接近我想找的東西。

所以我追根究柢試了5、6甚至7種乾燥法，用脫水機烘乾再加熱乾燥，用除濕機除濕再微微加熱，各種方法我都試了。

聽起來好像你克服困難的方法是嘗試各種不同事物？

沒錯，這也蠻好玩的，因為我喜歡說，哈！世事難料！我無所不試，而人們卻想著：太神奇了！你居然找得到這種方法！他們以為有什麼神奇魔法，但問題在於窮盡所知，當你用盡所有技術，剩下的就是靈感，以及再接再厲從錯誤嘗試中學習，比起人們常給的既定認知，這些事會讓你跨得更遠。

RECIPE

披薩麵團：免揉法

做好披薩比做麵團有更多講究（關於麵團使用法，請見p.288）。以下份量可以做一個中型薄底披薩，但你可乘上你要請的人數，將材料份量加倍。

下列食材量好，放入大碗或容器中：

1 1/3杯（185克）麵粉

1茶匙（6克）鹽

1湯匙（9克）速發酵母

用湯匙攪拌，使鹽完全均勻。加入：

1/2杯（120毫升）水

用湯匙攪拌水和麵粉。

用保鮮膜將碗或容器包好，放在櫥台上靜置6小時或更久。等到準備好了，將麵團放到撒了麵粉的砧板上，慢慢將它往外拉，從中間開始向外推成四方形或圓形披薩形狀。如果想讓披薩餅皮看來較有質樸風味，邊緣的厚度可留多一些，整形的地方也盡量減少，讓麵團裡還有一些氣泡。如果想做薄皮披薩，就把麵團擀開。從現在起遵循標準披薩的製作方式。

你可以在早餐時間把材料拌勻，再出發去工作或做其他事，等你回到家，麵團就好了。程序就如免揉麵包一樣（請見p.282）：麩醯胺酸和麥膠蛋白會自己交聯在一起。

小叮嚀

- 如果你想做實驗，請訂購一些老麵種（這是從已知的老麵酵母和乳酸菌一起培養出的麵種）。細菌和酵母的比例會影響麵團風味。你可以控制比例，讓麵團在冰箱熟成一段時間，酵母在冰箱會繁殖而細菌不會；讓某些麵團在室溫下熟成，那是細菌會貢獻風味的狀態。

4-6 細菌

　　細菌用在各種食物，包括優格、泡菜、乳酪、巧克力，它會產生氣體，所以想做細菌發酵的食物就不是那麼跳躍的想法。只是……用細菌當食物膨鬆劑和發酵劑確實少見。

　　我唯一知道的食譜是「鹽發麵包」（salt-rising bread），這名字的由來也許是因為寒冷氣候時會利用暖和的鹽堆保持碗放隔夜的熱度。鹽發麵包在中西部的某些區域很流行且還真的得了獎：1889年，愛荷華州農業協會頒發5美元給狄蒙市的哈丁夫人，獎勵她做的鹽發麵包。（我上次去洲博覽會看到特色小吃：油炸海綿小蛋糕Twinkies塗上草莓醬，一個就賣5美元，差了多少倍啊！）

　　細菌發酵中有靠「產氣莢膜梭菌」（Clostridium perfringens）發酵的，它產生氫氣讓食物膨脹。雖然易燃麵包的想法具有怪異的吸引力，但困擾我的卻是這個產氣夾膜梭菌，它是每年都會造成數百萬例食源性疾病的同一種細菌。說句公道話，產氣莢膜梭菌下有很多菌株，生病卻和鹽發麵包扯不上關係。研究人員檢查了幾個案例的相關毒素卻什麼也沒找到，認為某特定菌株的毒素不存在，但也註記了：其他批次可能包含錯誤菌株的「可能性非常小」。如果你想嘗試，請上網搜尋哈洛德‧馬基（Harold McGee）的文章〈鹽發麵包令人不安的喜悅〉（The Disquieting Delights of Salt-Rising Bread）。

　　當然，麵包烘焙總是會在其他地方出現細菌：**乳酸桿菌**是讓酸種麵包有獨特風味的細菌，不同種的乳酸菌因為發酵過程中產生的副產品不同，風味也就不同。乳酸桿菌還有其他好處：降低烤麵包長黴菌的可能性，並增進麵包營養價值。

　　做老麵麵包非常簡單：只要把老麵種和水加入任何你喜歡的麵粉裡，再揉過就好。但是做老麵種要花的時間比較長。老麵種（有時稱為**母麵團**）通常要看環境中有哪些野生菌種和酵母菌，隨機養成。方法是將同重量的水和麵粉放在開口的容器中拌好，蓋上棉布或毛巾以防有蒼蠅，也讓空氣可以流通，每天攪拌兩次，幾天後開始餵幾湯匙麵粉和水。一星期之後，你應該有一種聞起來像酸麵團的東西，如果沒有，請重試。這種「野生發酵法」通常都有用，而且我非常尊敬此方法源起的傳統與文化（雙關語，請思考culture的另個意義）和運用它的人。

老麵種

　　也有極少可能定居在天然培養麵種上的菌株不安全——　安全來自產生足夠乙酸使麵團酸鹼值低到其他細菌無法共生。請使用良好的乳酸桿菌和市售的酵母菌避免風險。

　　2杯（500毫升）溫水、1茶匙（5克）酵母、1湯匙（12克）糖和1/4杯（60g）原味優格（含有活性益生菌）攪拌均勻，然後加入**2杯（280克）高筋麵粉**揉在一起。一天拌揉數次，就像野生發酵的做法一樣。

雖然酵母可讓美味食物誕生，但也有兩個潛在缺點：時間和風味。開店做生意的麵包師傅要做的量很大，我們在廚房玩樂的時間也有限，根本等不及酵母做該做的事。而風味香味都來自酵母，這會與其他如巧克力蛋糕的風味起衝突。對這些問題最簡單的解答是蘇打粉。

把和鈉原子（用鉀或氨的相關化合物也能達到類似效果）連結的碳酸氫鈉（HCO_3^-）加到水裡，碳酸氫鈉溶解，就會和酸作用產生二氧化碳。

科展裡有用醋和蘇打粉做出火山爆發的計畫，凡是做過這個題目的人都可以告訴你這個混合物可以多快產生一堆氣體（還伴隨著一團混亂）。但是在廚房，蘇打粉對烘焙師仍是最大的謎，它與泡打粉有什麼不同？我們怎麼知道該用哪一個？

標準答案是這樣的：「蘇打粉與酸反應，所以當你的食材是酸性時可用蘇打粉。」解釋得很簡單，卻涵蓋料理的大半情形。但蘇打粉本身還要更複雜，會在加熱下自行作用，所以值得離題探討它的化學性。我保證會長話短說。

你從店裡買回來的蘇打粉是特定化學物質：碳酸氫鈉（$NaHCO_3$）。如果碳酸氫鈉沒有溶入某物，就只是白色惰性粉末。但只要弄濕——任何食物裡的水分都可做到這點——碳酸氫鈉就會溶解，也就是說，鈉離子脫離碳酸氫根離子在四周游走。

> 碳酸氫鈉中的鈉剛好可將碳酸氫鹽送到食物中，的確會讓食物稍鹹一些。順帶一提，這就是為什麼食品廠商有時會以碳酸氫鉀這類東西取代。鉀對你有好處，讓低鈉飲食的人避免攝取鈉。

這就是需要考慮鹼和鹼性物質的地方。我們大都熟悉什麼是pH值（H代表氫，但p代表什麼則不確定，「力道」（power）和「可能性」（potential）是最好的猜測。pH值測量溶液裡氫離子量。影響氫離子數目的化學物質可分為兩大類：

酸（pH值低於7）

質子捐贈體（proton donors），也就是溶液中可使氫離子數量增加的化學物質（此處的氫離子是H_3O^+，是可和水分子結合的氫）。

鹼（pH值高於7）

質子接受者（proton receivers），也就是溶液中可以和氫離子結合的化學物質，也減低了溶液中的氫離子濃度。

蘇打粉的碳酸氫鹽離子有個很有趣的特性，稱為「酸鹼兼性」（amphotericity）：它可和酸作用，又可和鹼作用。在廚房中，很少東西有鹼性pH值——蛋白、也許某些地方的自來水，大概就這樣了——你大可放心忽略蘇打粉與鹼反應的能力，只考慮它會與酸反應。

一杯加上一兩匙蘇打粉的純水，不會有太多碳酸氫鹽離子可以進行交互作用，只會漂來漂去，且味道有點噁心。但如果在杯中加入一匙含有乙酸成分的醋，碳酸氫鹽離子就會和乙酸作用產生二氧化碳。在杯中加入一匙醋後，依據一開始你放入碳酸氫鹽的量，杯水會處於下列三種情形之一（無論何種情形，都與半滿或半空無關）：

- 碳酸氫鹽離子還有很多可作用，但醋酸離子已經不夠了。
- 沒有可作用的碳酸氫鹽離子，但還有醋酸離子。
- 游離可作用的碳酸氫鹽離子和醋酸離子都沒有了。

烘焙的情形屬於最後一種——也就是酸鹼中和的狀態——這就是你想達到的目標。放入太多蘇打粉，並不會與食物中的酸完全反應，反而會讓食物吃起來有肥皂味，很噁心。如果蘇打粉不夠，食物吃起來會帶點酸味（這樣還可以），但無法膨脹得很好（這樣可就不行，食物會扁塌）。為達到「剛剛好」的狀態，在此重申我最愛的引言：「劑量才重要！」

明顯地，我們不會烤「蘇打粉水」；如果你想知道原因，找個時間喝一小口蘇打水就知道了。食譜要你放蘇打粉的情形多半是用了較多的酸性食材，如果汁、白脫奶、糖蜜。糖和麵粉雖有微酸性，但正常狀態下並不需要放太多蘇打粉。（我們會在下一節說明發粉。）如果你想替食譜配方找替代品，好比說沒有白脫奶，想用正常牛奶代替，就請注意相應pH值的變化。以白脫奶的例子來說，每杯（240毫升）牛奶需減去1湯匙份量再放入1湯匙（15毫升）白醋或檸檬汁，如此就有與蘇打粉反應必備的酸。當然，你會想念酸香誘人白脫奶的味道，但至少不會吃到扁塌的鬆餅！

> 要蘇打粉產生二氧化碳不必然一定要酸，熱也能辦到。請將水煮開，丟一湯匙蘇打粉進去，碳酸氫鈉會分解並產生氣泡。

要放多少蘇打粉，則要看盤裡食材的酸鹼值。若缺乏酸鹼值測試（相關內容請見http://cookingforgeeks.com/book/ph-tester/），實驗是調配理想比例的最簡單方法。在配方中不斷加入蘇打粉，直到膨脹程度是你想要的，或吃得出來蘇打粉的味道。如果此時還膨脹得不夠，請改加發粉。因為粉末中酸與碳酸氫鹽的比例由製造商預設，酸和蘇打粉間的平衡作用對發粉並不構成問題，我們將在下一節討論。

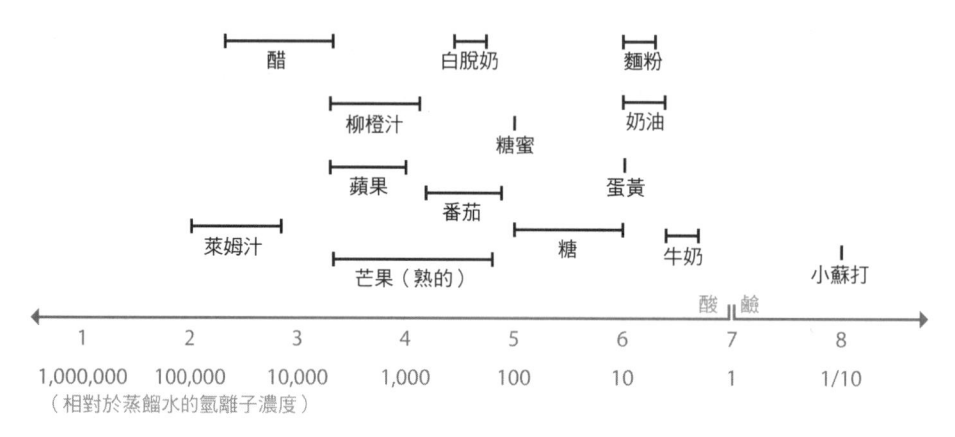

```
           醋           白脫奶        麵粉
              柳橙汁              奶油
                      糖蜜
              蘋果              蛋黃
                  番茄
      萊姆汁              糖      牛奶       小蘇打
              芒果（熟的）
                                        酸 鹼
    1      2      3      4      5      6      7      8
1,000,000 100,000 10,000 1,000   100    10     1    1/10
  （相對於蒸餾水的氫離子濃度）
```

常見食材的pH值將會幫助你了解何時使用蘇打粉。

為何食譜要你過篩食材？

過篩是以前的必要手續，要去除碎殼、蟲子、還有落在麵粉裡的有的沒的，但這日子早已過去了。食材用重量衡量，就免去處理材料密度不同的問題，過篩的確會讓空氣晃入麵粉中，加入其他乾性食材時，也能迅速拌勻，但是這兩種情形用攪拌的更容易做到。如果你真的要過篩，就像要將可可粉和麵粉混到真的很勻，請把篩網放在碗上過篩。

技客實驗室：蘇打粉知識上二壘

你也許期待一個俏皮解釋說明蘇打粉和醋的反應，但那只是上一壘：碳酸氫鈉是一種鹼（水中飽和時pH為8.3），每個五年級學生都知道蘇打粉加上白醋（5%乙酸）在酸鹼反應後會產生二氧化碳、乙酸鈉和水。

而你或許不知道蘇打粉也會自己起反應。當蘇打粉的溫度高到一定程度時，就會**熱分解**，這聽起來就像蘇打粉會受熱分解。但以碳酸氫鈉來說，它會分解成二氧化碳、水和碳酸鈉（二壘）。但溫度要高到哪裡才夠熱？這就是我們要探討的。

首先準備以下材料：

- 蘇打粉（碳酸氫鈉）：約2/3杯（150克）
- 鋁箔紙 　　　　　　　　　　自由選用，順手就好
- 細字馬克筆，在鋁箔紙上寫字用
- 數位電子秤，精細度要有1克或更精確

自由選用，但這個實驗用電子秤計量較簡單

實驗步驟：

我們要用五種不同溫度烤蘇打粉，量出它們的重量變化。套句科學實驗室的術語，蘇打粉、溫度和時間是我們觀察的「自變項」（independent variables，獨立變項），而「依變項」（dependent variable）是重量的改變。

1. 用鋁箔做5個「樣本烤盤」：
   a. 鋁箔紙撕成12公分×12公分的正方形。
   b. 正方形的每一邊都往上摺、豎起來，變成每邊長10公分和1公分的方形小烤盤。
2. 用馬克筆在5個樣本烤盤上標出右頁表格所載的溫度。你也可以只做其中兩項，若喜歡也多加幾個溫度，如此，我建議嘗試在170°F／~80°C和500°F／260°C之間的任何溫度。
3. 記錄空烤盤的重量。它們應該剛好1克，樣本烤過後可直接減去烤盤重。
4. 在烤盤中放入30克蘇打粉。（烤盤放上電子秤，請按「歸零」鍵，讓電子秤歸零。）請量出表格中要求蘇打粉的準確重量。如果沒有數位電子秤，請放6 1/2茶匙蘇打粉，約等於30克重。
5. 烤蘇打粉！烤箱設定在其中一種溫度，等到烤箱熱了，就將實驗樣本放在餅乾烤盤上烤整整15分鐘。之後從烤箱拿出樣本，放涼幾分鐘，再秤重。

若想將一組人分開做這個步驟，請隨意。每人可做不同的溫度，只要溫度落在200°F／90°C和400°F／200°C之間，做好第二天報告就可以了。

技客實驗室：蘇打粉知識上二壘

研究時間到了！

重量如何根據溫度的變化而改變？請列出相關數據，秀出重量因溫度改變的百分比。（我建議你從150°F／65°C開始列起：也就是重量改變是0%的地方。）

當溫度上升，對於百分比的改變你注意到什麼？

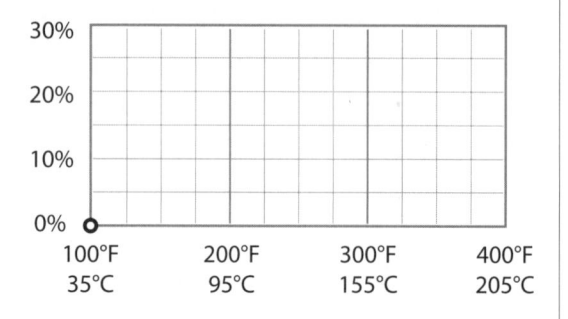

烤箱溫度	150°F／65°C	250°F／125°C	200°F／95°C	300°F／155°C	350°F／175°C	400°F／205°C
空烤盤重量	1.01克					
烤前的蘇打粉重量（或茶匙數量）	30.09克					
烤後樣本烤盤的總重（或茶匙數量）	31.10克					
如果稱重：烤後蘇打粉的重量（烤後總重減去空烤盤的重量）	30.09克					
重量改變的百分比（如果用茶匙計量，請記錄湯匙數量改變的百分比）	0%					

RECIPE

白脫奶鬆餅

只要花些時間,酵母和細菌就會產生風味,就是這味道讓我們迷醉。但如果立刻就要這種風味,那該怎麼辦?或至少,也許是今天早晨的某個時間?你可以採取捷徑用酪奶,因為它已經被細菌啃過了。

均勻攪拌下列食材:

2 杯(280 克)高筋麵粉

5 湯匙(60 克)糖

1.5 茶匙(7 克)小蘇打粉

1 茶匙(5 克)鹽

在另一個碗中融化:

1/2 杯(115 克)融化奶油

在放奶油的碗中放入下列食材,攪拌均勻:

2.5 杯(610 克)白脫奶(一定要溫熱的,這樣才會讓奶油融化)

2 顆(100 克)大雞蛋

濕性食材拌入乾性食材,用打蛋器或湯匙攪拌均勻。用鐵板或不沾平底鍋以中火(如果你有紅外線溫度計,應是 325-350°F / 160-175°C)烤到金黃,每面時間約 2 分鐘。

小叮嚀

- 通常要做白脫奶的替代品,你可以在比 1 杯(240 克)少一些的牛奶中加入 1 湯匙(15 克)醋或檸檬汁。如此會將牛奶的酸鹼值調到和一杯白脫奶大致一樣,但這樣做卻無法創造和白脫奶一樣的質地和濃稠度,所以這道料理請不要用替代品。如果你沒有白脫奶,請使用普通牛奶,一半蘇打粉則用發粉取代。

- 煎之前不需在平底鍋或鐵板上先上一層奶油——看起來非常潤滑的煎餅麵糊裡已有足夠奶油——但如果你真的覺得需要就抹吧,但在煎餅前先擦掉多餘的油。如果鍋面有任何油滴,會干擾梅納反應褐變的過程。

- 做煎餅前一小時,就要把白脫奶和雞蛋從冰箱拿出來,讓食材溫度達到室溫。如果你很趕,可賦予可微波的大碗一個雙重任務:融化奶油,加入白脫奶,再微波 30 秒提高白脫奶溫度。

可以用這個麵糊做白脫奶炸雞。煮熟的雞切成一口大小,先沾玉米粉,再裹上麵糊,用蔬菜油以 375°F / 190°C 炸過。玉米粉會幫助麵糊黏住雞塊(沒有玉米粉?就用麵粉吧!)如果要求完美質地,可用真空烹調法煮雞,請參考 p.342 的描述。

RECIPE

薑餅娃娃

化學膨脹劑並非只是拿來創造輕盈膨鬆的食物，就算質地密實的產品也需要空氣，吃起來才美味有口感。

下列食材放在碗裡，用木勺或電動攪拌器攪拌均勻：

1/2 杯（100 克）糖
6 湯匙（80 克）奶油，先放軟但不需要融化
1/2 杯（170 克）糖蜜
1 湯匙（17 克）薑末（或薑泥）

取另一個碗，下列食材放入攪拌：

3 1/4 杯（400 克）麵粉
4 茶匙（12 克）薑粉
1 茶匙（5 克）小蘇打
2 茶匙（3 克）肉桂
1 茶匙（1 克）眾香粉
1/2 茶匙（2 克）鹽
1/2 茶匙（2 克）黑胡椒粉

乾性食材篩入放奶油糖漿的碗裡。（我都把濾網當成網篩來用。）用湯匙把乾性食材和濕性食材拌在一起，或者，如果你不介意，就用手吧！麵團會變成有些顆粒狀，質地像砂礫一般。加入 1/2 杯（120 克）水，持續攪拌到麵團成球。

麵團放在砧板上，撒幾湯匙麵粉。用擀麵棍擀開麵團，厚度約 0.6 公分。用餅乾模型或小刀切出形狀，然後放在烤盤中放入烤箱，溫度設定為 400°F／200°C，時間約 8 分鐘。烤出的餅乾應該微微膨鬆，有點乾，但不會太乾。

烤薑餅娃娃，當然，這是與孩子一起做的最佳假日活動。

薑餅糖霜

下列食材放入可微波的碗，用叉子或電動攪拌器攪拌均勻：

3 湯匙（40 克）奶油，先放軟但不需融化
1 杯（120 克）糖粉
1 湯匙（15 克）牛奶
1 茶匙（4 克）香草精

如有需要可加入食用色素。拌好的糖霜醬放在微波爐加熱 15 到 30 秒 —— 時間要長到足以融化糖霜，但也不可太久，以免糖霜煮到沸騰。這可做出迅速沾附餅乾的糖霜，黏在餅乾上結成一層又薄又美的糖衣。

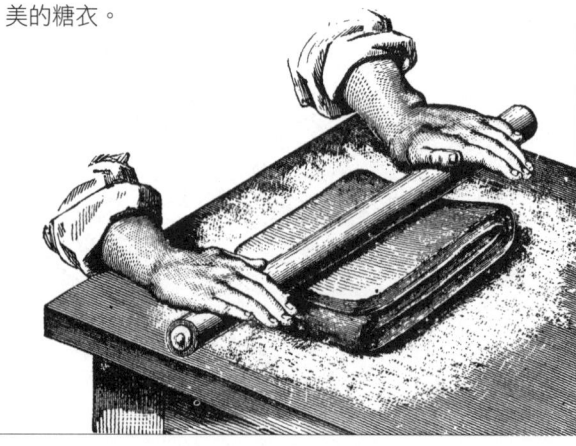

● RECIPE

一鍋到底巧克力蛋糕

我因一件事情反對蛋糕粉。當然，市售蛋糕粉做出的質地非常一致——那是使用食物添加劑和穩定劑精確調整蛋糕粉裡其他成分的結果——但即使要快速做出生日蛋糕，你也可以做出真正的手工蛋糕，只有巧克力而沒有其他添加物。

做蛋糕的方法大多分為兩階段，先把乾性食材秤出來放在碗裡拌勻，濕性食材放在第二個碗裡拌勻，然後兩個碗混合。但用「一體成型」的方法，所有食材都可以放在同一個碗裡攪拌：先是乾性食材（要確定食材完全混合），然後是濕性，最後是雞蛋。

下列食材量好，放入大碗或攪拌器附的大碗中：

2 1/4杯（450克）糖

2杯（280克）低筋麵粉（中筋麵粉也可以）

3/4杯（70克）可可粉（無糖）

2茶匙（10克）小蘇打

1/2茶匙（2克）鹽

乾性食材拌勻，在同一碗中加入下列食材，攪拌均勻（約1分鐘）：

1.5杯（360克）白脫奶——緊急時刻可在1 2/5杯（336克）牛奶中加入1.5湯匙（24克）醋或檸檬汁

1杯（218克）芥花油

1茶匙（5克）香草精

加入3顆（180克）**大雞蛋**持續攪拌。

準備兩個9吋／22公分或三個8吋／20公分的圓形蛋糕烤模，底部鋪上烘焙紙。對，你真的需要鋪上紙，不然蛋糕會黏住，拿下來就破了。在烘焙紙上先噴一層油，或者上一層奶油，然後撒點麵粉或可可粉。

烘焙紙不需蓋滿蛋糕烤盤底部。將烘焙紙裁成方形，然後摺成一半，再摺成1/4，再1/8。摺好的紙頂端撕掉一角，展開就是八角形，可以放在烤模上。

麵糊均分放入烤模。請用磅秤讓每個烤模倒入的量均等，這樣烤出的蛋糕才會高度一致。

放入先以350°F／180°C預熱的烤箱中烘烤，約烤30分鐘。烤到用牙籤插進去拿出來是乾淨的，放涼後再脫模上霜飾。如果蛋糕在烘烤中就塌了，可能是你的麵糊水分太多（請見p.269的烘烤祕訣），也可能是你的烤箱溫度不夠（請參考p.47校準烤箱的實驗）。

專業麵包師也用牙籤檢查熟度。檢查布朗尼，要把牙籤插到2.5公分的深度；檢查蛋糕，則把牙籤全推進去。

空氣與水

301

小叮嚀

- 蛋糕模放入烤箱時，請放在烤箱中間的鐵架上。如果你在烤箱中放了披薩石或烘焙石（強烈建議），請不要把蛋糕模直接放在石頭上烤；請放在石頭上方的鐵架上。
- 就像白脫奶，烘焙用的可可粉也是酸性的！然而，荷蘭精製可可粉（Dutch process cocoa powder）是被鹼化的可可粉——也就是說，它的pH值經過調整，從pH值5.5調整到6.0到8.0間，實際多少要看製造商。但也不要盲目地將天然可可粉換成荷蘭精製可可粉，如此部分小蘇打粉就要換成泡打粉才好。

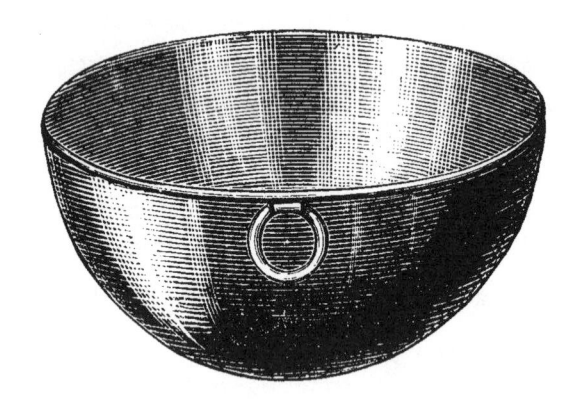

簡易巧克力甘納許霜飾

1杯（240克）**高脂鮮奶油**放入醬汁鍋以中溫加熱，煮到快要沸騰。鮮奶油離火加入下列食材：

2湯匙（30克）**奶油**

1湯匙（5克）**義式咖啡粉**（自由選用，但一定要美味的才行）

325克切碎的**苦甜巧克力**（如果你的口味偏甜，可以用半甜巧克力）

少許鹽

靜置奶油巧克力醬，放到巧克力和奶油融化，約需5分鐘。攪拌到完全均勻。

替蛋糕做霜飾，可直接把仍有熱度的甘納許巧克力倒在蛋糕上，讓它流到旁側。這也許會弄得髒兮兮，但好處是，這是吃掉一半甘納許的好藉口。

或者可以用較傳統的裝飾法，把甘納許放在冰箱約30分鐘，然後用電動攪拌棒或攪拌器把巧克力打到輕盈膨鬆。打發的甘納許塗在每層蛋糕上，然後疊起來，蛋糕四周則不必塗抹。

小叮嚀

- 請確定蛋糕放冷後再做裝飾；不然甘納許會被熱氣融化。
- 要做 tangier 霜飾，用白脫奶代替一半份量的高脂鮮奶油。如果真的想追求極致，用你覺得適合做太妃糖的東西試試看。焦糖很容易想像，何不做個卡宴辣椒或薰衣草風味的巧克力霜飾？或者以鮮奶油浸泡伯爵茶？

4-8 餅乾硬脆與軟韌的科學

居家烘焙者有的最大優勢是時間。店裡賣的產品至少都在半天前做好，通常更久，所以製造商必須費盡千方百計模擬你在廚房的狀況。要是我們能學到那些製造商玩的花樣，然後自己試著做呢？

新鮮剛出爐的餅乾——「就像我媽做的一樣！」——應該外層酥脆，中間軟韌有咬勁。加州大學戴維斯分校有些對研究很積極的科學家證明了這一點，他們做了一個裡面裝有核磁共振設備（MRI）的烤箱，然後把餅乾放進去烤，並用MRI掃描麵團烘烤時內部水分的變化。（我很樂意看到這樣的授權申請。）

經過一打餅乾和MRI掃描後，科學家得到證明：烘烤中，餅乾邊緣的確會很明顯地乾掉。但一兩天後水分回來，餅乾質地又回復到一致的軟塌，失去剛烤好的質感。（一星期後，糖重新結晶，這就是餅乾碎裂的原因！）

又脆又韌的巧克力餅乾卻難以置信地很難做到，至少市售餅乾是如此。但好運發功要求精靈做出任一家大廠牌出的餅乾是有方法的，其中有些還是商業機密，參雜著只有寫間諜小說的人和《神鬼認證》裡的傑森．包恩會欣賞的商業間諜事件。但我們很幸運，有個地方業界一定得暴露祕密：那就是專利。於是這個案例，美國專利字號#4,455,333便有答案。（詳情請上 http://cookingforgeeks.com/book/cookie-patent/）

每個專利都需有背景描述，才能確定發明的設定情況，而這些描述就成了清楚總結「如何做出來」的極佳資料來源。只要閱讀幾個與餅乾相關的專利，你就能很快學到軟餅乾的水含量需占6%或更高；而脆餅要更乾。這是有道理的——因為水分是質地的關鍵變數。所以你該如何控制餅乾裡的水分？

> 檢查列在脆餅乾包裝上的成分標示，再與同一家廠牌的軟餅乾比較。
> 以我檢查的廠牌而言，玉米澱粉和糖蜜只會出現在軟餅乾中。

這兩種餅乾中，脆餅乾比較好做：做一個含水量較少的麵團，或把麵團烤久一點，最後成品就會比較乾。要做有嚼勁的軟餅乾，就必須在麵團調配上下工夫，讓它在烤時保有更多水分，但也不是在餅乾麵團裡多加水就好（這只會造成餅乾扁塌，最後邊緣裂出細紋，燒成焦黑）。要做軟韌餅乾，以下提供幾個常見方法：

用葡萄糖／果糖為基底的糖代替蔗糖。烘烤時，糖會融化在蛋和奶油分解出的水中。當麵團溫度升高，糖水形成糖漿，這就是關鍵了！不同型態的糖能吸收份量不同的水（溶液的飽和點不同）。而蔗糖分子大約是果糖和葡萄糖分子的兩倍大，若都以一杯的量來看，蔗糖無法分解出更多的水。也就是說麵團用簡單一點的醣會保有更多水。如果多放一些白糖（就是蔗糖）呢？你的餅乾會比較脆。多放一些紅糖（成分為蔗糖、葡萄糖和果糖）？餅乾就會比較軟韌。那放玉米糖漿呢？烤出的餅乾會更軟（玉米糖漿的成分是100%的葡萄糖，且你在店裡買到的糖漿不會是高果糖玉米糖漿〔HFCS〕）。葡萄糖和果糖是**單醣**（monosaccharides，糖的最簡單形式），會讓餅乾保留更多水分，所以任何來源的單醣都適用。

加玉米澱粉。玉米澱粉不溶於冷水，但隨著加熱，會吸收水而凝膠化，讓餅乾在烘烤時不會留失水分。（提到專利，有個專利是在麵團裡加磨碎的膠體，也就是像果凍一樣的東西，這是另一種做軟韌餅乾的聰明技巧）。

用高筋麵粉。麵筋也會增加嚼勁，因為麵筋彈性意謂著烘烤食品不易破碎。使用筋性高一點的麵粉會適度幫忙，雖然高筋麵粉不常見於軟餅乾的材料配方，但麵團裡的糖和油脂也有相同作用。融化奶油影響這個變數：當奶油融化時，分解出水分，會幫助麵筋形成（更多控制麵筋的資訊，請見p.269）。

烤的時間短一點。除了做出含水量更多的麵團，要做軟餅乾還有另一個明顯的訣竅：不要把餅乾烤太久！（冷卻麵團是相關手段，但烤的時間更短就可以了。）我觀察我在網上找到的前六個餅乾食譜，其中「軟中帶勁的巧克力脆片餅乾」平均烘烤時間是12分20秒；而「酥脆的巧克力脆片餅乾」要花14分55秒——酥脆餅乾的烘烤時間整整多了2分半！（烘烤的平均溫度只有少幾度，基本上是一樣的。）

事實上，餅乾的軟與脆其實都是以上方法的平衡作用，加上一點微妙難言的執行技巧，像是調整麵團的pH值，或依據餅乾種類，加入保濕劑，如有保水功能的葡萄乾。

每個人對餅乾應該是軟黏、柔韌或酥脆的想法都不一樣。我就遇過有人堅持只吃「6分鐘餅乾」——用350°F／180°C只烤6分鐘——餅乾幾乎是生的；也見過嚴重的「泡牛奶控」，他決不考慮接受烘烤少於15分鐘的餅乾。

根據粗略的經驗法則，一個14克的餅乾，用350°F／180°C烘烤的狀況如下：

- 烤7-9分鐘：**軟黏**　　・烤10-12分鐘：**柔韌**　　・烤13-15+分鐘：**酥脆**

如果餅乾烤出來的效果不如預期，請根據「軟黏-柔韌-酥脆」三階段，改變烘烤餅乾的時間。用同樣麵團，酥脆的硬餅乾會比柔韌的軟餅乾烘烤時間多25-30%。

如果你想吃真的非常脆、整個褐變成金褐色的硬餅乾，請把溫度降到275°F／140°C烤30分鐘。

侵害專利的巧克力脆片餅乾

幸運的是，專利（#4,455,333）已經過期，所以對於這些餅乾，你唯一會遇到的麻煩是大家會為誰吃最後一塊而開打！

軟餅乾食譜上的平均烘烤時間需要12.5分鐘；脆餅乾的食譜通常要烤15分鐘。要做一個外層非常脆、中間極度軟的餅乾是無法由改變烘烤時間來完成的，因為……嗯，物理現象。要把餅乾做得「外層清爽酥脆、中間柔嫩好嚼」，絕招就是做兩種不同麵團，這是我讀遍1980年代使用同樣烘餅技巧專利後的心得。

擺上2個工作碗，一個貼上「脆」的標籤，另一個貼上「軟」，分別將下列食材量好放入兩個碗中：

1/4 杯（30克）燕麥片

1 杯（140克）麵粉

1/2 茶匙（2克）蘇打粉

1/2 茶匙（2克）鹽

1/4 茶匙（1克）肉桂粉

然後只在標記「軟」的碗中加入：

1.5 湯匙（12克）玉米粉

用打蛋器將兩個碗中的乾性食材混合均勻。

再拿兩個碗出來，同樣貼上「脆」和「軟」的標籤。在新貼上「脆」字的碗中加入下列食材：

1/2 杯（113克）無鹽奶油（若要更好效果，則加起酥油）

1/8 杯（25克）淡紅糖

1/2 杯（100克）白糖

在貼上「軟」字的空碗中加入：

1/2 杯（113克）無鹽奶油

1/2 杯（100克）淡紅糖

1/4 杯（88克）淡玉米糖漿

用手或用直立式攪拌機，將每份材料拌到融合滑順的糖奶糊。

在每一碗糖奶糊中加入：

1 茶匙（4克）香草精

1/2 茶匙（2克）檸檬汁

1 顆（50克）大雞蛋

繼續拌到完全混和後再加入乾性食材，請注意，乾性食材要加進同組的濕性食材裡。再次攪拌到完全均勻。下列食材加入各個碗中，再拌勻。

1.5 杯（250克）半甜巧克力

3/4 杯（75克）核桃碎

現在就是侵害專利的地方了：兩個麵團壓在一起，脆餅乾麵團放外面，軟餅乾麵團放中間。

1. 挖一勺脆餅乾麵團放在鋪了烘焙紙的餅乾烤盤上。

2. 用冰淇淋勺或湯匙的背面把麵團球從中間壓開，做出一個麵團坑，就像在馬鈴薯泥中間開一個洞。

3. 挖一勺軟餅乾麵團丟到洞中間。

4. 兩種麵團壓在一起。

如果你喜歡，可在烤前，在每個餅乾上面加一點很粗的海鹽。

以350°F ／ 180°C的溫度烤 10-12 分鐘，小心不要烤過頭；否則，中間的柔軟部分烤出來還是脆的！

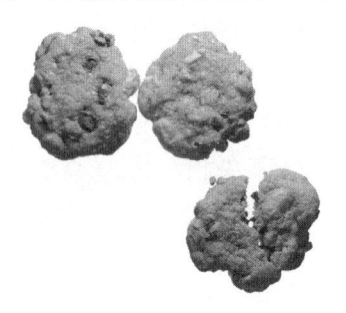

小叮嚀

- 如果你比較熟悉做「冰餅乾」[72]，也可以捨棄「麵團兩勺」的做法，改做一個長棍，用脆餅麵團把軟餅麵團捲在中間，雖然較花工夫，但餅乾邊緣會較平整。
- 如果沒有玉米糖漿，卻心癢難耐地想立刻試做，可能的替代品會是蜂蜜。它含有38%的果糖、31%的葡萄糖，成分與玉米糖漿非常相似，兩者都是單醣（蔗糖則是雙醣）。當然，蜂蜜會帶來獨特的風味，也會讓餅乾上色，但也可能變得很有趣，就要看你做的是哪一種餅乾了。脆中帶軟的燕麥餅乾，有誰要吃？

如果你把麵團球都壓扁了再送去烤會如何？麵團冷藏和在室溫下又如何？就當是在玩，實驗一下，看看會發生什麼事！

在我的餅乾食譜中，壓扁麵團只會讓脆餅乾的版本變得大小不同。冰麵團或室溫麵團不會在餅乾大小上產生差異，但的確會改變質地。

---

[72] 餅乾做法可分為：滴餅乾（drop）、塊餅乾（bar）、擀餅乾（rolled）、模餅乾（molded）、冰餅乾（refrigerator）與擠花餅乾（piped）。冰餅乾是把麵團推成棒狀，放在冰箱成型後再烤的餅乾。

4-9 發粉／泡打粉

當我在說明蘇打粉時說到「平衡作用」，若用發粉就能解決這個問題。因為發粉內含酸與小蘇打，所以不需要平衡酸性食材的比例：

> 一個自我完備的膨脹系統，在有水的環境可生成二氧化碳。發粉既定內容為小蘇打和能與小蘇打作用的酸。

因為酸被加入發粉中，形式和份量都被優化。以最簡單的發粉來說，它可以只用一種碳酸氫鹽和一種酸製成，但一般發粉成分多半比它花俏。不同的酸各有不同作用率與作用溫度，所以使用多樣的酸會使發粉隨時間緩釋。這不只是聰明的行銷手段：做烘焙食物時，若生成二氧化碳的反應太慢，最後成品只會密實扁塌；但如果反應作用得太快，食物也沒有足夠時間可以固定下來留住氣體，結果就是鬆垮的蛋糕。

> **發粉的替代品**
>
> **2份塔塔粉**加**1份小蘇打**混在一起。塔塔粉（酒石酸氫鉀）會溶於水，釋放酒石酸（C4H6O6）與碳酸氫鈉反應。

你可在食品賣場找到「雙效泡打粉」（double-acting baking powder），它會用慢速和快速反應的酸來預防上述各種問題。快速反應的酸就如酒石酸（存在於塔塔粉）和磷酸二氫鈣，可在室溫下作用；而慢速作用的酸，如硫酸鋁鈉就需要熱和時間才能釋放二氧化碳。

只要烘焙品的食材比例大致正確，烘烤溫度也在可接受的溫度範圍內，發粉不太可能會是烘焙實驗失敗的罪魁禍首。用不同的酸帶來不同味道，有些人覺得含硫酸鋁鈉的發粉吃起來較苦，所以若你嘗到「怪怪的」味道，檢查一下成分標示，依情況選擇別種產品。如果你用一般市售發粉卻得到出乎意料的結果，請檢查你的食材是否酸性太高。酸性會影響發粉，食譜中酸性食材越多，發粉的量要越少。如果找不到嫌疑犯，請檢查發粉開封後放了多久。即使市售發粉含有會吸收水分的玉米澱粉以延長保存期限，但發粉中的化合物最後還是會彼此反應，開封後的保存期限大約6個月。

> **披薩麵團：無酵母配方**
>
> 　　這個快發披薩麵團非常方便，特別是有人對酵母過敏或你希望下個小時就能吃到披薩。**3-4杯（420-560克）麵粉**加上**1茶匙（6克）鹽**和**2茶匙（10克）發粉**拌勻。再加入**1杯（240克）水**後揉麵，揉出66-75%被水軟化的麵團。麵團使用前靜置15分鐘。

RECIPE

南瓜蛋糕

蛋糕麵糊主要有兩種形式：「高比例蛋糕」，糖和水的比例多於麵粉的蛋糕（有些定義認為只要糖比例高就是了）；「低比例蛋糕」，質地較粗鬆。高比例蛋糕的糖比麵粉多（以重量計），蛋比脂肪多（仍以重量計），液體食材（蛋、牛奶、水）的重量應該比糖重。

請思考以下南瓜蛋糕的做法，這是高比例蛋糕（245克南瓜中含有220克水，相關資料可查詢美國農業部國家營養資料庫〔USDA National Nutrient Database〕，網址 http://www.nal.usda.gov/）。

量好下列食材，放入攪拌容器中，用攪拌器打到完全混合。

1杯（245克）南瓜（可用罐頭南瓜，或自己烤過南瓜後打成泥）
1杯（200克）糖
3/4杯（160克）芥花油
2顆（120克）大雞蛋
1.5杯（180克）麵粉
1/4杯（40克）葡萄乾
2茶匙（5克）肉桂粉
1茶匙（5克）發粉
1/2茶匙（5克）小蘇打
1/2茶匙（3克）鹽
1/2茶匙（2克）香草精

打好後將麵團放入上過油的傳統蛋糕模或有彈簧扣的蛋糕模，送入預熱到350°F／175°C的烤箱烤20到30分鐘，烤到用牙籤插入取出後完全沒沾黏。

小叮嚀

- 可以加入用白蘭地浸泡過的乾梨子。或留一點葡萄乾最後撒在蛋糕上。
- 高比例蛋糕有個好處，麵筋不多，即使過度揉擀，成品也不會像麵包。如果全部重量是920克，麵筋大概只有20克，這樣的麵筋比不足以產生像麵包般的質地，並且糖和油脂的份量已多到一定程度干擾麵筋形成。

如果在非正式晚宴，你要做上述南瓜蛋糕的快速蛋糕當壓軸，可以把蛋糕放在盤子上，甚至砧板上，直接端上待客。可營造隨性的休閒感，也意謂少洗幾個碗！

RECIPE

提姆的司康

提姆‧歐萊禮（Tim O'Reilly）是這本書的出版商「歐萊禮媒體集團」（O'Reillly Media）的創辦人，我在第一版書曾訪問他，當時他在家中為我做了這道司康。提姆並不知道那是我生平第一次訪問人，所以在溫暖的八月天只要我做這道司康，都會想起提姆親切的樣子。這裡要做12個司康。

量出下列食材，放入碗中：

- 2.5到3杯（350-400克）麵粉（你可實驗看看自己喜歡的份量）
- 1/2杯（115克）奶油，冰過

用攪拌機或兩把抹刀將奶油切拌進麵粉。完成後，奶油和麵粉應該像小石礫或豆子。

加入下列食材，攪拌均勻：

- 3湯匙（36克）糖
- 4茶匙（20克）發粉
- 1/2茶匙（3克）鹽

（在攪打同時，可將麵團冰凍備用。）

在麵團中心挖出一個「井」，加入：

- 1/2到1杯（50克）黑醋栗（如果你喜歡也可加入葡萄乾）
- 1/2到1杯（130-260克）牛奶（豆漿也可以，加羊奶也很好）

用抹刀攪拌，拌到你對這種黏稠的濃度有點害羞。牛奶一開始只加入1/2杯（130克），攪拌麵團後有需要再加。如果麵團很黏，你可能放太多牛奶，那就加點麵粉。如果你開始做司康時，手邊麵粉就不多，那就用這團黏黏的麵糊下去烤好了，總比加入全部3杯麵粉好：因為黏性只有在塑形時會成為問題，只是太黏會沾手而已；但如果麵粉太多，司康就會變得很硬。

準備鋪好烘焙紙的烤盤，或用矽膠烤盤（一種不沾的矽膠烤模）。如果你兩者都沒有，就在烤盤上塗一層油。（你可以用包奶油的紙直接在烤盤上抹。）用手將麵團塑形成小圓塊，均勻排在烤盤上。

用 425°F／220°C烘烤10到12分鐘，烤到表層產生褐變。

請配著果醬一起吃。如果你想大吃一頓，可以用Devonshire奶油（搭配打發鮮奶油也很好，用發泡噴罐在上面噴一點）。

司康質地太鬆碎？請將司康翻過來，在底部抹果醬，而不要試圖切開它。

小叮嚀

- 可用乳酪刨絲器把奶油刨進麵粉中，讓奶油凍幾分鐘，就很好操作。
- 提姆把部分混合的麵團冰凍起來，從冰庫裡拿出才加牛奶和黑醋栗。（冰凍的麵團有著砂礫般的質地，所以你想拿多就拿多一點，想拿少就拿少一些。）冰凍麵團的好處是，你可以一次只做一些司康，只需加入牛奶把麵團拌成黏稠濃度。要請客一下就準備好了，特別是如果你偶爾有意想不到的客人來拜訪。這道食譜也內含料理精神，要我們學習像專業人員一樣做菜：沒有食材可以浪費，做料理要有效率！

4-10 蛋白

　　打發的蛋白霜是料理界的發泡膠：除了做為蛋糕、鬆餅和舒芙蕾的填充物，還是蛋白霜檸檬派等甜點的絕緣層。只要烤太久，它的口感也有一點像發泡膠。撇開所有譬喻不談，蛋白的寬容度超越很多廚師想像。只要付出少許關注，了解蛋白的化學性質和一些實驗特性，就可以輕易掌握蛋白泡沫。

　　打發蛋白霜的作用來自液體捕捉空氣，因此產生出泡沫：這是一種混和物，由圍繞在**分散氣體**周遭的固體或液體構成；也就是說，氣體（通常為空氣）不是一個單獨的大氣囊，而被液體或固體分散了。就像麵包是固體的泡沫，打發的蛋白則是液體泡沫。

　　不像酵母、小蘇打或發粉，以上都靠食物的化學組成，而蛋白基本上依賴物理特性抓住空氣。但你做菜不可能只靠機械發酵（基本上就是打發蛋白，之後還會介紹打發蛋黃和打發鮮奶油），而不考慮加入水分和油脂的衝擊。加入這類食材會破壞麵粉和水的比例或糖和油脂的比例。

　　了解蛋白的關鍵在於了解泡沫本身如何作用。蛋白打發就變成輕盈、充滿空氣的泡沫，原理在於變性蛋白質構成一張網，抓住了空氣泡泡。構成蛋白的蛋白質區域是**疏水性的**——字面解釋就是「畏水的」——這些蛋白質通常會捲起來形成緊密的小球，避免與水作用。但是在攪打時，蛋白質區域撞上氣泡就解開了，隨著撞上氣泡的蛋白質越來越多，就在氣泡旁邊形成一圈，基本上就把空氣困在液體中，形成穩定的泡沫。

　　打蛋白時有幾件事可能會出錯，包括：油脂會干擾打發蛋白的形成；過度攪打會讓泡沫破碎；或者讓打發蛋白靜置太久，而讓泡沫中的水分在乾掉的過程中把蛋白質拖垮。這些問題並不會影響蛋白的某些用途，例如，若你只是把蛋白加入鬆餅麵糊中，從打發蛋白流出的水分都會被麵糊吸收。但若是做蛋白霜餅，烤餅乾時水分會在餅乾周圍形成一個水窪，這就不好了。

　　油，特別是蛋黃裡的油或留在攪拌碗中的油印子，都會阻礙蛋白打成泡沫，因為這些油也會與疏水性的蛋白段產生作用。雖然很多食譜都警告你蛋白裡連一滴蛋黃都不可以有，但極少量的蛋黃並不會損害蛋白形成泡沫的能力，而會改變打發蛋白在烘烤前的穩定性。（有篇舊論文曾提到，一滴蛋黃會讓一顆大號雞蛋的蛋白泡沫量從135毫升降低到40毫升——這在某些工業應用上或許為真，但我在自家廚房嘗試，並沒有出現相近的減少量）。

　　打蛋白時，請注意不要過度攪打，這樣只會讓氣泡越來越小，變成消泡，降低泡沫的柔軟度和彈性，讓蛋白氣泡變得更不穩定。乾性發泡的蛋白有如波濤洶湧，在打蛋器上形成雲團般的形狀，在烘焙品上已不會擴張。再打久一點，泡沫就碎了。

有些烹飪技巧可以增加蛋白泡沫的穩定性。有些食譜要你在剛開始打蛋白時加糖或加塔塔粉，這些成分不會干擾以蛋白質為基底的泡沫，因為它們不會與疏水段互相作用。少量的酸甚至會幫助穩定泡沫，隨著溫度升高，蛋白質固定，讓更多空氣膨脹，也就能幫助烘焙。

當要把蛋白霜拌入其他食材，如拌入麵糊，就要用扁平抹刀來切拌，將部分蛋白泡沫倒在麵糊上方，切過混合物，把較重的麵糊翻到蛋白霜上方。一旦蛋白發泡，就需要很多努力讓它們分解。在攪拌前就讓蛋白碰到油脂會是問題，但只要蛋打發起來，接觸油脂反而更有彈性。請將蛋白打到軟性發泡階段，然後加入1/2茶匙（3克）橄欖油，繼續攪拌。你會訝異只花很短時間油就與泡沫開始明顯作用，從此，泡沫大多保持穩定。

打出最多蛋白霜

蛋白霜以蛋清蛋白纏繞成的網把氣泡捉住創造出蛋白泡沫，但這些蛋白質纏繞的方式以及蛋白在料理上的應用都會改變蛋白霜的供應體積。

蛋白泡沫的物理學令人著迷。泡沫是膠體，是不同物質的混合。我們之後會做更多說明（請見p.403），但現在，只要知道有兩種泡沫：液體空氣泡沫與固態空氣泡沫；麵包就是固態空氣泡沫，打發蛋白霜是液態空氣泡沫。要打出好的蛋白霜，就是蛋白泡沫液體要呈現的挑戰。

蛋白泡沫有兩個變數：**容量**（泡沫可以容納多少空氣）和**穩定性**（體積隨時間減少的量）。容量和穩定性主要由氣泡的大小、液體的黏度，以及相鄰氣泡間壁厚薄來決定。但你如何控制這些事情又是另一回事。

酸和塔塔粉

就如蛋白的酸鹼值會讓白煮蛋的殼很容易剝除（請見p.214），pH值也會改變蛋白泡沫的體積。放比較久的蛋不會形成很多泡沫，加入酸就能修正這問題，但也會減少泡沫的穩定性。塔塔粉是此處常用的材料，因為它的味道溫和（用手指稍微沾上一點，舔一下，幾秒後你只會嘗到輕微的酸味）。而其他如檸檬汁的檸檬酸也能作用，但味道太強會受影響。只要某道食譜需靠打發蛋白霜做出食物體積，你卻卡在只有放較久的蛋，請加入一點塔塔粉」——每顆雞蛋白可放1/8茶匙（0.5克）塔塔粉。

糖

泡沫結構中的液體因重力影響慢慢排出，所以任何會減緩排水的東西都會增加穩定性。加入糖使液體更黏稠，但也增加攪拌成最佳體積所需的時間。如果你用的蛋白霜食譜要你加糖，請試著在各批間分開加入。

水

在蛋白中加更多水會降低黏性，所以加水會降低穩定性也不奇怪了。然而，加水（最高加到重量的40%）會增加容量，這對快速料理的做法很有用。

碗的選擇

油脂干擾蛋白泡沫發展，導致保持空氣的容量變小。因為不同材質遺留油脂的量不同，你用什麼容器打蛋白也會改變結果。

不能用塑膠碗。塑膠的化學性質與會沾黏的油脂類似，無法完全洗去。碗上殘留有油，再用塑膠碗打蛋白就不會打出應有的量。（當然，若用塑膠碗來打鮮奶油就沒問題，再多的油也不會干擾以油為基底的泡沫結構。）

用不銹鋼碗和玻璃碗就很好。假設你有好好清理，就不會有殘留油脂的問題。有些金屬（如銅）能與蛋清蛋白發生良好反應，這是指往好方面的，用這些金屬就能產生更多的穩定泡沫。（不銹鋼也具有同樣的化學性，也意謂不會釋放金屬離子。）這不是輕微效果而已：當我用銅碗打蛋白，操作時更容易了。不只是銅，鋅和鐵也有類似效果，雖然聽說會讓蛋白染成紅色。理論上，任何貴金屬，甚至非常不容易反應的金屬，如銀和金，都可與蛋清中的硫發生反應。（哈洛德‧馬基曾以銀碗進行調查且結果不錯；而我還沒看到有用金碗和銠碗打蛋白的。）銅碗很貴，但如果你要打很多蛋白，也許值得下重本買一個。（如果你有金碗，我的郵寄地址是……）。

攪打和各種尖峰

你該怎麼攪打？

如果你想把空氣拌入食物創造泡沫，就像做打發鮮奶油和打發蛋白霜一樣，最好用手打，上上下下以繞圈方式攪打，盡量抓住空氣把它困住。如果你不需要打入空氣只是想把食材拌在一起，請畫平圈。這對做炒蛋這種料理特別重要，空氣打到蛋裡反而會降低炒蛋的品質。並且打蛋時請避免一些要打不打的小動作，要打就真的打，好好把空氣打進去！

你怎麼知道打好了？

這就要看食譜了。如果食譜要求「柔軟的尖峰」（soft peak，又稱軟性發泡、濕性發泡），這階段的泡沫應該柔軟有彎度，但不會從打蛋器上滑落。如果食譜要你打到有「結實的尖峰」（firm peak，中性發泡），此時泡沫應能維持住形狀。而「尖挺的尖峰」（stiff peak，硬性發泡）看起來很雷同，但比中性發泡更結實光滑。攪打過度則會變成「乾性尖峰」（dry peak，乾性發泡），此時泡沫看來很像澎鬆的雲團，已喪失良好的膨脹能力。我比較喜歡用手打蛋白霜和打發鮮奶油。為什麼？不太容易發生意外攪打過度的情形。

沒有尖峰
這種泡沫階段是加入塔塔粉的理想時間。

柔軟尖峰
加糖的最好時間。

尖挺尖峰
可做好的硬性蛋白霜。

乾性尖峰
攪打過度，已喪失良好的膨脹能力。

RECIPE

法式和義式蛋白霜

蛋白霜一般有兩種形式：一是將蛋白打發後直接加入糖（法式蛋白霜），一是先將糖融化成糖漿再放進打發的蛋白（瑞士和義式蛋白霜，這裡說明義式蛋白霜，但它們很類似）。法式蛋白霜比較乾（糖會吸水，會吸走蛋白裡的水分，所以會增加黏性），外觀也像砂礫狀，但好處是做起來比較快。而義式蛋白霜就十分柔滑，有奶油般的質地，用來做點心上的裝飾很棒！

請注意，蛋白霜使用生蛋白。如果你擔心沙門氏菌的問題，可以烤蛋白霜餅。若是義式蛋白霜，可以用熱糖漿來做，只要過程中溫度到達115°F／45°C。巴式殺菌法加熱過的蛋白無法打出好蛋白霜：因為巴氏滅菌使得支持泡沫結構的某種蛋白質複合物變性。延長攪打時間可產生可用的泡沫，希望將來有一天高壓殺菌的蛋白會成為商業用途。

法式蛋白霜

3顆蛋白放入乾淨的碗，打到軟性發泡。

加入 **3/4 杯（150克）糖**——最好是細砂糖，一次加1湯匙持續攪拌。如果用一般常用的糖，攪打的時間要久些，確保糖完全融化。檢查方法可用兩隻手指挖點蛋白霜（只要沒有砂礫感就可以了）。

義式蛋白霜

先煮糖漿，**1/2 杯（100克）糖** 和 **1/4 杯（60克）水**放在醬汁鍋裡以240°F／115°C加熱。放旁備用。

3顆蛋白放入乾淨碗中打到軟性發泡。一邊攪拌，一邊緩緩倒入糖漿，以免熱糖漿把蛋白燙熟了。

RECIPE

蛋白霜餅乾和椰子馬卡龍

蛋白只要打發且拌入糖就會變成甜美、充滿空氣感的混合物，可以就這樣送去烤，或拌入較重的基底，讓基底食材帶著輕盈甜蜜。法式蛋白霜餅只不過是放在烤箱烤一下的蛋白和糖。糖的功用不只在味道，也增加泡沫中水的黏性，幫助固定蛋白泡沫，減緩水分乾掉的速度。若要把加糖蛋白打到和未加糖的蛋白霜一樣的體積，打發時間大約需要加倍。加糖的另一個好處是蛋白霜的持重力較好，較能支持加入泡沫中其他東西的重量。

做蛋白霜餅乾，要從做**法式或義式蛋白霜**開始。再拌入你喜歡的食材，如**杏仁碎、巧克力碎、水果乾或可可粉**。

用湯匙或擠花袋將蛋白霜一個個擠到鋪了烘焙紙的烤盤上。（沒有擠花袋？就把小塑膠袋放在馬克杯裡，塑膠袋的袋口邊緣套在馬克杯上，蛋白霜裝入袋中，再把袋子從杯中拿出來，剪掉袋子一角。

> **馬卡龍是 macaroon 或 macaron？**
>
> macaroon 是英文的拼法，而 macaron 是法文。英文中 macaron 的意思變成夾著餡料的蛋白霜夾心餅乾，而 macaroon 是拌入較重食材的濃稠版馬卡龍，在美國通常會拌入椰子，其他地方也拌入巧克力和水果乾。

椰子馬卡龍的做法是一開始用的是蛋白霜的配方且加入椰子。可加**2杯（160克）甜椰子碎片**，再用湯匙將拌好的混合物舀在鋪了烘焙紙的餅乾烤盤上。

烤箱預熱至275°F／140°C，或者如果你想要馬卡龍帶點焦黃，可以用325°F／160°C烤。馬卡龍烤20到30分鐘，烤到可以從烘焙紙上輕易拿下。

沒有擠花袋？沒問題，把餡料放入可封口的大袋子，剪掉袋子一角就好了。

我最喜歡的蛋糕：巧克力波特蛋糕

巧克力波特蛋糕有個很好的地方——除了巧克力和波特酒之外——就是這食譜的容誤很大。多數乳沫蛋糕——也就是要靠泡沫提供空氣的蛋糕——都非常的輕（想想天使蛋糕）。這個配方如此寬容的原因，是它的泡沫不需要同樣的輕盈程度。

準備一個小醬汁鍋、兩個乾淨的碗、一個打蛋器和一個圓形烤模或彈簧扣模，模具尺寸大約6-8吋／15-20公分。

以下食材放入醬汁鍋（鍋子置於爐上以低溫加熱），融化拌勻，但不能將食材煮沸。

1/2杯（125克）波特酒（可以用褐紅波特或寶石紅波特）

1/2杯（114克）奶油

奶油融化後，熄火，鍋子從爐上拿開，加入：

85克苦甜巧克力，切成小塊方便融化

巧克力放在奶油酒裡融化。

準備兩個碗，將**4顆（200克）大雞蛋**，分開蛋黃和蛋白，分別放入兩個碗。

請小心蛋白要放在乾淨的玻璃碗或金屬碗中，不可滲入任何蛋黃。

蛋白打成硬性發泡。

在放蛋黃的碗中加入：

1杯（200克）砂糖

蛋黃和糖攪拌均勻。蛋黃和糖應該在攪打約1分鐘後變成微微的淡黃色。巧克力醬倒入蛋黃糊，攪拌均勻。

3/4杯（100克）中筋麵粉加入巧克力醬，用平木匙或平抹刀將麵粉和巧克力拌合（不要大力攪打）。

再把打發蛋白分三次拌入巧克力糊。也就是，先將1/3的蛋白放入巧克力糊，拌合，同樣動作重複兩次。別管蛋白是否完全均勻混合，雖然麵糊應該要拌勻比較好。

在蛋糕模抹上一層奶油，再放上烘焙紙，這樣蛋糕較容易脫模。麵糊放入烤模，放入預熱到350°F／175°C的烤箱烤30分鐘，烤到牙籤或小刀插到中間取出時完全乾淨。

蛋糕放涼至少10到15分鐘，等到蛋糕最外緣可以從烤模邊拉開時，就可把蛋糕從模具拿出來。撒上糖粉（你可用濾網撒糖粉，做法是：將幾湯匙糖粉放在濾網中，不停輕晃，糖粉就會撒在蛋糕上）。

小叮嚀

- 用巧克力做烘焙時，千萬不要隨便替換，像是把80%苦甜巧克力換成半甜巧克力棒。除了糖分有差異之外，兩種巧克力的可可脂含量也不同，依據油脂程度不同而寫的食譜也須跟著調整。

為N個人切蛋糕的最佳算法

如果你和哥哥姊姊一起長大，想必你一定很熟悉分食物時避免打架的技術：一個人分，另一個人選。（「你可以有自己的蛋糕，也可以吃到它！」）。但如果你的哥哥姐姐不只一人，該怎麼辦呢？

有個解決方案，但有點複雜。這裡有個演算法適用於N個人分圓蛋糕。雖然不完美——別用在小型領土戰爭後的土地劃分協議就是——但對於一桌小孩和一大塊巧克力蛋糕，還是沒問題的。（但如果你發現你要切蛋糕給一些硬底子數學技客，我勸你還是先讀讀文獻好了。就從〈無忌妒分蛋糕協議〉（An Envy-Free Cake Division Protocol）這篇文章開始吧，http://www.jstor.org/pss/2974850——會花你好一陣子讀它。）

其實只有一人切蛋糕，而這人不是吃蛋糕就是當裁判。先放一個蛋糕在你面前，還有一把刀和N個盤子。步驟如下：

1. 像一般正常切蛋糕一樣，在蛋糕上劃出第一刀。

2. 向大家解釋你要以順時鐘方向慢慢將刀在蛋糕上空移動，下一片蛋糕的大小會像某人想的那樣。所有人——包括切蛋糕的人——都可說停，只要他們說他想要這樣大小的蛋糕，這時你就可在蛋糕上切下一刀。

3. 然後慢慢移動刀子劃過蛋糕，直到某人喊停。

4. 切開蛋糕遞給那個喊停的人。重複步驟3，切蛋糕給要吃的人。（先說清楚，喊停的人已經出局，沒有再叫停的機會。）

5. 當你分到只剩最後一人，無論他要多大，都有一塊剩下。

這個協議有個優點（協議就如演算法則，只是允許開始後接受使用者輸入），讓人挑選比較小的蛋糕，無論他的理由多麼瘋狂，而且一開始就讓這些人出局，意思是如果有其他人想要比「蛋糕均數N份」還要大的蛋糕也是可以的，他可以得到較大的蛋糕，然後吃掉。

如果有人很貪心，想要很大的蛋糕，到頭來他會得到最後一片——這片通常會是最大的。如果有兩個人很貪心，他們可以請裁判最後幫他們分蛋糕，但絕不喊停。這種情形下，我建議自己把蛋糕吃掉算了。這個協議並不保證會讓人人都滿意，只在保護君子，防備小人。

4-11 蛋黃

如果愛斯基摩人有N個詞彙描述雪，法國和義大利必定有N+1個詞彙描述放了蛋黃的料理。它被用在所有文化中，用途繁多，從替魚沾黏麵包屑到替烘焙食品上光上色，但其中也許較不顯眼的功能是蛋黃就如蛋白也可以捕捉空氣打出泡沫。

蛋黃比蛋白複雜許多：蛋黃有~51%的水、~16%的蛋白質、~32%的脂肪和~1%的碳水化合物；而蛋白的成分則只有蛋白質（~11%）和水。在自然狀態下，蛋黃就是乳化液。乳化液是兩種不混溶液體的混合，也就是不能混合的意思（請想想油和水的狀態），美乃滋是典型的食物案例。蛋黃裡的油脂和水以懸浮狀態保持在某些蛋白質中，這狀態就如乳化劑——不相融的液體以懸浮狀態保持在化合物中。想知道更多乳化劑的化學特性請見p.456。

蛋黃泡沫就像蛋白泡沫以變性蛋白質捕捉空氣，而變性蛋白質在氣泡周圍形成網絡。但只有攪打蛋黃不會形成泡沫，必須用熱把蛋黃中的蛋白質變性才可以。產生蛋黃泡沫最佳的溫度是162°F／72°C，溫度比它高，蛋白質就凝結，讓空氣流失且影響質地。

● INFO

多重膨脹法

有些食譜需要不只一種方法將空氣抓入食物。例如英式馬芬蛋糕和中式豬肉包，不但要用酵母也要加發粉。馬芬蛋糕食譜通常要求打發蛋白，再加發粉。慕斯的做法需要打發蛋白也要打發鮮奶油。如果你發現料理食譜做出來的成果不如你想的輕盈，找找是否可加入其他膨脹法。如果食譜沒說要用化學膨脹劑，加一點點發粉通常是安全的賭注。或者食譜裡本來就有蛋，試著將蛋白和蛋黃分開，打發蛋白後，再把蛋白泡沫拌入麵糊中。

● RECIPE

簡易白酒乳酪醬

　　這種醬汁需要的食材很少，設備方面也要求不多，只要攪拌器、碗、瓦斯爐就夠了，甚至在不熟悉的廚房就可做出簡單的創意料理。（想知道更多醬汁資訊，請見p.124）

　　唯一難處理的地方在避免醬汁裡的蛋過熱變成炒蛋。如果你有瓦斯爐，可以把爐火定在最小，把醬汁鍋上下移動。操作時要站好，一手拿鍋，另一手攪拌；還要移動鍋子調節溫度。如果你有電磁爐，就要換成雙層鍋隔水加熱：先把大鍋裝滿水，再把小醬汁鍋放在裡面。

　　打**3顆蛋黃**放入醬汁鍋，蛋白留做他用。加**1/4杯（60克）白酒**，攪拌均勻。

　　一旦準備開始做，鍋子放在爐火上或放在熱水中，不斷攪拌，直到蛋黃定型變成膨鬆的泡沫，體積約是原來的兩到三倍。時間需花5到10分鐘，請有耐心，欲速則不達。

　　加入**3到4湯匙（15-20克）新鮮現磨帕瑪森乳酪**，攪拌均勻。再加入鹽和胡椒試味調整，淋在開胃菜的魚和蘆筍上就可以吃了。

小叮嚀

- 白酒的酸性很強，pH值大約在3.4（夏多內）到2.9（雷斯令）。因為酸有助於防止蛋黃加熱凝結，加酒事實上也有阻止蛋液凝固的功效。（幫自己倒上一杯也很有幫助。）

沙巴雍

　　這道料理很簡單，但要做些練習才會做得好。幸運的是，食材很便宜！

　　沙巴雍（Zabaglione）是和白酒乳酪醬類似的點心，就是酒、糖、蛋黃以低溫加熱攪拌；基本上就是泡沫狀的卡士達，只是沒有加牛奶。而且，它就像白酒乳酪醬，也是很棒的食譜，做法早就藏在你的後腦中。

　　倒出**1/4杯（60克）瑪莎拉酒（Marsala）**，放旁備用。

　　瑪莎拉是另加酒精的白酒，是傳統上做沙巴雍的酒，但你也可用其他酒，像是Grand Marnier、Prosecco氣泡酒或波特酒。

　　3顆蛋黃打入醬汁鍋，蛋白另做他用（做蛋白霜好了！）。在蛋黃中加入**1/4杯（50克）糖**，攪拌均勻。

　　醬汁按照做白酒乳酪醬的程序放在鍋中加熱。倒入1湯匙瑪莎拉繼續攪拌。持續每次加1湯匙酒，每次加入時都攪打1分鐘左右。你等待的效果是蛋黃膨發成形；熱力到最後一定會讓蛋黃固定變成穩定泡沫。如果你發現蛋快要變成炒蛋，趕緊倒點瑪莎拉降低醬汁溫度；這不是理想程序，但能防止整鍋料理在你手上變成甜味炒蛋。醬汁打到濕性發泡，離火就可上桌享用。

　　傳統上，沙巴雍都搭配水果一起吃：用湯匙舀一些放入小碗或玻璃杯，上面放些新鮮莓果。你也可以放入冰箱一兩天。

空氣與水

■ RECIPE

水果舒芙蕾

你可能很納悶：把舒芙蕾放在蛋黃這一節幹嘛？畢竟蛋白才是主要讓舒芙蕾膨脹的原因。我得招認，我用沙巴雍做了一道水果舒芙蕾甜點。（難怪我永遠也得不到料理界奧斯卡——「詹姆斯比爾德獎」。）

烤箱預熱到375°F／190°C，準備1公升的舒芙蕾烤模，這份量足夠兩到三人吃。烤模內先抹上奶油，再鋪一層糖（先在模具裡撒幾湯匙糖，再把烤模前後輕晃，讓糖附著在四周）。

準備水果：

新鮮的草莓、覆盆子和**白桃**都很適合這道料理；水分多的水果如**洋梨**也可放入，但是水會讓舒芙蕾在烘烤時油水分離，所以得先放莓果。水果洗乾淨放乾。使用草莓的話，請去除草莓蒂頭；使用桃子或其他核果，切成四瓣，去芯去蒂頭。預留大概1/2杯水果，也就是一個拳頭的量，準備放在烤好的舒芙蕾上。準備第二份水果，一樣，留1/2杯，與舒芙蕾一起烤的水果要切小塊；一顆草莓切八塊，桃子要切得非常細。（覆盆子自己會分開。）

製做沙巴雍：

開始做沙巴雍醬：**蛋黃3顆**和**1/4杯（50克）糖**以低溫加熱並攪打，再加入**1/4杯（50克）櫻桃口味的白蘭地Kirsch**——就不需加瑪莎拉。（留下蛋白，另外打發。）加入櫻桃白蘭地後，放入切成小塊的水果，開始攪拌，慢慢把水果攪化。你不需要把蛋黃加熱到完全定形，只要攪打到有膨鬆溫暖柔軟的泡沫。放一旁等蛋白打好備用。

打發蛋白，兩者拌合，送入烤箱：

蛋白打成濕性發泡，加入**少許鹽**試味。打發蛋白拌入水果沙巴雍，然後將拌好的蛋醬放入舒芙蕾烤模。送入烤箱大約烤15到20分鐘，烤到舒芙蕾膨脹，上層褐變。取出舒芙蕾，連模放在木頭砧板上。撒上**糖粉**，再把預留的水果放在上面（草莓或桃子切成薄片），做好立刻享用。如果是非正式的場合，有個簡便的享用方式，把舒芙蕾放在桌子中央，每人發個叉子就可以挖來吃了。

你可以用前一頁白酒乳酪醬的相同技巧，做一個鹹味舒芙蕾。

4-12 打發鮮奶油

不像打發雞蛋是由蛋白質撐起泡沫的結構，打發鮮奶油是利用油脂提供泡沫結構。攪打鮮奶油時，鮮奶油裡的脂肪球失去外膜，暴露出分子的疏水部分。你是真的把每個油脂微泡的表面剝離，這些部分暴露的脂肪球，只好去找其他脂肪球（奶油！）結合，或朝向剝離區域與氣泡排在一起，一旦聚成一定數量，就會產生稠密充滿空氣的泡沫。

另一種讓鮮奶油「打發」的技術是用氣體加壓用噴的。如果你曾在食物賣場買過發泡奶油罐，就是用這個方法「製造」打發鮮奶油。氣體溶入液體然後噴射，氣泡迅速從飽和狀態噴出，形成鮮奶油氣泡。從結構的角度看，用此方法產生的鮮奶油霜與用攪打出的氣泡完全不同，這些泡沫沒有抓住泡泡的3D網絡結構，只是懸浮。奶油罐噴出的發泡奶油體積若以重量計會是攪打鮮奶油的兩倍，但也較不穩固且容易崩塌，加壓打出的脂肪球應該是完整沒有破的。對於用來製作鮮奶油霜的氣壓奶油槍，我們會在p.335多加說明它的其他用途。

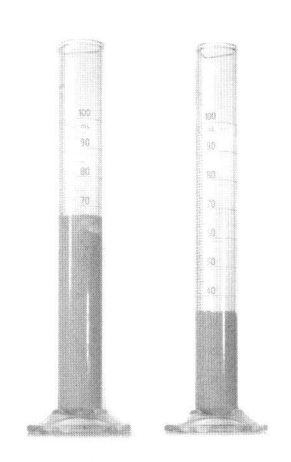

奶油罐噴出的發泡奶油體積（15毫升會膨脹到67毫升）是手打鮮奶油體積（15毫升會膨脹到34毫升）的兩倍，但也隨時間塌陷。

製作打發鮮奶油時，請記得是油在提供結構。如果鮮奶油溫度太高，油會融化。所以務必在攪打前先將鮮奶油和碗冰起來。

> 高品質鮮奶油打發後，體積大約增加80%，而蛋白打發後可增加快600%！

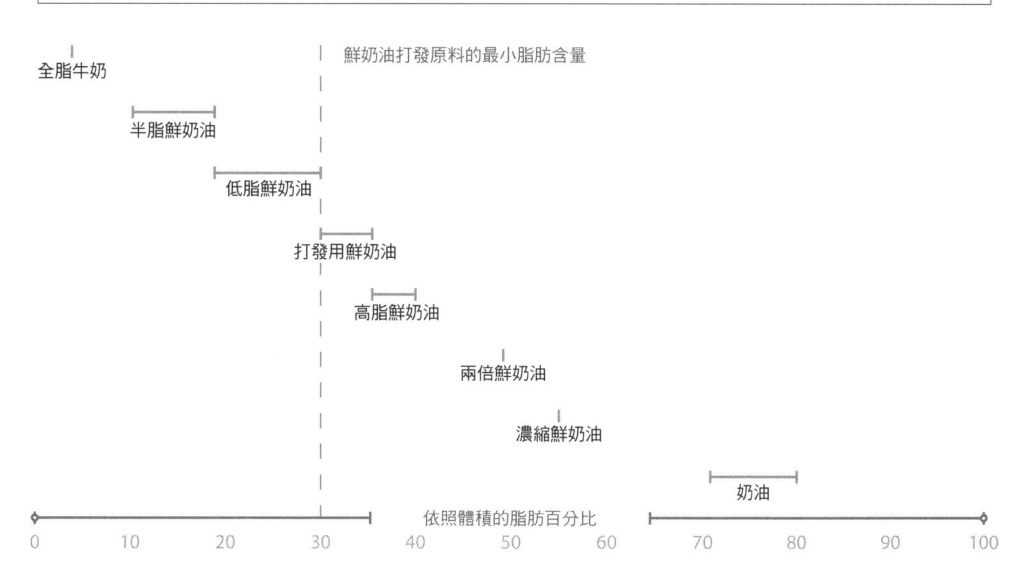

乳製品中的脂肪百分比。如果鮮奶油脂肪量不夠，就不會有足夠脂肪球來創造穩定的泡沫。

RECIPE

製作打發鮮奶油

要打出打發鮮奶油，你可以用手打，所需時間會比用電動攪拌機還要少。開始打要用冰的碗（在冰庫冰幾分鐘就很好了），加入高脂鮮奶油或打發用鮮奶油，打到鮮奶油定形。

要做香緹鮮奶油，也就是甜味的打發鮮奶油，**每1杯高脂鮮奶油**中要加**1湯匙（12克）糖和1茶匙（4克）香草精。**

30秒：	60秒：	90秒：	120秒：	150秒：	180秒：
仍然是液體，只有少許氣泡。	仍然是液體，少許氣泡。	稀薄的奶霜狀，放在莓果上會很棒。	已經打發，有柔軟尖峰。這是理想狀態。	過度打發，有點奶油味。	變成打發奶油。

巧克力慕斯

比較以下兩種巧克力慕斯的做法。蛋白做的慕斯創造柔滑綿密的口感，打發鮮奶油做的版本則比較硬實。

巧克力慕斯（打發蛋白版本）	巧克力慕斯（發泡鮮奶油版本）
取一醬汁鍋，加熱**1/2杯（120克）打發用鮮奶油**或**高脂鮮奶油**，快沸騰時把火關掉。加**115克苦甜巧克力**碎塊。 打**4顆蛋**，2個蛋黃放入醬汁鍋，然後把所有蛋白放入乾淨的碗中打發，剩下2顆蛋黃可做其他料理。 蛋白加**4湯匙（50克）糖**，打成濕性發泡。奶油、巧克力、蛋黃放在一起攪拌均勻。再把蛋白拌入巧克力蛋奶醬。 拌好的慕斯醬分別倒入盛杯，放入冰箱冰幾小時。 **小叮嚀** • 這裡的蛋白沒煮熟，所以可能有沙門氏菌。雖然美國的雞蛋已經很少見，但如果你擔心這問題，可使用巴氏殺菌過的蛋白。	用可微波的碗融化**115克苦甜巧克力**。加入**2湯匙（28克）奶油**和**2湯匙（28克）鮮奶油**，拌到混合。放入冰箱冷卻。 用冰過的碗，將**1杯（240克）打發用鮮奶油**或**高脂鮮奶油**，加入**4湯匙（50克）糖**，打成濕性發泡。 確定巧克力醬的溫度至少已達室溫（大概在冰箱放~15分鐘）。打發鮮奶油拌入巧克力醬。慕斯分別放入盛盤，放入冰箱數小時（最好放隔夜）。 **小叮嚀** • 可將2湯匙鮮奶油換成2湯匙義式濃縮咖啡，或 Grand Marnier、干邑或其他有風味的液體。

● 訪談

大衛・萊波維茲
談美國和法國料理

　　大衛・萊波維茲（David Lebovitz）在加州著名餐廳 Chez Panisse 擔任十年的糕點師傅。從那時起，大衛寫了許多深受歡迎的甜點書，請見他的官網：http://www.davidlebovitz.com。

在愛莉絲・華特斯的 Chez Panisse 餐廳工作是什麼情形？

　　Chez Panisse 是很棒的工作場所。在採購食材上，錢完全不是問題，也是很好的訓練廚師場所。餐廳完全支持經營者和廚師，他們非常非常在意做好食物。只要你在那個環境，就很難離開。到其他地方和其他線上廚師工作，就會發現他們只關心昨晚的牌局誰贏了，趕快把架上的牛排烤好，趕快出去喝啤酒。

　　Chez Panisse 的整個概念都在找到好食材，盡量以不影響食材原味的方式做菜。如果拿到美味的水果，我們最常做的就是水果盤，或是加上冰淇淋的水果塔；如果拿到真正頂級的巧克力，我們就做巧克力蛋糕，但不是那種加了很多裝飾的蛋糕，而是沒有很多高超技術的東西。一堆花俏玩意不會好吃的，所以我們比較關心食物風味。

　　我昨晚在一家時髦餐廳用餐。端上來的巧克力慕斯旁邊竟然放了酸豆橄欖醬。有人的反應竟然是：「哇！橄欖吔！放在盤子上超酷的！」但是他嚐過味道嗎？噁心死了！我真想直接走到廚房說：「嘿，你們這群傢伙有沒有試過味道，這樣搭配真是有夠蠢！」

你在 Chez Panisse 做了這麼多年才接受料理訓練。你在受訓時有沒有覺得哪些事很令人驚訝？

　　我沒想到有味道不好的食物。我去法國學做蛋糕，心想：「我們要做出美味蛋糕了！」但那其實只是用明膠做成的慕斯上，放了從冰箱拿出來的水果泥，所有東西都像海綿蛋糕、明膠水果泥，然後放了一大堆裝飾。很有趣，我學到些東西，但那些技巧完全無法轉移到我要做的東西。即使我用新鮮水果，那也不是用它的最好方法。我是以食材為基礎的廚師。

　　我還真的跑去巧克力學校學習，那裡就很好；我學到很多巧克力的知識，如何利用它們，製作它們。但還是一樣，我比較想找美味榛果，裹進巧克力，而不是打開一罐榛果醬，用果醬做巧克力。

如果有人想學烘焙，你能給他們什麼建議？

　　最好的建議是「做就是了」。烘焙是非常食譜取向的。如果你想學做磅蛋糕，你就需要一份食譜，而且你做得越久，越能知道東西的效果在哪裡，以及如何改變。你可以加個蛋黃增添濃稠，或用酸奶

酪取代牛奶。

很多烘焙師傅都講究精準，我們都以精準出名，特別是在專業領域上。有個烹飪主廚曾對我說：「你們這群人幹嘛這麼怪？」糕點界的確有很多師傅很奇怪，因為我們都講究精準，就像是走進我們的小世界，我們全是善於分析的人。相較於線上烹飪師傅，我們都把事情想得太多；這裡褐變不夠，那裡太大了，味道太單調；這是烤肉，那是炒菜，還有做燒烤，這些都是把香味提出來的方法。糕點不只精細而已，還需要很多專注，很多軟性技巧。

當你做糕點，做出來的樣子跟你想像的不同時，你如何解決？

如果你知道如何解決，一開始就不會走到那步田地。我開發食譜，我寫書，所以要把成品做出來。我會一次一次不斷去做，如果真的失誤，我有一群了不起的朋友會幫我。我會寫信問擔任烘焙烹飪教授的朋友：「我在做柿子派，你以前有沒有做過？」然後他也許會說：「柿子裡有某種化學物質……要避免這情況，就要如何如何……」烘焙師傅都愛分享，所以我們像鬆散的網絡社群。而且，很多糕點師傅都是科學家。如果我做了蛋糕，但希望水分多一點，膨發度高一點，我就會拿起計算機坐下來好好算一下。

你怎麼知道什麼配方組成是合適的？

有公式！都出版了，都是某些糕點師傅在用的。但我的數學也不是太好。邁可·魯曼[73]寫過一本討論比例的好書，但我的腦袋還沒有怪到可以想出這法子，只好做個百萬次，做到對為止。

所以你比較偏向「從做中學」，而不是坐下來計算出最佳公式？

對。

很多人做料理都很愛分析，他們想知道這些東西是怎麼運作的。這是不同的方法。就像很多歐洲人會想為什麼美國人不放棄自己的量杯量勺，用這種度量衡做菜實在很可怕，既不正確，還會誤導人們做出怪東西。

美國人喜歡拿著量杯量匙；這讓我們感覺很好，所以不會放棄。料理是一種出自內在的事，很多人喜歡過度分析食譜，就像：「這蛋糕可不可以少加1/4茶匙香草精？」而我則是：「可以啊！想想你為什麼要這麼做！」很多人都不知道他們過度分析食譜。他們不笨，只是不⋯⋯該怎麼說，就像：「如果我把輪胎放出5%的氣，這個輪胎還會跑嗎？」「會啊！但氣充滿會更好！」

你為什麼覺得美國人都過度分析食譜？

我認為美國人正處於奇怪境地，他們想別人告訴他們怎麼做；想要食譜；希望權威人士告訴他們這樣做就對了，不要改變，而不是說：「等等！看清事實！」食譜也許說「請把雞烤1小時」，有人也許會寫會說他們烤了1小時，但雞太乾了。姆，也許你的雞只有4磅而不是6磅。不是所有事都寫在食譜裡的。

我的網站從1999年就開始了，那時剛好是我出第一本書的時候。因為我想——著名的遺言都這麼說——我認為寫部落格是人們有問題時和我聯絡溝通食譜的好方法。你不希望人們說那些食譜沒用，你反而希望他們寫信問你：「我做了這個蛋糕，但是不成功，我到底哪裡做錯了？」但現在的狀況

---

[73] 邁可·魯曼（Michael Ruhlman）：著名飲食作家，著有《完美廚藝全書》（*The Elements of Cooking*）、《輕鬆打造完美廚藝》（*Ruhlman's 20*），以及此處提及的《美食黃金比例》（*Ratio*）等書。

是，他們會問：「我做了比爾·史密斯[74]的巧克力蛋糕，但不成功；請問我哪裡做錯了？」

我還真的有做——事實上，成品現在還在烤箱裡——整個蛋糕只用一顆蛋，全都是油。有些女士寫信給我——她們想少吃些脂肪，問我要把雞蛋換成什麼？我說，一顆蛋黃？12人份只有5克脂肪。有人還真的這樣問，我想，這些人每天怎麼去銀行，拿到駕照，付帳單，寫支票，怎麼做事的？他們的腦袋到底在想什麼？

我不太了解你的意思？

這些事對我來說是常識。那些擔心自己吃了1/8或1/12蛋黃的人難道正在進行低脂飲食？我不了解這樣的想法？如果一份食譜要用到6個或4個蛋黃，也許我可以理解。但這是蛋糕，並不像有人說的：「我不喜歡巧克力，要怎麼做出沒有巧克力的巧克力脆片餅乾呢？」抱歉，這就是巧克力脆片餅乾。

如果有人真的以為他們需要最先進的科技設備和廚房玩具，你怎麼看待這些人？

嗯，這又是美國人的事了。我回到美國時，每個人都有紅酒冰櫃，裡面裝滿Kendall Jackson酒莊的夏多內。如果你有好酒，你不會放在這種冰櫃，因為壓縮機會震動，這對酒不好。除非有不會震動的真正好冰櫃，不然寧可不要。看到大家都買中式炒鍋和紅酒冰櫃放在家裡實在很好笑。很多人都懷有料理假象，想要擁有所有橄欖油瓶，卻把它們包好放在廚檯的籃子上，但坦白講，他們真的需要這些東西嗎？

聽起來像是，你給人們的忠告是不要迷戀設備？

對。你不需要世上所有的平底鍋，你只要三個。我覺得攪拌器很重要，還有冰淇淋機也很重要。但你不需要做義式三明治panini的雙面烤紋燒烤爐；用自己的小煎鍋，再找個有重量的東西壓在上面，像是番茄罐，你就有烤紋鍋了。

Photo of David by Kristin Hohenadel / Apartment Therapy: The Kitchn

---

74 比爾·史密斯（Bill Smith），美國著名料理大師，在美國最佳南方餐廳Crook's Corner擔任主廚18年，所著Seasoned in the South總結南方料理，被Food & Wine雜誌譽為最好料理書。

5.

5. 玩玩硬體

假如你在廚房裡有超能力會怎麼樣？

你可曾想過自己可以把時間變慢，或者有熱視線，又或者能把室內所有空氣吸走？好吧，也許最後一項聽起來並不炫——真空超人？！——但當你超能力在身能控制烹飪的基本變數時，有趣的事情就發生了。我們通常要處理的變數有時間、溫度、空氣和水及它們在一般值發生的情形（前兩章已經討論過）：如6分鐘做出溏心蛋；以450°F／230°C的溫度烤披薩，或在-20°F／-29°C的溫度下攪拌冰淇淋半小時。但倘若當我們偏離這些正常的規範又會發生什麼事？

增加空氣壓力就能改變水的沸點，也可加快食物烹煮時間。從脫水機到離心機運用的分離技術和工具以多種方式改變食物的質地和風味。或者考慮真空烹調技術：基本上就是用超低溫泡熟。當時間變數上升，我們就必須把溫度降低以維持「時間-溫度」的線性反應。但有趣的事情發生了：當我們調低溫度，最後還必須與讓食物熟的目標溫度相等，結果就變成不可能意外把食物煮過頭。這真是太了不起了！

要是你把溫度拉到廚房溫度計的極限會如何？冰淇淋的做法是用液態氮，讓冰淇淋處在-320°F／-196°C的溫度下30秒，結果**太棒了**——不會出現大塊的水結晶，因此創造出生平嘗過最滑順的冰淇淋。而當溫度在900°F／480°C時，薄皮披薩會在一分鐘之內烤好，而且好吃極了！這些變數用硬體好好玩一下，讓我們看看有什麼技術和有趣的廚藝創作能從這裡變出來。

5-1 高壓環境

我對飲食科學學得越多,就更能體認水有多重要!它以各種方式影響烹煮:以蒸汽傳遞熱能;可溶解微量礦物質,改變麵包麵筋的形成和酵母繁殖狀態;還能改變餅乾和乾燥食物的質地(柔韌或硬脆)。**水無處不在。**

廚房裡不會變化太大的一個水變數是沸點。加鹽可以讓沸點增加幾度,但如果我們把沸點升得更高呢?烹調上只要每增加18°F/10°C,大多數與熱相關的反應率就會增加2倍,將水的沸點從212°F/100°C增加到230°F/110°C,理論上應該會將燉煮的時間減半,煮飯的時間快2倍。再將沸點升高到248°F/120°C,烹飪時間將減少75%,而這正是在壓力下發生的效果。

你問,壓力要多大?有一種漂亮的科學圖表叫作「相態圖」(phase diagram),它顯示在不同壓力和溫度下某物質的相態是固體、液體或氣體。下列圖示顯示在廚房不同溫度與壓力下水的相態。

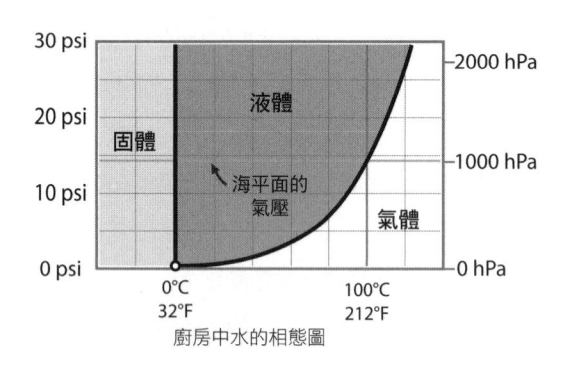

想看懂圖有個快速入門:請看在14.7 psi處的線等於標準大氣壓(1,013 hPa以百帕為單位的大氣壓力表示),或是平均一天的海平面平均壓力。水在大氣壓下的冰點為32°F/0°C;沸點為212°F/100°C。把那條線往下稍微移一點到12.1 psi(834 hPa)處,也就相當於海拔1,609公尺的地方,現在你該知道為什麼水在科羅拉多州丹佛市的沸點為203°F/95°C。往上走到30 psi(2,070 hPa),你看看!水的沸點大約在248°F/120°C。壓力鍋之所以驚人,這就是藏在鍋子背後的科學。我知道,我知道,水在高溫下仍保持液體,為了這件事興奮也太怪了,但請相信我,你會愛上它的能耐的。

當我們增加壓力時還會發生什麼?水比上述簡單的相態還要複雜多了,因為在廚房裡沒有一樣東西是純物質。你的鹽裡有微量礦物質,說不定還含有二氧化矽。白砂糖也不是100%蔗糖;一匙糖裡還有灰分、蛋白質、無機質。而水呢,就算是純蒸餾水,其實也不是100%的H_2O,其中還溶有氣體。運用壓力,不管為了好玩還是實用目的,都可以把更多氣體溶入水這樣的液體中。

食物是固體、氣體和液體的混合物。(實際上,食物幾乎都是混合物的混合物,想辦法將它們分離則各有各的挑戰,我們會在本章後文看到。)我們在前面章節談到**濕度**,也就是在空中溶解的水蒸氣,但我們如何稱呼溶解在水中的空氣?就是魚呼吸的東西,我們甚至沒有一個字來稱呼它。

氣體無時無刻不溶入水中，想想碳酸飲料，或水加熱到沸騰時看到的微小氣泡，只要壓力改變，溶入水中的氣體量就會改變。這就是所謂的「亨利定律」（Henry's Law）：基本上，液體上氣體的壓力越高，氣體的可溶性便越高。（嗯，還沒有波特定律。可能太遲了，所有定律似乎在兩個世紀前都命名好了。這個是英國化學家威廉‧亨利在1803年提出的。）你可將氣體溶解到食物中製成泡沫，就像打發鮮奶油（和Aero巧克力！），或者可以用加壓容器做瘋狂的東西，像是碳酸水果。

在下面幾節裡，我們會看到如何用壓力鍋和奶油壓力槍煮東西，並說明這些器具及使用方法。

> 降低液體溫度會**增加**溶入氣體的量。如果你想讓氣體溶入液體的量達到飽和，請先冷卻液體。

● INFO

爆米花為什麼會爆？

因為壓力！爆米花粒有神奇的組合，既有密實的外殼，又有潮濕的內層（約有13%的水），加熱時會爆炸。大多數穀物都有這種組合，如：莧菜籽、藜麥和高粱籽也會爆。在固定體積中增加溫度和壓力就有不同結果。

溫度在 300°F／150°C 之下

隨著穀粒熱度升高，裡面水分的熱度也升高，但內部的空間太小水無法膨脹成水蒸氣，水無法沸騰下，穀粒中的壓力增加。

溫度在 310-340°F／155-170°C 時

某些脆弱的穀粒破裂，但沒有累積足夠壓力可把穀粒的澱粉爆太遠，只能做出小小的、還不算真正美味的爆米花碎片。

溫度達到 350°F／177°C 以上

當壓力在 135 psi（相當於大氣壓力的9倍）時，穀殼破裂。當壓力一下降，內部的水立刻沸騰轉化成蒸氣，擴張約1,500折且順勢拖動外層澱粉。

壓力鍋

壓力鍋可比老式微波爐，是可以加快烹調速度的方便器具。我們祖父母用的是手動版鍋具，基本上就是可放爐上燒又能把蓋子上鎖的花俏鍋子。手動版到今日仍有人在用，但現在增強了安全鎖和過壓釋放閥以防意外發生，對於壓力鍋的重度愛好者，手動版壓力鍋仍值得投資。製造商也做了用電的鍋具，它就算無人看守也很安全，這就是我建議給初次買家的鍋子。如果你的廚房很小，買一個有慢燉模式和煮飯模式的電子鍋。

改變食物烹煮方式的不是壓力本身，而是壓力對物理和化學作用的衝擊。增加壓力則增加水的沸點。在濕熱法中，食物和加熱液體間的溫差決定了食物熱起來的速度。（更多內容參見p.159。）增加壓力雖增加水的沸點，但在本質上並不是水的沸點做了烹調之事，而是液體溫度更高，食物溫度較低，兩者溫差更大，以致傳熱速度變得更快。

傳到食物的速度有多快則要看食物與液體沸騰的最大溫度有多少。根據製造和型號，壓力鍋可以將壓力提高11-15 psi（758-1,034 hPa），但鍋子要用多少壓力並沒有正式標準，大多數有記載的做法都假設高壓在15 psi（1,034 hPa），低壓在8psi（550 hPa）。（優力國際安全認證公司〔Underwriters Laboratories〕不會替高於15 psi的壓力鍋認證，也許這是我們看不到有鍋具高於此壓力的原因。）你要根據鍋具型號運作的壓力調整烹飪時間！

壓力增加與當下的大氣壓力有關，所以水的最大沸點是根據當下的大氣壓力加上設備的附加壓力。如果你住在海平面，有高壓設備，你能讓水升到29.7 psi（2,048 hPa），水的沸點會在250°F／121°C。但若只在一哩高地，設備只能增加11psi（758 hPa），水的沸點只會增加到236°F／113°C。請查看上一節水相態圖，把這部分放大觀察，截取高壓烹煮中可能的開始壓力與最大壓力，將你所處海拔高度的大氣壓力加上壓力鍋的作用壓力，就可以查看你會把食物的溫度煮到多高和煮得多快！

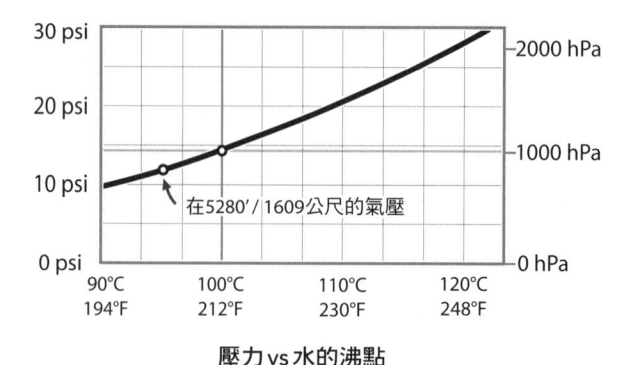

壓力 vs 水的沸點

找出起始大氣壓力，加上鍋具的作用壓力，
再查看絕對壓力時水的沸點。

有個有趣的科學論述：大多數以濕熱法烹調的食物無法輕易發生梅納反應。抑制反應的並不是水；事實上梅納反應需要食物中有一點水（見p.234）。但限制因素在於：至少在大氣壓力下，水若當作熱的來源，則會阻止溫度升到梅納反應發生的必要溫度。某些胺基酸和還原糖要發生梅納反應，它們開始作用的溫度剛好比水正常的沸點再高一點。例如，賴胺酸／葡萄糖在酸鹼值為pH4到8之間的溶液中，會在212-230°F／100-110°C時起作用。溫度更高，鹼性更強，作用愈快。一些新式菜色利用這個竅門在湯裡放小蘇打造成梅納反應，但這種做法在多數高壓烹調中連一小部分都不到。幸運的是，在高壓烹調的壓力下不會發生太多梅納反應（你需要在壓力~70 psi／~4,800 hPa時才能看到真正的梅納反應）。如果使用高壓烹調而梅納反應真的發生了，食物從中間到邊緣都有梅納反應，味道會很噁心——這情況就是物極必反，好物太多，味道反而可怕。

> 早在1679年，法國科學家德尼・帕龐（Denis Papin）就在倫敦向一群科學家奉上史上最初的壓力鍋美食，當時稱壓力鍋為「化骨器」（bone digester），他端上已化成像某種肉凍狀的骨頭（還帶著一些肉）。哇……17世紀的英式烹飪……

優點

- 迅速！將水的沸點從212°F／100°C提高到248°F／120°C會讓烹調反應大約快4倍，如此可將烹煮時間縮短~ 60-70%（仍需一點時間加熱食物，不然縮短的時間可接近75%）。要煮花時間的穀類和豆類時，壓力鍋是最棒的，米和扁豆不用花到30分鐘，只要5-8分鐘就可煮好；乾燥、沒泡水的豆子只要花30分鐘就可以吃了。膠質高的肉類如排骨、燉肉、拔絲豬肉都可以在一小時內煮好，簡單美味。
- 電子壓力鍋十分省能源，意謂它非常適合夏日烹調，那時總想吃些要花數小時慢燉的東西，像是豬肉拔絲，但又不想把廚房搞得很熱。

缺點

- 當用壓力鍋烹煮時，你無法戳戳看食物的狀況，以致無法調味或檢查是否已經煮好。一開始放在鍋裡的就是最後你得到的，就像烤蛋糕。如果你是靠直覺做飯的廚師，邊做邊想，請把高壓烹煮當成煮單一食材的方法，然後你再把這個食材當成菜裡的組件。
- 隨著反應速率越來越快，煮過頭的情形會發生得更快。最好把東西煮到快熟，然後在「壓力解除」的狀況下繼續烹煮。記下食譜上的烹煮時間。（使用煮蔬菜的低壓模式，避免過度烹煮）。不同壓力鍋的使用壓力各有些許不同，所以請將食譜的烹煮時間當成起點並做紀錄。

・壓力鍋依賴正在滾的水或蒸氣傳熱，這是濕熱法，它會抓住並凝結大多數水氣，讓醬汁更難濃縮，你也許需要在煮好後再濃縮醬汁。而另一方面，壓力鍋煮不要撈浮沫，請確定在鍋具中至少有1或2杯水，不然沒有東西會變成蒸氣，無論煮什麼，最後都只會把鍋底燒了。

高壓煎炸是用油取代水，如此就可用更高的溫度烹調食物。它會讓食物做成外層酥脆焦褐、內層濕潤多汁，就像做裹粉酥炸棒棒腿。高壓煎炸是哈蘭德‧桑德斯（Harland Sanders）做出肯德基原味炸雞的方法，也是成功的原因。但不幸的，高壓煎炸只能是工業用設備，沒有安全使用的家用設備。這是一個你不會想嘗試自己來的方法，在標準壓力鍋中放油高壓烹煮只會融化密封墊片，為了減壓鍋具爆炸，熱油噴得到處都是。

祕訣和竅門

・如果你想把其他食譜菜色也用壓力鍋來做，就要先想好哪些料理是不是多用蒸、燉燒或濕熱法做出來的。換成高壓烹煮時請將食譜建議時間縮短為1/3，份量不要超過鍋子的2/3，有些食材煮時會膨脹，若堵塞鍋子釋氣閥就糟糕了。如果用的食材會在烹煮時起泡，就如蘋果醬、大麥、燕麥片、義大利麵，份量不要放超過鍋子的1/3。請注意，乳製品在壓力下會呈凝結狀，所以用壓力鍋煮好後再放乳製品的食材。

・如果你的壓力鍋是放在爐上加熱的鍋子，可以在煮好後把鍋子放在自來水下沖，迅速降溫。這招用在快煮食物上很有用，像是煮蔬菜或玉米粥，鍋中的餘熱會持續加熱食物。

・許多電子壓力鍋採用的壓力是12 psi（830 hPa）而不是15 psi（1,034hPa），這表示食譜依據較高壓力測得的時間也許需要再延長15到20%。請檢查說明書上的操作壓力而不是估算的大氣壓力——製造商多半列出鍋具的最大壓力，而掩蓋鍋具烹飪時的真正壓力。

・蒸蔬菜或朝鮮薊時請用金屬蒸盤墊高，讓食材高於水位。你也可以把少量的食物裝在玻璃或金屬碗中烹煮，只要記得在壓力鍋中倒1杯或兩杯水。千萬別在壓力鍋中用塑膠碗，它們會融化。

・做高湯最好用壓力鍋。每餐剩下的骨頭留起來收在保鮮盒裡放冰箱儲藏，只要保鮮盒裝滿了，就把裡面的東西放入壓力鍋，加水淹過食材，煮30分鐘。放涼後過濾。

・可試著用壓力鍋提煉牛油或豬油。切碎的肥肉丟到罐子裡，加水淹過，放在壓力鍋後鍋中加1杯水，煉油2小時。然後讓油脂冷卻到安全可處理的溫度，再用濾網過濾。

RECIPE

印度米豆粥

米豆粥（Moong Dal Khichdi）是一種豆子混著米配香料的印度料理，做法可說百萬種。Khichdi譯為「粥」，正是此意。以下食譜根據我第一次做米豆粥的配方，但歡迎實驗！可加入其他香料，如茴香籽、孜然籽、印度綜合香料garam masala或咖哩粉。

下列材料放在小湯鍋或手動的壓力鍋中炒香，或可放在電子壓力鍋中開煎炒模式：

2 湯匙（30克）油（例如可用奶油、橄欖油、印度酥油或或椰子油）
1 顆中型紅洋蔥（110克），切碎備用
1 湯匙（5克）芫荽籽（整顆或磨碎皆可）
1 湯匙（7克）薑黃粉
1/2 茶匙（1克）卡宴辣椒粉

用壓力鍋煮米飯或穀類時，食材高度不可超過鍋子的一半；它們會膨脹。

加入下列食材一起拌炒，讓它均勻沾上香料，如需要再移到壓力鍋中：

1/2 杯（80克）白色印度香米
1 杯（190克）綠豆（黃色綠豆仁）或紅扁豆
6-12 瓣（18-36克）蒜仁，去皮
1-2 湯匙（6-12克）生薑，去皮切碎備用

加入 3 杯（710毫升）水，蓋上壓力鍋，以高壓煮5分鐘。

讓粥放涼，然後開鍋攪拌，加入 1 顆檸檬汁，試味後加**鹽**調味。

搭配**香菜**或**巴西里**食用。

我第一次做這道粥時，配上很多新鮮生芝麻菜，它會帶來清甜的香氣和口感。

RECIPE

高壓煮拔絲豬肉

我們之前談過膠原蛋白（請見p.216），但在這裡值得好好再說一次，看看用壓力鍋烹煮膠原蛋白有什麼不同。膠原蛋白是堅硬的蛋白質，富含膠原蛋白的肉需要長時間燉煮才能煮爛。就像你猜的，用壓力鍋可以加速過程，將全天候工夫變成下班後程序。

下列食材放入碗中拌勻：

- 2/3杯（150克）紅糖，拆開後裝入壓緊（也就是把紅糖盡量壓入杯中）
- 1/4杯（60毫升）紅酒醋
- 1/4杯（60克）番茄醬或番茄泥
- 1湯匙（7克）paprika紅椒粉
- 2茶匙（4克）新鮮現磨黑胡椒
- 1/2茶匙（3克）鹽
- 1/2茶匙（1克）香菜碎（隨意選用）
- 1/2茶匙（1克）卡宴辣椒粉（當然也是隨意選用）

歡迎即興創作，加入（或丟下）任何你喜歡的香料，攪拌均勻即可。

再加入：

- 1.5-2公斤豬肩肉或豬臀肉，帶骨去骨皆可（只要確定你買的東西能裝進壓力鍋就好，如果有懷疑，請肉販將肉切成一半或1/4）。

豬皮去掉，然後每一面都沾裹上調味醃料。之後放入壓力鍋，醃醬若有剩下也請倒入。用高壓煮45到60分鐘（如果你的鍋子壓力不到15 psi，也許會煮更久）。

煮完之後，將煮好的肉移到大碗，把骨頭拉掉（它應該就快掉了，如果不是，再煮久一點！）還有把大塊肥肉也丟掉（或者留下來做其他烹飪用途，如p.332描述的自己煉豬油）。用兩把叉子把豬肉分開、撕碎。

壓力鍋的湯汁倒入碗中，湯汁應該足夠把肉蓋住，然後拌一下，肉會把湯汁完全吸附。

小叮嚀

- 這裡提供一些應用拔絲豬肉的想法：可放在烤過的漢堡麵包上吃，或放在薯餅上，或用法國長棍麵包夾起來，或舖在飯上。也可以拌點辣椒，搭配塔可玉米餅，或當成披薩配料，或和著nacho玉米片一起吃。不然，就做我每次都會做的事：抓個叉子就豬頭豬腦地大吃起來（雙關影射就抱歉了）

沒熟　　　　　　　　　　太熟

如果你用高壓烹煮做出來的肉很硬（就像左圖），因為它還沒有熟。
請煮久一點，膠原蛋白會被煮爛，讓豬肉絲產生很棒的口感。
如果你煮的肉又柴又乾，下次請縮短烹煮時間。

奶油發泡器（氣壓奶油槍）

我們都熟悉裝在罐子裡的發泡鮮奶油，而**奶油發泡器**其實是發泡鮮奶油罐的重複使用版，你可以裝入鮮奶油或任何你喜歡的東西。這是簡單卻聰明的設計：只要將材料裝入罐子，旋緊蓋子，然後加壓，方法是用一個可拋式的氣彈匣，把一氧化氮或二氧化碳由壓氣閥單向打入奶油罐。噗……一下，你就有能力把東西增壓，在液體中溶解更多氣體，開發出一些有趣的烹飪技巧。

奶油發泡器的名字起自它最初的用途：做發泡奶油。用發泡器，你可以控制食材的品質和使用的糖量。一旦裝滿，它和我們更熟悉的發泡奶油罐沒什麼不同。最明顯的延伸用途是可做加味鮮奶油，在1品脫的有機鮮奶油中放入一些甜橙皮碎，也許再來點香草糖，旋緊蓋子，用氣彈匣加壓，噴出來就是了。也可做茶香鮮奶油：伯爵茶先泡在鮮奶油裡，再放入奶油罐；喜歡有煙燻味的就用正山小種，只要記得裝入發泡罐前須撈掉茶葉！你也可以替鮮奶油加點酒氣——比例是4份高脂鮮奶油加入2份阿瑪托杏仁酒和1份糖粉——你就有了可搭配咖啡的酒香鮮奶油。

但真正好玩的是用奶油發泡器把其他液體打出泡泡，任何有能力抓住空氣的液體或混合物都可用它打出氣泡。有了奶油發泡器，可以立刻做出巧克力慕斯。只要在液體裡加一點吉利丁或卵磷脂（請見p.457），它們就有能力起泡，產生可以吃、有味道，輕盈像泡泡浴一樣的泡泡。起泡的胡蘿蔔汁聽起來很奇怪，但做為前衛食物就很神奇。你甚至可以把煎餅麵糊放在起泡機裡（是的，有些製造商已經把「罐子裡的煎餅」商業化了）。因為材料經壓力射出，細小加壓泡沫跑來湊熱鬧，讓整個內容物立刻膨脹，就像在液體中注入機械噴射氣。這就是鮮奶油變成鮮奶油泡沫的原因，即使壓出的泡沫穩定度不如手打的鮮奶油泡沫。

奶油發泡器有一個缺點：使用的拋棄式氣彈匣加起來也是一筆花費。但若你經常使用奶油發泡器，長期儲蓄買一台也值得，更別提可提升品質的好處。如果你想在廚房裡玩玩質地與風味，奶油發泡器還算是個便宜的選擇。

奶油發泡器要用絕緣材料，用金屬做出絕緣中心，用以保持填入材料的低溫。如果你只是用發泡器打鮮奶油，這設計就很方便。但熱的材料就無法以熱水浴的方法加熱，這讓做熱泡沫更難。而做以蛋為基底的卡士達，要讓蛋糊以真空烹調法燙到半生半熟也很難。所以要做以上項目，請用非絕緣材料的奶油發泡器。

你也可以用發泡器當做壓力來源。有個技巧要使用轉接頭，用你在當地五金行水管區找到的轉接頭就可以了，把發泡器的噴嘴接上一根長塑膠管，將熱液體和一些洋菜或其他膠凝劑（我們會在後面談到這部分，請見p.444）裝入罐中，等它固定，就可用發泡器做為空氣加壓的來源，強力射出「麵條」。

不要忽視下列事實，只要你把噴氣口略去不看，奶油發泡器本身也是加壓容器。揮發性化合物在高壓下更容易溶入液體，而大多數氣味都是揮發性物質，不然我們怎麼可能聞得到它們？把有味道的東西（如香料、水果、胡椒）丟入罐子，用液體（水、酒精、油）覆蓋，加壓發泡器會讓味道迅速滲入液體。然後只需要把罐子放在對的位置施壓，小心不要用噴的，轉開蓋子，將泡好的液體用濾網過濾。

另個嘗試是用二氧化碳氣彈匣做出「汽泡水果」——水果經過碳酸化，肉質裡有汽水泡泡的口感。可嘗試把葡萄、草莓或蘋果梨子切片放在罐子中加壓，再靜置1小時，減壓後拿出水果。這不是高級料理，但在派對耍酷很好玩。打出汽水泡泡的覆盆子也是很多調酒的絕佳基底。

使用奶油發泡器時，請注意下列事項：

・請確定你買的發泡器是除了放鮮奶油外還可以放其他液體的，有些製造商做的「迷你發泡器」只適用於鮮奶油。

・除非你想把巧克力蛋糕麵糊、奶油或鬆餅糊不受控制地噴到10呎之外，蓋上罐子時，請確定墊圈有無跑掉，蓋子的螺紋是否乾淨。

・放入奶油槍的液體一定要過濾（濾孔達～500微米即可，請見p.66），把可能堵住噴嘴的雜質通通拿掉。當然，純奶油就不必過濾。

・如果裝入的麵糊比較厚，罐子可能需要加壓兩次。一個氣彈匣用完了就換另一個。你會發現罐裡材料用去越多，壓力就會減少，那是因為材料噴出後罐內空間增加的緣故。

・如果打不出好氣泡，請查看材料溫度是否是冷的！鮮奶油的溫度甚至只要稍微高了一點，就無法打出好氣泡。也可以在液體裡加一點明膠，明膠可增強結構。如果你不介意走走旁門左道，也可加入有味道的果凍。

・請勿使用不屬餐廚配備使用的氣彈匣，像BB槍的氣彈匣就不是食品用的，機油和溶劑等污染物會跑出來湊熱鬧。

● RECIPE

巧克力慕斯

慕斯Mousse就是法文的泡沫，可用在各種菜色，鹹甜任選，依賴抓住空氣的泡泡創造質地。這個版本會做出非常輕盈的慕斯，因為用發泡器打出來的高脂鮮奶油泡泡會比用手打的體積膨脹兩倍大。

1杯（240毫升）高脂鮮奶油加熱到足以融化巧克力的溫度（130°F／55°C），離火後拌入並融化下列食材：
60克苦甜巧克力
1/4茶匙（0.5克）肉桂

材料融化後裝入發泡罐中放在冰箱冷卻，或放在裝有一半冰一半水的容器中。確定慕斯醬完全冷卻後再噴，也就是要達到冰箱的溫度，不然鮮奶油不會發泡。如果打出來的慕斯仍然太稀，請將發泡罐猛烈搖幾秒讓鮮奶油稍微定型。

視需要壓出泡沫分裝到玻璃杯或盤子中。

小叮嚀
- 如果你噴出來的東西是巧克力風味的高脂鮮奶油而不是慕斯，就是你的鮮奶油不夠冰。

泡沫炒蛋

雞蛋泡沫就有點像打發的美乃滋，只是輕得嚇人。請將它搭配牛排和薯條。這道食譜出自亞歷斯和亞紀（Alex Talbot & Aki Kamozawa）的網站：http://www.ideasonfood.com，也可參考他們的書Ideas in Food。

下列食材量好放入碗中：
4顆（200克）大雞蛋
5湯匙（75毫升）高脂鮮奶油
1/2茶匙（3克）鹽
1/2茶匙（2.5毫升）辣醬，如是拉差醬

食材用攪拌機充分混和後，過濾到非絕緣體的發泡器中，旋緊蓋子，但不要加壓。先把發泡器放入158°F／70°C的水中隔水加熱，大概熱60到90分鐘，直到蛋糕開始變稠。將發泡器從水中拿出來，檢查蛋糕是否正是剛要凝結的時候，然後加壓發泡器。蛋糕分裝到小盤子上並做裝飾，或做為某道菜的組成食材。

小叮嚀
- 當我第一次做這道料理時，不小心把蛋放在太熱的水裡煮得太老，蛋糊卡在罐子裡面噴不出來，但也是我生平吃過最好的炒蛋，關鍵就在於鮮奶油和辣醬的份量拿捏……

當液體裝入發泡器時需要過濾，我都用茶壺裡裝茶葉的小濾網過濾，因為它很好用，但任何小濾網都可使用。

RECIPE

30秒巧克力蛋糕

100克巧克力（最好是苦甜巧克力）放入可微波的碗中融化。

加入下列食材攪拌均勻：
4顆（200克）大雞蛋
6湯匙（75克）糖
3湯匙（25克）麵粉

過濾巧克力蛋糊，拿掉任何顆粒和繫帶（連接蛋黃和蛋白的白色小細條）。巧克力糊放入奶油發泡器中加壓。

巧克力糊噴到事先上過油的玻璃杯、烤盅或任何可以放入微波爐加熱的器皿。容器裝到2/3滿，上面還有1/3的空間。如果你是第一次做，建議你用透明玻璃杯，這樣就可以看清微波時蛋糕如何膨脹和下降。

放入微波爐微波30秒，或熱到泡沫固定。把蛋糕倒在盤子上，撒上糖粉。

糖粉是糕點世界裡的培根，幾乎可搭配所有東西，如果食物有了裂口或小洞，糖粉也是很好的覆蓋物——在這種情況下，可以先塗上巧克力醬。

為求更好的味覺效果，可加入巧克力榛果醬或棉花糖抹醬：先噴出一層薄薄的蛋糕麵糊，舀一匙餡料放在中間，然後在內餡上方與周圍噴上更多蛋糕麵糊。

蛋糕做好後，還可在蛋糕上方上一層巧克力，再用白色霜飾畫一個小圈圈，成品就會很像店裡賣的奶油夾心杯子蛋糕。

小叮嚀

- 可嘗試在盤子上噴一層薄薄的麵糊，煮熟後把蛋糕從盤子上剝下來，上面塗一層果醬或打發鮮奶油，然後捲起來，就是巧克力長棍蛋糕。
- 如果沒有奶油發泡器，仍然可以做出近似版，請上網搜尋「microwave chocolate cake」（微波巧克力蛋糕）。但還是用奶油發泡器做出的蛋糕質地更均勻，更像海綿。

微波前的微波氣泡蛋糕（左圖）和微波30秒後的蛋糕（右圖）。

如果你的蛋糕無法發成蓬鬆輕盈（就如右圖的蛋糕橫切面），反而是出現密集的孔洞（如左圖的蛋糕橫切面，那是由單次氣彈匣加壓做出的蛋糕），請嘗試用兩次氣彈匣加壓奶油發泡器：加壓一次後，拿掉用過的氣彈匣，再裝第二個氣彈匣加壓。

5-2 幾個低壓技巧

如果高壓可使沸點升高且增加氣體溶入液體的溶解度，隨後推論就是：降低大氣壓力可降低沸點並可除去溶解在液體中的氣體。但你還可以用造成低壓的真空系統做出其他好玩的戲法。想**立刻**吃醃黃瓜嗎？麵糊裡的氣泡會毀掉蛋糕或讓高湯混濁？想知道某些餐廳如何做出「西瓜牛排」？食品商又是如何做出 Aero 巧克力糖或冷凍乾燥冰淇淋？這些問題的答案都在創造低壓環境的真空系統。

・**速醃小黃瓜**：有些食物，特別是黃瓜，處於真空時會在壓力回復後回彈到原本形狀。你可以利用這種屬性，取巧地把液體吸入植物組織。就像擠一塊潮濕的海綿，先把空氣擠掉，握著海綿放入水中放開，本來是空氣的地方就會變成有水存在。烹飪上，這種技巧稱為「極速醃漬法」（flash picking）。像黃瓜、洋蔥等食物的微小氣孔若被抽掉空氣就可換成醃湯或其他液體，從風味油到酒精皆可。利用此程序不用幾天、只要幾分鐘就有了速醃小黃瓜！

・**除去氣泡**：壓力下降，氣體占據的體積增加，體積密度減少。有黏性的液體如湯、麵糊，空氣密度降低表示液體中出現的任何氣泡都會變得更容易浮起。正如熱氣球，因為氣球裡的熱氣與周遭空氣相對密度的差異，氣球熱氣密度較小，氣球就會浮起。而在液體裡的氣泡同樣密度較小，則變得更有浮力，更容易浮升到表面。這就是「斯托克斯定律」（Stokes' Law）──本質上黏性流體對球體微粒施加阻力，增加密度差可減少阻力。（這也是蛋糕模對著流理台又晃又敲並不會除去麵糊小氣泡的原因。）湯和流體在烹煮過程中因為微小氣泡混入變得混濁；抽成真空環境就可藉著小氣泡浮起而讓液體澄清。這不只對視覺觀感有好處，除去這些氣泡也可以改變液體味道及奶蛋糊烘烤的狀態。

・**使水果透明**：在真空下，鳳梨、西瓜等水果中的氣泡會以災難性的結果擴張。細胞破裂，組織壁崩毀，等到回到大氣壓力下，水果經歷嚴重扭曲後，變小、變密，因為新狀況缺乏遮蔽光線的氣孔，水果可能變得半透明，

・**做發泡食物**：你可以把氣泡打入液體，降低周遭氣壓擴張它們。當然用罐子做打發鮮奶油就是此應用的常見版本：增加壓力，將氣體溶解到液體中，然後迅速降低壓力，溶解的空氣脫離溶液，我們的朋友斯托克斯定律維持不變（在打發鮮奶油的情況下，至少維持一段時間）。應用在固體上也行：好比做巧克力泡沫，這做法在 1930 年代首次出現，在融化的巧克力中打入氣泡，用氣彈匣將氣泡體積充大，讓巧克力形狀固定。食品業的製造

商利用加壓液體巧克力周遭的壓力,把氣體打入懸浮液(就像奶油發泡器的原理),然後迅速減壓形成巧克力泡沫,使其定型。

・冷凍乾燥食物:在我們持續進行的「水真是了不起的怪」系列中,水的冰點和沸點在夠強的真空下會趨於一點,稱為「昇華點」(sublimation point)。p.328的相態圖中顯示,固態、液態、氣態會趨於一點。在壓力低於~0.08 psi(6 hPa)時,冰直接轉化為水氣,跳過液態。冷凍乾燥創造驚人的效果,也保存大量營養價值和食物味道。你也許吃過市售的冷凍乾燥食物(如冷凍乾燥的即溶咖啡),它們的味道也許並不如傳統現做的食物那麼好,但那些多是基於經濟考量與食材使用,而不是冷凍乾燥過程。

希望我已經讓你對真空技術躍躍欲試,但你如何在家裡實際進行?不行,吸塵器不會抽出足夠強的真空。(再說,呢……有點噁。)幸運的是,廚房裡已經有個設備可以大致搞定:真空包裝機。傳統上家庭廚師多用真空包裝機來封存食物,食物不放在保鮮盒裡,也不放在碗裡再用保鮮膜包好,而是改用食品級的塑膠袋,然後用機器把袋裡的空氣抽掉,袋口再用膠條融化密封。(有些機型採用單向透氣孔系統,並不使用融膠條,但這類機型無法將袋口完整密封,請不要用)。好處是?排除袋內空氣可降低脂肪氧化程度,也能大幅度減少會讓冰箱發臭的氣味,加上食物在密封狀態輕易就能放在水裡解凍再打開,還有我們接下來會討論的真空烹調法也需要用真空包裝機將烹煮的食物密封起來。

使用極速醃漬這樣的技術,要先找到可以連接密封罐的真空包裝機,就是一個可以蓋上廣口玻璃罐的裝置,可抽出罐內空氣,罐子是硬的,不會像傳統密封真空包裝一般塌陷擠壓食物。通常這個器具是用來減少罐中暴露的氧氣,以延展食物的儲存時間,但就我們的目的而言,剛好適用上述列出的各種技法。(若要延長時間,比方很多小時,達到比在家更容易控制的低溫,真正的冷凍乾燥恐怕還需要更強大的真空才能達到效果。)

還有一件事要注意:如果你恰巧有真空箱,真要心存感激。真空箱是櫥台用品,裡面是一個箱子,可以輕易把箱內壓力降低到大氣壓力的~10%。就像市售的真空包裝機,真空箱通常用來迅速封存食物袋,只是操作更快,好處是在封口時不會把液體一併抽出或擠壓食物(只在再加壓時會發生)。這裡列出的多數技巧若用好的真空箱來做都會超級簡單。

INFO

如何讓你的真空包裝機操到爆（如何用簡單兩步驟讓保固失效）

洋蔥、小黃瓜等食物的微小氣泡在真空狀態下會失去空氣，但多數食物的形狀都很堅韌，足以支持到大氣壓力回復、空氣再拉回的時候，就像擠壓的海綿會膨脹回原來的形狀。但要是此現象發生時食物正浸在液體裡呢？拉回的就是液體而不是空氣。

何必這麼麻煩呢？因為把液體拉進食物的做法與傳統醃漬方法的結果完全不同，它讓食物除了容納各種醃湯風味外還保有爽脆的質地，就像速醃小黃瓜！如果你想把小黃瓜轉化成「可以吃的馬丁尼」，請上網搜尋《紐約時報》與戴夫·阿諾（Dave Arnold）的影片《食用馬丁尼》（The Edible Martini，http://cookingforgeeks.com/book/flashpickle/）。

戴夫這樣的專家擁有營業用的真空烹調箱，不管什麼食物，只要選好丟到裝著你想用的液體容器裡，蓋上蓋子就好了。但對我們其他人來說，有如此強大的真空設備並不容易。如果你有真空包裝機和可以連接機器的罐子，速醃泡菜就準備上路了：把一些小黃瓜片丟進調好味道的醃湯裡（一半水、一半醋、一點鹽和胡椒及你喜歡的香料），再接上真空包裝機。

儘管如此，真空包裝機還是很有可能無法抽出夠強的真空。如是這種情形，而你不介意讓你的保固失效，還有一種方法。（也許哪天我該寫一整章《讓保固失效》的內容。）

營業用真空包裝機設有壓力開關，一啟動就可要它停止抽氣開始密封，也就是說只差讓它創造夠強的真空環境，真空包裝機就能做出很棒的醃菜。然而，如果你讓壓力控制開關失效，機器就會不停地抽氣，抽到整台馬達燒掉。

要做DIY極速醃漬設備，你需要下列工具：

· 切換開關
· 一小段電線
· 螺絲起子和剪電線用的鋼絲鉗
· 商用真空包裝機以及可接上包裝機的罐子

打開真空包裝機，裡面應該像這樣。

使用商用密封罐附件做出的速醃黃瓜。

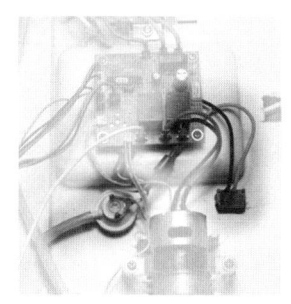

找到壓力開關（左方顯示處），剪掉繞到電路板後面的電線，接上切換開關（右方顯示處），在塑膠板上切開一個小洞，卡上切換開關，這樣就可以從外面控制。

玩玩硬體

> **真空包裝並不會對食物巴氏殺菌或消毒**
>
> 　　去除空氣確實會降低腐敗菌造成的影響，卻也增加某些病原菌生長的能力。除非你遵循特定的做法對食物裝罐或消毒，請將真空包裝的食物視同其他容易腐敗的食物：放入冰箱並在數天內食用完畢，或冷凍儲藏。

真空烹調法：低溫水波煮

　　有著sous vide這樣的名字，真空烹調法聽來很有「外來感」，但叫這名字有個好理由：原來是法國主廚帕留斯（George Pralus）在1970年代引進烹飪世界的技術。這個名字對非法語系國家的人來說也許聽起來不尋常，但真空烹調並不複雜，是過去數十年在料理界出現過最有用的烹飪技法之一。

　　真空烹調就是把食物浸泡在溫度被精準控制的液體中燙，這液體多半是水，而泡水的溫度與食物煮熟的目標溫度一樣。只要有足夠時間，蛋會在144°F／62°C左右固定成水波煮的柔軟狀態。要用真空烹調做柔軟的水波蛋，你需要保留蛋殼，把蛋丟入144°F／62°C的液體中浸泡，泡大約1小時，直到蛋白質變性，這就是完美的水波蛋！就如所見，同樣的概念適用其他很多食物。

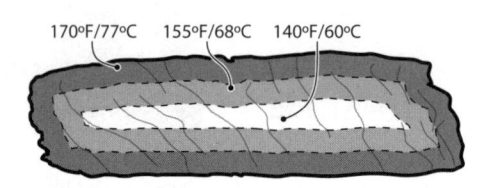

水傳統烹調法具有溫度梯度

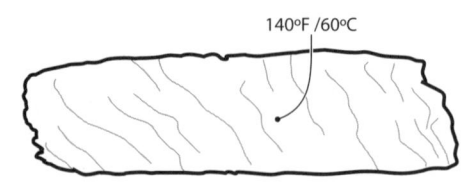

真空烹調法的溫度「梯度」

用真空烹調法做的食物沒有溫度梯度，也就是說整塊食物以均勻一致的熟度熟化。

5-2 幾個低壓技巧

真空烹調的另一個好處是，整個食物都煮成相同均勻的溫度。不會像肉一樣有煮過頭的外層，整塊食物有均勻的溫度和一致的熟度。以傳統烹飪技術料理豬排這種東西是一場比賽，在終點線上打成平手：你希望在某個時間食物的內部溫度達到某一溫度，而在同一時間外部表面要達到不同溫度。同時轉向兩個不同溫度並不難，但需要技術。真空烹調把這個達到不同溫度的任務分為兩階段進行：第一，將整塊食物的溫度升高到想要的內部溫度（例如豬排的溫度要達到140°F／60°C）；只要到達溫度，就把食物丟到熱鍋或小烤箱熱幾分鐘讓表面溫度升高，發生褐變與梅納反應。

sous vide意指法文的「真空之下」。傳統上要啟動真空烹調的程序一開始就要把食物放入耐熱真空密封袋，再用真空包裝機抽去袋子裡的空氣，然後放在熱液體中泡，讓熱液體（如水）將熱傳到食物，而不是液體直接接觸食物。所以食物的風味較強，因為液體無法將食物的化合物溶解帶走。

真空烹調不需要用密封袋才能做，例如蛋已經處於密封狀態了（請忽略微小氣孔）。如果你對使用塑膠袋有疑慮，可以將食物浸泡在裝了油或醃料的小玻璃罐中，確保空氣跑不進去。如果你用這種方法做真空烹調，玻璃容器必須夠小，因為基於食品安全，罐子裡的內容物必須迅速升溫。

理論上選擇水浴溫度很簡單：只要了解食物烹煮的化學特性，找到溫度區間。水溫要高到可引發你期望的反應，也要低到避免引發其他反應。至於時間變數，食物煮的時間要夠長，長到足以產生足夠的期望反應量，狀況就如我們在討論反應速率時說的那樣（請見p.156）。正常情況下，這些時間和溫度區間根據一些蛋白質家族而定（如膠原蛋白、肌球蛋白、肌動蛋白），也有依據多醣體而來（如果膠和半纖維素）。以下我們將討論真空烹調的溫度範圍，以及烹煮各種品項的訣竅。

> 真空烹調法是個有趣的名字，它應該叫做「水浴烹調法」，因為實際的熱源是水。

左邊那塊是用真空烹調法定在140°F／60°C做出的牛排，右邊是用鍋子煎出來的。請注意真空烹調法做出的牛排沒有「牛眼」，也就是全部都是三分熟，從中間到邊緣都是。

真空烹調煮蛋的水溫是144°F／62°C。

> 用真空烹調法煮蛋後，敲開蛋（去掉蛋殼！！）丟到一鍋滾水中，然後立刻拿起來。熱水會讓雞蛋外層立刻凝固，如此蛋會更好看，更容易處理。

水的沸點	212°F / 100°C
蛋黃完全凝結	158°F / 70°C
蛋黃開始明顯凝結	149°F / 65°C
蛋黃開始輕微凝結	146°F / 63°C
蛋白開始明顯凝結	144°F / 62°C
蛋的儲存溫度	40°F / 4°C

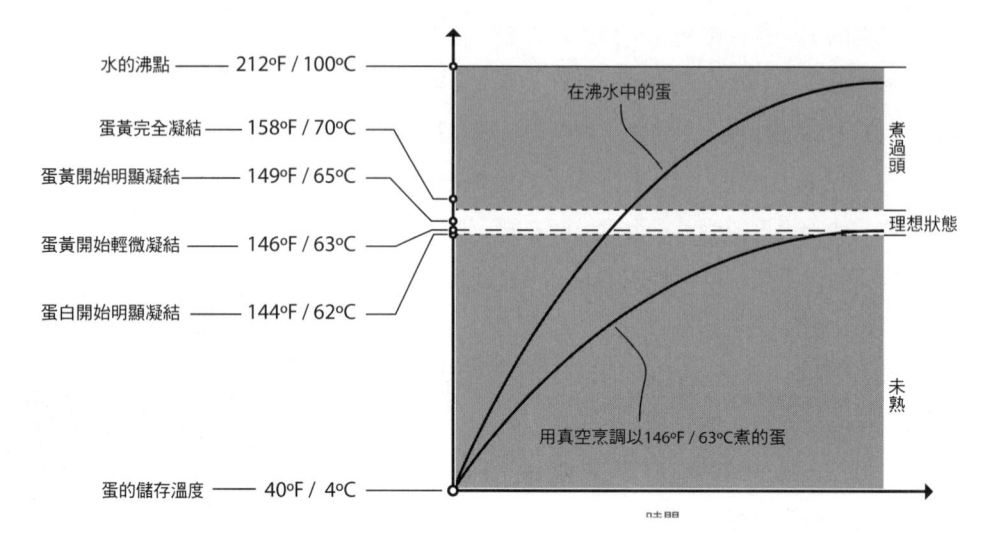

圖中曲線：在沸水中的蛋（煮過頭）、用真空烹調以146°F／63°C煮的蛋（理想狀態／未熟）。橫軸為時間。

一顆「完美的蛋」應該有會微微流動且像卡士達質地的蛋黃，而蛋白只要大部分凝固就好。把蛋放入水中一起煮沸結果就是煮過頭，因為蛋黃從水裡拿出來前，它的烹煮溫度斜衝到沸點。而以真空烹調法煮蛋，只會將溫度定在熟蛋的理想溫度，所以不會煮到太熟。

與真空烹調有關的其他重點：

· 你也可以用其他液體取代水，例如油，甚至是融化奶油。因為肉類不會像吸水一樣吸油，在用油質作為液體介質時，可不需密封。這對某些難以密封的食物非常有用。例如，名廚湯瑪斯·凱勒有份龍蝦食譜就是用奶油和水做為水浴，將龍蝦尾放入水波煮（奶油和水就是乳化奶油〔beurre monté〕，是融化的奶油加水攪打乳化而成，比奶油具有更高的燃點）。即使你不用油做水浴液體，在密封袋中加入少量液體也可以防止食物進行真空程序時被「擠壓」。

· 用溫度受到控制的空氣做介質並不可行，因為空氣的熱傳遞率比起水要慢許多──大概慢了23倍。若用低溫，把雞這類食材放在140°F／60°C的環境下做「空氣浴」（就如放在低溫烤箱），會需要很長時間才能到達溫度，時間久到雞都可能壞了。（但若把肉切得很薄，加熱夠快則無妨，牛肉乾就是這麼做出來的！）而使用水這類液體作介質就可確保熱以傳導方式穿透食物──液體接觸袋子，袋子傳進食物──這就快多了。

· 並不是所有肉類和魚都適用真空烹調：有些食物待在如此低溫，只要時間長一些，質地就會碎裂。有些魚種還會因為如此低速率的加溫引發酵素反應，這些變化在傳統烹調方法上並不明顯。

真空烹調硬體設備

真空烹調需要的硬體設備並不多：一個保持水浴溫度的加熱器、一個盛裝液體的容器，以及一種包住食物讓它煮熟的方法。職業廚師多用昂貴設備，包括丟在大鍋中的專業用浸入式循環器，還有真空包裝箱。幸運的是，現在也有幾種產品可供希望嘗試真空烹調的家庭廚師使用。

真空烹調設備有兩種常見樣式：一種是「扣上的」，就是把機體夾在鍋邊上，它的絕緣效果較好，也是較節能省電的獨立機體。使用何種機器是櫥台空間與偏好的問題，如果你不確定，請用扣上的機型，它們比較便宜，也比較不占櫥台空間。請上網或至http://cookingforgeeks.com/book/sousvidegear/查詢新產品介紹。

目前市售的除了供應熱能的消費產品外，還有一些以真空烹調的邏輯出發而組裝產生的新興產品，它們根據「BYOHS」（bring your own heat source，就是「熱源自備」）的概念，用那種用爐子控制熱源的鍋子或像慢燉鍋這種設備就可以做了：在鍋子或慢燉鍋的內鍋裡插一根探針溫度計，控制爐子開關或鍋子電源的旋鈕開上開下來調整溫度。這樣雖然不像真空烹調的加熱器溫度精準（真空烹調機多配有循環水流的攪動機防止某點特別冷），但BYOHS方法卻簡單便宜，用這種方法煮出來的很多真空烹調料理結果也很好。希望我們會看到更多由主要製造商做出的廚房設備，如安裝數位探針做為機器的一部分，或在爐子上做個給探針的USB插槽如何？但同時用電線剪拼拼湊湊出自己的真空烹調機也是很好玩的。

其他還要的硬體設備就是把食物包起來煮的東西。傳統上多使用真空包裝機，因為烹調法的名字也就跟著叫了。真空包裝的食物要從袋子中抽去空氣，才不會有氣泡讓食物無法受熱或讓袋子浮起，袋子也就不會在加熱時上下顛倒。如果你有一台真空烹調機，至少要找一台便宜的真空包裝機（並確保買到的是耐熱的真空包裝塑膠袋！）。

但在沒辦法的時候，也可使用某些廠牌出的可重複開闔的三明治夾鏈袋和密封袋（冷藏用的密實袋最好）。使用這樣的袋子時，請將食物放在袋子裡，加少量的醃料、水或油（可幫助除去氣囊），然後把袋子的大半部分浸泡在放著溫水的容器中，只留下夾鏈在水上。袋裡有氣泡都請按壓袋子擠出來，然後密封。如果你對塑膠袋有疑慮，請用小玻璃罐裝食物和醃料（裡面不能有空氣！），罐子的尺寸必須很小，才能泡在水中迅速加熱。

> 請確定你用的塑膠袋是耐熱的（材質含有可耐熱的塑化劑），且不含雙酚A（BPA）。Ziploc夾鏈袋製造商莊臣公司宣稱，它們的夾鏈袋可安全加熱到170°F／76°C。

● INFO

自製真空烹調機

如果你屬於亂搞電器的那種人，自己做個真空烹調機應該可行，只要上網訂購材料，花幾個小時東拼西湊應該就可以了。

維持水槽恆溫的電器設備實在再簡單不過：一台陽春型慢燉鍋、一個熱電偶[75]和一個用來控制熱源開關的自動調溫器就夠了。

首先，準備慢鍋。慢燉鍋是主體，用來裝水、提供熱源。檢個最便宜的鍋子即可 —— 你需要一台停止供電就會跳回到初始狀態的鍋子。請找有實體旋鈕的那種；也就是鍋子有數位裝置，在斷電又復電後可重設且保溫的鍋子。

其次，準備熱電偶。假如你有標準廚用探針溫度計（你真的應該要有），那根探針 —— 金屬探針後面接著多線編成的長條電纜 —— 就是熱電偶。要做真空烹調設備，你需要J型熱電偶，它的材質具有很好的靈敏度，適用真空烹調的溫度區間。所需花費大約15到20美元。請上網搜尋J型熱電偶（type J probe），或者上 http://www.grainger.com 搜尋 3AEZ9。

最後，溫度控制器。只要任何以熱電偶為測量元件的溫度控制開關都可以；請找可接12伏特直流電的外接控溫開關，如 Love Industries 的 TCS-4030，約75美元。然後還要再接12伏特的插座型小型變壓器（AC/DC電力轉接器）。

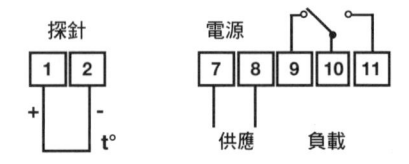

一旦準備齊全，在慢燉鍋上動腦部手術就是相對簡單的程序。將熱電偶勾到外接控溫開關的感應器輸入孔上，再連上12伏特電源線，然後把慢燉鍋原本的電線剪斷，電線一頭接上外接開關。再把慢燉鍋的蓋子上開一個小口插入熱電偶。要注意燉鍋裡的水要夠多，好讓電鍋蓋子蓋上時，插在上面的熱電偶可碰到裡面的水。

以上所述請看：http://cookingforgeeks.com/book/diysousvide/ 的影像解說。

---

[75] 熱電偶是以不同材質製成的相連金屬導體，利用密閉迴路的熱電效應測知溫度，故多半作為溫度計，依照國際型式規範共有 SBEKRJT 等七型。

真空烹調與食品安全

真空烹調可做出嫩到嚇人的雞肉、完美溏心蛋、爆汁牛排。然而，若食物處理不當，也正可能是細菌生兒育女的完美溫床。以下是做真空烹調要注意的幾件事：

・真空烹調所需的熱相當低，有可能會違反40-140°F／4-60°C的「危險區域規則」（請見p.190）及其附屬規定：「必須將所有可能受到污染的食物都做巴氏殺菌。」真空烹調可以把肉煮到質地熟的某個程度，如三分熟、蛋白質變性，但無法因為在某個溫度放得夠久就完成巴氏殺菌（也就是說，細菌與寄生蟲也多到讓它不可行）。做真空烹調請留意食物受熱的時間要夠，要正確地做巴氏殺菌。完美的三分熟漢堡只要給予正確的加熱時間，不但能煮熟，也能被巴氏殺菌。

・巴氏殺菌並不是一蹴可即的程序。當以低溫烹煮，食物必須放在目標溫度足夠時間才能讓細菌適量減少。飲食指南建議把雞胸肉煮到165°F／74°C，是一種便於理解的說法，因為它們並不依賴受熱時間，加上溫度計不準確有數據差異，容誤範圍大。但你還是可將食物以低溫做巴氏殺菌，只要給予較長受熱時間和正確溫度。雞胸肉須維持在140°F／60°C的溫度長達半小時，也就是食物須煮到140°F／60°C，然後維持定溫至少足量時間才行。

・美國食品藥物管理局的《壞蟲書》列出食源性致病菌最高存活溫度，少見的仙人掌桿菌的最高存活溫度是131°F／55°C，次高的細菌存活溫度是122°F／50°C。這些溫度都低於真空烹調肉類所使用的溫度，但還有另個安全議題：當溫度升高階段，給予足夠時間，有些食源性細菌可產生有害毒素。為了安全起見，請確定食物在兩小時內達到核心溫度。

・對於關心食品安全的人來說，真空烹調法可以是很好的料理方法：你有工具做適當的巴氏殺菌。料理指南建議需讓食物高於136°F／58°C，也就是美國食品安全檢驗署（FSIS）對食品規範的最低溫度，在此溫度觀察2小時，維持足夠久時間以達巴氏殺菌。**請注意持溫時間！**

・真空烹調法可分為兩類：「煮後保溫」和「煮後急冷」。煮後保溫是指食物加熱到定溫且保持溫度直到上桌；煮後急冷是指食物加熱、煮熟，然後**急速**放入冰箱或冰庫冷卻備用（就像用冰水冰鎮食物急速降溫）。煮後急冷法會讓食物在危險區間放置的時間更長。食物一開始溫度不斷升高，然後再冷卻，然後再升高，因而較喜歡煮後保溫法。

你可以把食物溫度保持在140°F／60°C以上，隨意放多久；這比放在冰箱還來得安全。但壞處是會持續發生某些反應，如酵素作用，當食物維持此溫度太久則可能引發質地上的問題。

INFO

在洗碗機中烹調？

每當我一開口說明真空烹調法，總有人會挑起眉頭。把食物放水裡烹調，這想法聽來就很怪異。但請記得，烹煮不過是熱的應用，無論熱力來源是什麼。真空烹調與用滾水燙並不一樣，滾水燙的水溫大約在212°F／100°C。它也不像慢火煨或水波煮，這兩種方法的水溫環境通常比目標溫度高，真空烹調的溫度極低且把溫度控制到與食物的目標溫度相等。

試想一塊鮭魚在五分熟時內部溫度大約為126°F／52°C，而一塊20公釐厚的魚排泡在126°F／52°C的水浴中需要30分鐘才會達到同樣溫度，並且它不像水波煮，只要浸泡足夠久時間，食物是可以被巴氏殺菌的。

「嗯…我家的自來水溫度差不多就是這樣…」

我試過，也**真的**可以，至少用我家很燙的自來水，把魚先裝在密封袋裡，放點醃料除去氣泡，放在保鮮盒置入水槽。打開水龍頭熱水，讓水慢慢流，持續地流。設好定時器，定期用溫度計確定水溫。這方法絕對無法省水節能，甚至只讓水慢慢滴都浪費，但它**真的**有效。若用真空烹調法煮其他食物則需要比自來熱水更燙的水，一般要高於140°F／60°C。

等等，你說140°F／60°C是吧？那不是洗碗機的熱水溫度嘛！

是的，有人用洗碗機做真空烹調，請上網搜尋「洗碗機食譜」。任何用液體燙泡做烹調方式的食譜都有極大的機會可用洗碗機完成：鮭魚、馬鈴薯，甚至蔬菜千層麵。

RECIPE

洗碗機溫燙蘋果

蘋果一年四季都有，但也歡迎你將此方法用於任何堅硬的水果（熟梨、桃子等），水果用溫燙的會變得又軟，味道仍然好。

下列食材放入耐熱的塑膠袋或小玻璃罐中：

1杯（240毫升）水
1杯（200克）糖
1茶匙（2克）肉桂粉
1/2茶匙（2.5毫升）香草精

材料拌勻，加入：

1顆蘋果，去核，切成0.5公分厚片狀，削不削皮都可以

放入袋子密封，放入洗碗機上層碗架，啟動開關。做好後可將溫泡蘋果搭配香草冰淇淋。

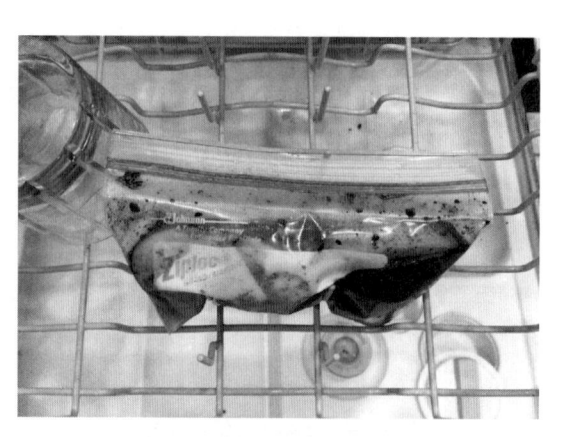

袋子必須密封後才能拿去「洗」！

: 訪談

道格拉斯・包德溫
談真空烹調法

道格拉斯・包德溫（Douglas Baldwin）是應用數學家，任教於博爾德（Boulder）卡羅拉多大學，因為找不到真空烹調法完備的操作指導，所以就自己撰寫了「真空烹調法應用指南」（A Practical Guide to Sous Vide Cooking），網址是：http://www.douglasbaldwin.com/sous-vide.htm。著有《在家做真空烹調料理》（Sous Vide for the Home Cook）。

你如何知道真空烹調法，又為何想研究這項技巧？

我在《紐約時報》讀到哈洛德・馬基寫的文章，其中提到真空烹調法。那時我對於烹飪所知不多，我之前從沒聽過這名詞，但文章挑起我的好奇心。所以我做了只要是好技客都會做的事：上Google搜尋做研究，但資訊量無法滿足我的好奇心，所以我轉而去查學術期刊，找到大量資訊。

我花了三四個月找資料，選了近300篇學術論文，開始起草真空烹調的網路技術說明，也做了些計算，算出烹調所需及維護食品安全的時間。

安全是真空烹調的一大課題，我想花點時間談談這個。但首先，有什麼事情是在做真空烹調時出乎你意料的？

大家總是擔心真空程序，但那是最不需擔心的部分，即使sous vide的意思是「在真空下」。真正重要的是精確的控溫。

長時間精確控溫很重要，因為你不會想煮了一整天後，只因為溫度慢速偏移卻把你的肉煮過頭了。但短時間的溫度變動真的不要緊，因為那只會影響肉塊很外面的部分。只要溫度變動不超過1到2°F，平均溫度維持穩定，那就沒問題。

哇！花一整天煮肉？什麼肉需要花這麼久時間？

嗯，我最愛的是烤牛肩小排，用130°F／54.4°C的溫度慢泡24小時。太美味了。這種方法把牛肉最不值錢的部位變成高檔肋排，不管看起來或吃起來都像。

這都與把膠原蛋白轉變成明膠有關。在高溫時這種轉變非常快，在175°F／80°C只要6到12小時就幾乎把所有膠原蛋白——凡是可變的都變了。但在較低溫度，如130 –140°F／54.4– 60°C，同樣的轉換要花上24到48小時。

當我看到牛胸這類東西要在130°F／54.4°C煮48小時，我腦袋裡的警鈴就響了，不是有被細菌污染的潛在風險嗎？

嗯，以130°F／54.4°C的溫度煮當然不會有風險。定出真空烹調最低溫度的致病菌是產氣莢膜桿菌(Clostridium perfringens)，根據文獻記載，它

可存活的最高溫度是 126.1°F／52.3°C，所以只要高於這個溫度，就不會有任何食源性病原體生長。

但低溫烹調確實有微生物孳長的可能，無論這些微生物是有害或有益的。這也是有些人會事先把東西煎一下，或把真空包裝食物放在滾水鍋中燙幾分鐘的原因，為了殺死如乳酸菌的嗜熱菌。但說到安全，沒有什麼比它更重要的了。

鮭魚又如何呢？烹煮鮭魚的溫度甚至常低於 130°F／54.4°C？

如果生吃鮭魚都不成問題，那麼把鮭魚放在很低的溫度下，就說是 113°F／45°C 煮幾個小時好了，對你來說也沒差。但倘若吃生食會讓你不舒服，那麼煮鮭魚就不該低於巴氏殺菌溫度或少於巴氏殺菌作用時間。

多數食品科學家和食品安全專家都會同意魚應該經過巴氏殺菌。即使滋味可能不同，就算一樣好，但至少會多了幾分安全感。

食品安全在於控制實際上與感覺上的危險。很多人認為吃魚得病的風險比吃豬肉的風險要少得多，但在很多情形下，事情完全相反。

現代農漁產業複雜，我們並不確定食物從哪來的。當缺乏食品來源的知識，不知道產地，不知道製造過程，不知道最後怎麼上桌的，我寧願抱持「先把東西巴氏殺菌，期待有個最好結果」的態度，雖然這並非人人想要或喜歡聽到的。

風險有哪些？在廚房做事的人要做什麼才能緩解部分風險？

當涉及食品安全，特別是有關致病原的問題時，其實與三件事有關。第一，開始拿到的就是低污染食材，這意謂要買⋯比方說好了，要從你熟悉的貨源買到很好很新鮮的魚。第二，防止污染程度繼續增加，要做到這點經常要靠低溫及酸才能辦到。第三，降低污染程度，這就要靠烹煮了。

問題是，如果你用真空烹調法把魚放在 113°F／45°C 的溫度泡，你無法把致病原數目降到安全水準。所以要嘛就是把魚做巴氏殺菌，讓它在 140°F／60°C 的溫度下處理 40 到 50 分鐘，不然就要一開始買魚時就要跟信任的貨源買，打從一開頭就讓致病原的含量很低，如此長出來的細菌就比較少。

冷凍可否降低致病原的數量？

對寄生蟲當然可以。雖然在家把魚凍起來會影響魚肉品質，因為家用冷凍庫冷凍魚的速度不夠快，無法防止冰晶形成。但現在你絕對可以買到完全凍好、品質又高的魚。或者直接去找魚販拿，那就不用管它是否已凍到足夠時間可把寄生蟲都給殺了。

但冰凍不會殺死寄生蟲以外的食源性致病菌，這就要擔心注意了。還有，總是會有化學污染的問題，尤其是在問題水域撈獲的貝類海產。

你怎麼知道有些東西適合用真空烹調來做？

我從來沒有真正知道過，但我真的喜歡搜括研究報告，找出隱藏在程序背後的線索。我一開始會看是否有人做過了，網路上有豐富的科學知識可供探尋，就像有人已問過相關問題，我要做的只是嘗試及應用在家用廚房上。

我總是非常驚訝，我居然可以常常從學術論文直接取得資訊，再應用到廚房。

RECIPE

用真空烹調替蛋做巴氏殺菌

沙門氏菌在未熟的蛋中並不常見，據估計大概一萬到兩萬個雞蛋中才有一個蛋帶有細菌，但它在北美的蛋雞群中的確發生過。如果你每個星期都要敲數十個蛋打入碗裡做歐姆蛋早午餐，中獎機率是終究會敲到一顆壞蛋的——但如果蛋經過燙泡呢？

蛋帶有沙門氏菌的真正危險在於使用未熟的蛋做菜，然後端給處於風險的人們吃。如果你做的菜使用生蛋或未熟蛋，像是凱撒沙拉、自製蛋酒、蛋黃醬、生餅乾麵團，而且是要做給高危險群的人吃，就應該把蛋先巴氏殺菌。巴氏殺菌過的蛋味道真的有些不同，蛋白要多花些時間才會打成泡沫，所以不要期待這些蛋會和它們的同行生雞蛋一樣。

由於沙門氏菌開始死亡的溫度大約要到136°F／58°C才會見到明顯死亡率，而蛋裡的蛋白質要在溫度到達141°F／61°C時才會變性，你可以把蛋放置在這兩者間的溫度做巴氏殺菌。美國食品藥物管理局規定，將蛋放在141°F／61°C的溫度下3.5分鐘，可減少沙門氏菌數約一萬倍（以食品安全術語來說為 5 $\log_{10}$）。記得加熱，**然後**把蛋維持溫度3.5分鐘。

魚、禽類、牛肉和蔬果的真空烹調時間

無論想做的是什麼食物，真空烹調法的通則都是相同的，根據特定項目，決定正確料理及巴氏殺菌所需的溫度。不同肉類有不同含量的膠原蛋白和脂肪，而蛋白質的變性溫度也依據動物原生環境而有異，例如肌球蛋白的變性就各有差別。魚類肌球蛋白的變性溫度很低，只要到達104°F／40°C就會變性；而哺乳動物的肌球蛋白需要達到122°F／50°C才會變性（這是好事，不然就連自來熱水對我們來說都會是折磨）。但烹調溫度稍加變化就可能增進食物的品質，去做實驗吧！

這一節的圖表資料都取自道格拉斯・包德溫的「真空烹調法應用指南」，請見p.348與他的訪談學習更多資訊。如果你要以專業設備做真空烹調，我強烈建議你參考主廚瑾・羅卡[76]的書《真空烹調料理》（*Sous Vide Cuisine*）。

魚與其他海鮮

真空烹調會讓魚的口感出奇地柔嫩、多汁、細滑。不像煎魚或烤魚——煎烤這類廚技會讓肉質變得乾粗——真空烹調的魚具有如奶油般入口即化的口感。烏賊等其他海鮮也適用真空烹調，只是溫度有差別。

---

[76] 瑾・羅卡（Joan Roca），家學淵源的西班牙主廚，母親和三個兄弟都是大廚，所開餐廳 El Celler de Can Roca 在2017年登上世界50大餐廳第3位。

圖表說明

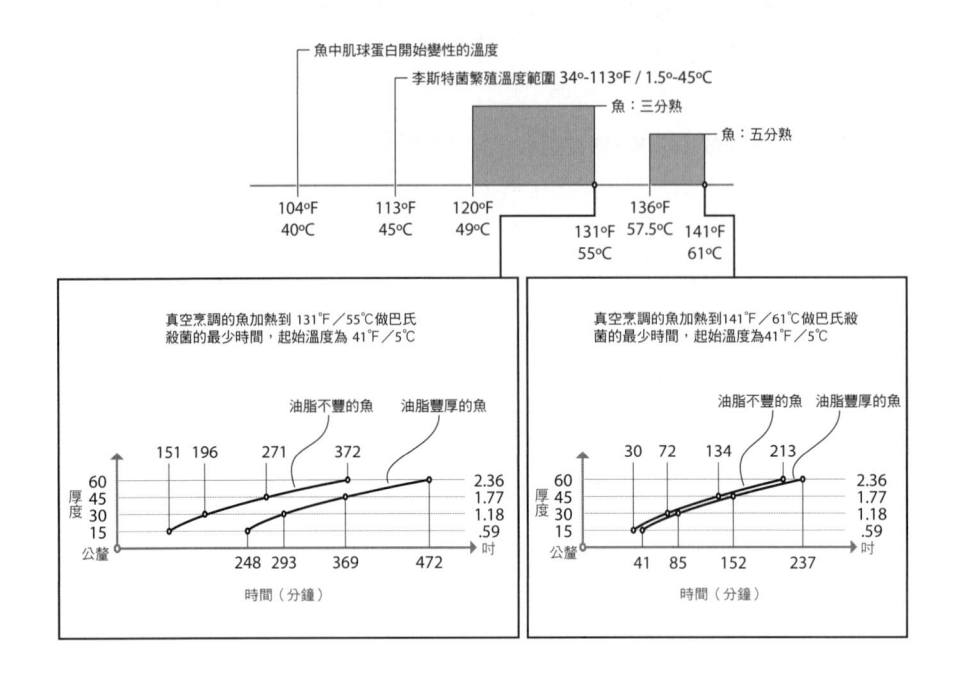

上方溫度軸標示：
- 魚中肌球蛋白開始變性的溫度
- 李斯特菌繁殖溫度範圍 34°-113°F / 1.5°-45°C
- 魚：三分熟
- 魚：五分熟

溫度標示：104°F/40°C、113°F/45°C、120°F/49°C、131°F/55°C、57.5°C、136°F、141°F/61°C

左圖： 真空烹調的魚加熱到131°F／55°C做巴氏殺菌的最少時間，起始溫度為41°F／5°C

厚度（公釐）：60、45、30、15；對應（吋）：2.36、1.77、1.18、.59

油脂不豐的魚：151、196、271、372
油脂豐厚的魚：248、293、369、472
時間（分鐘）

右圖： 真空烹調的魚加熱到141°F／61°C做巴氏殺菌的最少時間，起始溫度為41°F／5°C

油脂不豐的魚：30、72、134、213
油脂豐厚的魚：41、85、152、237
時間（分鐘）

用真空烹調法做魚料理是這麼簡單，不需食譜就能了解料理的概要。下列烹飪要點有助於你進行真空烹調實驗：

・魚要煮到三分熟（131°F／55°C），或以此溫度再多泡些時間，多做些巴氏殺菌（不管是油脂豐厚和油脂不豐的魚都可參考上述「魚肉厚度與烹煮時間對照表」）。

・對於油脂不厚的魚，如鰈魚、大比目魚、吳郭魚、鱸魚及大多數淡水魚，真空烹調及巴氏殺菌所需時間較少；而油脂豐厚的魚，如北極嘉魚、鮪魚及鮭魚，真空烹調及巴氏殺菌相對需要較多時間。

・若只想把魚煮成生食程度（如水浴溫度只定在117°F／47°C），這是無法做巴氏殺菌的溫度。所以就算你把鮭魚放在117°F／47°C的溫度水波煮，也要小心此溫度不足以殺死引起食源性疾病的各種細菌。若以117°F／47°C的溫度加熱，而時間少於2小時，結果就與吃生魚一樣，**實在沒差多少**。因此，如想吃生的和半生不熟的魚料理，通常建議購買生魚片等級的魚，或預先冰凍已把寄生蟲消滅的魚（請參閱p.201），且不要把魚端給高風險群的人吃。

・假如魚在煮後表面出現白色顆粒（凝結的白蛋白），下次請先醃漬，在烹煮前先以濃度10%的濃鹽水淹漬15分鐘。如此，藉著變性作用就可將白蛋白「用鹽分去除」。

美國食品藥物管理局2005年的食品管制條例中，對於生食限定並不包括某些鮭魚及「水產養殖魚類」（即養殖魚類），而養殖魚類被排除的狀況則須看養殖條件（請見FDA 2005年食品管制條例第3-402.11b）。

INFO

用真空包裝冷凍魚做真空烹調

我家附近的食品賣場有賣真空包裝的冷凍魚。有時這些魚已經切成一人份，泡著醃醬冰凍著，這就是最適合拿來做真空烹調的食物：它已經用真空袋裝好，且依照食品藥物管理局的標準冰凍，殺死了常見的寄生蟲，且在捕獲後就以最低限度加工，在短時間內立刻冷凍密封，降低細菌交叉污染的機會。

我最喜歡用真空烹調——嗯，除了做出的食物絕對好吃，要應付晚餐派對也容易——我最喜歡用市售的真空包裝冷凍魚做每天的午餐。我的例行公事簡單、快速、便宜，又好好吃。

1. 把冷凍真空包裝魚丟進真空烹調機，加入熱水，撥上開關。（用熱水的意思是我不需要等機器加熱，但它會持續啟動讓水溫保持定溫。）因為是單片裝，解凍時間相對短。但請注意，只要食物中心達到目標溫度，巴氏殺菌的時間就會啟動。但東西是冷凍的，很難知道什麼時候才會發生這些狀況。所以我會把單片魚煮很長時間，長到一定會解凍及巴氏殺菌。因為真空烹調不怕煮，大部分魚放水浴多泡個半小時完全不會影響品質。

2. 這時候就可去跑步，上健身房，做雜事，在書裡加一段如何煮冷凍包裝魚的文章。

3. 撈出袋子，剪開，把魚丟到盤子上，加一點蒸好的蔬菜和糙米飯，哈，Voilà！午餐好了！

如果你提前準備餐點，可以把煮好的魚放入裝有冷凍蔬菜的保鮮盒，冷凍蔬菜有雙重功能，還可當成迅速替魚降溫的冰塊。

冷凍魚的品質參差不齊。同家商店買的冷凍鮭魚，有的就已經生黏，讓人倒胃口。但不同供貨鏈的同型鮭魚就可能非常多汁、柔嫩和完美。最可能的原因是不同的冷凍技術。急速冷凍藉由縮短時間使水分無法形成刀匕狀，能刺穿細胞膜的冰晶聚集，降低對組織的傷害。所以若你煮好的冷凍魚最後效果不好，要怪就怪冷凍技術，而不該怪魚是冷凍的。

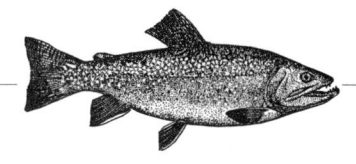

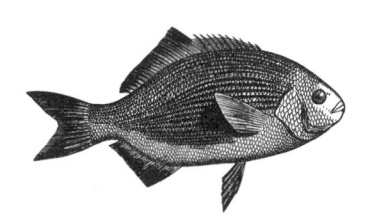

玩玩硬體

雞肉與禽類

晚餐餐盤上會定期上映的最大搞笑劇就是煮過頭的雞。煮得恰到好處的雞會是柔嫩多汁，爆出濃濃風味，吃起來絕對不會乾柴或粉粉的。從食品安全的觀點來看，做雞料理的挑戰在於一定要巴氏殺菌，也就是將致病細菌降到適量安全的範圍，還有煮過頭的問題。多數食譜要求「即刻」巴氏殺菌，當溫度到達165°F／74°C時就可即刻殺菌，但在此溫度下，肌動蛋白也會變性，雞肉就變得乾柴粉澀。然而巴氏殺菌也能在低溫下完成，**只是要花較長時間。**當然，真空烹調特別適合做這個：只要你把雞以適當料理溫度浸泡到巴氏殺菌需要的最少時間，你就成功了！即使你煮泡的時間很長很長，只要把溫度定在低於肌動蛋白變性的溫度，雞肉一樣多汁，這是真空烹飪的另一項好處！

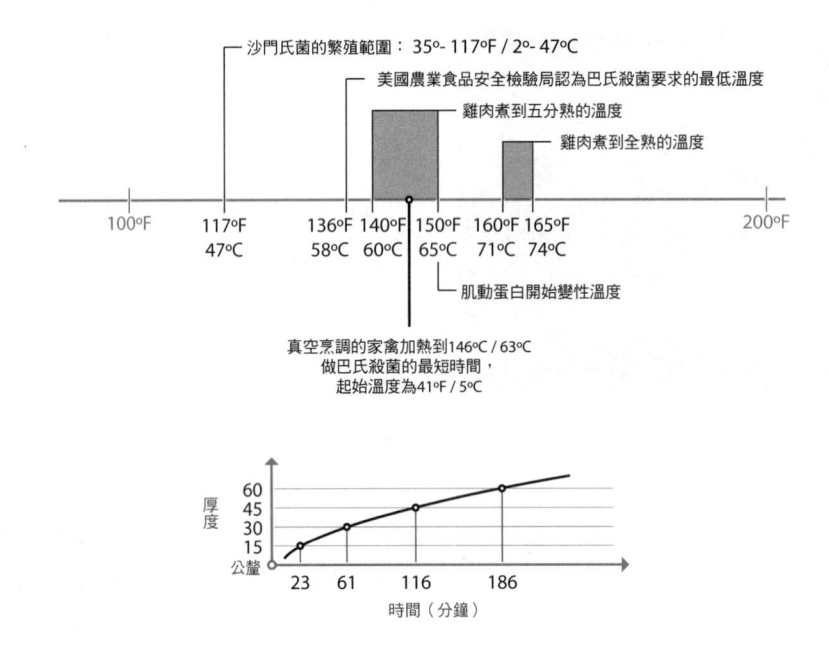

沙門氏菌的繁殖範圍：35°- 117°F / 2°- 47°C
美國農業食品安全檢驗局認為巴氏殺菌要求的最低溫度
雞肉煮到五分熟的溫度
雞肉煮到全熟的溫度

100°F　117°F　136°F 140°F　150°F　160°F 165°F　　　　200°F
　　　　47°C　　58°C　60°C　65°C　71°C　74°C

肌動蛋白開始變性溫度

真空烹調的家禽加熱到146°C / 63°C
做巴氏殺菌的最短時間，
起始溫度為41°F / 5°C

厚度
60
45
30
15
公釐　23　61　116　186
　　　　時間（分鐘）

真空烹調雞胸肉

就像用真空烹調煮魚，你不需要一份受制傳統觀念的食譜才能嘗試用真空烹調做雞胸肉。下面提供一些要點：

- 雞肉味道溫和，與提香料十分速配，可在袋中加入迷迭香、新鮮鼠尾草、檸檬汁及黑胡椒，或其他常見風味。但要避免大蒜，因為大蒜在低溫下會泡出不好的味道。加入香料時，請記得要與袋裡肉類緊密接觸，香草會先把味道傳給碰到的區域。我發現將香草切成細碎或與少許橄欖油打成香草泥放入的效果較好。
- 就像真空烹調別的食物，放在真空袋中的東西需一份一份間留有空間，好讓傳熱更迅速，不然就要一個袋子裝一塊。

● INFO

慢燉鍋 VS 真空烹調

「等等,」你可能會想:「這個叫做真空烹調的東西……和慢燉鍋有什麼不同?」嘿,我還以為你永遠不會問了呢!

它們其實沒有什麼不一樣。兩者都有儲水內鍋,加熱溫度也夠高,高到可以燉肉,但不會將水煮沸。但真空烹調比慢燉鍋多了兩個好處:可輸入特定溫度,並將溫度波動減到最小,或上或下其實就定在那個溫度。

用慢燉鍋時,燉煮食物的溫度範圍為170-190°F／77-88°C,對於大多數慢燉料理而言,食物受熱的實際溫度及溫度波動的範圍並不是那麼重要。因為需要慢燉的肉類幾乎都富含膠原蛋白,就像之前討論的(請見p.182),膠質高的肉需要長時間烹煮讓膠原蛋白變性、水解,變成好吃的料理。

但對於膠原蛋白含量低的肉塊,慢燉鍋卻不適用,像是魚、雞胸肉和一些瘦肉。這些膠原蛋白含量低的肉類需要煮到某些蛋白質變性,而其他蛋白卻只能是生的(例如原態的蛋白),而這兩種反應的溫度差距只有10°F／5°C,所以精準度就變得重要。所以毫無疑問的,真空烹調又贏得毫無懸念,慢燉鍋甚至沒法比。

請用兩種方法烹煮鴨腿,把兩支鴨腿密封包起來以170°F／77°C真空烹調。同時,將第二組鴨腿放在慢燉鍋中燉6個小時,請檢查兩者差別。

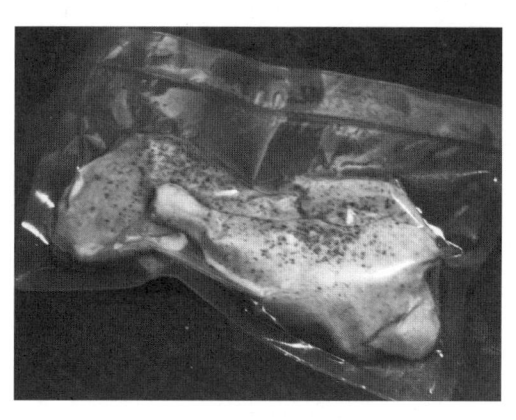

真空烹調的鴨腿

用慢燉鍋做的鴨腿

牛肉與其他紅肉

有兩種類型的肉，至少論及烹調時是如此：有軟嫩的肉與堅硬的肉。軟嫩的肉膠原蛋白量較低，所以很快能把質地煮到好吃；而堅硬的肉需要較長烹煮時間讓膠原蛋白分解。這兩種肉都可用真空烹調法料理，只要注意你料理的肉塊種類即可。

很多在烹煮時發生的化學反應都是時間及溫度的共同作用。若用傳統烹飪溫度料理，肌球蛋白和肌動蛋白會在本質上很快變性，而其他變化如膠原蛋白變性和水解在同樣溫度下就需要更顯著的時間（膠原蛋白真的是很複雜的分子，請參考p.182）。大多數以溫度為依據的反應，其反應率皆隨溫度上升而增加。哺乳動物的膠原蛋白會在150°F／65°C左右開始分解，鴨腿和燉物多半要用170°F／77°C以上的溫度小火慢煨，就算以此溫度，膠原蛋白也要花好幾個小時才會分解。

不管哪一種肉用傳統烹調方法料理都有缺點，就像膠原蛋白低的肉用煎的，膠原蛋白高的肉用燉煮的，缺點在於烹煮時其他的蛋白質也會變性。使用較肥的肉可以掩蓋乾柴的結果，因此為了肉攤子上美麗如大理石的肥肉，總要多付點錢給老闆。還有另一個方法：把肉放在真空烹調的環境煮，這樣只有部分蛋白質才會變性（如肌球蛋白），有些組織水解（如浸泡足夠時間的膠原蛋白），卻留下某些蛋白質維持原態，這就避免了傳統烹飪法造成的乾柴現象。對於膠原蛋白低的肉，結果十分驚人：一小時後出現完美的三分熟。對於料理質地較硬的肉則有祕訣，在這些溫度下膠原蛋白水解的反應速率很慢，慢到必須拉長數日。技術上來說，這不是問題，只要你不介意等待就好了。

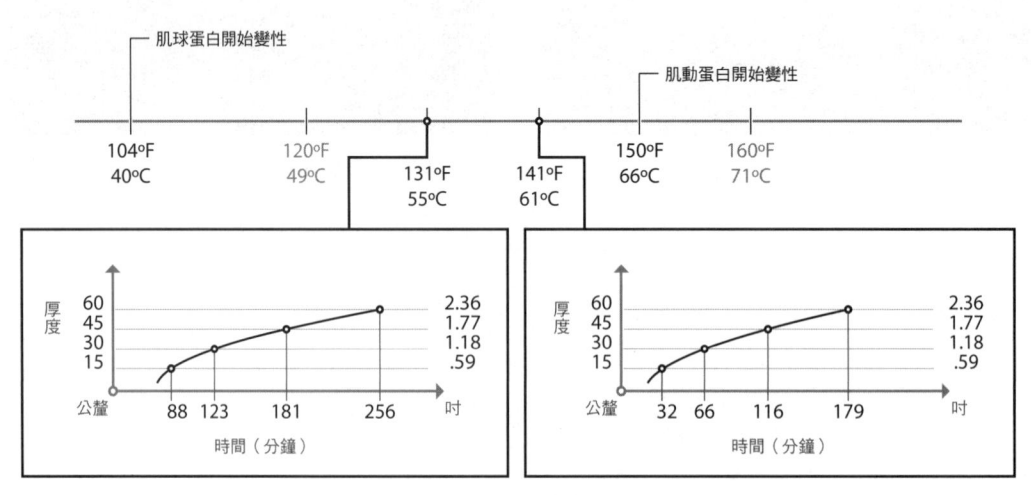

膠原蛋白高的肉塊：以141°C／61°C烹煮24-48小時，使膠原蛋白分解。

RECIPE

燉牛尖

真空烹調的主要好處在於能把肉塊由中心到邊緣煮成完全一致的熟度。牛尖肉[77]就是很好的例子。

下列食材放入真空袋中：

~0.5-1公斤牛尖肉，切成個人份（200克）

1-2湯匙（15-30克）橄欖油

鹽及胡椒，試味後酌量

搖晃袋子，讓橄欖油、鹽及胡椒均勻沾上牛尖肉的每一面。袋子密封，每塊肉間須留空隙，讓真空烹調的熱水可接觸到每一邊。

想吃三分熟，就把肉放在130°F／54°C的熱水中泡60分鐘；要做五分熟或七分熟的肉，就用145°F／63°C的水溫泡45分鐘。（請見p.186的溫度區間圖）。然後取出泡在水裡的袋子，剪開袋口，取出牛尖肉放入盤中。用紙巾拍乾，丟入預熱好的平底鍋，最好用鑄鐵鍋。每面各煎10到15秒。如想煎得好，各面煎時不要動它，就把肉丟到鍋裡放著直到煎好。

煎肉時，你也可以用袋子裡留下的肉汁做個簡易鍋燒醬汁，只要把肉汁從袋子裡放入長柄鍋然後收汁。可加一注紅酒或波特酒、一小塊奶油，也可以加葛根粉或玉米粉作稠化劑。

小叮嚀

- 做真空烹調時，在料理前就把食物尺寸切成個人份大小會比較容易料理。不但讓熱較快傳到中心（讓中心到邊緣的距離變得比較短），上桌時也較容易，因為有些食物——特別是魚——因為太細緻在煮後較難處理。切開後的肉塊還是可以全部放在同個袋子中密封，只要把它們稍微分開，讓袋子密封後，每塊肉之間留有空隙。但缺點是真空密封讓食物邊緣不好看，要避免這件事，可在袋子裡多放一些液體。

- 可在袋中加入少量橄欖油或其他液體移除小氣泡，因為袋子很乾會出現小氣泡。至於油和辛香料的份量並不是太重要，但食材需要與辛香料直接接觸卻很重要。如果你加入辛香料或香草，請確定它們在袋中均勻散布，不然只有和它們接觸的肉塊才會有味道。請小心不要加入太多鹽，熬油時，它會讓油脂固定。

---

[77] 牛尖肉（beef tips）是大塊肉條的最尾端，如里肌、沙朗都有切下來的尖角部分。

⋮ RECIPE

48小時燉牛胸或排骨

傳統上牛胸要在中溫烤箱或慢燉鍋中燉燒好幾個小時才能分解其中堅硬的膠原蛋白。用真空烹調只是把溫度降低到精確的141℉／61℃，這熱度只夠煮它，避免腐敗，並引發膠原蛋白的水解。

下列材料放入真空袋中：

0.5-1公斤高膠原蛋白肉類，如牛胸、牛肩或豬背小排骨

2湯匙多（30毫升）醬料，如烤肉醬、梅林辣醬油或番茄醬

1/2茶匙（3克）鹽

1/2茶匙（1克）胡椒

以141℉／61℃的溫度真空烹調24至48小時後，打開袋子，把肉放到烤盤上，把肉外層用烤箱上火烤出褐變反應，每面需要1到2分鐘。袋裡的肉汁倒入醬汁鍋，煮到濃稠做出醬汁。用另只鍋加入一點奶油把磨菇煎到褐變，然後把醬汁鍋裡的醬汁倒入煎磨菇的鍋子，收到醬汁濃稠，幾乎是糖漿的黏稠度。

小叮嚀

- 如果肉有一邊帶著一層肥肉，請在上面刻花刀，在烹調時肉才不會因此緊縮。刻花刀是用刀割開脂肪層，先劃成相隔 2.5 公分的一組平行線，再劃第二組，第二組刀痕須與第一組成角度，劃出菱形圖案。

- 要有別的口味可在袋子中加入義大利濃縮咖啡、茶葉或辣椒，以及你想用的任何液體。煙燻水（請見 p.428）也可給肉塊一點煙燻味。

- 如果你的真空烹調設備沒有蓋子，請注意別讓水分蒸發，水一蒸發，機器會燒起來或自動關閉。我看過有人在水面上蓋一層乒乓球防蒸發（它們會浮在水面上）；或在上面蓋鋁箔紙也可以。

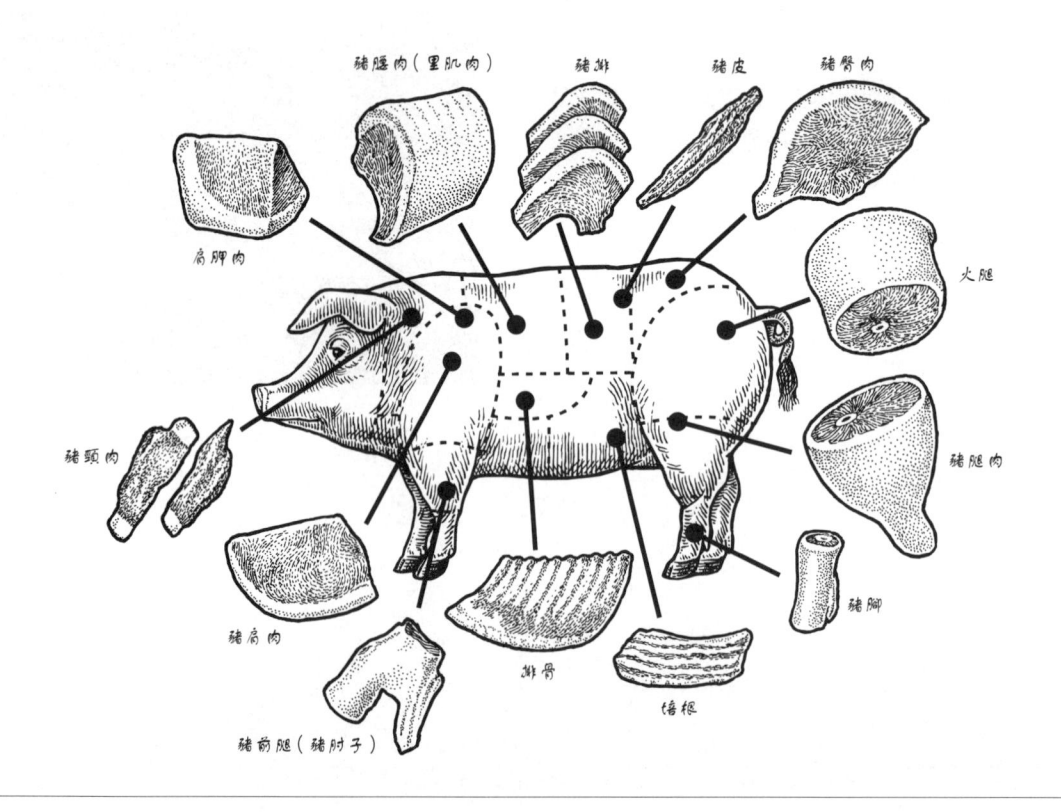

水果和蔬菜

就像魚和肉，蔬菜也可以用真空烹調來做。但與蛋白質不同，蔬菜中的澱粉需要高很多的溫度才會開始水解，通常需要180-190°F／82-88°C左右。對於專業廚師來說，如何維持一致，又能施行準確可重複的步驟很重要，但以真空烹調料理蔬菜會比用傳統水波煮的方法結果更好。

但家庭廚師用真空烹調蔬菜則掀起一個問題：「值得嗎？」如果你用真空烹調以不同溫度料理兩道不同菜色，就得依序烹調它們，或甘願付錢買兩組真空烹調機。你可以看到問題結論。我承認，我會用傳統方法料理蔬菜：放在鍋裡用熱水燙，張大眼睛注意狀況，小心別煮過頭。

不過，你應該給真空烹調蔬菜一個機會嘗試看看，並將結果與傳統方法加以比較。將水果蔬菜用密封袋裝好，果汁菜汁保留下來與果肉靠在一塊，以加強風味。還要考慮水果蔬菜中糖與澱粉的比例，即使同一種來源，因為年中產期、天氣變化，比例多會不同，看情況調整烹飪時間是必要的。

你可試試：小胡蘿蔔和蘆筍去皮切半，加上橄欖油、鹽、胡椒一起丟進袋子，將袋子密封，用185°F／85°C泡10到15分鐘。如果在保溫上有困難，可能需要替你的真空烹調機搭一個保溫設施，蓋上保鮮膜也會有幫助。蘆筍要以185°F／85°C烹調才能保持鮮綠，若用203°F／95°C煮就會開始褪色。

除了用真空烹調料理蔬菜，你也可以用水浴做一些有用的小玩意。以技客風格思考烹飪一事，就是在思量如何在系統中加熱。加熱不是自發行為：總是會有溫度梯度，還有食物加熱的起始溫度與目標溫度的差距，這差距會影響烹煮時間和溫度梯度的陡度。

這是牛排烤好後須在室溫擺放30分鐘的原因：30分鐘夠短，細菌還不足以成為擔心議題，但30分鐘也夠長了，已能降低牛排生的部位與熟的部位1/3的溫度差。至於蔬菜，你可以用水浴達到相同效果：把蔬菜放在中溫熱水浴（如140°F／60°C）加熱15到20分鐘降低溫度差，再用蒸的或炒的。

溫度在185°F／85°C所需的烹飪時間

質地柔軟的水果（如桃子、李子）：20-60分鐘

質地堅硬的水果（如蘋果、梨）：25-75分鐘

質地較軟的蔬菜（如蘆筍、茴香切片、豌豆）：10-60分鐘（切片較厚則需要更久）

根莖類蔬菜（如馬鈴薯、甜菜）：2-4小時

我常在煮牛尖肉時，同時預熱羽衣甘藍、硬葉甘藍或其他硬心青菜，用同一盆熱水把牛排和蔬菜一起放在裡面泡。用料理肉的溫度浸泡蔬菜，菜並不會完全熟！當我準備上晚餐時，就撈起它們，放入平底鍋很快炒一下。因為蔬菜已經熱了，只要一兩分鐘就達到好吃的熟度。然後把菜移到盤子裡，再把牛尖肉放入同個鍋子煎到外表褐變，很快就做好了。

還有另一個你可以用蔬菜做的有趣技巧，就是絕對需要真空烹調的地方。你是否曾覺得奇怪，為什麼在某些罐頭湯裡的胡蘿蔔等蔬菜多是糊糊的，多是沒有口感的小碎塊，但某些品牌罐頭湯中的菜卻不會？這並不是因為使用不同品種的胡蘿蔔。有些蔬菜如胡蘿蔔、甜菜，但不包括馬鈴薯，用122°F／50°C的溫度預熱時，會表現出違反直覺的反應，變得「耐熱」，所以當後續用高溫再煮時，它們就不會分解了。將胡蘿蔔放在約122°F／50°C的水浴中泡30分鐘就會讓「細胞彼此黏附的能力更好」，科學術語稱為「細胞間黏附」（cell-cell adhesion），意思是它們比較不容易崩散而變得糊糊粉粉的。

在預煮階段，鈣離子有助在鄰細胞壁間形成額外交聯，讓植物組織扎扎實實地增加更多結構。因為「綿綿的」口感起於崩解的細胞，額外結構若使細胞崩解的機會減少，蔬菜組織則能更結實。

解決蔬菜綿爛口感的正常方法是等到烹煮程序快結束了再把它們放下去，這就是為什麼牛肉湯食譜要你把湯燉到最後半小時了，才可把胡蘿蔔等蔬菜放下去的原因。

在工業應用上（請見：罐頭湯），下面所述不一定是選項。但在家裡做菜，也不一定**需要**這招，就當是個有趣的實驗吧！請把胡蘿蔔以120-130°F／～50-55°C的溫度真空烹調30分鐘，再把它泡在醬汁裡，拌入一批沒有加熱過的胡蘿蔔切片。（你可以把加熱過的胡蘿蔔切成稍微不同的形狀，如對半切或切成半圓形，而沒熱過的胡蘿蔔切圓形——如果你不介意你的實驗如此明顯。）

請在用真空烹調設備煮蛋白質的同時，也把蔬菜放下去預煮。當你準備上菜時，再把菜很快炒一下來完成它們。

巧克力與真空烹調

真空烹調的水浴是可以用在巧克力上的捷徑：已經調過溫的巧克力不需要再調溫，**除非**它的溫度未達 91°F／32°C 以上。因討人喜歡的脂肪型態不會融化（請見 p.168），你才可以接著做下去。若要融化調溫巧克力，就要把它放在真空袋中密封，浸泡在定溫 91°F／32°C 的水浴中。（你也可以用再高個一度左右的溫度浸泡，去做實驗吧！）一旦巧克力融化了（時間約需 1 小時），就可將袋子從水中取出，外面擦乾，把袋子一角撕掉：馬上變成擠花袋。

如果你定期要做巧克力，土法煉鋼做出的真空烹調機或許用來煩人。如果你有銀子可花，請上網搜尋巧克力調溫機。有些調溫機供應商販售結合熱源、電動攪拌器及簡單邏輯電路的機組，可調溫及保溫融化的巧克力。做出的成品適合做水果沾醬到糕點外衣，再到巧克力模型的內餡，一切都適用。當然，只要你有慢燉鍋、熱電偶及溫度控制器……

我家附近的食品店最近開始賣摻有少用食材的特殊巧克力棒，如咖哩粉、椰子、李子、核桃和小荳蔻，甚至還有培根碎。這些奇異巧克力棒上面貼的價錢也頗奇異，所以我想：不過做個巧克力棒嘛，會有多難？只要用真空烹調法，簡直再簡單不過。

調溫巧克力放在真空袋中。請使用棒狀巧克力；如果沒有適當調溫，巧克力碎也許不適用。

加入個人喜愛的口味，可以用杏仁或榛果（約1:2的比例，重量比是一份堅果配兩份巧克力）。食材必須是乾的，水分會讓巧克力黏住。

袋子密封，放入定溫在 92°F／32°C 的水浴中 1 到 2 小時，直到巧克力融化。

巧克力完全融化後，隔著袋子，把袋中的巧克力和食材適量分配。如果裡面加有堅果，可用擀麵棍擀開。

袋子放在櫥台上冷卻。

冷卻好，剪開袋子，剝開巧克力。也可以把巧克力棒掰成片狀。

可用咖啡豆（唔～）、糖漬葡萄柚皮、小紅莓等水果乾，或烤什錦堅果（杏仁、開心果、山核桃，也許再加少許卡宴辣椒粉）。椰子片、太妃糖、香脆爆米香、椒鹽蝴蝶餅、洋芋片、全麥餅乾碎……可能性無窮無盡！

5-3 製作模具

我們常將食物的外形視為本來就該如此，但並不表示我們應該這樣想。你可以用模具做出很多令人驚奇的東西，不只是做心形巧克力或冰淇淋甜筒。你也許不認為蛋糕烤盤或餅乾烤模是一種模具，但它們改變食物造型：蛋糕烤盤圈限住麵糊注入的3D體積，蛋糕切磨界決定捲麵團的2D造型。如此有趣的藝術和工藝，我們能做出自己的專屬造型嗎？

迅速建立模具基礎：模具可以是硬的或軟的，有耐熱的也有不耐熱的。耐熱的硬膜具多半是金屬的（以前多用銅做），用於蛋糕和瑪德蓮等烘焙食品，也用在冷藏結凍食品如果凍（唔，Jell-O果凍粉）、巧克力和糖飾。而軟性模具則由塑料或食品級矽膠橡膠製成，也可耐熱。

製作模具前，先想一下你想放進去什麼食物。模具需要耐熱嗎？還要有彈性方便拆模？果膠有彈性且不需加熱，所以就算是硬的塑膠模也可以用。做果凍也可以（相當無聊），不然就發揮創意，做個風味十足的義大利奶凍食譜（參見p.450）。糖的製作就需要耐熱模具，如造型棒棒糖，還有需要烘烤的麵糊（磅特花圈蛋糕，有人要嗎？）。這些食物不管用金屬的或矽膠模具，關鍵都只在於食物是硬的還是軟的。

模具的正常使用狀況已經談得夠了。現在我想討論的是，如何做自己專屬的模具──也就是你喜歡的造型模具！

餅乾模很容易做，可以把做餅乾模當成有趣的假日計畫，何況你手邊可能已經有了需要的所有材料。想要一個R2-D2機器人造型的餅乾模？請拿個空的汽水鋁罐，再拿廚房剪刀和老虎鉗。剪開罐子成圓條狀，頂部與底部折進圓條裡，使邊緣平整，用老虎鉗做造型。（可先用厚紙板做出R2-D2機器人或其他東西的形狀較有幫助。）如果你剛好有一台「CNC加工機」（computer numeric control printer，數位控制銑床組[78]），你可以用ABS塑料將餅乾模印出來，然後包上鋁箔紙（ABS塑料不屬食品級，且有些噴出頭含鉛）。

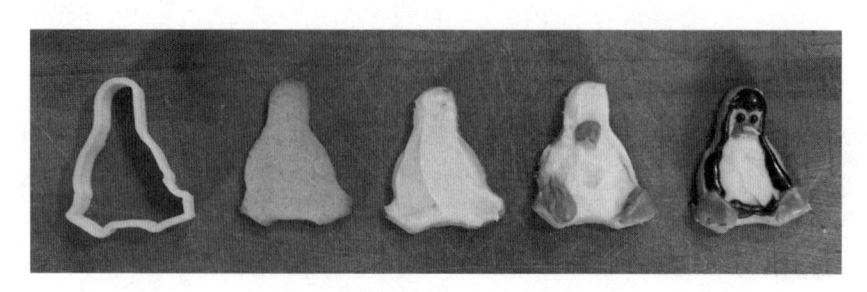

Tux企鵝餅乾，這是用3D列印機做出的餅乾模。
請參閱 http://cookingforgeeks.com/book/cookie-cutter/for files。

---

[78] 用於3D、2D的雕刻塑型的數位控制銑床機具，可精準削去材料，反向動作則是3D列印。

5-3 製作模具

簡單素樸的巧克力模和糖模。把物體壓在一層玉米粉上就能做出這樣的模具，就像做砂模鑄造，將某個東西壓進玉米粉，拿開後留下「足跡」，再灌入巧克力或硬脆狀態的糖（糖漿溫度達300°F／150°C），冷卻後，就是啦！雖然這方法很迅速（呃，像巧克力樂高玩具！），但玉米粉會黏在成品上，且模具無法表現出太多細節。它就是個不需花太多工夫的好玩實驗，但也不算正常技術。

矽膠模具更能呈現出細節（例如面容可辨識的巧克力硬幣），適用溫度介於-65°F／-53°C和450°F／230°C之間。但缺點在於取得與否和成本花費，你得上網訂購材料，大型模具的花費可能更多。然而它還是很值得的：你在店裡看到的矽膠模具都是沒有太多細節的單片模具，而選擇DIY的美麗之處就在於多重組件模具，不但可烘烤且可彎曲彈出各種形狀。最容易製作模具的有平面物體（硬幣、鑰匙）和凸狀物體（沒有凹下去的形狀，奇怪吧！如蘆筍）：將物體放入平盤上，用矽膠蓋滿，等模具固定後取下並翻出物體，然後覆蓋另一邊。用簡單模具做出來的復古塑膠玩具（如汽車、玩具兵、恐龍）也很容易拿來作模具：將玩具放入塑膠容器中，用矽膠蓋滿，讓模具固化，然後將玩具脫模，小心切成一半。（你可能需要切出一個倒入口才能把食物倒進去。）

巴黎石膏，又稱硫酸鈣，多用來做石膏繃帶，是一種耐熱且安全無毒的材料。石膏繃帶是塗有硫酸鈣的捲布，剪下一條，浸在一碗水中，然後纏繞在物體上（歷史上多用於斷臂，現在主要是藝術和工藝的應用）。一開始先把大量的起酥油塗上你想包裹的東西，如沙灘球、樹枝、大輪胎內胎，起酥油的作用就是脫模劑，然後用三到五層的石膏繃帶包住物體。當乾了之後要切割石膏繃帶，請用附有砂輪盤的角磨機來切。食品級的硫酸鈣很難找到（製作豆腐會用到它，但不用於石膏繃帶），因此你可能需視用途將烘焙紙鋪在模具上。

有些模具只會讓食物放在它的表面，等到冷卻就剝除，就像做冰淇淋筒和巧克力葉。若做巧克力葉，就在檸檬葉或玫瑰葉片背面塗上調溫巧克力，放在室溫下一兩個小時，然後將葉子剝除。還可以用白巧克力在葉片上先薄薄塗一層，打亮葉脈。

你不必先做模具才能發揮創意，也可以利用現存模具，但使用方式不同。用方形蛋糕烤盤烤個Apple蘋果派吧！你可以用刀切出蘋果商標，或參考麗諾爾·艾德曼（Lenore Edman）和溫戴爾·奧斯蓋（Windell Oskay）在他們的網站「邪惡瘋狂科學家」（Evil Mad Scientist）的作品，他們用雷射切割器做蘋果派。細節請參考：http://cookingforgeeks.com/book/appleapplepie/。

玩玩硬體

RECIPE

冰淇淋甜筒杯

　　冰淇淋甜筒、甜筒杯，甚至美式的幸運餅乾都是一樣的配方——超級甜的糖餅乾——只是使用不同模具做成不同形狀。就從甜筒杯開始，如果你想做得更細緻，請上網查看製作甜筒模具和模板的說明。（總之，就是用厚紙板做一個圓錐形，用鋁箔紙包起來，然後準備圓碟形的糖片，在糖片冷卻前將它包在圓錐體上。）

　　要有心理準備，做出的一批成品裡才會有幾個派上用場的，這個配方應該可做8個小甜筒杯。

　　烤箱預熱到300°F／150°C。

　　下列食材放在碗裡攪拌均勻：

1/2杯（100克）糖

2大顆（60克）蛋白

1茶匙（5毫升）香草精

1/2杯（70克）麵粉

2湯匙（30克）奶油

　　烘焙紙裁切或撕成21.5公分 x 28公分大小。每張做一個甜筒杯；剛開始每次烤一個，一旦上手就能一次烤兩個。

　　烘焙紙中心放上2湯匙麵糊，用餐刀背將麵糊舖成均勻的圓圈。

　　烘焙紙放到餅乾盤上，放入烤箱烤約20分鐘，烤到餅乾變成金褐色。（若用更低溫烤更久，就會有顏色更均勻的棕色餅乾。）

用300°F／150°C烤的餅乾。　　　　用350°F／180°C烤的餅乾。

5-3 製作模具

現在收集模具組件：找一個水杯（玻璃杯，不是塑膠杯！），杯子底座大概就是你想要的甜筒杯形狀，將它倒置在櫥台上。從烤箱中取出餅乾，手指拿起烘焙紙很快顛倒放在玻璃杯的上方。(1) 餅乾中心位置要剛好直接碰到玻璃杯。用一隻手將烘焙紙抓住不放，維持在適當位置；另一隻手則拿一條廚房毛巾，蓋在紙上按住，用毛巾作為隔熱墊（糖餅乾應該很燙！）。用雙手迅速將餅乾周邊按壓在玻璃杯上。

20到30秒後，等餅乾冷卻固定就可以把它從玻璃杯上拿下來，小心剝下烘焙紙，如果有必要可以用撕的，每個折疊處都要弄乾淨(2)。

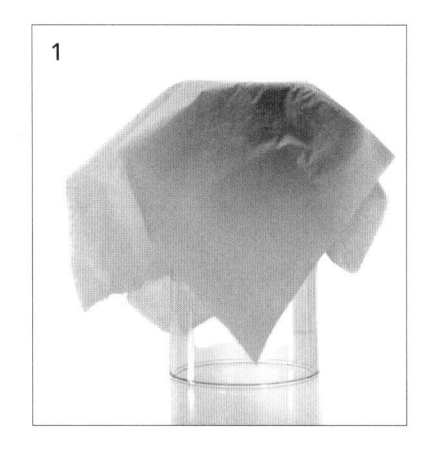

小叮嚀

- 糖具有吸濕性，自製的甜筒杯會從空氣中吸取大量水分，脆度會在幾小時後消失。它們仍然好吃，只是不那麼美味了。
- 可嘗試在麵團中加入種子或其他食材，如芝麻、罌粟種子、薑糖；可將這些材料撒在擀平麵團的邊緣上，餅乾周邊就會更有風味。

365

如何做500磅的甜甜圈

> 甜甜圈啊！有什麼是它做不到的嗎？
> ——荷馬・辛普森，出自 Marge vs. the Monorail 一集

做一個怪獸級甜甜圈，是網路電視裡最瘋狂的生活分享之一，也是你永遠想不到自己會做的事。但在本書第一版出版後，我接到某製作公司的電話，他們在找一位飲食科學界的技客，想為「聯播網」做一場「極限食物秀」（deals with food）。

「你認為可以做出多大的甜甜圈？」他們想知道。這場秀的想法很簡單：兩位主廚各有糕點師傅和飲食科學的技客協助，比拼出誰能做出最美味、最漂亮、最大型的食物。第一集（也僅此一集）《怪物廚房》在2011年7月19日播出，向觀察展現如何做出巨大的甜甜圈。

經過一番研究——是的，甜甜圈用烤的仍然是甜甜圈，所以我想出一個計畫。我要做模具，放在足足有一個房間大的工業烤箱中烘烤。糕點師艾美・布朗（Amy Brown）會用水泥攪拌機混和麵糊，主廚艾瑞克・葛林斯潘（Eric Greenspan）負責做甜甜圈餡料。整個計畫的決定關鍵是一台可做出甜甜圈形狀的怪獸級烤模，寬度有1.5公尺寬，和葛林斯潘主廚一樣大。嚇人啊！

矽膠通常用來做食品模具，但它的固化時間太久，加上模具太厚也無法烘烤麵團。也常見用銅這樣的金屬做食品模具，但要做得這麼大，銅模具不是太脆弱無法維持形狀，就是太厚難以控制。那就只剩下石膏了——而石膏繃帶就是塗上石膏粉的紗布捲。就是它了！弄濕布條放在你想當做模具的物體表面上，幾個小時之後，它們就會變成既耐熱又堅硬的模具。

要做模具的**內模**，也就是支撐目標物形狀的模型，我需要圓環形狀的物體，就像玩急流泛舟的救生圈。對付較小尺寸的內模，我可用鋁箔壓成大致形狀並進行加工，但要做一個1.5公尺長的就沒辦法。在冗長的電話通話與上網搜尋後（多謝克里斯！），我們找到一條直徑超過1.5公尺的輪胎。我就有了可做真正環形模具和包裹模型的材料。加入蛋糕麵團，再經烘烤、上色，你就有了怪獸級甜甜圈。

迷你版怪獸級甜甜圈模具（直徑30公分長的甜甜圈）

1. **製作模具內模並檢查**。鋁箔紙捲成圓環形，然後用保鮮膜包好。檢查模具是否可放入烤箱（如果你膽子夠大，也可改用油炸鍋），然後繼續。
2. **替內模塗油**。起酥油塗在內模上，它的作用就像脫模劑。
3. **做模具**。用石膏繃帶做模具，繃帶可上網購買，或在工藝品店找到。剪下幾英呎長，弄濕，裹在內膜上。看你要做多大的模具就用繃帶把環狀物纏起來，用這種方法就可以先纏再剪。不然就用繃帶覆蓋環狀物的側面和頂部，這樣也方便後續拆鋁箔紙／保鮮膜內芯。重複纏繞至少4或5次直到整個環狀物被覆蓋。（在實境秀裡甜甜圈模被包裹了8-10次，但對於那個尺寸幾乎不夠）。
4. **讓模具固化**。理想時間需要24到48小時。
5. **取下內模**。如果你沒有把底部裹上石膏，可將模具翻過來，拉出鋁箔紙和保鮮膜。如果你把底部完全裹上，可用角磨機把頂部切下來（請戴防塵口罩和防護眼罩！）

甜甜圈蛋糕食譜

接下來的甜甜圈配方來自艾美‧布朗的作品，可做出美妙的蛋糕甜甜圈。（甜甜圈常用酵母培養，但我們選擇使用發粉和小蘇打讓麵團快速膨脹。）別讓「500磅甜甜圈」的標題阻礙你用這道食譜做出正常的甜甜圈。

1. 要做12個正常甜甜圈，請準備1個碗；要做直徑30公分的甜甜圈，請準備Hobart攪拌機；而要做直1.5公尺的甜甜圈，請準備20個食品用5加侖大水桶。攪拌食材：

	12個正常甜甜圈	直徑30公分甜甜圈	直徑1.5公尺甜甜圈
麵粉（克）	516	6,192	103,200
糖（克）	238	2,856	47,600
小蘇打（克）	3	36	600
泡打粉（克）	9	108	1,800
鹽（克）	3	36	600
肉豆蔻（克）	2	24	400

2. 要做12個正常甜甜圈與直徑30公分甜甜圈，請把材料放在另一個大碗中；若做直徑1.5公尺甜甜圈，請準備4個食品用5加侖大水桶。攪拌食材：

	12個正常甜甜圈	直徑30公分甜甜圈	直徑1.5公尺甜甜圈
白脫奶（毫升）	192	2,304	38,400
奶油（克）	64	768	12,800
香草精（克）	4	48	800
大顆雞蛋（顆）	2	24	400
蛋黃（顆）	1	12	200

> 想找白脫奶的替代品，請見p.472。

3 混合乾性食材和濕性食材。份量小的請用刮刀，若做直徑1.5公尺甜甜圈的麵團請用水泥攪拌機分4次攪拌，攪拌均勻後將麵團移到模具。

做正常版甜甜圈。麵團擀成1公分厚，用圓形沖孔器將麵團壓成甜甜圈的形狀（用大罐優酪乳上下顛倒，也很合用）；中心部分也要打掉。麵團用375°F／190°C的油炸成金褐色，請注意要保持適當油溫（使用多一點油可一次炸一兩個）。炸到一半時要將甜甜圈翻面。炸好後放到墊了餐巾紙的烤盤上放涼。

做直徑30公分甜甜圈。放入350-375°F／175-190°C的烤箱烘烤，烤到中心達到195°F／90°C。從烤箱中取出甜甜圈，冷卻至少30分鐘，然後脫模。如果你選擇讓甜甜圈的外層更硬脆，帶有紅木棕色，可在此時把甜甜圈再炸過。方法是：甜甜圈移到穩固的冷卻架上，用線拉住架子，將甜甜圈向下放入大熱油鍋油炸，然後再吊起。

做直徑1.5公尺甜甜圈。一開始用大型烤箱以約350-375°F／175-190°C烤半天左右，烤到內部溫度達180°F／80°C。想要炸……嗯，那就複雜了，要用到起重機、噴砂機、焊接設備、大型垃圾裝卸貨車和功率約達1百萬BTU的燃燒器。幸運的是，有人會買單。

內餡和霜飾

至於甜甜圈的餡料和霜飾，就是個人的選擇了。我們在節目上用卡士達醬當內餡，用楓糖漿上色，然後用裹上巧克力的培根條作撒料。我個人認為撒糖粉很不錯又簡單。

5-4 濕式分離法

　　分離食物是有趣的化學和物理課題，需要聰明的solutions（解決方案，另個意義為溶液，請原諒我的雙關語）。很多食材如橄欖油、麵粉、奶油、柳橙汁一開始都是混合物，要經過分離程序才能分開成分，如從橄欖中分離出油，或從牛奶中分離出脂肪。

　　如何分離食材的各種組成取決於它的屬性。尺寸大小是明顯的屬性，如從水中濾出義大利麵就很容易。有些液體，像新鮮的全脂牛奶只要給它時間就會自己分開。但你如何從水中拿掉鹽，或從液體中分離出味道？根據密度、沸點、甚至磁性的差異，業界工具可以幫助我們回答這些問題。以下是食品業分離液體的一些方法：

　　•**機械過濾**很容易從液體中濾出固體，從壓榨果汁中濾出果肉，使混濁液體變得透明。有時採取雙重打擊方式：先加一個臨時成分，讓它粘上液體中的渾濁物質，然後一起過濾出來，變成透明液體。

　　•**離心機**根據密度差異分離混合物，比以前的工業應用更容易操作（沒有過濾器，不需要清洗）。廚用式離心機可以旋轉少量液體，但是工業需要更強力的東西。其中一種選擇是**傾析離心機**（decanting centrifuge），它可以讓混合物從一端進入，然後讓液體旋轉，使較濃稠的物體（如果汁中的果肉、飲料中的酵母）從一個管道中分離出來，而較輕的物體（如牛奶中的脂肪、植物壓出的植物油）會走得更遠，從另一個管道出去。連續進料離心機擴大了機械分離及自然分離技術的能力，是相當聰明的方法，

　　•**乾燥，又稱脫水**。利用水分蒸發達到乾燥目的，當物體含水量減少，保存狀態就能穩定；它會改變食物的質地、顏色和風味。

　　•**蒸餾**將液體蒸發成氣體，然後將氣體冷凝收集到另一個容器。整個製酒業都是以蒸餾為基礎，香水和許多香氛也是用這種方法從水中分離出來。

　　以下內容我們將深入廚房使用這些分離技術：

如果我沒有納入下面兩種分離技術並做有趣的示範，就是沒有盡到責任。它們對廚房都沒有用，但很有趣！

• **磁分離技術**用於工業加工，去除任何「含鐵異物」，如意外進入食品供應的螺絲釘或金屬屑。磁分離對消費者的流理台不會有太大功用——汞這種有毒金屬不會對磁吸產生反應——但是展現它如何與鐵發生作用卻是很有趣的示範。將一把含有鐵屑的早餐麥片放入攪拌機或塑膠袋，打到變成粉末，然後用強力磁鐵拖過粉末，你應該會看到磁鐵表面滿布黑色斑點。

• **色譜分離技術**根據化合物穿越另一種物質的速度來分離化合物。我沒看過色譜分析的家庭應用，也許是因為分離這麼小的東西出來，不會帶來料理上的幸福。嘗試用不同的筆在紙巾上劃幾條線做記號，然後將紙浸到一杯水中，水面浸到與各線邊緣平行，幾分鐘後，當水流過各標記，並把各種顏色帶到不同距離時，你應該看到各種染料分離出來。

機械過濾

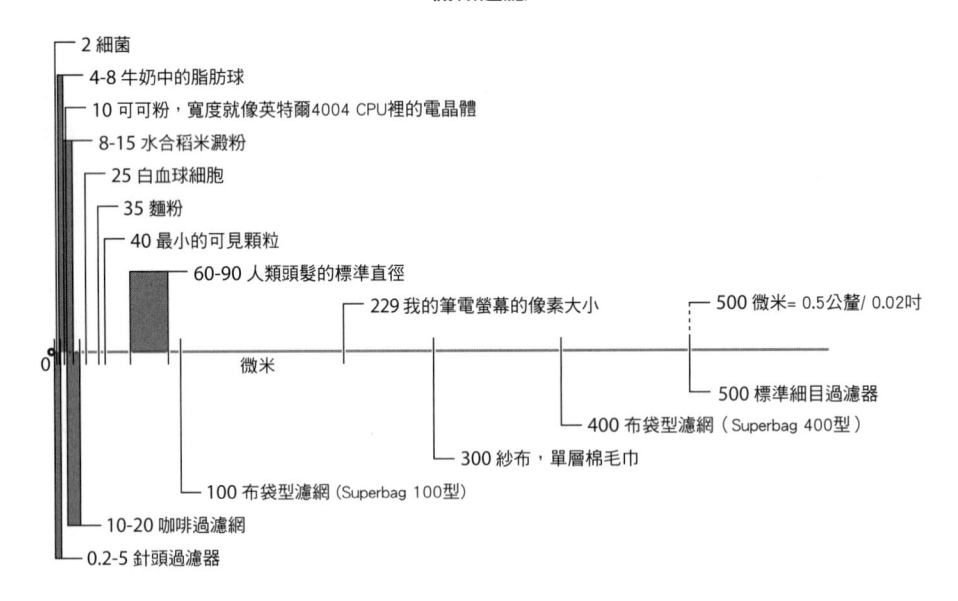

- 2 細菌
- 4-8 牛奶中的脂肪球
- 10 可可粉，寬度就像英特爾4004 CPU裡的電晶體
- 8-15 水合稻米澱粉
- 25 白血球細胞
- 35 麵粉
- 40 最小的可見顆粒
- 60-90 人類頭髮的標準直徑
- 229 我的筆電螢幕的像素大小
- 500 微米= 0.5公釐/ 0.02吋
- 500 標準細目過濾器
- 400 布袋型濾網（Superbag 400型）
- 300 紗布，單層棉毛巾
- 100 布袋型濾網（Superbag 100型）
- 10-20 咖啡過濾網
- 0.2-5 針頭過濾器

微米

常用過濾器（下方）及常見物體（上方）的大小。

過濾是把漿料裡的固體與液體分離的過程。分離後產生兩部分：液體以及被過濾出的固體。通常我們想要的是液體，但在某些情況下，固體也是我們想要的。而使用哪種過濾

法取決於固體顆粒大小。你也許沒想過從肉湯中撈出辛香料和較大渣質就是過濾，但就是（工具用簡單的鋼絲濾網就可以了；塑膠濾網孔洞較大，也比較容易破）。在商用廚房裡也會用一種濾網篩（chinois），這是一種圓錐形過濾器，可將磨好的濃湯和馬鈴薯泥濾成更細緻的口感。

過濾的有趣事發生在更小尺寸上，通常有兩個方式可完成：老方法是「嘿，更小更小的洞」（像是過濾果泥需用舖了棉布的濾網），而現代方法則是用膠質。

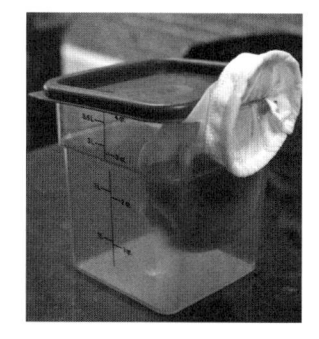

做澄清液體的現代技術是將液體結凍，再讓它在濾網中融化滴出。

你可自己做手工杏仁乳，將事先淨泡過的杏仁打成泥狀，然後用舖了棉布或乾淨毛巾的直立式廚房過濾器過濾，這樣可濾出小到300微米左右的顆粒（如果有必要，可收起毛巾四角用力擰，讓液體流出去）。或「走業界那一套」，用小細網篩掉小粒子。細網篩是耐熱、耐用，又可重複使用的網篩，食品業界多用在加壓系統，但在家用用也很好玩（請上http://www.mcmaster.com 搜尋6805K31）

還有更有趣的方法可過濾真正很小的顆粒：用膠質。它可用來分離引起混濁的最小固體，讓液體變清澈。膠質捕捉顆粒而奏效，然後隨著膠質本身的結構一起被排除。這種技術並不是現代才有的：例如**法式清湯**（consommé），是雞湯或肉湯在澄清過濾後做出的清澈高湯，傳統上是在湯裡放入蛋白以小火煨煮，讓它和顆粒結合，凝結浮出形成容易去除的大塊渣質。還有啤酒和葡萄酒釀造者用的**魚膠**（isinglass），是來自魚膘的膠原蛋白，可過濾液體：魚膠可與酵母鍵結，變成稠密的團塊沉澱下來。（Sorry，愛喝啤酒的素食者。）

用來做膠質過濾的兩種常見化合物是明膠和洋菜。如果你正在做澄清高湯，明膠已經存在湯裡了（從骨頭）；否則請加入明膠或洋菜（更多洋菜的內容請見p.449），等凝膠固定，用毛巾把湯汁擠出來，就像之前做杏仁奶的說明一樣。請注意不要擠太用力，免得最後膠質破碎也一起擠出來。

膠質過濾還有第二個，甚至是更聰明的技巧：「滴濾」（drip hawing）。它不用把膠質擠出棉布或毛巾，而是把膠狀液體結凍，放在鋪好毛巾擱在碗上的濾網中進行解凍（請確定膠狀液體在解凍前，必須完全凍結；如果解凍要花一個多小時或兩個小時以上，基於食安顧慮，請放在冰箱裡解凍）。如果你澄清的液體中沒有天生存在的膠質，應該在液體中加入明膠（濃度為~0.5％）或洋菜（濃度為~0.25％）。滴濾的缺點是需要時間，但是可以得到清澈的液體，無需攪打最近的離心機。

RECIPE

基本白色高湯

白色高湯被視為料理的基本食材,由於做來需要花時間及用到骨頭,許多家庭廚師要做湯或做肉汁時只會買一罐高湯。

自己熬的高湯和店裡買回來的不同,家裡做的湯有膠質,所以冷卻時會結凍。下次若你發現剩下一堆骨頭時,可以從頭開始熬高湯。(你也可到食品賣場問問有無「雞背骨」。)

取一大型湯鍋(6升),放入下列食材,蔬菜炒5到10分鐘炒到出水變軟:

2湯匙(30毫升)橄欖油
1根(100克)胡蘿蔔,切丁
2根(100克)芹菜莖,切丁
1個中型(100克)洋蔥,切丁

等蔬菜炒軟再加入:

2公斤大骨,如雞骨、小牛骨或牛骨

加水淹過食材,慢慢煮沸。然後加入提香料和辛香料[79],如幾片月桂葉、一點百里香,或適合你口味的任何香草。可試試八角、薑、肉桂棒、丁香、糊椒或檸檬葉,就像做越南河粉的湯底。

如果你有壓力鍋,可將湯料放在壓力鍋以高壓煮30分鐘。

不然請將鍋子放在爐上以小火慢熬,雞骨湯要熬2到3小時,更厚重的大骨要熬6到8小時。熬好後將湯過濾放涼,放入冰箱。

下面是使用不同方法過濾出的白湯,由最粗的濾網漸進到最細的過濾。(我先用~5000微米的漏勺,再用500微米的濾網濾掉大骨及菜渣。)

小叮嚀

- 要做褐色高湯,請將大骨放在烤盤中以400°F／~200°C的烤箱烤1小時,然後加1/2杯(~70克)番茄泥,還有胡蘿蔔、芹菜莖和洋蔥。再烤半小時,然後移到大湯鍋,按照之前的熬湯指示用小火熬煮。

用500微米過濾:網篩或濾網過濾出的渣質。

再用300微米過濾:棉布過濾出的渣質。

再用100微米過濾:Superbag濾出的渣質。

---

[79] 提香蔬菜(aromatic),或稱提香料,是指有香氣的蔬菜和香草,如洋蔥、胡蘿蔔、芹菜、檸檬草、薑,或是東方料理會用到的蔥。

RECIPE

滴濾式法式清湯

要做滴濾式法式清湯,要用適當的高湯,店裡買來的湯不行,因為沒有明膠。明膠在此是必要成分,就像傳統澄清方法用的蛋白筏網(raft)[80],明膠可抓住雜質,澄清高湯。

當高湯放涼結成膠凍狀後(請放冰箱一晚上),放入冰庫凍成固體。當高湯裡的水分結冰時,會將雜質推入明膠。凍好拿出,放入過濾袋或用墊上棉布的濾網,讓它在廚檯上滴1小時,或放入冰箱直到融化。濾袋或紗布會抓住明膠,滴濾過後就有乾淨的法式清湯。

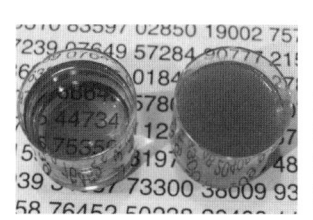

圖中左邊是用滴濾法濾出的法式清湯,右邊是用100微米過濾器濾出的傳統高湯。請比較兩者的透明度。

高湯凍放在墊了棉布的濾網上。你可以將高湯放在冰塊盒中結凍,就如圖中所示。

1、2個小時後,高湯會融化,法式清湯會化入鍋中,而棉布上剩下不規則狀的明膠。

廚用離心機

離心機就像轉到快瘋了的洗衣機,旋轉衣服、試樣瓶、番茄汁等物體,讓它們繞著固定軸線以高速旋轉,在向心加速下,稠密物質會比較輕物體更快分離出來,而此過程稱為「沉澱作用」(sedimentation)。

沉澱通常要靠重力和時間作用。造成調味料慢慢滴到沙拉醬底部,盒子裡包裝好的東西會沉到保麗龍粒的下面(雖然我發誓有時發貨人只是把我的出貨單先卡在盒子裡)。

加速度在離心機的作用更大於重力。「千克力」(kgf)是地球重力施力的一千倍!在離心機的標準下,千克力還被認為是弱的,雖然在很多料理用途上它已經夠強了。離心機產生很大力量(嗯,技術上說就是加速度作用),且這種力量藉著沉澱作用很快就能分離化合物。以此角度思考,太空人在起飛時體驗了2克力!

而在食品界,離心機多做工業用。(低脂牛奶不是來自節食的牛!)高級料理大廚也會用它,如把番茄汁加速旋轉,它會分離成三層,中間那一層看起來像水(一點也不黃!),但嘗起來像番茄。碎裂的植物組織如堅果碎、果泥或菜泥,都可以用旋轉加速達到類似的效果,在幾分鐘內做出堅果油(油分離到上層,變得比較不稠密),或從其他植物分離出味道濃厚的脂肪,這些事情若用其他方法是做不到的!如果你很幸運有機會接觸到離心機,首先要把番茄汁拿來轉轉看;明明看到是水,嘗起來聞起來卻是番茄,那種震驚真是難忘的經驗。更多訊息請看 http://cookingforgeeks.com/book/centrifuge/。

---

[80] 傳統上,法式清湯的澄清程序需拌入加了肉渣和香料的蛋白糊,在湯裡拌到筏網成形,再撈出過濾。而筏網的原文raft是木筏之意,是指蛋白糊形成的懸浮灰渣飄到湯面,變成紗布狀的一片網,就如水面的筏。

乾燥

你或許並不覺得乾燥是一種分離現象，但它就是：食物脫水時，藉著蒸發或昇華，水就被分離出來了。食物經自然風乾也許是最古老的保鮮方法，要將食物轉化為不會腐敗或發霉的貨架儲存狀態，它可說是最簡單的方法了。即使現代有冷藏技術，我們依然用這種方法風乾食物，變成我們想要的質地，做出堅實的果乾、有咬勁的牛肉乾、硬脆的甘藍蔬菜片。

如果你幸運生活在溫暖乾燥的地區，夏季日曬將溫度計推高到85°F／30°C之上且濕度低於60％（如加州），在這種地方乾燥水果是件簡單小事。挑選完全成熟的水果，清洗乾淨，像是核果，切成兩半（去核），其他種類的水果則切片（辣椒和番茄，生物學上它們是水果！），在檸檬汁或維生素C含量約4%的溶液中浸泡10-15分鐘。拍乾水果，舖在墊了棉布的烤架上，曬七個白天左右，晚上搬到室內。如果你覺得乾燥水果裡有蟲或蟲卵，用-0°F／-18°C冰兩天，或用160°F／70°C再烤半小時。

何必這麼麻煩呢？嗯，除了幫忙把一下子冒出來的二十磅杏桃在一週內處理掉（我在後院種了一棵杏桃樹），做乾燥食物可讓你得到的食物成分遠遠超越從店家買來的，甚至那些還是商用水果根本不存在的。店裡買的紅辣椒粉，就算是跟好的香料商家買的，也無法與你自己在家做的相比。收拾一些辣椒做紅辣椒粉，如果你喜歡煙燻風味的，可選擇先煙燻（和雞搭配非常棒，請見p.39），再乾燥。一旦乾燥好，就倒入攪拌機打碎。（如果你有綠手指，請找NuMex R Naky辣椒或Paprika Supreme紅辣椒的種子。）

如果你住的地方氣候並不乾燥，也不是夏天，請用食物脫水機。它基本上就是有風扇和加熱器的箱子，保持空氣溫度並吹散水蒸汽就可加速蒸發。加熱器並不做烹飪用而是用來保持溫度。當水分蒸發時，會降低食物表面的溫度，讓蒸發速率變慢。加熱器解決了這個問題，讓溫度些微上升加速蒸發。扔一把切片杏桃或番茄進去，等幾個小時，轉眼間，它們就烘乾了。（順便把這些杏桃在融化的黑巧克力裡沾一下吧。不客氣。）

風乾水分低的香草，如奧瑞岡、迷迭香、鼠尾草和蒔蘿，可將它們倒掛在黑暗乾燥的地方數天到幾週，掛到葉片脆碎。

冷凍乾燥也是一種脫水程序，藉由昇華（sublimation）發生作用，也就是冰蒸發直接變成水蒸氣。它對形狀、風味和營養價值衝擊很小，但很昂貴，所以通常只用在水的重量會造成問題的情況，如背包客旅行和太空旅行。

食物脫水機也可用來做其他用途。像是用老方法做牛肉乾，乾燥太慢，肉乾會腐壞或有食物安全疑慮，食物脫水機便解決這個問題。你也可以做其他肉乾：鮭魚乾，魚去骨，切成0.5公分的片狀，乾燥3到6小時就變得美味。或自己做水果皮糖捲（有嚼勁的乾燥水果薄片）：水果打成泥，每杯果泥加入1茶匙檸檬汁，試味後可隨意加入糖，將果泥塗在矽膠烤盤上，等它乾燥。還可DIY水果皮糖捲。

水在212°F／100°C時沸騰，倘若相對濕度低於100%時，水的蒸發根據低溫度時的蒸氣壓力。因為蒸汽壓力變化，你不必加熱食物來蒸發水分，雖然增加溫度會增加蒸發速率。

● RECIPE

烤羽衣甘藍脆片

令我震驚的是，有些店為了那幾盎司羽衣甘藍脆片居然要收你那麼多錢。等你知道它們有多容易做，不需要特殊設備，你也許想開始替它們標個瘋狂價錢，自己開始賣！

過去幾年來羽衣甘藍已經成為一種熱門樣板食材，但它不會消失，就像幾年前「突然流行」食材甜菜一樣，依然很受歡迎。羽衣甘藍會因為這道點心留駐。要做好吃的羽衣甘藍脆片，受熱要慢、時間要久是料理祕訣。

烤箱預熱至300°F／150°C，溫度只要比它再高一些，羽衣甘藍脆片就會燒焦。

約500克羽衣甘藍葉沖洗後拍乾，你可以用你喜歡的品種（我喜歡托斯卡納羽衣甘藍）。撕掉葉梗，葉子從葉梗處對半折，捏住梗，從最葉子最下面的地方開始，把梗往上撕到葉子的2/3處。如果你喜歡小一點的羽衣甘藍脆片，就將葉子撕成1/4，但烤熟後再撕更容易。

葉子與2湯匙（30毫升）橄欖油或椰子油、1/2茶匙（2克）海鹽放入碗中抓拌。隨意加入**新鮮現磨黑胡椒、辣椒、帕馬森乳酪**，只要是乾燥後變好吃的食材都可以。用手指將油和調味盡量在葉子上抹勻，將它們倒出來。

羽衣甘藍葉倒在舖著烘焙紙的烤盤上，烤約20分鐘，烤至酥脆。

小叮嚀

- 我看過兩個最常見的錯誤：用太高溫度烤（羽衣甘藍會烤黃，味道變老，甚至會焦掉），以及沒有烤足夠時間（你會知道你做的羽衣甘藍脆片是否有嚼勁）。蒸發就像烹飪的其他知識一樣，具有時間-溫度的「反應速率」：溫度越高，空氣中保留的水蒸氣越多，乾空氣取代水蒸氣的循環會加速蒸發速率。

RECIPE

5^3牛肉乾

　　只要5種食材，5分鐘攪拌，5小時乾燥（5×5×5了解嗎？），牛肉乾迷沒有理由不自己動手做：它比包裝好的東西味道好多了，加上調味還可以完全按照自己喜歡的做法。

　　牛肉乾出人意外地好做，可能是人類「料理」的第一種東西。將一塊好肉切片，加點味道醃一下，然後乾燥。充分降低水分含量，脫水使得肉變太乾無法支持細菌生長。當然，它的味道也很棒，這就是為什麼今天仍然很流行，即使是冷藏的。

　　肥肉會做成較有嚼勁的牛肉乾；較瘦的肉乾燥得越久越乾柴，放太久就會變脆。

　　準備下列5種食材：

~0.5-1公斤優質牛肉（可用上臀肉或沙朗，試過這兩部分後，如果你喜歡比較肥一點的牛肉乾，可再試試後腿肉排），做好的重量會變成現在重量的1/4左右

1/2 杯（120毫升）醬油

1 茶匙（5毫升）是差拉醬、卡宴辣椒粉或紅辣椒粉（自由選用，但有很好的提味作用）

1 茶匙（2克）新鮮現磨胡椒粉

4 湯匙（50克）紅糖

　　醃料放在碗中混合。醃料會增添味道，歡迎自行添加或拿掉某配料。可加梅林辣醬油、天然煙燻水（請參閱p.428）或任何你喜歡的辣醬或味道。

　　用利刀將牛肉切成細條。如果下刀時肉亂移，請將肉放在冰庫1小時讓它變硬。

　　切好的肉放在醃料中。雖然肉不需要在醃料中靜置，當然你也可以這樣做。或將醃料蓋過肉，直接讓它進入乾燥的程序也可以，還節省很多時間。但如果你喜歡，把肉埋在醬裡，蓋上蓋子放在冰箱裡醃一兩個小時。

　　如果你有食物脫水機，請預熱至~150°F／65°C半小時。（用數位探針溫度計檢查機器溫度；有時機器溫度顯示並不準確！）肉條放在烤盤上，放入機器中，烘5小時後檢查。如果食物脫水機無法吸入新鮮空氣或空氣循環不好，乾燥時間24小時是合理的。

如果你沒有食物脫水機，請將烤盤或托盤舖好鋁箔紙，上面放烘焙冷卻架，把牛肉條放在架子上。烤箱設定在低溫也可以做：理想溫度是150°F／65°C左右，不要低於145°F／63°C。（太熱，肉會糾結卻不乾。）托盤放入烤箱，烤箱門打開，讓水分從烤箱中散出，也讓烤箱溫度比設定溫度再低一點。

5小時之後，就應該檢查第一批肉乾。

在喊大功告成前，你應該再做一個步驟：處理一些安全問題。研究人員發現大概是蒸發冷卻的關係，在如此乾燥環境下，大腸桿菌可在145°F的溫度下存活10小時。我們祖先沒有處理這件事，偶爾東西做壞了，或人生病了（或更糟）。但你應該考慮下述兩個食品安全問題：

• **之前就受到污染**：如果肉有沙門氏菌或大腸桿菌來湊熱鬧，利用快速低溫加熱很容易就能處理。丟進275°F／135°C的烤箱烤 10分鐘。（講究傳統的人可能會憎惡這個方法，但它對質地只有微妙的改變。）或者，請參考p.194，先用熱水浸漬處理法處理，但建議還是等烘好後再處理肉乾較好。

• **儲存穩定**：好，這對我來說從來就不是問題，因為我幾乎立刻就把它們掃光了。不過，你應該檢查一下肉乾是否充分烘乾？否則，水的活動會太high（見p.195）。利用秤重檢查是否充分乾燥：肉乾的重量應該是開始重量的1/4。保持乾燥狀態也很重要。如果你生活在潮濕的環境，肉乾會把水分吸收回來，請把它儲存在密閉容器中。

技客實驗室：分離和結晶（脆糖棒）

廚房裡還有另一種可把固體分離出液體的方法：**結晶**。

出乎意料的糖結晶或水可能會破壞菜餚。長得太大的水結晶可能會讓冰淇淋的口感從滑潤變成沙沙的，做焦糖醬也有意外的糖結晶，那是像異星球冰凍表面的大粒結塊。另一方面，適當的結晶則會給巧克力軟糖難以置信的口感。

結晶也會發生在糖這樣的純物質處於**太過飽和**狀態時，也就是在溶液中融化了比一般更多量的糖，通常會發生結晶。任何種晶，甚至排放在晶格中的微量物質都可以作為結晶的起點。這也是焦糖醬的食譜都叮嚀廚師，在煮沸水的時候，要把鍋邊都弄濕，就可以消除起砂的可能，也就不會產生結塊混亂結晶。（或者，慢慢加熱，不要攪拌，攪拌會加速晶體形成。）

要做出飽和溶液很容易：水這樣的溶劑通常（但不一定）在較高溫度下會溶解更多溶質（例如糖）。降低完全飽和溶液的溫度，讓化學當量產生存在危機：給定晶種，溶質將凝結回到原來溶液完全飽和的水平。

嘗試做出花俏的脆糖棒，看看晶體如何形成生長。

首先準備以下材料：
- 1 杯（200 克）糖
- 1/2 杯（120 克）水
- 窄口玻璃杯或小罐子
- 料理用竹籤（牙籤也可以，但不是很好用）
- 膠帶，如紙膠帶
- 保鮮膜
- 放在水裡加熱煮沸的東西
- 食用色素和香精（自由選用）

實驗步驟：

1. 竹籤前端~10公分浸入水中，再沾進糖中，讓竹籤裹上種晶，也就是開始結晶的起點。

2. 糖和水放入醬汁鍋或微波爐可用的容器中攪拌均勻，很快煮沸讓所有糖完全溶解。糖漿冷卻幾分鐘後，倒入玻璃杯或小罐子中。如果要做彩色的或有風味的脆糖棒，請在此加幾滴食用色素或香精（請使用以甘油為基礎的香精，酒精萃取的香精多半會蒸發掉）。

3. 取一截膠帶橫貼在玻璃杯口，把做好種晶的竹籤插進膠帶，懸吊在玻璃杯中央，不要碰到杯底。你可能要在竹籤上多纏一些膠帶，讓它不會往下掉。

4. 用保鮮膜蓋住玻璃杯或罐子。

技客實驗室：分離和結晶（脆糖棒）

5. 玻璃杯放在不受干擾的地方，每天察看一下糖晶長得如何。當糖晶長到預期大小後，就可以把竹籤從杯中拿出來。時間約需5到7天。（糖量太多就不需放冰箱，細菌黴菌無法生長。）

研究時間到了！

如果糖用的比較少，你認為會發生什麼事？如果你跳過在竹籤種糖結晶的程序？

如果將糖溶解在水中但不加熱液體又會發生什麼？

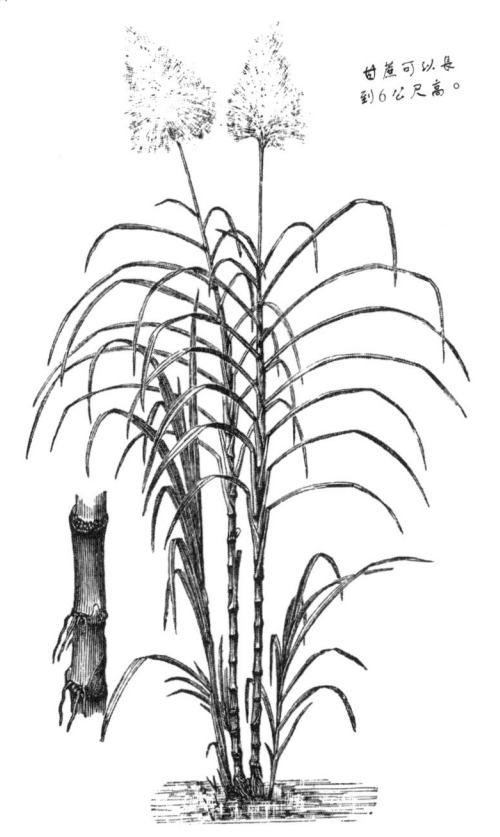

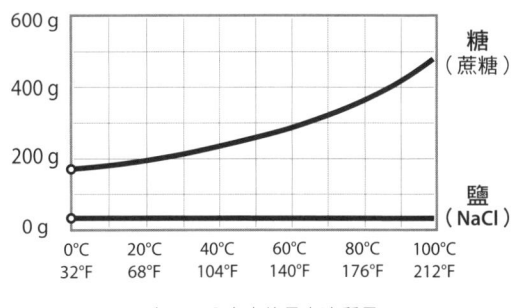

每100公克水的最大溶質量

額外提醒：

以上說明利用糖結晶做為「成核點」（nucleation site），也就是可能發生結晶的地方。而在完美光滑的容器（很難找到完美光滑的容器，就算是觸感光滑的玻璃杯也有微小起伏），就沒有成核點，也不會發生分離作用。液體結晶也是如此，如水結冰：冰晶需要成核點開始結晶。

若沒有成核點又會發生什麼？仍由製造商密封的塑膠水瓶夠光滑，沒有多的雜質，沒有任何成核點。試著將幾個未開封的小水瓶冰凍2到3小時，看看是否會做出**超冷液體**（super-cooled liquid），也就是低於正常凝固點的液體。如果其中某個瓶子中有液體，你就得到裝著超級冷卻水的瓶子：將它倒入碗裡，看它立即凍結。請上 http://cookingforgeeks.com/book/supercool/ 看示範影片。

回頭看不同溫度的溶質含量圖，你又會怎麼做鹹的脆鹽棒？

甘蔗可以長到6公尺高。

• 訪談

戴夫・阿諾
談工業用硬體設備

戴夫・阿諾（Dave Arnold）是廣播節目《廚藝之事》（Cooking Issue）的主持人，也是《液體智慧》（Liquid Intelligence）的作者。之前任職紐約的法國廚藝學院，教授現代廚藝及設備。

你如何讓人在廚房工作時心態大躍進，能分析思考，跳出框架？

對天生無法這樣思考的人，你不能期待他們由著本性自動發展，你必須給他們另一組工具讓他們在廚房裡從做中學。所以我們把煮雞蛋這種他們視為理所當然的事分解成細項組成因子，劃出可放入各個單一變數的格線圖。也就是說，在這個表格中我們可以一次處理兩個變數，例如時間與溫度，當你操作其中一個變數時，也必須了解對應變數受到的影響。

其中經典的例子是煮咖啡。變數大家都知道，但為什麼這麼多咖啡，特別是espresso煮起來這麼困難？有好機器的人很多啊。懂得分析思考才好。如果你亂搞咖啡，一下把變數x、y、z都變了，那就與站在大控制面板前，看著一堆數值鈕，然後隨便亂按的人一樣。要教人泡出好咖啡，必須教他們鎖定所有變數，然後一次改變一項。好比泡espresso，許多人都將咖啡顆粒視為變數，覺得鎖定溫度變項較容易，然後再從劑量、壓力操控咖啡狀態。這就是教他們知道操控變數的方法及分析思考。

如果我們試圖找出與煮蛋溫度相關的變數，就該實地做做看。我們把10顆蛋放在熱循環器裡定出精準溫度慢煮，這程序要做很多次，也要把蛋打開觀察狀況。或者我們會教人利用表格測試兩種變數相對影響，像是找出煎肉時會被熱衝擊的變因。我們會做一個用來測試的格線圖讓大家測試，我認為這會幫助大家熟悉技巧。這些都跟控制和觀察力有關。

你用過哪些硬體改造廚房？

基本上，廚師要到處偷一點東西的想法有助他們改變加熱方式、均質化技巧、或用不同方式攪拌。我們用到的大部分器具改變的用途，不盡然都是自己的想法。你可以抄別人的，就像現在每個人都在用液態氮，是很神奇的東西。

就算是廚房常見的東西，我們也可以改變用途。現在很多人都把壓力用在烹飪上，這是很有趣的事。我們大量應用超音速清洗機及旋轉式蒸發器。我最近還對廚用噴火槍做了一些實驗。為什麼東西被噴火槍燒過，吃起來就有噴火槍的味道。我猜想這應該是加在瓦斯裡可被聞出的成分，就是瓦斯漏氣會讓你聞到的那種東西。我認為噴火槍的味道來

自沒有把所有臭氣燃燒完全。好吧，我想，要燒乾脆燒大一點，所以我把蓋屋子的噴火槍，那種裝丙烷的，把它點燃，就沒有怪味。我嘗試拍攝正常噴火槍的影像，透過螢幕想找到是否有噴火槍味道燒掉的跡象，或者會把它們吹出來。

你如何平衡實驗與安全性？

盡量讓自己了解涉及的潛在新風險。網路是很好的搜尋工具，因為你可以找到很多弄傷自己的人。要多做研究，看很多資料。網路上有很多選項，某人說的也許不是真的，不需要花太多時間google就會知道，已經有人藉著把乾冰黏在汽水瓶上想製作碳酸鹽類，結果就是被噴了滿臉的塑膠碎片。

你不想扼殺人們的創造力或胡搞某東西的願望，因為這才有樂趣。但必須在有基本知識的狀況下進行試煉。在三種情形下事情會很危險：第一，你根本不知道程序為何，這就是用汽水瓶那傢伙的遭遇，他根本不清楚實驗程序。第二，你對某事太過害怕，像是害怕某器具或刀這類東西，如果不管如何你還是想要使用，就可能會受傷。三，當你變得自大時。但如果你天生謹慎，就不會自大。這就是安全做這些實驗的方法。

那像實驗室器具的設備的安全性又如何？

當我拿到離心機，凡是會碰到食物的部分都用漂白水泡，用壓力鍋煮；當我得到旋轉式蒸發器，我把吸管浸泡在漂白水裡，然後又用滾水煮，再用熱水煮，再泡漂白水。有化學污染物，還有有毒污染物──有各種各樣的污染物。對於不鏽鋼及玻璃器具我還比較放心，我可以避開大多數討厭的無機物，但還是得祈禱，東西洗得夠乾淨，可以以擺脫所有有機物。從生物危害的角度，你擔心普里昂蛋白，你擔心有人把牛腦絞碎做庫賈氏症[81]的實驗或諸如此類的。它們有耐熱性，不可能煮掉，然後就寄望用機械清洗清除。

我很好奇你拿離心機做什麼？

很多人買離心機，因為他們認為離心機做出來的東西很棒。但真正需要做的是先向別人借一台。所有離心機都藉由密度分離物質。

如果你會做菜，就會想買很多產品，因為你想做給很多人吃。這不是常常做得到的。聯合利華公司捐了離心機給我們，我有更多時間可以好好玩一玩。我們現在在做自己的產品，像自製堅果油或過濾過的蘋果汁，我們都把這些東西送進去旋轉增加產量。另外，也可以自己做加味橄欖油，先醃製卡拉瑪塔橄欖，再放入離心機中旋轉，就會分離出三層，如此就有了做「骯髒馬丁尼」[82]的最佳橄欖汁，得來全不費工夫。毫無味道的中層必須丟掉，剩下最有趣的一層，是從醃漬橄欖得來的橄欖油。很好玩，但也很貴。

我們把一些原本不屬於廚房的東西帶進廚房，而不只是實驗器材。有組人在自製巧克力，工具是用印度來的石磨，本來是磨dahl[83]的，我們拿來做質地適合的巧克力，這種器具和巧克力完全扯不上邊，用來做番茄醬或芥茉醬還比較像。大部分廚房器具都成了基本配備，卻不一定是新科技或實驗器材，但有時就是要學新科技。重要的是態度。

我提供另個例子，你都怎麼做蘑菇的？絕對不可以把蘑菇泡水。他們總是要你把蘑菇擦乾淨就好。

---

81 庫賈氏症（Creutzfeldt-Jakob disease），狂牛症，因普里昂蛋白侵害造成的腦部病變。
82 骯髒馬丁尼（dirty martini），是加了橄欖、琴酒、苦艾酒的馬丁尼，因為加了橄欖汁，酒色變濁，所以是骯髒馬丁尼。是型男必點調酒，又稱「龐德馬丁尼」（詹姆士・龐德愛喝款）。
83 dahl，印度扁豆加入各種香料做成的醬料，是印度、尼泊爾的家常料理，配印度烤餅吃。

我通常會把蘑菇快速漂洗，我都是這樣做，我想這樣它們應該不會吸太多水。

事實上還真會吸水。蘑菇就是小小的海綿體。事情是這樣的：我們以前總認為蘑菇做不好是因為煎的時間不夠久，這是真的。我們做了實驗，不只把蘑菇切片再泡水，還把它放在平底鍋中擠成一堆——凡是說蘑菇不可以做的事我們都做了。

奇怪的事並不是兩者沒有差別，而是泡過水、擠在一起煎的蘑菇居然**比較好吃**。原因是泡過水的蘑菇放在鍋裡一直出水，就像燉在自己流出的蘑菇汁裡，一面燉一面化開。這就不再是海綿體會吸油的問題，而是當蘑菇汁全被煮掉，已經煮軟的蘑菇這時才開始煎，其間完全不含油的問題。沒有泡過水的蘑菇，最後放下去煎的時候，不但要吸油，還會吸很多，而泡過水的蘑菇卻一點油都不吸，煎蘑菇的油還留在鍋子裡。

這只是透過普通觀察，因為我們在看事情，想弄清楚狀況，知道他們告訴你的蘑菇大小事都是錯的。你不可能每次都做實驗測量，但你永遠不會學到這種事，除非你真的分析思考發生了什麼。

我認為實際上這就是關鍵。我認為一定有某些事趨使人們向前邁進，而其他人只是聳聳肩，最後卻不再那麼好奇。

所以啦，這就是為什麼馬基的網站稱為「好奇的廚師」（The Curious Cook），很大部分在於好奇之後再好奇——所以真正屬於技客的事情出現了——技客有能力、有意願真正對好奇心做些什麼，就算是愚蠢地繞遠路，只看你是否可以辦到。

INFO

蒸餾與旋轉蒸發

蒸發通常用於除去液體，但如果要抓住液體，又該如何？**蒸餾**（Distillation）就是從混合物中將液體蒸發出來，然後凝結到另一容器中，這是根據物理性質分離溶液。這方法依據液體沸點不同，可將一種液體從另一種中分離出來，因溶液中任何雜質會被留下來，液體因此淨化。或者把液體當成揮發性香料化合物的載體，好萃取出它們，製成香水。

蒸餾的歷史悠久，可追溯到古希臘時代，已知古希臘人在一世紀就開始蒸餾水；早在公元前八百年，或許更早一些，東亞文化用蒸餾做酒精飲料亞力酒（arrack）。早期蒸餾設備只不過是可被加熱的容器，以及在液體蒸發時抓住蒸汽並冷凝的方法。你可以把它想成爐上煮一鍋開水，蒸氣在蓋上凝結，蒸餾就是收集它們的方式。

現代化學家使用旋轉式蒸發器（rotovap，真空減壓旋轉濃縮機），這是與歷史裝置不可同日而語的花俏工具。旋轉蒸發器的設計目的在於精準控制溫度和壓力，以各種化合物（很少只操練兩種化合物）的蒸發速率進行細粒度控制。大廚們用旋轉式蒸發器處理各種東西，從普通的香草到另類品項，如「大海的味道」（原料是沙）和「森林的香氛」（森林裡的潮濕泥土）。

現代設備的主要優點是在真空下蒸餾，這降低了溶劑（通常是水或乙醇）的沸點。液體蒸發時，若沸點一降低，這種技術會讓不耐熱的揮發性化合物不受干擾不受煮，因此更多種類的香氣就可被分離出來。

旋轉式蒸發器也用在除去食物裡的溶劑：水分減少後，新鮮榨汁的濃度就增加，不需烹煮改變食材味道，就能除去酒精，提煉出威士忌精華，或用蒸餾得到酒精和水來做醬汁，不需改變風味就能做出波特酒醬。不幸的是，就像離心機，旋轉蒸發器也很貴，且蒸餾食物的程序受到嚴格限制。因為這個原因，我不介紹如何使用它，它們已經超越實用烹飪的範疇，但如果你有一台，請試著運用在飲食探索上。如果你好奇，想知道更多旋轉式蒸發器的廚藝應用，請看：http://cookingorgeeks.com/book/rotovap/。

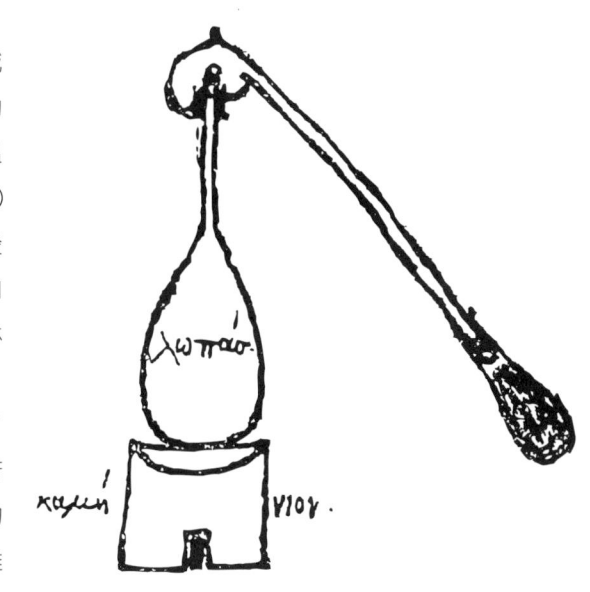

這張圖顯示第三世紀希臘煉金術士佐西默斯（Zosimos）進行蒸餾的方法。他將裝有液體的容器加熱，將液體轉化為氣體，然後捕獲氣體，用另一個容器冷凝它。

5-5 用液態氮和乾冰結凍

一般冷溫與罕見冷溫

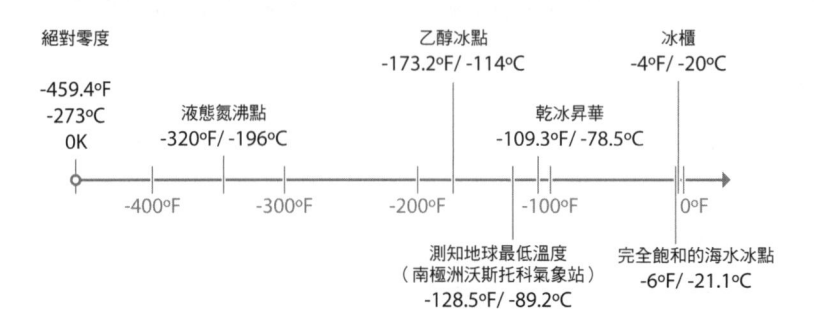

```
絕對零度                    乙醇冰點              冰櫃
-459.4°F                 -173.2°F/-114°C      -4°F/-20°C
-273°C      液態氮沸點                乾冰昇華
0K          -320°F/-196°C           -109.3°F/-78.5°C

├────────┼────────┼────────┼────────┼────────┤
-400°F   -300°F   -200°F   -100°F            0°F
                           │                  │
                    測知地球最低溫度        完全飽和的海水冰點
                   （南極洲沃斯托科氣象站）    -6°F/-21.1°C
                     -128.5°F/-89.2°C
```

如果有一個可把所有原理一網打盡的食物科學展示，用液態氮做冰淇淋肯定是最大贏家。霧氣重重，帶著危險的刺激感不斷挑逗，瘋狂科學家邪惡的笑聲，最後卻做出適合每個人的美食。哈！算我一份！

用「做液態氮冰淇淋」當噱頭似乎永遠不退流行（呵！倫敦英國皇家學會在一百年前就已經會做了）。最近的料理應用更將液態氮（也就是LN_2，內行的就知道）從「噱頭」領域推向「偶爾為之」的境界。

但一開始得先離題說明液態氮的危險。氮氣是惰性氣體，本身無害，占我們呼吸氣體的78％。最大的危險是熱休克和凍瘡，或讓你窒息和爆炸。讓我來依序說明：

• **溫度很低**。液態氮的沸點是-320°F／-196°C。正確說來，這溫度遠遠超過室溫深炸鍋中的油溫：它極冷。使用液態氮可能帶來的熱衝擊及打破東西都是實際的考量。想想你在使用熱油時會發生的事，你就會在使用液態氮時多加小心。將400°F／200°C的油倒入溫度只有室溫的玻璃鍋中**不是**好主意（會有熱衝擊），所以也不該把液態氮倒入玻璃鍋。東西濺出來也是問題，特別是噴到你的眼睛。戴上手套、護目鏡，還有穿上包鞋，都是好主意。

• **它不是氧氣**。意思就是，如果在小空間裡氧氣被液態氮取代，結果就是缺氧而死。液態氮一定要在通風良好的空間中使用，房門關上的宿舍＝差；窗戶大開的大廚房及良好的空氣流通＝好。

• **它會沸騰**。東西沸騰就會膨脹，如果無法膨脹，壓力就變大，當壓力大到某一程度時，容器掉落就是炸彈。**永遠**不要把液態氮放在完全密閉的容器中。容器一定會在某點破裂，冰還會塞住細小開口，所以千萬別在開口處塞入棉花這類東西。

5-5 用液態氮和乾冰結凍

「是啊,對,」你說:「謝謝,但我會沒事好好的!」

也許吧!但是每個人都這樣想的,直到他們被追封達爾文獎(死後加封?達爾文獎旨在表揚某些讓人從基因庫中消失的愚蠢行為)。在家裡操作到底會有什麼問題?有位德國主廚想要複製使用液態氮的食譜,卻被它炸爛雙手。德州農工大學也發生過意外,有人在鬆開液態氮儲存筒(處理液化氣體的絕緣容器)的釋壓裝置時碰到了開關鈕。當時的事故報導如下:

> 汽缸立在化學大樓二樓 20'×40' 實驗室的盡頭。這裡原是鋪了磁磚,水泥厚達 4-6 吋的地板,且直接建在鋼筋混凝土上的實驗室。這場爆炸把所有地板磁磚炸飛,炸出半徑達 5 呎的大洞,而磁磚則變成只有 1/4 大小的鋼彈碎片,一片片嵌進實驗室的牆面和門片……汽缸搬到三樓,留下直徑 20 吋的整齊大洞,走道上的門和實驗室的牆被吹到走廊上,實驗室剩下的牆體被炸平 4 到 8 吋。所有窗戶,開著的還在,其他全被炸飛到院子裡。

「好啦,我保證一定注意安全,快點告訴我去哪裡找材料?」

請找當地賣科學氣體的經銷商,有一些焊接用品供應商也會賣液態氮。你需要液態氮儲存桶(dewar,俗稱杜瓦瓶),儲存桶有兩種型式:無加壓和加壓型。無加壓的液態氮瓶基本上是很大的絕緣容器,你該用這一種。加壓的液態氮瓶有釋壓閥,可使氮氣在較高溫度下維持液態,增加保持時間,而這一種多半供給大量工業訂單。

少量液態氮放在不加壓的氣筒中不需要申請危險物品上路執照及行車牌照,只要用私家車安全運送即可(至少我住的地方是如此)。儘管如此,有些司法管轄區認為它是有害物質,只要處理不當就會致死。所以請檢查你所在地區對於「交易材料」的運輸規定。

使用液態氮時,我覺得最簡單的使用方法是將金屬碗放在木頭砧板上,再將液態氮加入少量使用。請緊盯容器,不要站在容器不小心掉下來,你就可能被濺到的地方。

操作液態氮時不可坐著。而且將非絕緣容器,如金屬碗,直接放在廚台上絕非好主意。我就曾經在一場演講中,用個已倒空但溫度仍然很低的碗弄破了非常漂亮的桌面。

> 標準實驗室對液態氮的上路有安全協議,規定小量液態氮開上路時,通常需要兩個人押車,且行進間保持車窗搖下或至少留有空隙的狀態,才可上路。

最後一點提示：用液態氮做好料理要直接端給客人時，請用數字溫度計確定食物是否已熱到可入口了。根據飲食指南，標準商用冰櫃的溫度是-10°F ／ -23°C。

製造冰塵

用液態氮做出的「經典蠢事」是把葉子或玫瑰花冰起來，一記敲打就成碎片。液態氮冰凍與傳統冰凍不同，會直接把植物裡的水分立刻結凍，快到連冰晶都來不及結成大塊，無法刺穿細胞壁，也無法破壞葉與花的組織，這意謂著，葉子花朵不會凋謝。

同樣特性也可用在烹飪上把植物食材做成「冰塵」。例如你可以把薰衣草的花急速冷凍，用研缽和搗杵碾碎（缽與杵需先放在冰庫中冷凍，如此冷凍植物食材放進去時才不會融化），然後再解凍。有些大廚結凍的東西就大得多，如甜菜，以有機方式裂成碎片，卻不費一刀之力。

製作冰淇淋

液態氮冰淇淋的標準公式如下：

鮮奶油＋調味＋液態氮＋攪打／攪拌＝30秒冰淇淋。

不像傳統的冰淇淋基底，你不必擔心脂肪、水與糖的比例，至少冰淇淋會立刻被吃掉。（就像其他類型的冰淇淋一樣。）要做出迷人的微層結構，傳統冰淇淋的基底需要將材料的比例精確配置，如此才能出現冰點範圍較大的奶糊。液態氮冰淇淋更接近軟冰淇淋：要吃的時候才冰凍，質地並不是硬的。將一批液態氮冰淇淋冰起來，如果它的牛奶脂肪比例不夠高，它會更接近一塊冷凍牛奶。

請做好必要的安全措施。

液態氮冰淇淋的另一個優點是溫度低可供表演，溫度低到可以冷凍乙醇。雖然你可以用傳統方法製作含有少量酒精的冰淇淋，但在傳統版本中，酒精只會帶來溫和的風味。若使用液態氮，就能用真的風味爆炸的酒精製作一勺冰淇淋，結果絕對跟你以前吃過的不同。

要看做液態氮冰淇淋的影片，
請上 http://cookingforgeeks.com/book/icecream/。

RECIPE

可可肉桂冰淇淋

液態氮冰淇淋裡,我最喜歡這款的味道,也許是因為它有20%的Goldschläger肉桂酒、9%的酒精及100%的美味。這道食譜是展示無法用傳統方法做冰淇淋的絕佳例子。

下列食材放入直立式攪拌機的金屬盆中:

1杯(256克)牛奶

1杯(240克)高脂鮮奶油

3/4杯(180克)Goldschläger肉桂酒

1/4杯(80克)巧克力糖漿

1/2杯(80克)苦甜巧克力,融化備用

2湯匙(25克)糖

1/2茶匙(1克)鹽

1/2茶匙(1克)肉桂

試試看冰淇淋糊的味道是否平衡(請盡量克制不要在這時候把它喝光),並進行調整。只要結凍,奶糊的酒味就會降低,所以如果喜歡,可以在這時將味道調濃一些。

直立式攪拌機開上(請注意,要戴護目鏡和手套),慢慢倒入液態氮。我覺得奶糊與液態氮的比例1:1較可固定冰淇淋。如果你沒有直立式攪拌機,也可以把奶糊放入金屬盆,用打蛋器或木湯匙攪拌。

小叮嚀

- 若要融化巧克力,可將牛奶微波加熱,再把巧克力加入熱牛奶中。放1分鐘讓巧克力受熱,再混合攪拌。也可以直接把巧克力送去微波,但我覺得這方法比較容易,巧克力也比較不會燒焦。

● INFO

用乾冰玩廚藝

乾冰是固態的二氧化碳，比液態氮更好操作。首先，乾冰是固態的，不需要專門設備伺候，只要準備保麗龍箱子，或用個硬紙板箱子裝就可以了。其次，它隨拿隨用，有時甚至可在食物賣場或肉攤子上買到。（只要確定你拿到的乾冰是食品級的乾冰！不可以有任何機械雜質。）除了把一塊乾冰擱進一杯咖啡裡，假裝喝的時候沒有看到（那塊乾冰會沉到底部，喝的時候請小心），除此之外乾冰還可以做什麼？

急速冷凍莓果。食品業界的術語稱為IQF（單體快速凍結），就如用大型氣流冷凍櫃迅速將豌豆、覆盆子和雞胸肉急速冷凍。你可以在保麗龍盒裡丟一些乾冰，拌入大約同等份量的莓果和蔬菜，等到乾冰昇華了，然後裝袋把它們黏在冰箱裡。

製作冰淇淋。乾冰做出的冰淇淋不會像液態氮冰淇淋一樣，但對大眾而言，取得乾冰容易得多，所以值得好好說說。請使用食品級乾冰，把它放在兩條毛巾間，放在砧板上，然後用橡膠槌或煎鍋背敲幾下，敲出一些粉。然後把這些粉末拌入金屬碗中的冰淇淋基底（請見p.213），直到結凍。它嘗起來會有點碳酸鹽的味道，所以請選擇好搭配的基底（如水果冰沙）。就如做液態氮冰淇淋，如果你先把冰淇淋基底冰到近乎結凍的溫度，就可以少用一些乾冰。

可做汽泡水果。葡萄、香蕉、草莓、幾乎所有帶水分的水果放入壓力鍋，丟一點乾冰下去，蓋上蓋子。當乾冰昇華後，壓力鍋的內鍋會充滿二氧化碳（若壓力過大，可放去一些氣體），水果會吸收二氧化碳。等20到30分鐘，把壓力放掉，打開蓋子，大口咬下。

幾個用乾冰的警告

乾冰就如液態氮，當它昇華時，體積會膨脹得很大，請不要把它放在密閉容器中。它也會趨離氧氣，所以不要在密閉小空間內大量使用。

乾冰碰到液體會形成**非常危險**的黏稠狀液體，但溫度不夠低到發生「賴登福現象」（Leidenfrost effect）[84]，也就是液體在一個較熱物體周圍產生出蒸氣屏障的現象。乾冰和乙醇的溶液以會凍傷的溫度 -98°F／-72°C 穿過衣服黏在皮膚上。

不要空手接觸乾冰。你手上的水分都會讓乾冰牢牢黏在皮膚上，造成嚴重傷害：乾冰本身的溫度是 -109°F／-79°C。

---

84 賴登福現象是德國科學家Leidenfrost在1756年發現的物理現象，狀況就如水與較熱金屬板接觸時，水珠在表面會瞬間蒸發形成蒸氣，蒸氣上升力道會托住水滴形成隔熱，水滴反而不易蒸散。

如何自己做低溫鐵板

鐵板燒用加熱來烹調食物，應該也可依循同樣原則，減少熱也可做出「冷板烹調」。幾個高檔餐廳都用極冷的低溫鐵板做創新菜色，幾秒鐘就可以凝結果凍和布丁，做出外層脆冷，中間滑順溫暖，幾乎就像熔岩冰淇淋湧出。

你可以利用乾冰、乙醇和一片不鏽鋼板，DIY做個迷你「低溫鐵板」。（我剛好從工具行那裡訂了一小塊不鏽鋼，那就是我用的。）

以下是操作步驟：

1. 替碎乾冰鋪一張床。可用餅乾烤盤墊在木頭砧板上。餅乾烤盤會拖著乾冰和乙醇溶液，而木頭砧板可在極冷的餅乾烤盤及櫥台之間形成絕緣體。此外，如果你有保麗龍盒的蓋子，請使用內層放乾冰乙醇，內縮的部分剛好可以當托盤又作絕緣。

2. 倒入少量乙醇在裝碎乾冰的盤子上──要倒入足量剛好淹滿頂部（乙醇可用酒精或便宜的伏特加），乙醇會去除乾冰和不鏽鋼鐵板間的任何空氣間隙，也不會產生倒水才會冒出的雲霧繚繞乾冰白煙。

3. 把不鏽鋼鐵板的一角放在乙醇蓋頂的乾冰上，它應該要完整契合。給它一點時間冷卻。

4. 替不鏽鋼鐵板噴一層或上一層防沾塗料，奶油、油皆可。

5. 把你要冷凍的食物放在鋼板表面，如果需要，可以把它攤成平坦的圓盤狀。也可以做冰棒，只要把冰棒棍或竹籤丟到液體中，等10秒鐘，用鏟子翻面，凍結另一面就好了。或可嘗試本章之前討論的巧克力慕斯食譜（見p.322）；舉凡布丁或濃稠的卡士達醬幾乎都可以用低溫鐵板做。

> 用300度烤20分鐘相當於在幾度下烤5分鐘……我們來看看……（咕噥咕噥）…1,200度。
>
> ——美枝・辛普森，烤蛋糕（從《24分鐘》一集）

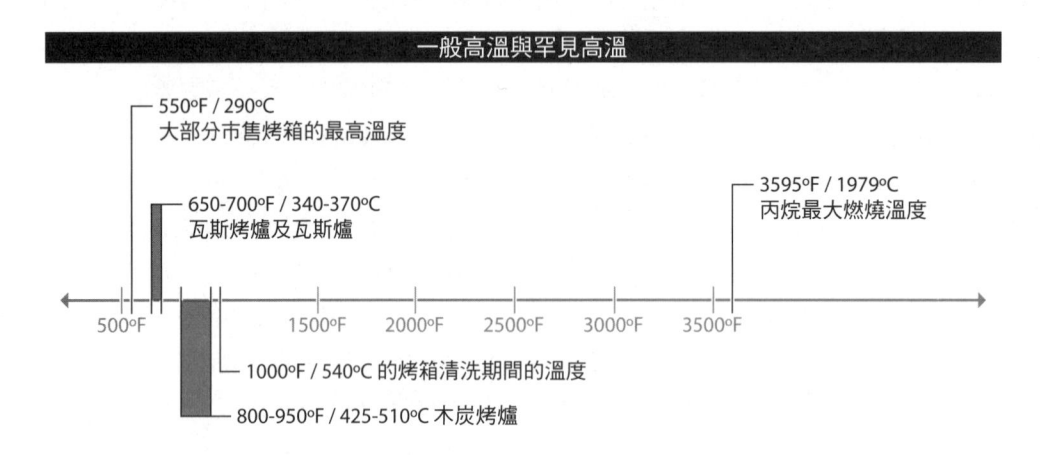

一般高溫與罕見高溫

- 550ºF / 290ºC 大部分市售烤箱的最高溫度
- 650-700ºF / 340-370ºC 瓦斯烤爐及瓦斯爐
- 1000ºF / 540ºC 的烤箱清洗期間的溫度
- 800-950ºF / 425-510ºC 木炭烤爐
- 3595ºF / 1979ºC 丙烷最大燃燒溫度

如果用300℉／150℃的溫度做出的料理很好吃，那麼用1200℉／650℃的溫度一定可在1/4的時間內做出同樣好吃的東西。嗯，好吧，不見得喔──如果我說了什麼與你對烹飪的認知模型不同，像是熱如何傳到食物以及時間和溫度對溫度梯度的重要，如有不同，但願會讓你「砰」一聲把書闔起來，嘀咕著：這本書一點也不適合出版。

但也有一些有趣的極端案例，就像用「冷溫烹調」，極度高溫也可用來達到某種有趣的效果。（也可能是危險的結果──用液氧在兩秒內點燃烤肉？天啊！）讓我們看看幾道菜的做法，你可利用廚用噴火槍和高溫烤箱等傳導**大量**熱來辦到，卻不會熔化廚房設備。

烹飪上，我們一般避免將食物表面溫度加熱到380℉／195℃以上。這有個好理由：這是焦糖嘗起來不像木炭的溫度上限，高於此溫度，下一組化學反應就是蛋白質和碳水化合物作用，產生令人討厭的味道。但若僅是少量，我們卻喜歡這些反應，使用「charred」（炭燒）這樣的字來形容── char的詞源是to blacken，變黑，才會有charcoal（木炭）。炭燒、炭烤、燒烤，這些詞都描述表面溫度高到快要燒焦，所以才產生烤爐、煎鍋、炭烤爐：它們能把高熱傳到食物。但倘若你只想把高熱傳到食物的某一部分呢？這就需要噴火槍了。

把餅乾烤盤翻過來，再把烤盅放在上面，如此就成了使用噴火槍的簡易工作台。

RECIPE

昆恩的焦糖布丁

我的朋友昆恩做出最美妙的烤布蕾，法文就是「燒焦鮮奶油」（我想「碳化糖」聽起來不怎麼美妙，即使是法語？）

準備6個烤盅，放在大玻璃烤盤上先放旁邊。烤箱預熱到325°F／160°C。

5顆大號蛋黃（90克）打入碗裡，蛋白留做他用，像是義大利烘蛋frittata（請見p.23）。蛋黃打到輕盈散開，放旁備用。

下列食材量出放入醬汁鍋：

2杯（480毫升）高脂鮮奶油
1/2杯（100克）糖

在美國，高脂鮮奶油和打發鮮奶油基本上是同樣的東西。高脂鮮奶油通常脂肪比例較高，而打發鮮奶油多半添加鹿角菜膠這種安定劑，但無論食譜要求你用什麼鮮奶油，通常兩者都可通用。

香草豆直刀剖開，用湯匙邊挖出香草籽，籽和豆都放入醬汁鍋，放在爐子上以中火將鮮奶油、糖和香草煮10分鐘，持續攪拌。同時間，另煮一鍋開水，再把開水部分加入盛烤盅的烤盤上。

奶油醬煮了10分鐘後，拿掉香草豆丟棄。奶油醬用400微米的濾網（紗布也可以）過濾到量杯或任何容易傾倒液體的容器。

裝蛋黃的碗放在廚台上，方便你一手打蛋一手抓著醬汁鍋。熱奶油醬緩緩倒入蛋液中，一面倒，一面攪，以免把蛋黃燙熟。慢慢倒，倒太慢都是可以的；如果倒太快，最後就會變成炒蛋（保證是又甜又好吃的炒蛋）。

奶蛋液用勺子舀入6個烤盅裡，小心不要連你打出來的泡沫也舀進去。（這些泡泡會在布丁上面結成一顆一顆的洞。）滾水加入烤盤，份量需達到小烤盅的一半，再送入烤箱。

烤30到35分鐘，烤到搖動烤盤時，卡士達中間會微微晃動，這時中心溫度應達180°F／82°C。烤盅從烤盤拿出來，放入冰箱放涼直到冷卻，時間需要3小時（當然放久一些也無妨）。

一旦冷卻，在卡士達上撒一層糖霜。使用噴火槍，把糖融化且焦糖化，噴槍慢慢掃過表面，直到你滿意布丁的顏色外觀。請記得糖的顏色越黑，味道越苦。也要確定所有糖都被融化，不然沒有融化的糖會帶來沙沙的奇怪口感。

烤盅放入冰箱再冰10分鐘讓糖冷卻，拿出來就可吃了。噴嗆燒出來的布丁糖殼可維持1小時，才會變潮。

小叮嚀

- 做奶油醬時，請試著在鮮奶油中泡入不同口味，可加入甜橙、即溶咖啡、可可粉或茶。

你也可以替焦糖香蕉「升級」——焦糖香蕉是簡單又好吃的甜點，材料是奶油和糖煎香蕉——只要把糖撒在香蕉上，再用噴火槍把糖焦糖化。需要快速工作台？只要把鐵鑄鍋翻過來墊上鋁箔紙就是了。

噴火槍提供的熱力只在局部，你把火焰指到哪兒，食物的哪部分就會焦灼一片。（也可以用火焰噴射器。我不會招供我搜尋「噴射火焰烹飪」時，花了多少時間看找到的影片。）鮪魚壽司用火炙一下，讓內層還是生的，但加了炭燒的風味。胡椒用火烤一下，表皮被燒掉裡面卻不會受熱太多。肉用低溫煮好（如真空烹調或水波煮），燒一下褐變很快從外面就能完成。當然，把焦糖布丁燒出一層糖殼，是噴火槍在廚房立足的正當理由。（如果燃料用完了，小烤箱也可以達成目的）。

說到購買噴火槍，請不要買「美食家」等級的噴槍，直接殺去五金行挑個真正的噴火槍。為廚房特製的小型噴槍也可以用，但射出的火力不會像五金行有大噴嘴的那種會把火射得那麼猛。根據味覺的靈敏度，有些人可能會注意到「沒燒掉的燃料味」（有時稱為「火炬味」），是脂肪和肉類化合物在極高溫下產生的味道（畢竟脂肪也是一種燃料，且經歷化學反應）。如果你很在意這種味道，而噴火槍可以調整，請降低溫度，或增加混入的空氣量！

你可以在金屬餅乾烤盤或鑄鐵鍋中墊上鋁箔紙，再撒上一層糖粉練習使用噴槍技巧。火焰不可靠得太近，這是使用噴火槍最常見的錯誤。藍焰部分才是最熱的，但火尖周圍的空氣也很燙，如果靠太近，就會發現連鋁箔紙都被你燒熔了，它的熔點是1220°F／660°C。使用噴火槍的訣竅是在一個區域來回加熱，在整個表面前前後後來回搖動噴槍，如此就不會在同個地方停留，也就不會過熱。

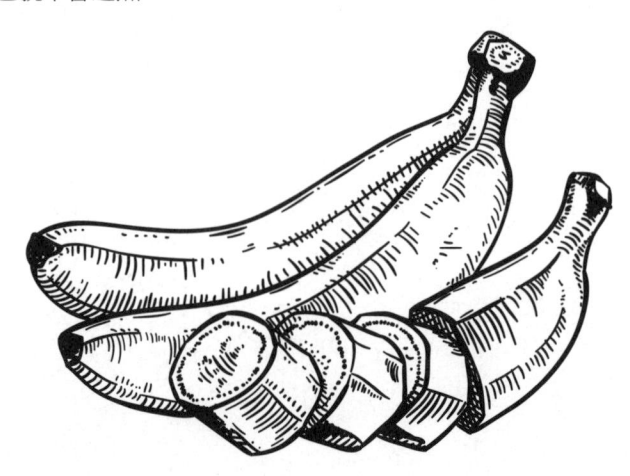

高熱烤披薩法

在必買書《廚藝好好玩》第一版中已仔細檢視過披薩。披薩包含如此多的變數：風味搭配、梅納反應、麵筋、發酵、水分含量和溫度。在這本書的其他部分已涵蓋大部分內容，但我們還沒有談到溫度，這是做好披薩皮的關鍵。

好吃的厚皮披薩有個好吃的內層，好吃的內層則來自適當溫度烘烤的好麵團。以我家附近的美味厚皮披薩店來說，在冬天他們的烤箱溫度是450°F／230°C；夏天是350°F／175°C。（夏天的烤箱溫度不能再高了，再高廚房會變得難以忍受，它們只是把披薩烤久一點。）夠簡單了吧！

但如果你想做酥脆的薄皮披薩，高溫就很關鍵，我發現要把披薩烤到酥脆美味，溫度下限是600°F／315°C；到了700°F／370°C，脆度會明顯更好；我吃過最好的薄皮披薩不是柴火爐烤出來的，就是用炭火磚爐燒出來的，烤爐溫度多在750°F／400°C或900°F／480°C。令人遺憾的是，大多數烤箱最高溫度為550°F／290°C，用這種烤箱薄皮披薩就比較難做。那薄皮披薩控該做什麼呢？請看下面流程圖就可明白……

炭烤爐溫度：742°F／394°C。

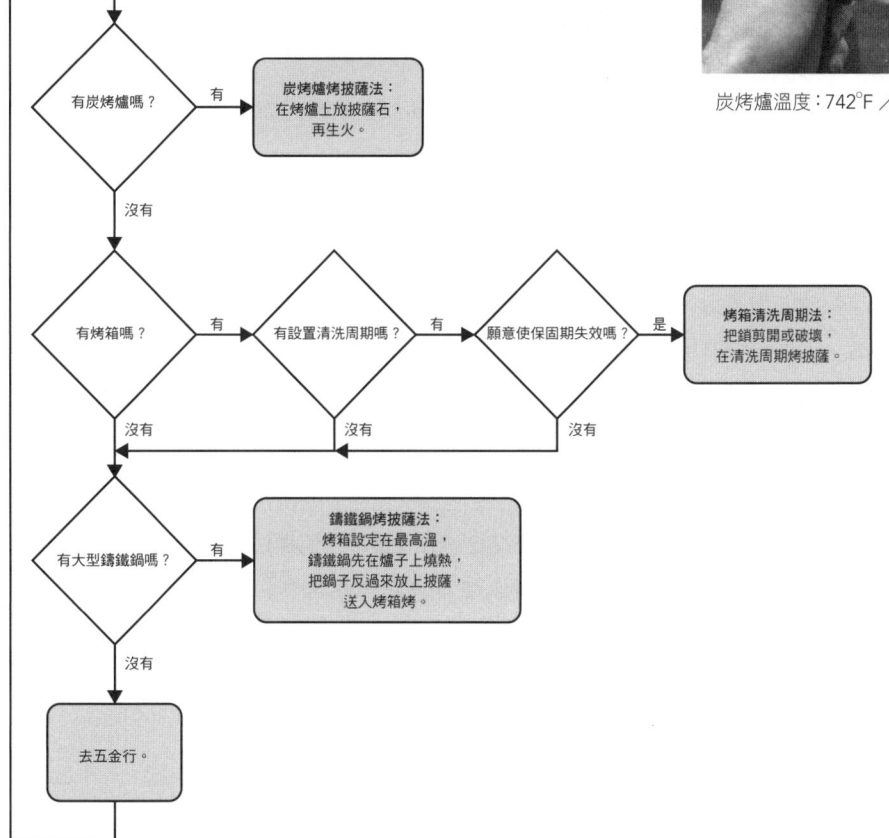

炭火爐或柴火烤爐

這是目前最簡單的方法。燒炭火或柴火的烤爐溫度很高，很容易達到800°F／425°C的溫度範圍。（燒丙烷的烤爐溫度較低，即使丙烷本身可燒到很高溫度。）

披薩石放在烤架上方再生火，只要烤爐燒得好溫度高，就用披薩鏟將披薩送到烤爐的上方。依據烤爐大小，你也可以把披薩直接放在烤架上烤，做個「無石拖披薩」。兩種都可試試看。

超高溫鑄鐵鍋法

渴望燒烤的公寓居民必須以創意做出高熱比薩。大多數市售烤箱只能達到550°F／290°C，但烤箱上火溫度及爐台都可達到較高溫度。

烤箱預熱到550°F／290°C，或能開多高就多高。

鑄鐵鍋放在爐子上以最高溫加熱至少5分鐘。

鑄鐵鍋翻過來放入烤箱上火加熱處下方，溫度設在高溫，預烤披薩麵團，烤1到2分鐘直到開始褐變。

麵團放在砧板上加入醬汁及餡料，再將披薩放回鑄鐵鍋上，烤到餡料融化褐變直到你喜歡的程度。

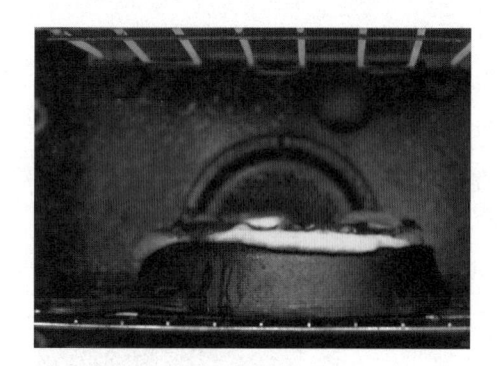

用上火烤爐烤的超高溫鑄鐵鍋。

清洗周期法（又稱「烤箱超頻設置」〔oven overclocking〕）

雖然市售烤爐的最高溫在550°F／290°C，但並不是說它們不能更熱。只是這很危險，會使保固失效，考慮到還有更簡單就能達到如此高溫的替代方案，保固失效實在不值得。不過，一切都是為了科學……

要製作麵團，請參閱 p.292 的〈披薩麵團免揉法〉中免揉麵團的食譜和附帶的披薩操作指示。

5-6 高熱烹調

烤箱清洗周期運轉的烤箱，溫度會比較高——高很多很多。問題在於市售烤箱會將門自動機械上鎖，以防你偷偷把披薩放進去拿出來。然後在整個清洗時間都披薩都只能放著不動，最後會變成史上最恐怖的烤焦味。

但只要剪掉或移除電子鎖，讚啦！你就有了高熱爐，在些許竄改和測試之後，就有了測試溫度達1000°F／540°C的烤箱。我試烤的第一個披薩只花了驚人的45秒就熟了，底部有一層完美的焦脆，上面內餡也冒出泡泡和融化。

然而披薩中層，也就是麵團上方和醬汁下方，則永遠沒機會烤熟，所以以1000°F／540°C烤披薩不見得正確。另一個嘗試是用600°F／315°C左右的溫度燒烤，而結果披薩好吃是好吃，卻沒有薄皮披薩那種神奇的脆度及好吃的焦香內餡。但若用750-800°F／400-425°C烤，我們就得到一切恰到好處的披薩。

烤箱的原始設計就是在清洗周期的烤箱門不能開。我打破烤箱門上的玻璃，要去「升級」，說實話，我也不建議這種方法。烤箱廠商總是強調那一塊耐高溫玻璃有多厲害，雖然有這種吹牛權很酷，但其實，同樣的東西早在1950年代就在軍用炸彈的前錐體上用過了。如果只要鑄鐵鍋顛倒放在上火下方，或用柴火烤爐就可以做出美味薄皮披薩。我還是建議你別利用清洗周期烤披薩，即使它很好玩。

● 訪談

納森・米沃德
談現代派料理

納森・米沃德（Nathan Myhrvold）是微軟前技術研發總監（CTO），是《現代主義烹調》（Modernist Cuisine）一書的共同作者，書中涵蓋現代烹飪技術，贏得2012年詹姆斯・比爾德年度最佳食譜和專業觀點廚藝獎。

說說你的飲食背景，又是如何那麼有興趣的？

我生下來就對烹飪感興趣了。我九歲的時候，就跟我媽說那年的感恩節晚餐由我來做。我去圖書館找了一大堆食譜，就做出來了。驚人的是，我媽居然讓我做，還有更驚人的，我做得還不賴。

1995年，當我還在微軟當資深副總裁時，決定去廚藝學校上課。我離開職務去法國瓦漢廚藝學院（L'école de la Varenne）上課，通過密集的專業課程。從微軟退休後，我自己成立了一家小公司，但仍然對烹飪念念不忘，便決定寫一本書。又大又厚的廚藝書籍林林總總，全都在教你做傳統料理，卻沒有與現代廚藝相關的書；討論的都是過往烹飪技巧，所以我興起想寫一本有關現代派料理書籍的想法，也就是關於現代廚藝技巧的百科全書。

如果我沒做，也不知道有沒有人會做，不需太久時間，我就決定這是我對烹飪世界的貢獻方式。這本書我會寫得比任何人都快，因為投入許多時間、精力和金錢。這本書之所以獨特，在於它以易上手的方式，在科學認識及烹飪操作間搭起橋樑。

你對現代烹飪的定義是什麼？很多人會立刻想到分子廚藝。

我故意不使用這個名稱，我用的是「現代派廚藝」，我稱其「現代」的原因在於廚藝也如建築、藝術，「現代建築」和「現代藝術」的本質都在自覺嘗試突破過去桎梏。這是現代主義的標準知識驗證。

在藝術及建築領域，這是100年前或50年前就發起的運動，但不在廚藝。對於某些大廚師，如果你把他的技巧稱為**分子廚藝**，他可是會生氣的。這個詞本身一點也不糟糕，只是對於不同的人有不同的意義，而「現代」則是更廣泛包容的詞彙。

當你研究這些科技時，有沒有令你大吃一驚的東西，你能舉個例子嗎？

有種烹飪技巧叫做「油封」（confit），法文的意思是「保存」，把肉放在油或脂肪裡用低溫烹煮很長時間，可能8小時或12小時。所有主廚都會告訴你油封技巧與用油烹煮有關，油會對肉產生特殊的影響。

有一天，我們討論這個主題，我說：「用油封，怎麼會成功呢？為什麼把肉封在油裡就可以改變肉質？對我來說毫無道理，油分子太大了，根本滲透不進肉裡，或多或少一定是外在因素。」

所以我們做了一堆實驗，完全沒有我預想的效果。如果你不放任何油，把肉拿去蒸，和你最後再放油，事實上你完全看不出差異。

想必你沒有用真空烹調法，肉不加油直接放在水浴中煮。

我們當然也做了，還是沒有分別啊。你可以分辨

出來以不同溫度或不同時間的烹煮效果，但如果施以同樣溫度、同樣時間，不管是真空烹調、或用蒸的，還是用油封，實在分不出差別。這對我們是一種很大的震撼。

決定烹飪技巧之所以有效，還有很多事情讓我們十分訝異。大家都把肉丟到冰水裡停止烹煮過程。這種技巧叫做「冰鎮」。

假設你做的是大塊烤肉或質地很厚的東西，很多書都會提到把烤肉拿出來丟到冰水裡、煮肉的程序就會停止，這說法一點都沒效。肉的中心溫度不會被丟到冰水裡的動作影響。整塊東西放入水裡的確會降溫，但對於肉中心達到的最高溫度毫無作用。

冷熱以同樣速度「運行」，這並不是完全正確，但如果你想想烹飪是由外到內的熱波，而冰鎮是加入冷波，這是熱波的相反，但它走得速度不夠快，而在冷波達到中心位置前，熱波已經啟動很久了。

哇，很有道理。你是否發現其他與烹飪程序相關的例子，適用於多數人的平日烹煮？

我們在這本書花了很多時間解釋濕度在烹飪中的角色。多數食物都是濕的，要花很多能量才能釋放水分。水分蒸發的速率取決於濕度。

如果你在亞斯潘的冬天煮東西，那裡外面的濕度相當低，和你夏天在濕度相當高的邁阿密煮東西，結果完全不同。食物經歷的溫差有10度之多，特別在啟動的時候。

我們做了一大堆像這樣的例子，最後濕度成為有效烹飪的重要因素。對流式蒸烤爐可以控制濕度，這是它的極大優勢。而真空烹調的優勢在於把食物封在塑膠袋中，袋中的濕度不會改變。但如果在空氣大開的情況下烹調，濕度就會造成極大不同。這也是人們無法如預期地將食譜料理做出來的原因。

若要問我，在美國有沒有什麼絕對重要的事會影響廚師烹飪？我會說，這就是了。我覺得這還滿酷的；當然這對專業大廚也是重要的事。每位大廚都發生過同樣情形，他們想將書中食譜附諸實現但不成功；或有大廚遠行做菜，食物卻不甚理想，而這就是原因之一。如果不控制濕度，它就成為自由變數，最後造成極大差異。

人們多半不了解煮開水需要多少能量，這顯著地影響烹飪。如果我們觀察水蒸發的潛熱[85]，就會知道將1克水提升1℃需要4焦耳能量，400焦耳才可以把水由冰凍狀態提升到沸騰邊緣，要2257焦耳才能把水煮開，這就是用蒸比較有效的原因。所有事情都基於同一原理。

你覺得你發現的事情會改變大廚和業餘烹飪愛好者的烹飪方法嗎？

我們希望使廚師以更廣泛的技術創作他們想創作的食物。現在有一批廚師使用這些現代技術，而其他人則略之不用。

要搞清楚全部的事很難，我們希望能夠提供大廚及業餘愛好者一條可追尋的路，了解這些技巧的效果。如果我們做到這點，我認為絕對可使大眾烹飪產生改變。這又不是世界和平，又沒有要解決地球暖化或其他了不起的大事；這只是和烹飪世界有關的事，我相信人們會非常興奮且全力支持。

可以對正在學做菜的人提供一些金玉良言嗎？

學做菜是非常美好的事，我強烈向大家推薦。很多食譜都告訴你：「別擔心成功與否，只要努力做、做、做，最後就會有好事發生。」

如果成功，很好；如果不成功，有時候找不到原因，每當遇到這種狀況，我總覺得被耍了。我想知道原因，我仍然學習烹飪，我相信世上最棒的廚神都在不斷學習，就是學習與探索讓烹飪有趣極了。

---

[85] 潛熱（latent heat），物質在相態變化中，如果熱量增加僅改變物質相態卻不改變物質溫度，其中所吸收或釋放的熱稱為潛熱。

6.

6.
玩玩化學

人類把化學物質加入食物已經有上千年歷史。

用鹽醃漬肉和魚,醋將蔬菜變成泡菜,蛋黃形成乳化劑做成美乃滋、荷蘭醬等醬汁。近幾世紀產生了現代化合物,從藻酸鹽到香草醛,在商業和創意應用上用途廣泛。

食物本身當然是由化學物質組成。玉米、雞肉和冰淇淋甜筒都是一大堆結構完整的化學物質。廚師利用我們討論至今的所有技巧,學著操縱這些化合物。而真正有才的廚師也要知道如何運用食物的化學性,它們無非是食材的化學組成以及在組合加工時發生的變化,觀察食物的化學性是探索眾多廚藝技法的一種樂趣。各類型的廚師,從最傳統的煮婦煮夫,到最博學精湛的業界大廚,都可以從了解食材的化學性上得利。

食物到底是如何構成?當組合或加熱時,又會發生什麼事?如何利用化學知識做出更好的食物?藉著了解化學,你又能想出什麼創新點子?就讓我們來了解這些以化學操縱食物的歷史和現代技術。

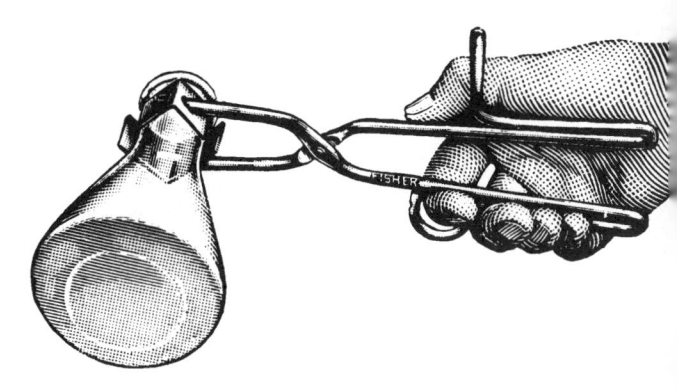

6-1 食品添加劑

你可曾想過泡菜、美乃滋、軟糖是怎麼做的？它們不是簡單的食物，至少不是大自然的本意。下次你站在廚房，看著裝有食物的各色瓶子和各種包裝，心想到底是什麼讓這些食物有這樣的質地和口味？毫無疑問的，答案都牽涉食物的化學性。醋溜泡菜仰賴醋酸，美乃滋若沒有蛋黃裡的卵磷脂也不會存在，而軟糖使用明膠等凝膠劑。這些化合物如何作用？而你又如何用類似化合物改變質地和風味？這就是食品添加劑切入的地方。

首先，我們應定義什麼是食品添加劑。美國食品和藥物管理局將它們定義為食物裡終將不必要的東西或最後必會以某種方式改變的東西。（他們給出的全部定義落落長：排除1958年之前使用的項目，或被食品業界定為「普遍公認為是安全的」物質）。我將使用更口語化的說法定義食品添加劑：凡用在食物中具有明確分子結構的化學物質。在這種寬鬆的定義下，鹽和糖也算！它們都是化合物，氯化鈉和蔗糖，一個一個都是，用來改變食物中的功用特性。我的定義還包括現代化合物如甲基纖維素和轉谷氨酰胺酶，我們會在之後陸續介紹。當然，食品化學性的範圍比起食品添加劑要大得太多太多了。然而，觀察食品添加劑的各種用途對了解食品化學來說是一副有用的眼鏡。

在研究如何使用食品添加劑之前，我想先談談政治。在食品中使用化學物質往往被誤解。令我感到驚訝的是，食安問題常常與食物生產問題混在一起。我們的全球食品供應是由經濟、倫理和政治驅動的，這些都不是科學議題，但我想在深入科學之前把問題分開。如果你對其他議題有興趣，請見營養學教授瑪里昂·內斯提（Marion Nestle）的精采著作《吃什麼》（What to Eat）及《食物政治學》（Food Politics）。

先暫時離題說明什麼是「普遍公認是安全的」（generally recognized as safe），一般多用它的縮寫「GRAS認證」：1958年美國食品添加劑修正案將GRAS添加劑定義為有意使用，且經過專家小組審查後認為安全的化合物。但審查添加劑的專家小組是由業界選定，而非政府選的，且無需披露他們的審核報告。在我看來，食品業若眼光放遠一點，對食物生產和披露資訊能更開誠布公溝通，則會更好。不信任食品業促使消費者厭惡化學品，傾向天然成分，這是出乎預料的後果。所謂「自然」不具技術定義，更與健康是兩碼子事！（有多少美國消費者推開不熟悉的化學成分，卻把高糖高鈉的食物開開心心地吞下去，這種斷裂現象由此可見一斑。）好吧！題外話說夠了，讓我們在食品化學科學裡找些樂子吧！

了解食品添加劑的方法之一是查看它用在商業用途的理由：延長保存期限；保存營養價值；滿足膳食需求；有助大規模製造。Oreo餅乾是現代食品世界的美味奇蹟，請參考它目前的成分清單，跳過為了味道的糖、可可、鹽不計，其他一切至少都為上述四個原因之一：

小蘇打（碳酸氫鈉）和／或磷酸鈣

藉由加快烘烤過程幫助生產製造。小蘇打看似傳統，但它是自1840年代後期才開始用於烹飪。（但凡你在成分列表中看到「和／或」，都是製造商基於季節、價格波動或烘焙設施，在食材間進行選擇的提示。）

玉米澱粉（有時稱為「玉米粉）

可安定食物並作為保濕劑（就是保持水分的東西），以延長食物的保存期限。

營養強化麵粉（麵粉、菸鹼酸〔維生素B3〕、還原鐵、硝酸噻胺〔維生素B1〕、核黃素〔維生素B2〕、葉酸〔維生素B9〕）

藉著添加在加工過程中流失的微量營養素以滿足飲食需求。在50多個國家都是強制規定。美國食品藥物管理局規定，白麵粉必須補充維生素B群（預防多種缺乏症）與鐵質（預防紅血球數量過低的貧血）。

高油酸芥花油和／或棕櫚油和／或芥花油

因為奶油和蛋黃提供的油脂容易腐敗，藉著添加上述不容易腐敗的油脂就能延長食物保存期。（「高油酸」是指脂肪酸較高，請見p.172）。

大豆卵磷脂

幫助生產製造。傳統食譜依賴卵磷脂作為乳化劑（參見p.456），但因為Oreos沒有加入蛋，就需要添加卵磷脂。

香草醛（人造香料）

有助大規模製造。全球對香草風味的需求遠遠超過現有供應。（本章後續將介紹香草萃取物，請見p.425）。

正如你看到的，某些成分是家庭烘焙者通常不會列在購買清單的化合物：大豆卵磷脂？香草醛？高油酸油？但你可能已經在使用這些化合物了，只是它們的名字不是這些。快速瀏覽食品添加劑的分類系統將有助於深入了解它們的化學性質。

> Oreo餅乾已經存在一個多世紀，但在新的添加劑替換舊的添加劑後配方已經改變，最近的替換在2006年，Nabisco將反式脂肪酸變成高油酸。你可以嘗試做出自己的版本：用可可粉（見p.245）做出奶油餅乾，再夾入餡料。餡料包括：1杯（120克）糖粉、2-3湯匙（30-45克）奶油和1/4茶匙香草精。

E Numbers：食品添加劑的杜威十進分類系統

要找到巧克力奶油夾心餅乾的食譜很容易，但你如何調整食譜解決某種挑戰或創造新的食物？嗯，找出可能有哪些食品添加劑就是挑戰。查看Oreos包裝背面並沒有說明添加劑的可能範圍。

最常用的檢索是由「國際食品法典委員會」（Codex Alimentarius Commission）編制的，食品法典委員會是聯合國和世界衛生組織設立的委員會，創建了一種稱為E numbers的食品添加劑分類法。就像杜威十進書籍分類系統一樣，E數字定義了一個分層樹。每一種歐盟允許食物使用的化合物都有專有的E Number（與數學常數e=~2.7182完全無關）。E Number按功能分組，每種化學品的主要功用決定了化學品的編號：

E100-E199：著色劑

E200-E299：防腐劑

E300-E399：抗氧化劑、酸度調節劑

E400-E499：增稠劑、乳化劑、安定劑

E500-E599：酸度調節劑、防結塊劑

E600-E699：增味劑

E700-E799：抗生素

E900-E999：甜味劑

E1000-E1999：化學添加物

許多歷史上的添加劑也出現在表列中。老而彌堅的維生素C（E300：抗壞血酸）、醋酸（E260）和塔塔粉（E334）都出現了。還出現某些合成化合物，如丙二醇（E1520），也就是烘焙店賣的非酒精的液體香草精。

> 你家附近的食品材料行有賣很多本章所寫的添加劑——果膠、明膠、洋菜，但不是全部。你可以上網訂購其他品項。供應商列表請見 http://cookingforgeeks.com/book/additives/。

某些化合物有多重功用。E300的抗壞血酸屬於防腐劑（200s）也是定色劑（100s）。卵磷脂（E322）幾乎都當成乳化劑（400s），但也是一種抗氧化劑。不要將添加劑像看地圖一樣直接定位它們的分類；反而要將類別視為好框架，方便你查看食品添加劑在使用上的技術目的。

用哪一個添加劑做哪一種特定目的要看食物性質和你的特定目標。你可以看到之前提到的添加劑分類與各類膠體間是有某些重疊的。某些添加劑雖可作用在較大的pH值範圍，卻受限在某些溫度；而其他添加劑可能適用較小的pH範圍，但對於高溫卻無妨。例如，洋菜是一種強力膠凝劑，可以讓糖結成膠，但對於某些成分卻會出現「膠體脫水收縮」（syneresis），也就是液體從膠體中滲出的現象。鹿角菜膠不會脫水收縮，卻不能像洋菜那樣適應酸性環境。

本章對這些組合做粗略的架構說明，內容涵蓋家庭廚師較常見的食物添加劑，加上幾個比較好玩的東西，但未竟內容還有更多，如果你想探索，請上http://cookingforgeeks.com/book/enumbers/，參閱E-Number添加劑的完整列表。

6-2 混合物和膠體

在審視化學化質與食物間如何相互作用之前，還有一個我們必須關注的概念。對我來說學習烹飪最大的「啊哈！」時刻，是我發現食物並不是同一、一致的東西時。我仍然在學習像這樣的例子——最接近蒂頭的小黃瓜切片含有特殊的酶可使醃黃瓜變軟，但對大多數食材都不必了解如此瑣事。混合物和膠體的概念解釋了為什麼很多食物作用都比以「時間-溫度」規則所做的簡單預測更複雜。

就化學性來說，極少食物是簡單物質。水對我而言再也不簡單了（即使沒有微量礦物質，H_2O也很複雜〔見p.263〕）。香草精和浸漬油以乙醇和油脂攜帶香料。果醬是平衡各種糖與酸形成的凝膠。美乃滋是乳化劑，但脂肪和水並無真正混合。巧克力餅乾非常複雜，是糖漿、含糖液體被麵包狀基質包圍的包裹物，而麵包狀基質中有巧克力碎，可可碎是可可固質拌入液態和固態可可脂的混合。冰淇淋更是極端複雜。

對於食品科學家來說，這些都是混合物和膠體的例子。**混合物**是兩種或多種物質結合在一起而其物質保持原有化學形式。糖漿是混合物：蔗糖溶解在水中，但保持甜味化學結構。麵粉和小蘇打的組合也是混合物。**膠體**是一種混合物；具體來說是兩種物質的組合：氣體、液體或固體，其中一種物質均勻散布在另種物質中，但兩種物質不相溶。換句話說，即使整體結構以肉眼看來均勻一致，兩種化合物也不相互結合。糖漿不是膠體（它是另一種不同類型的混合物，即溶液）；但是牛奶卻是膠體，是固體脂肪顆粒分散在水基溶液中，但實際上並不溶解在液體中。

請看膠體類型表。它顯示顆粒和介質的各種組合，且提供每種膠體類型的食物實例。膠體的介質稱為**連續相**（continuous phase，例如牛奶中的水狀液體），而顆粒則稱為**分散相**（dispersed phase，若以牛奶為例，則是脂肪微滴）。食物可能比這張表格來得更複雜。冰淇淋就是一種**膠體複合物**（complex colloid），也就是具有多重型態膠體的物質，是同時含有空氣泡沫（泡沫）、冰晶體（懸浮液）和脂肪（乳狀液）的水基液體。這張表格令人驚訝的地方是製作所有食物所需的技術如此廣泛。威利・旺卡（Willy Wonka）[86]發明室的牆上一定貼著這張表。

這些技術比傳統廚藝技法更吸睛。這張表格是糖果製造商和實驗廚師的肥沃土壤，揭露眾多分子廚藝創意概念的基礎。用乳化劑卵磷脂拌入果汁會產生泡沫，可以當成前菜或甜點的有趣搭配裝飾。有味道的液體可以轉化成可以咬的形式，如膠質糖果（通常形狀像泰迪熊或蠕蟲）。固體氣溶膠（如煙霧）的創意用法是傳達強烈的香氣。不要害怕：即使推進烹飪的可能極限不是你擅長的，表格中的多數項目仍然是非常有趣的。

		分散相		
		氣體顆粒	液體顆粒	固體顆粒
連續相	氣體 （氣體沒有明確體積，膨脹可充滿空間）	（不存在，氣體分子沒有集體構造，因此氣體與氣體的組合不是混合成為溶液，就是因重力而分散）	液體氣膠 ・噴霧	固體氣膠 ・煙（如煙燻食物） ・氣化的巧克力
	液體 （有明確體積但沒有明確形狀）	泡沫 ・打發奶油 ・蛋白霜 ・風味泡沫 ・冰淇淋（氣泡）	乳化物 ・牛奶 ・美乃滋 ・冰淇淋（水乳化物中的脂肪）	溶膠和懸浮液 ・市售沙拉醬 ・冰淇淋（冰晶和固體脂肪）
	固體 （有明確體積與明確形狀）	固體泡沫 ・麵包 ・棉花糖 ・舒芙蕾	凝膠 ・奶油 ・乳酪 ・膠糖／軟糖 ・果凍	固體溶膠 ・巧克力

---

[86] 電影《巧克力冒險工廠》（Charlie and the Chooclate Factory）的巧克力工廠主人。

RECIPE

棉花糖

可曾想過棉花糖「marshmallow」的名字是怎麼來的？它們最初是由沼澤「marsh」植物藥蜀葵「mallow」的根部做成，根部榨汁用糖攪拌後產生泡沫。[87] 現代棉花糖使用明膠，比新鮮根莖更容易獲得。我也喜歡用蛋白來做棉花糖，蛋白更接近我們前面提到的義大利蛋白霜（請見 p.314）。但如果你不愛未熟的蛋白，請略去不用。

棉花糖是泡沫膠體的典型例子。它們一開始形成液體泡沫：剛做好時，混合物會流動並改變形狀。等12到24小時後，就變成具有形狀記憶的固體泡沫。它們有彈性：你可以壓它，放開時，棉花糖會反彈回原來形狀。

3 湯匙（21 克）無味明膠粉（3 包）和 **3/4 杯（180 毫升）放涼至室溫的水**放入小碗中混合。放一旁等 5 分鐘讓明膠粉化開。

1 杯（200g）糖、**1/2 杯（120 毫升）玉米糖漿**、**1/4 杯（60 毫升）水**放在平底鍋中以中高熱溫加熱做成糖漿。糖漿加熱至 240°F／115°C，然後轉到小火。 小碗中的明膠水慢慢倒入鍋中一直攪拌，直到完全溶解，然後用小火煨煮一兩分鐘。

取一個大攪拌碗，將 **4 顆大（120 克）蛋白**用手打或用攪拌機拌到濕性發泡。慢慢澆入熱糖漿，同時也要不停攪拌蛋白霜。 加入 **1 茶匙（5 毫升）香草精**或其他調味劑，如果你喜歡，也可放食用色素。繼續攪拌蛋糖糊幾分鐘，確保糖和明膠充分混合。

在烤盤的底部撒上大量**糖粉**（如要做比較厚的棉花糖可用 9 吋／20 公分的方形烤盤；要做較薄的棉花糖就用較大的長方形餅乾；或用小邊框餅乾盤做迷你型棉花糖）。蛋糖糊倒入烤盤中，在上面撒上更多糖粉。蛋糖糊在室溫放置 8 到 12 小時。做好後將棉花糖捲從烤盤移到砧板上，撒上糖粉，並切成小方塊讓棉花糖的每一邊都在砧板上裹上糖粉。

小叮嚀

- 請加入香草籽或其他調味品，如濃縮咖啡粉、薄荷油或一小杯酒。如想替外層上色，可用染色的糖（請見 p.246 的小叮嚀）；例如，復活節吃的小雞棉花糖就是沾上了黃色糖粉。
- 如果一天過後，棉花糖變得太黏或太硬，可以增加或減少使用的明膠量。不同明膠有不同的凝凍強度——度量單位是布盧姆（bloom），這是根據奧斯卡‧布盧姆（Oscar Bloom）所建立的測量標準，所以各品牌及明膠等級都不同。

---

[87] 藥蜀葵的英文就叫 marshmallow，古埃及人將它的汁液做成喉糖，後 19 世紀傳到法國，被發現它的汁液與水混合會形成黏膠，再與糖、蛋白混和就是棉花糖。

6-3 防腐劑

鹽啊！是眾多食物的救命仙丹（或是讓人留口水的東西？）。它是人類最早使用的化合物，史前時代就在用了，也曾留有西元前三世紀羅馬老加圖[88]鹽醃火腿的紀錄。用糖做為防腐劑的日子也沒有差太遠，羅馬人也用蜂蜜保存食物。另一種歷史留名的防腐劑是醋，當作酸度調節劑（當我這樣說時，聽起來很好吃吧？）

利用化學物質保存食物的根本目的在於防止微生物生長。雖然保存食物還有很多其他方法，像是煙燻或乾燥，但使用化學物質就不必讓食物風味改變太多。香腸、醋醃泡菜和醃漬水果都依靠化學物質維護食品安全。它保存食物的方法在於破壞維生物的細胞作用，就如亞硝酸鹽之於香腸，或藉由改變FAT TOM任一項變數（參見p.195）使微生物不適生存，如醃漬水果時會用醋增加酸度，或加糖減少水分。

圖片來源：NASA

圖片來源：Justin Meyers

根據鹽的原子晶體結構，不同類型的鹽會形成不同形狀的晶體。氯化鈉的結晶結構為立方形，硝酸鉀的晶體結構會急遽傾斜，形成針狀晶體。

> 鹽的屠殺本事不限於食物。對成年人來說，只要80克的鹽就足以致死——這劑量相當於餐桌上鹽罐的容量。服用過量的鹽會讓腦部腫大破裂死得非常痛苦。此外，急診醫師未必能在無可挽回前及時診斷出正確病因。

根據鹽的原子晶體結構，不同類型的鹽會形成不同形狀的晶體。氯化鈉的結晶結構為立方形，硝酸鉀的晶體結構會急遽傾斜，形成針狀晶體。

雖然防腐劑的化學性對日常烹飪似乎不重要，但是了解這些成分如何作用，了解防腐劑的基本知識，並進而應用到其他多數食品添加劑的作用原理，都是很重要的。首先，快速回顧一下本章常用的幾個定義：

---

[88] 羅馬共和國時期的政治家瑪爾庫斯・加圖（Marcus Porcius Cato），因與他同為政治家的曾孫小加圖做區別，史稱老加圖。

原子

構成物質的基本單位。根據定義，原子具有相同數量的電子和質子。有些原子在這種安排下是穩定的（例如氦），不太可能與其他化合物鍵結（這就是為什麼你看不到任何由氦組成的化合物）。而其他原子（例如鈉）是非常不穩定且容易反應的，鈉原子（Na）與水可產生劇烈反應（千萬不要去舔純的鈉樣本，它會因舌頭上的水而點燃），但若移除電子則會變成帶好吃鹹味的鈉離子（Na^+）。

分子

由兩個或兩個以上的原子鍵結而成。H＝氫原子，H_2＝兩個氫構成的分子。當它是兩個或更多個不同原子時，就是一種化合物（例如，H_2O）。蔗糖（就是糖）的分子組成為$C_{12}H_{22}O_{11}$，也就是由12個碳原子、22氫原子和11個氧原子鍵結的化合物。請注意，化學組成不會告訴你原子的排列是什麼，但是這種排列是定義分子的一部分。

離子

任何帶有電荷的原子或分子，也就是電子和質子數量不相等，因為不平衡，離子可以藉著將電子傳給其他離子（或得到其他電子）而鍵結。

陽離子

帶正電荷的原子或分子（也就是質子數大於電子數）。它的發音是「cat-ion」，喵…就像小貓，喵星人電力滿載。例如，Na^+是陽離子，是丟掉電子的鈉原子，質子比電子多，因此產生正電荷。Ca^{2+}是一種陽離子，是失去了兩個電子的鈣離子。

陰離子

帶負電荷的原子或分子（也就是電子數大於質子數）。Cl^-是陰離子，就是得到額外電子的氯原子，因此帶有負電荷。

根據以上定義，希望你能根據電荷的不同推演出許多離子間相互作用的化學。普通食鹽氯化鈉就是一個典型的例子：它是由陽離子和陰離子組成的離子化合物。若是固體形式，就如鹽罐中的鹽，比一個陰離子加一個陽離子更複雜。它的固體形式呈現交替模式排列的原子晶體（如3D棋盤），排列基於電荷：陽離子、陰離子、陽離子、陰離子。放入水中，鹽晶體溶解，各離子釋放陰離子和陽離子分離成單獨的離子（解離作用），然後可與其他原子和分子反應並鍵結。這就是鹽如此驚人的原因！蔗糖並不會這樣。

氯化鈉是一種特定類型的鹽，由鈉和氯化物組成（鈉是一種金屬，若是純的掉在水中會

發生劇烈反應；而氯帶有額外電子，因此為陰離子）。還有許多其他類型的鹽，各由不同金屬和陰離子形成，且並不一定是鹹的。例如，穀胺酸鈉是一種鹽，嘗來有鮮味，也可增強其他滋味感受。還有瀉鹽，也就是硫酸鎂，嘗來味苦。

　　保存食物會用到各式各樣的鹽。醃鮭魚要用大量的氯化鈉，藉著增加滲透壓，影響對微生物細胞極為關鍵的水，讓它們脫水挨餓，且造成電解不平衡，讓微生物中毒而死。許多香腸、火腿、醃肉和鹹牛肉都是用少量的亞硝酸鈉來醃製的，這也使這些食物帶有獨特的風味和粉紅色。它們並不像醃鮭魚，醃鮭魚中的鈉負擔保存食物的作用，而醃漬物中的亞硝酸鈉是因為亞硝酸鹽而起作用的，鈉只是用來護送亞硝酸鹽分子的。亞硝酸鹽抑制細菌生長的方法是不讓細胞傳送胺基酸，意思是細菌就不能繁殖了。（順帶一提，基於相同原因推估，亞硝酸鹽的含量太高對我們也是有毒的；但沒有放亞硝酸鹽，微生物的繁殖對我們來說也有毒——這是劑量的問題！）

　　糖也可以用作防腐劑。就像氯化鈉的作用一樣，藉由改變環境的滲透壓（參見p.410了解食品滲透壓的相關細節）。因為可用的水較少，如糖果、果醬等含糖食物不需放冷藏就能防止細菌腐敗。請回想FAT TOM法則中的M一項：細菌需要水分才能生長，加入糖則降低它們喝水的能力。

> 　　糖的滲透特性不只用在保存食品。英國有研究發現，糖可以用來沖洗傷口，其實就是充當廉價的殺菌劑。他們用糖（拜託，要消毒過的！）、乙二醇，以及過氧化氫（也就是雙氧水，最終濃度0.15%）混合在一起，製成滲透壓高、水活性低的糖糊，創造出可使傷口乾燥，又能抑制細菌生長的東西。顯然，說過「別在傷口上撒鹽」的人一定沒試過撒糖！

　　除了用鹽和糖管控維生物重要的水餓死它們之外，還使用酶抑製劑和酸阻止生長。苯甲酸酯是其中最常用的現代防腐劑，通常用於麵包防止黴菌生長。(《辛普森家庭》的粉絲可以回想一下，苯甲酸鉀也是優格冰淇淋詛咒的一部分，請見http://cookingforgeeks.com/book/frogurt/。）就像亞硝酸鹽一樣，苯甲酸鹽也有干擾細胞功能的能力（以麵包來說，苯甲酸鹽將葡萄糖轉化為三磷酸腺苷，切斷真菌的能量供應，藉此降低真菌能力）。

　　能降低食物pH值的化合物也能保存食物，從E-Number列表中看到整段都是酸度調節劑就知道它有多重要。對已經有檸檬酸（感謝檸檬汁！）和乙酸（來自醋）可用的家庭廚師來說，表中很多化合物沒有什麼吸引力。但對於食品工業，其他酸度調節劑則提供更廣泛的調味選項和功能性。要不是為了家庭使用，在一搓維生素C（抗壞血酸）之類的烘焙小妙方外，也就不需要重複修正，找尋讓酵母菌發酵過程中脹更大的方法。

RECIPE

蒔蘿醃鮭魚

幾世紀以來，鹽多用在海中漁獲的防腐，在家裡也很容易做得到！把魚用鹽裹住，吸出水分，就是所謂的乾醃法。但鹽不僅會讓食物乾掉（細菌和寄生蟲也隨之乾掉）。在濃度充分的情況下，以鹽乾醃能積極破壞細胞功能並殺死細胞，使細菌和寄生蟲不起作用。

請將下列材料放在碗中拌勻：

5 茶匙（30 克）猶太鹽

1 湯匙（12 克）糖

3 湯匙（12 克）切碎的新鮮蒔蘿

1 茶匙（5 毫升）伏特加

1 茶匙（2 克）胡椒碎（最好用磨缽和研杵搗碎）

450 克鮭魚，洗淨去骨，最好切邊，留下中心長方形肉塊。

放在一大張保鮮膜上。

鹽醃料撒在魚肉上按摩入味，接著用保鮮膜把魚肉包裹起來，放入冰箱冷藏一至兩天，每天翻面兩次並按摩魚肉。

放置冰箱冷藏，一週內食用完畢。

小叮嚀

- 伏特加酒是用來做為溶劑。請試用其他烈酒取代，像是甘邑白蘭地或威士忌。蒔蘿也可換成其他香料，試試用芫荽籽、散茶（如伯爵茶或正山小種茶[89]）、紅蔥頭或檸檬皮。斯堪地那維亞傳統的食用方式是把醃漬鮭魚放在麵包上，再搭配芥末蒔蘿醬。

- 你可以把鮭魚換成其他油脂肥厚的魚類，例如可用鮪魚，因為牠們的質地很相似。

- 這個配方用的鹽分有點重，以重量比約占 6%，這是為了食品安全起見。你可以在醃製完成後用水沖洗降低鹹度。一般用 3.5% 以上的鹽醃製就能防止大多數常見細菌生長，但並非全部。就如一般在食物中最常見的革蘭氏陰性細菌，只要適度濃度的鹽可防止它的生長，但對於少數的革蘭氏陽性細菌如李斯特菌，適量濃度的鹽卻對它毫無辦法。

- 一如你做蒔蘿醃鮭魚，鹽漬是製作鹽漬鮭魚（lox）的第一步[90]。醃漬後，鹽漬鮭魚可再經冷燻（cold smoke）。所謂冷燻是把魚肉暴露在降溫的燻煙中。或者你也可以將煙燻水加入醃料中也會有煙燻的風味（詳見 p.428）。

要去除魚肉上的魚皮，可將魚皮面朝下貼在砧板上，一手壓住魚肉避免滑動，另一手用刀將魚皮從魚肉上小心劃開。

---

[89] 正山小種（Lapsang Souchong）煙燻紅茶，原產自中國武夷山，1610年傳自英國，運送途中紅茶受潮，只好再以煙燻，卻大受歐洲歡迎。

[90] lox是北歐文，指鹽漬鮭魚，傳統不經煙燻，只以濃鹽水醃泡，吃來腥臭逼人難以入口，只好加入蒔蘿去腥，稱為Gravlax（北歐文buried-lox，埋入土醃的鮭魚），也是目前認知的醃鮭魚。紐約小吃燻魚貝果（bagel & lox），將lox煙燻後放在貝果上，從此lox才有了煙燻版。

INFO

食物的滲透壓

　　與烹飪的智慧相反，鹽醃的東西**不會**將水吸入細胞讓食物更多汁——那會是反滲透！鹽醃會從細胞**吸出**水分，看來好像增加細胞周圍的組織液。但什麼是滲透？

　　滲透是一種物理過程：溶劑穿過細胞膜，使細胞膜兩側的溶質濃度達到平衡。例如，將鹽塗在肉的外面，或在糖漿中煮水果，讓水從細胞內穿透細胞壁並進入鹽或糖漿溶液，目的在稀釋細胞外的鹽或糖。這是因為鹽或糖不能穿透細胞壁，但水可以離開細胞，使細胞內外濃度差異達到平衡。（鹽也會分解一些肌原纖維蛋白，改變肉的質地，但這並不是因為滲透！）

　　滲透的關鍵就在「擴散」。溶在液體中的分子會擴散到大致均勻的濃度，有點像淋浴時熱水蒸汽分散在房間中。（你能想像用熱水淋浴時，所有的蒸汽卻聚集在淋浴間的左半邊？）像細胞壁這樣的膜一側濃度越高，溶質（鹽或糖）就會反彈到膜上，形成所謂的**滲透壓**。如果此溶質可滲透模，其中一些就會通過到另一側，直到兩側膜上彈起的分子壓力大致相等。

　　如果溶質濃度差異大到一定程度，在臨界點質膜分離——細胞結構因此瓦解——如果過多的水離開細胞，細胞就會死亡。從食品安全的觀點看，鹽的用量必須引發足夠的質膜分離，使細菌無法生存，而用量多寡則視細菌的種類而異。沙門氏桿菌在鹽濃度僅有3%時即無法生長，肉毒桿菌在鹽濃度5.5%時會死亡，而葡萄球菌在鹽濃度高達20%時仍可頑強生存。不過根據美國食品藥物管理局，葡萄球菌在魚類身上不常見，食品安全指南認為在醃漬魚類時，鹽水溶液的濃度達到6%即夠安全。

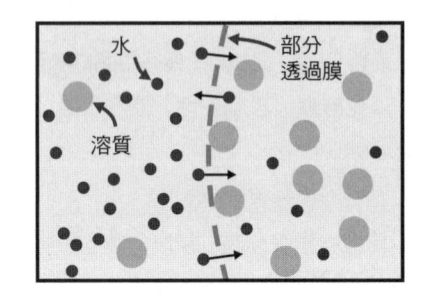

● 訪談

凱洛琳・容的鹽漬檸檬

Photo by Joanne Hoyoung-Lee

凱洛琳・容（Carolyn Jung）曾是政經新聞記者，報導範圍涵蓋墜機事件到司法審判，後來轉換到飲食領域，在舊金山《聖荷西信使報》（*San Jose Mercury News*）擔任飲食作家與編輯長達十年之久。由於「整個新聞媒體產業正從內在崩壞」，她開始經營自己的部落格：http://www.foodgal.com。

飲食作家的一天是什麼樣子？

這是一個最有趣、最有創造力也最享受的職業。飲食是與陌生人攀談最無傷大雅的話題，也是付教化於無形的好方法，不只針對食物，更教導人們飲食文化、歷史、種族差異、世界各地差異，以及政治和宗教等相關議題。這些面向才是飲食之所以有趣的地方，遠遠超越人們的想像。

世人近來對烹飪的迷戀源自何處？

最大的推動力量來自「美食頻道」（Food Network），它讓食物蔚為風潮。許多人平常不下廚，卻被「料理鐵人」（Iron Chef）這類節目吸引，因為這就像看拳擊賽或足球賽一樣，誰不會夢想自己成為最愛球隊的四分衛？烹飪節目也是一樣，想像自己在比賽場景，「哇！天啊！如果拿到的神祕箱裡是蘑菇、香茅、雞肉和酪梨，我到底該做什麼？」

在印刷媒體工作與經營自己的部落格，最出乎意料的差異是什麼？

當報社記者，文章習慣寫得很長，要連續追蹤報導。但在網路上，大家沒有這種專注力。你只有很短時間可以吸引線上讀者注意，但也比較有機會建立自己的忠實讀者。一旦有人喜歡你的作品，就會追隨你。

哪篇部落格貼文出乎你預料得到廣大回響？

我寫過一篇製作鹽漬檸檬的文章，然後就像我先生說的，我著魔似地一直看我的檸檬。這是史上最簡單的料理。我記得第一次做鹽漬檸檬時，每天起床第一件事就是去看瓶中檸檬變成什麼樣子，就像在進行一項科學實驗，最有趣的部分就是探索它的各種用途。

玩玩化學

411

RECIPE

鹽漬檸檬

你只需要的是**半打洗過的檸檬（最好是有機的）**、**鹽**和**一個附蓋可密封的玻璃罐**。

1或2個檸檬放旁備用，剩下的檸檬切成4瓣或8瓣。在罐底撒上一層薄薄的鹽，加一層檸檬，然後用鹽鋪上。繼續把剩餘的檸檬片一層一層鋪好，每一層都用鹽覆蓋。做完後，將開始保留的1、2顆檸檬榨汁，從最上層淋下。然後將罐子放入冰箱。2到3週後，檸檬就會變得柔軟。

等醃好時，用從瓶中挑一塊檸檬片，隨你怎麼用都行——要剁碎、切細絲可以。醃好的檸檬會很鹹，所以無論你做什麼菜用什麼食譜，鹽的用量都要減少。或很快漂洗檸檬。鹽漬檸檬用在夾三明治的鮪魚沙拉裡非常棒，或嘗試把它們放在義大利麵、豆沙拉，也可加在油醋醬和醃料裡。

還可在醃檸檬的鹽中加入辛香料，或者用2份糖對1份鹽，做出鹹度減少甜度增加的版本。

RECIPE

奶油麵包醃黃瓜

小黃瓜切成小圓薄片，加入辛香料和糖抓拌，放在熱熱的醋裡很快醃一下，就是醃黃瓜。因為有糖，它們才能做成搭配「奶油麵包」的醃黃瓜。把它們放在烤好的麵包上，再塗上味道香濃的奶油，試試它們的味道，就知道有這樣的名號真是了不起。就像冷藏的醃泡菜一樣，它們一開始都先醃幾天後再放冰箱，但就算放冰箱也無法長期保存，不過我也從來沒想過把它們放很久。

下列食材量好放入中型醬汁鍋：

2杯（480毫升）白醋（含5%乙酸）

1.5杯（300克）糖（或紅糖）

3湯匙（30克）海鹽

1湯匙（3克）芥菜籽

1/2 茶匙（1克）薑黃粉

450克小黃瓜清洗乾淨，找找看Kirby黃瓜品種，或用比市場買的標準黃瓜更細、更有趣的黃瓜品種

6-3 防腐劑

Green Blimp。去頭去尾切掉梗，然後將黃瓜切成約0.5-1公分的小圓片。切片放入醬汁鍋。

1-2個洋蔥，**約250克**修整剝皮，由根到頂切成一半，再切成半圓形的洋蔥絲。洋蔥絲也放入醬汁鍋中。

可隨意加入更多適合醃漬的辛香料或醃菜，如**胡椒、芹菜子、幾片月桂葉、辣椒圈**或**一兩瓣對半切的蒜瓣。**

材料煮開，用蓋子燜5分鐘。煮太久，**泡菜**就會較軟。鍋子離火，醃料放涼，再裝到儲存容器中。然後放入冰箱儲藏，可保存幾週。

小叮嚀

- 使用海鹽是因為它沒有添加碘或會讓水混濁的抗結塊添加劑，而它的濃度約是桌鹽的一半，所以若你用桌鹽代替海鹽，請相應調整用量。請在 1 杯水中加入 2 湯匙（20 克）海鹽，再將 1 湯匙（18 克）桌鹽放入第二杯水中，請比較它們的差異。

- 我第一次想到用泡菜當作防腐劑的例子，我以為會很容易解釋。熱、鹽和酸都能殺死病原體，原來這樣並不夠。和很多食譜與烹飪節目說的正相反，這些速醃泡菜無法保存很久。用熱的醋可以加快泡菜醃製速度，但熱和 pH 值的變化不足以對付肉毒桿菌。這些泡菜若不經真正的罐頭製程都無法長期儲存，即使放在冰箱，因為肉毒桿菌的孢子是非常堅強的。請將快醃泡菜像其他易腐食品一樣處理：放入冰箱冷藏並在幾週內食用完畢。

- 如果想做能長期保存的醃漬小黃瓜，可能需要使用罐裝技術。罐裝技術結合多種防腐技術，是保鮮很好的例子：先把密封罐放在熱水中煮去除李斯特菌，且要降低醋的 pH 值，需降到肉毒桿菌孢子不會發芽的範圍。pH 值至關重要，必須低於 4.6，因為只用罐裝技術不會破壞細菌孢子。做醃黃瓜時，為了調節 pH 值甚至可改變液體與固體的比例。想知道做醃黃瓜罐頭的製程，請參考 http://cookingforgeeks.com/book/pickles/。提示：你不需要用沸水煮罐子，請準備一個大鍋來煮開水，還要一個三腳鐵架，如果你不介意弄濕，請把它放在鍋子底部。

為什麼泡菜放冰箱也無法保存長久？

美國農業部在1930年代開始在食品發酵實驗室研究醃黃瓜，即使到了1989年研究人員仍然在尋找解答。將黃瓜烹飪後，李斯特菌仍然出現在受污染的冷藏泡菜中。這並不奇怪，事後看來：李斯特菌多在pH質低到3的液體中存活，而泡菜醃湯濃度至少有10%，李斯特菌在34°F／1°C繁殖，無臭無味。（它只是想活著，在你身體裡活著！）基於一般腐敗細菌在這些條件下無法存活，受到感染的醃黃瓜也不會發出怪味或產生任何看來恐怖的東西。雖然美國農業部並不建議冷藏泡菜的做法，但一直以來醃黃瓜的食譜卻到處流傳。

訪談

艾維・提斯
談分子廚藝[91]

艾維・提斯（Hervé This）是巴黎「法國國家食品暨農業研究院」（INRA）研究員，以研究烹飪過程中的化學變化而聞名於世。他與尼可拉・庫堤（Nicholas Kurti）等人在1992年首度於義大利西西里島艾里斯（Erice）創辦「分子與物理廚藝國際工作坊」。

你與庫堤博士命名「分子與物理廚藝」的初衷為何？

尼可拉・庫堤當時是退休的物理學教授，熱愛烹飪，也想把物理實驗室的新技術應用在廚房，多半是真空烹調、冰凍和低溫技術。而我的想法就不同了：我想蒐集婆婆媽媽的烹飪老法子來做測試。此外，我也想把化學實驗室的工具應用在廚房裡。

多年來，我在巴黎進行某項實驗，庫堤就在牛津重複做同樣實驗；庫堤在牛津做什麼，我就在巴黎重複做。這真的很好玩。1988年，我向庫堤提議，我們應該成立國際協會，把我們做的事也讓國際參與。庫堤認為時機尚未成熟，但創立工作坊讓同好聚在一起也許是個好主意。於是我們需要個名號，我提議分子廚藝，當時庫堤是物理學家，認為這名稱太強調化學，因此提出分子與物理廚藝。我也同意了，只因為他是我的好友，可不是因為他有什麼道理說服了我。

一開始，我在重要的有機化學期刊發表了一篇論文，在這篇論文中，我把科學與技術混為一談。直到1999年，我才了解工程與科學之間應該要有明確的區分，因為兩者是不同的。

你從事的分子廚藝工作與食品科學家發表在《食品科學期刊》上的研究，有何不同？

這是歷史議題。當年（1988年）食品科學比較著重在食材成分或食品技術。比方說，放在食品科學期刊上的論文談論的是胡蘿蔔的化學組成，而庫堤和我對於胡蘿蔔的化學組成或食材裡的化學完全不感興趣。

我們要做的是科學，想探索烹飪過程中觀察到的現象，而在當時，烹飪完全被人拋諸腦後。在前一個世紀，法國化學家拉瓦節（Antoine Lavoisier）等人曾研究如何烹調肉湯，這正是我們在做的。食品科學不斷更迭，烹飪卻完全被遺忘。最近，我重拾貝里茲（H. D. Belitz）和格羅契（W. Grosch）

---

91 分子廚藝（Molecular Gastronomy）為近來最風行的料理法，強調以科學方法依照食材的物理特性和化學變化創造不同口味經驗，因為強調食用經驗及料理的最終表現，近年來已多以「分子美食」（cuisine moléculaire）稱之。

在1988年編著的食品科學重量級著作《食品化學》（Food Chemistry），看到肉與酒的那幾章時，幾乎沒提到用酒料理或肉類烹飪的相關內容，非常奇怪。

這麼說來，對於你所謂的「分子廚藝」目前似乎還存在許多困惑？

分子廚藝關注在烹飪過程中觀察到的現象及其背後機制，而食品科學通常不是這麼回事。如果你看過《農業與食品化學期刊》（Journal of Agricultural and Food Chemistry）的目錄，你看不到什麼有關分子廚藝的內容。

所以，分子廚藝在食品科學中是個次領域，專門探討食物的轉變過程？

的確，分子廚藝確實是個次領域。2002年，我引進一個新的形式論，目的是描述膠質與各種料理的物理組織。這種形式論可以用在食品上，也可運用在其他配方製品上，像是藥物、包材、塗層、染劑、化妝品。這與物理化學有關，當然也與分子廚藝有關。因此，分子廚藝不管在食品科學或物理化學中都是特殊項目。

迷人之處在於看到用科學三兩下就做出新發明或新應用。每個月我會提供一個新發明給名廚皮耶・加尼耶[92]，我不該這麼做，因為那是發明，而不是發現，但是我可以告訴你，我只要伸指一彈，發明就會出現。我的想法都來自科學，我問自己：「我可以用它來做什麼？」然後就找到一項新應用。這非常非常簡單。這是相關應用，也可能是科學與技術間存在這麼多模糊地帶的原因。我們還研究過胡蘿蔔高湯，想把胡蘿蔔浸在水中看看什麼東西會跑出來，又是如何跑出來。有一天，我到實驗室，一直盯著兩鍋用相同胡蘿蔔做出的高湯瞧。一鍋是褐色，另一鍋則是橘色。同樣的蘿蔔、同樣的水、同樣的溫度、同樣的烹煮時間，卻是一鍋褐色，一鍋橘色。我跟實驗室的人說：「我們得研究這個，因為我們什麼都還沒搞懂。」

我們開始研究此案例，原因竟然是備料時一鍋是在有亮光的地方做的，另一鍋在黑暗中做的。我們發現，只要把胡蘿蔔高湯照點光，它就會變成褐色，於是開始探討這個機制，胡蘿蔔高湯怎麼會變成褐色的呢？但這是發現，不是發明，因此這是科學。同時間，應用方式出現了，因為廚師都想做出漂亮的金色高湯，為了湯裡有褐色，會先烤過洋蔥再放入湯中。現在我可以告訴廚師：洋蔥可以省下了，只要讓湯照點光。你看，發現不就馬上變成發明！

可否多談談你與皮耶・加尼耶主廚的合作？

我不知道這是不是合作，就是我倆的友誼。十年前，皮耶的太太告訴他：「你很瘋狂，艾維也很瘋狂，或許你們可以玩在一塊兒。」

真實的故事是，1998年，皮耶在巴黎新開了一家餐廳，他要為餐廳的開幕準備一席午餐招待記者、媒體及政治人物等，我也受邀參加。我當時不認識他，只久仰他的名聲。一年後，《解放報》（Libération）找我要耶誕節的食譜——是科學食譜。我告訴他們，我又不是大廚，不該由我來提供食譜。不過我提議，我可以邀請兩位很棒的主廚用我的點子做出食譜，其中一位就是皮耶・加尼耶。

當我搭計程車前往皮耶的餐廳接受採訪和拍照，突然想到啤酒會起泡沫，那就意謂你有蛋白質可做為介面活性劑來包住氣泡。如果這些蛋白質可以包住氣泡，那麼一定也可以包住油質。當我到達餐廳，皮耶正在等我，我立刻問他：「你有沒有啤酒、油、打蛋器和大碗？」他看著我，向人要來材料和

---

[92] 皮耶・加尼耶（Pierre Gagnaire），法國大廚，偉大處不在26歲就得米其林星星，也不在名下三星餐廳遍布全球，而在廚藝之深廣，從法式經典到新料理、無國界料理，再入分子美食殿堂，被譽為世上最有創意的三星廚神。

工具，我告訴他：「請把啤酒倒入碗中，再用打蛋器把油打進啤酒裡，我想，這樣一定可以做出乳化劑的。」結果真的做出來了。他嘗了一口乳化劑，覺得非常有趣，於是決定用這奇妙的乳化劑做一道菜。

一年後，我受邀到國家科學院演講。我向他們提出用皮耶做的晚餐來做這場演講[93]。我們工作了三個月，每星期一早上七點到十點開會。我們決定未來可以一起做些什麼，而且會一直持續下去，這非常有趣。我們不是在合作，而是一起玩，就像小孩子一樣。

相較於有想法的大廚來找科學家要求做出創新料理，好像elBulli餐廳[94]或Alinea餐廳[95]出現的料理更新奇，完全脫離日常飲食經驗，它們有多少源自科學發現並應用在料理上？

嗯，這個問題包含很多問題。我感覺你好像在說我們不用正當的方法烹煮食物。就說我們還在烤雞，這主意好嗎？我不知道。我們會問：「我們應該一成不變嗎？」許多主廚正在改變做法。我的很多發明都公開在皮耶·加尼耶的網站上（http://www.pierre-gagnaire.com/francais/cdthis.htm），我知道大廚們都會去那裡替廚房找新點子。我把這些點子無償公開，也沒有申請專利，更沒有任何金錢介入，全部都是免費的，因為我要讓我們的烹煮方式變得合理，因為我們並沒有用合理方式烹煮東西，我們還在用烤爐烤雞。

我有本書的書名譯為《烹飪：經典藝術》（Cooking: A Quintessential Art）[96]，但是法文原著的書名是《烹飪：愛、藝術與技法》（Cooking: Love, Art and Technique）。烹飪是藝術這想法，幾年前甚至未被接納。我記得當時與法國公共教育部長交談，他說：「真正的藝術是繪畫、音樂、雕塑，還有文學。不，不，不，烹飪不是藝術，你一定是在開玩笑，烹飪就是烹飪。」但我認為，烹飪首要的是愛，然後是藝術，最後才是技法。當然，科技只有在技術部分有所用處，到了藝術的層次就沒有用了，對於愛這個元素也無作用。如今，elBulli的費朗和Alinea的阿查茲都用了科技，但還有很多改進空間。他們有自己的詮釋，科學在此毫無用武之地。那純屬個人詮釋，只是一種感覺。

你認為elBulli、Alinea或是其他類似的餐廳，能夠充分利用「愛、藝術、技法」這三個元素嗎？

愛這個烹飪元素沒有形式，必要的科學也不在其中。我的想法是，我們應該在愛這個元素上注入科學。我是物理化學家，要從事這類研究並不容易，因為它仍在發展初期。目前，主廚對愛這元素的表現很直觀。如果有位大廚非常友善，會在餐廳入口處問候你：「噢，歡迎光臨！很高興接待您。」而你也很高興，因為你被當成好友接待。但這是直覺。我要說的是，我們必須用科學方式研究這個友誼現象背後的機制。我們目前對這個機制所知甚少。

這聽起來就像心理學或社會學？

對，的確是。我投入分子廚藝的方法是每天在實驗室研究物理化學，但我創造出一些概念，讓他人得以用自己的方式加以探求。他們的方式可能是心

93　1999年提斯受邀為「法蘭西自然科學院例會」籌備研討會，此例會以晚餐形式進行，席間由主講者介紹當代科學議題，而提斯則安排加尼耶準備分子美食，一面吃一面由提斯說明分子廚藝

94　elBulli餐廳，西班牙廚神費朗·阿德里亞（Ferran Adrià）的餐廳，五度榮獲全球最佳餐廳，當年訂位最少等三年，號稱最難訂的餐廳，但在2011年歇業，轉型為廚藝研究中心。

95　Alinea餐廳，是格蘭特·阿查茲（Grant Achatz）開在芝加哥的名店，是美國分子廚藝的代表。

96　此書的英文譯名是雙關語，Quintessential除了意指「經典」，也是「第五元素」，暗指分子廚藝超越事物構成元素的料理特色。

6-3 防腐劑

理學、社會學、歷史、地理。我們需要知識，讓我們了解在料理過程中看到的現象，背後的機制又是什麼？有人認為我們無法找出所有現象，這個想法非常愚蠢。我們可以辦到。請想像我或其他人找到可為料理融入更多愛的方式，這代表客人會更愉快。但想像你把這項知識給了一個不誠實的傢伙，而這人又以不誠實的方式應用這項知識，就會壯大這群居心不良人們的力量。如果同樣知識給了好人，他們就會做到最好。這和核子物理是一樣的情況，如果你運用不當，就會做出核子炸彈，一旦你運用人性良善的一面，就會製造電力。科學不必為應用負責，你才要為應用負責。

我問提斯博士，是否有他最愛的實驗可以在家中完成，進而學到更多食物知識。他的答覆是：

我做過最令人興奮的發現是把梅子這類水果丟入裝滿水的水杯中，各杯溶入不等量的糖。在濃度較淡的糖漿中水果會沉下去，但在濃度高的濃縮糖漿中水果會浮起來。當然，這與密度有關，但是如果你靜待一段時間，淡糖漿中的水果會膨脹（因為滲透作用）並裂開，而濃糖漿中的水果則開始縮皺。

這個實驗有助於了解如何做出適當濃度的糖漿來保存水果：把水果放入濃縮糖漿中，緩慢加水直到水果開始下沉。等水果與糖漿達到了等滲透壓，水果就可保持形狀和果肉質感。

純水中的櫻桃（左）；
在濃度較淡糖漿中的櫻桃（中）；
在高濃度糖漿中的櫻桃（右）。

• INFO

除去糖的味道

加糖通常是為了保存食物，像是做果醬，或（以蜂蜜的形式）讓三明治麵包有更深的顏色。但要是你只想要有防腐或褐變的功能特性卻不要糖的甜味呢？

變個化學和味道的戲法就可以做到。用甜味抑制劑 lactisole！我把它戲稱為「抗糖劑」，是一種減輕甜味的添加劑。（但可嘆的是，糖和抗糖劑混合不僅比單用糖釋放更多能量，而且食物中加抗糖劑也無法減少熱量。）

食品業面臨的挑戰之一是如何延長食品食用時間到最大極限，同時也保持可令人接受的風味和口感。1980年代初，英國科學家麥克·林德利（Michael Lindley）發現lactisole複合物能降低甜味感受。當lactisole以濃度100ppm加入食物時，它會干擾甜味受體，減少甜味感受。（給生物技客的小知識，lactisole是一種抑制甜蛋白受體TAS1R3的羧酸鹽。）與傳統抑制菜餚甜度的方法不同（就是添加苦或酸的食材），lactisole的作用在抑制舌頭上的甜味受器，所以不會影響其他滋味感受，如鹹味、苦味或酸味。

使用lactisole，你可以增加食物的糖分來使易腐食品保持穩定，然後消除額外的甜味感受。

lactisole也會加在像沙拉醬這樣的產品，因為醬汁並不需要來自穩定劑或增稠劑的甜味，在一些大規模生產的麵包中也有。另外像披薩麵團，烘烤時若麵團變成金棕色則更具視覺吸引力，比較輕鬆的方法是加糖獲得褐變反應，但是披薩餅皮變甜就不好吃了，用lactisole就能解決這個問題。

食品材料廠商Domino有賣一款叫做Super Envision的添加劑，成分主要是蔗糖、一點麥芽糖糊精，還有10,000 ppm的「人工香料」。（lactisole在烘焙過的阿拉比卡咖啡豆中發現，被分類到GRAS添加劑，因此標記為人工香料。）Super Envision的使用標準是在最終產品中Super Envision的濃度只有1%，因此人工香料10,000ppm變為100 ppm。（唔，我猜這種「人工香料」會不會就是lactisole？）

如果你有辦法弄到一些，試著將它加入焦糖醬中試試味道。在一碗焦糖醬中加入少量甜味抑製劑（參見p.248），第二碗焦糖先留著做比較。在摻有甜味抑制劑的那一份中，焦糖醬的燒焦化合物味道更強，因為味道不會被甜味掩蓋。這真是奇怪的感覺！

lactisole的S鏡像異構體抑制甜味受體。

技客實驗室：用鹽和冰製作冰淇淋

鹽實在是太了不起了，但我承認，只要是能做冰淇淋的東西我都會這麼說。在冰中加入鹽會使冰融化，因為冰的**凝固點下降**，也就是降低水結冰的溫度。但那只是用鹽和冰做冰淇淋的一半技術，還需將桌鹽溶在水中，這是**吸熱反應**（endothermic reaction），是吸熱而使周圍環境更冷的過程。

當你把一搓鹽，也就是氯化鈉（NaCl）丟入水中，它就**分解**了，散成更小的顆粒。桌鹽中的鈉（Na^+）和氯化物（Cl^-）分離，放出來到處游動和其他分子相互作用（如果是鈉就會和你的舌頭互相作用）。儘管如此，分解並不是不用付出代價的。鍵結分開需要能量，會讓周圍的水變冷。

首先準備以下材料：

1個小號可開合密封袋，容量約1升

1個大號可開合密封袋，或保鮮盒，或附蓋油漆罐，容量約4升

12顆冰塊（一個製冰盒的量），或2杯（480毫升）結凍的水

1杯（290克）鹽

1/2杯（120毫升）高脂鮮奶油

1/2杯（120毫升）牛奶

2湯匙（25克）糖

1/2茶匙（2.5毫升）香草精

毛巾或手套。搖動冰塊時，用來抓住冰袋或保鮮盒（可選用，但有的話很好）

數位溫度計（選用）

湯匙

實驗步驟：

1. 高脂鮮奶油、牛奶、糖和香草精倒入小密封袋並密封，袋中可留有空氣。
2. 冰和鹽加入較大的袋子或容器。
3. 小密封袋放入較大的袋子／容器中並密封。

4. 搖動容器！如果用油漆罐，可以把罐子放在桌面或地面上來回滾動；如使用密封袋，就用按摩和搖動的。容器可用手套或毛巾包起來，以免手太凍。幾分鐘後，打開容器用數位溫度計測量鹽水溫度。繼續再搖10分鐘左右，直到冰淇淋冷凍且質地柔軟一致。

研究時間到了！

打開裡面的小袋子，用湯匙舀冰淇淋試吃。你注意到質地有什麼不同？

如果改用其他化合物而不用鹽，你認為會如何？如果用瀉鹽（硫酸鎂）或碳酸氫鈉（小蘇打）又會如何？

額外提醒：

你覺得吸熱反應會造成多大的區別？如想釐清，可做兩批冰淇淋測試差異。一批用冰過的鹽，所以這批鹽和沒有加在一起的冰塊具有相同溫度。然後做第二批，用2杯水和1杯鹽混在一起，放在冰庫冰凍一夜。（所需鹽量會比可完全溶解的鹽更多，這是必要的，因為不是所有乾的鹽都能以正常方式與冰接觸。）

烹飪用的鹽有很多種，桌鹽（NaCl）僅是其中一種。氯化鉀是鹽的替代品（「請遞給我氯化鉀鹽」？）；氯化鈣用來固定蔬菜外形（就像硬水中的鈣，原理一樣）；味精（MSG）則帶給食物穀胺酸。

分離桌鹽中Na$^+$離子和Cl$^-$離子所需的能量稱為**晶格能**（lattice energy）。當離子與水分子相連時也會放出熱量，稱為**水合能**（hydration energy）。不同類型鹽的晶格能和水合能也不同。如果晶格能大於水合能，就是吸熱反應；如果相反，溶解鹽的過程會產生**放熱反應**（exothermic reaction），則會釋放熱。

RECIPE

柑橘醬

柑橘醬的做法是把柑橘切片後放在糖水中熬煮。柑橘皮會有果膠，果肉提供酸，兩者結合使得柑橘醬成為最容易做的果醬。加入糖和水再加熱，自然呈現的果膠就會形成膠狀。如果偏好較強苦味和傳統桔醬，就使用塞維亞柑橘，它的果膠含量很高。如果喜歡深紅色桔醬，請加一點血橙。

準備 **450 克**柑橘類水果，如檸檬、橘子、葡萄柚或萊姆（或各用 1/4，效果驚人！），柑橘浸在水裡把皮上的斑點雜質都刮除。每顆水果縱切兩半，再切成 4 瓣，拿掉籽和中間的芯，切薄片，放到平底鍋中。

加 **1.5 杯（300 克）糖**和足量的**水**，水量要蓋過柑橘和糖。先一起煮開，再打開蓋子，轉小火煨煮，煮半小時左右，直到外皮變軟。一旦柑橘軟化，鍋子就可離火。如果你覺得柑橘醬味道太苦，這時就再加多一點糖。

柑橘醬放涼後再放入冰箱儲藏。

小叮嚀

- 如果你之前就做過，這次可改用柑橘汁或蜂蜜替換一些水。如果你喜歡，還可加入香料，如丁香、肉桂棒或香草豆，混合後煮沸。
- 柑橘醬除了可以塗在烤麵包上，還可舀一匙放在燕麥粥，或放在煎餅上，拌在優格裡，或加在乳酪盤當作開胃菜，還可用在烘焙食品，或和鮮奶油霜拌在一起當作蛋糕上的裝飾。桔醬搭配豬排骨或鴨肉是很棒的醬料，或和烤好的根莖類蔬菜混著一起吃，甚至可以和油醋醬拌在一起當做沙拉醬汁。

糖漬橘皮

糖漬橘皮妙用無窮，切碎了可以放入餅乾、放在甜點上，或只是沾一下調味巧克力（見 p.177）。橘皮煮沸後，組織軟化了，柑橘白膜上的苦味化合物檸檬苦素（limonin）也被中和。糖在這裡的作用是防腐劑，它能與水結合，但這不是萬無一失的。黴菌生長需要的水比細菌要的少，所以如果你的橘皮太潮濕，還是可能會看到黴菌生長（這種黴菌不是美味的那一種）。

下列材料放入鍋中煮沸：

2 杯（480 毫升）水
2 杯（400 克）糖
3 到 6 顆橘子的橘皮，切成約 0.5 公分寬的小條

橘皮以小火煨煮 20 到 30 分鐘直到變軟。從鍋中取出，在紙巾上瀝乾後放入另個容器中。然後把糖鋪滿橘皮上讓橘皮出更多水。

小叮嚀

- 可改用其他柑橘類，例如葡萄柚、檸檬、萊姆或紅橙，也可用其他水果，像是櫻桃、桃子或蘋果。也可在水中加點辛香料，如肉桂。或用 Grand Marnier 或蘭姆等烈酒取代部分的水。

玩玩化學

6-4 風味劑

食物風味非常重要——堪稱是美食享受中最重要的變數。味道改變我們的行為：把我們拉進麵包店的是剛出爐的麵包香氣，一餐飯裡讓我們口水直流的是新鮮香草香和烘焙過的辛香料味道，食物味道的記憶帶我們再次購買。失去聞味的能力，得了「嗅覺喪失症」，公認是最嚴重的感官損傷。想想上一次感冒鼻子阻塞的時候，食之無味，食物沒了味道也就不再吸引人了！

能夠在食物中添加風味就開闢了新的可能性。食品業依賴調味作為大規模生產的一部分。我有位熟識的朋友曾在金寶湯公司做事，他說，肉只要蒸熟了就會喪失大部分味道（雞湯麵裡的雞就是這樣大量煮熟的），所以得加入調味。還要添加色素，即使它們的來源是薑黃（黃）、辣椒紅（紅）或焦糖（棕色）等傳統食材。風味對食品業來說至關重要，也因此食品業對風味知道得非常非常清楚，只要味道一下子散去，你就會去拿第二口，並且下一次去店裡，你會再回購。

創造香氣和美味的重要可以從 E Number 的分類看出，E Number 的分類中有好幾大類都是改變味道的化合物。其中一類為風味增強劑（E600s），它改變食物的味道。（「風味增強劑」是不正確的詞，「滋味增強劑」會更好）。這一組的化合物多是像味精（E621）這樣的穀胺酸鹽類，也有一些會讓食物味道更甜的化合物，如甘胺酸（E640）。說到甜，人工甜味劑（E900s）在 E Number 裡占有專屬一大類，包括三氯蔗糖（E955）和甜菊糖等活性化合物（E960）。除非你的廚房有一些令人驚嘆的實驗室設備，否則 E Number 化合物完全不適家庭應用。（難道要打一些新鮮鳥苷酸來用？！）但請記住，有很多傳統方法可增加滋味，如添加穀胺酸含量高的食材（請見 p.93），或只是放一點鹽都有幫助。

但真實的風味劑呢？如前所述，E Number 分類並不是食品添加劑的詳盡資料。像香草醛就不在裡面，即使它是有明確結構的單一分子且多被加到食物中。而家庭廚師使用香草精，不用香草醛粉，這就是我們能切入的地方，做一些有趣、有創意的實驗：風味萃取物。

風味萃取物多用來增加食物新的香氣或放大食物已有的香氣。它們的功能性目的是攜帶易於揮發的揮發性化合物，也就是容易蒸發的化合物，藉此逗弄鼻子的感覺器官。幸運的是，食物裡許多揮發性化合物很容易被溶劑溶解。溶劑，就像我們即將看到的，要做出能攜帶風味的萃取物，溶劑就是關鍵。

6-4 風味劑

烹飪上，我們會使用三種主要溶劑：水、脂質和酒精。每一種都適用於不同類型的化合物，因此要做出好的萃取物，關鍵是將溶劑的化學性和揮發性化合物的化學成分互相配對。同樣的化學原則適用於水溶解化合物時，也適用於脂質和乙醇，所以要用哪一種溶劑，要看要溶解的化合物結構。

但溶劑到底**如何**作用？當某分子與另個分子相遇時到底發生什麼？它們會形成鍵結（稱為**分子間鍵**，存在於分子與分子間），還是會互相排斥？這要視兩個分子間因電荷或電荷分布所衍生的各種力量而定。在化學定義的四種鍵結中，有兩種對風味萃取很重要，分別是：極性（polar）與非極性（nonpolar）。

極性分子是周圍電場不均勻或電子排列不均勻的分子。最簡單的排列方式是分子兩側有相對的電荷，稱為「偶極」（dipole）。水有極性，因為兩個氫原子同時接上一個氧原子，於是整個分子的一側帶負電——就是偶極。

當兩個有極性的分子相遇，第一個分子帶正電的一側會與第二個分子帶負電的一側形成很強的鍵結，就像兩個磁鐵相吸排在一起。從原子層次來看，有正電側的第一個分子與有負電側的第二個分子兩者達成平衡。

水分子是極性的，因為電荷不對稱分布。這是因為氧比氫帶的負電更多，水分子呈彎曲形狀。這種形狀在一側帶正電而另一側帶負電，所以是極性。

具有對稱形狀的分子或電負性差異很小的原子，在各邊都有對稱的電荷分布，此為**非極性**。油是非極性的，因為主要由碳和氫組成，兩個分子的電負性差異很小。

大多情形，當極性分子與非極性分子相遇，極性分子無法找到一個電子來平衡自己的電場。這就像想把磁鐵釘上木頭：磁鐵和木頭不會互斥，但也不會相吸。極性和非極性分子不會形成鍵結，自始至終只會到處漂移，繼續彈到其他分子。

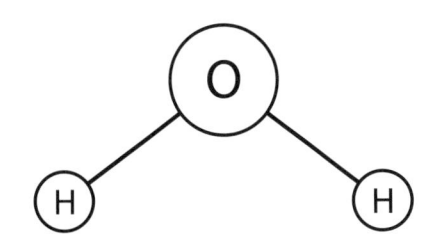

這就是為什麼油和水通常不相合，但糖和水卻輕易就混合。水分子是極性的，能與其他極性分子形成很強的分子間鍵，它們能夠平衡彼此的電荷。但在原子層上，油不能提供水分子的負電側很強的鍵結機會。水和糖（蔗糖）就結合得很好，蔗糖也是極性的，所以兩個分子的電場能夠排列到某種程度。

分子間鍵的強度取決於溶劑和溶質化合物的排列情況，這就是為什麼有些東西很好地溶解在一起，有些只能溶解到某一定量。而很多在食品中提供香氣的有機化合物較容易溶於酒精，而不溶於水或脂肪。

你一定會遇到借助酒精化學性的菜餚，可能作為攜帶風味的媒介，或是一種引發食物風味的工具，將風味提升到可引起嗅覺系統注意的足夠份量。通常醬汁或燉菜中會加酒精，用來幫助釋放鎖在食材中的芳香化合物。所以可試試在番茄醬中加紅酒！

> 辛香料丟進油中——這叫「發」（blooming）——油會抓住辛香料的風味揮發物質，它們在種子加熱時蒸發掉。

INFO

酒在烹飪過程中都「燒掉」了嗎？

不，沒有全部燒掉。雖然純乙醇（C2H5OH）在大氣壓力下的沸點比水低（173°F／78°C），乙醇與食物中其他化合物間的分子鍵結仍然很強，因此沸點會隨著食物中的乙醇濃度而變，也會因為食物中化合物與乙醇鍵結的狀況而異。

根據愛達荷大學研究人員發表的論文，烹飪後剩餘的酒精量取決於採用的烹飪法。此實驗恰好在海拔762公尺處，表示蒸汽壓力低於海平面，以防你需要藉口……

烹飪方式	殘留百分比
酒加入煮沸液體中，然後離火	85%
酒過火燒掉	75%
未加熱，放過夜	70%
酒未拌入食材經過烘烤25分鐘	45%
酒拌入食材再經烘烤或小火燜煮	
……15分鐘	40%
……30分鐘	35%
……1小時	25%
……2小時	10%

● RECIPE

香草精

　　香草萃取物是使用酒精作為溶劑的典型例子。很少植物性化合物可溶於水，它們在自然界就洗掉了。某些情況下熱水會有作用，泡泡薄荷茶或洋甘菊茶外還能如何？但製作萃取物時，就需要用到酒精或油脂，要用哪一種則取決於你要萃取的分子。（大多數香氣都是多種複合化合物，細節這裡略過不談。）

　　香草精很容易製作。香草豆中負責香草香味的化合物約有200多種，但只要伏特加等烈酒就可萃取，烈酒中的乙醇（80度烈酒約有40％酒精）會溶解香草豆化合物的一部分，包括負責最指標香味的香草醛。（帶有顯著味道的化合物常占有不同比例，如此也形成香草各品種間的差異）。

　　香草豆仍然很貴。原料請上網購買，用來製作香草精的豆子用B級的就很好了。（B級是食品業最常使用的，反正一樣要切開，誰會關心豆莢長得漂不漂亮？）

　　取一個封蓋緊密的玻璃罐，裝入：

1條香草豆莢（~5克），由上到下剖開，切成適合放入玻璃罐的細條
2湯匙（30毫升）伏特加（份量需蓋過香草豆）
1/2茶匙（2克）糖

　　轉緊蓋子或封上保鮮膜，放在陰涼乾燥的地方（如食品儲藏室）。讓萃取液浸泡至少幾個星期。

小叮嚀

- 其他料理剩下的香草豆莢就可以拿來做香草精。如果你常常用香草入菜，記得經常填滿香草罐。只要用到香草豆莢，記得加一點到罐子裡，如果罐子裡豆莢太擠，就拿掉放了比較久的豆莢。一旦用掉香草精，就再替罐子添一些烈酒。
- 嘗試其他變數：你可以不用伏特加，伏特加的酒精含量高且通常沒有風味，可以改用其他烈酒，如蘭姆酒、白蘭地或上述幾種的混合。或者你也可以不用香草豆，改用八角、丁香或肉桂棒。請把溶劑和溶質都改變（例如，用 Grand Marnier 泡橘皮）。

玩玩化學

RECIPE

浸泡油和香草奶油

浸泡油和香草奶油就像烹飪用的植物精萃，可將植物風味帶入食物，但它不像植物精萃帶有辛辣的酒精味，浸泡油可直接用在菜餚成品中。來點羅勒油做的沙拉醬如何？鮭魚灑一點迷迭香浸泡油？麵包塗一些羅勒奶油？下次你有多餘不用的香草，請用油脂浸泡。

脂肪和油是非極性分子（見 p.168），考慮溶解的化學基本規則後，它能溶解其他極性分子並不奇怪。很多氣味化合物都被拴在植物油中，就像奧瑞岡的葉面油滴含有香芹酚，但並非所有植物氣味化合物都是脂溶性的。我曾試著做過鼠尾草浸泡油，但成效不佳。上網搜尋後發現：鼠尾草的主要氣味泪杉醇（manool）正常情況下溶於酒精。很快試做以乙醇為底的鼠尾草萃取卻立刻有效，鼠尾草風味一下就聞到了。如果你發現香草用油浸泡的效果不太好，就改做香草奶油。做奶油不用像浸泡油一樣把植物組織都濾掉，也不用依賴氣味在油脂中的溶解度。

浸泡油

做浸泡油的方法有用冷泡或熱泡。冷泡對香草類植物較好，熱泡對辛香料較有效；熱油會把辛香料的味道先逼出來，改變它們的風味。

1. 量出 1 杯（240 毫升）**高品質的中性油**放入小碗中，可用**葡萄籽油、葵花油或芥花油**；若要泡風味較強的香草，溫和的**橄欖油**很適合。

2. 浸泡！

3. **若要浸泡香草，請遵循冷泡程序：**加入 2-4 湯匙（10-20 克）香草，可加入**迷迭香、奧瑞岡葉或羅勒**，香草切細絲。若要油看起來比較綠一點，可加入 **1-2 湯匙（5-10 克）巴西里**，若覺不需要則隨意。然後使用傳統攪拌機或用浸入式攪拌機將油和香草攪拌 30 秒左右。這樣做會加快浸泡時間，否則需要把混合物放在冰箱浸泡更長時間。

4. **若要浸泡辛香料，請遵循熱泡程序：**辛香料放入油中；可單放一種，如用小荳蔻、肉桂，也可混用不同種類。要做簡單的咖哩油，可用 **2 湯匙（12 克）咖哩粉、1 湯匙（6 克）新鮮薑末和 1/2 茶匙（1 克）卡宴辣椒粉或辣椒片**。油入鍋以中溫加熱幾分鐘，逼出辛香料的香氣。（你應該可以聞得到！）

5. 浸泡香料的油倒回小碗蓋好蓋子。如是冷泡油就讓它在冰箱放幾個小時或冰一整夜；若是熱泡油則可立刻使用，但請先靜置幾分鐘，讓油放涼到室溫。

6. 如希望香草油較清澈，可用細網篩或用鋪了棉布的濾網過濾浸泡油（靜置後再過濾！）。為避免造成混濁細渣，過濾時不要用壓的，就讓它滴幾分鐘。

: RECIPE

香草奶油

做香草奶油比做浸泡油更容易,因為不需要依賴風味化合物溶解,植物組織就存在於做好的成品中。可用風味濃重的香草,而蝦夷蔥、龍蒿和鼠尾草這種比較軟的香料較好操作也較快。

在小碗裡放入 1/2 杯(115 克)**奶油**,放到室溫。如果用無鹽奶油,請加入 1/2 茶匙(3 克)**鹽**,如喜歡還可加入**新鮮現磨的胡椒**。然後加入 2-3 湯匙(10-15 克)**香草葉**,請事先洗淨,切碎,粗莖硬芯都去掉(你不會想要奶油裡還有細梗的!)。用叉子把香草和調味壓進奶油。搭配麵包一起吃或用做食材,也可把它薄薄塗一層在料理好的魚或肉上。

小叮嚀

- 食物的氣味化合物就算泡在油裡或醋中,也不會改變化合物的性質。如果它在生菜的時候就對熱較敏感,浸泡在油裡仍然會對熱敏感。用鼠尾草奶油煎豬肉很棒,但用羅勒浸泡油煎,味道就苦了。

- 新鮮香草浸泡油和香草奶油都請放冰箱儲存並在一週內使用完畢。非酸性的濕性植物組織放在油和脂肪裡,就為肉毒桿菌提供了完美的無氧繁殖場。雖然不常見,但給予時間讓細菌增生,可是會致命的。以「濕性」食材做浸泡油卻希望有穩定的儲放時間,需要適當用壓力罐裝技術或使用酸性植物,相關細節請參考 http://cookingforgeeks.com/book/infusedoils/。乾燥辛香料和香草沒有足夠水分支持微生物快速繁殖,因此,像乾辣椒這樣的浸泡油使用時間可長達 3 個月,儘管美國 FDA 建議需要冷藏且在 3 週內使用完畢。

6-5 煙燻水（水蒸餾煙氣）

煙燻食物作為食物保存方法大概是遠古洞穴居民生火時發現的，但對於今日的我們來說，煙燻食物是為了第二個理由：因為它很美味。燃燒木材或其他可燃物，然後將產生的煙氣直接引導到魚或肉類，抗菌化合物因此沉積在食物上，也就能防止腐敗。這完全是無心插柳的結果，防腐過程中釋放出滿室煙燻香氣，卻剛好是我們喜愛的。但現代公寓居民又如何在廚房中心升起篝火呢？

肯特·柯山保（Kent Kirshenbaum）在紐約大學的演講中示範如何用噴燈和圓底燒瓶製作煙燻水。

捕捉煙味放到某物體有個俐落手法，那就是**液體煙霧**。因為這些美味煙味是木材燃燒發生化學反應時的水溶性副產物，所以可溶解在水中，然後再用於食物上。食品業就利用這手法將煙燻味注入食物，傳統上煙燻食物以煙氣燻製但大量生產時卻不經濟，像是培根。食品業也把煙燻味添加到原本不可能被煙燻製的食物上，增加它們的煙燻味，如「煙燻」豆腐。

在家裡，要讓料理有煙燻味的最簡單方法，除了真正用煙燻之外，就是加入已經燻好的食材。也就是引煙燻風味入菜，加點辛香料，像是加墨西哥煙燻辣椒（Chipote），或煙燻紅椒粉，或者在乾醃料中加入像正山小種這種煙燻茶葉。不過，添加煙燻味道的食材也會把食材其他味道帶進食物，例如，有些菜會加煙燻鹽，但如果用的地方很多，就會放入太多鹽。此時就是煙燻水派上用場的地方了。

煙燻水並不複雜。你買的煙燻水瓶上不該有長串成分標示，應該只標明「水，煙」。煙燻水並不是人工合成的，沒有經過任何化學改造，也沒有以精煉過程改變或扭曲那些傳統煙燻會出現的化合物。

煙燻水的製作方式是把木屑加熱到適當高溫，讓木頭中的木質素燃燒（約752℉／400℃），用水管收集煙霧進入水中，煙霧中水溶性成分會溶解在水中，其他非水溶性成分會沉澱或是形成一層油，這些東西最後都要丟掉。而成品是琥珀色液體，你可以塗在肉類或拌入食材中。

附帶說一下，木屑在此過程中變成木炭，它們被碳化了，但是因為沒有氧氣無法焚燒。如果你有可排出煙氣，卻無法讓空氣循環的容器，可以把木屑集中裝在裡面做出獨門祕方的碳烤食品，或用木屑之外的材料做碳燒。我認識一位廚師會用剩下的玉米芯和龍蝦殼做「玉米香燒物」和「龍蝦風燒烤」，因為這些物質的風味分子對熱極度穩定，用木炭料理產生的風味也是如此。

6-5 煙燻水（水蒸餾煙氣）

理論上，出現在煙燻水中可能引發突變的致癌物會比它們在傳統煙燻物中的數量少得多，它們最終會成為油態或沉澱，所以使用煙燻水可能比傳統煙燻食物更安全。然而，煙燻水或多或少仍存在一定量的可能突變致癌物。作為煙燻食品的替代，它應該像傳統煙燻一樣安全，或更安全，但也不是說安全到可以每天早上舀一茶匙在雞蛋上。

誠如所見，煙燻水非常迷人。請收集一小瓶煙燻水，並回頭翻閱 p.409 蒔蘿醃鮭魚的食譜，加入 10-15 滴鹽與煙燻水的混合物，增加鮭魚煙燻味。還有些更不尋常的菜色會用到煙燻水「煙燻」食物，這些食物多半不會扔到柴火熊熊的烤架上，如冰淇淋。而在所有用於飲食上的處理手法中，很高興看到一個聽來更奇特，結果卻是最原始的廚藝技法。

當燒木屑時，請確認火夠大，高溫才能讓木質素分解，而不只是纖維素分解。

木屑加熱前……　　　　　　　　　　　……木屑加熱後。

傳統上炭燒是利用在氧氣缺乏的情況下加熱可燃物質（如木材），此反應稱為「熱解」（pyrolysis），蒸發水分且分解揮發性化合物。結果是碳份量多的固體塊狀物比原始的材料燃燒得更快。

玩玩化學

RECIPE

棉花糖三明治冰淇淋

烤棉花糖三明治冰淇淋？你不能烤冰淇淋，但如果有煙燻水，就可以加上煙燻味。你會需要標準冰淇淋攪拌機，要不發揮技客全才，自己做一個（請參閱 p.419 技客實驗室：用鹽和冰製作冰淇淋）或使用液態氮（請見 p.386）。

這個配方利用煙燻水來為露營點心棉花糖注入碳燻風味（請見 p.405 的食譜，自己動手做）。這個概念來自紐約大學實驗料理學會肯特‧柯山保（Kent Kirshenbaum）的示範。

下列食材放入攪拌盆，做出冰淇淋底料：

2 杯（480 毫升）全脂牛奶
1 杯（240 毫升）高脂鮮奶油
1/3 杯（65 克）糖
1/4 杯（60 毫升）巧克力醬
3/4 杯（25 克）中型棉花糖
15 滴（0.75 毫升）煙燻水

依照選擇，遵循指示做出冰淇淋。等冰淇淋成形後，拌入：

1 杯（60 克）全麥餅乾，烤過，切片

可搭配熱巧克力醬或巧克力糖漿，發泡鮮奶油、莓果或堅果也都是選項。

小叮嚀

- 全麥餅乾烤過切好後請先冰凍一下，然後再放入冰淇淋基底。如此全麥餅乾會更脆，因為它們在冷凍狀態不會吸收太多水分。這招適用大多數乾性食材，只要它們加入冰淇淋基底時會變得潮濕就可使用。

烤箱版碳烤肋排

在大烤盤（9 吋 X13 吋／23 公分 ×33 公分）上放置：

900 克乳豬肋排，切掉多餘油脂

下列材料放在小碗中混合，做出乾醃料：

1 湯匙（18 克）鹽
1 湯匙（14 克）紅糖
1 湯匙（6 克）小茴香籽
1 湯匙（9 克）芥末籽
20 滴（1 毫升）煙燻水

肋排抹上醃料，再用錫箔紙蓋住烤盤，以 300°F／150°C 烤 2 小時。

另取一小碗，混合以下材料，做出醬料：

4 湯匙（60 毫升）番茄醬
1 湯匙（15 毫升）醬油
1 湯匙（14 克）紅糖
1 茶匙（5 毫升）梅林辣醬油

拿掉錫箔紙，把調味醬塗在肋排上，再烤 45 分鐘直到熟透。

小叮嚀

- 嘗試在乾醃料中放入其他香料，如辣椒、大蒜或紅椒粉。也試著在調味醬中變花樣，改放洋蔥、大蒜、Tabasco 辣椒醬。

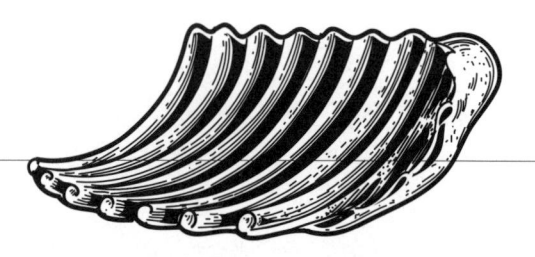

技客實驗室：如何做煙燻水

這是進階版的家庭作業，但如果你面對挑戰，整個過程會很有趣。這個實驗也是化學家稱為「乾餾」（dry distillation）的極好例子，乾餾是用熱將化合物從固體分離出來（更多有關蒸餾的信息，請見p.383）。這個實驗著重在程序，我不會把成品用在食物上。

煙燻烤肉的氣味與滋味 並不是來自食物與煙氣之間的化學反應，而是源自木頭「熱解」的化學反應。某些從煙燻產生的化合物是我們喜歡的，而它們是水溶性的，這真是走運的怪事，意謂著我們可以利用水溶解這些化合物，用集煙管分離它們。其他化合物就不怎麼美妙了，有些在高濃度時聞起來像腐爛物，很像堆了很久爛掉的垃圾。

木頭主要是由纖維素、半纖維素和木質素組成，這些物質在燃燒時會變成數百種不同的化學物質。提供煙燻風味的芳香分子是來自木質素，它在約750°F／400°C時會分解。分解纖維素和半纖維素所需的溫度比較低（480-570°F／250-300°C），但它們產生的化合物會減損風味，也會引發突變因子，這也是在燒烤時必須確認火夠大的原因。木材燃燒溫度太低會產生雜酚油，這是木材不完全燃燒產生的黑色油性殘渣，濃度比水稠。

請注意，柴火或木炭烤架周圍的熱度往往比瓦斯爐燙幾百度。

首先準備以下材料：

- 胡桃木或雪松木屑（或其他適合煙燻的木屑）
- 可拋式鋁箔烤盤和可密封的上蓋（什麼形狀的鍋子都可以做，餡餅盤很適合）
- 長40-60公分的銅管，直徑1公分或更小
- L形銅管，可以緊緊套在上述銅管上（可在五金行的水管區找到）
- 60毫升耐熱環氧樹脂，如J-B焊接用原裝冷環氧樹脂
- 紙板或硬紙板，需適用於混合環氧樹脂
- 塑料刀或冰棒，需適用於混合環氧樹脂
- 一個小玻璃碗
- 一碗水
- 防熱手套或乾毛巾
- 當然，需要烤爐和燃料

實驗步驟：

我們將煙燻木屑，這些木屑放在可拋式烤盤上，烤盤需先用環氧樹脂密封（這需要固化幾個小時，請事先做好！），再利用管子將煙氣引到裝滿水的玻璃碗中。雖然說明很長，卻很簡單：

1. L形彎管裝在銅管的一端，兩者應該緊密接合。

2. 檢查管子是否可放入烤爐：打開烤爐，將彎管那端靠邊放，空管子那頭要靠進烤爐中央。彎管那頭等一下要朝下彎並插入小玻璃碗中，請調整你的裝置。此時要檢查兩個重要事項：1）請檢查烤爐蓋子可以關閉；2）請檢查當玻璃碗不蓋蓋子時，插入的彎管下方至少淹在水中1/4吋。

LAB

技客實驗室：如何做煙燻水

3. 用直管在可拋式烤盤的側面打一個孔。可以用管子壓在烤盤側面，來回一直轉，就像鑽頭一樣；幾秒鐘後就可以穿過鋁箔紙了。

4. 烤盤放在烤爐架子上（此時烤爐是熄火狀態！）並將管子插入烤盤孔中。彎管部分插入空的玻璃碗。

5. 木屑放入烤盤，鋪在底部一整層。此時狀況就如下圖：

6. 攪拌樹脂，用紙板作為調色板和塑料刀，也可利用冰棒棍攪拌。

7. 密封管子插孔，管子插入點的錫箔烤盤前面後面和管子周圍都要塗滿樹脂，塗好後再把管子拉出來一點點，樹脂也會被往前帶一點堵住洞口。

8. 烤盤上方邊緣全塗上樹脂，準備密封上蓋。放上蓋子，折下邊緣，並把烤盤邊全部捲起壓緊。

9. 等幾個小時讓樹脂固化。

10. 檢查樹脂是否已經凝固，可輕輕推一下烤盤連結管子處，應該完全不能動。

11. 點燃烤爐！幾分鐘後，應該看到蒸汽冒煙排出管子。只要開始作用，就在碗裡加水。應該會看到煙氣打在水上的泡泡。吔！

12. 讓烤爐燒5-15分鐘。你應該注意到水的變化。如果爐子是瓦斯烤爐，這時候請關閉熱源；用烤箱手套或毛巾拿起銅管，把冒煙孔拿出水面，讓烤爐餘火燒盡。

研究時間到了！

請觀察水。你注意到什麼變化？看到什麼顏色？

有東西浮在水上嗎？它有什麼氣味？以氣味來說，當某些化合物濃度高過正常時，你認為發生了什麼事？

把上面一層倒掉，觀察中層的液體，用手指伸進去沾一下，仔細嘗一點味道，覺得味道像什麼？

記得前面提到的雜酚油嗎？你注意到有出現像這樣的東西嗎？如果出現，表示烤爐的溫度如何？

6-6 增稠劑

常見澱粉的糊化溫度

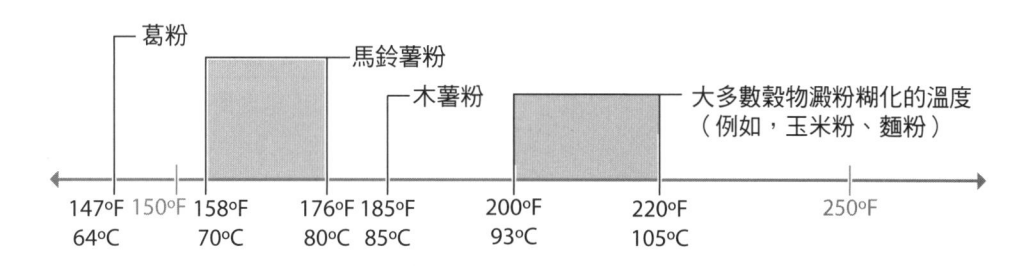

```
葛粉      馬鈴薯粉
          木薯粉              大多數穀物澱粉糊化的溫度
                              （例如，玉米粉、麵粉）

  147°F 150°F 158°F  176°F 185°F  200°F  220°F      250°F
  64°C        70°C   80°C  85°C   93°C   105°C
```

澱粉是很多食物的增稠劑，包括醬料、派餅、醬汁都有它的存在，因為容易使用，也容易找到。毫無意外的，世上所有料理幾乎都用澱粉當作增稠劑！小麥麵粉是西方料理的常用澱粉，玉米粉常用在中國菜，木薯粉和馬鈴薯粉（有時稱為馬鈴薯麵粉但實際上不是麵粉）也很常見。許多現代增稠劑如麥芽糊精也源自澱粉，且開發成多種用途，從會爆漿的果醬糕點到高級料理中新奇的口感，無處不用它。

澱粉是由支鏈澱粉和直鏈澱粉兩種化合物組成。兩者的比例和儲存在植物中的狀態因植物種類的不同而有差異，這就是為什麼小麥麵粉需要用接近煮沸的水才能稠化，而馬鈴薯澱粉用溫度較低的水就可凝結。（這也是為什麼不同植物的烹煮溫度不同，細節請見p.226）。

澱粉的增稠力由支鏈澱粉和直鏈澱粉的含量決定。溫度和水分增加，澱粉膨脹並糊化，將水分吸入分子結構改變質地。（這就是你煮義大利麵時發生的事情！）支鏈澱粉吸收水分，所以支鏈澱粉越高的澱粉吸收的水分越多（玉米澱粉和小麥澱粉的支鏈澱粉含量約為75%，而木薯粉和馬鈴薯粉為80-85%）。澱粉糊化後，則開啟另一作用，也就是「凝膠化」（gelation），此時直鏈澱粉脫離澱粉顆粒進入周圍的水。這種變化使得澱粉具有更多能夠增稠且讓食物凝膠化的直鏈澱粉。

澱粉結構因植物不同而變化，不同類型的澱粉具有不同的增稠能力。當放入水中加熱近沸點時，3茶匙（8克）的麵粉與下列澱粉大致相同：

1.5 茶匙（4克）玉米粉

1.5 茶匙（4克）葛根粉

1 茶匙（3克）木薯粉

2/3 茶匙（6克）馬鈴薯粉

麵粉做為增稠劑不如其他純澱粉一樣好，因為麵粉除了澱粉外還含有其他物質：蛋白質、脂肪、纖維和礦物質。

澱粉稠化的速度和可以稠化的份量取決於澱粉顆粒的大小。（澱粉以顆粒形式儲存，若是顆粒較大，直鏈澱粉釋出就需要更長時間。）同樣的，分子結構的長度以及結晶構造的變化也會影響澱粉增稠的速度和程度，而這些結構由植物的生長條件決定。當然，也要看水分，水分是增稠的最重要關鍵，澱粉必須吸收水才能膨脹。這就是為什麼加太多糖可能會減慢糖水的烹飪時間：糖具有吸濕性，會與水競爭，因此若是含糖液體，煮的時間就要更長。

食物稠化可能出現稱為「脫芡」的變稀現象，這是物質在某些條件下會改變黏度。許多醬料如番茄醬、芥末醬和蛋黃醬都能維持形狀，一滴番茄醬不會流下來，但如果施加壓力，醬汁會流動並改變形狀（這種性質稱為「搖變性」〔thixotropy〕）。你擠壓瓶子或裝管，裡面的醬汁容易流動，放開後，形狀就穩固了。若有足夠的增稠劑，食物會凝固成真正固體，變成一種具有固定形狀，可以切片、可以戳和刺的東西。

葛根粉和玉米粉

兩種最常見的增稠劑是葛根粉和玉米澱粉（又稱玉米粉）。前者來源是植物的根，後者源自穀類，這是兩者間的一些差異。也由於這些差異，增稠效果有時一個會比另個好，但要看用在什麼菜色及其化學性。

像所有澱粉增稠劑一樣，葛根粉（也稱葛粉）和玉米澱粉的增稠現象也是靠支鏈澱粉吸收水分膨脹，直鏈澱粉從澱粉顆粒釋出。依據不同配方，它們可以代替雞蛋擔任黏合劑的工作（用3湯匙／45毫升水混合2湯匙／15克澱粉）；也可使油炸食品更酥脆（先用幾湯匙澱粉和調味辛香料拌在一起，再把豆腐或雞肉等食材裹上炸粉然後下鍋煎炸）。

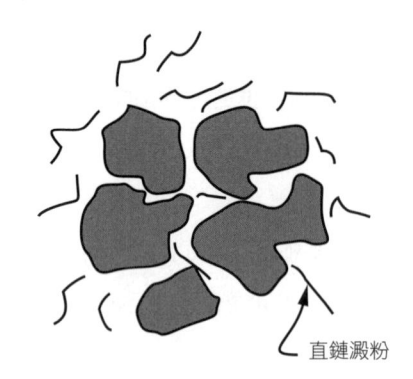

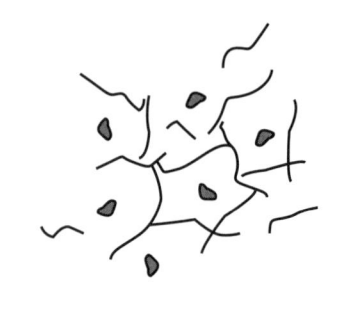

原始玉米澱粉　　　　　糊化玉米澱粉　　　　　膠狀玉米澱粉

↑直鏈澱粉

玉米澱粉加水加熱之後，直鏈澱粉會從玉米粉中跑出來，冷卻後，直鏈澱粉分子形成凝膠。

	葛粉	玉米粉
廚房使用說明	要有增稠效果，可在菜快做好時放：先加入冷水做出芡汁，煮一下湯汁就稠了，請不要讓它一直處於滾沸狀態。 葛粉的味道溫淡，做清淡的菜時放葛粉是較好的選擇。	要有增稠效果，可在菜開始做時放：先做出油糊（用油脂把澱粉煮開，一般油糊材料是奶油加麵粉炒成糊狀），然後拌入其他液體。 如在烹飪中間使用，則要加入冷水做成芡汁，再加入菜中。如果把玉米粉直接加入熱液體就會結塊。
溫度	根類澱粉需要較低溫度就可以凝膠化。 葛粉開始凝膠化的溫度是147°F／64°C。而一般狀況，根類澱粉凝膠化的溫度是在149°F／65°C和185°F／85°C之間。	穀物澱粉需要較高溫度才會凝膠化。（陽光直射地面的溫度可能很高，所以澱粉的顆粒結構是避免被陽光烤熟的補償作用！） 玉米澱粉就像大多數地上澱粉一樣，凝膠化溫度範圍為200-220°F／93-105°C，所以可用微溫或沸騰的液體來凝結。
避免事項	**不可和乳製品混合**。葛粉若和乳製品混和會形成黏糊糊的混合物。要用在乳製品上請用玉米澱粉。 **溫度不可過熱**。就像大多數根類澱粉一樣，葛粉增稠需用低溫，若用接近沸騰的溫度或保溫時間太長都會使凝膠降解。	**不可冰凍**。加入玉米澱粉稠化的食物如放冷凍就會「出水」排出液體（稱為**脫水收縮**）。 **避免放入太酸的溶液**。 玉米澱粉在酸性溶液中（pH值不足4的溶液）無法作用。你可在稠化後再加入酸性成分或使用葛粉。
工業用途	用來做更乾淨的凝膠（葛粉做的凝膠比玉米澱粉做的更乾淨）。 如果有人對玉米過敏，葛粉也是很適合的替代品。	玉米澱粉無麩質，除傳統用途外，也被用作無麩質食品的增稠替代品。
來源和化學性	源自熱帶地區中南美洲植物馬拉塔蘭藜的根莖，在17世紀首先被歐洲人用來治療毒箭（因此得名「箭根」〔arrowroot〕）和做為創傷藥。到了1830和1840年代則當成保健食品，從那以後就開始用於烹飪。 只要把葛根拿來磨和浸泡就會產生葛粉，澱粉會分離沉澱下來。將漿水分離然後乾燥。就是這樣的簡單程序，可以手工完成，如果你可以拿到一些新鮮的葛根，這也是一個有趣的實驗活動。	玉米澱粉的來源就是玉米（令人震驚，我知道），於1842年首次製出，在1844年被商品化。到了1850年後期，產量顯著增加，是一種較便宜、較不令人反感的葛粉替代品（葛根必須生長在亞熱帶和還需要船運，有健康意識的使用者反對當時牽涉其中的奴隸勞動）。 要做出玉米粉需先研磨玉米，讓玉米先泡溫水，加入軟化劑（這可以防止發酵，我們需要防止澱粉被消化！），然後用離心機將玉米澱粉與玉米蛋白質分離。澱粉漿液洗過乾燥後就產生了。

RECIPE

蛋白霜檸檬派

蛋白霜檸檬派是由三個個別成分組合而成：派皮麵團、蛋白霜、卡士達內餡。我們先前已經談過派皮麵團（請見p.279）以及蛋白霜（p.314），所以只剩下餡料還沒談。其他請翻到前面章節看看怎麼做派皮麵團、蛋白霜以及如何盲烤派皮。

製作檸檬卡士達，先把下列材料放在醬汁鍋中，攪拌均勻，不用加熱：

2.5杯（500克）糖

3/4杯（100克）玉米澱粉

1/2茶匙（3克）鹽

加入**3杯（720毫升）水**，攪拌拌勻，以中火加熱，攪拌至沸騰，玉米粉固定就可以離火。

在另一個碗放入**6顆蛋黃**，攪拌均勻：

蛋白留起來做蛋白糖霜。千萬小心別讓一絲蛋黃混入蛋白中，因為蛋黃中的脂肪（非極性）會使蛋白在打發過程中無法形成泡沫。

1/4玉米糊緩緩加入蛋黃，同時不斷攪拌，這樣可以免除加熱過程就讓蛋黃與玉米糊混合。再把蛋黃玉米糊倒回漿汁鍋，打入下列材料，再以中火加熱直到蛋黃糊成形，大約需要1分鐘：

1杯（240毫升）檸檬汁（約需要四顆檸檬）

檸檬皮（隨意，如果用罐裝檸檬汁就可以不加）

餡料放入預烤好的派皮中，再蓋上用6顆蛋白做成的義式蛋白霜（請見p.314做配方的兩倍），放入預熱至375°F／190°C的烤箱中烤10到15分鐘，直到蛋白霜表面開始轉成褐色。移出烤箱並放置至少4小時——除非你想用湯碗盛上，再加幾個湯匙——讓玉米澱粉有時間膠化。

若要在蛋白糖霜上做出裝飾波紋，用湯匙背面，在未烤蛋白霜上碰觸、移開，蛋白霜就會黏在湯匙背面形成波紋。

膠凝劑通常是粉狀的，必須加入水中，或你在做的任何液體。與液體混合後，基本上要經過加熱，膠凝劑會再度水合，冷卻後會形成三維結構的篩孔，可以捕捉液體中的其他懸浮分子。正確做法應該是用冷水來攪拌膠凝劑，然後再加熱。如果直接用熱水攪拌，通常會形成團塊，因為外層粉末會凝結把未接觸熱水的粉包裹在裡面。

:訪談

安・貝瑞
談食物質地

　　安・貝瑞（Ann Barrett）是食品工程師，專長在於食物質地。目前任職於美軍納泰克士兵研究、開發和工程中心（NSRDEC）的戰鬥補給理事會。

食品工程師要做哪些工作？

　　就像進行應用化學工程一樣，只是對象是食物。培訓的重點在於如何處理及保存食物，而食物就是材料。我的專長恰巧是食物質地或稱「食品流變學」（food rheology）。流變學研究物質如何流動和變形。我的博士研究主題是脆性食品的破碎值。你要如何測量食物的脆度和破碎值呢？如何以量化狀態描述食品損壞的方式？當你在咀嚼食物、食物碎裂時，你能否以量化方式描述碎裂程度及這項食物的物理結構？

請談談NSRDEC在做什麼。

　　美國各地有幾個RDEC，也就是研究、開發和工程中心。NSRDEC主要在管士兵的存活所需或糧食供給，除了武器，還有：食物、衣物、庇護所、空降傘。因為軍方可能會在各種物理環境部署兵力，所以我們需要各種食物支持士兵在各種狀況下的行動，食物研究大多基於此項事實。軍方的口糧倉庫很大，逼得食物一定要有很長的架儲期。我們製作的食物大多可以在80°F／26.7°C的環境下穩定保存三年。倒不是說士兵永遠得吃放了三年的食物，但肯定有可能。這推動許多研究，食物的架儲時間必須很長，但也要好吃，這樣士兵才會想吃。

既要保存食物風味又要兼顧質地，在此限制下做事，這工作必定有趣。妳如何辦到的？

　　嗯，通常是一分經驗或知識加上兩分嘗試和錯誤，我們進行了很多實驗台上的研發工作。我負責的實驗大多是食品調製與工程分析。但我現在正進行一項計畫，是研發三明治餡料風味。所有風味都來自化學物質，了解自然風味的化合物是什麼後就要複製出來。

　　好比，我們正在研究夾三明治用的花生醬，想要做出巧克力花生口味，差不多就像Nutella牌的巧克力榛果醬。我們有花生醬的配方，還在找可可加進去，還想嘗試不同風味的巧克力。我們找了三種放起來看看狀況如何，結果有兩種普普通通，但有一種非常美味。當你研發東西，一定要找多種不同成分試看看哪種適合。食品經過長期存放，味道和質地都會改變，味道通常會變淡，有時還會有噁味，質地則會因為濕度控制而變差，就像三明治，有時變差的原因是腐敗了。市面上有很多風味可供選擇，也有很多種成分可以調整質地，例如，調整液態或半固態食物可用澱粉和膠質，麵包要放酵素

玩玩化學

437

和麵團調整劑。所以在研發過程中，你必須優化配方，確保東西做出來好吃，放久了也好吃。

即使做的都是硬科學，某種程度上妳還是會說：「讓我們試試，看看會發生什麼？」

喔，那是當然的。你照計畫做一項產品，要取樣，要存放，然後再取樣。在這裡什麼味道都試過了，事實上，我們部分責任是審視及參與感官評鑑小組，這裡有食物科學家、營養學家、營養師，全都是味覺專家。我們做的第一件事是在實驗台上把產品做出來，再放入盒子，在120°F／49°C的環境下存放四星期。條件就像在較低溫度下保存較長時間，這只是快速測試，確定品質是否撐得住。然後再放入100°F／38°C的環境下六個月，做出來大概會得到在80°F／26.7°C的環境下放了三年的品質。接著要檢查微生物學上的穩定，就要找微生物學家確定，然後才能請人試吃評鑑，評估外觀、香味、口味、質地與整體品質。

食品質地的科學如何應用在食物的享用？

無論處理哪個類別的食物都有它該有的質地特性。醬汁應該要濃郁，肉類至少要有某種纖維狀，麵包和蛋糕應該要柔軟有彈性，穀片和餅乾應該要爽脆。當食物質地偏離該有的期待，食物就是糟糕的。若要測量且優化食物質地，就得精確抓到你要的感官特色是什麼。

例如，液體的流動性和黏性有明確的物理意義和可測量的特性。液體有「薄的」，也有「厚的」，多半只要加入水膠或經過熱處理，薄的就可以變厚的。固體食物就有各種質地類型，有可以變形後回彈的彈性固體（如果凍），也有無法回彈的塑性固體（如花生醬）。除了「牢固」的固體外，還有多孔的固體，像是麵包、蛋糕、澎化穀片、擠製甜點（如奶酪泡芙）。多孔食品具有海綿狀的構造，就像濕海綿與乾海綿，可能有彈性或易碎。

在廚房烹煮食物其實就是用物理和化學方法操縱食物嗎？

對，這正是烹飪的本質。比方煮雞蛋，蛋白質中的白蛋白遇熱變性，使分子交聯並固化。又如揉麵團，這是讓麵筋分子交聯的機械性作用，而不是熱作用，就是這些麵筋網絡讓麵包膨脹，結構發展才會抓住酵母菌產生的空氣。當然，每一次用玉米粉或麵粉讓肉汁或醬汁變稠也是物理與化學過程。熱與水分會讓澱粉顆粒吸水膨脹，每個澱粉聚合物因此流出來，像絲線般黏住顆粒，形成互相連結的結構，變得有黏性。這就是肉汁變稠的原因。

RECIPE

肉汁濃醬

麵粉濃稠（油糊法）

簡單油糊做法是：**2湯匙（30克）奶油**放入醬汁鍋中融化，再加**2湯匙（16克）麵粉**。一面小火燒，一面不停攪拌，直到油糊成形變成淡褐色，約需2到3分鐘。

加入**1到1.5杯（240-360毫升）肉湯或高湯**，和油糊拌在一起，以小火煨煮幾分鐘，直到肉汁達到所需濃稠度。如果肉汁還是很稀，再加一些麵粉。（為了避免結塊，先在冷水中把麵粉攪拌成麵糊水，再倒入肉汁）。如果肉汁太濃稠，就加一點水。

玉米粉勾芡

先製作芡水，把**2湯匙（16克）玉米粉**與**1/4杯（60毫升）冷水**混在一起。

1到1.5杯（240-360毫升）肉湯或高湯放入醬汁鍋加熱，再加入芡水，小火煨8到10分鐘，把玉米粉煮熟。如果肉汁太稀，就再加些玉米粉。如果肉汁太稠，就加些水。

小叮嚀

- 烤肉時流出的肉汁是可利用的，如烤火雞或烤雞，用來增添肉汁濃醬的風味。如果用麵粉，可用烤出來的油脂取代奶油。之前煎過肉的鍋子可直接用來做肉汁濃醬，用幾湯匙酒洗鍋底收汁，可用葡萄酒、苦艾酒、馬德拉酒（Madeira）或波特酒把黏在鍋面上的焦香殘渣沖下來。
- 也可先煎過香菇再加入肉汁中。或者，如果你正準備烤火雞，可在前一天慢火燉煮火雞脖子，然後把肉撕下來加在肉汁中。

玩玩化學

甲基纖維素

　　甲基纖維素不是典型的澱粉衍生增稠劑，不用於傳統的增稠目的。它有加熱時越來越黏稠的異常特性（化學說法是「熱凝膠」）。以果醬為例，果醬加熱會流失凝膠結構（因為果膠融化了），所以加熱果醬派餅，它的內餡也會流出。加入甲基纖維素就可防止這種情況，當果醬加熱時它會吸收果醬中的水，因為甲基纖維素是「熱可逆的」（thermoreversible），可以根據溫度在不同狀態下來來回回變化；以果醬的例子，就是介於凝膠與非凝膠狀之間，雖經烘烤但只要冷卻，果醬就可回到正常濃稠狀。太神奇了！

　　甲基纖維素一直以來被現代派美食用來創造熱凝膠效果。著名的例子是「熱冰淇淋」，所謂的「冰」淇淋其實是被甲基纖維素固定的熱鮮奶油，一旦冷卻到室溫，它就融化了。

　　好萊塢用甲基纖維素來製作黏液，在甲基纖維素水溶液中加入少量黃色和綠色食用色素，就可做出具有電影「魔鬼剋星」風格的黏液。如果想要較好的黏稠度，請用力攪拌，把氣泡打進混合液。

廚房使用說明：把甲基纖維素溶解到122°F／50°C的熱水中，持續攪拌直到冷卻。如果直接加入冷水會很難攪拌，因為甲基纖維素遇到冷水會結塊，它在熱水中不會吸水，就可混合均勻。甲基纖維素最容易攪拌入液體的比例是它的濃度占全配方濃度的1.0%到2.0%間（以重量計），攪拌後放入冰箱冷藏一晚讓它充分溶解。然後你可以用混合液做實驗，就入烤一小滴試試效果，或用冰淇淋挖勺挖一點丟到快煮開正始冒泡的一鍋溫水中。

工業用途：食品業用甲基纖維素來防止烘烤物的內餡「遇烤流出」。甲基纖維素有很高的表面活性，也就是可以當成乳化劑來防止油水分離，所以也可用在低油或無油的調味醬和降低油炸食品的吸油量。

來源和化學性質：甲基纖維素源自化學改造的纖維素（是經過醚化的氫氧基分子群），甲基纖維素在形態與各衍生物間有很大變化，包括濃稠度（黏稠度）、凝膠溫度（122-194°F／50-90°C），以及凝膠強度（從堅硬到柔軟）。如果你的甲基纖維素在定型時遇到問題，請確認一下你用的是哪一種規格的甲基纖維素。更多型態特性可上網查詢：http://cookingforgeeks.com/book/methylcellulose/。

　　甲基纖維素會增強表面張力──嗯，其實應是「界面張力」（interfacial tension），因為所謂「表面」指的是二維狀態──這也是甲基纖維素可作為乳化劑的原因。

6-6 增稠劑

氫氧基分子群

水分子團

甲基纖維素群

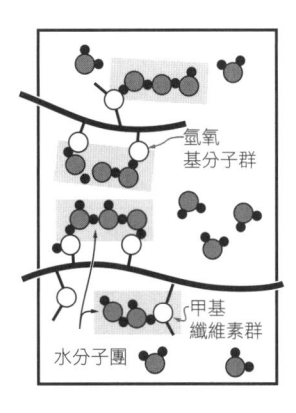

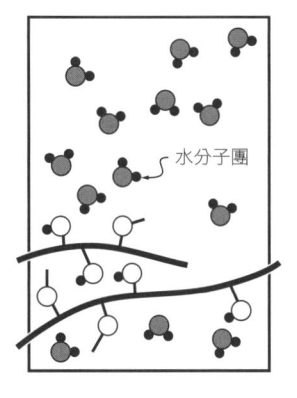

水分子團

冷卻時（左圖）水分子會在甲基纖維素周圍形成水分子團，加溫到大約122°F ／ 50°C後──水分子團會破裂，甲基纖維素會開始交聯，在更高溫中形成穩定的凝膠。

● RECIPE

熱棉花糖

不像本章之前介紹的棉花糖（見p.405），這些棉花糖在熱的時候是硬的，冷卻後開始融化。這道食譜改編自琳達・安提爾的食譜（http://www.playingwithfireandwater.com）；想知道更多琳達的想法，請見p.141〈主廚談因季節得來的靈感〉。

下列材料放在醬汁鍋中煮到沸騰：
2 1/8杯（500毫升）水
1杯（200克）糖

冷卻後，拌入下列材料：
10克甲基纖維素（用磅秤測量精準）
1茶匙（5毫升）香草精

放到冰箱冷藏直到變濃稠，約需2小時。變濃稠後，攪拌到變成輕盈泡沫，倒入墊有烘焙紙的 9 吋X9吋 ／ 20公分×20公分 的烤盤，用325°F ／ 160°C烤5到8分鐘，直到成形。棉花糖表面摸起來應該是乾的，而不是黏的。從烤箱取出，切成需要大小，裹上糖粉。

兩塊棉花糖放在撒了糖粉的盤子上。

兩塊棉花糖還是熱時裹上糖粉。

幾分鐘後開始冷卻的棉花糖。

製作凝膠時，你一面用流動冷水直接沖鍋子外緣，一面快速攪打讓熱混合液迅速冷卻。水沿著鍋底流下去。

麥芽糊精

　　麥芽糊精是略帶甜味可輕易溶於水的澱粉。在製造過程中經過噴霧乾燥再凝聚成塊狀，形成在顯微鏡下具有多孔構造的粉末狀。因為具有這種結構，麥芽糊精可吸收油質；也因如此，設計含油食物時，麥芽糊精就很有用處。麥芽糊精也會吸水，可以用來作為乳化劑和增稠劑，以及油脂替代品：一旦水合，它就會到處黏，模仿油脂的黏性與質地。

　　由於麥芽糖糊精是粉末且能吸收脂肪，多用在創造有趣的異常結果：它會使含油量高的液體和固體轉變成粉末，將它和足量的橄欖油或花生醬混在一起，就會形成一種看來是粉狀實際是膠體的物質。且因為麥芽糖糊精溶於水，最後粉末會在你口中融化，極有效率地「融」成原來材料並釋出味道。麥芽糊精本身沒有味道（只有一點甜味），因此成品在「粉末化」後，不會改變食物味道。

　　除了新鮮和驚喜，就如明明是撒在魚上的粉末，吃到嘴裡卻溶成橄欖油。麥芽糊精粉末也可把風味帶到要求「乾爽不沾黏」的食材上。請想像裹上堅果碎粒的松露巧克力：這種做法除了帶來對比的風味與質地外，堅果碎也讓巧克力裹著方便的「外衣」，讓巧克力甘納許不融你手，卻能輕易拿入口。同理，粉狀產品也可當成食物外衣，就像堅果碎裹在松露巧克力外面一樣。

使用方法：麥芽糊精粉末慢慢加入含油液體中，重量比例大約是60%的油脂、40%的麥芽糊精粉末。再把成品過篩，將原本如麵包屑大小的質地變成較細的粉末。

工業用途：業界通常用把麥芽糊精當成使液體變稠的填充劑（例如水果罐頭中的液體），作為薯片餅乾等包裝食品的攜帶風味法。由於麥芽糊精可捉住脂肪，把任何脂溶性物質包成「燭芯」，讓食材更容易加入產品。

來源和化學性質：麥芽糊精源自玉米、小麥或樹薯等澱粉，要用中溫把澱粉煮數小時（通常使用酸性催化劑），然後把煮出來的水解澱粉用機器噴霧乾燥而成。在化學結構上，麥芽糊精是一種甜多糖體，由3到20個葡萄糖分子單元互相連結組成。

　　要了解麥芽糊精如何吸取油脂，可想像沙灘上的沙子。沙子不會與水產生鍵結，但藉著毛細現象，顆粒中間仍然可吸存液體。無論是沙子或麥芽糊精，只要適量液體就可讓固體結成團塊。因為麥芽糊精是水溶性的，水會溶解澱粉顆粒，所以只能與油脂相作用。不過，幸運的是，比起沙子吸水量，麥芽糊精可吸的油量更多，因此可以非液體形式傳遞味道。

RECIPE

褐色奶油粉

褐色奶油味道濃郁有堅果香，非常適合增添味道（見p.176）。加上麥芽糊精拌在一起可做出粉末，當你把粉末放入口中，卻又融回褐色奶油。可把褐色奶油粉放在魚上或旁邊做裝飾，或做個花生醬版的粉末撒在甜點上。

4 湯匙（60 克）鹽味奶油放入單柄小鍋融化

融化後，繼續加熱，讓水分完全燒乾，奶油固體就會開始褐變。等到奶油完全褐變並釋出堅果香味，就可以離火並放置一到兩分鐘，讓它冷卻。

1/2 杯（40 克）麥芽糊精，放入小攪拌碗

褐變奶油緩緩滴入麥芽糊精，同時不斷攪拌，直到質地就像濕的沙礫狀。

小叮嚀

- 開始攪拌時必須很緩慢，因為麥芽糊精質地很輕，容易飛散，麥芽糊精與食材的混合比例沒有一定。如果你的成果很像牙膏，就再加一些麥芽糊精。
- 如果做出來的粉末有很多凝塊，可以將粉末放入煎鍋以低溫加熱幾分鐘，小心地把水分燒乾。這可烘乾因室內潮濕而出現的濕氣，但也會讓食材煮一下，所以如果你做的是白巧克力粉，這方法就不適合。
- 要做出更細的質地，請用湯匙背面將粉末壓入網篩或濾網。
- 其他風味可試：花生醬、杏仁油、椰子油（初榨／未精煉）、焦糖、白巧克力、巧克力花生醬、橄欖油、鵝肝、培根油脂（把培根煎出的油滴收集起來，就是逼油）。你不須先加熱油脂，但會多花些工夫才可把麥芽糊精攪拌均勻。如果是液態的油（如橄欖油），每份油脂必須約使用兩份麥芽糊精，例如 50 克橄欖油對入 100 克麥芽糊精。

6-7 膠凝劑（凝膠形成劑）

下次你為麵包塗上果醬，請感謝果膠形成**凝膠**的能力，凝膠是固體的膠狀混合物，可捕捉液體的明確形狀。沒有像果膠這樣的膠凝劑存在，我們的世界一定不會如此有趣，至少逛賣場甜食區走道是如此。膠凝劑會讓液體變濃稠，濃度變高就會產生凝膠。而在低濃度時，膠凝劑的作用就如乳化劑（較稠的液體不容易分離），並可以防止糖形成晶體破壞糖果口感，也可阻止水晶體生成，不讓冰淇淋變冰淇淋砂。

凝膠有兩個關鍵概念：強度與濃度。若質量相當物質以每克對每克比較，某些膠凝劑就是比其他膠凝劑更強。當然，也要有足夠膠凝劑存在才能形成凝膠。

較弱的膠凝劑與強度雖強但濃度較低的膠凝劑多做為增稠劑。沒有足夠膠凝劑存在以形成適當結構，只能讓黏度增加，但液體仍保持流動或至少柔軟的狀態。果醬是弱凝膠很好的例子：可以流動且沒有適當形狀。有些膠凝劑幾乎都當作弱凝膠，例如鹿角菜膠就多用在增稠。今天早上我喝的榛果糊有一種厚重、包住舌頭的濃稠感，我很快瞄一眼成分標籤，其中就有鹿角菜膠。（據推測，製造商認為消費者希望喝到的飲品口感與普通牛奶相同。）

如果膠凝劑夠強，液體就能成為真正的凝膠，也就是固態膠體。果凍、軟糖和熟蛋白等食物，就因果膠、明膠或卵蛋白蛋白作用而形成凝膠。凝膠由緊密互接的網格形成，防止食物流動而形成固體。你可以將膠體切割成某種形狀，或者脫去模型，用來做為料理中的組成成分。凝膠有塑形記憶，意思是當沒有推擠或戳它時，凝膠會恢復被塑型的形狀。

工業使用凝膠劑，通常會依據它的功能特性來增稠液體或改變質地（所謂「改善口感」，就像我的榛果糊一樣）。鹿角菜膠極為常見，我住的地方大概所有商家用的鮮奶油乳酪和優酪乳裡面一半都有它。很多亞洲點心的甜點會用到洋菜；木薯粉則拿來做珍珠奶茶裡的珍珠。

現代美食中，凝膠劑用於創造新菜，可能原來是液體卻變成可塗抹的形式或甚至完全固化。凝膠也可以形成在某種表面上（嗯，技術上來說，就是介面〔interface〕，兩種物質相遇的界面），這種技術有時稱為球型化或晶球化（spherification）。讓我們來看看幾種膠凝劑如何作用，如何創造一切，從每天會用的果醬，到新奇的晶球化技術。

> 美式果凍是用果汁而不是果肉做的，果汁用糖和果膠形成凝膠，所以可維持形狀，可以抹開。果醬內容有水果泥，煮濃稠後，用一點少量果膠，就可以增稠，卻不會讓它固定變成真正膠體。

果膠

　　果膠（pectin）是了不起的東西：在自然界，它的作用就如膠水，將細胞維持在植物組織中。用於烹飪則是增稠劑，因屬於多醣家族，根據不同程序，果膠一般可分為兩種類型：高酯果膠和低酯果膠，有時稱為高甲氧基果膠（HM）和低甲氧基果膠（LM）。高與低的差別與分子結構的酯化有關（這只是果膠分子差異的其中一個細節），存在於果膠分子中的酯質數量本來就很高，但隨著處理過程，果膠酯質可能降低，因此也改變果膠形成凝膠的狀態。高酯果膠需要糖和酸才能連接在一起；低酯果膠還可以利用鉀和鈣等陽離子形成凝膠。

　　若要將問題複雜化，高酯和低酯的標籤建立在酯化程度的任意截點。當結膠的所有要求都滿足，但結膠時間會在20秒到250秒間變化。如果你正在做果醬，挑出一點樣本測試膠凝程度，依據你使用的高酯果膠特性，你可能需要等待4分鐘左右才能確定你是否給了果醬適當條件。

　　在商業應用上，果膠從熟柑橘皮或蘋果渣和果核中提煉（果渣就是榨汁後留下的東西）。你可以用相同方法自己做果膠，最後會得到含有高酯果膠的液體。（要將它轉化為低酯果膠就不是家庭能處理的程序。）某些水果天然就有果膠，這也是果醬食譜甚至不需要另外放果膠的原因，它已經在食材裡面了！

　　當周圍水分太多時高酯果膠不易形成凝膠，加糖可減少水量，加上高酯果膠也需要加糖才會凝結。另外，高酯果膠結膠只能在2.5到3.5左右的pH質環境，這就是為什麼某些食譜需要加酸加檸檬汁以降低pH值。若是天然含糖的水果，糖就可以加少一點，就像酸度較強的水果也不需要額外再加檸檬汁這類東西。

　　低酯果膠是高酯果膠經過酸化醇處理而成，如此產生的果膠可在更寬的pH質範圍作用，pH 2.5到6.0即可，且容許環境有更多的水，但若要它結膠情況更好，還是要在較低的pH範圍（3.6以下）。低酯果膠比高酯果膠更寬容：它可以處理更多的游離水和低酸環境，當然若能用高酯果膠還是用高酯的較好。低酯果膠具有能做出少糖低酸食物的優點，可做出含糖量較少的果醬。

　　一般來說，如果拿得到低酯果膠，請用它來做，但低酯果膠也只是操作上比較方便，這點你可以從化學性質中了解。否則，請有耐心，使用高酯果膠：放入總重量比1%左右的高酯果膠、大量糖（60-75%）和足夠的酸（如檸檬汁）來降低pH值。

　　要做果醬嗎？在開始前，請在冰箱放一些湯匙。做果醬時，可把熱果醬放在冰湯匙上，冷卻幾分鐘，就可以檢查是否形成良好的凝膠。

技客實驗室：自製果膠

果膠是一種多醣家族，可在陸生植物提供組織結構的細胞壁中發現。果膠隨著時間會分解成單醣，這也是成熟水果質地較軟，蘋果變得較棉的原因，沒有果膠結構維繫組織，組織就鬆散了。加熱水果可從細胞壁釋放果膠，這就是為什麼你可以利用煮化高果膠水果來製造果膠。

做果膠就像做明膠：開始要用幾磅組織，煮開再過濾。而做果膠的組織不是動物骨頭，而是來自植物細胞壁的「骨頭」。

首先準備以下材料：

- 900克酸蘋果，品種除了 Granny Smiths 外皆可用（因為它的果膠含量很低）
- 醬汁鍋
- 4杯（1升）水
- 砧板和刀
- 瓦斯爐或任何可加熱鍋子的爐子
- 鋪著棉布的濾網篩
- 碗或鍋，用來收集網篩濾出的果汁
- 藥用酒精（可選用）

實驗步驟：

1. 蘋果切成八瓣，留下種子和果核。（其實核和皮是含有最多果膠的部分。）

2. 蘋果放入鍋中加入水煮沸，煮30到45分鐘後關火讓它們冷卻幾分鐘，放涼到適合過濾的溫度。

3. 煮熟的蘋果泥倒入鋪好棉布的濾網篩中，靜置5到10分鐘，讓它盡量流出汁液。熟爛的蘋果泥和棉布則丟棄不用。

研究時間到了！

觀察碗中或鍋裡的汁液：看來如何？

如果使用未熟的蘋果，你認為果膠份量會如何改變？或改用極度柔軟成熟的蘋果又會如何？或使用其他水果而不是蘋果，狀況又會如何？

果膠不溶於酒精。請舀一勺果膠汁液與幾匙酒精混合，果膠液是否結成凝膠狀？（請勿把藥用酒精吃下去！）也可能你的果膠液太稀了，如果這樣，請用小火再把液體煨煮一下減少水分。

額外提醒：

請用自製果膠做果醬（見p.445）。自製果膠的果膠含量很高，因此需要減少水量，方法可藉著煮濃液體或加入足夠的糖就可吸收水分。你也需要加入檸檬汁使pH值保持很低的狀態，最後你需要真的可做出果醬的足夠果膠！

低果膠水果	中度果膠水果	高果膠水果
較軟的水果，一般如櫻桃、黑莓、油桃	杏桃 草莓 桃子	黑醋栗 柑橘皮 蔓越莓（這就是蔓越莓醬汁冷藏時會結凍的原因） 酸蘋果

鹿角菜膠

鹿角菜膠是另一種常見的膠凝劑，最早在15世紀被當成食品。商業化大量生產則要在二次大戰後，到了現在，幾乎在各種食物中都看得到它的身影，從奶油乳酪到狗食，同樣作為增稠劑。

廚房使用說明：0.5%到1.5%濃度的鹿角菜膠以室溫的水混合，徐徐攪拌混合液，避免在凝膠中打入氣泡，這個階段出現結塊並無大礙。（這很難避免，除非你用真空機器操作。）靜置1小時左右，鹿角菜膠需要一段時間才會再度水合。要使鹿角菜膠固定，可放在爐火或烤箱中以低溫慢慢煨。如果要做成膠狀液體，不宜加熱，就先用水做出較濃的混合液，然後加熱混合液，再把它拌到你的菜裡。

工業用途：鹿角菜膠可用來增加食物黏稠度並約制結晶生成（例如，放在冰淇淋中可以使冰晶較小，避免冰淇淋吃來有沙礫感）。鹿角菜膠也普遍使用在乳製品中（請看打發用高脂鮮奶油外包裝上標示的成分），也會用在以水為底的產品中，例如速食奶昔（讓食品原料保持懸浮狀態並增進口感），還有冰淇淋（避免冰晶聚集結塊，並防止水從凝膠釋出的脫水收縮現象）。

來源和化學性質：原料是海藻（例如角叉菜，俗名是愛爾蘭苔蘚），鹿角菜膠其時是一群擁有共同結構式的分子家族（以兩種糖類交錯組成的線形聚合物）。鹿角菜膠的製作方式是把海藻曬乾，用鹼水處理、清洗，並精煉成粉末狀。

分子結構不同的鹿角菜膠，凝膠程度也不同，如果需要讓料理帶有不同黏稠效果，可用不同種類的鹿角菜膠（就像由不同品種的紅藻中提煉的膠質就很有幫助）。卡帕型鹿角菜膠可以形成較堅實的脆凝膠，阿歐塔型鹿角菜膠可以結成比較軟的脆凝膠。

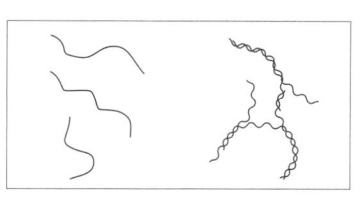

從分子上來看，鹿角菜膠加熱後，原本螺旋狀纏結在一起的分子結構會鬆開（左）；冷卻後，會再度纏結成螺旋狀聚成一串（右）。這些小串會再聚集成巨大的三維網狀構造，可以捕捉其他分子。

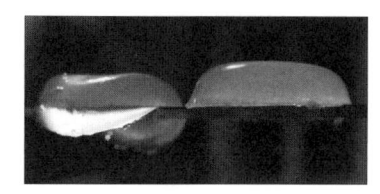

技術說明	阿歐塔型鹿角菜膠	卡帕型鹿角菜膠
凝膠溫度	95-149°F／35-65°C	95-149°F／35-65°C
融化溫度	131-185°F／55-85°C	131-185°F／55-85°C
凝膠型態	軟凝膠：鈣離子出現時成凝膠狀	硬凝膠：鉀離子出現時成凝膠狀
脫水收縮	沒有	有
作用濃度	0.3%~2%	0.3%~2%
註記	在糖溶液中的溶解度很差，與澱粉作用良好	在鹽溶液中無法溶解，與未膠化的多糖體作用良好（像是刺槐豆膠等膠類）
熱可逆性	會	會

阿歐塔鹿角菜膠（左，2%濃度加入水中）會產生鬆弛柔軟彈性凝膠，而卡帕鹿角菜膠（右，以2%濃度加入水中）會產生更脆弱堅固沒有彈性的凝膠。這兩者都是真正的膠體：液體被困在固體結構裡面。

RECIPE

阿歐塔與卡帕鹿角菜膠製作的凝膠牛奶

由裡到外都不是一道美味料理（不過，加一點巧克力就類似市售加工食品的味道）。但是這可以讓你好好了解添加膠凝劑會對液體產生什麼變化，並比較軟凝膠與脆凝膠的差異。

軟凝膠版

下列食材放入醬汁鍋，攪拌均勻，然後煮滾：

1茶匙（1.5克）阿歐塔型鹿角菜膠

100毫升牛奶

倒入玻璃杯、製冰盒或模具中，放入冰箱冷藏直到固定（約10分鐘）。

脆凝膠版

同樣，下列食材放入醬汁鍋，攪拌均勻，然後煮滾：

1茶匙（1.5克）卡帕型鹿角菜膠

100毫升牛奶

倒入另個玻璃杯、製冰盒或模具中，放入冰箱冷藏直到成形。

小叮嚀

- 試著改變食譜，加入1茶匙（4克）糖，用鮮奶油取代部分牛奶，把奶糊放入微波爐加熱1分鐘定型，再倒入先在底部塗好果醬薄層或果凍且放入烤杏仁片的烤盅。一旦定型，倒扣回盤中，就做成類似西班牙布丁的卡士達。
- 如果鹿角菜膠受熱變形（即使已經膠化，受熱還是會融化），可取一塊食物裹上卡帕鹿角菜膠，切成小塊，然後做成配咖啡或茶的無聊小點心（你要一塊還是兩塊？）。
- 你可以用攪拌器把堅實的脆凝膠結構打碎，做出的東西就有點像特濃巧克力布丁。

洋菜

洋菜（有時也稱為寒天、瓊脂）就像鹿角菜膠，在食品界有著悠久歷史，但直到最近因為它做為明膠的素食版替代物，才被西方料理世界知曉。日本人最早使用洋菜，用它來製作質地結實、具果凍狀的甜點「羊羹」，因此洋菜的歷史可以追溯到好幾個世紀以前。

說到食品添加劑，洋菜是其中最簡單就能上手的了。你可以把它加進任何液體中，做成結實的凝膠，例如將濃度2%的洋菜加入一杯伯爵茶中，就會做出比果凍結實的凝膠，且在室溫下很快就可以定型。洋菜通常有兩種形式：片狀和粉狀。粉狀的用法很簡單（只要直接加進液體中並加熱），而使用片狀洋菜時，必須先浸泡至少5分鐘，且要加熱夠久才能完全溶解。

廚房使用說明：把依重量比0.5%到2%濃度的洋菜放入冷液體中，攪拌均勻並煮沸。就像用鹿角菜膠的狀況一樣，你可以做出比較濃稠的濃縮液，然後加入不能煮沸的目標液體中。但相較於鹿角菜膠，洋菜適用更多物質，但需要較高溫才會定型。

工業用途：洋菜是一種膠凝劑，工業用時作為明膠替代物，生產如果凍、糖果、乳酪及糖膠。由於洋菜是素食，有些傳統料理需要用到源自動物皮骨的明膠時，就可用洋菜代替。不過，洋菜有輕微的味道，最好用來做味道強烈的料理。

技術說明	
凝膠溫度	90-104°F／32-40°C
融化溫度	185°F／85°C
滯後現象	140°F／60°C
凝膠型態	脆凝膠
脫水收縮	有
作用濃度	0.5%~2%
加乘作用	與蔗糖作用良好
註記	單寧酸會限制凝膠的形成（單寧酸是茶葉浸泡過久產生的物質，莓果也含有單寧酸）
熱可逆性	會

來源和化學性質：洋菜的原料是海藻，與鹿角菜膠一樣，都是源自可使食物濃稠創造膠體的海藻多糖聚合體，可使食物濃稠，製作凝膠。加熱到185°F／85°C以上時，洋菜中的半乳糖會融化；溫度低於90-104°F／32-40°C以下時，就會形成雙螺旋結構（精確的凝結溫度必須視洋菜的濃度而定）。

在膠化過程中，雙螺旋結構的終端會鍵結在一起。洋菜有很大的滯後現象，也就是變成凝膠的溫度遠低於凝膠變成水的溫度，這也意謂你可以把已經膠化的洋菜加熱到適當溫度讓它維持在固體狀態。其他與洋菜有關的化學討論，請見：http://cookingforgeeks.com/book/agar/。

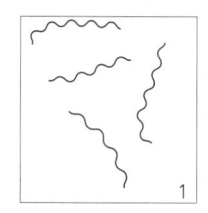

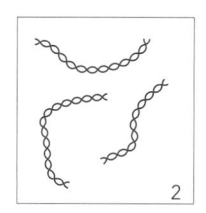

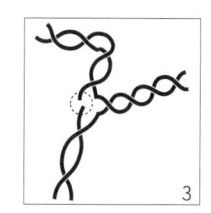

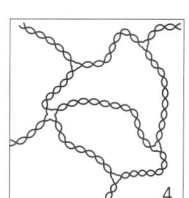

加熱時，洋菜分子結構會鬆脫成接近線性分子（圖一），冷卻時與另一個洋菜分子形成雙螺旋結構（圖二）。洋菜雙螺旋的終端會與另一個洋菜雙結構形成鍵結（圖三），最後形成三維網格（圖四）。

巧克力奶酪

義式奶酪Panna cotta是義大利文的「熟奶油」，傳統上的做法是利用明膠做出結構，但小量的洋菜可以做出更穩定的版本，且剛好是素食。比起傳統材料，洋菜可以提供更好的緊實度，這道點心就是很好的例子，當需要額外強度時，洋菜就是很好的應用工具。

下列食材放入醬汁鍋，攪拌均勻，小火慢煨1分鐘（低於滾沸溫度──只要表面冒出一顆顆小泡即可）：

100毫升牛奶
100毫升高脂鮮奶油
1/2個香草豆莢，直刀剖開刮出香草籽
8茶匙（20克）糖粉
1茶匙（2克）洋菜粉

關火，拿掉香草豆莢，加入：

100克苦甜巧克力，切成小片以利快速融化

簡單攪拌後靜置。1分鐘後，加入：

2 顆蛋黃（蛋白留做他用），用攪拌器打到完全混合

奶糊倒入玻璃杯、碗或模子中，放入冰箱冷藏，大約只要15分鐘就可凝結成形，實際時間要看模子大小，以及奶糊（也就是慕斯）要多久才會降到洋菜的凝結點（大約90°F／32°C）。

小叮嚀

- 請將這道點心當成其他甜點的組成部分。例如：用慕斯沾起烤堅果滾成慕斯球，做成松露造型的甜點；也可以把慕斯平舖在尚未烘焙的派皮中，上面再放上覆盆子和發泡鮮奶油。

RECIPE

澄清萊姆汁

我們上一章談到用膠質來澄清液體（見p.371），但是如果你用的液體沒有天然的膠質？請將洋菜先在液體中化開，然後放入於需要膠質澄清的物體中。以下提供一個澄清萊姆汁的例子，是由戴夫・阿諾提供（見p.380）。

10顆萊姆汁擠到保鮮盒，過篩除去果肉。秤出萊姆汁的重量，全部需有2杯（480毫升）。放旁備用。

取一平底鍋，用洋菜和液體做出洋菜凍。將1/2杯（120毫升）的水和7茶匙（14克）的洋菜粉混合，將洋菜水煮開溶化洋菜（做出濃度10%的洋菜凍，加入萊姆汁後，就會變成大約2%的濃度）。

洋菜煮到融化後就不要再煮了，把這鍋洋菜水倒入裝萊姆汁的盒子，放約半小時就會結凍了。

只要萊姆洋菜凍固定，就用打蛋器把膠凍攪一下，做成不規則小塊狀，請不要真的把萊姆洋菜凍攪碎了。

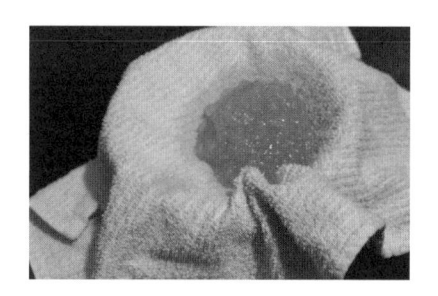

洋菜凍碎塊放在紗布上（是真的紗布，不是那種連紗網都零零落落的東西），不然用毛巾也可以。洋菜凍用布包起來變成一顆球。

這顆布球拿到咖啡濾紙上方，用另一隻手擠壓。按摩布球盡量擠出汁液。（只要有小塊洋菜凍漏下去，咖啡濾紙都會接住。）濾好後移開濾紙，萊姆汁可做你想做的用途。

海藻酸鈉

目前討論到的凝膠都具有「均勻相」(homogenous)，因此這些凝膠可與全部液體混合，然後加熱定型。然而，海藻酸鈉不是透過加熱來定型，而是藉由與鈣發生化學反應來定型，此特性也產生了某些有趣應用：藉著局部與鈣接觸使部分液體成形。此技術的例子是威廉‧派哈特(William Peshard)在1942年首創的假櫻桃(如好奇，可見美國專利＃2,403,547)。西班牙大廚費朗‧阿德里亞(Ferran Adria)在2003年提升了這一概念，讓它成為一種趨勢。這是聰明卻簡單的點子：只要控制膠凝劑暴露的區域，就可以將這選擇的區域凝膠化。

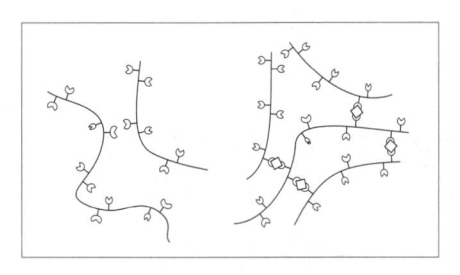

這種做法是先把海藻酸鈉加入一種液體中，再把鈣加入另一種液體中，然後使兩種液體互相接觸。海藻酸鈉溶於水中，釋出褐藻酸，褐藻酸在鈣離子出現時才會定型，而鈣離子只有在兩液體接觸時才出現。請想像一大滴海藻酸鈉，滿滿都是液體，一旦這水滴得到鈣離子幫助，水滴的外圍就會開始凝膠，而中間還是液體，此應用源自之前提到的「晶球化作用」(spherification)。

褐藻酸分子通常不會互相鍵結(左)，而是個別與其他鈣離子鍵結，形成三維網格(右)。

廚房使用說明：濃度1.0%到1.5%的海藻酸鈉加入液體(首次嘗試時可用水)。混合液靜置兩小時左右達到完全水合。一開始會有一些凝塊，但千萬不要攪拌或搖動混合液，因為這麼做反而會產生氣泡。

也許最簡單做法是在一天前就把海藻酸鈉放入液體中，並放冰箱過夜，使充分水合。

另取一盆水，溶解氯化鈣，製作濃度達0.67%的溶液(約1克氯化鈣溶於150克水)。

海藻酸鈉混合液小心用滴的或用湯匙舀的，加入氯化鈣水溶液中，靜置30秒左右(你可用大號的「注射」針筒或是滴管擠出大小均一的水滴)。如果你的水滴漂浮在氯化鈣溶液上，用叉子或湯匙幫它翻面，讓每一面都接觸到氯化鈣水溶液。把小滴移出氯化鈣水溶液，泡到另一個只有水的碗中，洗掉多餘的鈣離子，就可以拿來玩了。海藻酸鈉凝膠在短短幾小時內便會成形，所以得在快上桌前製作好。

如果你不要讓海藻酸鈉在鈣溶液中成形，請用過濾水或蒸餾水。因為硬水富含鈣離子，會引發凝膠反應。

工業用途：食品工業利用褐藻酸作為增稠劑和乳化劑，因為它會迅速吸水，容易使餡料或飲料濃稠，也用於安定冰淇淋。它也可以用來製作組合食品，例如橄欖鑲紅椒的紅椒其實就是加了海藻酸鈉的紅椒泥。橄欖去核，注入紅椒泥，然後放到有鈣離子的溶液中使紅椒泥膠化。

6-7 膠凝劑（凝膠形成劑）

來源和化學性質： 來自褐藻的細胞壁，細胞壁由纖維素和褐藻膠組成。褐藻酸是共聚體，由兩種醛糖酸分子：甘露醛酸和古羅糖醛酸重複聚合而成。依據這兩種醛糖酸分子的序列方式，褐藻酸分子在不同的區段可分為三種形狀：線形、釦環形和不規則線圈。這三種形狀中，釦環形區段可以與任何的二價陽離子鍵結（記得陽離子嗎？⋯喵⋯陽離子是帶正電荷的離子，也就是缺少了一些電子；而二價是有兩個原子價，二價陽離子就是失去了兩個電子的離子或分子）。

● INFO

凝膠「麵」與魚子醬

這只是一個快速實驗，說明海藻酸鈉如何作用。一開始先用水，等到你知道如何做，就可以用其他液體。用**水和海藻酸鈉做出濃度1%的溶液**，並添加食用色素，讓你在操作時可識別這個混合液。用擠壓瓶把海藻酸鈉溶液擠出一長串到內裝濃度 0.67% 的**氯化鈣水溶液**的碗中。

試著擠出小滴或其他形狀。某種料理潮流仍以迷你「魚子醬」排成圈圈，而定型後的海藻酸鈉小滴具有與魚子醬類似的質地及感覺，而味道則看你使用的液體味道為何。

用水玩過海藻酸鈉後，再試試其他液體。能量可樂[97]？櫻桃汁？別忘了，只要含有高鈣或極酸的液體就可以讓褐藻酸溶液自動膠化。直接使用萊姆汁不會成功的，因為海藻酸遇到強酸會沉澱。如果你願意進一步實驗，請嘗試用檸檬酸鈉調節 pH 值。

若把海藻酸鈉加入已經含鈣的液體會發生什麼事？要看液體的鈣含量，直接加入海藻酸鈉會使液體膠化成形，最後類似脆凝膠。但如果把化學物質對調——把氯化鈣加入食物，讓它在海藻酸鈉水溶液中膠化成形——結果行不通的，氯化鈣的味道很噁心。幸運的是，膠化反應需要的是鈣，而不是令人作嘔的氯，所以任何具有食品安全且可以貢獻鈣離子的食物都可以使用，乳酸鈣正好符合要求。這項技術稱為「反轉晶球化作用」（reverse spherification）。例如製作莫札瑞拉球，把2份莫札瑞拉乳酪與1份高脂鮮奶油以低溫混合，加入濃度約1.0%的乳酸鈣，再以濃度約0.5%到0.67%的海藻酸鈉水溶液膠化成形。

---

97 能量可樂（Jolt Cola），咖啡因含量為普通可樂含量兩倍的可樂。

INFO

晶球化形狀

晶球化，真是聰明的名字，描述液體連在一起在表面形成薄膜創造球體的程序，它是現代美食異想天開的發明。就像剛才描述的膠狀「小滴」，你可以用晶球化技術做出更大的「滴球」，讓它們固定時間久一些，就可以用漏勺小心移動。球狀橄欖汁是非常賞心悅目的，看起來像傳統的橄欖一樣，但當送一點進入口中時，爆炸風味可描述為「比橄欖更橄欖」。

除了晶球化技術外，想讓液體有形狀也可把它倒入鑄模中冷凍，再放入鈣溶液中解凍，就會保留部分形狀。最後做出來的形狀不會像原來冰出來的那樣清晰，會稍微腫脹膨起，但形狀仍然很明顯。

在海藻酸鈉成形前把溶液倒入模具冷凍，可以做出複雜的形狀。

訪談

馬丁・萊希的水膠食譜

馬丁・萊希（Martin Lersch）在部落格寫美食評論，網址是http://blog.khymos.org。也是《質地：水狀膠體食譜》（*Texture: A Hydrocolloid Recipe Collection*）的編輯（請看http://blog.khymos.org/recipe-collection/）。

你怎麼會對料理中的化學感興趣的？

我對食物的興趣完全與我的研究或工作無關，除了和化學沾得上邊的以外。我一直很喜歡做菜。其實每位化學家都該是嚴謹的廚師，因為化學家，至少有機化學家，總是照著配方走，這是他們每天在實驗室做的事。我總是拿這件事取笑我的同事，尤

其是他們說自己連一塊蛋糕都沒辦法帶來辦公室開會。我就說：「嘿，當個化學家，跟著配方做總可以吧！」就因為自己是化學家，我一直很好奇。我把這份好奇心帶進廚房，心想：「憑什麼這份食譜可以告訴我做這做那的？」事實就是如此。

你的科學背景如何影響你對烹飪方式的思考？

我用化學觀點思考烹飪。你做菜時發生的事其實很多是化學和物理變化。也許最重要的是溫度，因為很多廚房裡的變化都是因溫度變化而產生。煎肉和真空烹調法是個好起點。就像真空烹調法，人們逐漸彙集出整個概念。如果你問他們如何準備料理好吃的牛排，很多人會說你應該先把牛排從冰箱拿出來，讓肉回溫。但為什麼不放在水槽裡？——你可以用溫水沖啊！更乾脆點，為什麼不用要求的核心溫度讓肉回溫？很多人會說，那是個好主意；然後我會說，那就是真空烹調！這對人們顯然是個好主意。

我對膠質也很著迷。會讓我花那麼多時間投入食譜的其中一個原因是，當我買了水膠回來，卻可能只有一兩個食譜用得著，然後又覺得它們說得不夠清楚。每個人都熟悉明膠，對果膠的熟悉度也許少一些，但對其餘絕大部分並不熟悉。人們不知道膠質的作用是什麼，如何弄散，如何用水化開，也不知道它們的特性。盡量收集食譜的想法，是為了盡可能說明它們的用法。你可以讀完食譜就直接下廚，這就是我希望食譜教會人們的事。

是否有某道特殊食譜，是你學到最多東西，或覺得最有趣，在某方面最出乎意料的？

很難想出某道特定食譜。但說到分子廚藝，很容易就把重點放在它們花俏的應用上，像是利用液態氮或水膠。但重要的是，那些並不是分子廚藝最值得關注的地方，即使很多人都這樣想的，很多人想到分子廚藝就聯想到泡沫和褐藻膠。

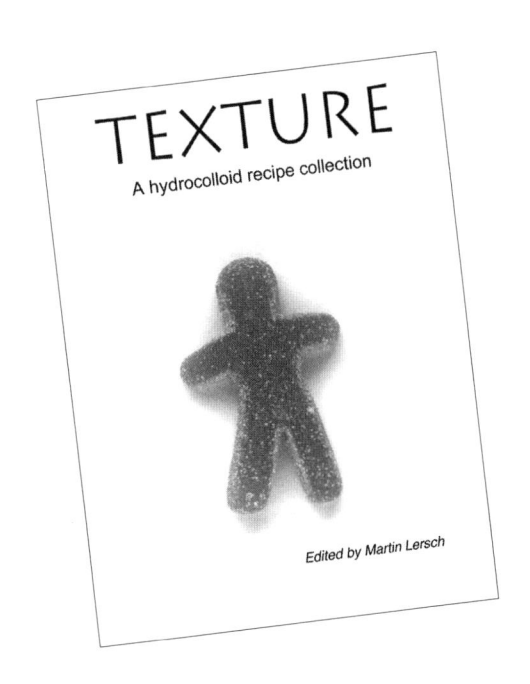

《質地：水狀膠體食譜》
馬丁．萊希編輯
仔細收集數百種膠凝劑食譜，有關《質地：水狀膠體食譜》免費提供的內容請看馬丁的部落格http://blog.khymos.org/recipe-collection/（亦見於：http://cookingforgeeks.com/book/hydrocolloid/）。

6-8 乳化劑

乳化劑藉著形成「液體-液體」的膠體，這兩種液體就不會分離。烹飪上，乳化劑幾乎多是水和油脂組合，有時是脂肪散入水中（如沙拉醬）或水混入脂肪（如美乃滋）。經過前面極性分子（如水）與非極性分子（如油）不能混合的討論後，你可能會好奇，為什麼油和水這種液體能夠在乳化劑的存在下「混合」。乳化劑具有親水／親脂性結構，也就是：分子的部分是極性的，因此「喜歡」水，且分子的另一部分是非極性的，所以偏向油。

加入乳化劑讓油滴間形成屏障，可避免食物油水分離。請將它想成包在油滴外的一層皮膚，防止油滴因碰撞而合併。乳化劑藉由增加油滴間的「介面張力」（interfacial tension）降低油滴聚集的機會。油和水實際上並沒有混合，從顯微鏡看，它們只是互相撐著。

乳化劑隱定泡沫的原因在於增加泡沫的動力穩定性——也就是讓泡沫變成另種狀態所需的能量更高。以泡泡浴為例，肥皂就是乳化劑，創造了由空氣和水形成的泡泡。水通常不能支撐住氣泡，但是因為肥皂（乳化劑）讓空氣與水之間的介面張力越變越大……越變越大，因此需要更大能量才能破壞整個系統。需要的能量越多，表示泡沫的動力穩定性就越高，就能維持得越久。

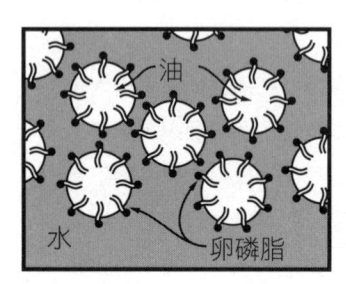

如卵磷脂這樣的乳化劑，其分子具有極性區與非極性區，那些區域可以把自己變成兩種不同液體間的界面。

卵磷脂

烹飪上，卵磷脂總是乳化劑的首選，因為它使用簡單，且應用範圍廣泛。沒有卵磷脂，我們不能做美乃滋，蛋黃中的卵磷脂提供了大部分的乳化作用。芥菜籽和細磨的香料碎如辣椒粉也可以乳化食物，至少在短時間內，它們會減緩液體聚結的速度。這就是為什麼美乃滋食譜經常要你放芥末。如果你看到油醋醬的食譜要你放芥末，請不要省略它！

卵磷脂產生泡沫的原因就是它能乳化的原因。如果你吃過某個內藏液體的「泡沫」料理，可能是廚師在液體中加入卵磷脂，再經過攪打發泡或用果泥機打成泡沫。我曾經吃過兩道菜，鱈魚片上放了胡蘿蔔泡沫，海膽上放著綠色的蘋果泡沫。這是一種有趣的方式，在沒有增加實體材料的情況下替料理增添風味。

廚房使用說明： 若要做乳化劑，加入重量的0.5-1%的卵磷脂粉末再攪拌。若是製造泡沫，要在液體中添加重量的1-2%卵磷脂粉末，再用浸入式攪拌機或攪拌器讓液體發泡。如果你有奶油發泡器（請見p.335），卵磷脂可讓原本無法噴出穩定氣泡的液體噴出的泡沫更穩定。

工業用途： 卵磷脂可以用來創造穩定的泡沫，也是乳瑪琳中的防濺劑，用在巧克力製作過程中，可降低融化巧克力的黏性，還可作為防黏噴霧中的活性成分。

來源與化學性質： 卵磷脂源自大豆，是生產大豆蔬菜油的副產物。製造商萃取卵磷脂需先把大豆去殼煮熟，壓碎後以機械分離（經過萃取、過濾、清洗程序），就可得到粗卵磷脂。粗卵磷脂再經由酵素調整或是以溶劑萃取（例如用丙酮去油或以酒精分餾，我知道聽起來好吃極了）。卵磷脂也可能源自動物，例如蛋或是動物蛋白質，但是動物性卵磷脂比植物性卵磷脂貴，所以較不普遍。

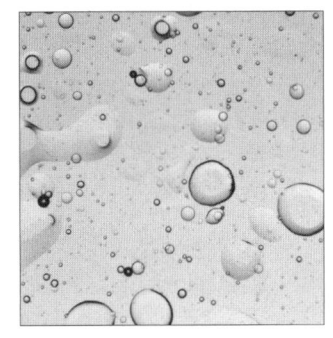

從光學顯微鏡下看到的半水半油溶液（載玻片把油滴壓扁了）。

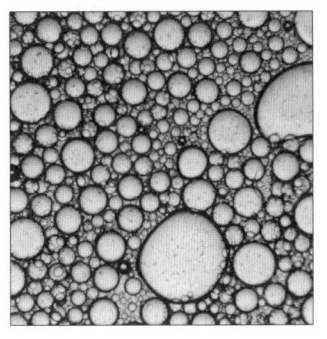

在同樣的溶液中加入1%乳化劑，油滴很穩定，而且不會合併成大油滴。

RECIPE

美乃滋

你不需特地去買卵磷脂粉末來體驗卵磷脂的魔力。蛋黃就因卵磷脂含量高而用來製作美乃滋。要做美乃滋需用新鮮雞蛋，因為蛋黃中的卵磷脂會隨時間而分解。（雞蛋中許多東西隨著時間都會分解！想知道更多蛋的細節，請見p.208。）如果你不想吃生蛋，請參閱素食美乃滋的小叮嚀。要做沾醬，或想直接放在鮭魚上，用家裡自製的美乃滋特別值得。

下列食材放入大的攪拌碗中，加入 **1個（20克）大號雞蛋的蛋黃**，蛋白留下用做別的料理。**加入4茶匙（20毫升）檸檬汁或淡色醋**（白酒醋或香檳醋）或兩者混合、**1茶匙（6克）芥末、1/2茶匙（3克）鹽**，食材混在一起攪拌均勻。

一面攪拌一面把**1杯（240毫升）油**（如橄欖油）慢慢一點點加入攪打（想要醬裡有更多風味，可用浸泡油，請見p.426。）如果油加得太快或打得不夠，乳化劑會稀稀落落的，稱為「油水分離」。如果發生這種情況，攪打是打不回原狀的，請加入另一個蛋黃帶入更多卵磷脂。

試味後加入鹽和胡椒，美乃滋放入冰箱冷藏，在一週左右使用完畢。

小叮嚀

- 如果你有大豆的卵磷脂粉末，可試做素食版美乃滋。不要用蛋黃，改用2茶匙（10毫升）水、1茶匙（5毫升）油和1/2茶匙（1.5克）卵磷脂粉末。

RECIPE

果汁泡沫

泡沫是非常好玩有趣的菜餚組成配件。我們把打發鮮奶油用在很多甜點上，但如果我們可以想出用在鹹點上的泡沫呢？可用任何風味強烈的液體試試，例如咖啡，或用顏色鮮明的液體，如甜菜汁。做卵磷脂泡沫，卵磷脂濃度最好在1-2%範圍內，也就是每100克液體放2克卵磷脂。

下列材料量出放入大攪拌碗或同樣大小的平底容器中：

1/2杯（100克）水

1/2杯（100克）果汁，如胡蘿蔔、萊姆或小紅莓

1茶匙（3克）卵磷脂（粉末）

如果你有手持式攪拌機，請將所有材料攪打一分鐘左右，攪拌機以不同角度攪打可以打入空氣。如果沒有手持式攪拌機，可以手持攪拌棒或打蛋器打，只是要多些耐心。

攪打後果汁泡沫靜置一分鐘，會讓你舀出的泡沫更穩定。

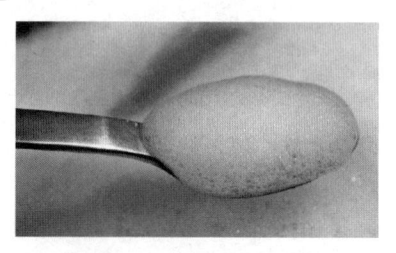

用卵磷脂做出胡蘿蔔泡沫有驚人的穩定性，可維持很長時間。

6-9 酵素（酶）

想過enzyme（酵素）這個字的詞源來自哪裡嗎？它由兩個部分組成，「en」和「zyme」。En很容易，就是「in」，是在裡面的意思，但是zyme呢？如果你是語言通或會說希臘語就知道zyme的意思是「酵母」。儘管酵素的語源是希臘語，卻是德國醫生在1870年代分離胰蛋白酶時提出這個術語，他選擇enzyme這個字來描述一種可輔助發酵的化合物，因為它是希臘語的「在酵母中」，但他卻不知道酵素幾乎出現在所有生物中。

酵素用於生物系統的各個地方，作用是改變其他化合物的催化劑。從化學的角度來看，酵素能做兩件事情。一是提供替代反應途徑，也就是採取不同卻更簡單的路線、而能獲得相同結果的方法；二是它們能觸發完全不同的反應。酵素是非常有選擇性的，只適合很少很少的分子結構，呈現讓製藥者羨慕的生物學精確度。（某些藥物化合物的基礎是抑制酶，就如蛋白酶抑製劑，！）

雖然許多酵素天然存在食物中，有時候我們在烹飪時也會添加外來的酵素改變味道和質地。傳統上乳酪的做法是用牛奶接觸反芻動物的胃組織，通常這裡就是一組有助消化但也會造成凝結的酵素，稱為凝乳酵素，也因此形成乳酪。另一個更簡單例子是蔗糖的分解。請想像一個蔗糖分子，是一個葡萄糖分子和一個果糖分子共同被氧原子鍵結在一起。當蔗糖處於有水存在的環境，若加熱，會有越來越多的動能振動分子，到最後，水分子就會在氧原子連接的地方滑進去了，蔗糖分子碎裂成一個葡萄糖和一個果糖分子。（中間氧原子存在的地方被水取代，這就是水解反應。）

有一種酵素，稱為轉化酶（invertase，名稱結尾通常都是「ase」），提供蔗糖水解反應的替代途徑。轉化酶包裹在蔗糖分子的部分周圍，抓住它，就能使水分子更容易滑進氧原子抓住兩個單醣的位置。一旦水分子鑽進去，蔗糖就會分解了，轉化酶無法再抓住兩端，只好漂移。因此水解反應只要較少能量，且是非常有選擇性的，系統中的其他化合物不會加入，也就不需更多熱量引起反應。酵素的力量是很強大的！

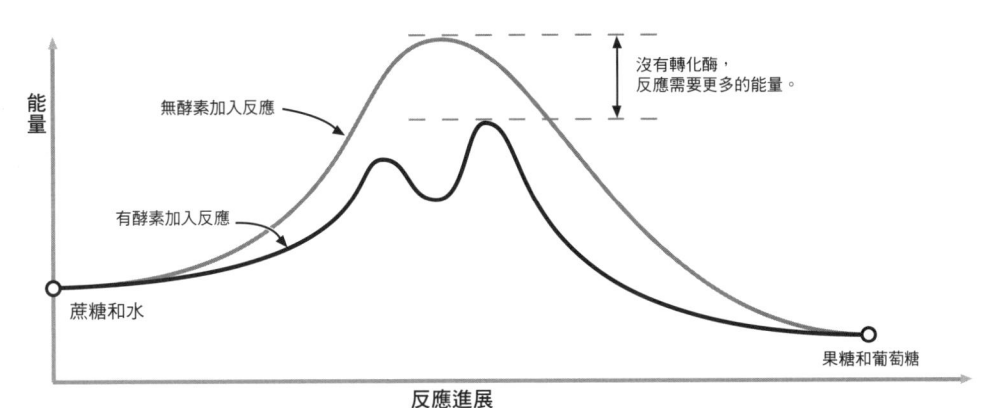

莫札瑞拉乳酪

要觀察兩種看似不相關的東西卻能緊密相連，自己做乳酪是最好的實驗。乳酪是用牛奶中的凝乳製成——凝乳是凝結的酪蛋白，經過酵素作用與乳清分離，後將其烹煮、揉捏、拉長、折疊，就變成在乳酪條中看到的獨特結構。

量出下列材料放入兩個小碗或玻璃杯中備用：

1/2 茶匙（1.4 克）氯化鈣，溶入 2 湯匙（30 毫升）蒸餾水中

1/4 片凝乳酵素[98]，溶入 4 湯匙（60 毫升）蒸餾水中（或依照凝乳酵素製造商標示的水量調整）

下列材料放入單柄鍋中混合，緩慢加熱到 88°F／31°C：

4 公升全脂牛奶，但不能使用經過超高溫滅菌或均質化的牛奶

1.5 茶匙（12.3 克）檸檬酸

1/4 茶匙（0.7 克）解脂酵素粉[99]

一旦牛奶加熱到 88°F／31°C，就可加入氯化鈣和凝乳酵素的混合物，持續**緩慢地**加熱到 105°F／40.5°C，每幾分鐘就攪拌一下。此時，你可以看到凝乳開始從乳清中分離出來。

只要加熱到 105°F／40.5°C，就可離火，蓋上鍋蓋，等 20 分鐘。此時，凝乳應該與乳清完全分離，如果還沒有，就再等一下吧。

用漏勺把凝乳舀到可微波加熱的碗中，或是用濾網將凝乳從乳清中濾出移入碗中。凝乳中的乳清盡量擠出，把碗傾斜讓它們流掉。微波爐開高溫加熱 1 分鐘。再把乳清從凝乳中壓出。此時乳酪應該會變得黏稠，如果沒有，再用微波爐加熱數次，每次以 15 秒為單位，直到變熱變黏（但別熱到燙手不好拿）。

1/2 茶匙片鹽加到乳酪中開始捏揉。再用微波爐高溫加熱 1 分鐘，直到乳酪的溫度達到 130°F／54.4°C 後，取出後開始拉扯，就像在玩矽膠黏土一樣：拉長、對摺、扭結、再拉長，如此重複動作，直到變成有很多粗纖維的狀態。

什麼是均質化牛奶？

在均質過程中，牛奶必須通過一個非常緊的噴嘴，讓脂肪球碎成碎片。碎片非常小，不會因受到拖曳力衝擊而分離出來。（這是 p.339 提到的斯托克斯定律。）

用均質化的牛奶或用經過極高溫巴氏殺菌的牛奶都不會做出好乳酪，因為均化過程和極高溫的消毒過程都會破壞蛋白質結構，使得蛋白質無法再鍵結在一起。你最後會弄得一團亂，成品變成像農家鮮酪[100]一樣，但不會融合在一起。做這道乳酪時，請用經過巴氏滅菌但沒有倍均質的牛奶。或者，也可以假裝一下，將 9 份脫脂牛奶與 1 份高脂鮮奶油混合，但還要看你居住地的高脂鮮奶油是如何處理的。

想做出更傳統、更道地、更內行的莫札瑞拉乳酪，請見：http://cookingforgeeks.com/book/mozzarella/。

---

[98] 凝乳酵素（rennet），存在哺乳動物嬰幼兒期消化道，可使乳汁蛋白質凝聚分離成乳清及凝乳。製作乳酪的凝乳酵素分為動物性和植物性，動物性取自牛胃，植物性取自微生物。

[99] 解脂酵素粉（lipase powder），lipase 是可分解脂肪的酵素，多存於胰臟，但在製作乳酪時，也有人用乳酸菌代替。

[100] 農家鮮酪（cottage cheese），就是不經發酵的乳酪，只要將酸加入熱牛奶中經時間沉澱就可濾出，是最簡單的乳酪。

: 訪談

班傑明・沃夫
談黴菌和乳酪

班傑明・沃夫（Benjamin Wolfe）是塔夫茨大學的生物系微生物學助理教授，他的實驗室利用食物微生物菌落來說明微生物生態學和演化的基本問題。

你如何踏進黴菌的研究？

我在哈佛大學的博士研究做的是真菌多樣性、生態學和演化，我那時在研究蘑菇養殖真菌。如果你玩過瑪利兄弟，可能看過那個頂部有白點的紅色蘑菇，這是真實存在的東西，叫做毒蠅傘（Amanita）。我變得對真菌很著迷，到了要做博士後研究，我得到很棒的機會研究乳酪的微生物多樣性。現在我在塔夫茨大學有自己的實驗室，特別針對食物黴菌做更多研究。

我們多數人對黴菌的了解不外是「喔⋯桃子發霉了，丟掉吧！」你能向外行人說明什麼是黴菌嗎？

真菌靠分解東西過活。它們住在哪個環境就分解那個環境，利用分解過後的東西獲取能量。所以森林裡的木頭會爛掉，放在櫥櫃裡的麵包會發霉。黴菌生產酵素，分解環境，從中得到被分解物的葡萄糖或其他醣類。所有真菌都有化合物**甲殼素**（chitin），用它來建構細胞；所有真菌也有**菌絲體**（mycelium）構成的細胞網絡。當你看著麵包的發霉處，散布麵包上那一大塊蓬鬆像雲一樣的斑點，就是一堆集合在一起的真菌細胞。

先有木頭，還是先有黴菌？

人們從未真正看過黴菌和真菌生活在土壤中的樣子，它們分解土壤中的東西，並與地下根相連，向植物輸送氮、磷和其他化合物，植物也提供碳做為回報。植物實際上是利用光合作用餵給真菌糖吃。狀況是這些真菌先演化發展的，才讓植物殖民了那片在數百萬年前仍然貧瘠的窮荒之地，所以我們確實認為是真菌先來的，然後才是這些植物。先有真菌，才有木頭。

從另一方面看，黴菌有什麼危險性嗎？

絕對有。它們可以摧毀整個農作物，可以消滅動物和感染人類。它們產生稱為黴菌毒素的化合物，可能非常危險，到現在這些化合物產生的原因我們還無法完全理解。我們認為產生真菌毒素是為了和其他微生物鬥爭，因為這些毒素有時會殺死鄰近的微生物。

在1950和1960年代，黴菌爆發很大的感染。在歐洲大批給火雞吃的飼料受到感染，感染源是特定真菌產生的真菌毒素，火雞因麴黴（Aspergillus）

引發的疾病[101]而集體死亡。在此發現後，我們意識到黴菌生長和產出毒素的地方有各種不同類型。通常花生要檢查有無受到黃麴毒素這種真菌毒素感染，黃麴毒素是相當毒的致癌物，得在食品系統中監測。

如何避免在家感染黴菌毒素？

我們知道大多數易受黴菌毒素感染的高風險食品都受美國FDA的要求篩選。在美國，花生產品需要定期檢測是否有黃麴毒素，花生真的是風險最高的產品。現在有人做研究嘗試評估咖啡和巧克力，它們都常發霉。但一般來說，如果你吃的是乾淨安全生產的食物，美國大部分食物都是這樣生產的，就不必擔心黴菌毒素。

但如果你自己做乳酪或薩拉米香腸，就要小心你種下的是不會生產黴菌毒素的有益黴菌。用顏色作為黴菌安全判斷依據的這種概念，用在家庭發酵物上來說，並不是保證安全的事。生產花花綠綠發黴乳酪和薩拉米香腸的人都是專家。

乳酪、薩拉米香腸，還有你提到的咖啡和巧克力……你提到的都是我最喜歡的東西！

它們都依賴黴菌！我最喜歡的食物黴菌是米麴菌，讓你有清酒、味噌、醬油及各種美味亞洲發酵食品的就是它。

在乳酪和薩拉米香腸裡都有美好的黴菌。卡蒙貝爾和布里乳酪的外面都有一層厚厚的白色毛衣，那是一種叫Penicillium camemberti的黴菌，它正慢慢分解乳酪裡面的乳酪凝乳，分解蛋白質和脂肪，釋放各種風味，也會讓乳酪變得美好滑潤。如你看過熟成香腸，它外面也是一層白色砂礫狀的物體，那是因為納地青黴（Penicillium nalgiovense），是種在食物上的另一種黴菌。至於香腸的狀況，比較像是它把其他黴菌從外皮趕走，才產生出這種美麗純白產物；它倒不會增加很多風味。

咖啡和巧克力則是利用「堆積發酵」（heap fermentation）。你只是把可可莢全部堆一起，給它們一點時間腐爛。人們把巧克力這類食品的某些不好氣味大多歸咎於發酵它們的酵母和細菌。

像薩拉米香腸、味噌、乳酪這樣的食物顯然是以真菌主導，真菌對這類食物生出的味道扮演極重要的角色。

可以吃乳酪外面那層皮嗎？上面都看得到黴菌。

如果那個乳酪本來就該有黴菌，吃那層皮應該沒問題。卡蒙貝爾和布里乳酪的外皮絕對都該有黴菌，事實上，他們還鼓勵你吃它，因為乳酪味道通常都在那層皮上。也有表面是硬皮的乳酪，那種皮有一種很奇怪的質地，很硬、很乾、很不舒服。像這種乳酪皮我就不建議吃，而是那種「黴菌催熟」的乳酪就可以，因為它們是「黴菌催熟的」，本來就該吃。

但如果你吃的是塑膠套包的切達乾酪，最後卻發霉了，那就要小心。因為你不知道那到底是什麼黴，雖然它似乎只長在表面，但常常不清楚它到底長到多遠，也不清楚它產生什麼毒素。如果那是不該有黴的地方卻發霉了，我不會吃。

有沒有管理好黴菌的小祕方？我們儲放東西一定會受到黴菌影響，是否可能只讓益菌做對的事？

人們看到麵包壞掉就知道，到處都有黴菌。我們一直呼吸著黴菌孢子。只是必須創造很乾淨的環境，讓跑到食物上的孢子降到最低。

這也事關季節性。在春天，溫帶地區會有較多黴

---

[101] 1960年英國發生大規模火雞死亡事件，當時原因不明，稱為「火雞X病」，十幾萬隻火雞厭食、頭部腫大，肝腎出血、昏睡而死，到最後連雞鴨都受感染。後來才發現這群火雞是吃了受到黃麴毒素感染的花生粉飼料而死。

菌生長，污染風險也更高。到了秋天，我們就會收到很多發霉的「科學怪人乳酪」，我喜歡這樣稱呼它們，送來我們實驗室進行分析。因為秋天，樹葉紛紛掉落地上，風吹起孢子到處跑，每年在這個時候，就會有更多壞黴菌的殖民行為。

對於黴菌，你碰過什麼出乎意料的事情嗎？

無論你的食物有沒有發霉，都會有蟎蟲，就是那種嚇壞很多人的小蟲子。你可能聽過乳酪蟎，它們真正的名字應該叫做「腐食酪蟎」，它們不是為了乳酪來的，在那裡是為了要吃黴菌，但也影響了你的乳酪或薩拉米香腸表面。

許多乳酪製造商就用一個大型吸塵器或吹風機，把蟎從乳酪上吹走。這個行業花在乳酪蟎上的時間金錢實在太荒謬了。我有一個影片，我覺得實在太可愛了，有好多乳酪蟎正在吃黴菌。我覺得實在太棒了！

想看乳酪蟎的影片，請上http:/cookingforgeeks.com/book/cheesemites/。

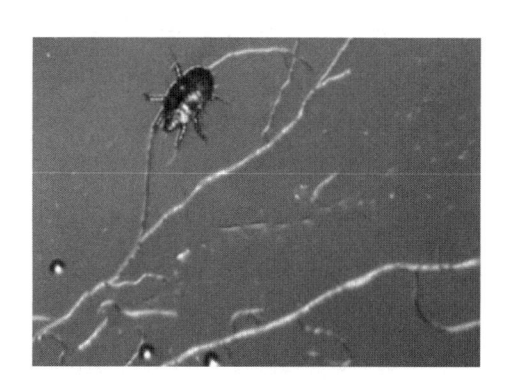

轉麩胺酸醯胺基酶

最不尋常的食物添加劑就是轉麩胺酸醯胺基酶（transglutaminase），它是一種酵素，最初在血液中發現。它可以讓麩醯胺酸和其他胺基酸結合在一起，是蛋白質的黏膠。它還可以把兩三塊肉黏合在一起變成很大一塊，也可以延長牛奶和優酪乳的蛋白質，讓它們變得更黏稠。它也可以讓義大利麵更扎實，讓麵包更有彈性（只能拉長卻拉不斷）。幾乎只要有蛋白質的地方，轉麩胺酸醯胺基酶都可以讓它們接在一起。

但你可以拿它在廚房裡做什麼？當然有很大的機會是用它來做「科學怪人肉」（例如，把雞肉黏在牛排上）聽起來很好玩，但不好吃。加上每種肉的烹飪溫度範圍不同，而使這種做法行不通。但下頁培根扇貝的食譜會給你一個思考的起點。但說真的，只要你想操作的東西是富含蛋白質的物質，蛋白質黏合的概念都適用。

想像一下簡單的基輔雞（就是雞胸肉片捲，傳統上都用香草奶油做中心，把雞片捲起來綁上），何不改用轉麩胺酸醯胺基酶把雞胸肉片從邊緣黏在一起。更多創意料理如火鴨雞（turducken，turkey-duck-chicken，是一道特殊的節日料理，就是鴨包雞、火雞包鴨的料理），用轉麩胺酸醯胺基酶就可以將食材黏在一起，變得很穩定。或使用轉麩胺酸醯胺基酶來做可耐熱的肉凍和陶罐派，因為對熱敏感的明膠遇熱就化了。只要有想法，就去實驗吧！

廚房使用說明：兩份水對一份轉麩胺酸醯胺基酶，做成漿水，刷在你想黏的肉塊表面上。壓緊後用保鮮膜包好。（如你有真空封口機，也可以用它來讓兩塊肉更密合。）肉放入冰箱冰至少2小時。

工業用途：用來把碎肉重新組合成大片的肉，就像仿蟹肉和無麩質熱狗，某些冷盤肉和午餐肉也會用到它。（熟食店櫃檯上那一大塊豪華大火腿絕不是從難得一見的無骨豬身上取得的！）

來源與化學性質：它利用「茂原鏈黴菌」（Streptomyces mobaraensis）製作而成。只要有麩醯胺酸和適合胺基存在的地方，轉麩胺酸醯胺基酶就會把兩者交聯在一起，造成原子構成兩組排在一起形成共價鍵（covalent bonds），也就是兩個原子共享電子。

要具體描述以上化學反應，請想像雙手張開，伸出手指，把左右手的指尖互相接觸，左手拇指對右手拇指，左手小指對右手小指。如果沒有一定協調性，原子的「每根手指」要精準配對就不會發生。轉麩胺酸醯胺基酶有助提供原子狀態的配對指導，讓兩群原子接在一起。

這是雞肉黏在牛排上的例子。這不會好吃，但顯示的概念很好。請注意，熟牛排本身的肉質比黏上雞肉的那個接點的肉質弱。

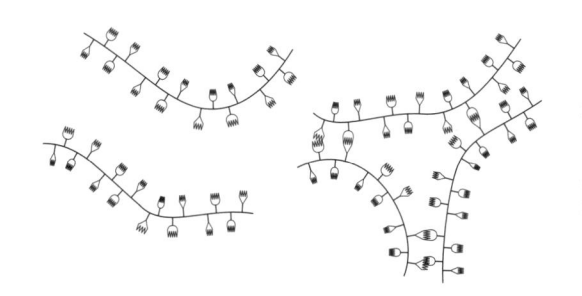

6-9 酵素（酶）

在發生反應之前，麩醯胺酸與離胺酸的蛋白質鏈並沒有互相接觸（左）；相互作用後（右），無論轉麩胺酸醯胺基酶有無機會催化，麩醯胺酸群與離胺酸群間就會鍵結在一起。

RECIPE

培根扇貝

傳統培根包扇貝的做法是用牙籤把培根釘在扇貝上。但如果可以訂購一些轉麩胺酸醯胺基酶，就可以把這道料理作為應用它的一個例子。原本該是被培根包住的扇貝若看到是用培根黏上的，那就太酷了！

2份水對1份轉麩胺酸醯胺基酶放在小碗中，混合成漿糊。

取一個放得進冰箱的小盤子，排好下列食材：

8顆扇貝，越大越好，接近圓柱體更好，拍乾扇貝
8片培根，切成一半，一次就可包好一顆扇貝

每片培根的一面都用刷子塗上漿糊。把扇貝放在培根上捲起來，圍住扇貝。重複以上步驟，完成後將培根扇貝放在冰箱冷藏兩小時，讓轉麩胺酸醯胺基酶固定。

靜置後，培根應該緊黏住扇貝。

烤箱預熱到400°F／200°C。

扇貝放在微微塗過油或上過少量奶油的熱煎鍋，「露在外面」的一面向下。先煎一下會讓梅納反應發生，讓扇貝先煎上一層風味。

小叮嚀

- 不要把你的手伸到粉末中，帶手套是個不錯的主意——因為你也是蛋白質做的！
- 需要把轉麩胺酸醯胺基酶做的食物烹煮到適當的食品安全溫度。它與中心無菌的單塊牛排不同，黏合的肉塊中心已經暴露於細菌中，就像絞肉一樣。
- 由於轉麩胺酸醯胺基酶與它要鍵結的胺基酸有相同結構，因此也可以和自己連在一起。不過，在室溫放置數小時後就會失去酵素特性，因此如果不慎撒在工作環境中，並不會造成太大問題。包裝一旦拆開，就得放到冷凍庫，降低鍵結反應速度。
- 由於轉麩胺酸醯胺基酶在分子層次結合蛋白質，你可以把它當成黏合劑做出固體。好有一比：請想像一下木膠的使用情形，你不是用木膠把兩塊板子黏在一起，而是把它和木屑調成一種木屑糊，在薄板上鋪成一片，最後就變成木屑板或合成板，是一種99％木材的複合材料，只是不在自然界中發生。在這裡適用同樣的概念：泥狀的高蛋白質食物加上轉麩胺酸醯胺基酶可以形成固體且固定。

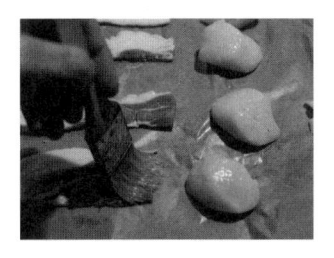

用刷子將轉麩胺酸醯胺基酶塗在培根條上。將培根捲住扇貝，捲到尾端要捏緊，壓在一起幾秒鐘。

從縱切成品可以看到培根與扇貝的黏合面。

玩玩化學

● 訪談

哈洛德・馬基
談解決食物之謎

　　哈洛德・馬基（Harold McGee）撰寫食物與廚藝的科學，著有《食物與廚藝》（*On Food and Cooking*）。個人網站在http://www.curiouscook.com。

你怎麼會做食物解謎的事？

　　是出於愛解謎的天性。主要是從涉及廚房實驗的工作開始，用幾個不同方式做特定步驟，一次改變一個項目，看看效果何在。這也意謂邁入飲食科學或科技文學去尋找可能的相關資料。

　　最近的例子是後者，我替《紐約時報》寫專欄，內容是如何讓莓果和水果保存時間比平常更久。為此，我去農夫市集找了很多水果。它們賣相好，味道也香，但我不能吃，過了一天，水果開始發霉，即使是放在冰箱的水果。我想一定有方法處理，所以開車去加州大學戴維斯分校，用學校的線上資料庫找資料，看看有沒有控制農產品黴菌孳生的相關文獻。

　　我發現早在1970年代，有個在ARS（美國農業部農業研究服務）加州服務站做事的傢伙就想出了溫熱處理法，用這種方法不會損傷水果，卻會大幅減緩水果外部黴菌的生長。我回來就試試看，居然有效。要不是去圖書館做研究，我也不會有足夠的知識和工具來處理它。我把它當成測試，因為這是我從文獻裡讀到的東西，另一件要確定的事是這方法用在某人的廚房也有用。

為什麼不上網搜尋這類文獻就好？是不是有些資料只能從加州大學戴維斯分校或類似機構提供，而研究者自己在家用電腦無法直接上網拿到？

　　大學或公立圖書館有些了不起的資料庫是個人訂閱不起的。一些設有食品營養學系的機構，在架子上就有好多資源是你不去看、不去找，就永遠不知道的。而我喜歡做這些事，不是非要回答「今日人們對X有何看法」這種問題，我反而比較喜歡「幾世紀以來人們如何處理X」這種問題。

幾世紀？你可否在歷史研究上給我一個例子？

　　番茄葉並沒有毒性，大家卻一直以為它有毒。事實上，也許它們拿來吃是很好的，因為它們會與膽固醇結合，阻止我們吸收膽固醇。所以問題就來了：「我們怎麼會認為它有毒，如果它一點毒也沒有？」

　　我在某些相當晦澀的文獻中盡力鑽研，努力找答案，包括去加大戴維斯分校找17到18世紀的太平洋區的荷蘭民族誌。我追查到某個參考資料寫著17世紀印尼群島的某個島上有人會吃番茄葉。這與番茄引入當地的時間才隔不久，因為對那部分的世界而言，番茄並不是原產的東西。這件事又刷新了這個植物在世界各地如何被發現的故事，它如何發展出怎樣的名聲，而又如何發展出某種人們賦予的審美觀。

　　歐洲人不吃葉子，因為他們認為葉子很臭。在番茄原產地的中南美洲，吃葉子的也不多，這點我仍

不了解。但只要把這些點點滴滴拉在一起，就是我對今天坐下吃的、桌上放的食物的了解和欣賞，這是樂趣的一部分。歷史無垠的深度及複雜性，如果你深耕其中，會讓你吃這些食物時更愉快。

工作上我最喜歡的並不是寫作，而是探索，查索書籍，閱讀島上人們在幾世紀前拿這些葉子做什麼。然後回到家，試圖裡解如果用我家後院拔下來的葉子做料理，味道又會怎樣，用當時人們醃魚的方法保存魚也是一樣的。

我想我們對食物的理解越來越完善，改正了許多以前錯誤的觀念。你希望未來花時間在什麼研究上？

若要我說個領域，我希望有設備、有專業技術、有資源的人可以多花些精神、多下點功夫在特定菜色的風味影響上，尤其這些特定菜色都是由不同料理方法帶來最終經驗。同一種東西可用這麼多不同方法做出來，如此就有好多有趣的問題。同時，基於你的個人經驗和他人的經驗，也許不好，但也是客觀的衡量標準。

什麼是真正的差異？難道我們有不同的感官系統，所以對同組成分有不同經驗感受？如真有，事實上也是不同技術讓同組成分產生的差異。湊巧也許是你喜歡的這樣，或許我剛好喜歡那樣呢？高湯就是個例子。有些人強硬支持用壓力鍋做高湯，有些人則認為燉高湯一定要長時、慢速、幾乎小火煨的方法才會有好結果。兩者我都做過，兩者我都喜歡，但兩種湯不同。我不確定我是否能解釋它們不同在哪裡，所以我才喜愛了解中間發生了什麼事。

什麼是家庭廚師在廚房操作時需要了解的事？

如果你想了解事情或想仔細做實驗帶出真正結論，一台秤和一個好溫度計是絕對必要的。你需要量東西、測溫度和秤重量，這些都是主要變數。

有沒有讓你在廚房真正吃驚的事？

我認為在我生命中是有這麼一刻真正出乎我的意料，那就是用銅碗和玻璃碗打蛋白。我在1970年代末開始寫《食物與廚藝》，當時看過茱莉亞‧柴爾德寫的書。她說打蛋白應該用銅碗，因為銅碗會使蛋白酸化，讓蛋白霜和舒芙蕾的泡沫更好。但這個化學理論是錯的，銅不會改變蛋液的pH值。一直以來我都以為這個描述是錯的，那也就沒什麼好說的。

然後過了一兩年到書要出版的時候，我一直在找舊圖畫當作書裡的插圖。我翻到一本17世紀出版的法文百科全書，裡面有很多專業插畫，其中有張版畫是糕點廚房，有個小男孩在打蛋白，文字敘述還說那男用銅碗打蛋白做比司吉。它特別指出那是銅碗，那樣子就跟今日的銅碗沒兩樣，半球狀裝了拉環當提把。我那時認為如果一本兩百年前的法文書和茱莉亞‧柴爾德說的一樣，也許我該試試。

我按照步驟用了玻璃碗和銅碗嘗試，我不但用眼睛看還試吃，結果真是大大不同。用銅碗打出蛋沫的時間居然比用玻璃碗多花兩倍；顏色不同，質地也不一樣。那對我簡直是重要的一刻。你知道有些人可能對化學一竅不通，但他們對烹飪的知識可比你多太多了。這當然讓我了解到我真的該檢查每件事。

有位法國主廚告訴我一個故事。他一輩子做了上百萬個蛋白霜，有一天他正用機器打蛋白，打到一半電話響了──有個緊急事件他必須離開15到20分鐘──所以放著機器還在打他就跑了。回來時他看到生平所見最好的蛋白霜。那時他的結論用法文是這樣說的：「Je sais, je sais que je sais jamais.」它念起來比英文好聽多了，而意思是：「我知道了，我知道我從不知道的。」

真多謝銅碗的經驗，從此也成了我的座右銘。每當我做某事，無論想法聽起來有多瘋狂或多不信任自己的感覺，而這件事好奇怪，怎麼與它應該的結果似乎不同時，我知道我永遠不是萬能全知，無論那是怎麼回事，要學的一定還有很多。

波特的廚房祕技

管理期望和感受。當為某人料理，期望及感受與盤中料理同樣重要。只有你，身為廚師的你，知道這道菜應該有怎樣的期望與感受。如果巧克力舒芙蕾塌了，就變成塌掉的巧克力蛋糕而不再是舒芙蕾，就在上面撒些莓果，趕快送出去！

使用優質食材。「絕對好吃」的絕對可預測線索是好味道的食材和原料。番茄應該吃來就像番茄，酪梨應該柔軟滑順，蘋果應該有屬於蘋果獨特的脆度。

創造和諧與平衡。和諧在於食材搭配；平衡在於甜酸與鹹味間調味的拿捏。從好食材開始，試味道，調整鹽和酸度（醋、檸檬汁）間的平衡。

實踐食品安全。在廚房工作時，注意病原體的生長條件。勤洗手，避免交叉感染。食源性疾病並不好玩，多半是一種繼發性併發症，會危及高危險群的生命。

吃全食物。加工食品本身並沒有錯，但往往有高鹽、高糖和高脂的問題。食品添加劑也不是天性罪孽，但就像所有事，過與不及都是問題，因為這是我們的身體無法回應的。

測量溫度，而不是時間。無論水煮、燒烤或煎炒，肉中的蛋白質和穀類中的澱粉要在一定溫度下才會起物理反應。一隻4磅的雞會比一隻6磅的雞熟得快，但都會在相同溫度煮熟。定時器雖有用，但內部溫度告訴你的會更多。

用褐變反應增加風味和香氣。只要糖經過焦糖化（蔗糖開始焦糖化的溫度是340°F／171°C），或是蛋白質發生梅納反應（開始作用的溫度約是310°F／155°C），糖與蛋白質就會分解，形成上百個新化合物。出於某種原因，我們對這些新化合物的味道十分著迷。

注意烘焙細節。使用重量測量而不是用容積測量，並注意在烘焙遊戲中的各種變數，包括麵筋含量、水分含量，特別是pH值。烘焙是做A/B測試的最好開始：食材價格便宜，相對結果一致。還可讓想減肥的同事簡簡單單就斷了他的念頭（哇…哈哈哈）。

實驗！ 如果你不知道某事該怎麼做，就猜吧！如果你不確定這件事該用哪種方式操作，就兩種都試試！一定有一種方法比較妥當，你也能在操作中學到教訓。就算遇到最壞的狀況，還是可以去叫披薩。所以，開心玩，保持好奇，用常識判斷，注意安全。

後記

如何當個聰明的技客

使用模型描述這個世界如何運作是很棒的事情。

這就是為什麼這麼多技客被科學和軟體這樣的科技學科所吸引，因為它們構建模型來預測結果。但是模型與所描述的世界是有區別的，在不了解基本事實的情況下卻應用模型則會導致錯誤，且這些錯誤會惹來一身麻煩。以「科學證據」為基礎的論證錯失了科學過程的基本層面：模型描述精確事物，模型會出錯，科學過程就是識別這些錯誤並找到更好的模型。

許多媒體都該為報導科學模式卻沒有說明它們如何運作而感到內疚。經濟學家保羅·克魯曼（Paul Krugman）就說過一段玩笑話，若天空是綠色的，媒體對它的報導將是：「有人說天空是綠色的，而其他人不同意。」我們在其他領域也看到這一點——氣候變遷是無可否認的，但仍有研究論文不支持。在食物和食品科學範疇我也看到同樣的問題，食品化學是極端複雜的領域，追求利潤的公司把事情弄得更讓人困惑，因此大眾對食品科學的看法往往與科學家的理解不同。而我面臨的挑戰就是將事實與意見分開。

如此，聰明的技客又要如何理解問題，甚至優遊於某個議題，把它當成像煮飯做菜一樣簡單呢？首先要了解目前你看到的任何與食物運作有關的模型，不論是營養上、烹飪上，還是跟享樂有關，都是不準確的。檢查所有假設（要看到數據），對任何聽來太好以致不像真的的論點豎上紅旗警告，對你聽到的事要抱持懷疑態度，理解說話者的關注焦點並不一定與你自己的有共鳴。除此之外，還要學習如何挖掘資料，界定正確研究的工作。在這裡，我按照最優先到最不喜歡的順序列出覺得對自己有用的研究資源：

Google 學術搜尋（http://scholar.google.com）

這是對學術研究和專利的搜尋引擎。雖然大多數論文都需要付費，但摘要總是免費提供的，且多半就能回答手邊的問題。尋找被知名認證機構認證的專業見解。先看整合分析的研究（也就是綜合以前多篇論文結論的論文），只看一篇論文無法顯示這一點。搜尋專利知識也是很棒的資訊來源，它的背景說明部分以簡潔語言陳述，通常易於了解。雖然專利沒有經過同行評審，但只要這些專利盡可能的正確，對創作者來說都給予巨大的經濟激勵。況且，同行評審制度不是品質保證。科學記者約翰・柏安農（John Bohannon）曾對此項制度做過測試，他故意拿一篇有瑕疵的論文，把幾個變數輕微變更，然後呈交給數百個開放取用的期刊，竟有一半以上接受刊登。有很多虛假的同行評審期刊，目的只是利用出版論文賺錢（很少的錢），這些論文到頭來只是讓較低階的學者在履歷中多了幾行。

剛開始搜索 Google Scholar 可能會讓人害怕，特別因為要用科技語言，就如要用蔗糖（sucrose）而不是糖（sugar）進行搜尋，但這是挖掘議題資料的最佳方法。如果發現與問題相關的引文或專利，但論點卻不是決定性的，請看「引用」和「資料來源」部分。

Google 圖書（http://books.google.com）

這是另一種專門索引，可以搜索印刷書籍和雜誌。Google 圖書編入的資料和 Google 學術搜索不一樣，但我發現內容比一般線上重複資料品質更好（雖然，唉，可愛的狗狗貓貓圖像並不多）。

使用 Google 圖書時，請注意出版日期。有幾次我想找的書是從1990年代早期開始，結果卻是混入很多現代的書；一直給我1970年以後印刷的資料，但我想找的卻是在2000年後的，也就是說，很遺憾，近期出版資料的內容品質很低。但主要例外是「X手冊」型圖書，這事涉及特定議題的技術性出版品。

一般搜尋引擎

這就真的很多了，但也不一定——我可是網路老玩咖了，玩網路的資歷已老到記得全球第一全文搜索引擎 AltaVista 首次亮相的時候。但因為內容工廠不斷精進網頁內容以求最大的廣告收入，現在一般對科學議題的在線搜索結果多半是不斷重複的回音室。這是很嚴重的問題，就拿我最喜歡的標題來說好了：「科學證明培根三明治是解決宿醉的最佳治療方法。」這是英國出身的科學記者伊琳・羅伯茨（Elin Roberts）在文章中引用的文句，沒有任何錯誤（一切都正確），但是有家報紙又重新報導了她的原始陳述，從頭到尾卻出現完全荒謬的標題。有些時候，回音室還給她一個博士學位，並將她的職稱改為紐卡斯爾大學的化學研究員。只要說到培根啊……即使是新聞工作者也能在科學上大躍進！

廚房

沒有任何替代品可以代替自己動手做。理論上的觀點可能各自獨立都是正確，但在實踐時，在你的廚房裡，還有很多其他事物正在進行。儘管如此，小心不要矯枉過正。你也許看過研究論文說，食材表現可能依據某種狀況，就說濕度吧，會有明顯差異，但實際在廚房測試卻看不出變化。這並不表示研究不正確！烹飪是一個複雜系統，有時你可能認為只改變了一個變數，但實際上你可能已改變多個變數。

無論你學習烹飪的原因是什麼，為了健康、財務、社交、感受掌控權、發展創造力，無論如何烹飪應該很有趣，我希望這本書向你展現了把「玩性」帶入食物的方法，不管在廚房內或廚房外，讓它是觀察科學的新途徑。對於新手廚師，我希望烹飪中的未知數已經被基礎認知替換了；對於經驗豐富的老手，我希望烹飪背後的科學知識帶給你精采見解，刺激新想法。

請參閱p.468〈波特的廚房祕技〉，請看我如何總結本書內容。要想料理做得成功，我做最後的科學提醒：食物中發生的物理和化學反應是最重要的，烤箱或煎鍋的熱度只是間接參與。想想溫度和化學相關反應如何作用，且要如何觸發（唔…金棕色的燕麥餅乾！）或如何避免。當為他人做飯時，請注意呈現方式和期待心態。

如果你有任何問題或意見，請與我聯繫，請上http://www.cookingforgeeks.com 或http://www.jeffpotter.org留言，讓我知道你的想法。

附錄

7-1 過敏原中做料理

食物過敏是因為免疫系統對某種形態的蛋白質產生反應。

在某些個體中，免疫系統會將某些蛋白質錯判為有害物質而產生相對應的組織胺反應。免疫系統反應時間從攝入致敏食物的幾分鐘到幾小時間都會發生。輕微反應包括舌頭或屁股上的刺麻感、眼睛癢、流鼻涕、皮膚起紅疹，時間可能長達幾小時到一天。極端的反應包括喉嚨緊、噁心、嘔吐、腹瀉、咳嗽，還可能死亡。

- 如果你遇到有人舌頭腫脹、喉嚨緊縮或無法呼吸，都是急性過敏的標準反應，請立刻打緊急救援服務（美國和加拿大都是911），立刻送醫。因為當腫脹腫到某一程度就能阻斷呼吸道，知道自己有嚴重過敏反應的人通常會攜帶短筆大小的醫療器具，自動注射腎上腺素控制過敏發作。（這一劑注射爭取到15至20分鐘，病人就能送醫作更進一步的治療。）

- 過敏是人對食物中特殊蛋白質的反應，而不是針對食物本身，因為隨著食物在某定溫下煮熟，某些類型的蛋白質也在此溫度下變性，而某些過敏只會發生於未煮熟的食物。基於以上原因，你的客人會告訴你他的特殊限制。

・如果客人特別敏感，就需要特別注意避免交叉感染。奶油刀上只不過留著幾微克的麵包，就可能觸發過敏反應。昨天晚上拿來過濾義大利麵的濾網上也可能留有殘餘麵筋。最好避免在整個餐時使用任何含過敏原的物品，除非你選擇做特別的配菜取代，對待過敏原的態度就像對待生肉：將它們與安全食物分開，清洗**所有**可能與配菜接觸的食器（最好放在洗碗機，因為海綿含有太多可引起交叉感染的微量物質）。

INFO

主廚卡

如果你有嚴重食物過敏的問題，請考慮寫個主廚卡，出門吃飯就可直接遞給服務生，讓廚房工作人員了解你的狀況。主廚卡是一張像索引卡大小的卡片，向主廚明確、快速、清楚地說明你的過敏狀態。

警告事項：我對＿＿＿＿＿＿＿＿＿＿＿＿＿＿＿＿＿＿＿＿＿＿＿＿＿＿＿＿＿＿＿＿＿＿＿＿

有嚴重過敏反應，為避免危害生命，我必須避吃以下食材：

請確定我的食物並沒有以上食材，所有準備本人餐點的器具、設備及備餐檯面都須清洗過才能使用。
非常感謝您的配合。

© 2006, The Food Allergy & Anaphylaxis Network, www.foodallergy.org.

7-2 常見過敏物替代品

要是你剛剛才發現某位客人的過敏物正是你最愛家常菜裡的食材，這該怎麼辦？

本節說明八項常見過敏物的替代食材，內容根據克莉絲蒂・溫克爾[102]的網站「與過敏原共食」（Eating with Food Allergies）。想找更多資訊，為過敏量身訂製食譜，請上她的網站：http://www.eatingwithfoodallergies.com。

以下列出許多應該避免的常見食材和食物，但你仍該和客人確定會有問題的食材。

對乳製品過敏

要避免的成分

酪蛋白、乳清、乳清固質、酪乳固質、凝乳、牛奶固質、乳清蛋白、酪蛋白酸、酪蛋白酸鈉。

一般含乳製品食物

牛奶、酪奶、巧克力（成分是黑巧克力加牛奶）、熱巧克力、不含奶的奶精、烘焙食品、抹醬類如奶油和乳瑪琳（有些甚至會在標籤上註明「非乳製品」）、乳酪、優格、冷凍優格、冷凍甜點如冰淇淋、冰沙、雪泥、發泡淋醬。

替代品

牛奶替代品：豆漿、米漿、馬鈴薯漿、杏仁奶、燕麥奶、大麻籽奶和椰子奶，以上都是牛奶的可能替代品。如果你沒有大豆過敏的問題，豆漿是很好的選擇，味道好，強化豆漿裡的鈣和維生素D含量大致相當（以上是兩種重要營養物，對兒童尤是）。就像豆漿，一般食品店賣的米漿也經常被強化。而馬鈴薯漿在專門商店才買得到，多半是粉狀。

乳瑪琳替代品：要找沒有乳製品成分的乳瑪琳，請檢查產品標示，確定食材列表中沒有「牛奶衍生物」。也請記得「低脂」乳瑪琳並不適合烘焙。

優格替代品：如果你是優格愛好者，可以試試豆漿優格和椰漿優格。可當成水果淋醬，或買原味的做沙拉奶油淋醬。

---

[102] 克莉絲蒂・溫克爾（Kristi Winkel），明尼蘇達州雙子城的營養師，為常見過敏物成立網站並提出飲食建議。

對雞蛋過敏

要避免的成分

白蛋白、球蛋白、溶菌酶、卵黃蛋白、silici albuminate、微粒化濃縮乳清蛋白、蛋黃素、蛋白霜，還有詞彙中含有「蛋」這個字的詞，例如蛋白，以及字首是 ovo 的成分（ovo 是拉丁文的蛋）。

一般含雞蛋食物

烘焙食物（餅乾、蛋糕、鬆餅、麵包、鹹餅乾）、甜點（卡士達、布丁、冰淇淋）、麵糊類食物（炸魚和雞塊）、肉丸、肉餅、義大利麵、醬汁、淋醬、湯。

替代品

就算歐姆蛋和蛋沙拉完全不能碰，還是可在烘焙食品中獲得合理結果。雞蛋提供蛋糕空氣及膨脹，撐起麵包和蛋糕結構，供應餅乾麵團、蛋糕和馬芬麵糊水分。請先確定在烘焙產品中蛋提供的功能，再做個實驗，確定下列替代品何者適用。

下列材料在烘焙時可代替一顆蛋：

發粉、水和油：1.5 湯匙（20 克）油、1.5 湯匙（22 克）熱水和 1 茶匙發粉攪拌均勻呈泡沫狀。

無味明膠：1 茶匙（4 克）無味明膠加上 1 湯匙（15 克）熱水混合拌勻。在食品材料行，你會在有味明膠（像是 Jell-O 果凍）旁邊發現無味明膠的蹤跡。

亞麻籽粉：1 湯匙亞麻籽粉加上 3 湯匙溫水攪拌，靜置 10 分鐘。它有一種強烈味道，所以並不適合做為所有蛋的替代品，但對於蛋糕、南瓜糕、燕麥蘋果醬餅乾和馬芬蛋糕仍可適用。

水果泥：某些情況下，1/4 杯香蕉泥或蘋果泥也可取代蛋，請做實驗試試看。

對魚蝦蟹貝類過敏

對魚過敏不一定對蝦蟹貝類也過敏，反之亦然。但如果你的客人可能對其中一類過敏，做菜時的最佳策略是都避開，除非你的客人已明確告訴你可以吃的食物。

一般含魚蝦蟹貝類食物

只要放了魚或蝦蟹貝類的食物都是，包括仿蟹肉、凱薩沙拉、凱薩沙拉的醬汁、梅林辣醬油、某些披薩、明膠（有時是以魚蝦蟹骨頭做的）、某些棉花糖、某些醬汁、有些開胃小菜。

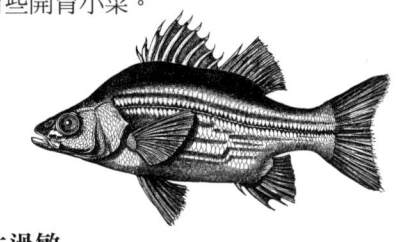

對花生過敏

要避免的食材

花生、花生醬、花生澱粉、花生粉、花生油、綜合果仁、果碎、水解植物蛋白、水解蔬菜蛋白、蔬菜油（如果沒有指明來源），依據過敏的嚴重性，以上都可能包含微量花生。

一般含花生食物

烘焙食品、烘焙粉、巧克力和巧克力脆片（多含有微量花生）、糖果、零食、堅果醬、早餐穀片、醬汁（有時花生會作增稠

劑），還有亞洲食品（炒料、調味料、蛋捲）、潤餅、杏仁糖（用杏仁糊捏成的糖）。

替代品

如果有道菜要你加花生，也許可以把它換成別的，如腰果或葵瓜子。或要用花生油，也可用大豆油、杏仁油、腰果油或葵花籽油代替，當然前提是你的客人對這些油不會過敏（種子和大豆與花生不同）。

對堅果過敏

要避免的食材

杏仁（油，如做杏仁糖要用的杏仁糊、杏仁調味料、杏仁精）、巴西堅果、腰果（油、調味料、腰果萃取物）、栗子（但荸薺是可以的，因為它們不是堅果）、榛果（榛子）、山核桃堅果、夏威夷果仁（又叫昆士蘭堅果、澳洲胡桃、夏威夷火山豆、女王豆、包普爾果仁）、山核桃、松子、皮克諾矮松果（又叫pignoli）、開心果、核桃、堅果粉、牛軋糖、花生醬、果仁糊。

一般含堅果食品

烘焙食品、零食、亞洲食品、青醬、沙拉、糖果。交叉污染是大問題，所以檢查包裝說明，如「可能含有微量……」。

替代品

用會讓人過敏的堅果做料理很棘手。就像對花生過敏，你最好的選擇是找不以堅果為主的食譜。在沙拉和點心裡，你可以換成種子類，像葵瓜子、南瓜子或芝麻。葵花籽油可以替代堅果油。

> 對芝麻過敏的情形並不少見，因此請和你的客人確認是否可以芝麻替換。

對大豆過敏

要避免的成分

水解大豆蛋白、味噌、日式醬油、任何加入醬油的醬汁、大豆蛋白濃縮物、大豆分離蛋白、中式醬油、大豆、豆渣、豆花、豆豉、素蛋白（TVP）、豆腐等。

一般含大豆食品

嬰兒食品、烘焙食品（蛋糕、餅乾、鬆餅、麵包）、烘焙粉類、早餐穀類食品、包裝食品如義大利麵或起司通心粉、罐裝油漬鮪魚、乳瑪琳、起酥油、蔬菜油、加了蔬菜油的食物、零食（餅乾、脆片、德國扭結餅）、非乳製奶精、微生素補充錠。

替代品

豆腐和醬油目前沒有很好的替代品，所以請選擇不以豆製品為主的食譜。請注意，用到大豆的商業食品數目驚人 —— 有些往往意想不到，像義大利麵醬 —— 所以請小心閱讀標籤！

對小麥過敏

小麥過敏由小麥中的特殊物質所引發。

對小麥過敏和對麵筋的麩質不耐症不同，小麥過敏往往與腹腔性疾病（如麵筋不耐症，又叫麩質不耐症）搞混，腹腔性疾病是一種自體免疫性疾病，是小腸消化麵筋時的反應。有麩質不耐症的人必須避

免全部麩質，無論來源種類是什麼。想知道更多腹腔性疾病的資訊請看http://www.celiac.org。

要避免的成分

小麥（麩皮、胚芽、澱粉）、麥片、麵粉（全麥麵粉、硬質小麥粉、強化麵粉）、麵筋、變性澱粉、麥芽、Spelt小麥粉、植物膠、粗粒小麥粉、水解植物蛋白、澱粉、天然調味料。

一般含小麥食品

麵包（貝果、鬆餅、潛艇堡、甜甜圈、煎餅）、甜點（蛋糕、餅乾、烘焙粉、派）、零食（餅乾、脆片、早餐穀物片）。市售販賣的湯，包括肉湯、義大利麵（麵條、即食義大利麵）、調味品（醬油、梅林辣醬油、沙拉醬汁、烤肉醬、醃醬、塗醬、某些醋）、飲料（啤酒、無酒精啤酒、麥芽酒、麥根啤酒、沖泡巧克力飲品）、肉類（包有肉汁的冷凍肉類、熟食肉、熱狗）、肉汁和醬汁（很可能用麵粉勾芡）、墨西哥玉米餅、tobbouleh（巴西里薄荷沙拉）、pilafs（中東炒飯）。

替代品

義大利麵：幸運的是，代替麥子做的義大利麵有很好的替代品！義大利麵也有用米、玉米和藜麥做的。請注意別將這類型麵食煮過頭，很容易就糊成一片。也請記住，如果你之前吃過小麥麵食，請確保漏勺真的很乾淨。

麵粉：要代替麵粉很麻煩，因為它含有麵筋，這是讓麵包具有彈性結構和質地等特色的物質。不用小麥卻要複製小麥烘焙製品也很困難（尤其是麵包），有些無麥麵粉像大麥粉或黑麥粉也有可形成麵筋的蛋白質（請見p.267）。

> 對小麥過敏的人通常可容忍麵粉，而有麩質不耐症的人則不行。

米粉和黑麥粉很容易找到，請看看常去的食物賣場有沒有賣，可以在某些食譜替代小麥（請按照1:1的比例）。木薯粉、太白粉（每1杯小麥粉可用5/8杯木薯粉或太白粉替換，比例為1:0.625），也可用馬鈴薯麵粉和高粱粉。

你可以混合各種不同粉類以達到較好效果。要做中筋麵份混合物，可以混合3/4杯（120克）白米粉、1/4杯（30克）太白粉（不是馬鈴薯麵粉！）、2湯匙（15克）木薯粉（也稱為木薯麵粉），再加上1/4茶匙（1克）黃原膠，可放可不放。

零食：如果你的客人比較敏感或有麩質不耐症，一定要再三向製造廠商確認共用生產線和交叉污染的問題。年糕、米餅、爆米花、玉米和薯片都可能是很棒的無麥點心（但不一定完全無麵筋）。

致謝

我要感謝好友Mark Lewis、Aaron Double和Paula Huston。Mark一直蒙受第一版食物和章節內容的荼毒，並提供寶貴的反饋建議。Aaron花了好多時間把我的草圖轉化為出現在書中的圖表，Paula借給我她的耳朵，提供烹飪的各種想法。

Quinn Norton在各方面都幫助我，當我振筆疾書時，在我的鼻下推來一碗粥（見p.22），還告訴我該如何訪問和錄語音檔。Barbara Vail和Matt Kiggins到處蒐集研究報告，內容從蛋白質到假期間會增加的平均體重（約0.2公斤，增加不多，但事實證明，我們多不會在下個春天減去它）。還有Grace Cheng和Steven O'Malley（L！）協助審查第二版的文本。

我不知道該如何向Marlowe Shaeffer、Laurel Ruma、Brian Sawyer、Edie Freedman、Ron Bilodeau以及O'Reilly出版社所有團隊致上更深謝意。他們相信我，讓出版此書成真。（Marlowe：對不起，我讓你把所有蛋都給敲了！）

當然，還要感謝我父母的支持和鼓勵。我保證下次我回家時，絕不會把鴨油噴到天花板上。

感謝您購買 **【全新增訂版】廚藝好好玩**
探究真正飲食科學,破解廚房祕技,料理好食物

為了提供您更多的讀書樂趣,請費心填妥下列資料,直接郵遞(免貼郵票),即可成為奇光的會員,享有定期書訊與優惠禮遇。

姓名:＿＿＿＿＿＿＿＿＿＿　身分證字號:＿＿＿＿＿＿＿＿＿＿
性別:□女　□男　生日:
學歷:□國中(含以下)　□高中職　　□大專　　　□研究所以上
職業:□生產\製造　□金融\商業　□傳播\廣告　□軍警\公務員
　　　□教育\文化　□旅遊\運輸　□醫療\保健　□仲介\服務
　　　□學生　　　□自由\家管　□其他
連絡地址:□□□＿＿＿＿＿＿＿＿＿＿＿＿＿＿＿＿＿＿＿＿＿
連絡電話:公（　）＿＿＿＿＿＿＿　宅（　）＿＿＿＿＿＿＿
E-mail:＿＿＿＿＿＿＿＿＿＿＿＿＿＿＿＿＿＿＿＿＿＿＿＿＿

■您從何處得知本書訊息?(可複選)
　□書店　□書評　□報紙　□廣播　□電視　□雜誌　□共和國書訊
　□直接郵件　□全球資訊網　□親友介紹　□其他

■您通常以何種方式購書?(可複選)
　□逛書店　□郵撥　□網路　□信用卡傳真　□其他

■您的閱讀習慣:
　文　學　□華文小說　□西洋文學　□日本文學　□古典　□當代
　　　　　□科幻奇幻　□恐怖靈異　□歷史傳記　□推理　□言情
　非文學　□生態環保　□社會科學　□自然科學　□百科　□藝術
　　　　　□歷史人文　□生活風格　□民俗宗教　□哲學　□其他

■您對本書的評價(請填代號:1.非常滿意 2.滿意 3.尚可 4.待改進)
　書名＿＿　封面設計＿＿　版面編排＿＿　印刷＿＿　內容＿＿　整體評價＿＿
■您對本書的建議:

請沿虛線剪下

請沿虛線對折寄回

Lumières
奇光出版

客服專線：0800-221029
傳真：02-86671065
電子信箱：lumieres@bookrep.com.tw

廣　告　回　函
板橋郵局登記證
板橋廣字第10號
信　函

23141
新北市新店區民權路 108-3 號 3 樓

奇光出版 收

請沿虛線剪下